Verbrennungsmotoren

Thermodynamische und versuchsmäßige Grundlagen unter besonderer Berücksichtigung der Flugmotoren

Von

Professor Dr.-Ing. habil. Fritz A. F. Schmidt

Leiter des Institutes für motorische Arbeitsverfahren und Thermodynamik
der Deutschen Versuchsanstalt für Luftfahrt, E. V. (DVL), Berlin-Adlershof
Dozent an der Technischen Hochschule Berlin

Zweite ergänzte Auflage

Mit 163 Abbildungen im Text
und 5 Tafeln

Berlin
Springer-Verlag
1945

ISBN-13: 978-3-642-98254-5   e-ISBN-13: 978-3-642-99065-6
DOI: 10.100/978-3-642-99065-6

<u>Vorwort zum Nachdruck der 2.Auflage mit Verbesserungen</u>

<u>und neu hinzugefügten Ergänzungen.</u>

    Die gegenüber der zweiten Auflage hinzugekommenen Kapitel
wurden ebenso, wie bei der zweiten Auflage durch Ergänzungen am
Schluss des Buches hinzugefügt. Gegenüber der zweiten Auflage sind
vor allem Kapitel über die Thermodynamik der Frischgasturbinen,
über prinzipielle Untersuchungen über die Innenkühlung von Gasturbinenschaufeln mit Darstellung von Temperaturfeldern von Gasturbinenschaufeln, sowie weitere Ergänzungen und Versuchsergebnisse
zu den grundsätzlichen Versuchen über den Zündvorgang hinzugefügt
worden. Eine grundsätzliche Neubearbeitung war nicht möglich, da
der Druck möglichst rasch in Angriff genommen werden sollte.

    Die Unterbringung von zusätzlichen Arbeiten in Form von Er-
gänzungen am Schluss des Buches ist unvorteilhaft, weil dadurch der
Überblick wesentlich beeinträchtigt wird und zusammengehörige Kapitel
an verschiedenen Stellen des Buches vorkommen. Eine vollkommene
Neubearbeitung des Buches, bei der der gesamte Stoff wieder einheitlich gegliedert ist und neue technische Erkenntnisse an den
im Gesamtrahmen passenden Stellen untergebracht sind mit ausführlicher
Behandlung aller neu hinzukommenden Erkenntnisse ist noch in Bearbeitung. Es ist zu hoffen, dass es in absehbarer Zeit möglich
sein wird, diese Neufassung als 3. Auflage zunächst in deutscher
Sprache und anschliessend in englischer Sprache erscheinen zu lassen.

    In dieser neuen Auflage wird das Gebiet der Gasturbinen eine
ausführliche Behandlung erfahren. Ausserdem werden auch die thermodynamischen und praktischen Grundlagen für Strahltriebwerke eingehend
behandelt.

Prof. Dr.-Ing. F.A.F. Schmidt

Garmisch, im Januar 1946

Vorwort zur zweiten Auflage.

Während der wenigen Jahre, die seit der Herausgabe der ersten Auflage vergangen sind, hat unter dem Einfluß des Krieges eine sehr rasche Weiterentwicklung der Motoren stattgefunden. Daher haben sich erhebliche Leistungssteigerungen der Motoren und Verbesserungen insbesondere bei der Ausnutzung der Abgasenergie ergeben. Auch die Forschung auf dem Gebiete der Verbrennungsvorgänge hat zu neuen Erkenntnissen geführt. Da die Änderung des Textes bei der Herausgabe der zweiten Auflage drucktechnisch zu große Schwierigkeiten bereitet hätte, wurden die Fortschritte der Technik durch Ergänzungen am Schluß des Buches berücksichtigt. Druckfehler sind teils im Text, teils in einem besonderen Verzeichnis berichtigt.

Da die thermodynamischen Grundlagen keine Veränderungen erfahren haben, war eine wesentliche Erweiterung oder Umänderung des entsprechenden Teiles nicht erforderlich. Soweit eine Veröffentlichung möglich war, wurden im Anhang der zweiten Auflage des Buches neue Erkenntnisse verwertet und Fortschritte berücksichtigt.

Außer den schon in der ersten Auflage genannten Mitarbeitern danke ich auch den Herren Dipl.-Ing. *P. Giertz*, Dr.-Ing. *E. Gnam* und Dr. phil. *H. Zeise* für ihre Mitarbeit, außerdem Fräulein *M. Gutschow* für ihre Mitarbeit bei der Korrektur des Buches. Dem Verlag Springer danke ich für die sorgfältige Ausführung des Buches, die er trotz der durch den Krieg bedingten Schwierigkeiten ermöglicht hat.

Bei der Berechnung von Vorgängen bei Überladung und Aufladung von Motoren hat sich vielfach der Mangel an IS-Diagrammen störend bemerkbar gemacht, weil die rechnerische Ermittlung wesentlich zeitraubender ist. Um derartige thermodynamische Berechnungen zu erleichtern, sind am Schluß des Buches für die wichtigsten Fälle in einem handlichen Format von *P. Giertz* berechnete und gezeichnete IS-Diagramme für Verbrennungsgase eingeheftet.

Berlin, im Oktober 1944.

FRITZ A. F. SCHMIDT

Vorwort zur ersten Auflage.

Das vorliegende Buch ist im wesentlichen in Anlehnung an die von mir an der Technischen Hochschule, Berlin, gehaltenen Vorlesungen über „Thermodynamik überladener Motoren", „Thermodynamik der Flugmotoren und Abgasturbinen" und „Höhere Thermodynamik" entstanden. Die bisher vorliegenden Werke, die ähnliche Gebiete behandeln, insbesondere die allgemeinen Bücher über Verbrennungsmotoren, befassen sich vorwiegend mit der allgemeinen Theorie der Verbrennungskraftmaschinen oder mit konstruktiven Fragen aus diesem Gebiete. Heute stehen die Forderungen nach Leistungssteigerung und Verbesserung der Wirtschaftlichkeit und damit zusammenhängend die Probleme der Beherrschung der thermischen Beanspruchung und des Zündungs- und Verbrennungsvorganges im Vordergrund.

Im vorliegenden Buche sind vor allem diese Fragen auf gedrängtem Raum nach dem neuesten Stande behandelt. Bei der Bearbeitung der allgemeinen Theorie des Verbrennungsmotors wurden die neuen Ergebnisse auf physikalischem Gebiet, insbesondere die verbesserten spezifischen Wärmen, die Ergebnisse über das Dissoziationsgleichgewicht u. a., berücksichtigt. Besonderes Gewicht wurde auf eine gründliche Behandlung der Probleme der Überladung sowohl mit mechanisch angetriebenem Lader als auch mit Turbolader gelegt, da Arbeiten aus diesem Gebiete im Schrifttum bisher nur verstreut in Aufsätzen veröffentlicht wurden. Die Theorie des Flugmotors wurde ebenfalls unter Berücksichtigung der Aufladung und Überladung behandelt. Um den Umfang des Buches gering zu halten, wurden Spezialprobleme zum Teil weniger ausführlich behandelt; an diesen Stellen wurden entsprechende Schrifttumhinweise gebracht.

Die Theorie des Verbrennungsmotors ist sowohl für den Studierenden im höheren Semester als auch für den Ingenieur in der Praxis, insbesondere für den Versuchsingenieur, von Interesse. Deshalb wurde bei der Abfassung die Kenntnis der elementaren Gesetze der Thermodynamik und der Grundbegriffe des Motorenbaus vorausgesetzt, so daß die Lektüre für jeden Leser mit einfacher technischer Vorbildung keine Schwierigkeiten bereiten dürfte. Da im allgemeinen ein derartiges Buch nicht zusammenhängend gelesen wird, sind die Kapitel so weitgehend unterteilt und in sich abgeschlossen dargestellt, daß die Unterrichtung über ein bestimmtes Einzelproblem an Hand des betreffenden Abschnittes möglich ist. Diejenigen Stellen des Buches, die zum Verständnis eines bestimmten Kapitels erforderlich sind, wurden durch entsprechende Hinweise jeweils angegeben. Um die praktische Anwendbarkeit des Buches zu erweitern, wurden zahlreiche Zahlenangaben in Tabellen- und Kurvenform aufgenommen.

Die theoretischen Betrachtungen werden zum Teil an Hand von Berechnungsbeispielen erläutert. Man könnte eine große Zahl solcher Beispiele, die den in der Praxis vorkommenden Fällen entsprechen, bringen. Es wurde jedoch hier ein anderer Weg beschritten, und zwar wurden zur Veranschaulichung derartiger thermodynamischer Berechnungen einige wenige umfassende Beispiele, die sehr viele Zahlenangaben enthalten, gewählt. Als Teilrechnungen sind darin zahlreiche praktisch vorkommende Berechnungen enthalten.

Es war nicht möglich, in das Schrifttumverzeichnis alle einschlägigen Arbeiten aufzunehmen; deshalb wurden nur diejenigen Arbeiten erwähnt, die in unmittelbarem Zusammenhang mit den behandelten Themen stehen oder auf die im Text Bezug genommen ist. Viele wertvolle Arbeiten mußten im Verzeichnis unberücksichtigt bleiben.

Der Deutschen Versuchsanstalt für Luftfahrt, E. V., insbesondere deren Leiter, Herrn Dr.-Ing. F. SEEWALD, danke ich für die Förderung bei der Herausgabe dieses Werkes. Die in dem Buche mitgeteilten Versuchsergebnisse und Berechnungen stammen zum Teil aus Studien- und Diplomarbeiten, vorwiegend aber aus Arbeiten von Mitarbeitern des Verfassers, insbesondere der Herren Dr. phil. E. CZERLINSKY, Dipl.-Ing. W. FRANKE, Dipl.-Ing. H. JUNG, Dipl.-Ing. P. KORNACKER, Dipl.-Ing. H. KRESS, Dipl.-Ing. H. PAULING und Dipl.-Ing. CHR. SCHÖRNER. Den Herren Dr.-Ing. H. KÜHL und Dr.-Ing. M. SCHEUERMEYER bin ich für ihre wertvolle Mitarbeit, insbesondere bei der Berechnung der Beispiele und bei der Korrektur des Buches, zu besonderem Dank verpflichtet. Auch der Verlagsbuchhandlung Julius Springer danke ich für die sorgfältige Ausführung und die verständnisvolle Bearbeitung des Buches.

Berlin, im August 1939.

FRITZ A. F. SCHMIDT

Inhaltsverzeichnis.

Anhang.

Ergänzungen.

Fehlende Abbildungen siehe Nachtrag.

Berichtigungen.

Seite 24, Zeile 17: R = 29,27 [m/Grad] statt [mkg/Grad].

Seite 24, Zeile 13: V_1 in m³/kg statt V_1 in m³.

Seite 30, Zeile 16: $A\Re \ln \dfrac{v_1}{v_2}$ statt $AR \ln \dfrac{v_1}{v_2}$

Seite 131, dritte Zeile von unten: Wärmewert der Arbeitsfläche anstatt: Arbeitswert der Fläche.

Seite 145, oben, 3. Zeile: Hinweis muß heißen [H 26].

Seite 147, Legende zu Abb. 97a: Hinweis muß heißen [H 28].

Seite 148, das gezeigte Kennfeld in Abb. 97b bezieht sich nicht auf einen Flugmotorenlader.

Seite 149, Hinweise Mitte der Seite müssen heißen: [H 26 und H 28].

Seite 181, Zeile 1: x statt z.

Seite 189, in der Unterschrift der Abb. 124 lies: P-V Diagramm statt p-V Diagramm.

Seite 190, in der Unterschrift der Abb. 125 lies: P-V Diagramm statt p-V Diagramm.

Seite 193, Hinweis Mitte der Seite muß heißen: [H 26].

Seite 194, Zeile 12: kinetische statt chinetische.

Seite 273, Formel Zeile 3 und Zeile 6: N_L statt N.

Einleitung.

Versuche mit dem Ziel, in Maschinen aus der Verbrennung von
Pulver dauernd mechanische Arbeit zu gewinnen, reichen bis in das
17. Jahrhundert zurück. Die dauernde Gewinnung mechanischer Arbeit
in großem Maßstabe war erstmals durch die *mittelbare* Arbeitsgewinnung
aus der Verbrennungswärme von Kohle in der Dampfmaschine Ende
des 18. Jahrhunderts gelungen.

Die *unmittelbare* Verwendung der bei der Verbrennung entstehenden
heißen Gase zur Arbeitsleistung hat erst bedeutend später zu Erfolgen
geführt und wurde erstmals mit der Lénoirschen Gasmaschine („Feuer-
maschine") im Jahre 1860 erreicht. Für die Entwicklung dieser Maschine
waren durch die Erfahrungen, die aus dem Dampfmaschinenbau schon
vorlagen, besonders in bezug auf die Konstruktion[1], wichtige Voraussetzungen gegeben. Auch das Arbeitsverfahren der Lénoirschen Gasmaschine wurde in Anlehnung an den Arbeitsvorgang in der Dampfmaschine entwickelt. Im Totpunkt wurde vom zurückgehenden Kolben
während eines Teiles des Hubes Gas angesaugt und etwa in Hubmitte
zur Entzündung gebracht. Die Entspannung nach der durch die Verbrennung erzielten Drucksteigerung auf etwa 4 bis 5 atü wurde in demselben Arbeitshub zur Arbeitsabgabe an den Kolben verwendet. Mit
diesem Verfahren war also nur eine teilweise Füllung des Zylinder-
raumes mit brennbarem Gemisch möglich. Wegen der schlechten
Gemischbildung und wegen des geringen Dehnungsverhältnisses trat
Nachbrennen auf, das hohe Abgastemperaturen zur Folge hatte. Die
mit dieser Maschine erreichte Nutzleistung entsprach nur etwa 3 bis
4 vH des mechanischen Wärmeäquivalentes des Heizwertes (Nutzwirkungsgrad $\eta_e = 3 \div 4$ vH).

Ein wesentlicher Fortschritt im Arbeitsverfahren wurde mit dem
Flugkolbenmotor nach Otto und Langen (1867/68) insofern erreicht,
als ein besseres Dehnungsverhältnis vorhanden war. Bei diesem Motor
wurde in einem senkrecht aufgestellten Zylinder Gemisch angesaugt
und entzündet. Dadurch wurde der Kolben emporgeschleudert. Infolge
der kinetischen Energie des Kolbens wurde nicht nur eine vollständige

---

[1] Die Maschine wurde als doppeltwirkende Kolbenmaschine mit Kurbeltrieb gebaut.

Dehnung, sondern sogar eine Dehnung unter den Gegendruck erreicht. Die bei der Dehnung frei werdende Arbeit wurde vom Kolben aufgenommen, der entgegen der Schwerkraft und dem unter ihm schließlich auftretenden Unterdruck gehoben wurde. Beim Zurückfallen des Kolbens wurde die so gespeicherte Arbeit über eine Zahnstange auf eine Welle mit Schwungrad übertragen. Der Umweg über die Zahnstange wurde deshalb gewählt, weil man mit Rücksicht auf die schlechten Erfahrungen mit dem Kurbeltrieb des Lénoirmotors harte Stöße durch die „Explosionen" befürchtete. Aus Untersuchungen über den Flugkolbenmotor geht hervor, daß schon Wirkungsgrade (η_e) von über 10 vH erzielt wurden.

Weitere grundsätzliche Verbesserungen des Arbeitsverfahrens wurden durch Verdichtung des brennbaren Gemisches im Zylinder erreicht. Vorschläge zur Verdichtung des Gemisches vor der Verbrennung wurden in verschiedenen Schriften und Patenten schon lange vor dem Bau der ersten Viertaktmaschinen gemacht. Mit Einführung des Viertaktverfahrens (in den Jahren 1873 bis 1883) wurde auch die Gemischverdichtung praktisch verwirklicht.

Mit den ersten Maschinen dieses Verfahrens wurden bei etwa 2,5facher Verdichtung Wirkungsgrade (η_e) von 10 bis 12 vH erzielt. Durch Anwendung höherer Verdichtung konnte eine weitere wesentliche Verbesserung des Kraftstoffverbrauches — allerdings bei Erhöhung der Arbeitsdrücke — erreicht werden. Schon im Jahre 1894 wurden Versuchsergebnisse mit Wirkungsgraden (η_e) von 20 bis 26 vH bekannt. Mit der Einführung der Verdichtung war das Arbeitsverfahren, auf dem die Weiterentwicklung des gesamten Motorenbaus aufgebaut war, im wesentlichen gegeben.

Die Entwicklung der Verbrennungskraftmaschinen hat nach den ersten Anfängen einen sehr raschen Aufschwung genommen. Bei Beginn der Entwicklung wurden hauptsächlich Gasmaschinen gebaut, erst später wurde der Bau von Verbrennungskraftmaschinen für flüssige Kraftstoffe aufgenommen.

Eine weitere Verbesserung des Arbeitsverfahrens im Hinblick auf die Erzielung geringen Verbrauchs wurde durch die Erfindung des Dieselmotors durch RUDOLF DIESEL[1] erreicht. Mit diesem Verfahren werden neuerdings Wirkungsgrade (η_e) über 40 vH erzielt. DIESEL beabsichtigte mit seiner Erfindung, ein Arbeitsverfahren einzuführen, bei dem nach einer adiabatischen sehr hohen Verdichtung Kraftstoff in die verdichtete Luft derart eingespritzt werden sollte, daß die Verbrennung im Zylinder bei annähernd konstanter Temperatur stattfindet. Anschließend sollte eine adiabatische Dehnung der Gase folgen. Bei der

---

[1] Das Ergebnis der theoretischen Untersuchungen wurde von DIESEL im Jahre 1893 in einer Druckschrift veröffentlicht. S. auch Fußnote 1 S. 41.

praktischen Durchführung ergab sich ein etwas anderes Arbeitsverfahren, bei dem die Verbrennung des Kraftstoffes nach Selbstzündung bei annähernd konstantem Druck angestrebt wurde. Diese „Gleichdruckverbrennung", die lange Zeit das Ziel des Arbeitsverfahrens des Dieselmotors war, wurde später zugunsten einer Verbrennung mit gleichzeitiger Drucksteigerung wieder verlassen.

A. Allgemeine Thermodynamik der Verbrennungsmotoren.

Theoretische Möglichkeiten der Erzeugung mechanischer Arbeit aus der Wärmeenergie des Kraftstoffes[1].

Ein Überblick über die geschichtliche Entwicklung der Motoren zeigt, daß die erreichbaren Leistungen und Verbrauchszahlen von Verbrennungskraftmaschinen in erster Linie vom Arbeitsverfahren abhängig sind und von der Güte der Ausführung der Maschine im allgemeinen weniger beeinflußt werden. Daher tritt die Frage auf, mit welchem Verfahren mit einer bestimmten Kraftstoffmenge die größtmögliche Arbeitsausbeute erreicht werden kann und wie groß diese Arbeit ist. Für die thermodynamische Untersuchung dieser Frage ist es belanglos, ob die Maschine, die diesen Bedingungen genügt, praktisch gebaut werden kann, da die theoretische Berechnung hauptsächlich als Vergleichsbasis von Wert ist.

Auf Grund thermodynamischer Berechnungen kann die größte je Gewichtseinheit des Kraftstoffes gewinnbare Arbeit und damit der geringste mögliche Kraftstoffverbrauch, bezogen auf die Einheit der Leistung, zahlenmäßig ermittelt werden. Für die höchsten erreichbaren Leistungen, bezogen auf eine bestimmte Maschinengröße, können jedoch keine eindeutigen Grenzwerte angegeben werden, da hierfür die zulässige Drehzahl, weiterhin die Stoffeigenschaften im Zusammenhang mit der Gestaltung der Maschine, insbesondere die Kraftstoffeigenschaften, die Schmierstoffeigenschaften, die Warmfestigkeit der Werkstoffe u. a. ausschlaggebend sind.

Nach der Bestimmung der maximal erreichbaren Arbeit und des hierfür erforderlichen Arbeitsverfahrens ist die Frage zu beantworten, welches praktisch durchführbare Verfahren die günstigste Kraftstoffausnutzung gestattet. Schließlich ist festzustellen, welche Arbeitsausbeute mit den üblichen Arbeitsverfahren maximal erreichbar ist.

---

[1] Im technischen Schrifttum wurde neuerdings der Ausdruck „Kraftstoff" für Brennstoffe, die in Verbrennungsmotoren Verwendung finden, eingeführt.

Die maximale Arbeit, die aus einer bestimmten Kraftstoffmenge theoretisch gewinnbar ist, kann auf Grund einer von GOUY und STODOLA aufgestellten Formel ermittelt werden. Die Formel und ihre Ableitung sind im Anhang (S. 293 f.) wiedergegeben. Die Arbeiten, die mit dieser Formel errechnet werden, unterscheiden sich bei den meisten Kraftstoffen nur sehr wenig vom Heizwert. Die Unterschiede liegen meist in der Größenordnung von einigen Prozenten. In vielen Fällen, insbesondere bei der Verbrennung fester und flüssiger Kraftstoffe, ist die Berechnung der maximalen Arbeit noch nicht mit ausreichender Genauigkeit möglich, da die hierfür erforderlichen Absolutwerte der Entropie noch nicht mit genügender Genauigkeit vorliegen.

Die maximale Arbeitsausbeute ist nur erreichbar, wenn der gesamte Arbeitsprozeß einschließlich der Verbrennung umkehrbar geleitet wird. Nicht umkehrbare Vorgänge, wie Drosselung, Reibung, Wirbelung und Wärmeübergang an die Wände dürfen nicht auftreten. Weiterhin muß der arbeitende Körper auf umkehrbarem Wege auf Druck und Temperatur der Umgebung gebracht werden und so die Maschine verlassen. Ein Beispiel für ein derartiges Verfahren ist ein von VAN T'HOFF angegebener Prozeß, bei dem die chemische Umsetzung im Gleichgewichtszustand stattfindet und die Zufuhr und Entfernung der reagierenden Stoffe und der Reaktionsprodukte durch halbdurchlässige Wände erfolgt [A 7][1].

Tatsächlich ist es nicht möglich, irgendeine Maschine zu bauen, die annähernd derartigen Anforderungen entspricht, insbesondere ist mit dem Verbrennungsvorgang, der nicht umkehrbar erfolgt, ein sehr großer Verlust verbunden. Die praktische Verwirklichung einer verlustlosen Maschine wird auch deshalb nicht möglich sein, weil die Forderungen hierfür mit einer raschen Arbeitsgewinnung nicht vereinbar sind. Die hohen Umsetzungsgeschwindigkeiten, die bei der Maschine erforderlich sind, treten nur bei Vorgängen auf, die nicht umkehrbar verlaufen. Die Geschwindigkeit der Vorgänge im Motor ist im allgemeinen um so größer, je weiter entfernt der Anfangszustand vom Gleichgewichtszustand ist, also je stärker die Nichtumkehrbarkeit des Vorganges in Erscheinung tritt. Dementsprechend werden auch die Verluste groß. Diese Betrachtung läßt sich in erster Linie auf Verbrennungsvorgänge, weiterhin auch auf Drossel- und Wärmeübergangsvorgänge anwenden.

Die tatsächlich mit den besten Verbrennungskraftmaschinen erreichbare mechanische Arbeit entspricht im günstigsten Fall nur etwa 40 vH des mechanischen Wärmeäquivalentes des Heizwertes. Der Unterschied gegenüber der maximalen Arbeit entspricht den Verlusten durch nicht umkehrbare Vorgänge.

---

[1] Die in eckigen Klammern angegebenen Zeichen beziehen sich auf das Schrifttumverzeichnis auf S. 310.

I. Theoretische und versuchsmäßige Grundlagen für den Arbeitsvorgang im Motor.

1. Theoretische Vorausberechnung der Vorgänge im Motor.

a) Allgemeines.

Die Vorgänge im Motor werden von einer großen Zahl physikalischer und chemischer Vorgänge beeinflußt, deren Zusammenwirken in ihrer Gesamtheit einer Berechnung schwer zugänglich ist. Der Wärmeaustausch während der Verdichtung, die Vorgänge beim Einsetzen der Verbrennung, die Verbrennung selbst, der Wärmeaustausch zwischen Gas und Wand während der Verbrennung und der Einfluß der Gemischbildung und des Verdampfungsvorganges beim Ottomotor oder des Einspritzvorganges beim Dieselmotor bedingen eine Beeinflussung des Gesamtablaufs des Arbeitsprozesses, die durch Aufteilung und getrenntes Studium der einzelnen Einflüsse geklärt werden kann. Deshalb ist es vorteilhaft, das Verhalten des Motors bei Ausscheidung weniger wichtiger Einflüsse unter vereinfachten Annahmen zu studieren. Als brauchbarstes Hilfsmittel dafür hat sich die Einführung von Vergleichsprozessen erwiesen. Mit Hilfe des Prozesses einer idealisierten Maschine, der einer genauen Berechnung zugänglich ist, können die grundsätzlichen Eigenschaften des Arbeitsverfahrens der Maschine ermittelt werden, die ähnlich auch bei der ausgeführten Maschine in Erscheinung treten. Beispielsweise kann durch Veränderung der gewählten Voraussetzungen der Rechnung, z. B. durch verschiedene Wahl des Verdichtungsverhältnisses, der Luftüberschußzahl und der Höchstdrücke, u. a. das Verhalten der vollkommenen Maschine ermittelt werden und mit dem Verhalten der ausgeführten Maschine bei Änderung derselben Größen verglichen werden. Daher ist es zweckmäßig, die Voraussetzungen für den Vergleichsprozeß so weitgehend dem tatsächlichen Prozeß der Maschine anzugleichen, als es die Einfachheit und die Übersichtlichkeit der Rechnung und der Ergebnisse erlaubt. Die Ergebnisse sind zur Beurteilung der tatsächlichen Vorgänge im Motor um so mehr geeignet, je besser der Vergleichsprozeß dem Prozeß im wirklichen Motor entspricht und je genauer die physikalischen Gesetze berücksichtigt werden.

Für den Vergleichsprozeß wird folgendes Verfahren angenommen: Vor der Verbrennung erfolgt eine adiabatische Verdichtung der Luft oder des brennbaren Gemisches und anschließend an die Verbrennung eine adiabatische Dehnung der Verbrennungsprodukte. Die größte Arbeitsausbeute und damit der günstigste Wirkungsgrad wird mit diesem Prozeß erreicht, wenn die Verbrennung am Ende der Verdichtung bei konstantem Volumen erfolgt. Man kommt zu diesem Ergebnis auch ohne Rechnung, wenn man sich zur Vereinfachung die Verbrennung durch eine Wärmezufuhr ersetzt denkt und den gesamten Arbeitsprozeß durch Adiabaten in eine große Zahl von Teilprozessen zerlegt, deren Wärmezufuhr jeweils unendlich klein gewählt wird. Man kann dann jeden dieser Teilprozesse einem Carnotprozeß gleichsetzen. Der Wirkungsgrad jedes dieser Carnotprozesse wird um so günstiger, je höher seine Verdichtung ist. Somit wird für den gesamten Prozeß die Arbeitsausbeute am günstigsten, wenn die Wärmezufuhr jedes Teilprozesses im oberen Totpunkt, d. h. wenn die Wärmezufuhr für den ganzen Prozeß bei konstantem Volumen erfolgt. Die Beendigung der Dehnung und damit das Dehnungsverhältnis ist durch die jeweilige konstruktive Ausführung des Motors gegeben. Beim Freikolbenmotor oder auch beim Flugkolbenmotor (S. 1) ist eine weitgehende Dehnung bis in die Nähe des Gegendruckes oder auch bis unter den Gegendruck möglich. Beim Motor mit Kurbelgetriebe ist jedoch das Dehnungsverhältnis durch den Hub gegeben, so daß bei dem üblichen Verfahren, bei dem das Dehnungsverhältnis gleich dem Verdichtungsverhältnis ist, die Dehnung nicht bis auf den Gegendruck fortgesetzt werden kann. Wegen der unvollständigen Dehnung

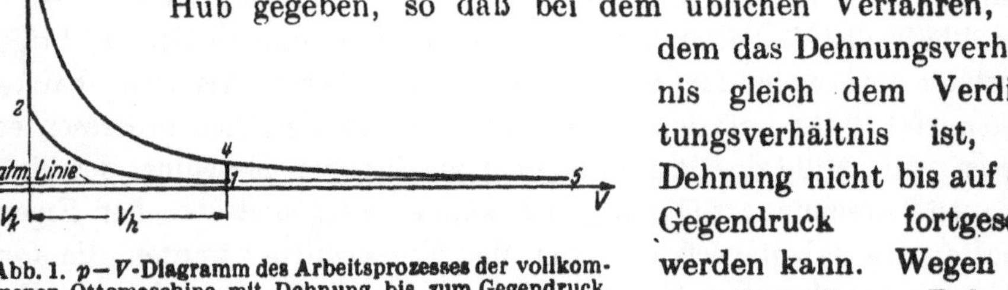

Abb. 1. $p-V$-Diagramm des Arbeitsprozesses der vollkommenen Ottomaschine mit Dehnung bis zum Gegendruck.

entsteht ein Verlust, der der Arbeitsfläche *4--5—1—4* in Abb. 1 entspricht. Es ist zwar prinzipiell möglich, in einer Verbundmaschine die Dehnung noch weiter fortzusetzen, jedoch haben die bisherigen Versuche in dieser Richtung noch nicht zu praktisch brauchbaren Ergebnissen geführt. Deshalb wird bei der Festlegung des Vergleichsprozesses nur eine Dehnung bis zum unteren Totpunkt zugrunde gelegt. Man erhält damit als Prozeß des vollkommenen Verbrennungsmotors einen Arbeitsvorgang entsprechend Fläche *1—2—3—4—1* in Abb. 1.

Die Richtung, in der sich die Wirkungsgrade dieses Prozesses bei Veränderung der Voraussetzungen ändern — aber nicht die Größe der Wirkungsgrade —, kann man sich in erster Annäherung durch einen vereinfachten *Vergleichsprozeß* vergegenwärtigen, bei dem man sich den Gesamtprozeß *mit Luft* durchgeführt denkt und die Verbrennung durch eine Erwärmung, den Auslaßvorgang durch eine Abkühlung der Luft ersetzt. Zur Ermittlung von Zahlenwerten der Wirkungsgrade ist dieses Verfahren jedoch ungeeignet, wie später noch gezeigt wird. Wird der Gesamtkreisprozeß umkehrbar durchgeführt — die Abkühlung und Erwärmung muß dann sehr langsam erfolgen —, so kann die im $T-S$-Diagramm durch den Kreisprozeß umschriebene Fläche der geleisteten Arbeit gleichgesetzt werden.

An Hand eines derartigen Prozesses kann der Einfluß einer Verdichtung vor der Verbrennung diskutiert werden. In Abb. 2 ist der motorische Prozeß ohne Verdichtung (*a*) dem mit Verdichtung (*b*) gegenübergestellt. In Abb. 2b sind 2 Prozesse mit verschiedener Verdichtung wiedergegeben. Die zugeführte Wärmemenge ist bei allen dargestellten Prozessen gleich groß angenommen. Sie kann im $T-S$-Diagramm als Fläche wiedergegeben werden und entspricht beim Prozeß

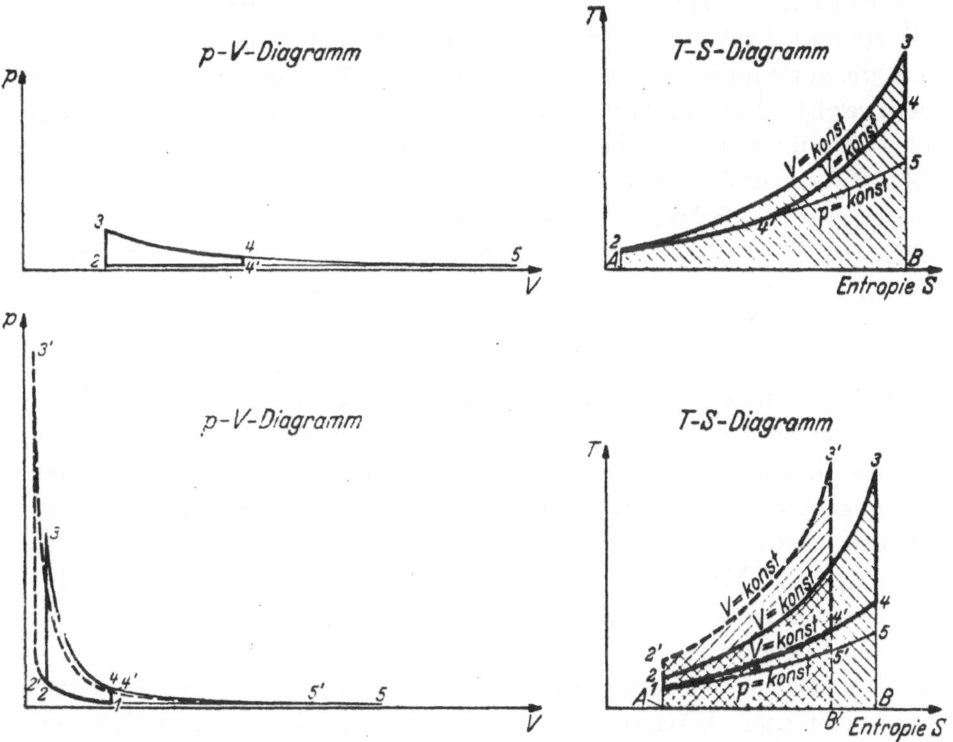

Abb. 2. Darstellung von Arbeitsprozessen mit (b) und ohne (a) Vorverdichtung im $T-S$- und $p-V$-Diagramm.

ohne Verdichtung der Fläche $A-2-3-B-A$, beim Prozeß mit Verdichtung $A-2-3-B-A$ (geringe Verdichtung) bzw. $A-2'-3'-B'-A$ (höhere Verdichtung). Nach dem ersten Hauptsatz der Thermodynamik kann die gewonnene technische Arbeit aus der Differenz der zu- und abgeführten Wärme ermittelt werden. Die abgeführte Wärmemenge entspricht im $T-S$-Diagramm der Fläche $A-2-4'-4-B-A$ (beim Prozeß ohne Verdichtung) bzw. $A-1-4-B-A$ (beim Prozeß mit geringer Verdichtung). Bei umkehrbaren Kreisprozessen kann auch die gewonnene Arbeit im $T-S$-Diagramm dargestellt werden. Sie entspricht in dem in Abb. 2a dargestellten $T-S$-Diagramm dem mechanischen Äquivalent der durch die Fläche $2-3-4-4'-2$ im Wärmemaß dargestellten Arbeit. In Abb. 2b ist die Arbeit analog durch die Flächen $1-2-3-4-1$ bzw. $1-2'-3'-4'-1$ dargestellt. Im

$p-V$-Diagramm sind die entsprechenden Arbeitsflächen mit den gleichen Zahlen bezeichnet. Da die zugeführte Wärmemenge gleich groß angenommen wurde, wird die gewonnene Arbeit um so größer, je geringer die abgeführte Wärmemenge ist. Der Vergleich der Flächen zeigt, daß die abgeführte Wärmemenge beim Prozeß mit hoher Verdichtung am geringsten ist, so daß die Arbeitsausbeute in diesem Fall am größten wird. Beim Prozeß mit der geringeren Verdichtung (Abb. 2 b) ist die abgeführte Wärmemenge entsprechend der Fläche $B'-4'-4-B-B'$ (im $T-S$-Diagramm) größer als beim Prozeß mit der höheren Verdichtung, so daß die gewonnene Arbeit entsprechend dem Wärmewert dieser Fläche geringer ist. Noch größer ist die abgeführte Wärmemenge beim Prozeß ohne Verdichtung (Fläche $A-2-4'-4-B-A$ im $T-S$-Diagramm Abb. 2a), so daß in diesem Falle auch die gewonnene Arbeit noch geringer ist. Die Betrachtung des vereinfachten Kreisprozesses gestattet auch eine Beurteilung des Verlustes durch die unvollständige Dehnung. Dieser Verlust entspricht in Abb. 2a sowohl im $p-V$-Diagramm als auch im $T-S$-Diagramm der Fläche $4-5-4'-4$, in Abb. 2b der Fläche $4-5-1-4$ bzw. $4'-5'-1-4'$. Er wird um so geringer, je größer das Dehnungsverhältnis ist. Beginnt die Verdichtung im unteren Totpunkt, so wird das Verdichtungsverhältnis gleich dem Dehnungsverhältnis. In diesem Falle wird also der Verlust durch die unvollständige Dehnung um so geringer, je höher die Verdichtung gewählt wird. Er ist beispielsweise beim Prozeß mit der geringeren Verdichtung entsprechend der Fläche $4'-4-5-5'-4'$ größer als beim Prozeß mit der höheren Verdichtung. Ähnliche Folgerungen lassen sich auch aus der zahlenmäßigen Berechnung der Prozesse ziehen. Der Wirkungsgrad η des beschriebenen vereinfachten Kreisprozesses mit Luft bei Annahme konstanter spez. Wärmen und Wärmezufuhr bei konstantem Volumen an Stelle der Verbrennung ergibt sich aus dem ersten Hauptsatz der Thermodynamik zu:

$$\eta = 1 - \varepsilon^{\varkappa - 1},$$

wenn $\varepsilon = \dfrac{V_k}{V_h + V_k}$ gesetzt wird[1] und $\varkappa =$ Exponent der adiabatischen Verdichtung.

Die Absolutwerte der mit dieser Formel errechneten Wirkungsgrade η werden aber viel zu hoch, weil das starke Anwachsen der spez. Wärmen mit der Temperatur (siehe Anhang, S. 295 ff.) in der Formel nicht berücksichtigt ist[2]. Die praktisch wichtige Tatsache, daß die Höchstleistung

---

[1] Siehe Anhang, Verzeichnis der verwendeten Formelzeichen (S. 302 ff.).

[2] Es ist vielfach üblich, für $\varkappa$ einen mittleren Wert zu verwenden, mit dem die Verschiedenheit der spez. Wärmen annähernd berücksichtigt werden kann, so daß auch die Absolutwerte des errechneten Wirkungsgrades den tatsächlichen Verhältnissen näherkommen. In diesem Fall wird auch der Einfluß überschüssiger Luft annähernd richtig wiedergegeben.

bei geringem Luftüberschuß und der beste Verbrauch bei höherem
Luftüberschuß erreicht werden, kommt in dieser Formel nicht zum
Ausdruck[1]. Deshalb ist zur zahlenmäßigen Beurteilung von Wirkungsgraden eine genauere Rechnung erforderlich. Um den theoretischen
Arbeitsprozeß möglichst weitgehend den tatsächlichen Vorgängen anzu-
passen, ist eine Berücksichtigung der Veränderung der spez. Wärmen
mit der Temperatur, der Veränderung der Gaszusammensetzung während der Verbrennung und der Dissoziation erforderlich. Bei motorischen
Arbeitsverfahren, bei denen der Kraftstoff erst während des Arbeitsspieles in den Zylinder eingeführt wird, ist auch die dadurch bedingte
Gewichtsänderung des arbeitenden Gases zu berücksichtigen. Die
Rechnung wird dadurch zwar komplizierter, jedoch wird die Übersichtlichkeit der Ergebnisse dadurch nicht beeinträchtigt. Die Unterschiede
der genauen Rechnung gegenüber den Ergebnissen der obenstehenden Formel sind sehr groß, wie folgendes Beispiel zeigt: Bei einem
Verdichtungsverhältnis $\varepsilon = 1:6$ erhält man mit der obenstehenden vereinfachten Formel einen Wirkungsgrad $\eta = 51$ vH, während man bei
der Berücksichtigung der Dissoziation und der Veränderlichkeit der
spez. Wärmen für einen Motor mit Gemischverdichtung bei 10 vH Luftmangel einen Wirkungsgrad von 34,8 vH und bei 10 vH Luftüberschuß
einen Wirkungsgrad von 39,4 vH erhält. Die genauere Rechnung führt
offenbar zu einer ganz anderen Beurteilung der aus Versuchen am
ausgeführten Motor ermittelten Wirkungsgrade.

b) Ottomotor.

Die Bezeichnung Ottomotor wird im allgemeinen für Motoren
verwendet, die mit zeitlich gesteuerter Fremdzündung arbeiten[2]. Eine
einheitliche Festlegung des Begriffes liegt jedoch noch nicht vor.
Zum Teil wird die Fremdzündung, zum Teil die Gemischverdichtung
allein oder beides als wesentliches Merkmal angesehen. Eine genaue
Definition gewinnt jedoch nur in Grenzfällen Bedeutung, beispielsweise beim Glühkopfmotor, bei dem die Zündung im wesentlichen
durch eine glühende Schale erfolgt, oder beim Hesselmannmotor, bei
dem zwar Fremdzündung vorliegt, jedoch nicht Gemisch, sondern
Luft verdichtet wird. Für die thermodynamische Rechnung ist hauptsächlich von Bedeutung, ob Gemisch verdichtet wird oder ob die Einspritzung des Kraftstoffes erst in der Nähe des oberen Totpunktes erfolgt.

Da die günstigste Kraftstoffausnutzung in einer Kolbenmaschine
bei Verbrennung bei konstantem Volumen erreicht wird, soll folgende

---

[1] Vgl. Fußnote 2 S. 8.
[2] Vgl. Definition S. 303.

Prozeß[1] des idealen Ottomotors angenommen werden: Adiabatische Verdichtung des Kraftstoff-Luft-Gemisches (entsprechend Zustandsänderung *1—2* in Abb. 1), Verbrennung bei konstantem Volumen[2] ohne Wärmeabgabe an die Wände (entsprechend Zustandsänderung *2—3* in Abb. 1), adiabatische Dehnung der Verbrennungsgase mit gleicher Hublänge wie bei der Verdichtung, also bis zum Anfangsvolumen (entsprechend Zustandsänderung *3—4* in Abb. 1), Ausströmen bei konstantem Volumen[3].

Solange die Temperaturänderungen nicht allzu groß sind (einige hundert Grad), ist im allgemeinen die Berechnung des Verdichtungs- und Entspannungsvorganges unter Zugrundelegung der Adiabatengleichung $pv^\varkappa = $ const als Annäherung genügend genau, wobei für $\varkappa$ ein mittlerer Wert für den in Frage kommenden Temperaturbereich einzusetzen ist. Erstrecken sich die Vorgänge über einen sehr weiten Temperaturbereich, so ist eine genauere Rechnung unbedingt vorzuziehen. Eine genaue Berechnung gestattet die von NUSSELT angegebene Form der Entropiegleichung, die die Veränderlichkeit der spez. Wärmen genau berücksichtigt. Die Ableitung der Gleichung ist im Anhang S. 269 wiedergegeben. Mit Rücksicht auf eine allgemeinere Verwendbarkeit (z. B. bei der Berechnung von Gleichgewichtskonstanten) wurde an Stelle der von NUSSELT eingeführten Funktion $f(T)$, die die Temperaturabhängigkeit der Entropie bei konstantem Volumen wiedergibt, eine ähnliche Funktion $\varphi(T)$ eingeführt, die sich von $f(T)$ um eine Konstante unterscheidet (s. auch S. 270 u. 303). Diese Werte für $\varphi(T)$ sind für die wichtigsten Gase in den Zahlentafeln 12 bis 17 S. 295ff. wiedergegeben. Bei bekannter Veränderung des Volumens lautet die Adiabatengleichung bei Einführung dieser Größe[4]:

$$\varphi(T_2) = \varphi(T_1) + A\,\Re\ln\frac{V_1}{V_2}.$$

---

[1] Dieser Prozeß soll „Prozeß des vollkommenen Ottomotors" genannt werden. Die Größen, die sich auf diesen Prozeß beziehen, werden mit dem Index v versehen. Die Festlegung dieses Prozesses ist willkürlich, so daß auch die Bezeichnung „Vergleichsprozeß" in Betracht käme. Diese Bezeichnung wurde jedoch zur Unterscheidung für den oben angeführten vereinfachten Prozeß mit Luft benutzt.

[2] Die Verbrennung bei konstantem Volumen setzt eine unendlich große Verbrennungsgeschwindigkeit voraus. Die Verbrennung erfolgt aber tatsächlich mit endlicher Verbrennungsgeschwindigkeit.

Die Vernachlässigung der endlichen Brennzeiten bedingt eine wesentliche Vereinfachung der Berechnung des Prozesses, so daß die Untersuchung einer großen Zahl von Beispielen möglich wird, und gestattet hierdurch in übersichtlicher Weise einen Vergleich verschiedener Maschinentypen und Betriebszustände.

[3] Von H. KÜHL [B, 2] wurde eine exakte Berechnung des Prozesses des vollkommenen Ottomotors unter Berücksichtigung der Dissoziation durchgeführt; Zahlenwerte wurden für die praktisch wichtigeren Fälle bestimmt.

[4] Da die Werte von $\varphi(T)$ für 1 Mol angegeben sind, ist für die Gaskonstante $\Re$ der Wert 848 ($A\Re = 1{,}986$) einzuführen.

Für eine Gasmischung lautet die entsprechende Gleichung:

$$\sum [\text{Molzahl} \cdot \varphi(T_2)] = \sum [\text{Molzahl} \cdot \varphi(T_1)] + \left(\sum \text{Molzahl}\right) A\Re \ln \frac{V_1}{V_2}$$

Ist nicht die Volumenänderung der Adiabate, sondern die Druckänderung bekannt, so erhält man die Beziehung[1]:

$$(Ms_{P=1})_{T_2} = (Ms_{P=1})_{T_1} + A\Re \ln \frac{P_2}{P_1}.$$

Der Wert

$$(Ms_{P=1})_T = \varphi(T) + A\Re \ln \Re T,$$

der die Temperaturabhängigkeit der Entropie bei konstantem Druck wiedergibt, ist ebenfalls in den Tabellen 12 bis 17 angegeben.

Bei der Berechnung des Verbrennungsvorganges ist auf die richtige Einführung der Wärmetönung zu achten. Geht man bei der Berechnung der Verbrennungstemperatur vom Zustand des unverbrannten Gases aus, so erhält man die Gesamtenergie nach der Verbrennung aus der Summe der Energie des Unverbrannten und der „chemischen Energie"[2]. Der Heizwert oder die Wärmetönung ist diejenige Wärmemenge, die bei Abkühlung der Verbrennungsprodukte auf die Ausgangstemperatur der Verbrennung frei wird. Daher kann die gesamte Energie nach der Verbrennung auch aus der Summe der Energie der Verbrennungsprodukte bezogen auf die Anfangstemperatur der Verbrennung und dem Heizwert errechnet werden. Führt man folgende Bezeichnungen ein:

H_v = Heizwert bei konstantem Volumen und 15° C,

H_{vT} = Heizwert bei konstantem Volumen und T° K,

E = chemische Energie je kg Kraftstoff,

U = innere Energie,

J = Wärmeinhalt (Enthalpie) eines brennbaren Gemisches bzw. der entstehenden Verbrennungsprodukte, wobei sich der Index

2 auf die Temperatur vor Beginn der Verbrennung,

3 auf die Verbrennungsendtemperatur,

$'$ auf den Zustand vor der Verbrennung,

$''$ auf den Zustand nach der Verbrennung bezieht,

dann erhält man für Verbrennung bei konstantem Volumen:

$$U_2'' + H_{v2} = U_3'' = U_2' + E,$$
$$E = H_{v2} + U_2'' - U_2'.$$

Für eine beliebige Temperatur T gilt[3]:

$$E = H_{vT} + U_T'' - U_T' = H_{pT} + J_T'' - J_T'.$$

Der Wert E entspricht dem hypothetischen Heizwert bei 0° K und ist ein konstanter Wert, wie sich leicht zeigen läßt [B, 7].

---

[1] Vgl. S. 270.

[2] Der Ausdruck wurde von Nusselt eingeführt.

[3] Unterschied zwischen H_p und H_v siehe Fußnote 1 S. 269.

Soll die innere Energie. nach der Verbrennung bei konstantem Volumen unter Benutzung des. Heizwertes errechnet werden, so ist folgende Beziehung zu verwenden:

$$U'_2 + E = U''_2 + H_{v2} = U''_3,$$

d. h. die Energie nach der Verbrennung erhält man aus der Summe der Energien der Verbrennungsprodukte, bezogen auf die Temperatur vor der Verbrennung, und dem Heizwert bei dieser Temperatur. Diese Berechnung entspricht sinngemäß dem Vorgang bei der experimentellen Bestimmung des Heizwertes. Da in der angegebenen Beziehung jeweils der auf die Temperatur des Verbrennungsbeginns bezogene, für jede Temperatur verschiedene Heizwert einzusetzen ist, ist es im allgemeinen zweckmäßiger, mit dem konstanten Wert der chemischen Energie zu rechnen.

Erfolgt die Verbrennung bei konstantem Druck, so ergibt sich eine andere Beziehung, weil während der Verbrennung Arbeit geleistet wird. Wenn keine Wärmeabgabe vorhanden ist, erhält man aus dem ersten Hauptsatz, bezogen auf 1 kg Kraftstoff:

$$U'_2 + E = U''_3 + A \cdot P_2(V''_3 - V'_2)$$

und unter Einführung des Wärmeinhaltes $J = U + APV$:

$$J'_2 + E = J''_3$$

In den meisten Fällen erfolgt der Verbrennungsvorgang jedoch unter gleichzeitiger Volumen- und Druckänderung, so daß während der Verbrennung äußere Arbeit geleistet wird, die dem Wert $\int\limits_{2}^{3} P\,dV = L_{2-3}$ entspricht. Wenn gleichzeitig die Wärmemenge $\sum Q$ an die Wand abgegeben wird, lautet die Energiegleichung folgendermaßen:

$$U'_2 + E = U''_3 + AL_{2-3} + \sum Q.$$

Nimmt man vollkommene Verbrennung an, dann würde bei Einführung der spez. Wärmen die Gleichung in der für die Zahlenrechnung brauchbaren Form folgendermaßen lauten[1]:

$$G_{\text{Luft}} \cdot c_v \Big|_0^{T_2}{}_{\text{Luft}} \cdot T_2 + G_{\text{Kraftst.}} \cdot c_{\text{Kraftst.}} \Big|_0^{T_2} \cdot T_2 + G_{\text{Kraftst.}} \cdot E = G_{\text{N}_2} \cdot c_v \Big|_0^{T_3}{}_{\text{N}_2} \cdot T_3$$

$$+ G_{\text{CO}_2} \cdot c_v \Big|_0^{T_3}{}_{\text{CO}_2} \cdot T_3 + G_{\text{O}_2} \cdot c_v \Big|_0^{T_3}{}_{\text{O}_2} \cdot T_3 + G_{\text{H}_2\text{O}} \cdot c_v \Big|_0^{T_3}{}_{\text{H}_2\text{O}} \cdot T_3 + AL_{2-3} + \sum Q.$$

---

[1] Die mittlere spez. Wärme $c\big|_0^T$ je kg Kraftstoff erhält man aus den in den Tabellen 12 bis 17 S. 295 angegebenen Werten, die sich auf 1 Mol beziehen, indem man diese Werte durch das Molekulargewicht des betreffenden Gases dividiert.

Die zahlenmäßige Berechnung setzt die Kenntnis der Gaszusammensetzung vor und nach der Verbrennung voraus. Aus der Zusammensetzung des unverbrannten Gemisches vor der Verbrennung kann die Zusammensetzung der Verbrennungsgase bei vollkommener Verbrennung mit Hilfe der chemischen Grundgleichungen einfach **ermittelt werden**. Die chemische Zusammensetzung der technischen Kraftstoffe, die aus sehr komplizierten, teilweise unbekannten Kohlenwasserstoffverbindungen bestehen, ist dabei ohne Bedeutung, es genügt die Kenntnis der Elementaranalyse[1]. Die Elementaranalyse gibt die Zusammensetzung nach Elementen, insbesondere den Kohlenstoff- und Wasserstoffgehalt — unabhängig von der jeweiligen gegenseitigen Bindung — an. Da der Kraftstoff im wesentlichen aus Kohlenwasserstoffen besteht, genügt im allgemeinen die Berücksichtigung des Kohlenstoff- und Wasserstoffgehaltes bei der Berechnung der Verbrennungsprodukte. Für genauere Rechnungen sind auch der Schwefelgehalt des Kraftstoffes und außer O_2 und N_2 die weiteren Bestandteile der Luft zu berücksichtigen.

Die Elementaranalyse gestattet keinen eindeutigen Rückschluß auf den Heizwert, da der Heizwert nicht gleich dem Heizwert des vorhandenen Kohlenstoffes + dem Heizwert des vorhandenen Wasserstoffes gesetzt werden kann. Für den Heizwert ist vielmehr die Art der gegenseitigen Bindung von Kohlenstoff und Wasserstoff in der Verbindung von Einfluß. Man ist jedoch in der Lage, mit Hilfe empirischer Formeln (z. B. mit der sog. Verbandsformel[2]) aus der Elementaranalyse den Heizwert der üblichen Kraftstoffe annähernd zu berechnen. Großem Wasserstoffgehalt entsprechen hohe Heizwerte.

Aus der Elementaranalyse erhält man auf Grund folgender Beziehungen die Zusammensetzung der Abgase (in den Gleichungen ist jeweils der Heizwert angegeben, der sich bei Verbrennung der angegebenen Molzahlen ergibt):

Verbrennung von Kohlenstoff (Graphit):

$$C + O_2 = CO_2 + 94280 \text{ kcal (bei } 20^\circ C),$$
$$12 \text{ kg}^3 + 32 \text{ kg} = 44 \text{ kg},$$
$$1 \text{ kg} + 2{,}667 \text{ kg} = 3{,}667 \text{ kg}.$$

---

[1] Die Elementaranalyse wird durch vollkommene Verbrennung einer vorher bestimmten Gewichtsmenge des Kraftstoffes und durch genaue Gewichtsbestimmung der Verbrennungsprodukte ermittelt. Der Kohlenstoffgehalt c wird aus dem entstandenen Gewicht CO_2 und der Wasserstoffgehalt h aus dem Gewicht des entstandenen Wasserdampfes ermittelt. Das Gewicht des Kohlendioxydes wird aus der Gewichtszunahme von Kalilauge bestimmt, durch die das verbrannte Gas geleitet wird, die Wasserdampfmenge aus der Gewichtszunahme einer Chlorkalziumvorlage.

[2] $H_u = 8100\,c + 29000\left(h - \dfrac{o}{8}\right) + 2500\,s - 600\,w$, wobei w der Gewichtsanteil Wasser im Kraftstoff ist. c, h, o und s siehe S. 14.

[3] Für technische Rechnungen genügen die angenäherten Molekulargewichte.

Verbrennung von Wasserstoff:

$$2\,H_2 + O_2 = 2\,H_2O + 2 \cdot 57540\ \text{kcal (bei } 20^\circ\,C),\ [1]$$
$$4{,}03 + 32\ \text{kg} = 36{,}03\ \text{kg}.$$
$$1{,}008\ \text{kg} + 8\ \text{kg} = 9{,}008\ \text{kg}.$$

Verbrennung von Schwefel:

$$S + O_2 = SO_2 + 70700\ \text{kcal (bei } 20^\circ\,C),$$
$$32\ \text{kg} + 32\ \text{kg} = 64\ \text{kg},$$
$$1\ \text{kg} + 1\ \text{kg} = 2\ \text{kg}.$$

Die zur vollkommenen Verbrennung erforderliche Sauerstoffmenge ergibt sich aus diesen Beziehungen zu $O_{min} = 2{,}667\,c + 7{,}94\,h + s - o$. In der Gleichung bedeuten:

c Gewichtsanteil Kohlenstoff im Kraftstoff   (als Verhältniszahl,
h Gewichtsanteil Wasserstoff im Kraftstoff   nicht in
s Gewichtsanteil Schwefel im Kraftstoff   Prozenten
o Gewichtsanteil Sauerstoff im Kraftstoff   einzusetzen)

Die mindest erforderliche Luftmenge G_{min} ist gleich $O_{min}/0{,}232$, da der Gewichtsanteil des Sauerstoffes in der Luft 23,2 vH beträgt.

Die Berechnung der Verbrennungsprodukte auf Grund der vorstehenden Gleichungen ist jedoch nur in Sonderfällen erforderlich. Da sich die Kraftstoffe im allgemeinen nur außerordentlich wenig unterscheiden, kann man zur Berechnung des Verbrennungsvorganges an Stelle der obenstehenden Gleichung fertig ausgerechnete Tabellenwerte für die spez. Wärmen der Verbrennungsgase eines Kraftstoffes normaler Zusammensetzung verwenden. Für die Verbrennungsprodukte von Benzin sind in Tabelle 17, S. 300 f. die spez. Wärmen für verschiedene Luftüberschußzahlen angegeben, wobei der Einfluß der Dissoziation nicht berücksichtigt ist. Bei Verwendung dieser Tabelle wird an Stelle der Werte für die einzelnen Gase nur ein einziger Wert für die Gesamtmischung eingeführt. Dasselbe gilt für die Berechnung des Dehnungsvorganges, bei dem ebenfalls an Stelle der Summen der einzelnen Werte $\varphi(T)$ nur ein Wert für die gesamte Mischung einzuführen ist.

Der Wirkungsgrad η_v des Arbeitsprozesses nach Abb. 1 kann aus dem ersten Hauptsatz der Thermodynamik errechnet werden. Betrachtet man den Zustand 1 als Anfangszustand und den Zustand 4 als Endzustand des zu untersuchenden Vorganges, so entspricht die geleistete Arbeit der Differenz der Energien zwischen Zustand 1 und Zustand 4, und man erhält [2]:

$$\eta_v = \frac{(G_L + B)\,u_1 + B \cdot E - (G_L + B)\,u_4}{A\,L_{max}},$$

---

[1] 57540 kcal = unterer Heizwert H_u eines Moles H_2. (Definition von H_u s. S. 302.)

[2] Bezeichnungen s. Verzeichnis der Formelzeichen S. 302.

wenn man die geleistete technische Arbeit mit der maximal möglichen
Arbeit vergleicht. Die maximale Arbeit unterscheidet sich in den
meisten Fällen jedoch wenig vom Heizwert, so daß es zulässig ist, den
Heizwert als Maß für die maximal mögliche Arbeitsausbeute ($A L_{max} \approx H_u$)
einzusetzen. Der Wirkungsgrad kann auch aus der Differenz der Arbeiten
der Dehnung und Verdichtung errechnet werden.

Die während der Verdichtung vom Kolben an das Gemisch abgegebene Arbeit entspricht der Energie (negativer Wert)

$$- (G_L + B)\,(u_2 - u_1) = - A \int_2^1 P\,dV = A \int_1^2 P\,dV,$$

und die vom Gas während der Dehnung an den Kolben abgegebene
Arbeit wird

$$(G_L + B)\,(u_3 - u_4) = A \int_3^4 P\,dV,$$

so daß man für den Wirkungsgrad die Beziehung

$$\eta_v = \frac{(G_L + B)\,(u_3 - u_4) - (G_L + B)\,(u_2 - u_1)}{H_u}$$

erhält.

Bei Einführung der Verbrennungsgleichung ergibt sich aus dieser
Beziehung ebenfalls die obenstehende Formel für den Wirkungsgrad.

Da sich — wie oben erwähnt — die für den Ottomotor verwendeten
Kraftstoffe nur wenig unterscheiden, ist es möglich, für einen Kraftstoff mittlerer Zusammensetzung allgemein gültige Werte für den Wirkungsgrad der vollkommenen Maschine zu errechnen. Es können
folgende mittlere Daten für Benzin angenommen werden:

Kohlenstoff . . . . 85,62 vH
Wasserstoff . . . . 14,38 vH
Unterer Heizwert H_u des flüssigen Benzins
bei konstantem Druck . . . . 10400 kcal/kg
Mittleres Molekulargewicht . . . . 100 kg/Mol
Verdampfungswärme bei konstantem Druck 75 kcal/kg
Zur vollständigen Verbrennung erforder-
liche Luftmenge . . . . $G_{min} =$ 0,5096 Mol Luft je
kg Kraftstoff
= 14,76 kg Luft je kg
Kraftstoff

Die auf Grund der vorstehenden Annahmen errechneten Wirkungsgrade der vollkommenen Ottomaschine η_v, nach H. Kühl [B, 2], sind
für verschiedene Luftüberschußzahlen ($\lambda = 0{,}6$ bis $\lambda = 1{,}4$) und Verdichtungsverhältnisse in Abb. 3 dargestellt. Die Werte η_v sind sehr
stark vom Verdichtungsverhältnis und vom Luftüberschuß abhängig.
Der Wirkungsgrad sinkt mit zunehmendem Kraftstoffüberschuß natur-

gemäß stark ab, weil die zur vollkommenen Verbrennung nötige Luftmenge nicht mehr vorhanden ist. Im Gebiet des Luftüberschusses
ist eine weniger starke Zunahme des Wirkungsgrades der vollkommenen
Maschine vorhanden, so daß auch eine entsprechende Verbesserung des
Verbrauches mit zunehmendem Luftüberschuß auftritt. Die Verbesse-

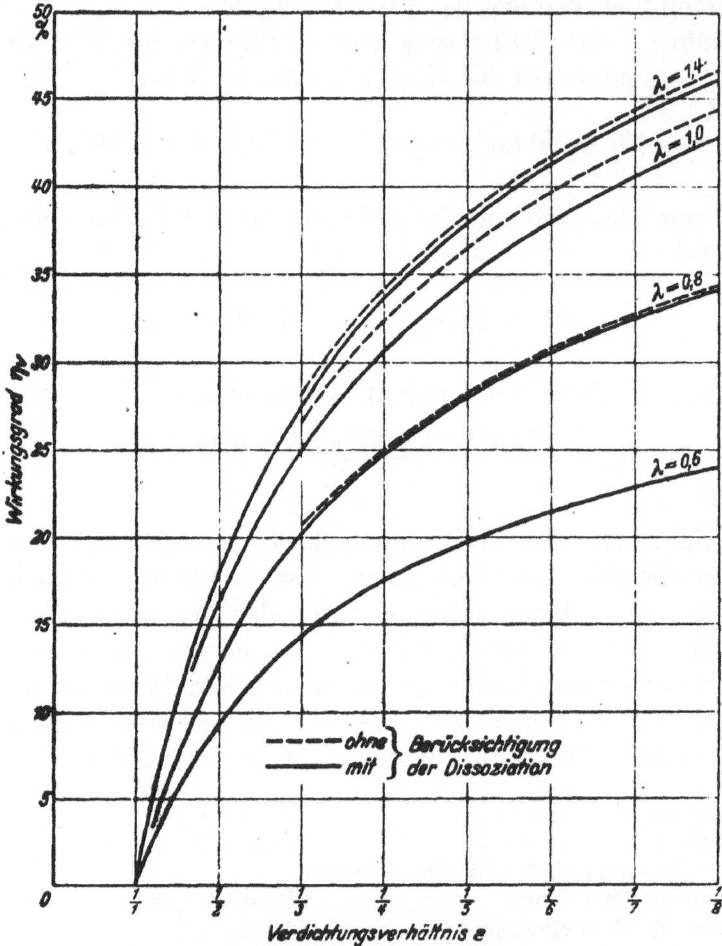

Abb. 3. Wirkungsgrad der vollkommenen Ottomaschine, abhängig vom Verdichtungsverhältnis für verschiedene Luftüberschußzahlen.

rung mit dem Luftüberschuß ist auf die Veränderung der spez. Wärmen
zurückzuführen.

Der Einfluß der Dissoziation ist in der Nähe des theoretischen
Mischungsverhältnisses erheblich (etwa 4 vH des betreffenden Wertes)
und wird mit zunehmendem Luftüberschuß geringer (s. auch Ausführungen auf S. 107). Bei erheblichem Luftmangel ist der Einfluß der
Dissoziation geringfügig.

Die Anfangstemperatur beeinflußt den Wirkungsgrad der vollkommenen Maschine nur sehr wenig. Eine Erhöhung der Temperatur um

10^{c} entspricht maximal etwa $^{1}/_{10}$ vH Wirkungsgradverschlechterung. Ebenso kann auch der Einfluß des Anfangsdruckes auf den Wirkungsgrad des vollkommenen Prozesses vernachlässigt werden.

Der spez. Kraftstoffverbrauch kann aus den Werten η_v mit Hilfe der Beziehung

$$b_{v\,(\text{kg/PSh})} = \frac{632}{\eta_v \cdot H_{u\,(\text{kcal/kg})}}$$

ermittelt werden. η_v ist als Verhältniszahl einzusetzen (z. B. $\eta_v = 0{,}5$, nicht 50 vH). Der mittlere Arbeitsdruck wird bei Ausspülung der Restgase:

$$p_v = \frac{H_u}{A\,V_1} \cdot \eta_v \frac{1}{1-\varepsilon} \cdot \frac{1}{10000} \ (\text{kg/cm}^2).$$

Das Volumen V_1 (in m^3 einzuführen) ist das Volumen des Kraftstoffdampf-Luft-Gemisches je kg Kraftstoff, bezogen auf den Zustand bei Beginn der Verdichtung. Werden die Restgase nicht ausgespült, so erhält man den Mitteldruck angenähert aus der Beziehung

$$p_v = \frac{H_u}{A\,V_1} \cdot \eta_v \cdot \frac{1}{10000} \ (\text{kg/cm}^2).$$

Dieser Wert ist etwa entsprechend der Verminderung der Füllung geringer als der Wert bei Ausspülung des Totraumes.

c) Dieselmotor.

Mit dem Dieselverfahren[1] wird ebenso wie mit dem Ottoverfahren bei Gleichraumverbrennung (Abb. 1) die günstigste Arbeitsausbeute erzielt, da dieser Prozeß für den Kolbenmotor ganz allgemein im thermodynamischen Sinne den besten Wirkungsgrad liefert. Der tatsächliche Arbeitsprozeß des Dieselmotors unterscheidet sich sehr stark von diesem thermodynamisch günstigsten Prozeß, da der Verbrennungsvorgang so geleitet wird, daß sehr hohe Drücke im Zylinder vermieden werden. Ursprünglich wurde sogar ein Prozeß mit möglichst geringer Drucksteigerung während der Verbrennungsperiode angestrebt. Der Höchstdruck sollte nur wenig höher werden als der Enddruck der Verdichtung (Gleichdruckverbrennung s. Abb. 4). Später, insbesondere nach Einführung der direkten Kraftstoffeinspritzung an Stelle der Einspritzung

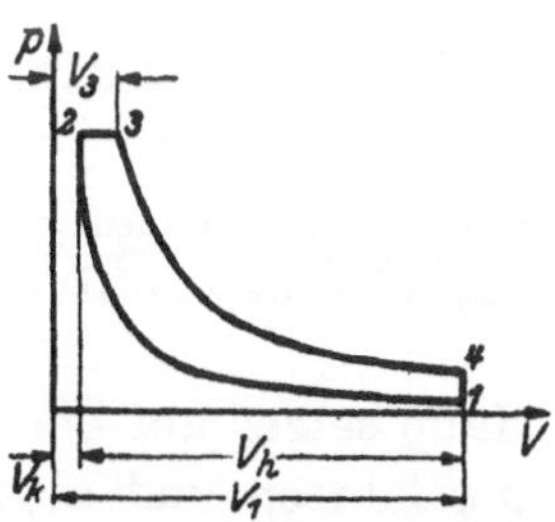

Abb. 4. p—V-Diagramm des Arbeitsprozesses der vollkommenen Maschine mit Gleichdruckverbrennung.

mit Druckluft, wurde eine erhebliche Drucksteigerung bei Beginn der Verbrennung zugelassen. Aber auch dieser Arbeitsprozeß ist noch weit vom Gleichraumprozeß entfernt. Der Gleichraumprozeß hat deshalb als Vergleichsprozeß nicht voll befriedigt. Aus diesem Grunde wurde vorgeschlagen, neben dem Gleichraumprozeß weitere Prozesse zu berechnen, die bei Begrenzung des höchsten zulässigen Druckes die besten

---

[1] Vgl. Fußnote 1 S. 41.

Wirkungsgrade ergeben, die also nicht allein auf den thermodynamischen Bestwert, sondern gleichzeitig auch auf die mechanische Beanspruchung Rücksicht nehmen. Diese Prozesse setzen eine Teilverbrennung bei konstantem Volumen bis zum zugelassenen höchsten Druck und anschließend Gleichdruckverbrennung voraus. Sie gestatten eine bessere Beurteilung des Einflusses des Verbrennungsverlaufes, insbesondere aber der zugelassenen Höchstdrücke auf die erreichbaren Wirkungsgrade. Der Gleichraumprozeß ist im Rahmen dieser Prozesse ein Grenzwert; die andere Grenze entspricht dem Gleichdruckprozeß.

Während beim Ottoverfahren Gemischverdichtung zugrunde gelegt wird, setzt das Dieselverfahren Verdichtung von Luft voraus, da der Kraftstoff erst am Ende des Verdichtungshubes eingespritzt wird. Die Zündung des Kraftstoffstrahles erfolgt in der heißen verdichteten Luft, deshalb wird bei der Berechnung des vollkommenen Prozesses Verdichtung reiner Luft und Einführung flüssigen Kraftstoffes vor der Verbrennung vorausgesetzt.

Die Berechnung des Prozesses erfolgt auf folgendem Wege. Zunächst wird der Zustand am Ende der Verdichtung mit Hilfe der Adiabatengleichung (s. S. 10) ermittelt, anschließend wird der Zustand am Ende der Verbrennung auf Grund der Beziehung

$$(G_L + B)\, u_3 = G_L\, u_2 + B\,(E + i_B) - A P_3\,(V_3 - V_{2'})$$

oder

$$(G_L + B)\, i_3 = G_L\, i_2 + B\,(E + i_B) + A V_2\,(P_3 - P_2)$$

berechnet.

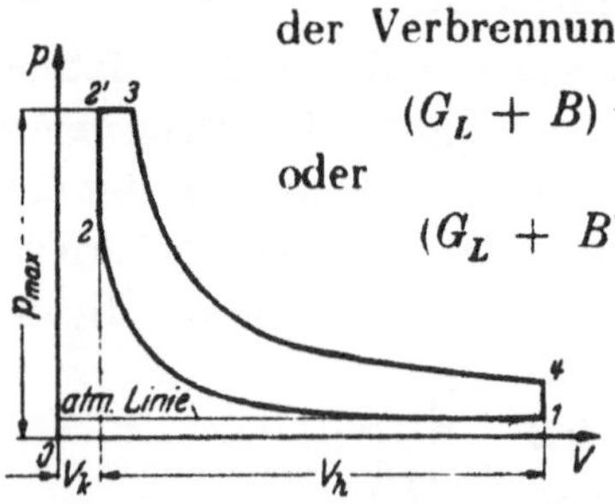

Die Indizes beziehen sich auf die Darstellung des Prozesses im $p - V$-Diagramm in Abb. 5. Ausgehend vom Zustand *3* wird der Zustand am Ende der Dehnung wieder mit Hilfe der Adiabatengleichung berechnet. Unter Anwendung des ersten Hauptsatzes auf den ganzen Prozeß erhält man aus dem Vergleich der zugeführten und abgeführten Energie den Wirkungsgrad:

Abb. 5. p—V-Diagramm des Arbeitsprozesses der vollkommenen Dieselmaschine mit Höchstdruckbegrenzung.

$$\eta_v = \frac{A L_v}{A L_{\max}} = \frac{U_1 + E + J_B - U_4}{A L_{\max}} \approx \frac{G_L u_1 + B\,(E + i_B) - (G_L + B)\, u_4}{B H_u},$$

wenn $A L_{\max} \approx H_u$ gesetzt wird.

Die Berechnung des Wirkungsgrades kann natürlich auch aus den einzelnen Arbeiten während der Verdichtung, während der Verbrennung und während der Ausdehnung ermittelt werden, wie schon bei der Berechnung des vollkommenen Prozesses des Ottomotors gezeigt wurde.

Die Berechnung der Wirkungsgrade des vollkommenen Dieselmotors nach dieser Methode braucht nicht für jeden speziellen Fall durchgeführt zu werden, da die Annahmen so weit vereinfacht werden können, daß fast für alle vorkommenden Fälle die Werte η_v in Diagrammen dargestellt werden können. Die für den Betrieb von Dieselmotoren meist verwendeten Kraftstoffe unterscheiden sich so wenig, daß die Wirkungsgrade, die für einen Kraftstoff berechnet wurden, mit geringen Korrekturen allgemein anwendbar sind. Für den Kraftstoff kann im Durchschnitt ein Heizwert $(H_u)_p$ von 10000 Wärmeeinheiten je kg eingesetzt werden. Die Zusammensetzung des Kraftstoffes kann im Mittel etwa folgendermaßen angenommen werden:

$$\text{Kohlenstoff} \quad c = 0,86$$
$$\text{Wasserstoff} \quad h = 0,12$$
$$\text{Rest} \quad o + n + s = 0,02$$

Aus der Verbrennung von 1 kg Kraftstoff entstehen

$$3{,}667 \cdot c \text{ kg } CO_2$$

und

$$8{,}937 \cdot h \text{ kg } H_2O.$$

Bei vollkommener Verbrennung von 1 kg Kraftstoff mit theoretischer Luftmenge erhält man somit folgende Abgaszusammensetzung:

Tabelle 1.

Gas	Gewicht		Volumen		Molzahl
	kg	(g_i) vH	bei 15° u. 1 ata m³	(r_i) vH	
CO_2	3,154	21,0	1,751	13,9	0,0717
H_2O	1,072	7,1	1,454	11,5	0,0595
N_2	10,825	71,9	9,437	74,6	0,3863
$\sum$	15.051	100	12,642	100	0,5175

Das scheinbare Molekulargewicht der Abgase bei $\lambda = 1$ ist:

$$M_m = \sum M_i r_i = 29{,}09$$

und die Gaskonstante:

$$R_m = \sum g_i R_i = 29{,}15.$$

$$G_{min} = \frac{1}{0{,}232} (2{,}667 \, c + 7{,}94 \, h) = 14{,}05 \text{ kg Luft/kg Kraftstoff.}$$

Bei der Berechnung des Prozesses müssen sowohl die spez. Wärmen als auch die Funktionen $\varphi(T)$ bzw. $(M s_{p=1})_T$ für die angegebene Gaszusammensetzung errechnet werden. Die Rechnung wird vereinfacht, wenn die in Tabelle 16 auf S. 299 angegebenen, für die obenstehende Gaszusammensetzung fertig ausgerechneten Werte benutzt werden, weil dann nur 2 Werte, und zwar der erwähnte Wert für die Luftüberschußzahl $\lambda = 1$ und der für die überschüssige Luft eingeführt werden müssen.

Einen Überblick über die Absolutwerte der Wirkungsgrade η_v und
ihre Abhängigkeit von den gewählten Voraussetzungen gibt Abb. 6. Das
Bild zeigt die unter den oben angegebenen Annahmen für einen Anfangs-

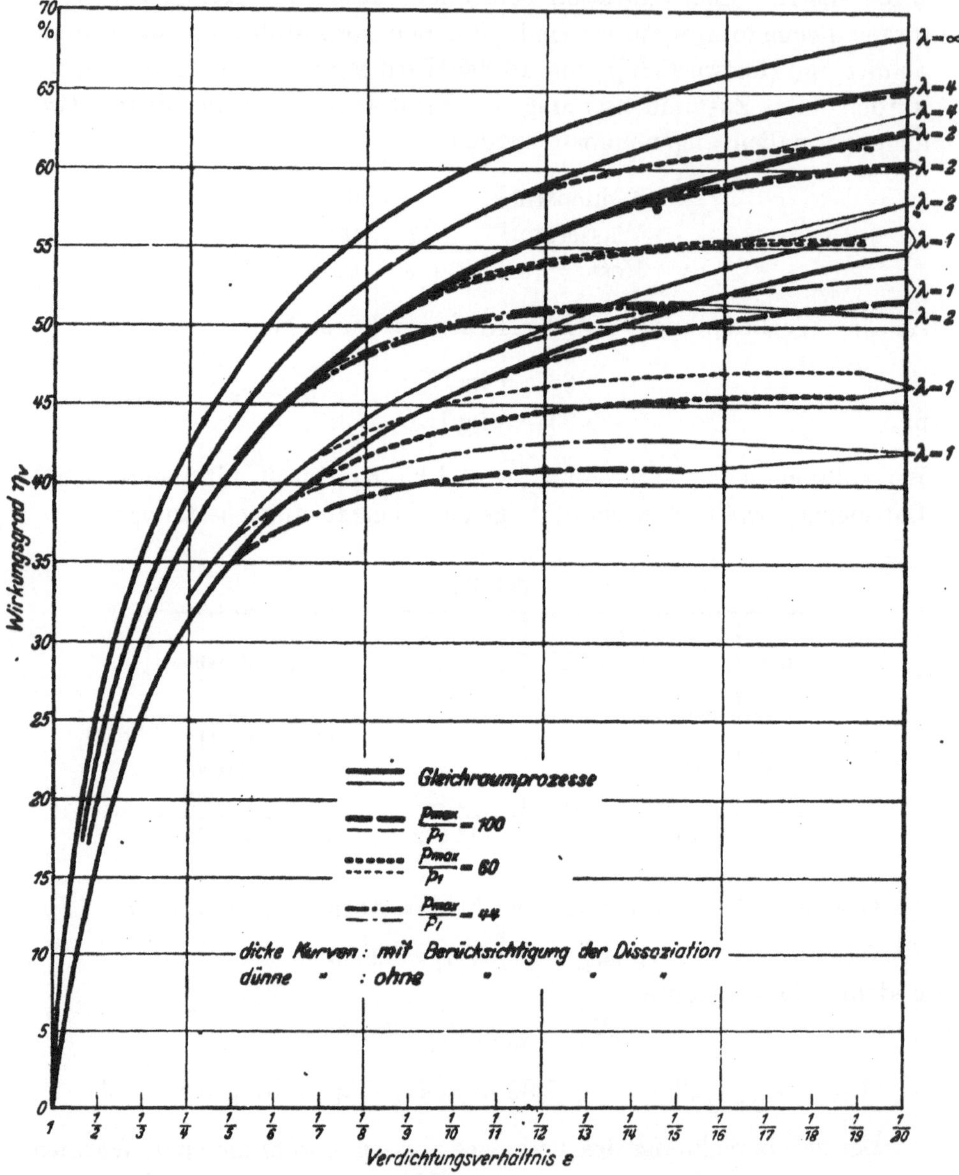

Abb. 6. Wirkungsgrad der vollkommenen Dieselmaschine η_v, abhängig vom Verdichtungsverhältnis
für verschiedene Höchstdrücke und Luftüberschußzahlen.

druck von 1 ata und eine Anfangstemperatur von 288° K errechneten
Wirkungsgrade abhängig vom Verdichtungsverhältnis für verschiedene
Luftüberschußzahlen und Höchstdrücke. Für die thermodynamische
Rechnung ist vor allem das Verhältnis des Höchstdruckes zum Anfangs-

druck und weniger der Absolutwert des Anfangsdruckes von Bedeutung.
Deshalb sind in der Darstellung jeweils die Verhältnisse p_{max}/p_1 eingetragen. Ein Überblick über die Ergebnisse zeigt, daß die Zunahme
des Wirkungsgrades mit dem Verdichtungsverhältnis besonders bei
geringer Verdichtung sehr stark ist. Bei höherer Verdichtung, insbesondere wenn eine Höchstdruckbegrenzung eingeführt wird, ist die
Verbesserung der Wirkungsgrade mit der Verdichtung geringer. Die
festgestellten Wirkungsgradänderungen können in anschaulicher Weise
ähnlich wie beim vereinfachten Vergleichsprozeß (s. S. 6) erklärt werden.
Der Vergleich zweier Indikatordiagramme mit verschiedener Verdichtung (s. Abb. 2b auf S. 7 oder Abb. 71 auf S. 118) zeigt, daß die Arbeitsausbeute beim Prozeß mit der höheren Verdichtung größer ist
und daß die Temperatur am Ende der Dehnung (bei $4'$, Abb. 2b) wegen
des größeren Dehnungsverhältnisses geringer wird, so daß ein besserer
Wirkungsgrad erreicht werden muß. Der Verlust durch die unvollkommene Dehnung (entsprechend Fläche 4—5—1—4 in Abb. 1 oder in
Abb. 2b) wird dementsprechend mit zunehmender Verdichtung geringer.
Schon die Betrachtung der Abbildungen zeigt, daß die Verringerung
dieses Verlustes (der durch eine dreieckähnliche Fläche dargestellt ist)
um so weniger ins Gewicht fällt, je geringer der Absolutwert dieses Verlustes ist.

Mit einer *Höchstdruckbegrenzung* ist immer eine Verschlechterung
des Wirkungsgrades verbunden, die um so bedeutender ist, je geringer
der Höchstdruck gewählt wird, weil damit das durchschnittliche Dehnungsverhältnis und daher auch die Arbeitsabgabe verringert werden.
Das Ausmaß der dadurch bedingten Verschlechterung der Wirkungsgrade η_v ist aus dem Vergleich der berechneten Wirkungsgrade mit
Höchstdruckbegrenzung mit den entsprechenden Gleichraumprozessen
ersichtlich. Eine genaue Erläuterung dieses Einflusses ist im Zusammenhang mit Versuchsergebnissen auf S. 118f gegeben. Neben der Abhängigkeit des Wirkungsgrades η_v vom Verdichtungsverhältnis ist auch eine
starke Abhängigkeit vom Luftüberschuß vorhanden, die durch den
Einfluß der veränderten spez. Wärmen und durch die Veränderung des
Verlustes durch die unvollständige Dehnung erklärt wird. Je größer
der Luftüberschuß ist, desto günstiger wird der Wirkungsgrad des
vollkommenen Prozesses. Bei Annäherung an unendlich großen Luftüberschuß wird die Temperaturerhöhung während der Verbrennung
verschwindend gering. Die Unterschiede der Arbeiten bei isobarer
und isochorer Verbrennung gegenüber isothermer Verbrennung werden
in diesem Fall ebenfalls klein und können vernachlässigt werden. Auch
der Unterschied der Gaszusammensetzung vor und nach der Verbrennung
ist vernachlässigbar. Der Wirkungsgrad dieses Prozesses kann daher
annähernd dem Wirkungsgrad des Carnotprozesses gleichgesetzt werden.

Er ist die obere Grenze des Wirkungsgrades η_v für ein bestimmtes Verdichtungsverhältnis.

Für die praktische Anwendung ist vielfach eine Darstellung der Wirkungsgrade über dem Verhältnis $1:\lambda$ zweckmäßig, womit auch der Einfluß des Luftüberschusses deutlicher gezeigt werden kann. Diese Darstellung ist in Abb. 68 gewählt worden.

Aus den beiden Diagrammen (Abb. 6 u. 68 S. 114) können für alle praktisch in Betracht kommenden Fälle die Wirkungsgrade der vollkommenen Dieselmaschine entnommen werden[1]. Eine *Korrektur der aus den Abb. ermittelten Werte* ist nur dann erforderlich, wenn der Heizwert des verwendeten Kraftstoffes wesentlich von dem Heizwert, der der Berechnung zugrunde gelegt wurde ($H_u = 10000$ kcal/kg), abweicht. Eine Verringerung des Heizwertes wirkt sich z. B. derart auf das Ergebnis aus, daß der Wirkungsgrad des damit berechneten Prozesses ähnlich dem eines Prozesses mit entsprechend geringerer Kraftstoffzufuhr wird. Wegen der geringeren spez. Wärmen und wegen des geringeren Verlustes durch die Höchstdruckbegrenzung wird in beiden Fällen der Wirkungsgrad günstiger. Sieht man zunächst von der Verschiedenheit der Abgaszusammensetzung ab, so kann man die Luftüberschußzahl λ' desjenigen Prozesses (die Wirkungsgrade sind in Abb. 6 und Abb. 68 dargestellt) ermitteln, der annähernd den gleichen Wirkungsgrad wie der zu berechnende Prozeß mit anderem Heizwert ergibt, wenn man das Verhältnis $\dfrac{\text{zugeführte Wärmemenge}}{\text{arbeitendes Gasgewicht}}$ bei beiden Prozessen gleich groß annimmt. Man erhält eine reduzierte Luftüberschußzahl λ', die bei der Entnahme der Werte η_v aus Abb. 6 und 68 zu verwenden ist:

$$\lambda' = \frac{10000}{H_u'}\,\lambda\,.$$

λ ist die Luftüberschußzahl des neu zu berechnenden Prozesses.

Mit diesem Näherungsverfahren macht man einen — praktisch belanglosen — Fehler dadurch, daß man den Anteil der Verbrennungsgase an der Gesamtfüllung etwas anders einsetzt als beim vergleichbaren Prozeß. Deshalb stimmt die Gaszusammensetzung und damit die spez. Wärme der Abgase nicht mehr mit den ursprünglichen Annahmen überein. Da jedoch der Anteil der dreiatomigen Gase, die hier vor allen Dingen in Betracht kommen, meist nur weniger als $1/_5$ des Gesamtgasgewichtes beträgt, sind die dadurch bedingten Unterschiede gering. Berechnete Beispiele haben gezeigt, daß selbst bei dem stark abweichenden Heizwert $H_u = 8850$ die genau berechneten Wirkungsgrade nur um $1/_{10}$ vH von den mit Hilfe der reduzierten Luftüberschußzahl ermittelten Werten abweichen.

---

[1] Eine ausführliche Darstellung ist in der Arbeit des Verfassers [B. 7] wiedergegeben.

Bei geringen Unterschieden (bis 300 kcal/kg) im Heizwert gegenüber 10000, die in den meisten Fällen in Frage kommen, ist also der gesamte Fehler praktisch vernachlässigbar.

Sieht man von den Unterschieden der Heizwerte ab und betrachtet man nur die Abweichungen in der Kraftstoffzusammensetzung, so erhält man bezogen auf gleiches Kraftstoffgewicht Unterschiede in der Luftüberschußzahl und der Abgaszusammensetzung. Der Einfluß dieser beiden Größen auf den Wirkungsgrad kann gesondert betrachtet werden. Das Verhältnis der Gasmengen von CO_2 und H_2O in den Abgasen ist bei flüssigen Kraftstoffen ohne merkbaren Einfluß auf den Wirkungsgrad, weil der Anstieg der spez. Wärmen der dreiatomigen Gase mit der Temperatur von derselben Größenordnung ist.

Abweichungen in der Kraftstoffzusammensetzung (Elementaranalyse), die einen gegenüber den getroffenen Annahmen verschiedenen Verbrennungsluftbedarf bedingen, können in ähnlicher Weise wie die Abweichungen des Heizwertes berücksichtigt werden.

Der Wirkungsgrad der vollkommenen Maschine kann für einen Kraftstoff mit dem Heizwert H'_u somit aus Abb. 6 und 68 für gleiches Verdichtungsverhältnis entnommen werden, wenn man an Stelle der Luftüberschußzahl λ eine reduzierte Luftüberschußzahl λ_{red}, die aus folgender Beziehung ermittelt werden kann, einführt:

$$\lambda_{red} = \lambda \, \frac{10000}{H'_u} \, \frac{G'_{min}}{14{,}05}$$

In der Formel bedeuten:

G'_{min} die theoretische Luftmenge zur vollständigen Verbrennung des verwendeten Kraftstoffes,

14,05 ist der entsprechende Wert von G_{min} für $H_u = 10000$,

λ die Luftüberschußzahl des neu zu berechnenden Prozesses.

Auch hier gelten die oben angegebenen Einschränkungen in bezug auf die Genauigkeit.

Die berechneten und in Kurven wiedergegebenen Wirkungsgrade sind unter der Annahme ermittelt, daß der Totraum vollkommen ausgespült wird.

Praktisch kann diese Voraussetzung nie ganz erfüllt werden; es bleibt im Verdichtungsraum immer ein kleiner Teil der Verbrennungsprodukte, „die Restgase", zurück.

Der Einfluß der Restgase äußert sich in einer Erhöhung der Temperatur bei Beginn der Verdichtung, einer Vermehrung der inerten Gase bezogen auf gleichen Luftüberschuß und einer Änderung der Gaszusammensetzung bei der Verdichtung.

Eine Änderung der Anfangstemperatur um 10° entspricht einer Wirkungsgradänderung von meist weniger als 0,2 vH. Daher ist auch die in Betracht kommende Temperaturerhöhung (bis 40°) kaum von Bedeutung. Der Einfluß der Veränderung der Gaszusammensetzung kann nach dem oben Gesagten vernachlässigt werden.

Der *Mitteldruck* der vollkommenen Dieselmaschine kann aus derselben Beziehung errechnet werden, die für den Mitteldruck des vollkommenen Ottomotors angegeben wurde. Man erhält mit $G_{min} = 14{,}05$:

$$p_v = \frac{H_u}{A V_1 \cdot 10^4} \cdot \eta_v \cdot \frac{1}{1 - \varepsilon} \ (\text{kg/cm}^2) = \frac{H_u \cdot \eta_v}{\lambda \cdot G_{min}} \frac{p_1}{A R \cdot T_1} \frac{1}{1 - \varepsilon}$$

$$= \frac{H_u \cdot \eta_v}{\lambda} \frac{p_1}{T_1} \, 1{,}04 \, \frac{1}{(1 - \varepsilon)} \ (\text{kg/cm}^2).$$

Werden die Restgase nicht aus dem Zylinder ausgespült, dann fällt der Faktor $\frac{1}{1 - \varepsilon}$ weg.

Es ist einzusetzen:

p_1 in kg/cm²,

V_1 in m³,

H_u in kcal/kg und

η_v als Verhältniszahl (nicht in Prozenten),

$A = \frac{1}{427}$ [kcal/mkg].

$R = 29{,}27$ [mkg/Grad].

Ebenso wie für den Prozeß des vollkommenen Ottomotors wird auch für den Prozeß des Dieselmotors vielfach eine vereinfachte Formel benutzt. Der motorische Prozeß wird durch einen Vergleichsprozeß mit Luft ersetzt, bei dem die Verbrennung durch eine Wärmezufuhr bei konstantem Druck und der Auspuffvorgang durch Wärmeabführung bei konstantem Volumen ersetzt wird, Verdichtung und Ausdehnung erfolgen adiabatisch. Für den Gleichdruckprozeß erhält man folgende erstmals von GÜLDNER angegebene Formel:

$$\eta = 1 - \frac{1}{(1/\varepsilon)^{\varkappa - 1}} \, \frac{1}{\varkappa} \, \frac{\varepsilon_1^{\varkappa} - 1}{\varepsilon_1 - 1},$$

wobei

$$\varepsilon = \frac{V_2}{V_1}. \qquad \varepsilon_1 = \frac{V_3}{V_2}$$

ist (s. Abb. 4).

Eine ähnliche Formel, bei der die Wärmezufuhr zum Teil bei konstantem Volumen bis zum zugelassenen Höchstdruck und anschließend bei konstantem Druck erfolgt, wurde von SEILIGER aufgestellt und später durch Berücksichtigung der Veränderlichkeit der spez. Wärmen mit der Temperatur und der Veränderung der Gaszusammensetzung bei der Verbrennung — jedoch ohne Berücksichtigung der Gewichtsänderung der Ladung durch die Einspritzung des Kraftstoffes — erweitert. Die Anwendung dieser Formeln ist jedoch schwierig und unsicher, da zur Berechnung des Wirkungsgrades u. a. die Kenntnis des Wertes V_3/V_2 des Vergleichsprozesses erforderlich ist. Da das Verhältnis V_3/V_2 (oben ε_1, bei SEILIGER ϱ genannt) nicht bekannt ist und abgeschätzt oder errechnet werden muß, wird die Rechnung sehr ungenau und bei den verbesserten Formeln auch sehr umständlich. Die Größenordnung der Vernachlässigung bei der angegebenen vereinfachten Formel geht aus folgendem Beispiel hervor: Für ein Verdichtungsverhältnis $\varepsilon = 1:13$ und eine Luftüberschußzahl $\lambda = 2$ erhält man mit dieser Formel bei einem Höchstdruck von 50 at einen Wirkungsgrad des Vergleichsprozesses $\eta = 61$ vH. Errechnet man diesen Wirkungsgrad unter genauer Berücksichtigung der Veränderlichkeit der spez. Wärmen und der Gewichtsänderung der arbeitenden Ladung durch die Einspritzung des Kraftstoffes nach dem oben angegebenen genaueren Verfahren, so ergibt sich ein Wirkungsgrad $\eta_v \approx 53,5$ vH. Dieser Wert führt zu einer wesentlich anderen Beurteilung der Güte der Maschine. Mit einem gemessenen inneren Wirkungsgrad von 45 vH erhält man mit der genauen Berechnung einen Gütegrad von etwa 84 vH, der schon nahe an der Grenze des Erreichbaren liegt, während man bei Zugrundelegung der einfachen Formel einen Gütegrad von 74 vH errechnet, der noch wesentliche Verbesserungsmöglichkeiten bzw. sehr schlechtes Arbeiten der Maschine unter den gegebenen Voraussetzungen vermuten läßt.

d) Verluste beim motorischen Arbeitsverfahren, Verbesserungsmöglichkeiten.

In den bisherigen Ausführungen wurde schon erwähnt, daß die maximale Arbeit, die theoretisch aus einer bestimmten Kraftstoffmenge gewonnen werden kann, annähernd gleich dem mechanischen Äquivalent des Heizwertes ist. Die im Motor gewonnene mechanische Arbeit entspricht jedoch im günstigsten Fall (hoch verdichteter Dieselmotor) nur etwa 40 vH $[\eta_e]$ des mechanischen Äquivalentes des Heizwertes. Die Arbeitsausbeute der entsprechenden vollkommenen Maschine beträgt etwa 50 vH (η_v). Somit treten Verluste in Höhe von etwa 10 vH des Heizwertes auf, die durch die Unvollkommenheit der Ausführung der Maschine bedingt sind. Die Verluste, die hauptsächlich durch das motorische Arbeitsverfahren gegeben sind, betragen etwa 50 vH des Heizwertes. Es soll nun an Hand eines Beispieles gezeigt werden, in welcher Weise sich die Verluste auf die einzelnen Ursachen verteilen. Als Beispiel wird ein Ottomotor gewählt, bei dem der spez. Kraftstoffverbrauch, bezogen auf die Nutzleistung, 200 g/PSh betrug. Als Grundlage wäre die maximale Arbeit mit 100 vH einzusetzen, jedoch ist eine genaue und einwandfreie Berechnung der maximalen Arbeit nur für Kraftstoffe, für die der Absolutwert der Entropie bekannt ist, möglich. Diese Voraussetzung trifft für technische Kraftstoffe und auch in dem vorliegenden Fall nicht mit ausreichender Sicherheit zu. Deshalb sollen in diesem Falle die Verluste in vH des Heizwertes angegeben werden.

Die folgende Tabelle gibt einen Überblick darüber, wie sich der Gesamtverlust auf die einzelnen Ursachen verteilt.

Tabelle 2.

	Verluste durch		vH des Heizwertes
I	Reibung	$\approx$	4
II	Drosselung, Wärmeverlust, endl. Verbrennungsgeschw. u. a.	$\approx$	5
III	unvollkommene Dehnung	$\approx$	13
IV	Verzicht auf umkehrbare Überführung auf Umgeb.-Zust. .	$\approx$	22
V	nicht umkehrbaren Verbrennungsvorgang	$\approx$	25

Die Verluste I und II entsprechen den Unterschieden der gemessenen Werte gegenüber der vollkommenen Maschine; die Verluste III bis V sind durch das motorische Arbeitsverfahren grundsätzlich verursacht.

Die Nutzleistung entspricht etwa 31 vH des Heizwertes, die *Reibungsverluste* betragen etwa 4 vH des Heizwertes, so daß die innere Leistung 35 vH des Heizwertes entspricht. Der Wirkungsgrad des Prozesses des vollkommenen Ottomotors beträgt für das betrachtete Beispiel 40 vH des Heizwertes. Der Unterschied der Innenleistung gegenüber der Leistung dieses vollkommenen Prozesses des Ottomotors entspricht somit etwa 5 vH des Heizwertes oder 15 vH der Innenleistung. Er ist verursacht durch die *Verluste infolge der Wärmeabgabe an die Wand, durch endliche Verbrennungsgeschwindigkeit, durch unvollkommene Verbrennung, durch Drosselung,* Beschleunigungsvorgänge u. a. Die Entwicklungsarbeiten zur Vervollkommnung der Motoren, insbesondere die Arbeiten zur Verbesserung der Gemischbildung und der Verbrennung, sind darauf gerichtet, diese Verluste zu vermindern. Aus dem verhältnismäßig geringen Unterschied der Kraftstoffausnutzung der ausgeführten Maschine gegenüber der Kraftstoffausnutzung der vollkommenen Maschine ist ersichtlich, daß bei gegebenen

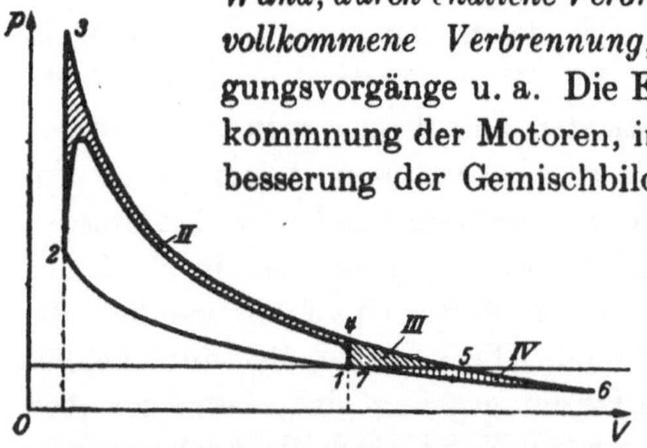

Abb. 7. Schematische Darstellung der in Tabelle 2 aufgeführten Verluste II, III und IV des motorischen Arbeitsprozesses im $p-V$-Diagramm.

Betriebsbedingungen durch Verbesserung der Ausführung des Motors allein keine sehr großen Verbesserungen des Verbrauches mehr zu erwarten sind.

Der Verlust durch unvollkommene Dehnung (Verlust III, Fläche *4—5—1—4* in Abb. 7) beträgt etwa 13 vH des Heizwertes. Dieser

Verlust kann in der einstufigen Kolbenmaschine nicht vermieden werden, weil es praktisch nicht möglich ist, beliebig große Dehnungsverhältnisse im Motor zu verwirklichen; einerseits würden die erforderlichen Gewichte zu groß, andererseits würde der Gewinn an innerer Arbeit durch größere Reibungsarbeit wieder ausgeglichen, vielfach sogar übertroffen. Ein wesentlicher Teil dieses Arbeitsverlustes kann durch eine Fortführung der Dehnung bzw. durch eine Vergrößerung des Dehnungsverhältnisses auf anderen Wegen wiedergewonnen werden. Es besteht z. B. die Möglichkeit, eine *Vorverdichtung und eine Nachdehnung* durchzuführen. Dadurch wird der Arbeitsprozeß in zwei Druckintervallen durchgeführt. Es ist hierbei gleichgültig, in welcher Weise die Vorverdichtung und in welcher Weise die Nachdehnung erfolgt. Die Vorverdichtung kann beispielsweise durch einen Niederdruckzylinder (Verbundmotor), durch Kreisel- oder Kolbenverdichter oder beim Flugmotor teilweise durch den Stauwind u. a. erfolgen. Die Nachdehnung kann in der Niederdruckstufe (des Verbundmotors), in Abgasturbinen, durch Nutzbarmachung der kinetischen Energie des Auspuffstrahles (Strahlantrieb beim Flugmotor) od. a. stattfinden. In vielen Fällen wird von der Möglichkeit der Ausnutzung der Energiegewinnung durch die Nachdehnung nicht voll Gebrauch gemacht, man begnügt sich meist damit, im Interesse der Einfachheit der Anlage nur einen Teil dieser Arbeit zurückzugewinnen. Beispielsweise können bei Verwendung von Abgasturbinen etwa 10 vH des Verlustes durch die unvollkommene Dehnung im Motor — bezogen auf das Indikatordiagramm — bei entsprechender Ausbildung der Auspuffleitung rückgewonnen werden. Beim Dieselmotor ist der Verlust durch unvollkommene Dehnung wegen der höheren Verdichtung geringer als bei dem angeführten Beispiel.

Theoretisch könnte durch umkehrbare *Rückführung der Abgase auf Druck und Temperatur der Umgebung*, z. B. durch eine adiabatische Dehnung auf die Umgebungstemperatur und durch eine anschließende isotherme Verdichtung, noch Arbeit (Fläche *5—6—7—5* in Abb. 7) gewonnen werden, die in dem gewählten Beispiel 22 vH des mechanischen Wärmeäquivalentes betragen würde. Praktisch ist jedoch dieser Vorgang nicht durchführbar. Ein Teil dieser Arbeit könnte durch Ausnutzung der fühlbaren Abgaswärme in einer besonderen Maschine gewonnen werden.

Der wesentlichste *Verlust* ist jedoch *durch den Verbrennungsvorgang* selbst bedingt, und zwar hauptsächlich dadurch, daß die Verbrennung in einem Temperaturgebiet etwa zwischen 300 und 2500° C vor sich geht. Dieser Verlust entspricht etwa 25 vH des Heizwertes und kann grundsätzlich nicht vermieden werden, da der Verbrennungsvorgang in der üblichen Form eine notwendige Grundlage für das motorische Arbeitsverfahren ist. Theoretisch wäre bei Durchführung des Verbrennungsvorganges in der Nähe des Gleichgewichtszustandes eine Verbesserung möglich. Jedoch ist dies mit dem bekannten Arbeitsverfahren praktisch nicht durchführbar. Eine wesentliche Herabsetzung dieses Verlustes wäre möglich, wenn das Temperaturniveau, bei dem die Verbrennung stattfindet, noch bedeutend höher gewählt werden könnte.

Im $p-V$-Diagramm können die beim motorischen Prozeß auftretenden Verluste nur zum Teil dargestellt werden (s. schematische Darstellung in Abb. 7). Einen sehr anschaulichen Überblick über die Größe der Verluste liefert die maßstäbliche Darstellung des Prozesses im $T-S$-Diagramm (Abb. 8). Im $T-S$-Diagramm können sowohl die im

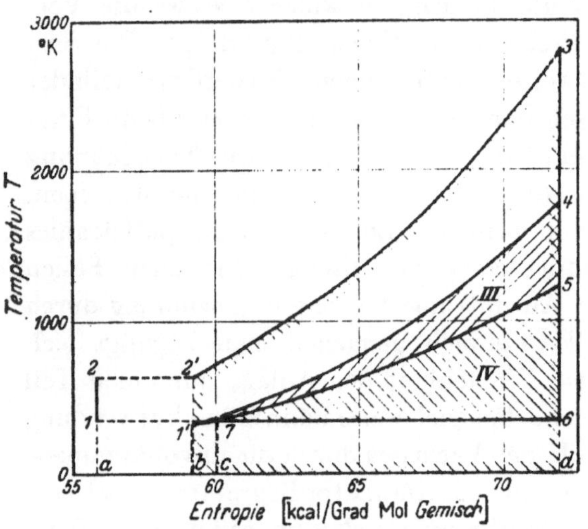

Abb. 8. $T-S$-Diagramm des Arbeitsprozesses eines vollkommenen Ottomotors.

$p-V$-Diagramm gezeigten Verluste (III und IV) als auch die Verluste durch den Verbrennungsvorgang durch Flächen dargestellt werden und mit dem ebenfalls als Fläche wiedergegebenen Heizwert verglichen werden. In Abb. 8 ist die adiabatische Verdichtung durch die Linie $1-2$ wiedergegeben. Der anschließend folgende Verbrennungsvorgang kann im $T-S$-Diagramm nicht dargestellt werden, jedoch kann der Endzustand der Verbrennung (3) in das Diagramm eingezeichnet werden. Die Darstellung des Heizwertes wird durch die Einzeichnung der Linien isochorer Abkühlung vom Zustand 3 bis zur Temperatur 2 möglich. Der Zustand $2'$ ist der Zustand der Verbrennungsgase, bezogen auf die Anfangstemperatur der Verbrennung (T_2). Der Heizwert wird, bezogen auf die Temperatur (T_2), somit durch die Fläche $2'-3-d-b-2'$ in Abb. 8 wiedergegeben. Er entspricht der zur Erwärmung der Verbrennungsprodukte von T_2 auf die Verbrennungstemperatur T_3 erforderlichen Wärmemenge. Die adiabatische Dehnung bis zum Volumen V_1 (s. Abb. 7) ist durch die Linie $3-4$ in Abb. 8 dargestellt. Die isochore Abkühlung der Verbrennungsprodukte bis zum Erreichen des Druckes p_1 entspricht der Linie $4-1'$. Die Fortsetzung der adiabatischen Dehnung bis auf den Druck einer Atmosphäre ist durch die Linie $4-5$ wiedergegeben. Die isobare Abkühlung bei konstantem Druck (1 at) ist durch die Linie $5-1'$ dargestellt. Die umkehrbare Rückführung der Verbrennungsprodukte auf Druck und Temperatur der Umgebung durch eine adiabatische Dehnung und anschließende isotherme Verdichtung auf den Druck der Umgebung ist sowohl in Abb. 7 als auch in Abb. 8 durch den Kurvenzug $5-6-7$ wiedergegeben. Somit sind die Verluste in folgenden Flächen dargestellt.

1. Der Verlust durch die unvollständige Dehnung durch die Fläche $4-5-1'-4$ (in Abb. 7 Fläche III).

2. Der Verlust durch den Verzicht auf umkehrbare Rückführung der Verbrennungsprodukte auf Umgebungszustand ist durch die Fläche $5-6-7-5$ (in Abb. 7 Fläche IV) dargestellt.

3. Der Verlust durch die Nichtumkehrbarkeit der Verbrennung entspricht dem Produkt $T_1 (S_3 - S_2)$, d. i. Fläche $a-1-6-d-a$ in Abb. 8.

Die Größenordnung der Verluste ist aus dem Vergleich mit dem als Fläche dargestellten (gestrichelt umrandeten) Heizwert ersichtlich.

Die maximale Arbeit unterscheidet sich nach dem Satz von GOUY und STODOLA um den Wert $T_1 (S_7 - S_1)$ (Fläche $7-c-a-1-7$) vom Heizwert.

2. Tatsächlicher Verlauf der Vorgänge im Motor.

a) Verdichtung.

Für die Berechnung des theoretischen Arbeitsprozesses wird bei Beginn der Verdichtung meist Umgebungstemperatur angenommen. Tatsächlich ist die Temperatur der Ladung im Zylinder bei Verdichtungsbeginn jedoch bedeutend höher als die Temperatur der Luft bzw. des Gemisches in der Saugleitung. Die Erwärmung der einströmenden Luft erfolgt insbesondere beim Vorbeiströmen an den heißen Ventilen und durch die Mischung mit den Restgasen. Die Temperaturerhöhung liegt in der Größenordnung von 30 bis 50° C. Außerdem ergibt sich infolge der Drosselung durch die Ventile auch ein Unterdruck gegenüber dem Zustand in der Saugleitung. Die Verminderung des Ladungsgewichtes durch die Erwärmung und Drosselung beträgt bei normalen Betriebszuständen meist etwa 10 bis 20 vH und wird ausgedrückt durch den Liefergrad, d. h. durch das Verhältnis der wirklich im Zylinder verbleibenden Luftmenge zu der bei vollständiger Füllung des Hubvolumens mit Luft vom Zustand vor den Einlaßorganen theoretisch angesaugten Luftmenge.

Während der Druck bei Beginn der Verdichtung mit Hilfe von Schwachfederdiagrammen genau gemessen werden kann, ist die Messung der Temperatur ziemlich schwierig. Wenn der Liefergrad durch Messung der angesaugten Luftmenge ermittelt ist, und wenn der Anteil der Restgase annähernd bekannt ist, so kann jedoch aus dem Ladungsgewicht und dem Druck bei Beginn der Verdichtung die mittlere Temperatur der Gesamtladung annähernd errechnet werden.

Der Vergleich des Druckverlaufs bei adiabatischer Verdichtung mit dem tatsächlichen Verlauf der Vorgänge im Motor zeigt den wesentlichen Einfluß der Wandwirkung. Dieser Einfluß bedingt, daß der aus der Messung ermittelte Exponent der Gleichung: $p \cdot V^n = $ const meist kleiner ist als der Exponent der Adiabate. Der theoretische Exponent der adiabatischen Verdichtung ergibt sich aus den spez. Wärmen zu:
$\varkappa = \frac{c_p}{c_v}$. Wegen der Veränderung der Temperatur und der damit bedingten Änderung der spez. Wärmen während der Verdichtung ist der Exponent an jeder Stelle der Adiabate verschieden; eine genaue Berücksichtigung der Veränderung der spez. Wärme ist mittels der auf S. 10 angegebenen Adiabatengleichung:

$$\varphi(T_2) = \varphi(T_1) + AR \ln \frac{V_1}{V_2}$$

möglich. Wie die Darstellung der Verdichtungslinie des Indikatordiagrammes eines Dieselmotors im logarithmischen Maßstabe (Abb. 9) zeigt, ist die Veränderung des Exponenten im Verlauf der Verdichtung jedoch gering. Der Exponent entspricht in der logarithmischen Darstellung

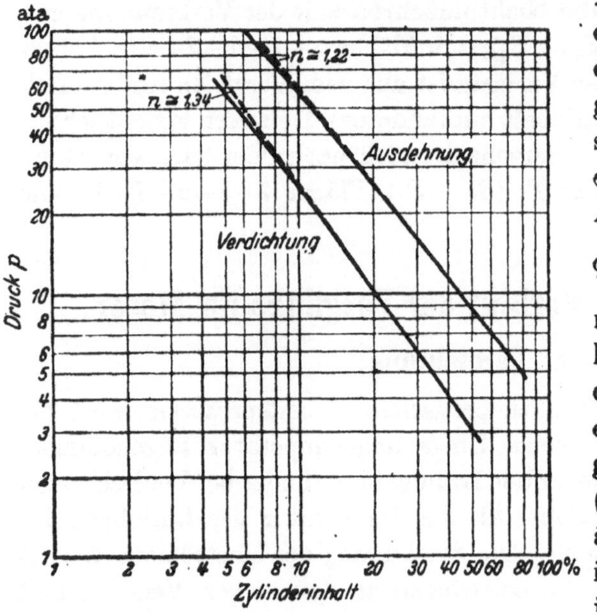

Abb. 9. Verdichtungs- und Ausdehnungslinie eines Zweitakt-Dieselmotors im doppeltlogarithmischen Maßstab.

der Neigung der Kurven, da die der Polytropengleichung $p_1 V_1^n = p_2 V_2^n$ die Beziehung $n = \dfrac{\ln p_1 - \ln p_2}{\ln V_2 - \ln V_1} = \operatorname{tg} \alpha$ ergibt (Abb. 9).

Bei der Beurteilung der Meßergebnisse ist noch zu beachten, daß neben dem Einfluß des Wärmeüberganges, der insbesondere gegen Ende der Verdichtung wesentlich ist, auch Undichtigkeitsverluste eine Rolle spielen.

Bei Versuchen an einem Dieselmotor mit einem Verdichtungsverhältnis $\varepsilon = 1:10$ wurde bei Fremdantrieb des Motors festgestellt, daß der Exponent der tatsächlichen Verdichtungslinie bei geringer Veränderung mit der Drehzahl etwa 1,35 betrug. Der entsprechende theoretische Wert der Adiabate beträgt 1,39.

Bei einer Steigerung der Drehzahl dieses Motors von 1000 auf 2000 U/min wurde im Mittel eine Erhöhung des Exponenten der Verdichtung um 0,01 bis 0,02 festgestellt. Die Bestimmung des Exponenten aus dem Druckverlauf wird im Einzelfall zwar in der 2. Dezimale schon etwas unsicher, jedoch ist die Zunahme mit der Drehzahl aus dem Mittelwert der Ergebnisse einer größeren Zahl von Versuchen einwandfrei feststellbar. Der Unterschied des tatsächlich erreichten Verdich-

tungsenddruckes gegenüber dem adiabatischen Enddruck ist in Abhängigkeit von der Drehzahl in Abb. 10 dargestellt, die Unterschiede der gerechneten und gemessenen Drücke sind bei höheren Drehzahlen geringer. Diese Feststellung findet ihre Erklärung hauptsächlich

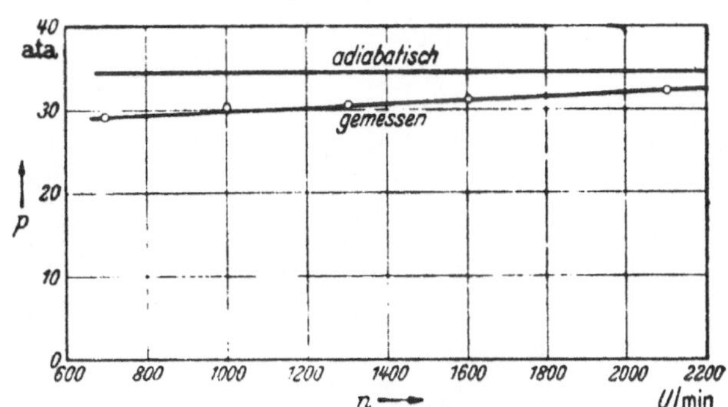

Abb. 10. Für adiabatische Verdichtung errechneter, und gemessener Verdichtungsenddruck, abhängig von der Drehzahl, Verdichtungsverhältnis $\varepsilon = 1.13$.

in der Verringerung der Wärmeverluste bei höherer Drehzahl. Daneben spielen die Stoffverluste infolge der Durchlässigkeit der Kolbenringe, die bei geringeren Drehzahlen mehrere vH betragen können, ebenfalls eine Rolle. Bei $n = 2000$ wurde z. B. an einem Zylinder von 154 mm Dmr. mit 2 Kolbenringen ein Verlust von $\approx 0{,}6$ vH gemessen.

Mit zunehmendem Verdichtungsverhältnis tritt die Wandwirkung wegen der höheren Temperaturdifferenzen zwischen Wand und Gas stärker in Erscheinung. Beim Verdichtungsverhältnis $\varepsilon = 1{:}17$ wurde als Exponent der Verdichtung $n = 1{,}33$ gemessen, während der theoretische Wert 1,38 beträgt. Der Vergleich mit dem vorher genannten Beispiel bei $\varepsilon = 1{:}10$ zeigt das Ausmaß des Einflusses der stärkeren Wandwirkung.

Die Verminderung des tatsächlichen Verdichtungsenddruckes gegenüber dem adiabatischen ist in Abhängigkeit vom Verdichtungsverhältnis in Abb. 11 in einem Beispiel dargestellt. Die Kurven beziehen sich auf einen Anfangsdruck vor dem Motor von 1 ata. Der Versuchsmotor wurde fremd angetrieben; dabei ist der Unterschied des tatsächlichen Exponenten gegenüber dem theoretischen bei höherer Verdichtung wegen der geringen Wandtemperaturen größer als bei normalem Motorbetrieb.

Der Arbeitsverlust durch die Wandwirkung, der in einer negativen Fläche im Verdichtungsdiagramm (p—v-Diagramm) zum Ausdruck kommt, ist im allgemeinen bei Motoren ohne unterteilten Brennraum wegen der geringeren gekühlten Oberfläche des Brennraumes gering und wurde beispielsweise bei einer Drehzahl von 1600 U/min zu etwa 1 vH des Mitteldruckes bei Vollast festgestellt. Bei Motoren mit unterteiltem Brennraum ist dieser Verlust wesentlich höher, weil hierbei

der durch die rasch vorbeiströmende Luft mitgenommen und zum Teil in Tropfen zerstäubt wird. Im Vergaser erfolgt weder eine ausreichende Verdampfung noch eine zufriedenstellende Zerstäubung. Die Kraftstofftropfen fallen infolge der Schwere teilweise aus und fließen im Saugrohr entlang. Um diesen Ausfall zu verhindern, wendet man beim Motor ohne Lader Luftvorwärmung oder eine Heizung der Saugleitung (Gemischvorwärmung) an. Beim Ladermotor mit Druckvergaser ergibt sich im allgemeinen durch die Verdichtung im Lader eine hinreichende Vorwärmung. Mit beiden Methoden der Vorwärmung wird erreicht, daß infolge der höheren Temperatur der angesaugten Luft eine bessere Verdampfung des Kraftstoffes auftritt. Die Gemischvorwärmung hat den Zweck, insbesondere den im Saugrohr flüssig ausfallenden Kraftstoff wieder zu verdampfen, während die Luftvorwärmung eine bessere Verdampfung des Kraftstoffes im gesamten Saugstrom anstrebt.

Beide Verfahren haben den Nachteil, daß das in den Zylinder tretende Gemisch eine höhere Temperatur bekommt, und daß dadurch die Leistung entsprechend der geringeren Ladungsdichte vermindert wird (s. auch S. 101 ff.). Vorteilhaft ist, daß infolge der besseren Gemischbildung mit diesen Verfahren ein besserer Verbrauch erreicht wird. Trotzdem erhält man auch bei Benutzung dieser Verfahren beim Vergasermotor vielfach noch eine schlechte Verteilung des Gemisches auf die verschiedenen Zylinder. Bei schnellaufenden Motoren ist nämlich bei Eintritt in den Zylinder meist ein Teil des Kraftstoffes noch unverdampft, so daß der in Tropfenform im Saugstrom enthaltene Kraftstoff infolge der Trägheit je nach Anlage der Saugleitung in erhöhtem Maße in einzelne Zylinder gebracht wird, wodurch sich selbst bei sorgfältig durchgebildeter Saugleitung eine ungleichmäßige Verteilung des Gemisches auf die Zylinder ergibt.

Bei einigen neueren Ausführungen von Vergasern wird zur Vermeidung des hohen Druckverlustes im Vergaser die Drosselklappe durch schwenkbare Drosselorgane ersetzt, die in jeder Drosselstellung einen düsenähnlichen Querschnitt offenlassen [D 10]. Die Kraftstoffzuführung erfolgt bei diesen Ausführungen zum Teil durch eine größere Zahl kleiner Düsen, von denen ein Teil bei geringer Belastung abgeschaltet wird, so daß in jedem Betriebsbereich eine verhältnismäßig gute Zerstäubung erreicht wird. Bei diesen Ausführungen sind vielfach auch Vorrichtungen zur Konstanthaltung bzw. zur willkürlichen Regelung des Mischungsverhältnisses vorhanden, so daß auch gute Verbrauchszahlen erreicht werden.

Für die Gemischbildung ist *die Flüchtigkeit der Kraftstoffe* von großer Bedeutung. Die Kennzeichnung der Flüchtigkeit erfolgt mit Hilfe der *Siedekurve* des Kraftstoffes, die in Abhängigkeit von der Temperatur die bei der Destillation verdampfte Kraftstoffmenge angibt. Bei

Fliegerbenzin entspricht die Siedekurve dem Temperaturbereich von etwa 40° C bis 160° C. Im Bereich von 60 bis 120° C verdampfen durchschnittlich etwa 80 vH des Benzins. Bei Benzinsorten, die zur Verwendung in Kraftwagen bestimmt sind, wird ein bedeutend größerer Bereich der Siedetemperatur (bis über 200° C) zugelassen[1]. Je höher der Bereich der Siedekurve liegt, um so langsamer erfolgt die Verdampfung und um so ungünstiger gestaltet sich die Gemischbildung im Ottomotor.

Versuche über direkte Einspritzung in den Zylinder oder in die Saugleitung vor jedem Zylinder [D 5, D 13, D 14] zeigen, daß mit Benzineinspritzung gegenüber dem Vergaserbetrieb eine bedeutend bessere Verteilung des Gemisches erreichbar ist. Als Vorteil der Einspritzung wird in den genannten Arbeiten festgestellt, daß durch das Wegfallen des Druckverlustes im Vergaser eine höhere Leistung erreicht wird, da die Zylinderfüllung besser wird (höherer Liefergrad). Diese Steigerung der Innenleistung hat wegen der annähernd konstanten Reibungsverluste eine Verbesserung des mechanischen Wirkungsgrades zur Folge, die sich sowohl in einer stärkeren relativen Leistungserhöhung, als der Zylinderfüllung entsprechen würde, als auch in einer Verbrauchsverbesserung auswirkt. Die Größenordnung der Leistungssteigerung beträgt etwa 10 vH; sie ist in erster Linie von der Güte des als Vergleichsbasis gewählten Vergasers und des Saugleitungssystems abhängig. Als Grenzen der Leistungssteigerung wurden etwa 8 und 15 vH festgestellt.

Der Verbrennungsvorgang ist bei Einspritzung während des Ansaughubes in den Zylinder oder in die Saugleitung annähernd derselbe wie bei Verwendung von Vergasern, jedoch ist es möglich, die Kraftstoffmenge auf die einzelnen Zylinder und die einzelnen Arbeitsspiele besser zu verteilen als bei Vergaserbetrieb. Man erhält also eine Verbesserung der Verbrennung, sofern der zum Vergleich herangezogene Vergasermotor schlechte Gemischbildung hatte. Da wegen der besseren Verteilung die Gefahr, daß einzelne Zylinder zu armes, nicht mehr zündfähiges Gemisch erhalten, geringer wird, ist es möglich, den Motor mit Luftüberschuß zu betreiben und dadurch gute Verbrauchszahlen im Dauerbetrieb zu erreichen. Die Einspritzung bietet außerdem den großen Vorteil, daß bei Überschneidung der Steuerzeiten eine Ausspülung des Totraumes mit Luft möglich ist (s. S. 153 ff.), wodurch eine Leistungserhöhung erreicht wird, ohne daß der bei Vergaserbetrieb bei Ausspülung des Totraumes auftretende Kraftstoffverlust in Erscheinung tritt.

---

[1] Beim Dieselmotor sind die Verdampfungseigenschaften von geringerer Bedeutung. Gasöle für Dieselmotoren sieden z. B. im Durchschnitt im Temperaturbereich von 200 bis 400° C.

Gegenüber Vergasermotoren mit Luftvorwärmung oder Gemischvorwärmung ergibt sich ein Leistungsgewinn durch Wegfall der Vorwärmung, da eine gute Gemischbildung auf anderem Wege erreicht wird.

Neben diesen thermodynamischen Vorteilen weist die Benzineinspritzung noch den Vorteil auf, daß die gemischführenden Leitungen verringert werden oder ganz in Wegfall kommen, wodurch die Brandgefahr verringert wird und bei Flugmotoren die Gefahr der Eisbildung im Vergaser wegfällt.

Während im Vergaser die Kraftstoffzuteilung verhältig der Luftmenge in sehr einfacher Weise durch Düsenwirkung erreicht wird, ist beim Einspritzmotor ein Regler erforderlich, der die Kraftstoffmenge entsprechend der angesaugten Luftmenge zuteilt.

Bei den Untersuchungen von CAMPBELL wurde das Mischungsverhältnis so geregelt, daß bei höchster Last reiches Gemisch eingestellt wurde, wodurch eine Erhöhung der Leistung, bezogen auf die angesaugte Luftmenge, erreicht wurde. Bei Dauerleistung wurde armes Gemisch eingestellt, wobei der geringste Verbrauch erzielt wurde. Die Anreicherung bei voller Belastung hat auch den Zweck, die thermische Belastung des Zylinders herabzusetzen.

Die beste Gemischbildung wurde von CAMPBELL bei Einspritzung in das Saugrohr beobachtet, jedoch dürfte diese Feststellung nicht zu verallgemeinern sein, da bei guter Durchmischung bei Einspritzung in den Zylinder der gleiche Erfolg erzielt werden muß.

Die Spritzzeiten entsprachen bei den erwähnten Versuchen [D 5] bei der Höchstleistung etwa 80 bis 100° Kurbelwinkel und nahmen mit sinkender Belastung ab, wobei entsprechend der Wirkungsweise der Pumpe bei Leerlauf ein Spritzwinkel von etwa 30° erreicht wurde. Versuche über den Einfluß des Spritzbeginns zeigten, daß früher Spritzbeginn während der Saugperiode mit schlechterer Gemischbildung verbunden ist. Bei sehr später Einspritzung am Ende der Saugperiode waren ebenfalls die Folgen einer schlechten Gemischbildung bemerkbar, die wohl auf die geringere Luftgeschwindigkeit am Ende des Saugvorganges zurückzuführen ist. Die Gesamtdauer der Einspritzung hatte sich ebenso wie der Zeitpunkt des Beginns der Einspritzung als wesentlich erwiesen. Die besten Ergebnisse wurden gefunden, wenn der Einspritzvorgang an den Strömungsvorgang der angesaugten Luft angepaßt wurde. Für die gute Verteilung des Kraftstoffes in der Luft hat es sich als notwendig erwiesen, den Einspritzvorgang zeitlich im Bereich hoher Luftgeschwindigkeiten durchzuführen.

Untersuchungen mit Einspritzung während des Verdichtungshubes [D 14] haben gezeigt, daß schon mit 19 bis 25° Einspritzdauer (Kurbelwellendrehzahl 1000 U/min) gute Gemischbildung erreicht werden kann, wenn eine ausreichende gerichtete Wirbelung im Zylinder

wird die Luft oder das Kraftstoff-Luft-Gemisch auf hohe Temperatur gebracht und entzündet sich — z. B. bei Strahleinspritzung am Strahlrand — meist an mehreren Stellen kurz hintereinander oder gleichzeitig. Neben diesen beiden Möglichkeiten gibt es noch Zwischenlösungen, z. B. Zündung bei niedriger Verdichtung unter Zuhilfenahme der Anheizung durch heiße Maschinenteile (z. B. Glühkopfverfahren) oder Zündung unter Benutzung von Glühkerzen.

Bei der Fremdzündung wird der Zündfunke meist durch Induktion in einer Sekundärwicklung erzeugt, indem der mittels einer Batterie oder mittels eines Magneten erzeugte Primärstrom durch eine besondere Anlage unterbrochen wird. Weiterhin sind noch eine Reihe anderer weniger benutzter Verfahren bekannt. Die mit zeitlich gesteuerter Fremdzündung arbeitenden Motoren werden — wie schon erwähnt — meist unter dem Namen Ottomotoren (oder auch Zündermotoren) zusammengefaßt[1].

Bei der Zündung ist die Energie der Zündfunken nicht gleichgültig, da die dadurch bedingte Temperatur an der Zündstelle von wesentlicher Bedeutung für die Verbrennungsgeschwindigkeit ist. Der Vorgang kurz nach der Zündung ist für die Gesamtverbrennungszeit von Bedeutung, weil die Geschwindigkeit der Flammenfront in diesem Bereich u. U. noch geringer ist als bei weiter fortschreitender Verbrennung [F 1, F 2].

Eine Zündung ist nur innerhalb bestimmter Grenzen des Mischungsverhältnisses möglich. Diese „Zündgrenzen" entsprechen annähernd denjenigen Mischungsverhältnissen im armen (untere Zündgrenze) und reichen (obere Zündgrenze) Bereich, bei denen die bei der Verbrennung freiwerdende Wärmemenge nicht mehr dazu ausreicht, die Verbrennung im benachbarten unverbrannten Gemisch einzuleiten. Z. B. ist die Zündung eines CO-Luft-Gemisches bei 20° C nur zwischen mindestens 17 Raumteilen und höchstens 70 Raumteilen CO möglich. Die unteren und oberen Zündgrenzen von einigen Gas-Luft-Gemischen sind abhängig vom Mischungsverhältnis und von der Temperatur in Abb. 12 dargestellt.

Man vermeidet im praktischen Motorbetrieb Mischungsverhältnisse, die in der Nähe der Zündgrenzen liegen, da in diesem Bereich auch die Geschwindigkeiten der Flammenfront geringer werden (Abb. 17 und 18, S. 45f.).

Die Verwendung von mehreren Funken hat bei gut zündfähigen Gemischen keinen wesentlichen Einfluß auf den Zündvorgang und auf die Schnelligkeit des Verbrennungsvorganges kurz nach der Zündung.

Die Gemischverteilung im Zylinder ist im allgemeinen ungleich-

---

[1] Vgl. S. 9 unten (s. auch Anhang S. 303 „Zusammenstellung der benutzten Formelzeichen").

mäßig. Bei reichem Gemisch wirken sich diese Ungleichmäßigkeiten auf den Zünd- und Verbrennungsvorgang insofern wenig aus, als an der Kerze im Durchschnitt immer gut zündfähiges Gemisch vorhanden sein wird. Wenn jedoch im ganzen schon armes Gemisch im Zylinder vorhanden ist, ist die Wahrscheinlichkeit, daß an der Kerze zeitweise schlecht zündfähiges Gemisch auftritt, sehr viel größer. Da auch am Ende des Verdichtungshubes im Zylinder noch eine wesentliche Luftbewegung vorhanden ist, ändert sich die Zusammensetzung des Gemisches an der Kerze je nach der Art der Strömungen zeitlich mehr oder weniger. Bei Verwendung mehrerer Funken ist die Wahrscheinlichkeit, daß einer der Funken günstigere Zünd- und Verbrennungsbedingungen vorfindet, bedeutend größer. Man erhält daher

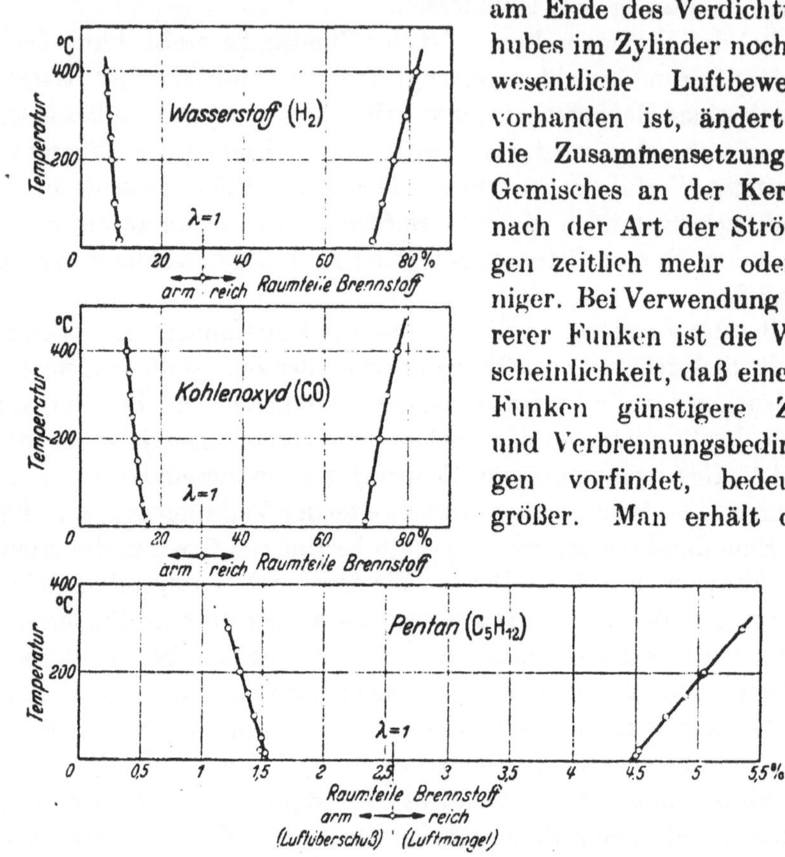

Abb. 12. Obere (Luftmangelgebiet) und untere (Luftüberschußgebiet) Zündgrenzen von Gas-Luftgemischen, abhängig vom Mischungsverhältnis [F 2].

im Luftüberschußgebiet mit Mehrfunkenzündung einen besseren Kraftstoffverbrauch.

Abb. 13 zeigt den Kraftstoffverbrauch und den mittleren effektiven Druck, abhängig vom Luftüberschuß aus Versuchen mit einer Kerze und mit mehreren Funken im Vergleich zu Versuchen mit 2 Kerzen und je einem Funken. Man sieht, daß bei diesen Versuchen mit einer Kerze und mehreren Funken annähernd derselbe Erfolg erzielt wurde wie bei normaler Zündung mit 2 Kerzen; vor allem im Luftüberschußgebiet — aber nicht bei Luftmangel — wird bei Zündung mit mehreren Funken und Verwendung von 2 Kerzen ein wesentlich besserer Verbrauch erzielt. Bei Motorbetrieb mit Luftmangel ist wegen der guten Zündfähigkeit des Gemisches ein Einfluß des Zündvorganges auf Leistung und Verbrauch kaum zu bemerken. Bei Luftüberschußbetrieb ist aber wegen der an sich vorhandenen schlechten Zündeigenschaften des Gemisches durch die Mehrfunkenzündung eine Ausnutzung der besseren Zündeigenschaften örtlich reicher Gemische (ungleichmäßige Gemischverteilung) möglich. Eine weitere Verbesserung des Kraftstoffverbrauches kann man durch eine Kombination der örtlichen Anreicherung des Gemisches an der Kerze und der Mehrfunkenzündung erreichen. Bei dem untersuchten Motor wurden damit die in Abb. 13 dargestellten Verbrauchszahlen erreicht. Es ergab sich

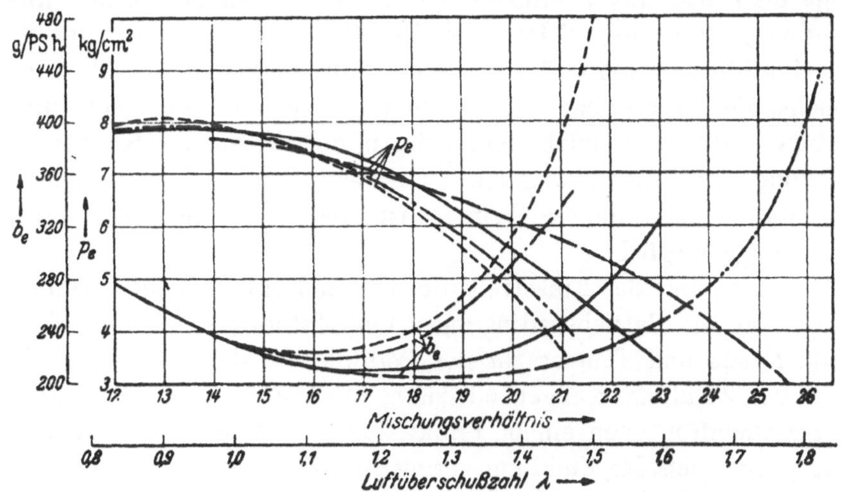

Abb. 13. Mittlerer Nutzdruck p_e und spez. Kraftstoffverbrauch b_e, bezogen auf die Nutzleistung, abhängig vom Mischungsverhältnis bei verschiedenen Zündungsarten:

– – – – Normale Zündung mit 2 Kerzen } Normale Gemischbildung.
—·—·— 1 Kerze, mehrere Funken
———— 2 Kerzen, an 1 Kerze mehrere Funken } Gemischschichtung an den Kerzen
— — — Mehrfunkenzündung an 2 Kerzen

ein sehr flaches Verbrauchsminimum in einem weiten Bereich des Luftüberschusses ($\lambda = 1,1$ bis $1,5$). Bei Zündung mit mehreren Funken ist auch der Gang des Motors ruhiger, weil die Unterschiede der einzelnen Arbeitsspiele geringer sind, wenn armes Gemisch an der Zündkerze vermieden wird. Durch Schichtung des Gemisches und Anreicherung an der Zündkerze können unter Umständen auch mit normaler Zündung ähnliche Erfolge erreicht werden.

Bei Verwendung mehrerer Funken ist die Dauer eines Funkens von Bedeutung. Wenn der vorhergehende Funke noch nicht erloschen ist, erhält man wegen der Ionisation der Funkenstrecke beim nächsten Funken eine weniger heftige Entladung und daher eine geringere Temperatur und damit nicht die gewünschte Wirkung. Die Mehrfunkenzündung wird in verschiedener Form z. B. vereinzelt im Kraftwagenbau, benutzt, wobei eine Zündung nach dem Summerprinzip verwendet wird.

Damit ist aber der Zeitpunkt des Einsetzens der Funken nicht zwangläufig gegeben. Wenn man gute Verbrauchszahlen und Leistungen erzielen will, so müssen die Zündfunken in dem Bereich der gewünschten Vorzündung angeordnet werden.

Die Erzeugung mehrerer Funken kann durch Aneinanderreihung mehrerer Aggregate nach dem Prinzip der Magnetzündung erreicht werden. Dabei wird für jeden Funken eine besondere Zündspule mit eigenem der Funkenfolge entsprechenden Unterbrecher verwendet. Eine Vereinfachung der Anordnung ergibt sich, wenn 2 oder mehrere Primärkreise auf eine einzige gemeinsame Sekundärspule wirken. Begnügt man sich mit 2 Funken, dann erhält man eine sehr einfache Anordnung, wenn man 2 Primärkreise, die in entgegengesetzter Richtung durchflossen sind und auf eine gemeinsame Sekundärspule wirken, nacheinander unterbricht. Eine andere Möglichkeit der Mehrfunkenzündung ergibt sich nach dem Prinzip hochfrequenter Kondensatorentladung unter Benutzung einer Gleichstromquelle zur Ladung der Kapazitäten. Mit diesem Prinzip ist die Erzielung einer raschen Funkenfolge möglich.

Der Zeitpunkt des Einsetzens des ersten Funkens wird verschieden gewählt, da die Betriebsbedingungen des Motors (Drehzahl, Luftüberschuß, Druck und Temperatur der Ladung) für den günstigsten Zeitpunkt der Zündung maßgebend sind. Messungen der Fortpflanzung der Flammenfront von einem Punkt aus zeigen, daß die verbrannte Menge kurz nach der Zündung gering ist. Um aber zu erreichen, daß die Verbrennung des größten Teils der Kraftstoffmenge — mit Rücksicht auf die Erzielung eines guten Verbrauches — in der Nähe des Totpunktes erfolgt, muß die Zündung schon wesentlich vor dem Totpunkt einsetzen. Der Zündzeitpunkt wird meist in dem Bereich von 20 bis 50 Kurbelgraden vor dem Totpunkt (Vorzündung) gewählt. Die Anpassung des Zündzeitpunktes an die Betriebsverhältnisse wird auf S. 111 ff. erörtert.

Bei der Zündung unter Verwendung heißer Teile im Zylinder ist der Vorgang gegenüber der Fremdzündung insofern verschieden, als ein größerer Teil des Gemisches erwärmt und zur Verbrennung aufbereitet wird. Dabei erfolgt die Selbstzündung des Gemisches entweder durch örtliche Erhitzung des angesaugten Kraftstoff-Luft-Gemisches an heißen Stellen, oder es wird durch unmittelbare Einspritzung des Kraftstoffes in Räume mit glühenden Teilen Selbstzündung erreicht. Z. B. wird beim Glühkopfmotor der Kraftstoff unter geringem Druck und bei geringem Verdichtungsverhältnis des Motors in einen meist kugelförmigen Verbrennungsraum mit Glühschale eingespritzt und kommt dort infolge der Anheizung durch die Glühschale zur Entzündung, obwohl die Temperatur der verdichteten Luft zur Selbstzündung nicht ausreichen würde. Beim Anlassen dieser Motoren ist jedoch eine vorherige Anwärmung der Glühschale erforderlich. Auch bei Dieselmotoren mit Selbstzündung des Kraftstoffstrahls in der verdichteten Luft sind vielfach zum Anlassen zusätzliche Heizvorrichtungen (Glühkerzen) notwendig.

Bei manchen Motoren wird auch Fremdzündung und Selbstzündung kombiniert, da bei zusätzlicher Zuhilfenahme der Fremdzündung das Verdichtungsverhältnis kleiner gehalten werden kann ($\varepsilon \approx 1:8$). Derartige Motoren werden als Mitteldruckmotoren bezeichnet, jedoch ist keine eindeutige Abgrenzung der Bezeichnung für diese Motoren vorhanden.

Weit mehr verbreitet als die Arbeitsverfahren der Mitteldruckmotoren ist das Dieselprinzip[1], bei dem die Entzündung des Kraftstoffstrahles ausschließlich durch Selbstzündung in der verdichteten Luft erreicht wird. Die Gemischbildung und Zündung im Dieselmotor wird auf S. 54ff. behandelt.

d) Physikalische und chemische Grundlagen für die Verbrennung im Ottomotor.

Verbrennungsgeschwindigkeit[2]. Unmittelbar nach der Einleitung der Verbrennung durch das Überspringen des Zündfunkens breitet sich die Flammenfront im Motor von der Zündkerze mit einer durchschnittlichen Geschwindigkeit von 20 bis 30 m/sec aus [F 42, F 46, F 51]. Diese

---

[1] Von DIESEL wurde ursprünglich ein Arbeitsverfahren vorgeschlagen, das im wesentlichen adiabatische Verdichtung, Entzündung und Verbrennung des eingespritzten Kraftstoffes bei annähernd konstanter Temperatur und adiabatische Dehnung vorsieht. Das Hauptpatent DIESELS (Nr. 67207 vom 28. Februar 1892) lautet folgendermaßen: „Arbeitsverfahren für Verbrennungsmaschinen, gekennzeichnet dadurch, daß in einem Zylinder vom Arbeitskolben reine Luft oder anderes indifferentes Gas (bzw. Dampf) mit reiner Luft so stark verdichtet wird, daß die hierdurch entstandene Temperatur weit über der Entzündungstemperatur des zu benutzenden Brennstoffes liegt, worauf die Brennstoffzufuhr vom toten Punkt ab so allmählich stattfindet, daß die Verbrennung wegen des ausschiebenden Kolbens und der dadurch bewirkten Expansion der verdichteten Luft (bzw. des Gases) ohne wesentliche Druck- und Temperaturerhöhung erfolgt, worauf nach Abschluß der Brennstoffzufuhr die weitere Expansion der im Arbeitszylinder befindlichen Gasmasse stattfindet."

[2] Im Schrifttum ist vielfach die Bezeichnung Zündgeschwindigkeit üblich. Da beide Ausdrücke sowohl für die relative Geschwindigkeit der Flammenfront gegen die Gasmasse als auch für die Geschwindigkeit der Flammenfront gegen die Gefäßwände gebraucht werden, ist es nicht zweckmäßig, einen der beiden Ausdrücke nur für eine Definition der Geschwindigkeit zu verwenden, denn dadurch würden Widersprüche mit zitierten Literaturangaben entstehen. Es wurde deshalb sowohl der Ausdruck Zündgeschwindigkeit als auch Verbrennungsgeschwindigkeit benutzt, wobei in jedem Falle angegeben ist, welche Annahme der Bezeichnung zugrunde gelegt ist.

Geschwindigkeit ist viel höher als die in Bomben — ohne Wirbelungsvorrichtungen — gemessene. Bei Bombenversuchen wurden im Durchschnitt Geschwindigkeiten in der Größenordnung von nur 2 bis 5 m/sec für Benzin gemessen. Es konnte jedoch nachgewiesen werden, daß auch in Bomben ähnliche Geschwindigkeiten wie im Motor auftreten, wenn für eine entsprechend starke Wirbelung gesorgt wird.

Die Fortpflanzung der Verbrennung wird damit erklärt, daß vom verbrennenden Gemisch aus durch Wärmeleitung, Diffusion, Strahlung und Konvektion der dem verbrennenden Gemisch benachbarte unverbrannte Teil erwärmt wird und damit selbst zur Entzündung kommt. Während der Erwärmung beginnt schon die Reaktion bzw. Verbrennung. Die sichtbare Entzündung entspricht dem Zustand, bei dem die Reaktionsgeschwindigkeit sehr rasch wird und eine Lichterscheinung auftritt. Eine Theorie zur Berechnung der Zündgeschwindigkeit wurde von NUSSELT [F 32] gegeben. NUSSELT hat unter der Annahme, daß die Ausbreitung der Flamme dadurch erfolgt, daß jeweils die der Brennzone benachbarten Teile des unverbrannten Gemisches durch die in der Brennzone entwickelte Wärme auf die Selbstentzündungstemperatur[1] erhitzt werden, eine Formel für die Zündgeschwindigkeit angegeben. Für das Beispiel der Wasserstoffverbrennung gilt

$$w = \sqrt{\frac{c \cdot \lambda \cdot P_0 \, T_v^2 (T_v - T_c) \, H_2^0 O_2^0}{R^2 \, C_p (T_c - T_0)}}$$

Diese Gleichung gibt die Zündgeschwindigkeit in m/sec an; es bedeutet:

λ die mittlere Wärmeleitzahl des Gasgemisches,

P_0 der Druck,

T_0 die Anfangstemperatur,

T_c die Entzündungstemperatur,

T_v die Verbrennungstemperatur,

H_2^0 die Raumteile Wasserstoff vor der Verbrennung,

O_2^0 die Raumteile Sauerstoff vor der Verbrennung,

C_p die mittlere spez. Wärme zwischen T_c und T_v der Raumeinheit des Gasgemisches bei 15° und 1 at,

R die Gaskonstante,

c eine unbekannte Konstante, die aus einem Versuch zu ermitteln ist.

Die bei der Ableitung verwendeten Ansätze für die Reaktionsgeschwindigkeit zwischen Wasserstoff und Sauerstoff weichen zwar von den aus neueren Versuchen ermittelten Gesetzmäßigkeiten ab, jedoch gibt diese Formel die meisten Einflüsse befriedigend wieder.

---

[1] Die Annahme einer konstanten Selbstentzündungstemperatur bedeutet nur eine Näherung, weil die Selbstentzündungstemperatur kein physikalisch eindeutiger Wert ist; ihre Größe wird durch die Wärmeableitung beeinflußt.

Zur Aufklärung der verwickelten Verbrennungsvorgänge im Motor sind die unter vereinfachten Bedingungen durchgeführten Untersuchungen an Brennern, in Bomben und in Rohren ein wertvolles Hilfsmittel. Man erhält je nach der Art des Meßverfahrens die relative Geschwindigkeit gegenüber der Gasmasse (z. B. bei der Ermittlung aus dem Kegel der Flamme am Bunsenbrenner) oder die Geschwindigkeit der Flammenfront gegenüber den Gefäßwänden. Die am Brenner gemessene Relativgeschwindigkeit der Flammenfront zur Gasmasse wird in der physikalischen Literatur meist mit „Zündgeschwindigkeit" bezeichnet. Bei der zweiten Möglichkeit, der Messung der Geschwindigkeit der Flammenfront in Gefäßen oder Rohren (mit ursprünglich ruhender Gasmasse), erhält man im Durchschnitt höhere Geschwindigkeiten als mit der vorher genannten Methode: man spricht in diesem Falle meist von „Fortpflanzungsgeschwindigkeit". In der technischen Literatur ist in vielen Fällen auch dafür die Bezeichnung Zündgeschwindigkeit üblich.

Die Versuchsbedingungen bei der Verbrennung in Bomben und Rohren sind zwar den Bedingungen für die Verbrennung im Motor ähnlicher als bei der Bunsenflamme, jedoch sind die Ergebnisse bei diesen Methoden sehr von den Gefäßdimensionen und den Versuchsbedingungen abhängig.

Die Ausbreitung der Flammenfront erfolgt nicht mit gleichmäßiger Geschwindigkeit; vielfach ist die Geschwindigkeit unmittelbar nach der Zündung geringer als im weiteren Verlauf der Verbrennung [F 2, F 14]. Es sind jedoch auch Messungen bekanntgeworden, bei denen die Ausbreitung der Flammenfront unmittelbar nach der Zündung mit nahezu konstanter Geschwindigkeit erfolgte [F 7]. Die gemessene Relativgeschwindigkeit der Flammenfront gegenüber den Gefäßwänden ist auch wesentlich von der Eigengeschwindigkeit der Gasmasse im Gefäß abhängig.

Sowohl bei der Verbrennung in geschlossenen Bomben oder Rohren als auch bei der Verbrennung im Motor erfolgt durch die Ausdehnung des verbrannten, stark erhitzten Teiles eine Verdichtung des unverbrannten Teiles des Kraftstoff-Luft-Gemisches. Dadurch ergibt sich eine Verdrängerwirkung, die neben der relativen Geschwindigkeit der Flammenfront im Gemisch noch eine zusätzliche Geschwindigkeit durch die Verschiebung des gesamten Gemisches zur Folge hat. Dieser Einfluß wirkt sich bei der Verbrennung in geschlossenen Gefäßen in einer Verringerung der Geschwindigkeit der Flammenfront gegen Ende der Verbrennung aus. Dieser Einfluß, der auch zahlenmäßig [F 5, F 7, F 21] durch die obenerwähnte Gasbewegung erklärt werden kann, zeigt sich in Abb. 14.

In dieser Abbildung ist der Weg der Flammenfront bei Verbrennung eines Gemisches von Äthyläther und Luft in einem geschlossenen waagerechten Rohr von 1,28 m Länge und 22 mm Durchmesser dargestellt. Zur Verminderung der Beeinflussung durch Schwingungen wurden an

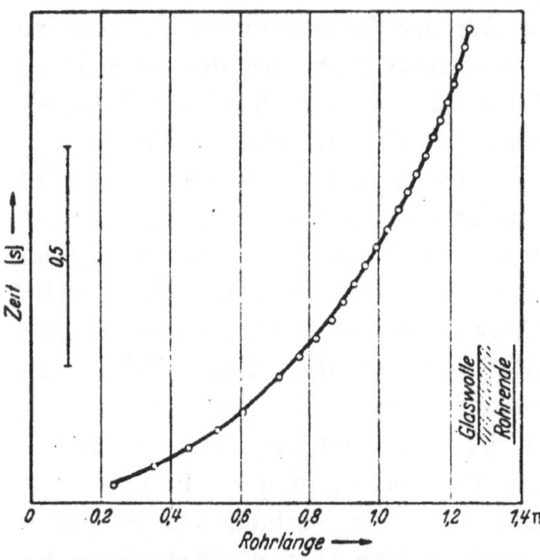

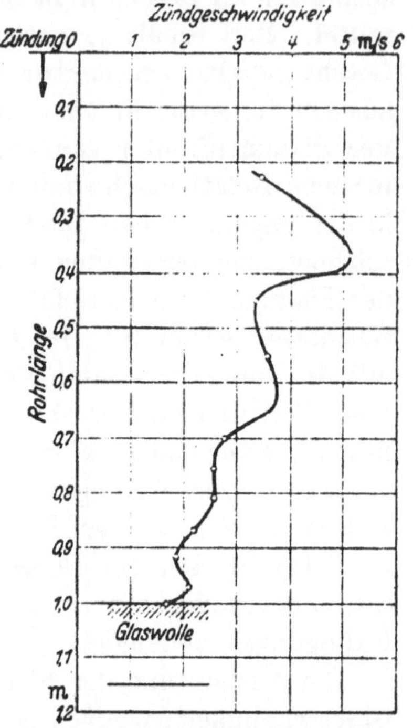

Abb. 14. Flammenweg, abhängig von der Zeit für ein Äthyläther-Luft-Gemisch bei Verbrennung im waagerechten Rohr; Rohr beiderseitig geschlossen, mit Glaswolle an beiden Enden, Rohrdurchmesser 22 mm, Rohrlänge 1280 mm, $\lambda \sim 0,88$; $p_1 = 1$ ata; $t = 20°$ C.

den Enden des Rohres Glaswollestopfen angebracht. Das Rohr war beidseitig geschlossen. Die erwähnte Verringe-

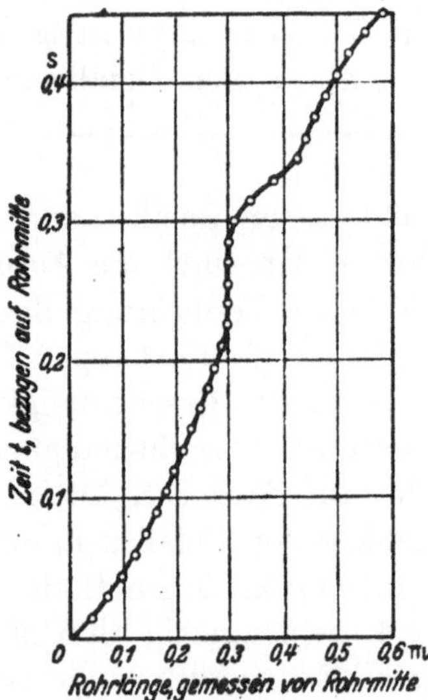

Abb. 16. Flammenweg, abhängig von der Zeit bei Verbrennung eines Äthyläther-Luft-Gemisches in einem waagerechten beiderseitig geschlossenen Rohr ohne Glaswolle, $\lambda = 0,8$; $p_1 = 1$ ata, $t_1 = 20°$ C.

Abb. 15. Zündgeschwindigkeit, abhängig von der Rohrlänge bei Verbrennung eines Benzindampf-Luft-Gemisches mit Zusatz von Bleitetraäthyl in einem senkrechten beiderseitig geschlossenen Rohr. Glaswolle an beiden Enden, Rohrdurchmesser 22 mm, Rohrlänge 1150 mm, $\lambda = 0,7$; $p_1 = 0,78$ ata; $t = 20°$ C.

rung der Geschwindigkeit der Flammenfront gegen Ende des Rohres ist deutlich sichtbar. Die Messung des Weges der Flammenfront wurde durch Aufzeichnung auf einen Film-streifen vorgenommen. Neben dem starken Einfluß der Luft-überschußzahl und der Wirbelung ergab sich bei derartigen Versuchen ein starker Einfluß von Druckwellen auf den Verbrennungsvorgang.

In Abb. 15 ist die Geschwindigkeit der Flammenfront abhängig von der Rohrlänge bei Verbrennung eines Bleibenzin-Luft-Gemisches mit der Oktanzahl 87 in einem geschlossenen vertikalen Glasrohr dargestellt. Die Schwingungen in der Kurve der Zündgeschwindigkeit sind im wesentlichen von der Art der Zündung abhängig. Man erhält bei Zündung mit einem Funken andere Ergebnisse als bei Zündung mit mehreren Funken oder mit Glühdraht.

Der starke Einfluß der Druckwellen auf den Verlauf der Verbrennung ist aus der Darstellung des Flammenweges aus Abb. 16 ersichtlich. Die Unregelmäßigkeit bzw. die starke Verminderung der Verbrennungsgeschwindigkeit nach 0,2 sec ist auf ein Rücklaufen von Wellen zurückzuführen. Die Unregelmäßigkeit kann unter sonst gleichen Bedingungen durch Anbringung von Glaswolle am Ende des Rohres vermieden werden.

Für die Beurteilung der Betriebseigenschaften von Ottomotoren sind vor allem diejenigen physikalischen Vorgänge von besonderer Wichtigkeit, die durch eine Änderung des Mischungsverhältnisses beeinflußt werden, da beim Ottomotor für die Regelung des Betriebszustandes unter anderem die Veränderung des Mischungsverhältnisses ein wichtiges Hilfsmittel ist. Erfahrungsgemäß treten die höchsten Zündgeschwindigkeiten im Motor (s. auch Abb. 17) und in Bomben (s. Abb. 18) ungefähr bei gleichem Mischungsverhältnis, und zwar im Luftmangelgebiet (etwa bei $\lambda \approx 0,85$) auf [F 46, C 29]. Die in Bomben gemessenen Zündgeschwindigkeiten von Wasserstoff, Kohlenoxyd und Benzindampf sind in Abb. 18 wiedergegeben. Das Maximum der Zündgeschwindigkeit dieser Brennstoffe liegt ebenfalls im Luftmangelgebiet[1]. Messungen der Zündgeschwindigkeit derselben Brennstoffe am Bunsenbrenner haben ungefähr dieselben Abhängigkeiten vom Luftüberschuß ergeben, jedoch sind die absoluten Werte der Geschwindigkeiten wegen der obengenannten Gründe wesentlich geringer.

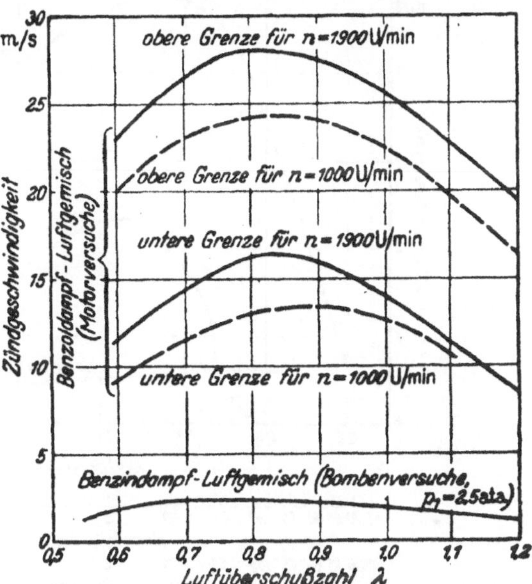

Abb. 17. Zündgeschwindigkeiten für Benzol- bzw. Benzindampf-Luft-Gemische, abhängig von der Luftüberschußzahl nach Motorversuchen von SCHNAUFFER [$n = 1600$ U/min, $\varepsilon = 1:5$] und nach Messungen in der Bombe von K. NEUMANN.

---

[1] Messungen von W. R. CHAPMANN in einem Rohr von 25 mm Durchmesser. BONE and TOWNEND [F 2]: Flame and Combustion in Gases, S. 116.

Die günstigen Betriebseigenschaften (rasche Beschleunigung, weicher Gang) der Motoren im Luftmangelgebiet sind im wesentlichen auf die hohen Zündgeschwindigkeiten (Verbrennungsgeschwindigkeiten)[1] in diesem Bereich zurückzuführen. Umgekehrt wird der unruhige Gang bei sehr hohem Luftüberschuß im wesentlichen z. Teil durch die stark abnehmenden Verbrennungsgeschwindigkeiten[1] verursacht. Die Verbrennungsgeschwindigkeiten in der Nähe der Zündgrenzen sind sehr gering. Der Vergleich der Abb. 12 und 18 zeigt, daß sich in sinnge-

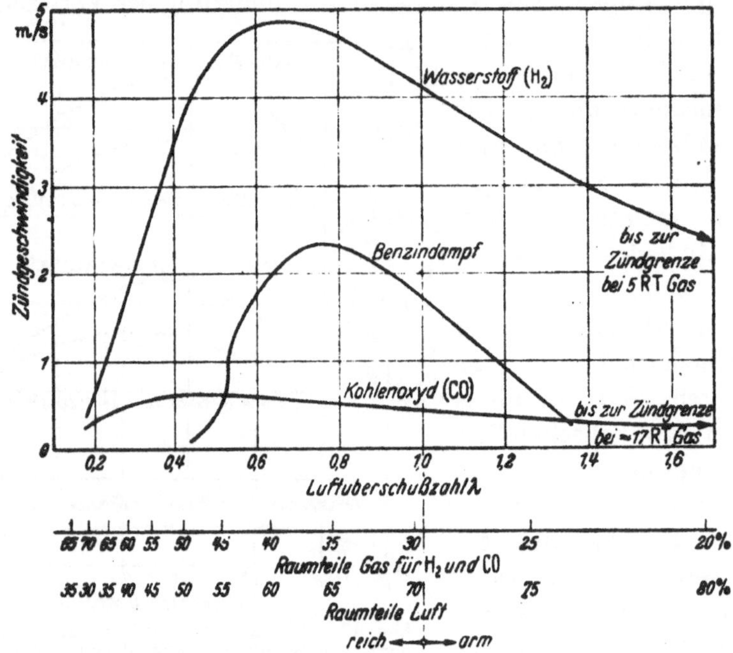

Abb. 18.   Zündgeschwindigkeiten für verschiedene Kraftstoff-Luft-Gemische, abhängig von Mischungsverhältnis; in Bomben gemessen, $p_1 = 1{,}0$ ata, $t_1 = $ Raumtemperatur.

mäßer Übereinstimmung mit dem Verlauf der Verbrennungsgeschwindigkeiten auch die Zündgrenzen weiter in den Bereich reichen Gemisches erstrecken. Das motorische Verhalten findet somit eine gute Aufklärung durch die physikalischen Untersuchungen von Kraftstoffen im Hinblick auf Zündgrenze und Verbrennungsgeschwindigkeit.

Der Einfluß der Verschiedenheit der Verbrennungsgeschwindigkeit auf den Arbeitsprozeß im Motor ist in Abb. 19 durch Vergleich zweier theoretisch ermittelter Diagramme für die Luftüberschußzahlen $\lambda = 0{,}8$ und $\lambda = 1{,}1$ wiedergegeben. Die Darstellung zeigt, daß die bei größerem Luftüberschuß auftretenden geringeren Verbrennungsgeschwindigkeiten eine spätere Verbrennung zur Folge haben und Arbeitsverluste ver-

---

[1] Bei motorischen Untersuchungen wird meist die Bezeichnung „Verbrennungsgeschwindigkeit" für die relative Geschwindigkeit der Flammenfront gegenüber der Zylinderwand benutzt. Siehe auch Fußnote S. 41.

ursachen. Diese Arbeitsverluste entsprechen einer Verschlechterung des Gütegrades. Die ungünstige Wirkung der niedrigen Verbrennungsgeschwindigkeit kann jedoch durch Früherlegen der Zündung wesentlich herabgemindert werden. Die mit zunehmendem Luftüberschuß auftretende Verschlechterung des Gütegrades hat erst bei mehr als 10 bis 20 vH Luftüberschuß eine Erhöhung des spez. Kraftstoffverbrauches zur Folge, weil sich die thermodynamische Verbesserung des Arbeitsprozesses im Bereich geringen Luftüberschusses stärker auswirkt als die Verschlechterung des Gütegrades. In ähnlicher Weise ergeben sich Unterschiede im Verbrennungsverlauf bei Vergleich von Kraftstoffen mit verschiedenen Verbrennungsgeschwindigkeiten. Der beim Kraftstoff mit geringerer Verbrennungsgeschwindigkeit entstehende Arbeitsverlust ist von der gewählten Vorzündung abhängig.

Dieselben Erscheinungen werden auch beobachtet, wenn sich die Verbrennungsgeschwindigkeit infolge Veränderung der Betriebsbedingungen, beispielsweise Verminderung der Wirbelung, ändert.

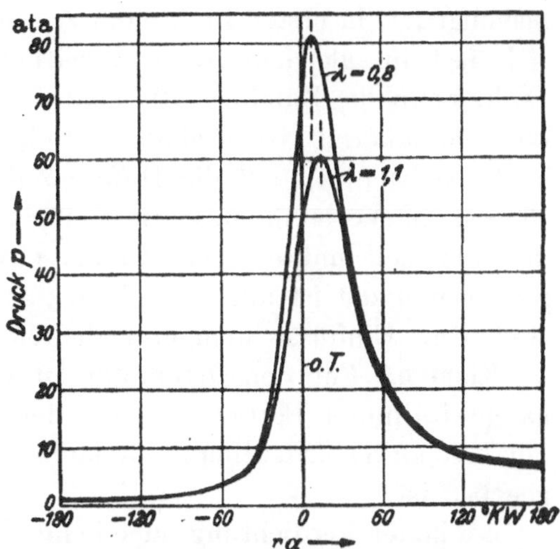

Abb. 19. Berechneter Druckverlauf für einen Ottomotor für verschiedene Luftüberschußzahlen unter Berücksichtigung der endlichen Verbrennungsgeschwindigkeit, $p_1 = 1$ ata, $t_1 = 15°$C, $\varepsilon = 1:8$, $n = 2600$ U/min, Vorzündung $= 40°$ v. o. T.

Der Verbrennungsvorgang ist im wesentlichen meist 15 bis 25° nach dem oberen Totpunkt abgeschlossen. Der Verlauf der Verbrennung wurde von verschiedenen Forschern auf verschiedenen Wegen untersucht. Die dabei gefundenen Ergebnisse unterscheiden sich nur außerordentlich wenig. Eine Möglichkeit bietet die Berechnung des unverbrannten Anteils des Kraftstoffes mit Hilfe des Energiesatzes aus dem Indikatordiagramm [C 28]. Von EGERTON [F 4, F 20] wurde der Verbrennungsvorgang mit Hilfe von Gasanalysen untersucht. Die Gasproben wurden mit Hilfe eines besonders gesteuerten Entnahmeventils bei verschiedenen Kurbelwinkeln aus dem Zylinder entnommen. Auch die direkte photographische Aufnahme der Flammenbewegung im Zylinder wurde zur Untersuchung des Verbrennungsvorganges herangezogen [F 14, F 16, F 40, F 42, F 51]. Die verschiedenen Brechungswinkel im unverbrannten und verbrennenden Teil gestatteten die Aufnahme von Schlierenbildern, aus denen ebenfalls der Verbrennungsverlauf ermittelt werden konnte [F 42]. Die Auswertung zahlreicher Indikatordiagramme bei verschiedenen

Drehzahlen hat gezeigt, daß sich der Kurbelwinkel, bei dem die Verbrennung beendet ist, bei gleichem Zündzeitpunkt mit der Drehzahl nur wenig ändert, d. h. die Zündgeschwindigkeit ist bei verschiedenen Drehzahlen nicht konstant, sondern sie nimmt in erster Annäherung proportional der Drehzahl bzw. proportional der Wirbelgeschwindigkeit zu (meist etwas weniger), so daß die Verbrennungsdauer in Sekunden nahezu umgekehrt proportional der Drehzahl ist. In sinngemäßer Übereinstimmung damit hat sich bei der Auswertung von Indikatordiagrammen ergeben, daß der Kurbelwinkel, bei dem die Verbrennung beendigt ist, in erster Linie vom Zeitpunkt der Zündung abhängt und sich fast im gleichen Ausmaß zeitlich verschiebt wie die Zündung. D. h. wenn die Zündung $10°$ später gelegt wird, ist die Verbrennung auch annähernd $10°$ später beendet. In manchen Fällen wurde auch beobachtet, daß die Differenz der Kurbelwinkel entsprechender Phasen im Verbrennungsverlauf etwas geringer war als der Abstand der Zündzeitpunkte. Die Zündgeschwindigkeit bzw. Verbrennungsgeschwindigkeit ist auch von Druck und Temperatur abhängig, jedoch sind diese Einflüsse weniger bedeutend [F 14, F 43].

Klopfen. Für den Ottomotor ist ein durch die Verbrennungsvorgänge bedingter Betriebszustand, der mit „Klopfen" bezeichnet wird, von besonderer Bedeutung, weil dadurch meist die obere Leistungsgrenze gegeben ist.

Bei hoher Verdichtung oder hoher Überladung sowie mit steigender Temperatur der Ladeluft tritt in vielen Fällen ein sehr harter Gang des Motors auf, der mit einem hellen klingenden Geräusch verbunden ist. Während anfänglich beim Klopfen infolge der schnelleren Verbrennung die Abgastemperaturen sinken, ist nach längerem Klopfen eine Zunahme der Abgastemperatur und der gesamten thermischen Beanspruchung festzustellen. Das Klopfen wurde insbesondere durch die Untersuchungen von RICARDO [C 6] mit einer sehr raschen Verbrennung eines noch unverbrannten Teiles des Kraftstoff-Luft-Gemisches erklärt.

Während sich die Flammenfront bei normaler Verbrennung im Zylinder mit einer Geschwindigkeit in der Größenordnung von etwa 15 bis 30 m/sec fortbewegt, wurde bei Eintreten von Klopfen festgestellt, daß die Verbrennung des letzten Teils des Gemisches fast plötzlich erfolgt. Es war lange Zeit nicht klar, ob sich bei dieser plötzlichen Verbrennung die Verbrennung von der Flammenfront aus mit sehr hoher, vorläufig nicht mehr meßbarer Geschwindigkeit fortpflanzt, oder ob an einer oder an mehreren Stellen oder auch im gesamten unverbrannten Gemisch die Verbrennung ziemlich gleichmäßig schlagartig einsetzt. Über die klopfende Verbrennung liegen zahlreiche Untersuchungen vor, die mittels photographischer Aufnahme der Flammenfortpflanzung im klopfenden Gemischteil [F 42, F 51] durchgeführt wurden. Die

Aufnahmen wurden zum Teil mit gleichmäßig bewegtem Film, zum Teil mit zeitlich aufeinanderfolgenden Bildern, in einzelnen Fällen auch mit Schlierenaufnahmen und mit anderen Methoden durchgeführt. Als einheitliches Ergebnis dieser Untersuchungen kann man feststellen, daß eine bestimmte Fortpflanzungsgeschwindigkeit in dem klopfend abbrennenden Gemischanteil nicht einwandfrei festgestellt werden konnte. In Fällen, in denen zeitliche Unterschiede bei der Entflammung festgestellt wurden, wurden Zahlen von etwa 300 bis 1000 m/sec genannt. Bei optischen Untersuchungen und Untersuchungen nach der Ionisationsmethode [G 14, G 11] wurde eine nahezu gleichzeitige oder kurz hintereinanderfolgende Entflammung an mehreren Stellen des klopfenden Gemisches festgestellt. Neuere Untersuchungen [F 42] über den Einfluß von Druckschwingungen auf die klopfende Verbrennung haben gezeigt, daß mit künstlich erzeugten Druckwellen klopfende Verbrennung nicht hervorgerufen werden konnte, sondern daß erst in der Nähe des Betriebsbereiches, in dem an sich Klopfen zu erwarten war, ein Einfluß von Druckwellen in der Weise festgestellt werden konnte, daß das Klopfen zu einem etwas früheren Zeitpunkt einsetzte.

Da beim Klopfen das noch im Zylinder vorhandene unverbrannte Gemisch sehr rasch verbrennt, erfolgt von diesem Zeitpunkt ab die Temperatur- und Drucksteigerung örtlich sehr viel schneller als bei normaler Verbrennung, jedoch ist der Mittelwert des Druckes im Zylinder nur wenig — entsprechend der früheren Verbrennung — höher als bei normaler Verbrennung, ebenso ist die mittlere Temperatur nicht sehr viel höher als bei normaler Verbrennung. Jedoch tritt eine sehr starke Zunahme des Wärmeüberganges auf, die meist eine thermische Überbeanspruchung und unter Umständen eine Beschädigung des Kolbens zur Folge hat. Im Zylinder treten sehr starke Druckdifferenzen auf. Es werden meist ein örtlich sehr rascher Druckanstieg und anschließend Druckwellen mit großen Amplituden beobachtet, so daß beim Klopfvorgang auch eine höhere mechanische Beanspruchung vorhanden ist. Auch die Temperaturen an den verschiedenen Stellen des Zylinders weisen starke Unterschiede auf [F 22, F 38].

Untersuchungen der Strahlung [F 29, F 49] bei klopfender Verbrennung haben gezeigt, daß ein größerer Anteil der langwelligen Strahlen (5 bis 11 μ) gegenüber normalem Betrieb vorhanden ist. Die Energie der Ausstrahlung war bei klopfendem Betrieb für einen beschränkten Anteil der Verbrennungszeit größer als bei normalem Betrieb, jedoch war die Gesamtstrahlung der Verbrennungsgase während des ganzen Arbeitsprozesses kleiner als bei nichtklopfendem Betrieb. Die Infrarotstrahlung erreicht bei klopfendem Betrieb früher ihr Maximum als bei normaler Verbrennung. Diese Feststellung entspricht durchaus der Ansicht, daß das Klopfen durch eine sehr rasche Verbrennung des letzten Teiles der Füllung bedingt ist.

Neben diesen Untersuchungen der einzelnen Arbeitsspiele bei klopfendem Betrieb sind auch zahlreiche Untersuchungen über die Abhängigkeit des Klopfvorganges vom Betriebszustand des Motors durchgeführt worden. Am stärksten ist die Zunahme der Klopfneigung bei Erhöhung der Verdichtung (Abb. 107, S. 157); weniger stark ist die Zunahme der Klopfneigung bei Erhöhung der Temperatur (Abb. 104 u. 105, S. 155f.) und bei Erhöhung des Druckes der angesaugten Luft.

Weiterhin wird das Klopfen durch die Vorzündung, den Luftüberschuß, die Drehzahl und die Ausbildung des Brennraumes wesentlich beeinflußt. Durch Früherlegung der Zündung wird die Klopfneigung verstärkt. Der Einfluß des Luftüberschusses ist bei verschiedenen Kraftstoffen verschieden; im allgemeinen ist die Klopfneigung in der Nähe des stöchiometrischen Gemisches am stärksten.

Aus allen Versuchsergebnissen geht hervor, daß für die Klopfneigung hauptsächlich der Druck und die Temperatur des unverbrannten Teiles des Gasgemisches von Bedeutung sind. Mit neueren Untersuchungen, insbesondere Auswertungen von Motorversuchen an der Klopfgrenze, und mit vergleichenden Untersuchungen der Zündungsvorgänge beim Zündverzug und beim Klopfen [G 10] ist folgende Vorstellung gut in Einklang zu bringen:

Während die Verbrennungsfront, ausgehend von der Zündkerze, mit einer von dem Luftüberschuß, vom Druck und der Temperatur des Gemisches abhängigen Geschwindigkeit fortschreitet, findet im noch nicht verbrannten Teil des Gemisches eine Reaktion bzw. Verbrennung statt. Die durch die Verdichtung und durch das Fortschreiten der Flammenfront bedingte Endtemperatur des unverbrannten Teiles im Augenblick des Klopfbeginns kommt als alleinige Klopfursache nicht in Betracht, vielmehr erhält man unter Zugrundelegung einer Reaktion eine bessere Übereinstimmung mit den Versuchsergebnissen. Auch die Auffassung, daß nur die Temperatur des Gemisches für die zum Klopfen führende Reaktion bestimmend ist und daß der Druck ohne nennenswerten Einfluß ist, wird durch motorische Untersuchungen nicht bestätigt.

Diese Untersuchungen lassen vielmehr den Schluß zu, daß die Geschwindigkeit dieser Reaktion in erster Linie mit der Temperatur des unverbrannten Teiles und weiterhin — aber weniger — mit dem Druck des unverbrannten Teiles des Gemisches zunimmt. Diese Temperatur steigt infolge der Verdrängerwirkung des verbrennenden Teiles auch nach dem Totpunkt noch weiter an. Weiterhin muß auch mit einer zusätzlichen Erwärmung infolge der Reaktion gerechnet werden. Durch diese Reaktion wird im unverbrannten Teil ein Zustand erreicht, der eine rasche Verbrennung zur Folge hat.

Mit dieser Erklärung wird die Veränderung der Klopfgrenzen mit dem Druck und der Temperatur der angesaugten Luft verständlich, da die Erhöhung der Anfangstemperatur auch die Temperatur des restlichen unverbrannten Gemisches erhöht. Bei zunehmender Verdichtung wird gleichzeitig der Druck und die Temperatur erhöht, infolgedessen ist die sehr starke Zunahme der Klopfneigung mit der Verdichtung erklärlich. Dieselben Ursachen gelten für den Einfluß der Vorzündung auf die Klopfgrenzen. Auch die Ergebnisse der spektroskopischen Untersuchungen an klopfenden Motoren deuten darauf hin, daß in der Klopfzone des Verbrennungsraumes vor dem Eintreffen der Flammenfront ein besonderer Aufbereitungsprozeß des Gemisches erfolgt. Z. B. wurde kurz vor dem Klopfen Formaldehyd festgestellt [F 37]. Die verschiedenen optischen Beobachtungen der Vorgänge vor und nach der Flammenfront zeigen, daß die sog. Flammenfront nicht etwa die Grenze des Verbrennungsbeginns darstellt, sondern vor dieser Grenze im nichtleuchtenden Teil des Unverbrannten und hinterher im leuchtenden Teil ist ebenso eine Verbrennung vorhanden, so daß der Flammenfront eine gewisse Dicke zukommt [F 42] (auch Untersuchungen mit Gasentnahmen haben ähnliche Ergebnisse geliefert [F 20, F 50]).

Unter der Annahme, daß der Verlauf der Reaktionen im unverbrannten Teil beim Klopfen ähnlichen Gesetzen gehorcht wie die Vorgänge, die während der Zündverzugsperiode von Gasen auftreten und zur Selbstzündung führen, läßt sich der Klopfvorgang auf Grund der bisher vorhandenen Versuchsunterlagen auch rechnerisch verfolgen. Der Klopfvorgang ist also auf Grund dieser Annahme durch die sich immer mehr steigernde Reaktionsgeschwindigkeit im unverbrannten klopfenden Gemischrest verursacht. Die Geschwindigkeit dieser in Kettenreaktionen erfolgenden Umsetzung wird infolge der durch die teilweise Verbrennung verursachte Temperatursteigerung während der Reaktion noch beschleunigt. Heiße Stellen und die konstruktive Ausbildung des Zylindertotraumes sowie die thermische Belastung beeinflussen den Temperaturzustand des unverbrannten Gemischteils. Diese Einflüsse werden bei der rechnerischen Verfolgung der Vorgänge in den empirisch ermittelten Gesetzmäßigkeiten erfaßt, so daß eine Übertragung der Absolutwerte der bei Rechnungen benutzten Konstanten auf verschiedene Motoren nur angenähert möglich ist.

Deshalb können Schwingungserscheinungen nicht die Hauptursache für den Klopfvorgang sein; das bisher vorliegende Versuchsmaterial spricht vielmehr dafür, daß unter dem Einfluß der Druckwellen unter Umständen nur die Reaktion in dem nahe an der Entzündungsgrenze befindlichen Gasgemisch bis zur Entzündung beschleunigt wird.

Diese Erklärung wird auch durch die schon erwähnten Untersuchungen von ROTHROCK und SPENCER gestützt, die in einer bombenähnlichen Apparatur mit Hilfe von künstlich erzeugten Stoßwellen gefunden haben, daß Verdichtungswellen mit dem Klopfvorgang nicht in ursächlichen Zusammenhang gebracht werden können. Künstlich im Motor erzeugte Stoßwellen verursachten kein Klopfen, jedoch konnte der Klopfvorgang beschleunigt werden, wenn die Ladung von sich aus schon für den Klopfvorgang vorbereitet war.

Vielfach wird auch die Detonations- bzw. die Explosionswelle als Ursache für das Klopfen im Motor angegeben. Diese Erklärung ist jedoch mit vielen Versuchen nicht in Einklang zu bringen. Vor allem wurde bei den Untersuchungen in Rohren festgestellt, daß im Gegensatz zum Klopfverhalten im Motor eine Abhängigkeit der Explosionswelle von den Kraftstoffeigenschaften nur in ganz geringem Maße vorhanden ist. Ebenso ist die Beimengung von Bleitetraäthyl fast ohne Einfluß. In dem kleinen Verbrennungsraum des Motors besteht außerdem in der kurzen zur Verfügung stehenden Zeit keine Möglichkeit zur Entwicklung einer Explosionswelle.

Explosionswelle. Die Explosionswelle ist eine Druckwelle, an deren Wellenfront durch den Verdichtungsstoß die Zündung des Gemisches erfolgt. Versuche im Rohr haben gezeigt, daß zum Anlaufen einer Explosionswelle eine erhebliche Strecke (meist 1 bis 2 m) erforderlich ist. Bei diesen Versuchen im Rohr wurden von verschiedenen Forschern Detonationsgeschwindigkeiten von über 2000 m/sec unabhängig vom Anfangsdruck des Gemisches gemessen [F 17]. Der Übergang zur Detonation erfolgt allmählich, wobei sich die anfänglich normale Verbrennungsgeschwindigkeit bis zur Detonationsgeschwindigkeit erhöht. Bei Detonationsversuchen wurden insbesondere am Rohrende außerordentlich hohe Drücke gemessen. Die Vorgänge bei der Entstehung der Explosionswelle können auch rechnerisch weitgehend verfolgt werden.

Es sei

w Geschwindigkeit
P Druck
v spez. Volumen
u innere Energie.

$\Big\}$ der Gase $\begin{cases} \text{vor} \quad \text{(Index 1)} \\ \text{hinter (,, 2)} \end{cases}$ der Flammenfront.

Nach den drei Erhaltungssätzen, nämlich

$$\text{I.} \quad \frac{w_1}{v_1} = \frac{w_2}{v_2} \quad \text{(Kontinuitätsgleichung),}$$

$$\text{II.} \quad P_1 + \frac{w_1^2}{v_1 g} = P_2 + \frac{w_2^2}{v_2 g} \quad \text{(Impulsgleichung),}$$

$$\text{III.} \quad u_1 + A P_1 v_1 + \frac{A w_1^2}{2g} = u_2 + A P_2 v_2 + \frac{A w_2^2}{2g} \quad \text{(Energiegleichung)}$$

läßt sich, wie R. BECKER [F 10] gezeigt hat, für den Fall des stationären

Detonationszustandes die Detonationsgeschwindigkeit berechnen. Die so errechneten Geschwindigkeiten stimmen mit den experimentellen Erfahrungen überein. Die Geschwindigkeit der Explosionswelle ist etwas größer als die Schallgeschwindigkeit im verbrannten Gemisch und liegt in der Größenordnung von etwa 2000 m/sec.

Klassifizierung der Kraftstoffe für Ottomotoren im Hinblick auf die Klopfeigenschaften. Der Klopfvorgang und die dadurch gegebenen Grenzen des zulässigen Betriebsbereiches sind so wichtig für den praktischen Motorbetrieb, daß die Bewertung und Einteilung der Kraftstoffe der Ottomotoren auf Grund ihrer Klopfeigenschaften erfolgt. Als Maß für die Klopffestigkeit eines Kraftstoffes ist bisher die in einem Prüfmotor bestimmte Oktanzahl üblich. Nach dieser Methode erfolgt die Bewertung des Kraftstoffes durch Vergleich mit einem Bezugskraftstoff, der wegen seiner einheitlichen Zusammensetzung jederzeit mit denselben Eigenschaften zur Verfügung steht. Die Oktanzahl gibt diejenige Isooktanmenge in Volumenprozenten an, die in dem Gemisch eines Vergleichskraftstoffes, der aus Isooktan (C_8H_{18}) und n-Heptan (C_7H_{16}) besteht, enthalten sein muß, damit dieser Vergleichskraftstoff dieselbe Klopffestigkeit hat, die der zu untersuchende Kraftstoff besitzt. Der Vergleichskraftstoff klopft um so stärker, je mehr von dem stark klopfenden n-Heptan und je weniger von dem klopffesten Isooktan in der Mischung enthalten ist. Bei dieser Bewertung hat also ein Kraftstoff, der die gleiche Klopffestigkeit wie Isooktan besitzt, eine Oktanzahl 100. Kraftstoffe, die noch bessere Klopfeigenschaften haben, werden mit Oktanzahlen über 100 gekennzeichnet. Die Extrapolation erfolgt dann durch Vergleich mit anderen Kraftstoffen höherer Klopffestigkeit.

Die vergleichende Messung erfolgt meist in einem Einzylinder-Prüfmotor, dem CFR-Motor. In Deutschland wird auch der IG.-Prüfmotor [G 15] viel verwendet. Man unterscheidet nach den gewählten Betriebsbedingungen das CFR-Research-Verfahren, bei dem eine Drehzahl von 600 U/min ohne Gemischvorwärmung gewählt wird, und das CFR-Motorverfahren, bei dem eine Drehzahl von 900 U/min und eine Gemischvorwärmung auf 150° gewählt wird. Nach beiden Methoden ergeben sich etwas verschiedene Oktanzahlen. Die Messung des Klopfbeginns erfolgt entweder durch Abhören oder mit Hilfe eines im Zylindertotraum angebrachten Springstabes (Bouncing Pin), der unter dem Einfluß der Druckwelle beim Klopfbeginn zu springen beginnt. Alle diese Meßmethoden sind sehr ungenau, da der Übergang vom leichten zum starken Klopfen verschieden schnell erfolgt. Man erhält also mit empfindlichen Meßmethoden andere Ergebnisse als beispielsweise mit der rohen Messung mit Hilfe des Springstabes, bei der schwaches Klopfen noch nicht feststellbar ist.

Eine weitere Möglichkeit bietet die Aufnahme des Indikatordiagramms (s. Abb. 20) und des Differentialquotienten des Druckes nach der Zeit dp/dt. Im Kurvenzug dp/dt tritt die rasche Druckänderung bei klopfendem Betrieb deutlich in Erscheinung.

In Abb. 20 sind zwei aufeinanderfolgende Arbeitsspiele bei Betrieb des Motors an der Klopfgrenze dargestellt. Während in dem ersten Diagramm (links in der Abbildung) kein Klopfen feststellbar ist, ist in dem rechts gezeichneten Diagramm ein deutlicher Klopfstoß ver-

——→ Zeit

Abb. 20. Druck p im Zylinder und dp/dt bei Betrieb des Motors an der Klopfgrenze.

zeichnet. Die Messung mit Indikatordiagrammen ist jedoch umständlich und wird deshalb nur selten angewendet.

Die Kennzeichnung der Klopffestigkeit der Kraftstoffe durch die Oktanzahl hat bei nichtüberladenen Motoren zufriedenstellende Ergebnisse geliefert. Die Anwendung auf überladene Motoren und auf Kraftstoffe mit hohen Oktanzahlen hat nicht befriedigt [C 30]. Es hat sich gezeigt, daß das Verhalten paraffinischer und aromatischer Kraftstoffe weitgehend verschieden ist, und daß insbesondere die gegenseitige Temperatur- und Druckabhängigkeit der Klopfeigenschaften so große Unterschiede aufweist, daß eine einheitliche Beurteilung in diesen Fällen mit Hilfe der Oktanzahlen nicht mehr möglich ist. Die Prüfung der Kraftstoffe für Hochleistungsmotoren wird deshalb neuerdings durch die Ermittlung der Klopfgrenzen über einen größeren Bereich der Ladelufttemperatur, des Ladeluftdruckes und des Luftüberschusses durchgeführt. Nähere Erläuterungen sind in dem Abschnitt „Praktische Grenzen der Überladung" (S. 154ff.) gegeben.

e) Gemischbildung, Zündung und Verbrennung im Dieselmotor.

Beim Dieselmotor erfolgt die Zündung des eingespritzten Kraftstoffes in der hochverdichteten und dadurch erhitzten Luft durch Selbstzündung. Die üblichen Verdichtungsverhältnisse von $\varepsilon = 1\!:\!11$ bis $\varepsilon = 1\!:\!18$ ergeben Verdichtungsenddrücke von annähernd 25 bis 60 at und Verdichtungsendtemperaturen von etwa 500 bis 700° C.

Ausbildung des Kraftstoffstrahles. Zum raschen Einsetzen der Zündung ist es erforderlich, daß der Kraftstoff im Zylinder möglichst gleichmäßig und weitgehend in kleine Tropfen verteilt wird. Der Kraftstoff muß also auf einem ziemlich kurzen Weg, der den räumlichen Verhältnissen des Motortotraumes entspricht, fein zerstäubt werden. Diese Zerstäubung wird durch Einspritzen des Kraftstoffes unter hohem Druck erreicht (etwa 80 bis 180 at bei Motoren mit unterteiltem Brennraum, 300 bis 600 at bei Motoren mit direkter Einspritzung). Durch Veränderung des Einspritzdruckes und durch verschiedene Ausbildung des Austrittsquerschnittes der Düsen (Loch- und Zapfendüsen) kann die Strahlform weitgehend beeinflußt werden. In allen Fällen tritt der Kraftstoff zunächst als ziemlich geschlossener Flüssigkeitsstrahl aus der Düsenöffnung aus. Der Zerfall des geschlossenen Strahles in Tropfen erfolgt während seines Eindringens in den Brennraum und wird besonders durch die verdichtete Luft stark gefördert.

Je geringer die Geschwindigkeit des Kraftstoffes ist, desto geringer ist der Einfluß der Luftdichte auf den Zerfall des Kraftstoffstrahles. Bei sehr geringen Geschwindigkeiten wirkt im wesentlichen nur die Oberflächenspannung zerstörend im Sinne einer Tropfenbildung [D 6]. Bei der Ausbildung des Kraftstoffstrahles ist jedoch dieser Einfluß verschwindend gegenüber dem sehr großen Einfluß der relativen Geschwindigkeit der Luft. Der geschlossene Kraftstoffstrahl wird unmittelbar nach dem Austritt in Tropfen zerrissen. Die Größenordnung der Tropfen kann annähernd aus der Oberflächenspannung und aus den Luftkräften errechnet werden. Die Tropfengröße wurde auch experimentell teils durch Einspritzen in Flüssigkeiten, teils durch Aufspritzen auf Platten ermittelt. Eine vergrößerte Aufnahme eines Kraftstoffstrahles, der aus einer Einlochdüse in Luft von 1 ata gespritzt wurde (Vergrößerung 3:1), zeigt die Abb. 21. Als Lichtquelle diente ein elektrischer Funke, wodurch eine Belichtungszeit von 10^{-6} sec bei einer Lichtstärke des Funkens von etwa $6 \cdot 10^5$ HK erreicht wurde. Die Bilder der Kraftstofftropfen sind im Bereich niedriger Geschwindigkeit Kreisflächen. Im Bereich höherer Geschwindigkeit wird aus der Kreisfläche immer mehr ein Streifen, der um so länger erscheint, je größer der Weg des Tropfens während der Belichtungszeit, bezogen auf seinen Durchmesser, ist. (S. auch [D 9, D 15].)

Im Kern des Strahles, insbesondere in der Nähe der Düsenaustrittsöffnung, ist eine große Geschwindigkeit vorhanden, so daß die Kraftstofftropfen als lange Striche erscheinen. Am Rande des Strahles wird die Geschwindigkeit der Tropfen immer kleiner, so daß diese fast als Kreisflächen in Erscheinung treten. An der Strahlspitze sammelt sich infolge der Bremswirkung der Luft eine große Kraftstoffmenge an. Aus der in der Abbildung ersichtlichen Tropfenverteilung läßt sich schließen, daß die Tropfen mit kleiner Geschwindigkeit am Strahlrand von verhältnismäßig großen Luftmassen umgeben sind und schnell angeheizt werden, so daß sie am ehesten zur Zündung kommen. Diese

Feststellung stimmt auch mit den optischen Beobachtungen [E 2] und mit den Messungen nach der Ionisationsmethode [E 8] über den Beginn der Zündung überein.

Die verhältnismäßig großen Kraftstoffmassen, die in der Strahlspitze vorwärts bewegt werden, können nicht so schnell erwärmt werden, da die zur Verfügung stehenden Luftmassen, durch die die Erwärmung erfolgt, verhältnismäßig gering sind. Aus stroboskopischen Aufnahmen ist auch ersichtlich, daß die Strahlspitze von innen aus dauernd ergänzt wird, während seitlich Tropfengruppen zurückbleiben, so daß die Strahl-

Abb. 21. Abbildung eines Kraftstoffstrahles bei kurzzeitiger Belichtung, Einlochdüse, Einspritzdruck 80 at, Luftdruck 1 ata.

spitze immer kälter sein muß als der Strahlmantel. Die vom Strahlkern weiter entfernten Tropfengruppen werden daher schneller angeheizt und verdampft und für die Zündung vorbereitet.

Einige Phasen der Strahlausbildung sind für eine Zapfendüse in Abb. 22a wiedergegeben. Im dritten Bild dieser Abbildung ist deutlich die Nebelbildung am Strahlrand und in den weiteren Abbildungen das Zurückbleiben dieser Nebel gegenüber dem Kern des Strahles (der in diesem Falle eine kegelige Form aufweist) ersichtlich.

In Abb. 23 ist die Strahlausbildung für verschiedene Düsensysteme gezeigt. Abb. 23a gibt den Strahl einer Zapfendüse wieder, bei der beim Anheben des Zapfens ein annähernd zylinderförmiger Ringquerschnitt freigegeben wird. Abb. 23b zeigt die Strahlausbildung bei einer Ringlochdüse (die Düsennadel öffnet einen kegeligen Querschnitt, Kegelwinkel 45°). Mit dieser Ausführung ist es möglich, einen bedeutend größeren Raum des Zylindertotraumes durch den Kraftstoffstrahl zu erfassen als mit der Zapfendüse. Noch größere Möglichkeiten bietet die Mehrlochdüse (Abb. 23c); die Düse ist durch eine Nadel abgeschlossen, die beim Anheben dem Kraftstoff den Weg zu den Düsenbohrungen freigibt. Bei dieser Ausführung ist man auch in der Lage, die Löcher derart anzuordnen, daß ein annähernd scheibenförmiger

Abb. 22. Ausbildung des Kraftstoffstrahles einer Zapfendüse: a bei geringen Druckschwingungen in der Kraftstoffleitung, b bei starken Druckschwingungen in der Kraftstoffleitung.

Raum durch die einzelnen Strahlen bestrichen wird. Unter der Bezeichnung Strahlkern ist bei dieser Strahlausbildung der Kern jedes einzelnen Teilstrahles und bei Abb. 23b die Gegend der stärksten Kraftstoffanhäufung innerhalb des kegelförmigen Kraftstoffstrahles zu verstehen.

Während bei den geschlossenen Düsen (Zapfen- und Nadeldüsen) die Düsenöffnung ursprünglich geschlossen ist, so daß der Öffnungsquerschnitt erst durch das Anheben der Nadel infolge des Kraftstoffdruckes freigegeben wird, ist bei vielen Lochdüsen die Öffnung dauernd frei (offene Düse). Als Beispiel ist in Abb. 23d der Strahl einer offenen Mehrlochdüse dargestellt. Abb. 23e zeigt den Strahl einer geschlossenen

Einlochdüse und Abb. 23f einen Schnitt durch den Strahl einer Zapfendüse (die Strahlform von Zapfendüsen in der Ansicht ist in Abb. 22
und Abb. 23a dargestellt). Man sieht, daß der Strahl eine klare kegelige
Form aufweist und daß innerhalb dieses Kegels nur wenig Kraftstoff-
nebel vorhanden ist, während man aus den Aufnahmen der Abb. 22

d   e   f

Abb. 23. Strahlausbildung bei verschiedenen Kraftstoffeinspritzdüsen. Photographien der Anfangsstrahlzustände bei Einspritzung in Luft von 1 ata: a Zapfendüse. Einspritzdruck 8: at.
Zapfendurchmesser 1,5 mm, Strahlkegel 30°. b Ringlochdüse. Strahlkegelwinkel 45°, Einspritzdruck 280 at. c Mehrlochdüse. Einspritzdruck 82 at:

$$\left.\begin{array}{l} 2 \text{ Löcher zu } 0{,}48 \text{ mm } \varnothing \\ 2 \quad\text{„}\quad\quad\text{„}\quad 0{,}35 \text{ „ } \cap \\ 2 \quad\text{„}\quad\quad\text{„}\quad 0{,}20 \text{ „ } \cap \end{array}\right\} \text{ Länge jeweils 2mal Durchmesser}$$

d Offene Mehrlochdüse. e Einlochdüse. Lochdurchmesser 0,5 mm, Lochlänge 2,5 mm, Einspritzdruck 82 at. f Ausschnitt aus dem Strahl einer Zapfendüse in der Ebene der Strahlachse.
Zapfendurchmesser 2 mm, Einspritzdruck 82 at. Abb. a, b, c, e nach D. W. LEE.

und der Abb. 23a den Eindruck einer ziemlich geschlossenen Kraftstoff-
tropfenmasse gewinnt. Die vorstehenden Aufnahmen des Gesamt-
strahles geben jedoch nur einen ganz allgemeinen Überblick über die
Strahlform und gestatten keine Beurteilung der Verteilung der Kraftstoffmengen im Strahl. Beispielsweise ist innerhalb des scheinbar geschlossenen Strahlbereiches der Einlochdüse (z. B. Abb. 23e) die
Tropfenverteilung außerordentlich stark verschieden. In Abb. 24 ist

durch Mikroaufnahmen im Dunkelfeld gezeigt, wie sich die Kraftstoffmenge unmittelbar hinter der Austrittsöffnung der Düse und in etwas größerer Entfernung von der Düse verteilt. Die Abb. 24a zeigt, daß im Kern des Strahles eine große, ziemlich geschlossene Kraftstoffmasse vorhanden ist, die sich mit großer Geschwindigkeit fortbewegt. Der Kern löst sich in diesem Falle erst im zweiten Drittel des Strahles in Tropfen auf. Um den Kern herum ist ein starker Nebel von kleinen Kraftstofftropfen vorhanden, die sich zum Teil in wirbelartiger Bewegung befinden. Die Aufnahmen[1] wurden bei Einspritzung

a   b

Abb. 24. Tropfenaufnahme im Kraftstoffstrahl: a Einlochdüse, b Mehrlochdüse (Ausschnitt aus *einem* Strahl). Verkleinerte Wiedergabe eines mit 25facher Vergrößerung im Dunkelfeld aufgenommenen Strahlausschnittes, Einspritzung in Luft von 1 ata.

in Luft von 1 ata gemacht. Bei höherem Luftdruck tritt die Auflösung in Tropfen schon bedeutend früher ein. Die Originalaufnahme[2] wurde bei 25facher Vergrößerung im Dunkelfeld aufgenommen, wobei zur Beleuchtung zwei hintereinander folgende Blitze im Abstand von etwa $^1/_{30\,000}$ sec verwendet wurden. Aus dem Weg der Tropfen während dieser Zeit kann auf die jeweilige Geschwindigkeit geschlossen werden.

Die Aufnahme 24b zeigt die Tropfenverteilung in einem Strahl einer Mehrlochdüse etwas seitlich vom Kern des Strahles. Aus dem Abstand der Aufnahmen verschieden großer Tropfen ist ersichtlich, daß

---

[1] Die Aufnahmeapparatur wurde von dem Mitarbeiter des Verfassers H. Jung entwickelt.

[2] Weitere Angaben hierüber vergl. Vortrag des Verfassers: „Gegenseitige Beeinflussung von Gemischbildung und Zündungsvorgängen im Verbrennungsmotor" in der öffentlichen Sitzung der Deutschen Akademie der Luftfahrtforschung über: Physikalische und chemische Vorgänge bei der Verbrennung im Motor. Berlin 1938.

die größeren Tropfen durchschnittlich größere Geschwindigkeiten aufweisen.

Die Größe der Tropfen entspricht im wesentlichen einem Radius in der Größenordnung von 0,01 bis 0,001 mm. Da die Tropfengeschwindigkeit im Strahl wegen der ungleichmäßigen Verteilung des Kraftstoffes verschieden ist, ergibt sich keine einheitliche Tropfengröße, jedoch erhält man eine Schichtung in dem Sinn, daß am Strahlrand die Tropfen kleiner und im Strahlkern im Mittel größer sind.

Das Ausströmen des Kraftstoffes aus der Düse erfolgt normalerweise nicht unter konstantem Druck. Bei geschlossenen Düsen öffnet die Düsennadel unter dem Einfluß des raschen Druckanstieges in der Kraftstoffleitung zwischen Pumpe und Düse. Nach dem Öffnen der Düsennadel oder des Zapfens sinkt der Druck in der Kraftstoffleitung wieder etwas ab, bis die Nadel infolge des raschen Absinkens des Kraftstoffdruckes am Ende des Förderhubes der Pumpe wieder schließt.

Spritzverzug, Schwingungen in der Kraftstoffleitung. Bei der Druckänderung in der Kraftstoffleitung treten im allgemeinen mehr oder weniger stark ausgebildete Schwingungen auf. Die durch diese Schwingungen verursachten Unregelmäßigkeiten beim Austreten des Kraftstoffstrahles aus der Düse sind an Hand eines Beispieles in Abb. 22b gezeigt; der Spritzvorgang in Abb. 22a ist bedeutend gleichmäßiger. Die Schwingungen in der Kraftstoffleitung sind insbesondere dann sehr nachteilig für den Einspritz- und Gemischbildungsvorgang, wenn dadurch nach Abschließen der Düse noch einmal ein Druckanstieg erfolgt, so daß Nachspritzen auftritt. Die Gemischbildung bei derartigem Nachspritzen ist meist sehr schlecht, so daß damit eine Verschlechterung des Verbrennungsvorganges bei höherem Kraftstoffverbrauch verbunden ist.

Die zunächst naheliegende Vorstellung über den Einspritzvorgang, daß die Bewegung des Pumpenkolbens in dem ganzen Einspritzsystem eine gleichmäßige Drucksteigerung bis zur Erreichung des Abspritzdruckes der Düse hervorruft, kann weder mit theoretischen Untersuchungen noch mit praktischen Ergebnissen in Einklang gebracht werden. Tatsächlich ist die für die Kraftstofförderung zur Verfügung stehende Zeit im allgemeinen so kurz, daß der Druckanstieg in der Leitung in der Nähe der Pumpe infolge der Trägheit der Kraftstoffmasse viel schneller erfolgt als in den weiter entfernten Teilen der Kraftstoffleitung. Dadurch entsteht in der Kraftstoffleitung eine Druckwelle, die die Leitung durchläuft und an der Düse die Einspritzung auslöst. Durch diese Druckwelle und durch die Reflexionsbedingungen der Druckwelle an der Einspritzdüse und an der Förderpumpe wird das Einspritzgesetz der Düse unter Umständen außerordentlich beeinflußt. Der Vorgang kann auch rechnerisch untersucht werden, wenn man die Abmessungen der Leitung und das Fördergesetz der Pumpe kennt.

Aus der EULERschen hydrodynamischen Grundgleichung, der Kontinuitätsgleichung und der Adiabatengleichung lassen sich die Beziehungen ableiten, die den Ausbreitungsvorgang der Druckwelle im Rohr beschreiben. Unter Vernachlässigung der Strömung und der Rohrreibung wird[1]:

$$\frac{\partial^2 w}{\partial z^2} = a^2 \frac{\partial^2 w}{\partial x^2},$$

$$\frac{\partial^2 p}{\partial z^2} = a^2 \frac{\partial^2 p}{\partial x^2}.$$

Darin bedeuten: w die Geschwindigkeit, p den Druck, z die Zeit, x die jeweilige Stelle in der Leitung und a die Ausbreitungsgeschwindigkeit. Die Ausbreitungsgeschwindigkeit unterscheidet sich infolge der Elastizität der Rohrwand etwas von der Schallgeschwindigkeit. Sie kann annähernd aus der Beziehung

$$a = \sqrt{\frac{1}{\varrho\left(\frac{1}{E} + \frac{1}{E_R}\,\frac{D}{d}\right)}}$$

ermittelt werden, wobei ϱ die Dichte, E den Elastizitätsmodul des Kraftstoffes, E_R den Elastizitätsmodul des Rohres, D den äußeren und d den inneren Leitungsdurchmesser bedeuten.

Die Fortpflanzungsgeschwindigkeit der Druckwellen ist durch diesen Ausdruck festgelegt, dagegen wird die Gestalt der Druckwelle und das Einspritzgesetz der Düse wesentlich durch das Fördergesetz der Pumpe und die Ausbildung der Düse und der Kraftstoffleitung beeinflußt. Der Förderstoß der Pumpe durchläuft die Kraftstoffleitung, löst an der Düse die Einspritzung aus und läuft nach der Reflexion an der Einspritzdüse zur Pumpe zurück, überlagert sich hier der Förderwelle und läuft wieder zur Düse.

Während das Fördergesetz der Kraftstoffpumpe durch die konstruktive Ausbildung im allgemeinen festgelegt ist, ist das Einspritzgesetz von der Ausbildung der Einspritzdüse und der Art der Reflexion an der Düse abhängig.

Die Einspritzdüse stellt, schematisch gesehen, eine Querschnittsverengung am Ende der Rohrleitung dar. Die Rückwurfbedingungen an Rohrenden lassen sich etwa folgendermaßen beschreiben. Am ganz offenen Rohrende wird eine ankommende positive Druckwelle vollkommen negativ reflektiert; am geschlossenen Rohrende wird eine ankommende positive Druckwelle vollkommen positiv reflektiert. Besteht am Rohrende eine Querschnittsverengung, so richtet sich die Art der Reflexion nach der Druckhöhe der ankommenden Druckwelle. Für eine bestimmte Querschnittsverengung gibt es eine bestimmte Druckhöhe

---

[1] Eine genaue Ableitung siehe z. B. SASS [C 7] oder O. LUTZ [C 4].

der Druckwelle, bei der keine Reflexion stattfindet. Dieser Wert, der im folgenden als kritische Druckhöhe (P^*) bezeichnet wird, ist im wesentlichen von dem wirklichen Ausflußquerschnitt der Düse und dem Rohrleitungsquerschnitt abhängig. Nach BLAUM [D 4] ist:

$$P^* = \frac{F_a^2}{F_r^2} \cdot 2 \cdot a^2 \varrho \ (\mathrm{kg/m^2}),$$

wobei F_a den wirklichen Ausflußquerschnitt in m², F_r den Querschnitt der Rohrleitung in m², a die Fortpflanzungsgeschwindigkeit der Druckwellen in der Rohrleitung in m/sec und ϱ die Dichte kg sec²/m⁴ bedeuten. Ist der Druck in der Druckwelle in einer bestimmten Phase größer, als dieser kritischen Druckhöhe entspricht, so wird die Welle in dieser Phase positiv reflektiert, ist er kleiner, so wird sie negativ reflektiert, wobei in beiden Fällen eine Schwächung der Amplitude der Druckwelle eintritt.

Mit diesen Grundregeln können die vielfältigen Erscheinungen beim Einspritzvorgang[1] zum mindesten qualitativ geklärt werden.

Betrachtet man die offene Düse, die den einfachsten Fall darstellt, da der Querschnitt im Gegensatz zur geschlossenen Düse während des ganzen Einspritzvorganges gleichbleibt, so ergeben sich im wesentlichen folgende Möglichkeiten:

Entspricht die ankommende Druckwelle gerade der kritischen Druckhöhe so findet keine Reflexion statt, und das Einspritzgesetz entspricht bis auf Verzerrungen infolge von Querschnittsänderungen im Einspritzsystem zeitlich verschoben dem Fördergesetz der Einspritzpumpe.

Ist der Druck in der ankommenden Druckwelle größer als die kritische Druckhöhe, die der Querschnittsverengung durch die Düse entsprechen würde, so läuft eine Verdichtungswelle von der Düse zur Pumpe und zurück und bewirkt eine Verlängerung der Spritzdauer oder auch je nach der Laufzeit der Welle und der Einspritzzeit ein Nachspritzen der Düse. Man kann dieses Nachspritzen jedoch durch die Anordnung eines Entlastungsventiles in der Einspritzpumpe vermeiden.

Als Entlastungsventil wird im allgemeinen das Druckventil der Einspritzpumpe verwendet. Beim Schließen des Ventiles tritt im Einspritzsystem eine Raumvergrößerung auf. Läuft eine große reflektierte Druckwelle zur Pumpe zurück, so dient der von der Druckwelle mitgeführte Kraftstoff zunächst zur Auffüllung des meist entstehenden Hohlraumes, so daß entweder gar keine oder nur eine geschwächt positive oder negative Reflexion eintritt.

Ist der Druck in der ankommenden Druckwelle kleiner als die kritische Druckhöhe, die der Querschnittsverengung durch die Düse entsprechen würde, so läuft eine Welle mit Unterdruck gegenüber dem mittleren

---

[1] Genauere Berechnungsverfahren, Versuchsergebnisse und Nachrechnungen von Versuchsergebnissen sind zu finden: PISCHINGER [D 12], BLAUM [D 4].

Druck in der Leitung (Verdünnungswelle) von der Düse zur Pumpe und zurück und bewirkt eine erhebliche Absenkung des Druckes in der Einspritzleitung, die unter Umständen bis zum Abreißen der Flüssigkeitssäule führen kann. Während sich die Verdünnungswelle bei der offenen Düse kurzzeitig in einer Beschleunigung der Einspritzung äußert, kann bei der geschlossenen Düse in diesem Fall die Einspritzzeit wegen der Druckabsenkung verkürzt werden. Die Verdünnungswelle ist unter Umständen auch deshalb von Nachteil, weil bei jeder neuen Einspritzung erst die durch die Verdünnungswelle entstehenden Hohlräume aufgefüllt werden müssen, wodurch die Einspritzung sehr unregelmäßig wird. Die Wellen durchlaufen die Leitung jeweils annähernd mit Schallgeschwindigkeit.

Bei der geschlossenen Düse liegen die Verhältnisse insofern komplizierter, als der Querschnitt der Düse wegen der Bewegung der Düsennadel veränderlich ist. Grundsätzlich sind jedoch dieselben Bedingungen vorhanden. Entscheidend für die Art der Reflexion ist bei konstanten Stoffwerten immer das Verhältnis des Düsenquerschnittes zum Rohrquerschnitt; deshalb gelten auch hier für die Änderungen des Düsenquerschnittes und der Rohrleitung sinngemäß dieselben Überlegungen.

Eine Vorausberechnung der zu erwartenden Druckänderungsvorgänge in der Leitung eines Einspritzsystems ist bei bekannten Dimensionen der Leitung, der Düse und des Fördergesetzes der Pumpe möglich, aber ziemlich umständlich. Es wird deshalb vielfach vorgezogen in den Fällen, in denen der Einspritzvorgang nicht befriedigt, auf Grund von Messungen Änderungen der Anlage unter Berücksichtigung der allgemeinen Erkenntnisse vorzunehmen. Beispielsweise kann durch die Anordnung von Entlastungsventilen die rückkehrende Druckwelle unwirksam gemacht werden, andererseits kann durch Änderung des Düsenquerschnittes die kritische Druckhöhe verändert werden, so daß man in der Lage ist, den für die betreffende Anlage günstigsten Verlauf der Einspritzung herzustellen.

Vom Beginn der Kraftstofförderung der Pumpe bis zum Auftreten des Druckes in der Leitung vergeht eine bestimmte Zeit. Außerdem tritt der Druck an der Düse später auf als im Anfang der Kraftstoffleitung. Die Gesamtzeit, die zwischen dem Beginn der Kraftstofförderung der Pumpe und dem Beginn der Einspritzung verstreicht, wird Spritzverzug genannt.

Der *Spritzverzug* wird bei geschlossenen Düsen dadurch beeinflußt, daß die Zeitdauer bis zur Erreichung des Druckes, der das Abheben der Nadel und den Beginn des Einspritzens bewirkt, von dem Ausmaß der Verdichtung des Kraftstoffes und von der Elastizität der Leitungen abhängt. Bei offenen Düsen sind die Vorgänge ähnlich, jedoch ist der Druckanstieg im wesentlichen durch den Austrittsquerschnitt der Düse bedingt. Je größer die Leitungslänge und das Leitungsvolumen ist, desto größer wird also der Spritzverzug. Bei geringen Drehzahlen treten auch die Einflüsse der Undichtigkeiten in Erscheinung, die im Sinne einer Verlangsamung des Druckanstieges und damit einer Vergrößerung des Spritzverzugs wirken. In Abb. 25a ist gezeigt, daß der Spritzverzug, (in Sekunden ausgedrückt), mit der Drehzahl abnimmt. Bei der Darstellung in Grad Kurbelwinkel ist naturgemäß eine starke Zunahme des Spritzverzugs mit der Drehzahl vorhanden. In Abb. 25b ist gezeigt, daß bei Erhöhung des Spritzdruckes und sonst gleicher Einspritzanordnung die Spritzverzögerung größer wird, da eine stärkere Vorverdichtung erforderlich wird. In Abb. 25c ist der Einfluß der eingespritzten Menge dargestellt, wobei sich sinngemäß dieselben Abhängigkeiten ergeben.

Über die Vorgänge, die nach Einspritzen des **Kraftstoffes** zur Selbstzündung führen, liegen zahlreiche Untersuchungen vor, insbesondere wurde die Selbstzündung des Kraftstoffstrahles durch Einspritzung in Bomben untersucht. Dabei zeigte sich, ebenso wie beim Motorversuch, daß vom Beginn der Einspritzung bis zur Zündung eine einwandfrei meßbare, unter Umständen erhebliche Zeit verstreicht.

Zündverzug. Die Zeitdauer vom Beginn der Kraftstoffeinspritzung bis zum Einsetzen der Zündung wird als Zündverzug bezeichnet. Bei der Selbstzündung von Gasgemischen wird die entsprechende Zeit meist als Induktionsperiode bezeichnet.

Der Verbrennungsbeginn wird bei den Bombenversuchen zum Teil durch optische Messung oder durch Ionisationsmessung ermittelt, während bei Motorversuchen meist nur der Druckanstieg im Indikatordiagramm als Merkmal für das Einsetzen der Verbrennung dient. Letzteres Verfahren zur Ermittlung des Zündverzuges ist zwar etwas ungenauer, weil der Druckanstieg bei Beginn der Verbrennung nur allmählich einsetzt, jedoch ist der mögliche Fehler im Vergleich zum Gesamtwert meist gering.

Mit der Ionisationsmethode erhält man die kleinsten, mit der Messung des Druckanstieges die größten Zündverzugszeiten.

Bei allen Versuchen wurde einheitlich festgestellt, daß der Zündverzug mit steigender Temperatur und mit zunehmendem Druck kleiner wird. In den meisten Fällen wurde die Temperaturabhängigkeit empirisch als eine Funktion $e^{\frac{const}{T}}$ und die Druckabhängigkeit als Potenz des Druckes festgestellt. In Abb. 26 sind von W. LINDNER gemessene **Zündverzugswerte** dargestellt. Die Abbildung zeigt, daß diese Ergebnisse durch eine derartige Formel gut wiedergegeben werden können (theoretische Untersuchungen über den Zündverzug siehe S. 286ff.).

Bei den **Bombenversuchen** wird der Kraftstoff im wesentlichen in **Luft** von gleichbleibender Temperatur eingespritzt, während bei den

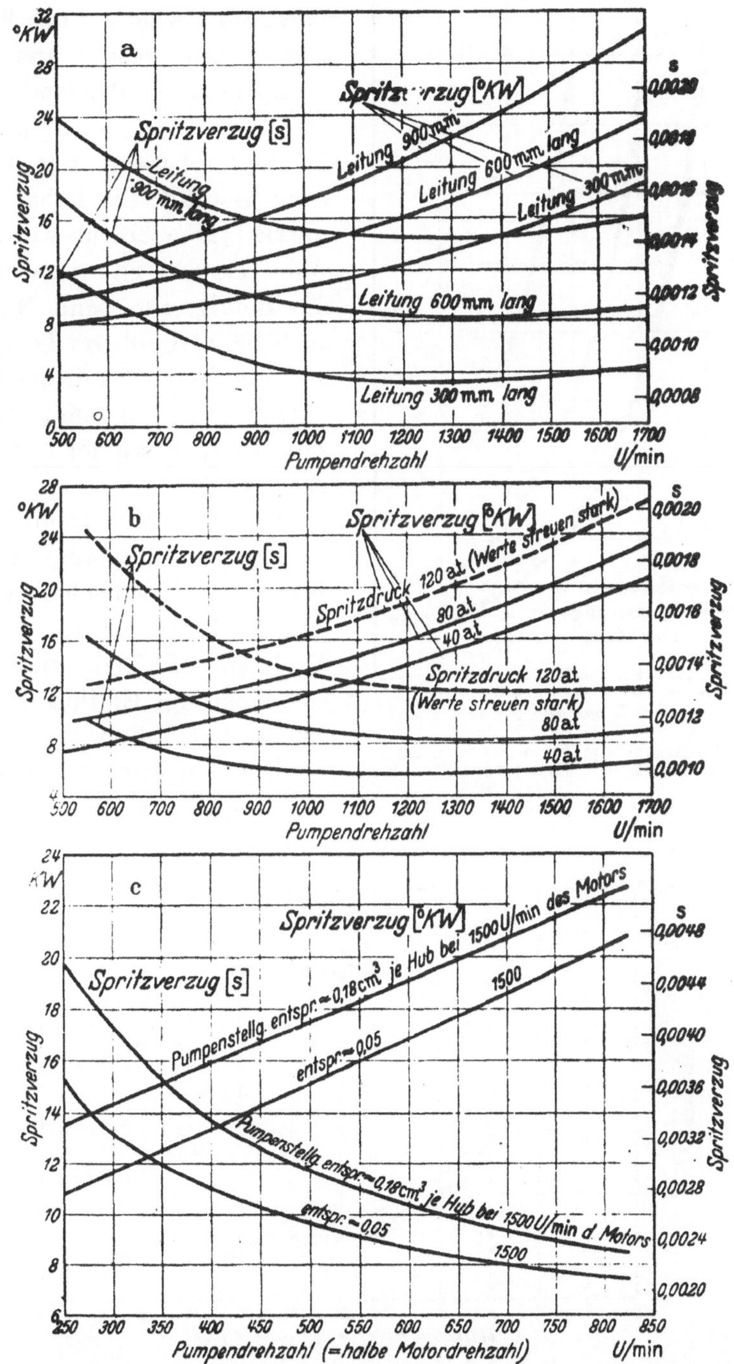

Abb. 25. Gemessener Spritzverzug, abhängig von der Drehzahl der Kraftstoff-Einspritzpumpe bei verschiedenen Betriebsbedingungen: a) Spritzverzug bei verschiedener Länge der Leitung zwischen Einspritzpumpe und Einspritzdüse, Spritzdruck 80 at, Leitungsdurchmesser außen 6 mm, innen 1,8 mm, Zapfendüse. b) Spritzverzug bei verschiedenem Spritzdruck, Leitungslänge 600 mm, Leitungsdurchmesser außen 6 mm, innen 1,8 mm, Zapfendüse. c) Spritzverzug bei verschiedener Fördermenge, Leitungslänge 740 mm, Leitungsdurchmesser außen 6 mm, innen 1,7 mm, Spritzdruck 70 at, Zapfendüse (Versuche an einem Dieselmotor).

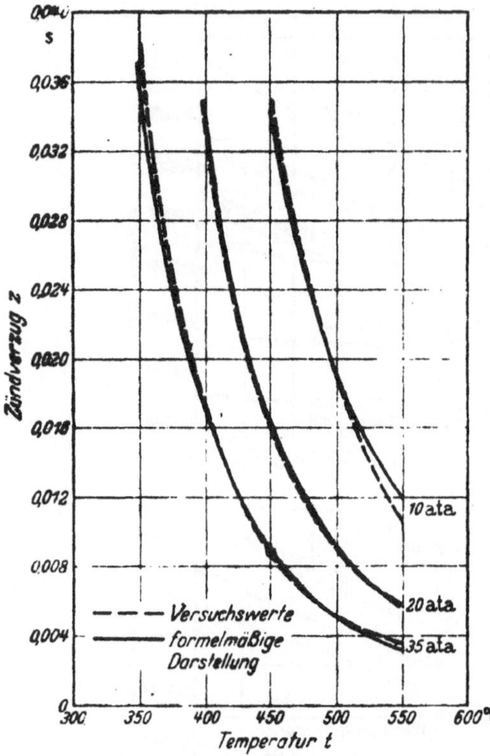

Abb. 26. Wiedergabe von Versuchswerten der in einer Bombe gemessenen Zündverzugszeiten von Gasöl durch eine Formel $z = \dfrac{e^{b'/T}}{p^{n'}} \cdot a'$.

Motorversuchen für den Zündverzug die während des Verdichtungshubes rasch ansteigende Temperatur maßgebend ist. Als Vergleichsbasis wird aber die Höchsttemperatur der Verdichtung gewählt, die höher als die mittlere Temperatur während des Zündverzuges ist. Deshalb liegt die Zündgrenze beim Motorversuch bei viel höherer Temperatur als beim Versuch mit der Bombe, obwohl der Absolutwert des Zündverzuges an der Zündgrenze geringer ist.

Da die Mitteltemperaturen während der Zeitdauer des Zündverzuges bei gleicher Verdichtungsendtemperatur von der Drehzahl abhängig sind, ergibt sich auch ein Einfluß der Drehzahl auf den Zündverzug.

Die am Motor gemessenen Zündverzugswerte liegen zwi-

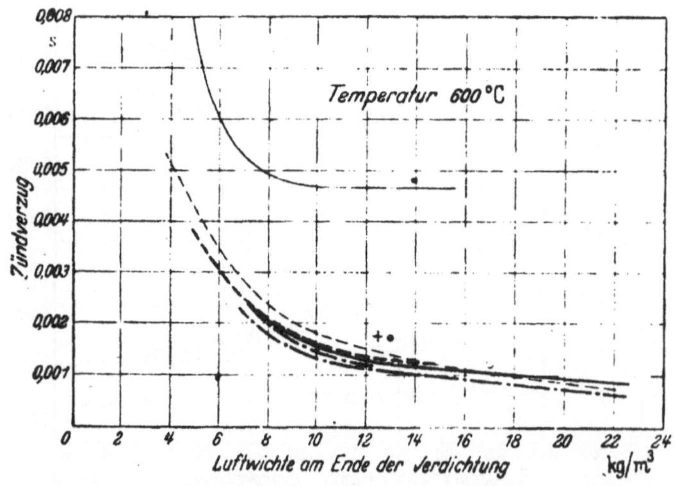

Abb. 27. Abhängigkeit des Zündverzuges von der Luftwichte bei gleicher Temperatur; gemessene Werte aus Bomben und Motorversuchen.

— — — — Interpolierte Werte nach WOLFER (Verbrennungsgefäß unter motorähnlichen Bedingungen). ———— Bombenversuche von WENTZEL. + Versuche von BREVES. • Versuche von V. D. NAHMER extrapoliert. o Wirbelkammerverfahren. — · — · — Vorkammerverfahren. ———— Direkte Einspritzung. — — — Lanova-Motor im 2. Speicher gemessen.

schen etwa 0,0007 und 0,003 sec. Den geringen Drücken **und geringen Temperaturen** entsprechen die großen Zündverzugswerte. **Die Abhängigkeit** des Zündverzuges vom Druck wurde bei **Motorversuchen zum Teil** proportional dem Druck und zum **Teil kleiner ermittelt.**

Abb. 27 zeigt die im Motor gemessene Abhängigkeit des Zündverzuges von der Luftwichte bzw. vom Druck[1]. Die Abhangigkeit ist

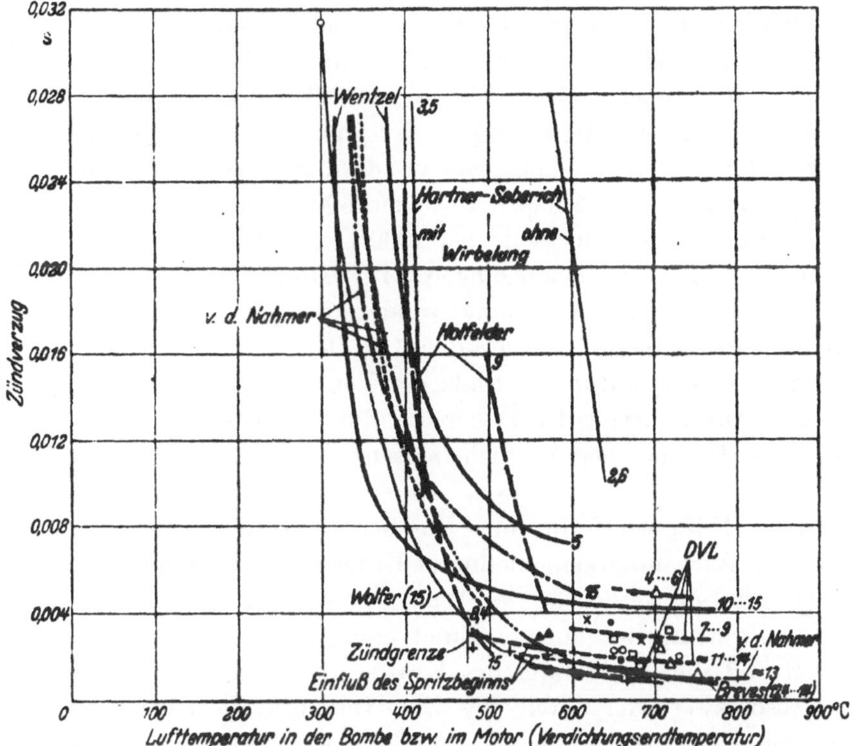

Abb. 28. Abhängigkeit des Zündverzuges von Gasöl (verschiedene Sorten) von der Lufttemperatur für verschiedene Luftwichten, gemessene Werte aus Bomben- und Motorversuchen.

———— WENTZEL. — — — — HOLFELDER. — · · — · · — · · · · · · — · — · — V. D. NAHMER (verschiedene Vorkammer-Einsätze). ————— WOLFER, Interpolierte Werte (Verbrennungsgefäß unter motorähnlichen Bedingungen. ——— BREVES. Eigene Versuche: △ Lanova-Verfahren mit Zündverstellung $\varepsilon = 1:15$. ● Lanova-Verfahren mit Zündverstellung $\varepsilon = 1:12,5$. × Lanova-Verfahren ohne Zündverstellung ◻ Lanova-Verfahren ohne Speicher. ○ Acro-Verfahren. ▲ Direkte Einspritzung. + Direkte Einspritzung mit Nachkammer. ● Wirbelkammer-Verfahren. Die eingetragenen Zahlen beziehen sich auf die Ladungswichten.

im Bereich von 5 bis 10 kg/m³ stärker als im Bereich der höheren Wichten von 15 bis 25 kg/m³.

Die Abhängigkeit des Zündverzuges von der Temperatur (s. Abb. 28) ist in dem Bereich, der für den Motorbetrieb in Betracht kommt, nicht von so großer Bedeutung wie die Druckabhängigkeit. Bei Veränderung der Verdichtungstemperatur von 600 auf 800° C ist nur ein geringer

---

[1] Da sich die Versuchswerte auf gleiche Temperatur beziehen, ist die Abszisse dem Druck verhältig.

Einfluß zu beobachten, der in vielen Fällen noch innerhalb der Versuchsgenauigkeit liegt.

Es ist bemerkenswert, daß bei den Motorversuchen nur eine geringe Abhängigkeit des Zündverzuges vom jeweiligen Arbeitsverfahren des Motors festgestellt wurde. Die wiedergegebenen Versuchswerte beziehen sich allerdings nur auf Verfahren mit sehr guter Gemischbildung.

Der Einfluß der Temperatur der Wandungen auf den Zündverzug wirkt sich in der Weise aus, daß bei gut gekühlten und langsam laufenden Motoren etwas größere Werte auftreten. Der Einfluß der Wirbelung auf den Zündverzug ist noch nicht völlig geklärt. Bei Motorversuchen wurde festgestellt, daß eine Abhängigkeit des Zündverzuges von der Drehzahl vorhanden ist. Bei einem Einzylindermotor von 2 l Hubvolumen wurde bei direkter Einspritzung bei 600 U/min noch über etwa $^4/_{1000}$ sec Zündverzug gemessen; bei 2000 U/min war der Zündverzug auf etwa $^2/_{1000}$ sec zurückgegangen. Die Drehzahl ist jedoch kein eindeutiges Maß für die Wirbelung, sondern es spielt dabei auch der Einfluß der Drehzahl auf die Veränderung der Wandtemperatur und auf Druck und Temperatur am Ende der Verdichtung eine Rolle. Auch die Temperatur während der Dauer des Zündverzuges ist — wie schon erwähnt — bei gleicher Verdichtungsendtemperatur drehzahlabhängig.

Von J. SMALL [F 48] wurde in einer Bombenapparatur festgestellt, daß mit und ohne Wirbelung kein meßbarer Unterschied der Größe des Zündverzuges festgestellt werden konnte. Wahrscheinlich ist für die Frage, ob die Wirbelung von Einfluß auf den Zündverzug ist, die Beschaffenheit der Düsen und die Ausbildung des Kraftstoffstrahles wesentlich.

Für den Absolutwert der Größe des Zündverzuges ist neben den bisher genannten Einflüssen in erster Linie die Art des Kraftstoffes [E 2, E 16], z. B. seine Dichte, seine Flüchtigkeit, sein chemischer Aufbau usw., maßgebend.

Die Dichte der Kraftstofftröpfchen im Strahl, also das Verhältnis des Kraftstoffgewichtes zum Luftgewicht in der Umgebung der Tröpfchen, ist deshalb für den Zündverzug wesentlich, weil eine relativ kleinere Kraftstoffmenge schneller angeheizt wird. Im allgemeinen ist bei Kraftstoffen mit großem Zündverzug eine Steuerung der Verbrennung durch Beeinflussung des Einspritzorganes schwieriger als bei Kraftstoffen mit kleinem Zündverzug. Derjenige Teil der Kraftstoffmenge, der erst eingespritzt wird, wenn die Verbrennung schon eingeleitet ist, zündet rasch, so daß man durch den Einspritzvorgang die Verbrennungsdauer im wesentlichen bestimmen kann. Bei Kraftstoffen mit großem Zündverzug (z. B. Teeröle) ist die Einspritzung bei Beginn der Verbrennung bei den üblichen Motordrehzahlen schon abgeschlossen, so daß diese Möglichkeit nicht mehr besteht. Langer Zündverzug wirkt sich häufig sehr nachteilig auf den Gang der Maschine (harter Gang) aus, weil nach Abschluß der Einspritzung örtlich größere Kraftstoffmengen zur Zündung aufbereitet sind, so daß ähnlich wie beim Klopfen in Ottomotoren infolge fast gleichzeitiger Zündung eines großen Teiles des eingespritzten Kraftstoffes harte Schläge auftreten.

In Abb. 29 ist gezeigt, in welcher Weise sich die Vergrößerung des Zündverzuges bei verringertem Ansaugdruck auf die Diagrammgestal-

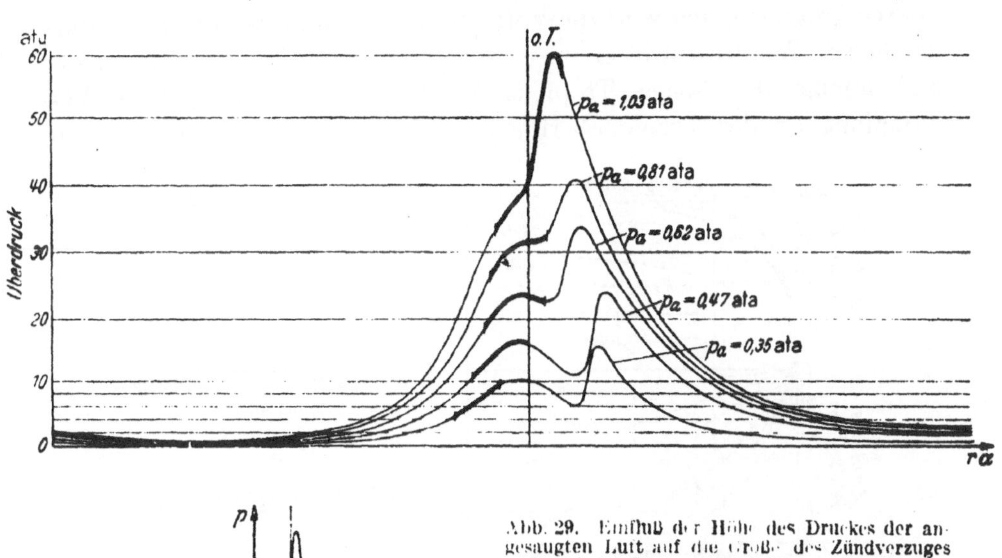

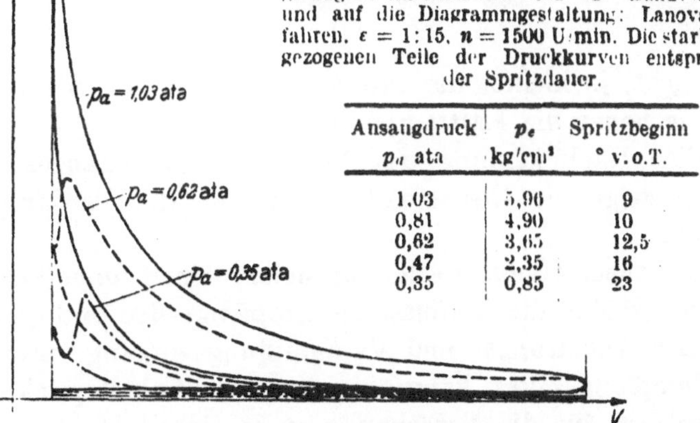

Abb. 29. Einfluß der Höhe des Druckes der angesaugten Luft auf die Größe des Zündverzuges und auf die Diagrammgestaltung; Lanova-Verfahren. $\varepsilon = 1:15$, $n = 1500$ U/min. Die stark ausgezogenen Teile der Druckkurven entsprechen der Spritzdauer.

| Ansaugdruck | p_e | Spritzbeginn |
p_a ata	kg/cm³	° v.o.T.
1,03	5,96	9
0,81	4,90	10
0,62	3,65	12,5
0,47	2,35	16
0,35	0,85	23

tung eines Lanova-Dieselmotors auswirkt. Der Spritzbeginn wurde so gewählt, daß jeweils der günstigste Verbrauch erzielt und sehr harter Lauf vermieden wurde.

Der Einfluß der Vergrößerung des Zündverzuges bei verringertem Ansaugdruck auf den Arbeitsprozeß ist bei Motoren mit unterteiltem Brennraum besonders groß, weil durch die verminderte Luftdichte die Zündung in der Kammer so spät erfolgt, daß im Zylinderhauptraum infolge des schon abgesunkenen Druckes ungünstige Bedingungen für die weitere Verbrennung vorhanden sind (Abb. 29).

Vorgänge bei der Selbstzündung. Da beim Dieselmotor kurz nach der Einspritzung des Kraftstoffes in den Zylinder die Verbrennung einsetzt, sind der Gemischbildungs-, Zünd- und Verbrennungsvorgang ursächlich und zeitlich weitgehend verknüpft. Jedoch ist normalerweise beim Zeitpunkt des Einsetzens der Zündung der Gemischbildungsvorgang am Strahlrand soweit vorgeschritten, daß für den Zündvorgang im Dieselmotor eine getrennte Untersuchung zweckmäßig ist.

Der Untersuchung wird die Vorstellung zugrunde gelegt, daß infolge der hohen Temperaturdifferenz zwischen Luft und Kraftstofftröpfchen und infolge der hohen Tropfengeschwindigkeiten eine rasche Verdampfung an der Tropfenoberfläche einsetzt, die um so rascher vor

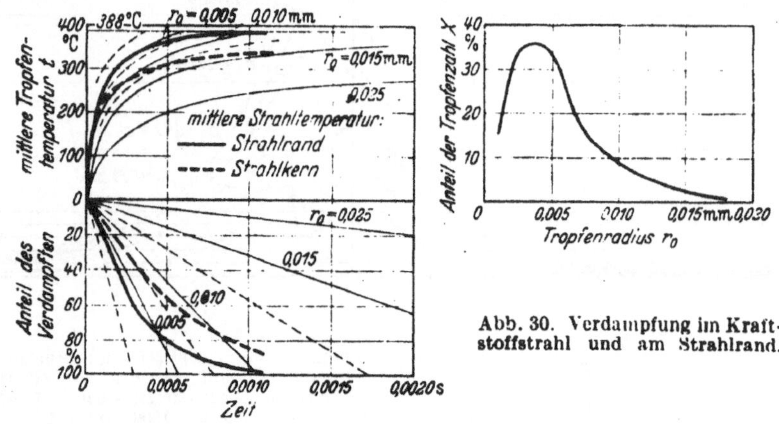

Abb. 30. Verdampfung im Kraftstoffstrahl und am Strahlrand.

sich geht, je kleiner die Tropfen, je größer die Strahlgeschwindigkeit und je höher die Lufttemperatur ist.

Eine Nachrechnung des Verdampfungsvorganges nach WENTZEL [E 15] zeigt die Gesetzmäßigkeiten für die Verdampfung und Anheizung.

Die theoretische Rechnung liefert einen ungefähren allgemeinen Überblick über die Einflüsse der Tropfengrößen und -geschwindigkeiten auf den Anheizungs- und Verdampfungsvorgang. Für die Größe der Verdampfungszeiten kann sie nur einen Anhaltspunkt liefern, da die Unterlagen für die Berechnung vorläufig noch sehr unsicher sind.

In Abb. 30 sind für ein Beispiel die rechnerisch bestimmten Änderungen der Tropfentemperaturen und der Anteile der verdampften Kraftstoffmenge abhängig von der Zeit wiedergegeben. Da die Berechnung unter sehr vereinfachten Annahmen durchgeführt ist, gestatten die in der Abbildung dargestellten Kurven nur einen qualitativen Vergleich. Bessere Aufschlüsse ergeben sich aus der direkten optischen Beobachtung der Tropfenbildung und Verdampfung im Kraftstoffstrahl (s. Abb. 24a, b, S. 59).

Die Gesetzmäßigkeiten, die bei Zündungsvorgängen beobachtet werden, werden zum Teil durch thermische Vorgänge, zum Teil durch chemische Reaktionen bestimmt. Da sich beide Vorgänge teilweise überlagern, ist eine Aufteilung der gesamten Zündverzugszeit in einen durch chemische und einen durch thermische Ursachen bedingten Anteil nicht exakt. Gute Aufschlüsse über die Beeinflussung des Zündverzuges durch chemische Ursachen geben Zündverzugsmessungen der gasförmigen Phase. Da jedoch derartige Messungen (und auch vergleichende Zündverzugsmessungen mit der gasförmigen und flüssigen Phase desselben Kraftstoffes) noch nicht in ausreichendem Maße zur Verfügung stehen, wird in erster Annäherung auch eine Aufteilung zur Untersuchung mit herangezogen. Die folgenden Betrachtungen über den chemischen Anteil des Zündverzuges gelten daher in Annäherung für die aus der Aufteilung ermittelten Werte und genau für den Zündverzug gasförmiger Kraftstoffe.

Der Reaktionsmechanismus der Verbrennung technischer Kraftstoffe ist noch außerordentlich wenig bekannt, auch bei einfachen Stoffen wie Methan ist der Verlauf der Verbrennung so verwickelt, daß eine restlose Klärung noch nicht vorliegt. Man weiß z. B., daß die Methanverbrennung über Methylalkohol und über Formaldehyd vor sich geht, weiterhin wurden CC- und CH-Banden beobachtet. Die Zwischenprodukte zersetzen sich zum Teil thermisch weiter. Die auf Grund solcher Beobachtungen ermittelten Produkte entsprechen mehreren Zwischenstufen der Reaktion, so daß zum endgültigen Abschluß des Reaktionsvorganges mehrere Molekülstöße erforderlich sind. Für die auftretenden Kettenreaktionen sind die Umsetzungsvorgänge meist nicht genau bekannt. Deshalb ist eine rein theoretische Ableitung der Zündverzugszeit für technische Kraftstoffe vorläufig noch nicht möglich.

Die Beobachtungen der Vorgänge bei der Zündung am Kraftstoffstrahl führen zu der Vorstellung, daß die Reaktionen an besonders günstigen Stellen, an denen einerseits günstige Voraussetzungen für die Anheizung der Tropfen, also hohe Temperaturen, herrschen und andererseits das beste Mischungsverhältnis vorhanden ist, schneller vor sich gehen und zur Zündung führen. Da eine ausreichende Häufigkeit der Reaktionsvorgänge bzw. Molekülstöße schon in einem außerordentlich kleinen, im Verhältnis zum Kraftstoffstrahl verschwindend geringen Raum möglich ist, kann angenommen werden, daß sich bei jedem Kraftstoffstrahl an mehreren Stellen das günstigste Mischungsverhältnis einstellt. Die Reproduzierbarkeit der Untersuchungen spricht dafür, daß bei Versuchen mit gleichen Anfangsbedingungen die Voraussetzungen für die Entstehung des günstigsten Mischungsverhältnisses und für die Zündung — wenn auch jeweils an verschiedenen Stellen — im wesentlichen dieselben sind.

Wenn auch eine genaue Berechnung[1] der Zündungsvorgänge nicht möglich ist, so lassen es die obenstehenden Überlegungen doch erwarten, daß der durch chemische Ursachen bedingte Zündverzug auch bei Zündungsvorgangen, an denen Kettenreaktionen beteiligt sind, und bei nichteinheitlichen Kraftstoffen durch eine einfache Formel wiedergegeben werden kann.

In den meisten Fällen kann die Reaktionsgeschwindigkeit $d[B]/dz$ der Verbrennung in dem in Frage kommenden Temperaturbereich durch einen Ausdruck von der Form

$$\frac{d[B]}{dz} = \frac{p^n \cdot d}{e^{b \, T}}$$

wiedergegeben werden, wobei b, n und d vom Kraftstoff abhängige Konstanten sind (dz = Zeitelement). Nimmt man an, daß der durch chemische Ursachen bedingte Zündverzug z die Zeit ist, die vergeht, bis sich das Kraftstoff-Luft-Gemisch durch die allmählich einsetzende Reaktion mit entsprechend der Temperatur zunehmender Reaktionsgeschwindigkeit auf eine bestimmte Temperatur erwärmt hat, bei der die Entflammung sichtbar wird, so erhält man bei Vernachlässigung der Wärmeableitung[2] unter Benützung der obenstehenden Gleichung eine Beziehung von der Form[3]

$$z = \frac{e^{b \, T}}{p^n} \cdot a \cdot \beta.$$

Dabei ist a wieder eine vom Kraftstoff abhängige Konstante, der Faktor β das Verhältnis der wirklichen Zündverzugszeit zu der Zündverzugszeit, die man erhalten würde, wenn die Reaktionsgeschwindigkeit zu Beginn der Reaktion während der ganzen Zündverzugszeit unverändert bleiben würde (s. Abb. 31 S. 73).

Die obige Annahme, daß die allmähliche Erwärmung des Gemisches für den Zündverzug maßgebend ist, ist versuchsmäßig noch nicht bewiesen. Die Theorie der Kettenreaktionen zeigt, daß es noch andere Möglichkeiten gibt. Auch in diesem Fall würde man jedoch — abgesehen von β, das dann wegfällt — dieselbe Beziehung für den Zündverzug erhalten wie oben. Die rein isotherme Reaktion kann jedoch bei Kraftstoffen, die im ganzen mit starker Wärmeentwicklung verbrennen, nur in seltenen Sonderfällen in ganz beschränkten Temperaturbereichen in Betracht

---

[1] Für Reaktionen, deren Mechanismus genau bekannt ist, kann in einfachen Fällen der Zündverzug auch theoretisch errechnet werden. Eine Ableitung für die bimolekulare Reaktion ist im Anhang auf S. 286 wiedergegeben.

[2] Während bei den Zündungsvorgangen im Motor die Wärmeableitung nur eine verhältnismäßig geringe Rolle spielt, ist bei der Bestimmung der Selbstentzündungstemperatur die Wärmeableitung von ausschlaggebender Bedeutung und muß daher berücksichtigt werden. Die untere Grenze der Selbstentzündung ist unter den genannten Voraussetzungen annähernd durch das Überwiegen der entwickelten Wärme gegenüber der abgeleiteten Wärme gekennzeichnet.

[3] Vgl. auch S. 286.

kommen. Für die bei motorischen Zündungsvorgängen in Frage kommenden Reaktionen gilt der allgemeinere Fall, daß infolge der Bildung der
Endprodukte schon während des Zündungsvorganges Wärme frei wird.

Abb. 31 veranschaulicht, in welcher Weise sich die Temperatursteigerung auf die Verkürzung der Reaktionsdauer auswirkt. Die stark
ausgezogene Kurve entspricht der Temperaturänderung während einer
Reaktion, deren Geschwindigkeit einem Faktor $1/e^{10\,000/T}$ proportional ist.
Die dünn ausgezogene Gerade würde die Temperaturerhöhung während
der Reaktion wiedergeben, wenn eine Beschleunigung der Reaktionsgeschwindigkeit infolge der Temperatursteigerung im Verlaufe der
Reaktion nicht ein-
treten würde. Im
letzteren Falle wäre
zur Erreichung einer
gewählten Tempera-
tur $T_z = 1700\,^\circ$ K
eine Zeit entspre-
chend der Strecke b[1]
erforderlich. Dieselbe
Temperatur wird bei
der beschleunigten
Reaktion schon in
einer Zeit, die der
Strecke c entspricht,
erreicht. Der Ver-
kürzungsfaktor β ist

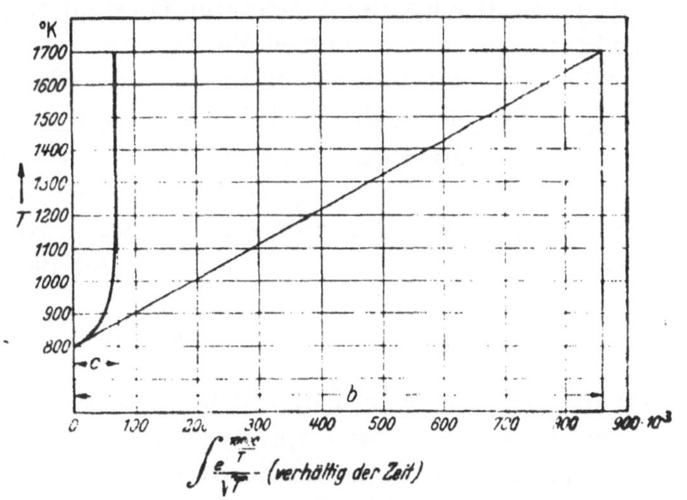

Abb. 31. Beschleunigung des Temperaturanstieges infolge der Zunahme der Reaktionsgeschwindigkeit mit der Temperatur

demnach durch den Faktor c/b gegeben. Der Wert β kann rechnerisch
mit der auf S. 292 angegebenen Formel bestimmt werden, wenn an
Stelle von $E\,R$ der Wert b eingesetzt wird.

Aus dem versuchsmäßig bestimmten Zündverzug von Gasen oder
annähernd aus dem chemischen Anteil des Zündverzuges flüssiger
Kraftstoffe können die 3 Konstanten b, n und a bzw. d ermittelt
werden. Sie stellen keine physikalisch genau definierten Größen
dar, sondern Mittelwerte, die als empirische Größen gewertet werden
müssen.

Die empirisch bestimmte mittlere Reaktionsgeschwindigkeit $\dfrac{d[B]}{dz}$,
die man auf diese Weise aus dem Zündverzug eingespritzter Kraftstoffe
in grober Annäherung berechnen kann, ist etwas zu klein, wenn
angenommen wird, daß das Brennstoffdampf-Luft-Gemisch an der
Stelle, an der die Reaktion einsetzt, die Temperatur der Luft aufweist. In Wirklichkeit hat an den Stellen, wo die Kraftstoffkonzen-

---

[1] Dieser Wert b ist mit dem obenerwähnten Exponenten b nicht identisch.

tion größere Werte erreicht, wegen der Aufheizung und Verdunstung des Kraftstoffes eine gewisse Abkühlung der Luft stattgefunden. Die berechneten Reaktionsgeschwindigkeiten werden also tatsächlich bei etwas niedrigeren Temperaturen erreicht, als bei der Berechnung angenommen wurde.

Da es sich um eine empirische Formel handelt, die den gesamten Vorgang kennzeichnet, ist es gleichgültig, in welcher Weise die Reaktion tatsächlich im einzelnen verläuft (Zwischenreaktion, Kettenreaktion). In vielen Fällen ändert sich in größeren Temperaturbereichen der Charakter der Reaktion, so daß auch die Größe b nur für einen beschränkten Bereich der Temperatur konstant bleibt. Es ist durchaus denkbar, daß bei sehr kurzen Zündverzugszeiten und großen Tropfen auch noch eine heterogene Reaktion in der Grenzschicht der Tropfen in Betracht kommt, die als Teilreaktion auftreten könnte.

Die bei Zündverzugsmessungen beobachtete plötzliche Entflammung kann — wie erwähnt — durch einen raschen Temperaturanstieg am Ende der Zündverzugsperiode erklärt werden. Der Temperaturanstieg beim Zündverzug, der sich rechnerisch unter Benutzung der Funktion

$$\frac{p^n}{e^{b.T}} \cdot d$$

für die Reaktionsgeschwindigkeit bei Anwendung der üblichen Berechnung der Verbrennungstemperatur ergibt, ist bei Zugrundelegung der Konstanten b und n, die aus Zündverzugsmessungen technischer Kraftstoffe ermittelt werden können, so steil, daß durchaus der Eindruck einer plötzlichen Entflammung entstehen kann. Die Temperatur, die für die Definition des Zündverzuges als Endzustand zugrunde gelegt wird, spielt dabei eine geringere Rolle. Im Bereich von 1300 bis 1700° K ist schon für kleinere Werte von b der Temperaturanstieg so steil, daß sich praktisch für beide Endtemperaturen dieselbe Zündverzugszeit ergibt (s. Abb. 32).

Die Kenntnis der grundsätzlichen Gesetzmäßigkeiten für die chemischen und thermischen Vorgänge bei der Zündung gestattet einen Überblick, in welcher Größenordnung und mit welchen Abhängigkeiten die thermischen und chemischen Einflüsse für gemessene Zündverzugszeiten verantwortlich sind. Abgesehen von dem Bereich in der Nähe der Zündgrenze wird der durch chemische Ursachen bedingte Anteil des Zündverzuges, wegen der starken Temperaturabhängigkeit der Reaktion (entsprechend der Funktion $1\,e^{b\,T}$) mit der Temperatur sehr rasch absinken, so daß der Einfluß der chemischen Vorgänge auf den Zündverzug im Bereiche hoher Temperaturen geringer wird. Bei tiefen Temperaturen werden in den meisten Fällen die chemischen Vorgänge für die Größe des Zündverzuges maßgebend sein. Diese Feststellung hat jedoch keine

allgemeine Gültigkeit, da auch bei tiefen Temperaturen in bestimmten —
auch praktisch vorkommenden Fällen — die thermischen Vorgänge von
ausschlaggebender Bedeutung sein können. Wenn verhältnismäßig große
Kraftstoffmengen eingespritzt werden, so daß die Luftüberschußzahl,
bezogen auf die gesamte vorhandene Luft- und Kraftstoffmenge, gering
ist, kann bei langem Zündverzug ein großer Teil der eingespritzten
Kraftstoffmenge verdampfen. Infolge des Wärmeaufwandes für die
Verdampfung der relativ großen Kraftstoffmengen sinkt die Temperatur
wesentlich. Durch die
Temperatursenkung
und Änderung des
Mischungsverhält-
nisses wird dann auch
der durch chemische
Ursachen bedingte
Anteil des Zündver-
zuges vergrößert.

Der Vergleich von
Versuchsergebnissen
mit der auf S. 72 an-
gegebenen Formel,
die für den nur durch
chemische Ursachen
bedingten Zündver-
zug gilt, zeigt, daß die
Meßwerte auch sehr

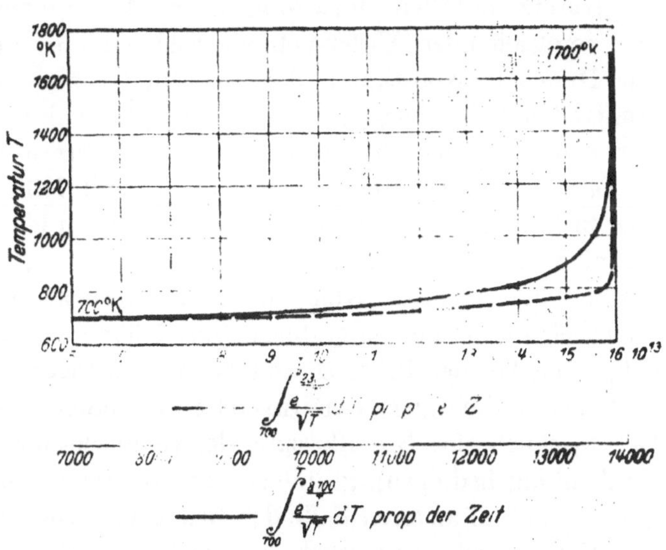

Abb. 32. Temperaturänderung während einer Reaktion, abhängig
von der Zeit für verschiedene Konstanten b.

gut mit dieser Formel wiedergegeben werden können. Ebensogut ist
die Übereinstimmung mit der auf S. 66 (Abb. 26) angegebenen einfachen
empirischen Formel. Die Übereinstimmung ist jedoch kein Beweis
dafür, daß in dem betreffenden Falle der Einfluß der thermischen
Vorgänge auf den Zündverzug gering war. Die Darstellung mit den
verschiedenen Formeln ist deshalb gleich gut, weil die Veränderlichkeit
des Wertes β durch eine entsprechende Veränderung der Werte b (in b')
und a (in a') ausgeglichen werden kann.

Zur Überprüfung der *gemeinsamen Gesetzmäßigkeiten*, die für den
Klopfvorgang und den *Zündverzug* maßgebend sind, wurden vergleichende
Auswertungen von Motoruntersuchungen an der Klopfgrenze und von
Zündverzugsmessungen vorgenommen. Eine quantitative Übereinstimmung der bei diesen Untersuchungen ermittelten Konstanten ist
nicht zu erwarten, weil, abgesehen von den erwähnten Unsicherheiten,
in der Bestimmung des durch chemische Ursachen bedingten Anteils
des Zündverzuges auch heiße Stellen im Zylinder und die konstruktive
Ausbildung des Zylindertotraumes sowie die Verdampfungsvorgänge

und der Wärmeübergang die Vorgänge im Zylinder beeinflussen. Trotzdem ist ein enger Zusammenhang der so aus den Zündverzugsmessungen und aus den Klopfversuchen ermittelten Konstanten vorhanden, da die genannten Einflüsse in demselben Motorenzylinder bei Versuchen mit verschiedenen Kraftstoffen in ähnlicher Weise in Erscheinung treten. Der Vergleich hat sowohl eine Übereinstimmung in der Richtung der Veränderung als auch in der Größenordnung der ermittelten Konstanten ergeben. Die Messungen wurden mit Benzin mit und ohne Bleitetraäthylzusatz, mit Benzolmischungen und Motorenmethan durchgeführt. Die vergleichenden Untersuchungen lassen also den Schluß zu, daß mit Hilfe der Konstanten der aus Zündverzugsmessungen empirisch ermittelten Reaktionsgleichung das Klopfverhalten des Kraftstoffes in seinen wesentlichen Grundzügen charakterisiert werden kann[1].

Diese Gesetzmäßigkeit kann aber nur mit Hilfe von 3 (mindestens aber 2) Konstanten ausreichend beschrieben werden. Deshalb sind auch für eine gute Kennzeichnung der Eigenschaften der Kraftstoffe für Ottomotoren mehrere Konstanten erforderlich. Die Darstellung der Klopfneigung ist nur dann durch *eine* Größe in eindeutiger Weise möglich, wenn bei der Prüfung und beim Motorbetrieb dieselben Größen, z. B. das Verdichtungsverhältnis oder die Ladelufttemperatur (die beide hauptsächlich eine Beeinflussung der Gemischtemperatur am Ende der Verdichtung bedingen), geändert werden. Wenn aber einmal die Temperatur und im anderen Falle der Druck unverbrannten Gemisches vor Klopfbeginn sehr wesentlich geändert wird, dann ist die Darstellung der Ergebnisse durch eine Größe nicht mehr möglich. Somit kann auch die Oktanzahl nicht als genügend genaue Beschreibung des Kraftstoffes gelten. Eine gute Kennzeichnung der im Hinblick auf die Zündungsvorgänge wichtigsten Kraftstoffeigenschaften wäre also mit Hilfe der 3 Werte b, n und d, die aus Zündverzugsmessungen der gasförmigen Phase bestimmt werden könnten, für die jeweils benötigten Mischungsverhältnisse möglich.

Für die praktische Anwendung werden meist 2 Konstanten genügen, von denen eine die Größenordnung der Klopffestigkeit angibt. Diese Konstante müßte sich auf einen bestimmten motorischen Betriebszustand mit festgelegten Druck- und Temperaturverhältnissen beziehen und könnte im wesentlichen der Oktanzahl entsprechen. Die zweite Größe müßte das Verhältnis der Druck- und Temperaturabhängigkeit der Reaktion kennzeichnen. Als Kennzahl hierfür könnte z. B. der versuchsmäßig ermittelte Wert b/n gewählt werden. Falls die Notwendigkeit einer Kennzeichnung der Luftüberschußabhängigkeit besteht, könnte die erstgenannte Konstante für die zwei wichtigsten Mischungsverhält-

---

[1] Genauere Ergebnisse sind zu erwarten, wenn zur Auswertung Messungen des Zündverzuges der gasförmigen Phase benutzt werden können.

nisse (höchste Leistung und bester Kraftstoffverbrauch) bestimmt werden.

Klassifizierung der Dieselkraftstoffe im Hinblick auf die Zündeigenschaften. Für die praktische Eignung der Dieselkraftstoffe sind die Vorgänge bei der Zündung von wesentlicher Bedeutung, da bei schlechten Zündeigenschaften, also großem Zündverzug, wie schon oben erwähnt, harter Gang des Motors auftritt. Zur Bewertung der Eignung der Kraftstoffe wurde die Cetenzahl und neuerdings auch die Cetanzahl[1] eingeführt. Ähnlich wie bei der Oktanzahl bei Kraftstoffen für Ottomotoren geschieht die Kennzeichnung der Dieselkraftstoffe durch einen Bezugskraftstoff mit gleichen motorischen Eigenschaften, der aus einer Mischung von Ceten $C_{16}H_{32}$ und Alphamethylnaphthalin ($C_{11}H_{10}$) besteht. Die Cetenzahl gibt die Raumanteile Ceten im Bezugskraftstoff an. Zur Feststellung der Cetenzahlen werden Einzylinder-Prüfmotoren verwendet (z. B. IG.-Prüfmotor [G 15]). Zwischen Cetenzahl und Oktanzahl ist ein gesetzmäßiger Zusammenhang feststellbar, und zwar ist im allgemeinen die Cetenzahl um so geringer, je höher die Oktanzahl ist. Man kann auch sagen, daß die Selbstzündungseigenschaften eines Kraftstoffes (für die die Cetenzahl ein Maß sein soll) bei

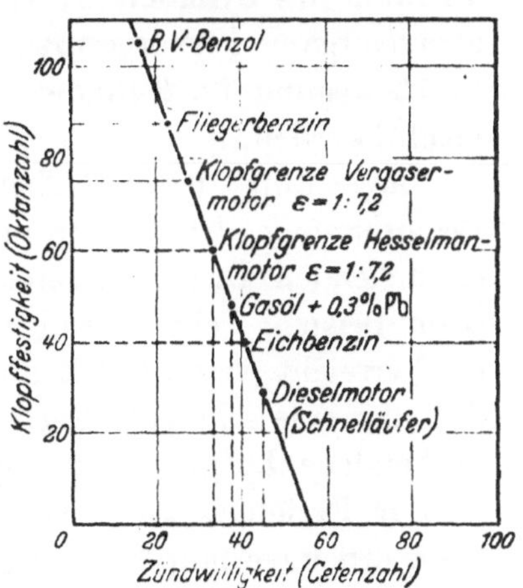

Abb. 33. Gegenseitige Abhängigkeit der Oktanzahl und Cetenzahl (nach WILKE [C 32]).

der Verwendung im Dieselmotor möglichst günstig sein sollen, und daß die Zündungseigenschaften der im Ottomotor verwendeten Kraftstoffe möglichst schlecht sein sollen, um die Selbstzündung und das Klopfen zu vermeiden. Der gesetzmäßige Zusammenhang gemessener Oktan- und Cetenzahlen (nach WILKE) ist in Abb. 33 dargestellt (siehe auch [C 32]).

Die Gegensätzlichkeit der Ceten- und Oktanzahlen ist auf Grund der vorangehenden theoretischen Überlegungen verständlich, denn der Zündverzug ist um so geringer, je rascher die zur Zündung führende Reaktion vor sich geht. Andererseits ist die Klopfneigung um so geringer, je langsamer diese Reaktion vor sich geht. Früher wurden die Zündeigenschaften vielfach durch die Zündpunkte charakterisiert. Der Zündpunkt (Selbstentzündungstemperatur) ist aber kein geeigneter Maßstab für die Zündeigenschaften im Motor, weil bei der Bestimmung der Zündpunkte die Wärmeableitung, die im Motor nur eine ganz unter-

---

[1] Das beständigere Cetan entspricht der Formel $C_{16}H_{34}$.

geordnete Rolle spielt, von ausschlaggebender Bedeutung ist. Deshalb ergeben sich aus der Bewertung mit Hilfe des Zündpunktes vielfach irrige Schlußfolgerungen für die motorische Eignung.

Gemischbildung bei verschiedenen Dieselarbeitsverfahren. Da beim Dieselverfahren im allgemeinen die Zündung am Strahlrand schon einsetzt, während der Kraftstoffstrahl noch nicht voll entwickelt ist, erfolgt die Gemischbildung und der Verbrennungsvorgang zum Teil gleichzeitig, so daß eine getrennte Untersuchung der beiden Vorgänge nicht zweckmäßig ist. Meist ist es schwierig, den Kraftstoff lediglich durch die Ausbildung des Strahles gleichmäßig genug auf die Luft im Totraum des Zylinders zu verteilen. Deshalb muß die durch den Einströmvorgang hervorgerufene Wirbelung oder eine künstlich erzeugte Luftbewegung im Zylinder für die Gemischaufbereitung nutzbar gemacht werden.

Diese Luft- bzw. Gasbewegung wird entweder durch besondere Beeinflussung des Einströmvorganges, durch die an Drosselstellen entstehenden Druckdifferenzen oder durch den Verbrennungsvorgang (zum Beispiel Teilverbrennung in Kammern) erzeugt. In allen Fällen muß erreicht werden, daß unter der Einwirkung der Luftbewegung im Zylinder eine sehr gute Verteilung des Kraftstoffes auf die im Zylinder vorhandene Luftmenge erfolgt.

Zur Erzielung guter Gemischbildung wurde eine große Zahl von Dieselarbeitsverfahren durchgebildet. Man unterscheidet Bauarten mit direkter Einspritzung des Kraftstoffstrahles in den Zylindertotraum und Methoden mit Einspritzung in eine Vor- oder Nebenkammer, in der das reiche Gemisch zündet, in den Zylinderhauptraum ausströmt und dort weiter verbrennt. Bei Motoren mit direkter Einspritzung in den Zylinder werden mitunter ebenfalls Nebenräume verwendet, die zur Erhöhung der Wirbelbewegung im Zylinder dienen und dadurch eine Verbesserung der Kraftstoffverteilung bringen.

Bei *direkter Einspritzung* des Kraftstoffstrahles in den Zylinder erfolgt die Verteilung des Kraftstoffes ausschließlich durch die Anordnung der Düsen und durch die im Zylinder vorhandene Luftbewegung. Ein Beispiel für die direkte Einspritzung in den Zylindertotraum stellt der Junkers-Doppelkolbenmotor dar. Infolge der Schrägstellung der Spülschlitze dieses Zweitaktmotors wird im Zylinder beim Einströmen der Frischluft eine rotierende Bewegung der Luftmasse erzeugt, die bis zum Ende der Verdichtung zum Teil aufrechterhalten bleibt. In diesen rotierenden Luftwirbel wird mit 4 Düsen der Kraftstoff eingespritzt und gleichmäßig auf die vorhandene Luftmenge unter Mitwirkung der Drehbewegung des Wirbels verteilt. Mit dieser Einspritzmethode werden im allgemeinen ziemlich hohe Verbrennungsdrücke erreicht, da der Kraftstoff während eines kurzen Zeitraumes

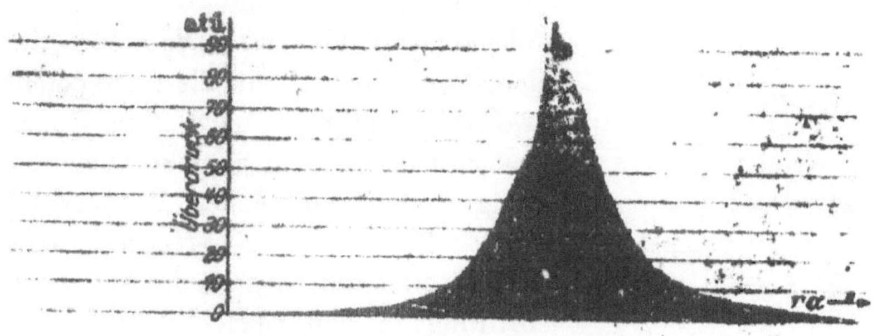

Abb. 34. Indikatordiagramm eines Zweitakt-Dieselmotors mit direkter **Einspritzung.**
$n = 1892$ U/min, $p_e = 5{,}7$ kg/cm², $\varepsilon = 1:17$, $t_1 = 36°C$.

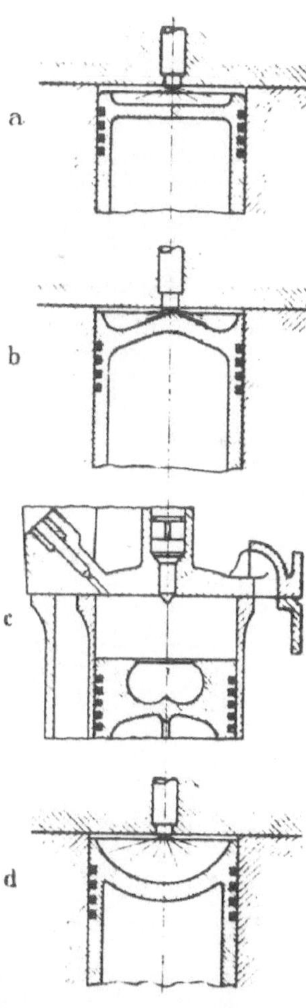

Abb. 35 Dieselarbeitsverfahren mit unmittelbarer Einspritzung: a) Bauart **MAN.** b) Bauart Hesselman, c) Bauart Saurer, d) Bauart Deutz.

in den Zylinder gelangt und rasch verbrennt (s. Abb 34). Mit versetzten Einspritzzeiten können die Hochstdrucke geringer gehalten werden. In mehreren Fallen wird durch die Formgebung des Kolbens eine gewisse Wirbelung erzeugt, wie z. B. beim Hesselmannmotor (Abb. 35b) und besonders bei der Ausbildung des Kolbens im Motor von Saurer (Abb 35c). Jedoch ist die damit erreichbare kinetische Energie der Luftbewegung nur gering. Bei der Gestaltung des Kolbenbodens wird auch auf die Anpassung an die Strahlform Rücksicht genommen (s. Brennraumform des Deutz-Dieselmotors [Abb. 35d] und des Hesselmann-motors [Abb. 35b]).

Einen Übergang zu den *Motoren mit Speichern* stellt die Ausführung des MAN-Motors mit direkter Einspritzung und Nach-kammer (s. Abb. 36a) dar. Bei Beginn der Verbrennung, die im Zylindertotraum ein-setzt, wird infolge des Überdruckes Kraft-stoff-Luft Gemisch in den Speicher gescho-ben, zündet dort später als im Zylinder und stromt während der ersten Halfte des Deh-nungshubes wieder aus dem Speicher aus. Durch dieses Nachströmen wird eine zusätz-liche Wirbelung im Zylinder erzeugt, die das vollständige Ausbrennen der Zylinderladung fördert.

Eine weitere Ausführung der Speicher-bauart stellt das Acro-Speicherverfah-

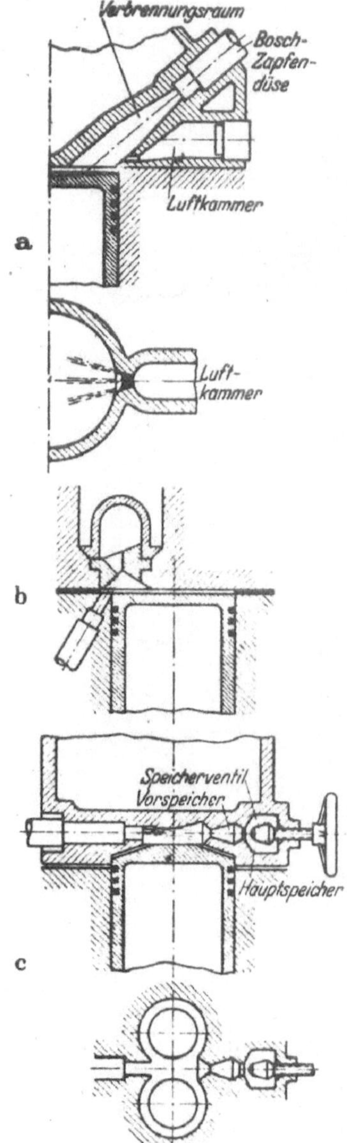

ren[1] (Abb. 36b) und das Lanova-Verfahren (Abb. 36c) dar. Die beiden Speicher arbeiten jedoch nicht als Luftspeicher, da während und kurz nach dem Einspritzen des Kraftstoffes im Speicher eine Entzündung und anschließende Verbrennung erfolgt. Beim Lanova-Verfahren dringt der Kraftstoffstrahl sogar direkt durch die Öffnung in den Speicher und entzündet sich im Speicher bzw. in der Speicheröffnung. Der Druckanstieg tritt bei den beiden Verfahren zuerst im Speicher auf, weil der Speicher infolge seiner hohen Wandtemperaturen einen Teil des Kraftstoffes rascher zur Entzündung bringt. Die Vorgänge bei der Einleitung der Verbrennung, die für die weitere Gemischbildung von entscheidender Bedeutung sind, können an Hand von Druckmessungen im Speicher und im Zylindertotraum weitgehend verfolgt werden [F 18, C 16]. Da für die Strömungsverhältnisse zwischen Speicher und Zylinderhauptraum in erster Linie die Druckunterschiede maßgebend sind, können die Verhältnisse besonders anschaulich durch Differenzdruckdiagramme dargestellt werden.

Abb. 37 zeigt die beim Lanova-Motor auftretenden Differenzdrücke abhängig vom Kurbelwinkel. Während der Verdichtung ist

---

[1] Ein im Zylinder eines Acro-Dieselmotors aufgenommenes Indikatordiagramm ist in Abb. 36d wiedergegeben.

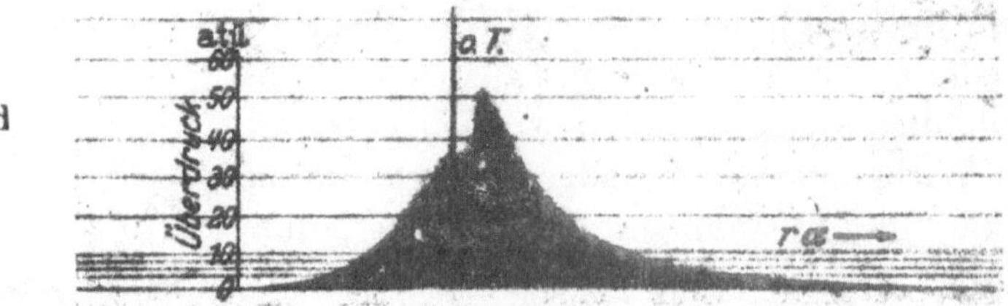

Abb. 36. Dieselarbeitsverfahren mit Speicher. a) Bauart MAN mit unmittelbarer Einspritzung und Nachkammer, b) Acro-Speicher, c) Henschel-Lanova-Speicher, d) Indikatordiagramm eines Acro-Motors.

infolge der Drosselung in der Speicheröffnung der Druck im Zylinderhauptraum höher als im Speicher. Da die Einspritzung schon 15° vor Totpunkt
einsetzt, wird außer dem Teil des Kraftstoffes, der direkt in den Speicher
gespritzt wird, auch durch die Luftbewegung Kraftstoff mit in den
Speicher geschoben und entzündet sich im Speicher, so daß der Druck
im Speicher über den Druck im Zylinderhauptraum steigt. Durch diesen
Druckanstieg, der im Diagramm besonders deutlich sichtbar wird, wird
sehr reiches Gemisch aus dem Speicher ausgeblasen und leitet im
Zylinderhauptraum eine Verbrennung ein, die infolge der Drosselwirkung zwischen Speicher und Zylinder mit bedeutend weniger hartem
Druckanstieg erfolgt. Durch den Druckanstieg im Zylinderhauptraum
wird der Ausströmvorgang verzögert, und das Absinken des Druckes

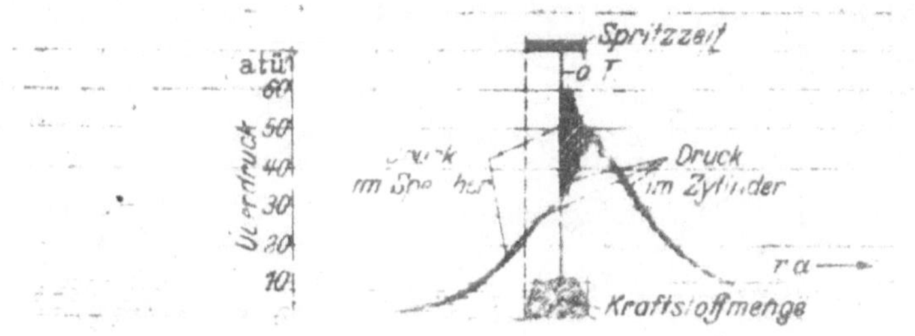

Abb 37. Druckverlauf im Zylinderhauptraum und im Speicher eines Lanova-Motors
$n = 1510$ U/min, $p = 5,95$ kg/cm², $\varepsilon = 1{:}12,5$, $p_1 = 1,033$ ata, $\gamma_1 = 1,22$ kg/cm³.

im Speicher erfolgt weniger schnell (s. Ausbuchtung an der Drucklinie
des Speichers). Die kinetische Energie der ausströmenden Gase trägt
stark zur Verwirbelung im Zylinder bei und gestattet eine gute Durchmischung von Kraftstoff und Luft und eine vollkommene Verbrennung bei geringem Luftüberschuß.

Mit Hilfe der gemessenen Druckdifferenzen und bei Kenntnis der
Ladungsgewichte ist die angenäherte Berechnung der Strömungs-
geschwindigkeiten möglich. Bei einem Lanova-Motor wurden Einströmgeschwindigkeiten (in den Speicher) in der Größenordnung von
200 bis 300 m/sec über 40° Kurbelwinkel aus Differenzdruckdia-
grammen ermittelt (Abb. 38). Obwohl die Gesamtausströmenergie aus
dem Speicher im Absolutwert bedeutend größer ist, liegt sie bezogen
auf die gesamte Zylinderfüllung, in ähnlicher Größenordnung wie die
auf das Luftgewicht im Speicher bezogene Einströmenergie. Die Ausströmgeschwindigkeiten erreichen kurzzeitig Werte bis etwa 700 m/sec
(Abb. 38). Die volle Umsetzung der Wirbelenergie in Wärme würde
eine Erwärmung des Zylinderinhalts um etwa 20° zur Folge haben.

Bei Dieselarbeitsverfahren, bei denen eine große Kraftstoffmenge
in einen Nebenraum gespritzt wird, dort zum Teil verbrennt und dann
wieder ausgeblasen wird, ergibt sich bei Betriebszuständen, die einen

großen Zündverzug zur Folge haben, wegen der Abkühlung durch die Verdampfungswärme eine Grenze für den in der Kammer zulässigen Luftüberschuß. Bei hohen Temperaturen und geringem Zündverzug

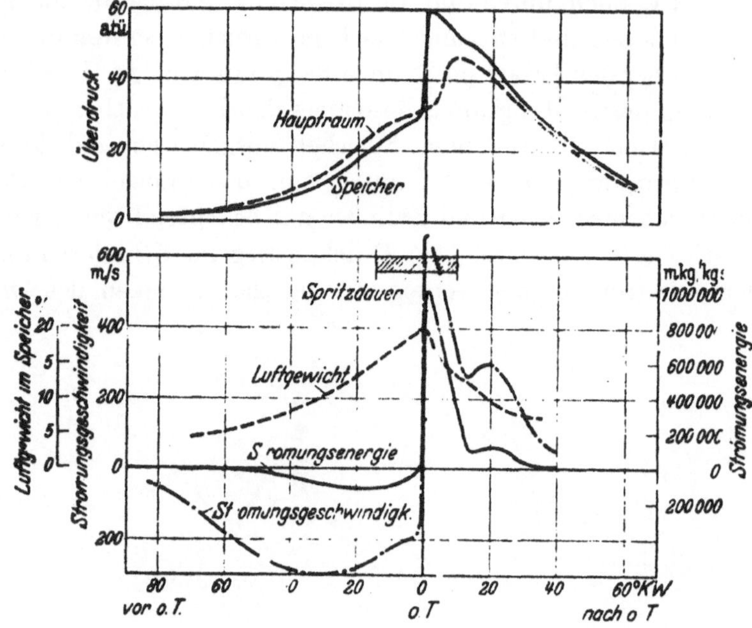

Abb. 38 Änderung der Strömungsgeschwindigkeit und Strömungsenergie während des Arbeitsspieles eines Lanova-Motors. $n = 1355$ U/min, $p_e = 5,8$ kg/cm², $\lambda = 1,32$.

treten diese Schwierigkeiten nicht auf, da bei Beginn der Zündung nur ein Teil des Kraftstoffes verdampft ist.

In Abb. 39 ist im Druckdiagramm eines Lanova-Speichers deutlich die abkühlende Wirkung des Kraftstoffstrahles im Speicher erkennbar.

Abb. 39. Druckverlauf im Speicher eines Lanova-Motors bei verringertem Ansaugdruck (abkühlende Wirkung des Kraftstoffstrahles im Speicher). $n = 1480$ U/min, $p_e = 3,5$ kg/cm², $p_1 = 0,62$ ata.

Der normale Verlauf der Verdichtunglinie ohne Einspritzung ist gestrichelt angedeutet.

Ein weiteres Verfahren zur Herbeiführung einer guten Gemischbildung ist das *Vorkammerverfahren*. In Abb. 40 sind einige Vorkammerbauarten dargestellt.

Der Kraftstoff wird in eine Kammer gespritzt, deren Inhalt etwa 25 bis 60 vH des Totraumvolumens beträgt. Der Übergang zwischen Vorkammer und Hauptraum ist als Drosselstelle ausgebildet, die vielfach in mehrere Bohrungen aufgeteilt ist. Durch diese Drosselung wird beim Ausströmen des Kraftstoff-Luft-Gemisches in den Zylindertotraum eine besonders gute Durchwirbelung erreicht; wegen der Erwärmung der Luft beim Einströmen infolge der hohen Wandtemperatur der Drosselstelle wird die Zündung in der Vorkammer wesentlich begünstigt. Die auftretenden Differenzdrücke und die Strömungsverhältnisse sind von den Abmessungen der Drosselstelle abhängig; da die Druck- und Strömungsverhältnisse wesentlich durch die Drehzahl beeinflußt werden, müssen die Drosselquerschnitte der Drehzahl angepaßt werden.

Abb. 41 zeigt eine Gegenüberstellung eines charakteristischen Druckverlaufs in der Vorkammer (rasche Drucksteigerung) und im Totraum (niedrige Druckspitze).

Abb. 42 zeigt die Abhängigkeit des Differenzdrucks von der Drehzahl. Man sieht, daß sich bei höherer Drehzahl die Drosselung in der Weise auswirkt, daß die Ausströmung aus der Vorkammer auf einen größeren Kurbelwinkel verteilt wird, so daß die Drücke im Zylinder relativ geringer werden. Trotz der Verschiedenheit des Vorkammerverfahrens gegenüber dem Luftspeicherverfahren ergeben sich in beiden Fällen ähnliche Diagramme, da im Prinzip bei beiden Bauarten die Verbrennung in der Kammer einsetzt und zum Ausströmen reiches Gemisches in den Zylinderhauptraum führt. Verschieden sind jedoch die Strömungsvorgänge vor der Einspritzung und die Ausbildung des Kraftstoffstrahles.

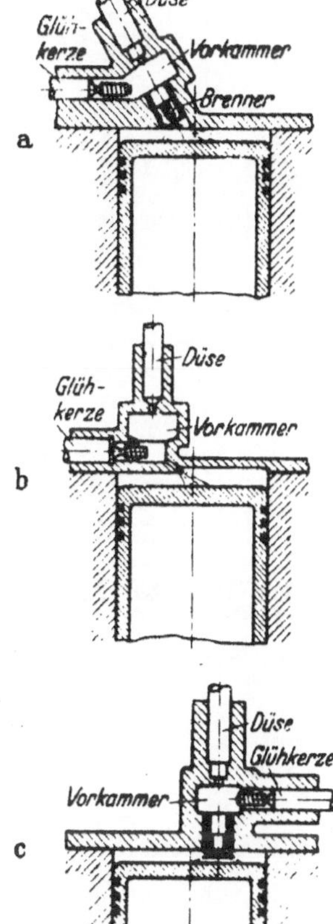

Abb 40 Dieselarbeitsverfahren mit Vorkammer. a) Bauart Daimler-Benz, b) Bauart Deutz, c) Bauart Körting (Büssing-NAG).

Die Einströmgeschwindigkeiten in die Vorkammer betragen bei der üblichen Bauart vom 2. Drittel der Verdichtungsperiode bis zum Ende des Verdichtungshubes einige hundert m/sec. Die Ausströmgeschwindigkeiten entsprechen in der Größenordnung 200 bis 500 m/sec. Die Größe der gesamten kinetischen Energie, die während des Ausströmvorganges aus der Kammer umgesetzt wird, ist ähnlich wie bei Speichermotoren.

Abb. 41. Druck-Zeit-Diagramm eines Vorkammermotors. a) Druckverlauf im Zylinderhauptraum $n = 1518$ U/min, $p_e = 4,95$ kg/cm², b) Druckverlauf in der Vorkammer $n = 1748$ U/min, $p_e = 4,16$ kg/cm².

Abb. 42. Einfluß der Drehzahl auf den Verlauf der Differenzdrücke zwischen Vorkammer und Hauptraum. a) $n = 1038$ U/min, $p_e = 6,45$ kg/cm². b) $n = 1750$ U/min, $p_e = 4,54$ kg/cm².

Eine weitere Gruppe von Verfahren zur Gemischbildung in Diesel-motoren bilden die *Wirbelkammerverfahren.*

In Abb. 43 ist eine Anzahl von Wirbelkammeranordnungen dar-gestellt. Die Luft wird während des Verdichtungshubes in eine meist kugel- oder scheibenförmige Kammer tangential eingeschoben, so daß in der Kammer noch am Ende des Verdichtungshubes eine Wirbelenergie vorhanden ist, die während der Kraftstoffeinspritzung eine gute Verteilung des Kraftstoffstrahles auf die in der Wirbelkammer vorhandene Luft-menge bewirkt. Die Einspritzung erfolgt meist im Drehsinn des Luftwirbels, da die kinetische Energie des Kraftstoffstrahles im Verhältnis zur Energie des Luftwirbels bei Wirbelkam-mermotoren vielfach nicht unbeträchtlich ist. Beispielsweise entspricht die Einspritzenergie des Kraftstoffstrahles bei einer Luftüberschuß-zahl $\lambda = 1{,}3$ in der Größenordnung etwa 100 mkg/kg Luft im Zylinder, während die Wirbelenergie der Luft je nach Verfahren mehrere hundert bis etwa 2000 mkg/kg Luft beträgt.

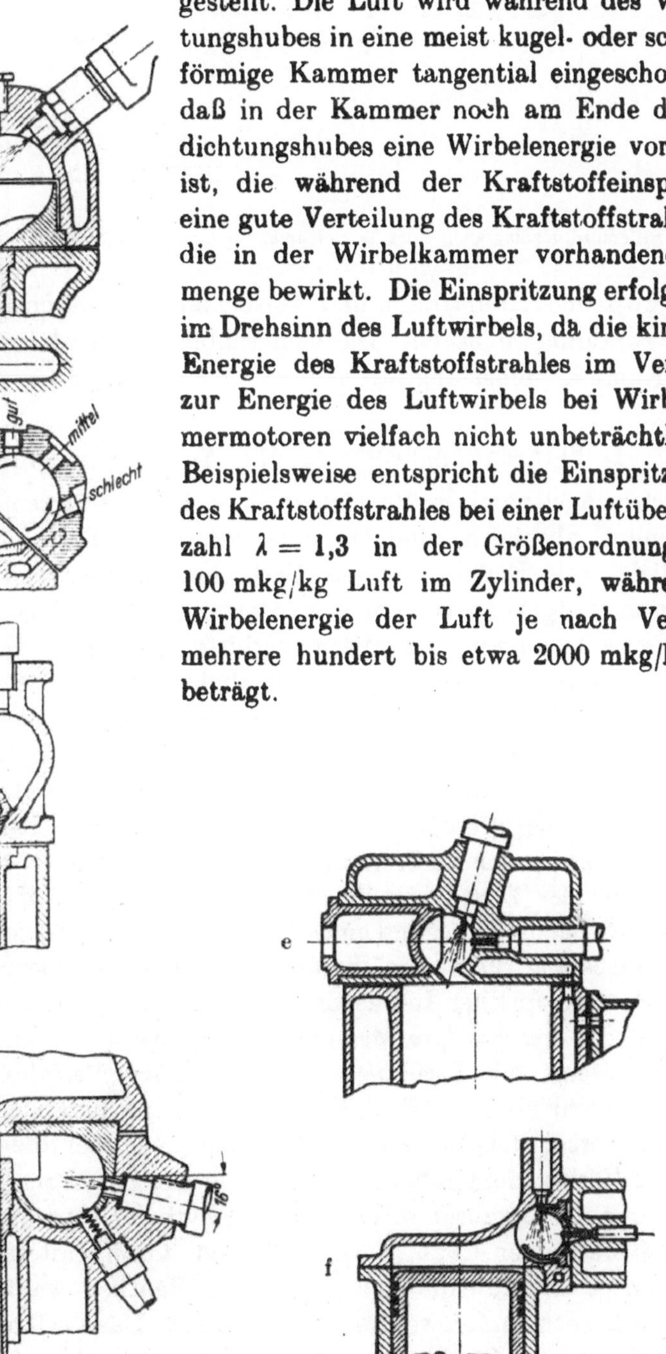

Abb. 43. Dieselarbeitsverfahren mit Wirbelkammer, Bauart nach: a) H. R. Ricardo, b) Moore und Collins, c) Famo, d) Hercules (USA.), e) Bolinders für Zweitaktmotor, f) Oberhänsli (Vomag).

Abb. 44 zeigt ein Differenzdruckdiagramm eines Wirbelkammermotors. Wegen der größeren Durchströmquerschnitte sind die Differenz

Abb. 44. Differenzdruckdiagramm eines Wirbelkammermotors. $n = 1335$ U/min, $p_e = 3,57$ kg/cm².

drücke zwischen Hauptraum und Wirbelkammer wesentlich geringer als bei Vorkammermotoren. Die Gemischbildung wird in erster Linie in der Kammer selbst angestrebt.

f) Verbrennungsvorgang und Ausdehnungshub.

Die verschiedenartigen Vorgänge, die sich im weiteren Verlauf der Verbrennung abspielen, sind im einzelnen einer Berechnung schwer zugänglich. Der Endzustand des Verbrennungsvorganges kann zwar theoretisch weitgehend berechnet werden, insbesondere ist es möglich, unter Vernachlässigung der Wärmeverluste und unter der Annahme unendlich großer Verbrennungsgeschwindigkeit bei vollkommener Verbrennung den theoretischen Verlauf der Verbrennungstemperatur und des Druckes mit großer Genauigkeit zu ermitteln; die tatsächlichen Vorgänge im Motor können jedoch durch Messung und Rechnung nur annähernd verfolgt werden.

Zur Verfolgung der Verbrennungsvorgänge im Zylinder ist vor allem die Kenntnis des Druckverlaufs, der Temperaturänderungen und der Gaszusammensetzung während eines Arbeitsspiels erforderlich. Während die Druckmessung durch die Weiterentwicklung der piezoelektrischen und der stroboskopischen Indikatoren zu sehr guten Ergebnissen geführt hat, bietet die unmittelbare Messung der Temperatur noch wesentliche Schwierigkeiten. Gute Ergebnisse wurden mit dem Verfahren der Spektrallinienumkehr erreicht [F 22, F 38]. Mit dieser Methode erhält man Aufschlüsse über die Art der Verbrennung und über die annähernde Dauer der Verbrennung, aber nicht über die mengenmäßige Umsetzung. Die Messung der Gaszusammensetzung im Zylinder wird durch spektroskopische Messungen [F 26, F 37, F 52] und durch Untersuchung von Gasproben [F 4, F 20], die mit gesteuerten Ventilen während weniger Kurbelgrade entnommen werden, durchgeführt. Das Verfahren der Entnahme von Verbrennungsgasen aus dem Zylinder während des Arbeitsspiels ist einerseits wegen der Turbulenz und der ungleichmäßigen Gasverteilung im Zylinder und andererseits wegen der Veränderung der Gaszusammensetzung während des Entnahme- und Abkühlungsvorganges in der Leitung nicht in allen Fällen brauchbar.

Aus dem Indikatordiagramm kann die Menge des Verbrannten annähernd errechnet werden, wenn der Druckverlauf genau bekannt ist und wenn die arbeitenden Luft- und Kraftstoffmengen gemessen sind. Geht man von der Energie am Ende der Verdichtung kurz vor Beginn des Einspritzvorganges aus und ermittelt die Änderung der Energie des Zylinderinhaltes, so ist die Aufteilung in folgende Anteile annähernd möglich: innere Energie des Zylinderinhaltes, geleistete mechanische Arbeit, latente Energie des Unverbrannten einschließlich der an die Wand abgegebenen Wärme. Man erhält die Beziehung[1]:

$$U_a + E = U_x + AL_i\big|_a^x + \sum Q.$$

In dieser Gleichung bedeuten:

$U_a =$ innere Energie der Ladung gegen Ende des Verdichtungsabschnittes vor Beginn der Kraftstoffeinspritzung (Abb. **45b**) bzw. vor der Zündung beim Ottomotor,

$U_x =$ innere Energie der Ladung am untersuchten Punkt während des Verbrennungs- oder Ausdehnungsabschnittes,

$E \approx H_u =$ chemische Energie (annähernd gleich dem unteren Heizwert des gesamten eingespritzten Kraftstoffes),

$L_i\big|_a^x =$ während des untersuchten Vorganges an den Kolben abgegebene Arbeit (schraffierte Fläche in Abb. 45b),

$\sum Q =$ Summe der Wärmemengen entsprechend dem Heizwert des noch unverbrannten Kraftstoffes + Wärmeabgabe an die Wand.

Da die genaue Kenntnis der Ladungsgewichte je Arbeitsspiel notwendig ist, muß die Luftmenge

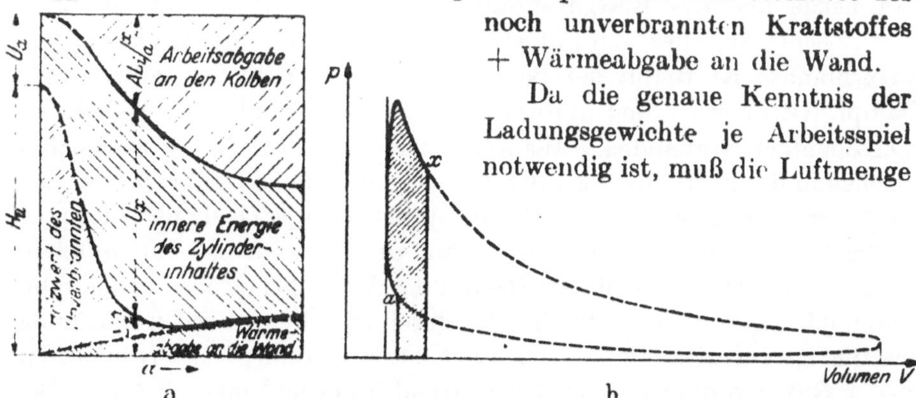

Abb. 45. Schema der Energieumsetzung während der Verbrennung für ein Arbeitsspiel: a) Schematische Darstellung der Energiebeträge, abhängig vom Kurbelwinkel, b) Darstellung der Arbeit $L_i\big|_a^x$ im p—V-Diagramm.

(z. B. mit Gasuhr) gemessen und durch Abgasanalyse und Kraftstoffmessung überprüft werden. Die Aufteilung der Wärmemengen $\sum Q$ in die dem Heizwert des unverbrannten Kraftstoffes entsprechende und

---

[1] Beim Dieselmotor ist an Stelle von U_a die Summe $U_a + I_B$ einzusetzen.

in die an die Wand übergegangene Wärmemenge erfolgt durch überschlägige Berechnung der Wandwärme.

In Abb. 45a ist das Auswertungsverfahren schematisch wiedergegeben. Die Energieumsetzung ist über dem Kurbelwinkel dargestellt.

Zur Prüfung der Zuverlässigkeit und der Brauchbarkeit des Berechnungsverfahrens ist eine Prüfung der Fehlermöglichkeiten erforderlich.

Die Auswertung ist nur zulässig, wenn praktisch im gesamten Verbrennungsraum Druckausgleich erfolgt ist und wenn die kinetische Energie der Gase im Zylinder vernachlässigt werden kann. Die kinetische Energie der ausströmenden Gase — die z. B. bei einem Vorkammermotor etwa 2000 mkg/kg, bezogen auf die gesamte Luftmenge im Zylinder, betrug — entspricht, umgerechnet auf die gesamte arbeitende Gasmenge, bei mehreren untersuchten Dieselarbeitsverfahren einer Temperaturzunahme von etwa 10 bis 20° C bei vollständiger Durchwirbelung und Vernichtung der kinetischen Energie. Unsicherheiten in dieser Größenordnung sind von vornherein gegeben; bei Dieselmotoren mit unterteiltem Brennraum treten außerdem während des Verbrennungsvorganges sehr starke Druckdifferenzen auf, die eine genaue Temperaturberechnung nicht möglich machen.

Da sich sowohl das Gewicht der für die Zustandsgleichung in Betracht kommenden Gasmenge als auch die mittlere Gaskonstante während der Verbrennung ändert, ist nach einer vorläufigen Rechnung zur Ermittlung der Größenordnung des Anteils der verbrannten Kraftstoffmenge und des Restgasanteils eine genaue Nachrechnung unter Berücksichtigung der Zusammensetzung der Gase erforderlich. Der unverbrannte Kraftstoff bei Beginn der Verbrennung ist teilweise als Dampf (Ottomotor) und teilweise in Form von Flüssigkeitsteilchen (Dieselmotor) vorhanden. Während das Gewicht der Flüssigkeitsteilchen in der Zustandsgleichung des Gasgemisches nicht erscheint, bedingt der gasförmige Kraftstoff eine Änderung der Gaskonstanten.

Nach neueren Untersuchungen an Ottomotoren ist für mittlere Verhältnisse der Kraftstoff bei Beginn der Verdichtung fast vollständig verdampft. Der mögliche Fehler, der durch unrichtige Berücksichtigung des flüssigen Kraftstoffanteils bedingt ist, liegt daher bei Ottomotoren in der Größenordnung unter 1 vH, ist also gering einzuschätzen. Bei Dieselmotoren wird der dampfförmige Anteil des Kraftstoffes, weil unbedeutend, nicht berücksichtigt.

Während der Verbrennung tritt Dissoziation auf, deren genaue Berechnung sehr langwierig ist, weil in den Verbrennungsgasen neben den bekannten Dissoziationsprodukten auch Radikale vorhanden sind.

Der Fehler durch Nichtberücksichtigung der Dissoziation beträgt in der Nähe des stöchiometrischen Mischungsverhältnisses bei Otto-

motoren etwa 1 bis 3 vH der absoluten Temperatur [B 2]. Beim Dieselmotor ist der Einfluß der Dissoziation wegen des größeren Luftüberschusses so gering, daß eine Berücksichtigung praktisch nicht erforderlich ist.

In der Arbeit von RASSWEILER und WITHROW sind durch spektroskopische Messungen örtliche Temperaturunterschiede bis 200° im Zylinder festgestellt worden. Durch diese ungleichmäßige Temperaturverteilung und Gaszusammensetzung im Zylinder können Fehler in der
Größenordnung von mehreren vH der berechneten Temperatur auftreten. Gegenüber dieser Fehlermöglichkeit tritt die Unsicherheit durch
die Annahmen bei der Berücksichtigung des verdampften Kraftstoffes
zurück.

Nach LEWIS [J 9] entsprechen bei raschen Temperaturänderungen
die aus der Gasgleichung ermittelten Temperaturen unter Umständen
einer kleineren Energie, als unter Berücksichtigung der bekannten spez.
Wärmen anzunehmen wäre, weil die Gase in der kurzen zur Verfügung
stehenden Zeit noch nicht die olle, der Temperatur entsprechende
Energie aufnehmen. Der Ausgleich der Energie innerhalb der Freiheitsgrade bis zum Erreichen der normalen spezifischer Wärme erfordert
eine gewisse Zeit.

Nach KNESER [J 8] beträgt diese Zeit jedoch für CO_2 nur 10^{-5} bis
10^{-6} sec und liegt für Stickstoff in derselben Größenordnung. Die
Verbrennungszeit im Motor dauert normalerweise einige tausendstel sec;
deshalb ist dieser Einfluß von untergeordneter Bedeutung.

Aus allen diesen Einschränkungen ergibt sich, daß die Berechnung
des Verbrennungsverlaufes aus dem Indikatordiagramm ungenau ist,
jedoch um so genauer wird, je mehr man sich dem Abschluß der Verbrennung nähert. Man ist somit in der Lage, die Umsetzung des Kraftstoffes annähernd zu verfolgen und die Beendigung der Verbrennung
ungefähr anzugeben. Die Absolutwerte der Rechnung sind wegen der
unvermeidlichen Ungenauigkeit der Versuchswerte zwar unsicher, jedoch
ist der Verlauf, der für die Beurteilung der Verbrennung maßgebend ist,
insbesondere als Vergleichsgrundlage genügend genau.

Die Dauer des Verbrennungsabschnittes kann zwar auch aus den
Indikatordiagrammen beispielsweise durch Bestimmung des Exponenten
der Dehnungsperiode ohne Rechnung abgeschätzt werden, jedoch wird
auf Grund der hier wiedergegebenen Untersuchung die Dauer und der
Verlauf der Verbrennung viel anschaulicher und auch wesentlich genauer dargestellt.

Abb. 46 zeigt die so ermittelte Abhängigkeit des Wertes $\sum Q$ für einen
Vorkammer-Dieselmotor (oberste Kurve).

Der linke Teil der Kurve gibt den Verbrennungsabschnitt wieder.
Der Verlauf zeigt, daß sich die Verbrennung beim Vorkammerverfahren

über einen wesentlichen Teil der Ausdehnung erstreckt. 30° nach oberem Totpunkt sind beim untersuchten Motor noch etwa 40 vH des eingespritzten Kraftstoffes unverbrannt. Der Verbrennungsabschnitt reicht bis etwa 80 bis 90° Kurbelwinkel nach oberem Totpunkt. Das entspricht etwa der Hälfte des Kolbenweges. Der Einfluß der Wärmeabgabe an die Wand ist in diesem Bereich aus den Kurven für $\sum Q$ noch nicht klar zu erkennen.

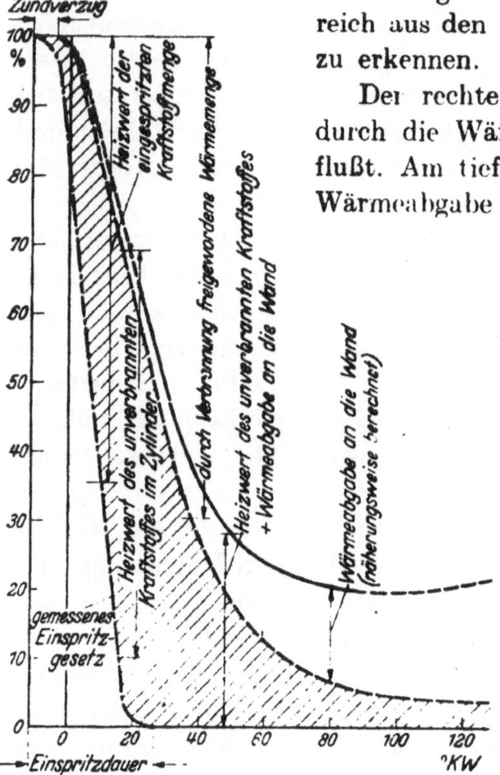

Abb. 46. Verbrennungsverlauf, abhängig vom Kurbelwinkel.

Der rechte Teil der Kurve ist wesentlich durch die Wärmeabgabe an die Wand beeinflußt. Am tiefsten Punkt der Kurve wird die Wärmeabgabe an die Wand eben noch durch die Wärmezufuhr infolge der Verbrennung aufgehoben. Da am Ende der Ausdehnung eine fast vollständige Verbrennung erreicht ist, entspricht der Wert $\sum Q$ an dieser Stelle annähernd der an die Wand abgegebenen Wärmemenge. Dadurch und durch die Messung der Kühlwasserwärme ist auch ein Anhaltspunkt für die Aufteilung des Wertes $\sum Q$ in latente Verbrennungswärme und Wärmeverlust gegeben. Eine Bestimmung des Anteiles der an die Wand übergegangenen Wärme ist mit Hilfe der errechneten Temperaturen und der Wärmeübergangszahlen nur angenähert möglich, da die hierfür notwendigen Rechnungsunterlagen nur zum Teil und ungenau vorhanden sind.

Die Geschwindigkeit der Umsetzung im Zylinder während der Verbrennung ist in Abb. 46 durch die Neigung der Kurve dargestellt. Diese Geschwindigkeit kann auch durch eine Kenngröße dargestellt werden, die den Anteil des Kraftstoffes, der in der Zeiteinheit verbrennt, bezogen auf die gesamte Kraftstoffmenge, angibt. Diese Größe, die mit Umsetzungsgeschwindigkeit bezeichnet werden könnte, sei bestimmt durch

$$\text{Umsetzungsgeschwindigkeit} = \frac{\text{verbrannter Kraftstoff je } ^1/_{1000} \text{ sec}}{\text{gesamte Kraftstoffmenge}}$$

Diese Umsetzungsgeschwindigkeit ist in Abb. 47 mit den dazugehörigen Druck-Zeit-Diagrammen dargestellt, und zwar für einen Ottomotor,

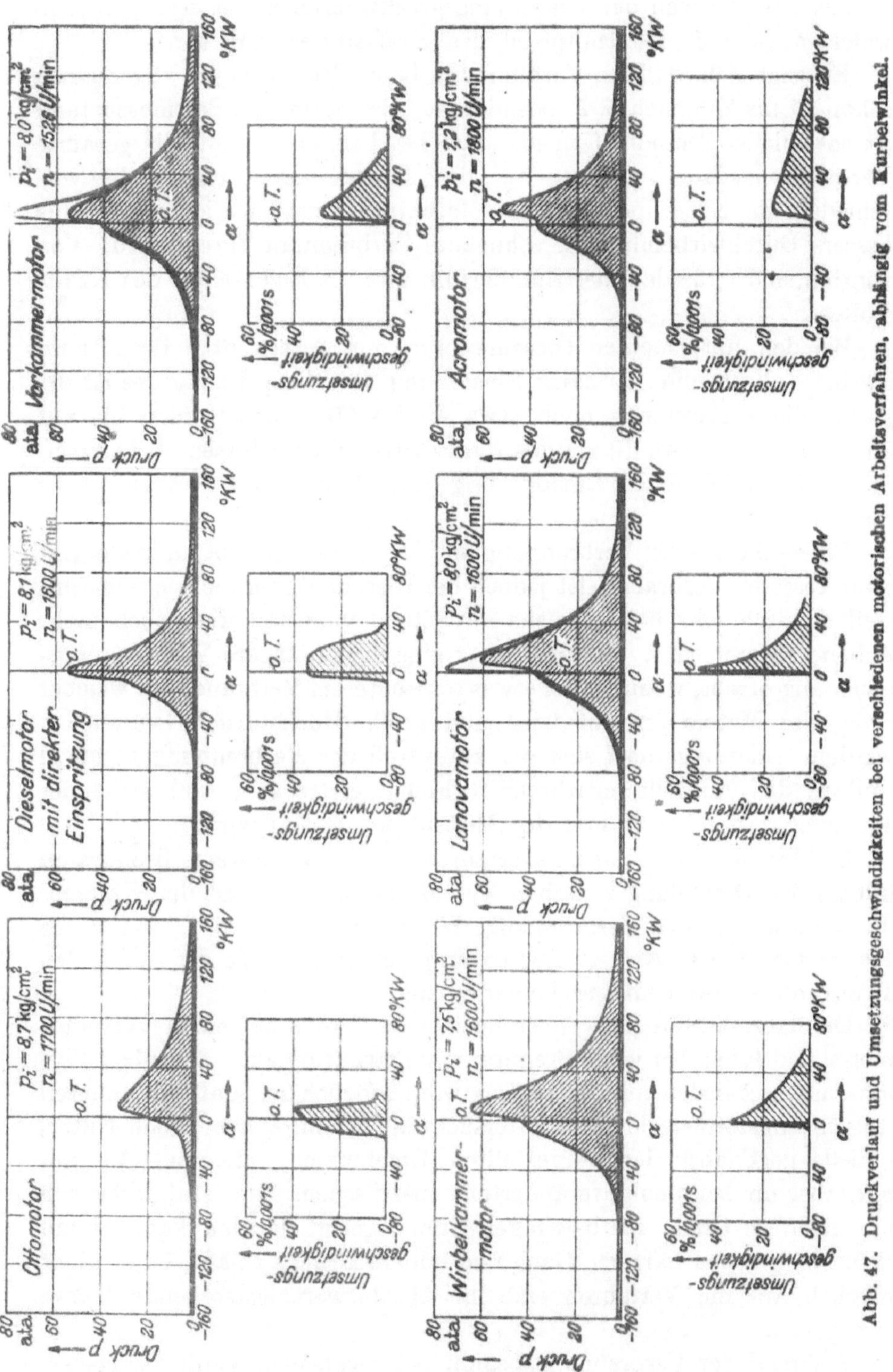

Abb. 47. Druckverlauf und Umsetzungsgeschwindigkeiten bei verschiedenen motorischen Arbeitsverfahren, abhängig vom Kurbelwinkel.

einen Dieselmotor mit direkter Einspritzung sowie für einige Dieselverfahren mit unterteiltem Brennraum (Vorkammer-, Wirbelkammer-, Lanovaspeicher- und Acrospeichermotor).

Aus den Kurven der Umsetzungsgeschwindigkeit ist ersichtlich, in welchem Bereich der Hauptteil des Kraftstoffes verbrennt.

Es zeigt sich, daß die Verbrennung beim Ottomotor im allgemeinen schon 15 bis 25° nach o. T. beendet ist. Bei normalem Betriebszustand ist sowohl bei Schnelläufern als auch bei Langsamläufern die gesamte Verbrennungsdauer, bezogen auf den Kurbelwinkel, nicht sehr verschieden, da bei schnellaufenden Maschinen hauptsächlich durch eine bessere Durchwirbelung eine schnellere Verbrennung erzielt wird. Von Einfluß sind außerdem der Zündbeginn und die Eigenschaft des Kraftstoffes.

Bei den untersuchten Dieselmotoren mit unterteiltem Brennraum ist bei Vollast und normaler Einstellung der Einspritzung des Kraftstoffes die Verbrennung nach etwa 40 bis 70° Kurbelwinkel bis auf einen Rest von etwa 10 vH des Kraftstoffes abgeschlossen; bei Dieselmotoren mit direkter Einspritzung erfolgt die Verbrennung etwas rascher.

Eine sehr rasche Verbrennung in der Nähe des Totpunkts ergibt zwar besseren Verbrauch, ist jedoch bei Dieselmotoren nicht erwünscht, weil dadurch sehr hohe Drücke auftreten, ohne daß wesentlich mehr Arbeit geleistet wird. Es wird daher eine etwas längere Verbrennungsdauer angestrebt, wodurch bei etwas schlechterem Verbrauch ein weicher Gang des Motors erreicht wird und große Höchstdrücke vermieden werden. Allerdings darf sich der Hauptteil der Verbrennung nicht zu weit in den Ausdehnungsabschnitt hinein erstrecken, weil sonst der Wirkungsgrad schlecht und der Mitteldruck gering wird.

Da bei den Dieselarbeitsverfahren mit unterteiltem Brennraum infolge der Drosselung zwischen Zylinderhauptraum und der Kammer die Berechnung des Verbrennungsablaufes ungenau wird, wurde die Kurve für $\sum Q$ in Abb. 46 nur so weit ausgezogen, als der durch den Druckunterschied bedingte Fehler gering ist.

Die dargestellten Kurven beziehen sich jeweils auf einen Versuchsmotor und fallen bei jeder Brennraumkonstruktion auch desselben Verfahrens verschieden aus, so daß es wohl möglich ist, daß bei anderen Ausführungsformen der hier untersuchten Verfahren erhebliche Unterschiede gegenüber den dargestellten Ergebnissen auftreten. Da der Spritzbeginn bei wenig verändertem spezifischem Kraftstoffverbrauch um mehrere Grade Kurbelwinkel früher gelegt werden kann, wenn man einen etwas härteren Gang und höhere Drücke zuläßt, ist es nicht möglich, für ein Verfahren eine im Absolutwert feststehende Kurve anzugeben.

Während der Verbrennungsbeginn bei gegebenem Verdichtungsverhältnis für einen bestimmten Kraftstoff durch den Einspritzbeginn im wesentlichen gegeben ist, wird die Dauer der Verbrennung beim Dieselmotor durch die Spritzdauer[1] und die Ausbildung der Einspritzdüse beeinflußt. Da der Einspritzvorgang meist noch nicht beendigt ist, wenn die Verbrennung einsetzt, hat man durch Änderung des Einspritzgesetzes ein Mittel in der Hand, den Verlauf der Verbrennung wesentlich zu beeinflussen. Nicht immer, insbesondere bei geringer Verdichtung, ist es wegen des großen Zündverzuges möglich, die Verbrennung vor Beendigung des Einspritzvorganges einzuleiten.

Bei den oben beschriebenen Auswertungen von Motorversuchen erhält man als Teilergebnis auch den *Verlauf der mittleren Temperatur im Zylinder*. Die Kenntnis dieser Temperatur ist für die vergleichsweise Beurteilung der Vorgänge im Zylinder in vielen Fällen erwünscht.

Gute Vergleichsmöglichkeiten ergeben sich aus der Darstellung des Temperaturverlaufs über dem Volumen im doppellogarithmischen Maßstab.

Die Neigung der Kurven entspricht dem Wert $(n-1)$, wobei n der Exponent der Polytrope ist. In dem Bereich, in dem noch Verbrennung erfolgt, ist daher die Neigung der Kurve nicht konstant. Erst am Ende der Dehnung wird ein Wert erreicht, der einer Polytrope entspricht, die sich wenig von der Adiabate unterscheidet.

Wegen der höheren Temperaturen und der veränderten Gaszusammensetzung sind die Exponenten der Adiabaten für die Ausdehnung kleiner (etwa $n = 1{,}15$ bis $1{,}25$) als für die Verdichtung. Dementsprechend sind auch die tatsächlich gemessenen Exponenten des Aus-

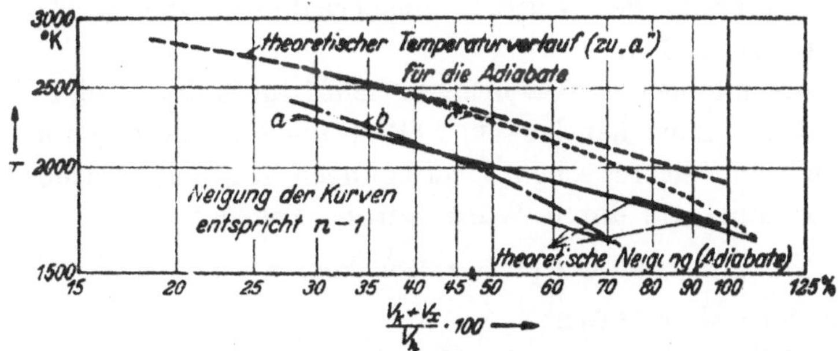

Abb. 48. Temperaturverlauf bei Ottomotoren im $T—V$-Diagramm (doppeltlogarithmisch). Kurve *a*. aus Indikatordiagramm errechnet $\varepsilon = 1 : 6{,}4$; $\lambda = 0{,}82$, Kurve *b*. nach EVANS und WATTS $\varepsilon = 1 : 5{,}15$; $\lambda = 0{,}77$, Kurve *c*: nach RASSWEILER und WITHROW $\varepsilon = 1 : 4{,}4$; $\lambda = 0{,}8$. Kurve *b* und *c* entsprechen spektroskopisch gemessenen Werten.

dehnungshubes kleiner als die des Verdichtungshubes. In Abb. 9 (S. 30) sind z. B. die bei einem Versuch an einem Dieselmotor ermittelten Exponenten des Ausdehnungshubes dargestellt.

Abb. 48 zeigt für einen Ottomotor den Vergleich des tatsächlichen Temperaturverlaufes mit dem theoretischen Temperatur-

---

[1] Bei Messungen der Spritzzeit durch Aufzeichnen des Nadelhubes in das Indikatordiagramm wurde im allgemeinen gegenüber theoretischem Förderbeginn der Pumpe ein Spritzverzug von etwa $^1/_{1000}$ bis $^4/_{1000}$ sec festgestellt (s. S. 65).

verlauf im vollkommenen Motor unter Berücksichtigung der Dissoziation.

Der aus dem Diagramm ermittelte Temperaturverlauf ist ähnlich dem Temperaturverlauf der vollkommenen Maschine. Die Temperaturen entsprechen in der Größenordnung den spektroskopisch gemessenen Werten von RASSWEILER und WITHROW. Während sich mit Hilfe des Energiesatzes, aus den Werten von RASSWEILER und WITHROW [F 38] und der aus dem Indikatordiagramm ermittelten Kurve (a) Abgastemperaturen errechnen lassen, die den gemessenen Abgastemperaturen etwa entsprechen, scheinen die Temperaturen am Ende der Expansion nach der spektroskopischen Messung von EVANS und WATTS (Kurve b) zu klein gemessen zu sein[1], weil sie selbst unter Vernachlässigung von Wärmeverlusten nach der oben angeführten Berechnung geringere Abgastemperaturen liefern würden, als bei diesen Luftüberschußzahlen gemessen werden. Die Auswertung zahlreicher Versuche hat ergeben, daß die Verbrennungshöchsttemperaturen bei gleichem Luftüberschuß nahezu unabhängig vom Anfangsdruck sind.

Wärmeübergang im Zylinder. Während des Dehnungshubes, also während der Verbrennungsperiode und der anschließenden Dehnung, spielt der Wärmeaustausch der Verbrennungsgase mit der Wand eine sehr wesentliche Rolle, weil die Temperaturdifferenzen zwischen der Ladung und der Wand sehr groß sind und weil während der Verbrennung im Zylinder vielfach große Geschwindigkeiten auftreten. Der Wärmeaustausch während der Verdichtungsperiode ist von geringerer Bedeutung (s. auch S. 31)

Zur Berechnung des Wärmeaustausches im Zylinder der Verbrennungskraftmaschinen hat NUSSELT [B 4] aus Versuchsergebnissen und auf Grund von theoretischen Überlegungen folgende Formel für die Wärmeübergangszahl durch Wärmeleitung angegeben:

$$\alpha_b = 0{,}99 \sqrt[3]{p^2 T}\,(1 + 1{,}24\,w)\ \text{kcal m}^{-2}\,\text{h}^{-1}\,{}^\circ\text{C}^{-1}$$

In dieser Formel bedeuten:

α_b die Wärmeübergangszahl durch Berührung für einen bestimmten Zeitpunkt,

p den Gasdruck im Zylinder ata im selben Zeitpunkt,

T die absolute Gastemperatur (°K) im Zylinder im selben Zeitpunkt,

Augenblickswerte

w die *mittlere* Kolbengeschwindigkeit (m/sec).

Mit dieser Formel erhält man beispielsweise für $w = 10$ m/sec und für eine Gastemperatur von 2500° und 50 ata eine Wärmeübergangs-

---

[1] Es ist auch möglich, daß die Unterschiede durch die ungleichmäßige Temperaturverteilung im Zylinder bedingt sind.

zahl $\alpha_b = 2440$ kcal/m² h °C; bei einer Gastemperatur von 1500° und einem Druck von 6 at eine Wärmeübergangszahl $\alpha_b = 500$ kcal/m² h °C.

Für den Wärmeübergang durch Strahlung hat NUSSELT die Formel:

$$\alpha_s = \frac{0{,}362}{\dfrac{1}{A_1} + \dfrac{1}{A_2} - 1} \cdot \frac{\left(\dfrac{T}{100}\right)^4 - \left(\dfrac{T_w}{100}\right)^4}{T - T_w} \text{ kcal m}^{-2}\text{h}^{-1}\,°\text{C}^{-1}.$$

angegeben. In dieser Formel bedeuten:

T_w die absolute Wandtemperatur,

A_1 das Absorptionsvermögen des Gasvolumens,

A_2 das Absorptionsvermögen der Oberfläche der Zylinderwand.

In vielen Fällen kann A_1 und A_2 ungefähr gleich 1 gesetzt werden. Die Wärmeübergangszahl α_s beträgt nach NUSSELT nur einige Prozente der Wärmeübergangszahl α_b. Die gesamte vom Gas an die Wand abgegebene Wärmemenge erhält man unter Benutzung der beiden angegebenen Formeln aus der Beziehung:

$$Q = (\alpha_s + \alpha_b)\,(T - T_w)\,F, \text{ (kcal)},$$

wenn F die Größe der Oberfläche der Wand in m² bedeutet.

Seit der Veröffentlichung dieser Formeln im Jahre 1923 sind keine größeren Arbeiten über dieses Gebiet mehr bekanntgeworden. Die Anwendung der Formeln hat in den meisten Fällen in der Größenordnung brauchbare Ergebnisse geliefert. Da die Formeln auf Grund der Ergebnisse an langsam laufenden Motoren aufgestellt wurden, ist noch nicht klargestellt, ob sie auch für schnell laufende Motoren mit ausreichender Genauigkeit gelten.

g) Gaswechselvorgang.

Auspuffvorgang. Da der Druck bei Öffnen der Auslaßorgane erheblich über dem kritischen Druck liegt, erfolgt der Ausströmvorgang zunächst im überkritischen Gebiet. Die ausströmende Gasmenge ist in erster Annäherung proportional dem freien Ausströmquerschnitt. Daher strömt bei Beginn des Öffnens der Auslaßorgane wegen der anfänglich sehr kleinen Querschnitte nur sehr wenig aus, so daß im Zylinder kein plötzlicher Druckabfall eintritt. Es ergibt sich vielmehr ein allmählicher Übergang der Ausdehnungslinie in die Drucklinie des Auspuffvorganges. Während des ersten Teils des Ausströmvorganges erfolgt ein Anstieg des Druckes in der Auspuffleitung (Abb. 49), der bei kurzen Auspuffleitungen nur gering ist, bei langen Auspuffleitungen aber ziemlich große Werte erreichen kann (Abb. 49). Da nämlich für die Beschleunigung der in der Auspuffleitung befindlichen Gase eine gewisse Zeit benötigt wird, erfolgt auch bei genügend großen Querschnitten der Auspuffleitung das Zuströmen der Abgase aus dem Zylinder schneller als das

Abströmen der Gase aus dem Auspuffrohr. Im weiteren Verlauf des
Ausströmvorganges, der mit unterkritischem Druckverhältnis vor sich
geht, findet meist (wie auch bei den in Abb. 49 dargestellten Versuchen)
eine gleichzeitige Dehnung im Zylinder und in dem dem Zylinder
benachbarten Teil des Auspuffrohres statt, so daß bei verhältnismäßig
geringen Druckdifferenzen eine gemeinsame Drucksenkung eintritt. Der
Druckanstieg in der Auspuffleitung hat eine Druckwelle zur Folge,
die sich in der Leitung etwa mit Schallgeschwindigkeit fortbewegt. Die
Eigengeschwindigkeit der Gassäule ist auf die resultierende Fort-

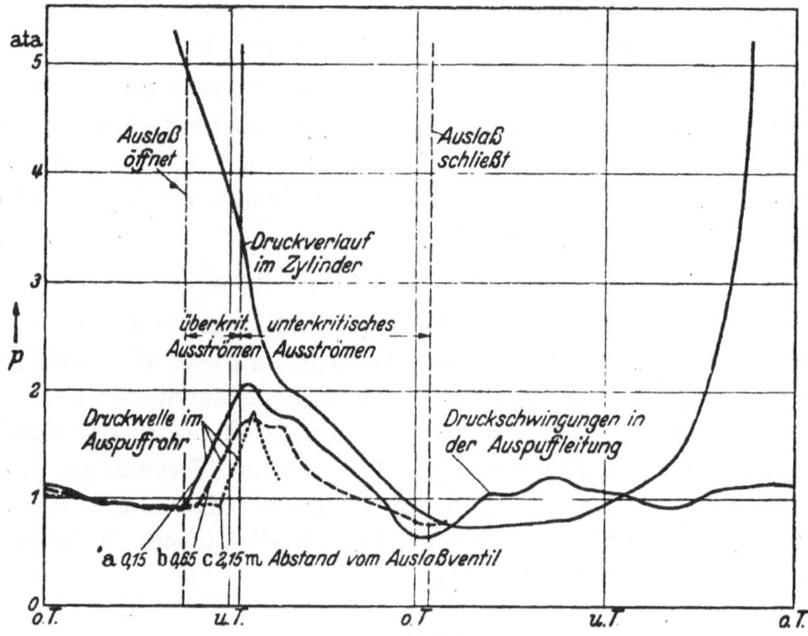

Abb. 49. Druckverlauf im Zylinder und in der Auspuffleitung eines Einzylinder-Ottomotors, abhängig vom Kurbelwinkel. $n = 1800$ U/min, $p_i = 9{,}3$ kg/cm^2, $\varepsilon = 1:7$; $\lambda = 0{,}8$.

pflanzungsgeschwindigkeit des Druckstoßes von Einfluß. Abb. 49 zeigt
den charakteristischen Druckverlauf im Zylinder und in der Auspuffleitung in Abhängigkeit vom Kurbelwinkel während des Gaswechselvorganges eines Einzylindermotors.

Das Fortschreiten der Druckwellen ist aus dem Vergleich der Druckmessungen an verschiedenen Stellen der Auspuffleitung ersichtlich. Die
Kurven *a, b* und *c* zeigen deutlich das spätere Einsetzen der Druckwellen,
je weiter die Meßstelle vom Zylinder entfernt ist. Ebenso wird das
Maximum der Druckwelle bei weiter entfernten Stellen später erreicht.
Nach Schluß der Auslaßorgane zeigen sich in der Auspuffleitung unter
der Einwirkung der reflektierten Druckwellen Druckschwankungen.

Entsprechend diesen Vorgängen tritt in der Auspuffleitung eine
zeitlich und örtlich stark wechselnde Temperatur der Abgase auf.
Deshalb ist jeweils eine genaue Angabe erforderlich, wie die Auspuff-

temperatur gemessen wurde. Für technische Zwecke soll die Auspufftemperatur im allgemeinen ein Maß für die Abgaswärme sein. In diesem
Fall ist also diejenige Messung am besten, mit der die mittlere, der fühlbaren Wärme entsprechende Abgastemperatur ermittelt wird; diese
fühlbare Wärme wird meist durch Abkühlung der Abgase in einem
Wärmeaustauschapparat (Abgaskalorimeter) bestimmt. Die Messung
mit trägen Meßgeräten (z. B. mit Thermometer oder mit Thermoelement) ergibt im Vergleich zu den Messungen auf kalorimetrischem Wege zu niedrige Temperaturen.

Während des Auspuffvorganges strömt Gas von verschiedener Temperatur am Meßgerät vorbei, so daß eine Mitteltemperatur gemessen wird, die nicht dem Mengenmittel entspricht. Im Verlaufe des ersten Teiles des Auspuffvorganges strömt eine große Abgasmenge aus, während bei der längeren Dauer der Ausschubperiode eine geringe Menge mit anderer — im allgemeinen kleinerer Temperatur — ausgeschoben wird (Abb. 50). Während des Saug-, Verdichtungs- und Ausdehnungshubes befindet sich Abgas mit geringer Strömungsgeschwindigkeit und geringe-

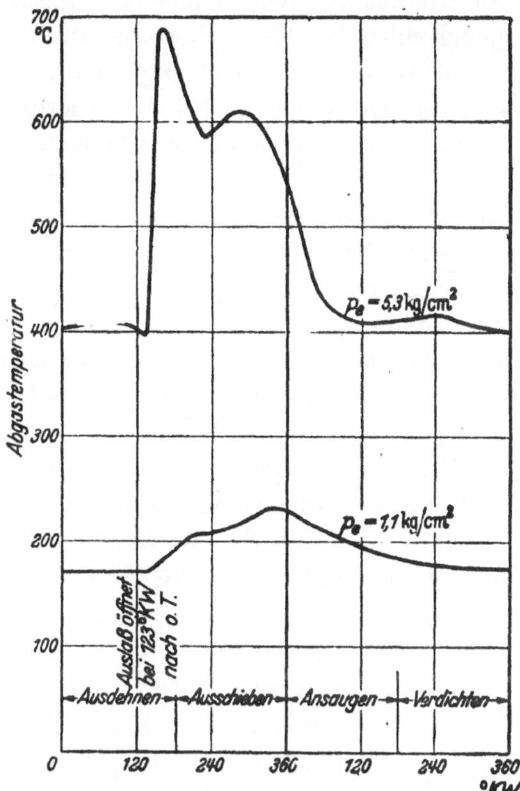

Abb. 50. Zeitliche Änderung der Abgastemperatur eines Dieselmotors bei verschiedenen Belastungen, gemessen mit Thermokreuz (nach H. BANGERTER). $n = 340$ U/min.

rer Temperatur in der Auspuffleitung. Die Gasmengen, die während des
ersten Teiles des Auspuffvorganges mit großer Geschwindigkeit ausströmen, werden daher von Temperaturmeßinstrumenten nicht ihrem Gewicht entsprechend erfaßt, obwohl wegen der Steigerung des Wärmeüberganges infolge der höheren Geschwindigkeit diese Gasmenge stärker berücksichtigt wird, als es nur auf Grund der zeitlichen Einwirkung auf
das Meßinstrument der Fall wäre. Deshalb werden auf kalorimetrischem
Wege die höchsten Temperaturen, mit trägen Meßinstrumenten wesentlich geringere Temperaturen (beim Einzylindermotor meist über hundert
Grade) gemessen. Die geringsten Temperaturen ergeben sich aus der
Ermittlung des zeitlichen Mittelwertes der Abgastemperatur.

Da die Unterschiede der mit trägen Instrumenten gemessenen Abgastemperaturen gegenüber dem Mengenmittel hauptsächlich auf den Einfluß der geringen Temperatur während des Verdichtungs- und Entspannungshubes zurückzuführen sind, werden diese Unterschiede um so kleiner, je mehr Zylinder in die Auspuffleitung, in der die Meßstelle angebracht ist, münden [C 8]. Bei Einzylinder-Ottomotoren beträgt der Unterschied der gemessenen Abgastemperatur gegenüber den entsprechenden bei Mehrzylindermotoren etwa 100°

Die Unterschiede der Temperaturen im Verlauf des Auspuffvorganges sind auf die Vorgänge bei der Energieumsetzung zurückzuführen.

Die ausströmenden Gase entspannen sich etwa auf den Gegendruck, kühlen sich dabei annähernd adiabatisch entsprechend dem wirksamen Druckverhältnis ab und erreichen besonders während des ersten Teiles des Auspuffvorganges hohe Geschwindigkeiten. Schon während des Durchströmens durch das Ventil und vorwiegend im ersten Teil des Abgasrohrs erfolgt — ähnlich wie bei der Drosselung — infolge Durchwirbelung eine Umsetzung der kinetischen Energie in Wärme. Gleichzeitig tritt aber infolge der hohen Geschwindigkeit ein intensiver Wärmeübergang und Wärmefluß an die Wandungen auf.

Die Abgastemperatur kann unter Vernachlässigung der Wärmeverluste auch rechnerisch ermittelt werden.

Betrachtet man den idealisierten Auspuffvorgang am Ende des Ausschubhubes und setzt folgende Bezeichnungen ein

Zeiger 4 Zustand bei Öffnen der Auslaßventile[1] (Gewicht G_4) am Hubende,

„   I mittlerer Zustand des ausgeströmten Teiles (Gewicht G_I) der Abgase nach Beendigung des Ausschubvorganges,

„   5 Zustand des im Zylinder verbleibenden Gasgemisches (Gewicht G_R) bei Annahme adiabatischer Dehnung,

dann ergibt sich nach dem 1. Hauptsatz der Thermodynamik unter Berücksichtigung des Ausschiebevorganges und unter Vernachlässigung der Drosselverluste folgende Beziehung:

$$U_4 + AP_I V_h = U_R + U_I + AP_I V_I + Q$$

$Q =$ durch Strahlung und Leitung abgegebene Wärmemenge.

Mit
$$U_I + AP_I V_I = J_I = G_I c_p \Big|_0^{T_I} \cdot T_I$$

erhält man
$$G_I c_p \Big|_0^{T_I} T_I = G_4 c_v \Big|_0^{T_4} T_4 - G_R c_v \Big|_0^{T_5} T_5 + AP_I V_h - Q.$$

---

[1] Die Bezeichnungen 4 und I wurden gewählt, um eine Übereinstimmung mit der Bezeichnungsweise für denselben Zustand in anderen Abschnitten herzustellen. Dasselbe gilt für Zustand 5 (siehe Abb. 1, 2, 124).

Die Gewichte können aus der Gasgleichung errechnet werden. Es gilt:

$$G_4\,T_4 = \frac{P_4 V_4}{R_4}\,;$$

$$G_R\,T_5 = \frac{P_I}{R_R}\,\frac{V_4}{(1/\varepsilon)}\,;\qquad V_h = V_4\,(1-\varepsilon)\,;$$

$$G_I = G_4 - G_R = \frac{P_4 V_4}{R_4\,T_4} - \frac{P_I}{R_R}\,\frac{V_4}{(1/\varepsilon)}\cdot\frac{1}{T_5}\,.$$

Damit ergibt sich die **Temperatur der Auspuffgase** zu:

$$T_I = \frac{\dfrac{P_4 V_4}{R_4}\,c_v\Big|_0^{T_4} - \dfrac{P}{R_R}\dfrac{V_4}{(1/\varepsilon)}\,c_v\Big|_0^{T_5} + A\,P_I\,V_4\,(1-\varepsilon) - Q}{\left(\dfrac{P_4 V_4}{R_4\,T_4} - \dfrac{P_I V_4}{R_R\,(1/\varepsilon)\,T_5}\right)c_p\Big|_0^{T_I}}$$

Setzt man zur Vereinfachung die Gaskonstanten $R \approx R_R \approx R_4$ gleich und vernachlässigt den Wärmeverlust Q, so erhält man:

$$T_I = \frac{P_4\,c_v\Big|_0^{T_4} - \dfrac{P_I}{(1/\varepsilon)}\,c_v\Big|_0^{T_5} + A\,P_I\,R\,(1-\varepsilon)}{\left(\dfrac{P_4}{T_4} - \dfrac{P_I}{(1/\varepsilon)\cdot T_5}\right)c_p\Big|_0^{T_I}}$$

Die vorstehende Beziehung gilt unter der Annahme konstanten Druckes während des Ausschubhubes und unter Vernachlässigung des Drosselverlustes, ist aber für überschlägige Berechnungen geeignet, insbesondere wenn der Druckverlauf während des Gaswechselvorganges nicht bekannt ist. Bei genauer Berücksichtigung der Druckänderung während des Auspuffvorganges und während des Ausschiebens erhält man folgende Beziehung:

$$U_4 = J_I + U_R + AL + Q$$

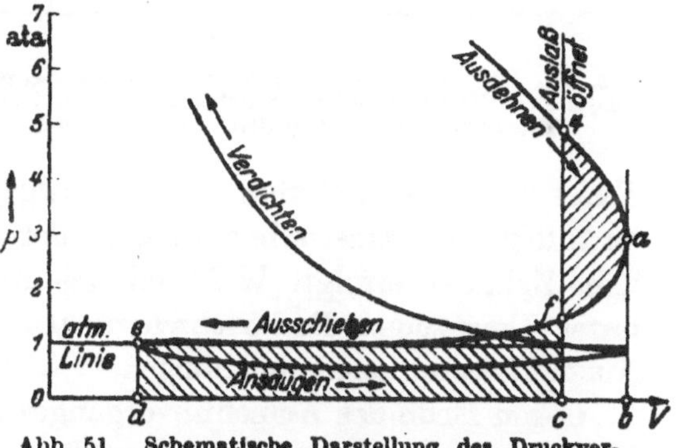

Abb. 51. Schematische Darstellung des Druckverlaufes während des Auspuffvorganges eines Viertaktmotors.

L ist die Summe der an den Kolben abgegebenen Arbeit entsprechend Arbeitsfläche $4abc4$ minus Arbeitsfläche $abdea$ (Abb. 51).

Löst man nach J_I auf, so erhält man

$$J_I = U_4 - U_R - A\;(\text{Arbeitsfläche } 4af4 - fcdef) - Q.$$

Um die Größenordnung der einzelnen Einflüsse bei der Berechnung der Abgastemperatur zu zeigen, wird im Anhang (S. 260) ein Zahlenbeispiel für einen Ottomotor wiedergegeben.

Ausschieben und Ansaugen. Das Ende des Auspuffvorganges ist gegenüber dem Beginn des Ausschiebevorganges im Indikatordiagramm

nicht klar abgegrenzt, da der Druckabfall sehr stark von der Bemessung
der Auslaßquerschnitte und von den Steuerzeiten im Zusammenhang
mit der Drehzahl abhängt. Man kann den Auspuffvorgang als beendigt
betrachten, wenn der Druck im Zylinder im wesentlichen nur mehr
durch die Drosselung beim Ausschieben bedingt ist. Während sich
bei Motoren mit kleinen Auslaßquerschnitten und hohen Drehzahlen
der Auspuffvorgang noch über den größten Teil des Ausschubhubes
erstreckt, ist bei Motoren mit besonders günstigen Zeitquerschnitten
(Abb. 52) der Auspuffvorgang schon während des ersten Teiles des

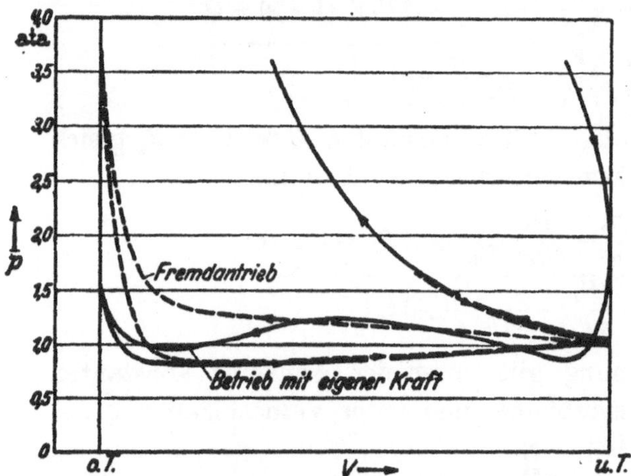

Abb. 52. Druck-Kolbenweg-Diagramme des Gaswechselvorganges eines Dieselmotors bei Betrieb des Motors mit eigener Kraft und bei Fremdantrieb. $n = 1600$ U/min.

Ausschubhubes beendigt. Während des Ausschubhubes herrscht im Zylinder normalerweise ein Überdruck, der sich nur wenig (in der Größenordnung meist etwa 0,1 at) vom Druck in der Auspuffleitung unterscheidet. Diese Druckdifferenz ist durch die Drosselung in den Auslaßorganen bedingt. Bei Vorhandensein von Auspuffleitungen wird vielfach während des ersten

Teiles des Ausschubhubes der Auspuffgegendruck sogar unterschritten,
da infolge der kinetischen Energie der Auspuffgase ein Absaugen aus
dem Zylinder erfolgt. Während des Ausschubvorganges ergeben sich
unter Umständen Druckschwingungen, die mit der Ausbildung der
Auspuffleitung zusammenhängen.

Gegen Ende des Ausschubvorganges tritt bei normalen Steuerzeiten
(d. h. ohne wesentliche Überschneidung der Auslaß- und Einlaßsteuerzeiten) eine Drosselung im Auslaßorgan auf, durch die ein Druckanstieg
in der Nähe des Totpunktes bedingt ist (s. Abb. 52). Der Druckanstieg
ist um so stärker, je größer das im Zylinder verbleibende Gasgewicht
ist. Bei fremd angetriebenem Motor bleibt am Ende des Ausschubhubes verhältnismäßig kalte Luft im Zylinder. Die Dichte dieser Luftmenge ist gegenüber der Dichte der Restgase bei Betrieb des Motors mit
eigener Kraft groß, deshalb erhält man bei angetriebenem Motor einen
bedeutend stärkeren Druckanstieg am Ende des Ausschubvorganges.

Diese Verdichtung tritt um so stärker in Erscheinung, je kleiner die
Zeitquerschnitte im letzten Abschnitt des Ausschubhubes sind. Während
des ersten Teiles der Saugperiode erfolgt eine starke Drucksenkung,

Abb. 53. Abhängigkeit des Liefergrades von der Luftüberschußzahl (Versuche an einem Dieselmotor).

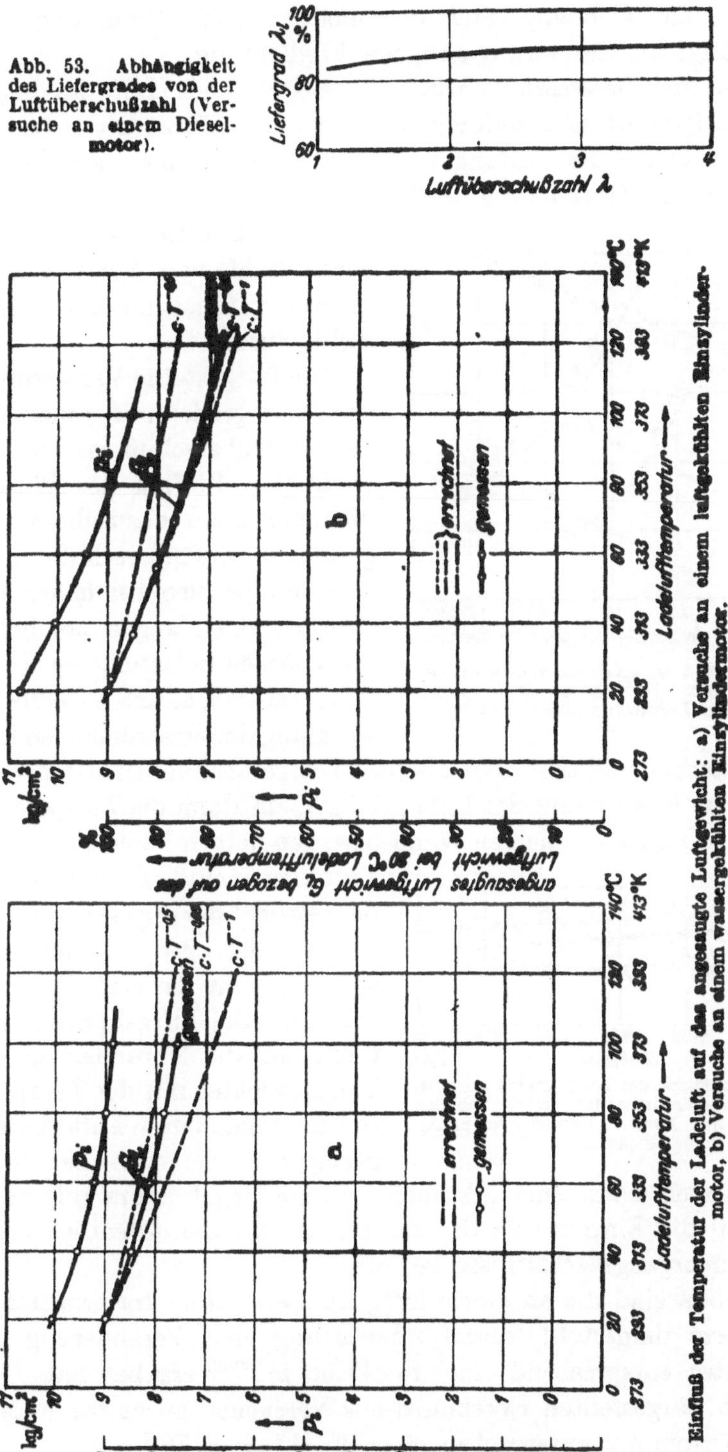

Abb. 54. Einfluß der Temperatur der Ladeluft auf das angesaugte Luftgewicht: a) Versuche an einem luftgekühlten Einzylindermotor, b) Versuche an einem wassergekühlten Einzylindermotor.

die infolge der Dehnung und der gleichzeitigen Abkühlung noch rascher erfolgt als die vorangegangene Verdichtung.

Während der Saugperiode wird die einströmende Luft an heißen Teilen vorbeigeführt und dadurch erwärmt. Diese Erwärmung bedingt eine Verminderung der Ladung und eine Abnahme des Liefergrades. Abb. 53 zeigt die Veränderung des Liefergrades mit der Luftüberschuß-zahl, die als Mittelwert einer größeren Zahl von Versuchen an mehreren Dieselmotoren festgestellt wurde.

Die festgestellte Verbesserung des Liefergrades mit zunehmendem Luftüberschuß ist auf den erwähnten Einfluß des Wärmeüberganges zurückzuführen. Bei geringem Luftüberschuß (beim Dieselmotor also bei hoher Leistung) steigen wegen der hohen thermischen Belastung die Wandtemperaturen, so daß auch die Erwärmung der einströmenden Luft

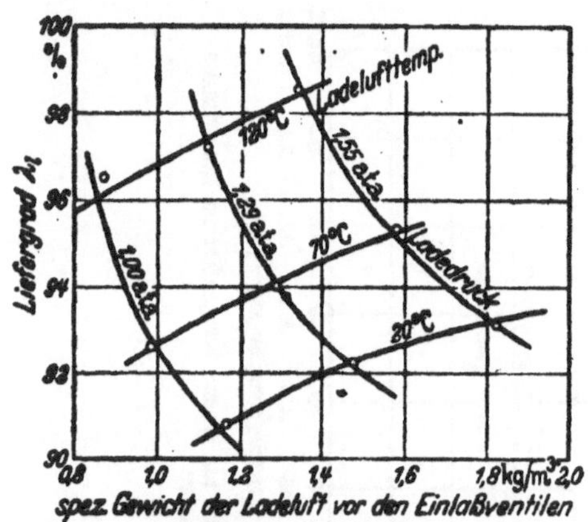

Abb. 55. Liefergrad λ_l, abhängig vom spez. Gewicht der Ladeluft. (Versuche an einem Dieselmotor bei einer Luftüberschußzahl $\lambda = 1,4$.)

stärker in Erscheinung tritt. Bei erhöhter Temperatur der einströmenden Luft wird die Erwärmung der Luft geringer, da dann die Temperaturdifferenzen zwischen der heißen Wand bzw. den heißen Ventilen und der Luft kleiner sind. Deshalb nimmt das Gewicht der angesaugten Luft weniger als proportional dem spez. Gewicht der Luft im Saugrohr ab. Bei luftgekühlten Motoren ist die Veränderung des Ladegewichtes mit der Temperatur der angesaugten Luft vielfach geringer als bei wassergekühlten

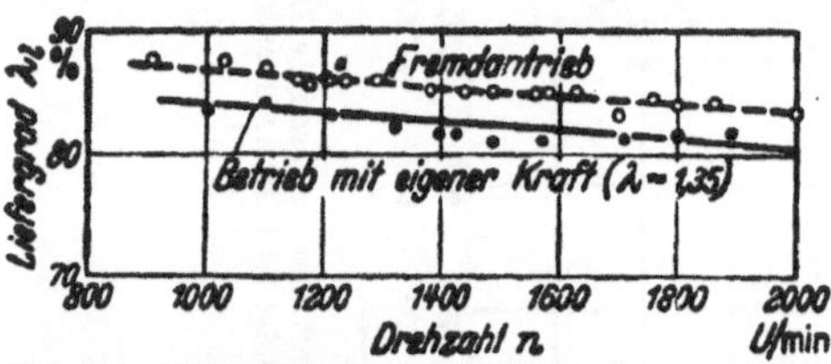

Abb. 56. Abhängigkeit des Liefergrades von der Drehzahl bei Fremdantrieb und bei Betrieb des Motors mit eigener Kraft. (Versuche an einem Dieselmotor.)

Motoren, jedoch kann eine allgemein gültige Regel kaum aufgestellt werden, weil die Einzelheiten der Konstruktion außerordentlich stark die Wärmeübergangsverhältnisse beeinflussen.

In Abb. 54a sind die an einem luftgekühlten Ottomotor ermittelten Versuchswerte dargestellt, deren Auswertung eine Veränderung des Ladegewichtes entsprechend einer Funktion $p/T^{0,65}$ ergeben hat. Die in Abb. 54b dargestellten Ergebnisse aus Versuchen an einem wassergekühlten Ottomotor entsprechen einer Funktion $p/T^{0,9}$.

In Abb. 55 sind Versuchsergebnisse an einem Dieselmotor dargestellt. Die Änderung des Ladegewichtes entspricht in diesem Fall etwa einer Funktion $p/T^{0.54}$. Bei der gewählten Art der Darstellung ist auch die Veränderung des Laufgewichtes (bei konstantem Druck) durch die Temperatursteigerung bei gleichzeitiger Berücksichtigung der Liefergradänderung ersichtlich.

Die Änderung der Liefergrade mit der Drehzahl ist in Abb. 56 für einen Motor mit großen Zeitquerschnitten dargestellt. Bei Erhöhung der Drehzahl von 1000 auf 2000 U/min wird der Liefergrad bei dem untersuchten Motor durchschnittlich um 4 vH geringer, wobei der Absolutwert des Liefergrades bei Fremdantrieb wegen der geringeren Temperaturen der Einlaßorgane einige vH besser ist als bei Betrieb mit eigener Kraft. Meist ist der Einfluß der Drehzahl auf den Liefergrad noch stärker.

3 Theoretische Untersuchung und versuchsmäßige Überprüfung der für den praktischen Motorbetrieb wesentlichen Einflüsse.

Im praktischen Motorbetrieb ergeben sich durch die Änderung der Belastung und der Drehzahl bei der Leistungsregelung zum Teil zwangläufig Beeinflussungen der Betriebseigenschaften und des Kraftstoffverbrauchs. Bei Kenntnis der Zusammenhänge zwischen Kraftstoffverbrauch, Leistung und mechanischer Beanspruchung (infolge des Höchstdruckes) ergibt sich die Möglichkeit zur Schaffung günstiger Betriebsverhältnisse unter entsprechender Berücksichtigung der gestellten Anforderungen.

Die Bewertung der Motoren erfolgt für praktische Zwecke auf Grund des gemessenen spez. Kraftstoffverbrauches, bezogen auf die Nutzleistung, und auf Grund der festgestellten Nutzleistung. Diese Größen kennzeichnen zwar die Wirtschaftlichkeit des Motors und sind deshalb für den Käufer der Maschine ausschlaggebend; sie gestatten aber keine Beurteilung der Möglichkeiten für die Weiterentwicklung des Arbeitsverfahrens des betreffenden Motors. Bessere Aufschlüsse vermittelt die Kenntnis des spez. Kraftstoffverbrauches, bezogen auf die innere Leistung, weil damit die mechanischen Eigenschaften aus der Betrachtung ausgeschlossen werden und eine Beurteilung des Arbeitsprozesses möglich wird.

Für die vergleichende Beurteilung verschiedener Verfahren ist es zweckmäßig, die Untersuchungen auf allgemeine Kenngrößen zurückzuführen, die von der speziellen Motorbauart und der Drehzahl nicht mehr abhängig sind. Ferner ist es wichtig, zu wissen, wieweit die festgestellten Eigenschaften durch thermodynamisch bedingte unabänderliche Gesetzmäßigkeiten oder durch spezielle Eigenschaften der betreffenden Maschine verursacht sind und in welchen Betriebsbereichen die Möglichkeit einer Verbesserung besteht.

Die Vorgänge be᾿ der Leistungsregelung bzw. bei der Belastungsänderung unterscheiden sich bei den verschiedenen Arbeitsverfahren
grundsätzlich.

Beim Ottomotor für flüssige Kraftstoffe erfolgt die Regel᾿᾿g durch
Drosselung des angesaugten Kraftstoff Luft-Ge᾿nisches (Drosselregelung),

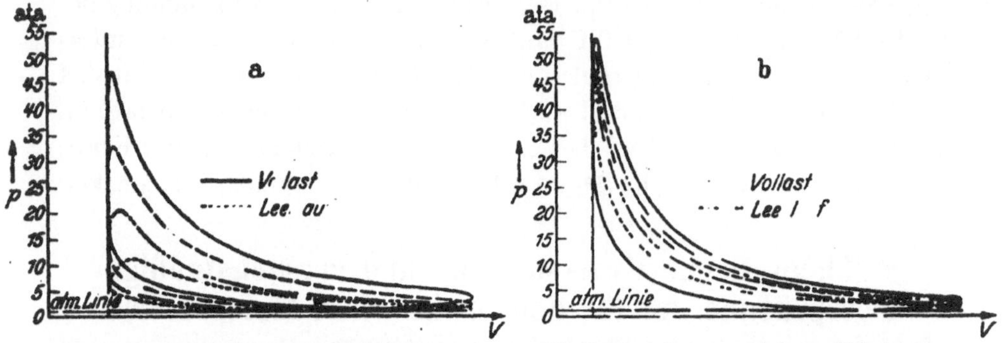

Abb. 57. Indikatordiag᾿amme eines Otto und e᾿s Dieselmotors bei vers᾿hiedenen Belastu᾿ge .
a) *Ottomotor*᾿ Flugmotor, Einzylinder   1 7, = 1790᾿ p_e = 6,93, 4,76, 2,45 kg/ m² und Leerlauf᾿
V_h = 3,8 *l*, b) *Dieselmoto* Stationärer Einzylindermotor mit direkter Einspritzung, ε — 1᾿11;
n = 360 U/m.n p_e = 5,41, 4,03, 2,82, 1 44, 0,74 kg/cm² und Leerlauf, V_h — 10,3 *l*.

so daß die Leistungsänderung durch eine Änderung des Ladungsgewichtes
bei annähernd konstantem Mischungsverhältnis von Kraftstoff zu Luft
erfolgt Eine zusätzlich vorgesehene Änderung des Mischungsverhältnisses dient nur in zweiter Linie zur Beeinflussung der Leistung. Der
Arbeitsvorgang bei der Drosselung ist in anschaulicher Weise aus
Indikatordiagrammen zu erkennen. In Abb 57a ind Indikatordia-

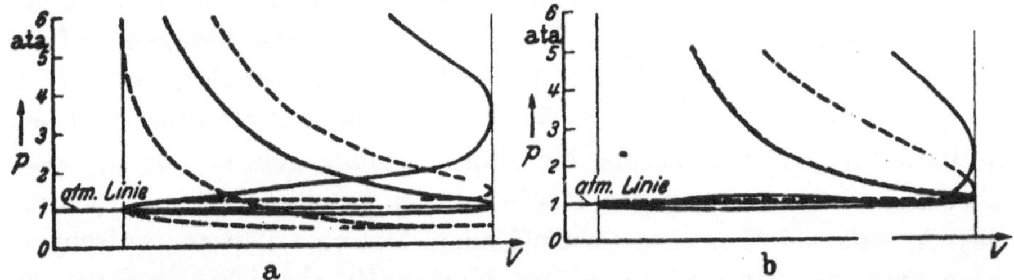

Abb. 58 Druckverlauf während de Gaswechsel ᾿rganges ein Ott und eines Dieselmotors bei
verschiedenen Belastungen. a) *Ottomot* . Einzyl.nder-Flugmotor ε — 1 6,3; n = 1600 U/min;
p = 6,72 und 0,91 kg/cm²᾿ V   3 8 l; b) *Dieselmotor* Einzylinder-Vorkam mermotor, ε = 1᾿12᾿
n — 1600 U/min; p_e = 4 8 und 0,4 kg/cm² V_h — 2,26 l.

gramme eines Viertakt-Ottomotors bei verschiedener Belastung dar
gestellt Infolge der Drosselung spielt sich der Arbeitsvorgang bei
geringerer Leistung im Bereich niedrigerer Drucke ab W e die Schwach-
federdiagramme der Abb. 58a zeigen wirkt sich die Drosselregelung bei
geringer Belastung in einer Senkung der Drücke während der Saugperiode aus Wegen der geringeren angesaugten Gemischmenge werden
auch die Drück während der Verdichtungsperiode mit abnehmender
Motorleistu g bedeutend geringer; nur während des Aussch᾿ bevo᾿-

ganges gegen die Atmosphäre unterscheiden sich die Drücke bei ver-
sch ed nen Belastungen wenig.

Beim Dieselmotor wird — abgesehen von der gelegentlich bei Fahrzeugmotoren verwendeten Leerlaufregelung — bei jedem Arbeitshub
auch bei verschiedener Leistung annähernd die gleiche Menge Luft
angesaugt, die Leistung wird lediglich durch die Bemessung der eingespritzten Kraftstoffmenge geregelt so daß die Leistungsänderung
einer Änderung des Mischungsverhältnisses Kraftstoff zu Luft (Luftüberschußänderung) entspr   Die Indikatordiagramme eines Dieselmotors bei verschieden n Belastungen in Ab   zeigen, daß die Verdichtungslinie und damit auch der Ve d'chtungsenddruck bei verschiedener Motorbelastung so wenig verschieden sind, daß sie im Indikatordiagramm nicht zu unterscheiden sind. Die Belastungsänderung
zeigt sich i n D'agramm hauptsächlich durch die Verschiede heit der
Verbrennungs und Ausdehnungslinie. Auch im Schwachfederd agramm
(Abb. 58b) sind während des Ansaughubes nur geringfügige Unter c iede
vorhanden. Während a so beim Ottomotor bei geringerer Belast ng
die Drücke während des ganzen Arbeitsspiels kleiner werden, wird
beim Dieselmotor nur der Druckanstieg während der Verbrennung mit
abnehmender Belastung geringer. Der Auspuffvorgang und in geringem
Maße der Ausschiebevorgang werden durch die Verschiedenheit der
Enddrücke der Dehnung beeinflußt.

Ottomotor.

a) Einfluß des Mischungsverhältnisses

Die Leistungsregelung erfolgt — wie erwähnt — beim Ottomotor für
flüssige Kraftstoffe im allgemeinen durch Drosselung des Gemisches bei
annähernd konstantem Mischungsverhältnis. Da die Betriebseigenschaf
ten des Motors hauptsächlich durch das Mischungsverhältnis gegeben
sind, verbindet man mit der Drosselregelung meist eine Gemischregelung. Bei reichem Gemisch bzw Luftmangel ergibt sich ein ruhiger
Gang, hohe Leistung, leichtes Anspringen und gutes Beschleunigungs-
vermögen, jedoch ist der Kraftstoffverbrauch verhältnismäßig hoch
(s. auch S 4).

Der Kraftstoffverbrauch ist andererseits im Luftüberschußgebiet
günstiger, weil der Kraftstoff fast vollkommen zur Verbrennung kommt,
während naturgemäß im Luftmangelgebiet unter allen Umständen ein
wesentlicher Anteil des Kraftstoffes unverbrannt bleibt. Z. B. ist bei
einem Luftüberschuß von 15 vH der Verbrauch meist schon etwa 20 vH
besser al im Bereich der Höchstleistung, während die Höchstleistung
im Durchschnitt etwa 10 vH größer ist als die Leistung im Betriebsbereich des besten Verbrauches. Man stellt daher zur Erzielung der n

kurzzeitig benötigten Höchstleistung reiches Gemisch ein, während bei Dauerleistung zur Erzielung guten Verbrauches armes Gemisch eingestellt wird.

Bei der Untersuchung des Einflusses verschiedener Mischungsverhältnisse ist es zweckmäßig, eine einheitliche Basis zu wählen. Es ist vielfach üblich, als Maßstab die je Umdrehung zugeführte Kraftstoffmenge zu wählen. Dieser Wert ist jedoch bei verschiedenen Maschinen u. a. auch wegen des verschiedenen Liefergrades nicht ver-

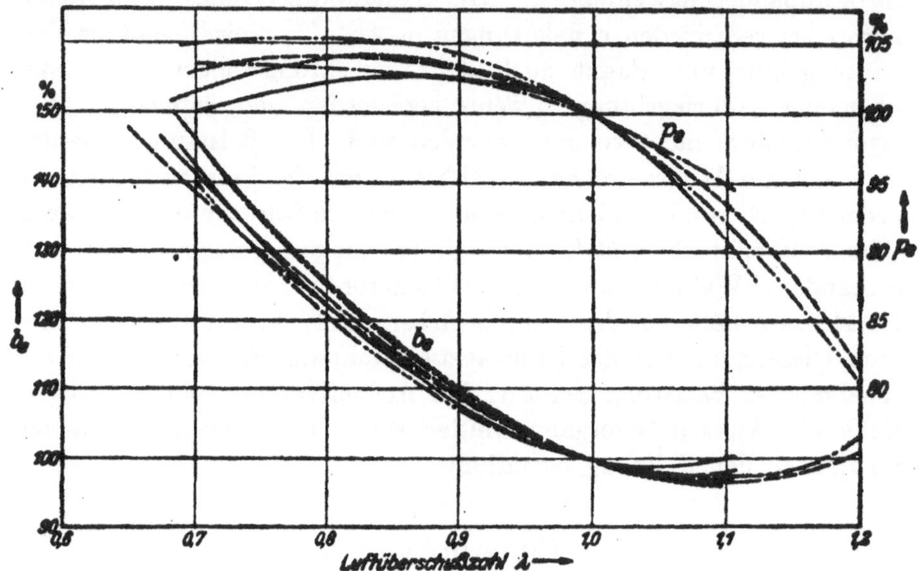

Abb. 59. Mittlerer Nutzdruck p_e und spez. Kraftstoffverbrauch b_e, bezogen auf 100 für $\lambda = 1$, abhängig vom Mischungsverhältnis nach Versuchen an verschiedenen Ottomotoren.
———— wassergekühlter Motor 4 l $n = 1770$, $\varepsilon = 1:5,5$. —·—·— luftgekühlter Motor 3 l. ·········· wassergekühlter Motor (Ricardo). — — — wassergekühlter Motor 2 l $n = 2600$, $\varepsilon = 1:8$, $p_1 = 1,025$ ata. —— —— wassergekühlter Motor 2 l $n = 2600$, $\varepsilon = 1:8$, $p_1 = 1,30$ ata. —··—··— luftgekühlter Motor 1 l $n = 3500$, $\varepsilon = 1:6,8$, $p_1 = 1,2$ ata.

gleichbar, so daß es viel zweckmäßiger ist, als einheitliche Basis den Wert Mischungsverhältnis $= \dfrac{\text{Luftgewicht}}{\text{Kraftstoffgewicht}}$ oder noch besser die Luftüberschußzahl $\lambda = G_{\text{tats}}/G_{\text{min}}$ zu wählen. Das Mischungsverhältnis ist insofern noch nicht der günstigste Vergleichsmaßstab, als für die einzelnen Kraftstoffe das zur vollkommenen Verbrennung der Gewichtseinheit des Kraftstoffes erforderliche Luftgewicht (G_{min}) verschieden ist. Für praktische Untersuchungen genügt jedoch die Angabe des Mischungsverhältnisses, weil die Unterschiede der Werte G_{min} für verschiedene Kraftstoffe nur gering sind.

In Abb. 59 sind die Änderungen des Mitteldruckes p_e und des spez. Kraftstoffverbrauches b_e (bezogen auf den Wert 100 vH für $\lambda = 1$) in Abhängigkeit von der Luftüberschußzahl für mehrere Motoren verschiedener Größe und für verschiedenartige Betriebsbedingungen wiedergegeben. Man sieht, daß auch bei Motoren, die sich stark in Hub-raum, Drehzahl und Verdichtungsverhältnis unterscheiden, der höchste Mitteldruck und damit die höchste Leistung bei Luftmangel etwa im Gebiet von $\lambda = 0,8$ bis $0,9$ (Mischungsverhältnis $\approx 11,5$ bis ≈ 13 für $G_{min} = 14,4$) auftreten. Die günstigsten Verbrauchszahlen liegen in allen Fällen im Bereich von $\lambda = 1,05$ bis $1,15$ (Mischungsverhältnis ≈ 15 bis ≈ 17).

Die Ursachen für dieses Verhalten können durch Vergleich der gemessenen Mitteldrücke und Verbrauchszahlen mit den theoretisch erreichbaren geklärt werden.

Untersucht man den Prozeß der vollkommenen Maschine zunächst ohne Berücksichtigung der Dissoziation und ohne Berücksichtigung

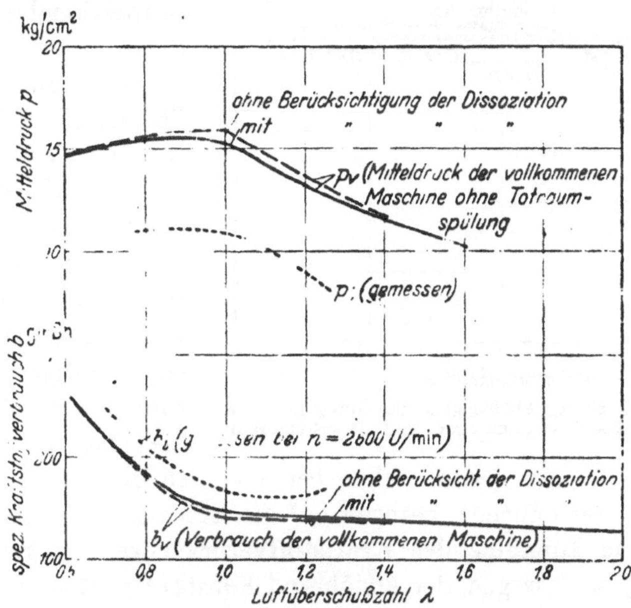

Abb. 60. Änderung des Kraftstoffverbrauches und des Mitteldruckes der vollkommenen Maschine mit der Luftüberschußzahl λ, Vergleich mit gemessenen Werten für Kraftstoffverbrauch und Mitteldruck, bezogen auf die Innenleistung. $\varepsilon = 1.7$; $p_1 = 1,03$ ata, $H_u = 10500$ kcal/kg.

einer endlichen Verbrennungsgeschwindigkeit, so erhält man den höchsten Mitteldruck bei dem stöchiometrischen Mischungsverhältnis ($\lambda = 1,0$, s. Abb. 60). Der günstigste Verbrauch ergibt sich bei unendlich großem Luftüberschuß. Bei Berücksichtigung der Dissoziation erhält man den höchsten Mitteldruck bei einer Luftüberschußzahl $\lambda = 0,9$, weil die starke Dissoziation bei der Luftüberschußzahl $\lambda = 1,0$ einen erheblichen Leistungsverlust bedingt. Im Motor wird jedoch die Höchst-leistung wegen der nicht ganz gleichmäßigen Mischung und wegen der günstigeren Verbrennungsgeschwindigkeit bei noch stärkerem Luft-mangel erreicht.

Der Einfluß der Dissoziation auf den Verbrauch wirkt sich am stärksten in der Nähe des theoretischen Mischungsverhältnisses in einer

Verbrauchsverschlechterung aus. Ohne Berücksichtigung der Dissoziation müßte in der Verbrauchskurve beim stöchiometrischen Mischungsverhältnis (Luftüberschußzahl $\lambda = 1$) ein Knick entstehen, der darauf zurückzuführen ist, daß im Luftmangelgebiet derjenige Teil der Kraftstoffmenge, der dem Luftmangel annähernd verhältig ist, nicht vollständig verbrennen kann. Diese Unstetigkeit wird jedoch durch den Einfluß der Dissoziation ausgeglichen (Abb. 60).

Die Abhängigkeit der in Abb. 60 eingetragenen tatsächlich gemessenen Mitteldrücke und Verbrauchszahlen vom Luftüberschuß entspricht im wesentlichen der theoretisch errechneten, wobei die Verluste im ganzen Bereich fast proportional den Mitteldrücken sind.

Bei großem Luftüberschuß ist ein höherer spez. Verbrauch feststellbar, als auf Grund der errechneten Kurven zu erwarten war. Theoretisch wäre mit zunehmendem Luftüberschuß eine stetige Verbesserung des Kraftstoffverbrauches zu erwarten.

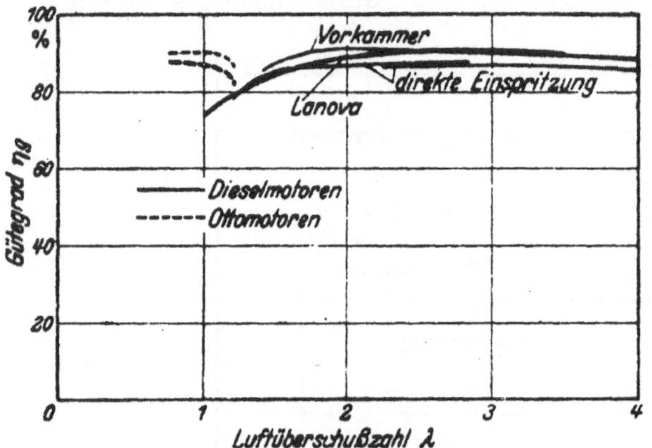

Abb. 61. Beispiele für die Abhängigkeit des Gütegrades von der Luftüberschußzahl (Ottomotoren und Dieselmotoren).

Praktisch ergibt sich jedoch schon bei $\lambda = 1,15$ bis $1,25$ eine starke Zunahme des Verbrauches, bezogen auf die Innenleistung. Noch etwas stärker ist die Zunahme des Kraftstoffverbrauches, bezogen auf die Nutzleistung, weil wegen der annähernd konstanten Reibungsverluste und der abnehmenden Innenleistung eine Verschlechterung des mechanischen Wirkungsgrades auftritt, die bei 20 vH Luftüberschuß etwa 2 vH beträgt. Bei hohem Luftüberschuß tritt infolge der geringeren Zündgeschwindigkeit und infolge der stärker in Erscheinung tretenden ungleichmäßigen Gemischverteilung unruhiger Gang des Motors und ein Nachbrennen während der Dehnung auf. Dadurch ergeben sich auch erhöhte Auspufftemperaturen bei schlechtem Verbrauch. Somit werden die Gütegrade bei hohem Luftüberschuß ungünstiger (Abb. 61).

Das Mischungsverhältnis beeinflußt die Klopfneigung wesentlich. Das stärkste Klopfen tritt in der Gegend des stöchiometrischen Mischungsverhältnisses auf und wird dann mit zunehmendem Luftüberschuß und zunehmendem Luftmangel immer schwächer.

Bei Verwendung klopffester Kraftstoffe ist einerseits eine Abnahme der Klopfneigung vorhanden, andererseits wird aber auch der Klopf-

bereich im Luftüberschuß- und Luftmangelgebiet enger. Beispielsweise
wurde von WILKE [C 32] der in Abb. 62
wiedergegebene Zusammenhang zwischen Klopfbereich und Oktanzahl an
einem Hesselmanmotor bei Vergaserbetrieb festgestellt. Während z. B. bei
einer Oktanzahl 60 der Klopfbereich
zwischen $\lambda = 1,4$ und $\lambda = 0,7$ entsprechend den Grenzwerten der Nutz-
drücke zwischen 7 kg/cm² (Luftüberschuß) und 8,5 kg/cm² (Luftmangel)
festgestellt wurde, war bei der
Oktanzahl 75 nur mehr bei annähernd stöchiometrischem Mischungs-

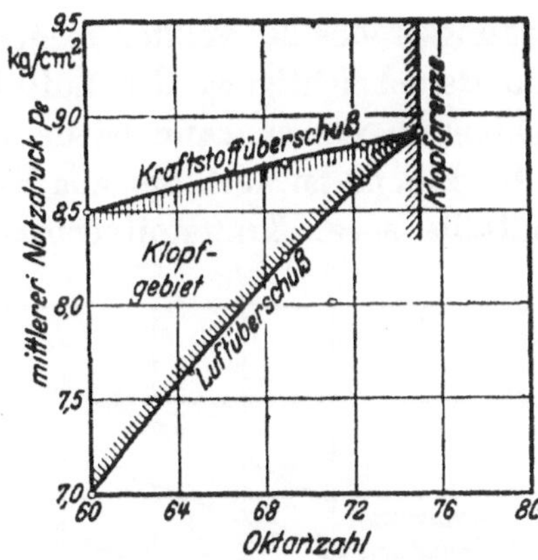

Abb. 62. Begrenzung des zulässigen Nutzdruckes durch das Klopfen, abhängig von
der Oktanzahl bei Veränderung des Mischungsverhältnisses bei konstantem Ladedruck nach WILKE [C 32].

verhältnis Klopfen zu beobachten (siehe auch S. 157 und S. 159).

b) Verdichtung.

Das wirksamste Mittel zur Erzielung geringen Kraftstoffverbrauches
ist neben günstiger Einstellung des Mischungsverhältnisses die Erhöhung der Verdichtung.

Im allgemeinen wählt man deshalb die Verdichtung so hoch, als
mit Rücksicht auf die Klopfgrenze und auf die durch die Selbstentzündung des Gemisches gegebene Grenze möglich ist. Bei Fahrzeugmotoren werden normalerweise Verdichtungsverhältnisse von 1:4 bis
1:6 gewählt, für Flugmotoren sind Verdichtungsverhältnisse von 1:6
bis 1:8 üblich.

Die Verringerung des Kraftstoffverbrauches mit zunehmender Verdichtung ist auf die Verbesserung des Wirkungsgrades des Arbeitsprozesses zurückzuführen. Unter Ausschaltung spezieller Eigenschaften
von Versuchsmaschinen kann auf Grund des Arbeitsprozesses der vollkommenen Maschine der grundsätzliche Einfluß der Verdichtung ermittelt werden, wobei die Konstanthaltung der übrigen Voraussetzungen
erforderlich ist, insbesondere muß der Vergleich auf konstanten Luftüberschuß bezogen werden.

In Abb. 63 sind die Verbrauchszahlen der vollkommenen Maschine b_v
für 2 Mischungsverhältnisse, und zwar für die Luftüberschußzahl, bei
der praktisch der günstigste Verbrauch erreicht wird (Luftüberschußzahl $\lambda = 1,1$), und für das Mischungsverhältnis, bei dem annähernd
die höchste Leistung erreicht wird ($\lambda = 0,8$), wiedergegeben. Es zeigt
sich, daß die Änderung des Kraftstoffverbrauches mit der Luftüberschußzahl ebenso bedeutend ist wie die Veränderung infolge verschiedener Verdichtung. Damit ist auch gezeigt, daß die Wiedergabe des

Wirkungsgrades der vollkommenen Maschine durch die einfache Formel ohne Berücksichtigung der Luftüberschußzahl zu keinen brauchbaren Ergebnissen führen kann (siehe auch S. 9).

In Abb. 63 ist auch der aus Versuchen an verschiedenen Maschinen ermittelte spez. Kraftstoffverbrauch, bezogen auf die Innenleistung, wiedergegeben. Die eingetragenen Ergebnisse von Versuchen an einem wassergekühlten Motor von 2 l Hubraum entsprechen Versuchswerten bei genau gleichen Mischungsverhältnissen und bei gleicher Drehzahl. Die Versuchswerte von RICARDO, die erst unter verschiedenen Annahmen umgerechnet werden mußten und mit verschiedenen Kraftstoffen durchgeführt wurden, sind nur annähernd vergleichbar.

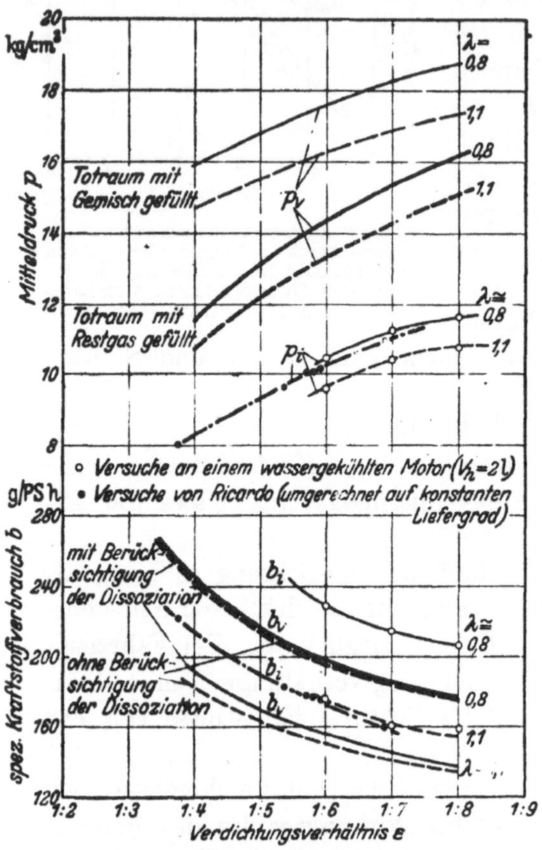

Abb. 63. Mitteldruck und Kraftstoffverbrauch der vollkommenen Ottomaschine, abhängig vom Verdichtungsverhältnis, im Vergleich mit gemessenen Werten.

Die Veränderung des gemessenen Kraftstoffverbrauches mit der Verdichtung entspricht durchaus der Änderung. die auf Grund theoretisch ermittelter Werte zu erwarten ist. Die Erhöhung des Verdichtungsverhältnisses von 1 : 4 auf 1 · 7 entspricht einer theoretischen Verbrauchsverbesserung von etwa 20 vH, die auch beim praktischen Motorbetrieb erreicht wird. Da sich die gemessenen und die theoretisch errechneten Werte um einen annähernd konstanten Faktor unterscheiden, ist der Gütegrad, d. i. das Verhältnis der gemessenen Wirkungsgrade, bezogen auf die innere Leistung, zum Wirkungsgrad der vollkommenen Maschine, bei den verschiedenen Verdichtungsgraden nur wenig verschieden. Das bedeutet, daß diejenigen Einflüsse bzw. Verluste, die bei der Berechnung des Prozesses der vollkommenen Maschine nicht berücksichtigt wurden, nämlich der Einfluß der endlichen Verbrennungsgeschwindigkeit, des Wärmeüberganges an die Wand und der Drosselverluste, sich wenig mit der Verdichtung ändern.

Auch die gemessenen Mitteldrücke stimmen im Verlauf gut mit den theoretisch errechneten Mitteldrücken[1] überein. Der Unterschied des mittleren Innendruckes p_i gegenüber dem theoretisch ermittelten Mitteldruck p_v entspricht zum Teil der Verschiedenheit der Wirkungsgrade und zum Teil der Differenz der Zylinderfüllungen. Der Unterschied der Mitteldrücke ist also auch zum Teil durch den Liefergrad bedingt. Da sich der Liefergrad mit der Verdichtung nur wenig ändert, ist die starke Zunahme der Mitteldrücke mit der Verdichtung im wesentlichen durch die Verbesserung der Wirkungsgrade bedingt.

Die Vorteile der Verdichtungserhöhung können aber mit Rücksicht auf die Kraftstoffeigenschaften nur in beschränktem Maße ausgenutzt werden. Bei Erhöhung der Verdichtung nimmt die Klopfneigung stark zu, so daß die höchstzulässige Verdichtung im wesentlichen von der Qualität des Kraftstoffes abhängig ist (s. Abb. 107, S. 157).

c) Zündung und Verbrennungsgeschwindigkeit, Zündgrenzen.

Der Zündzeitpunkt bzw. der Kurbelwinkel, bei dem die Zündung einsetzt, wird im praktischen Betrieb so gewählt, daß die günstigste Leistung bzw. guter Verbrauch erzielt wird, wobei für die Einstellung hauptsächlich die Zündgeschwindigkeit und Drehzahl maßgebend sind. Die beste Leistung und der günstigste Verbrauch werden — bezogen auf gleichen Luftüberschuß — bei ungefähr gleicher Vorzündung erreicht, weil durch die Veränderung des Zündzeitpunktes hauptsächlich der Wirkungsgrad des Prozesses bzw. der Gütegrad beeinflußt wird. Bei der Betrachtung des theoretischen Prozesses wurde festgestellt, daß der günstigste Wirkungsgrad erreicht wird, wenn die Verbrennung möglichst als Gleichraumverbrennung erfolgt. Da die Zündgeschwindigkeit jedoch einen endlichen Wert besitzt, würde bei Zündung im Totpunkt die Verbrennung erst erheblich nach dem Totpunkt stattfinden. Damit der Hauptteil der Verbrennung in der Nähe des Totpunktes vor sich geht, muß die Zündung also schon erheblich vor dem Totpunkt einsetzen. Bei allen Betriebszuständen, die eine langsame Zündgeschwindigkeit zur Folge haben, ist deshalb eine besonders frühe Zündung erforderlich, bei Betriebszuständen mit großer Zündgeschwindigkeit späte Zündung. Da die Zündgeschwindigkeit mit zunehmendem Luftüberschuß wesentlich geringer wird, muß die Zündung bei armem Gemisch früher gelegt werden, wenn die Verbrennung noch in der Nähe des Totpunktes erfolgen soll.

---

[1] Die eingetragenen Mitteldrücke p_v sind unter der Annahme errechnet, daß von der Maschine *Luft* von 15° Anfangstemperatur angesaugt wird. Wird eine *Gemischtemperatur* von 15° der Rechnung zugrunde gelegt und die Abkühlung durch die Verdampfung des Kraftstoffes nicht berücksichtigt, dann ergeben sich geringere Mitteldrücke.

In Abb. 64 sind Versuchsergebnisse an einem wassergekühlten Einzylindermotor dargestellt, aus denen hervorgeht, daß bei dem untersuchten Motor bei Luftmangel ($\lambda = 0{,}8$) die höchste Leistung etwa bei 37° Vorzündung erreicht wird, während bei wesentlichem Luftüberschuß ($\lambda = 1{,}06$) zur Erreichung der Höchstleistung etwa 45° Vorzündung erforderlich sind. Erfolgt die Zündung so früh, daß ein großer Teil des Gemisches schon vor dem Totpunkt verbrennt, so ergeben sich sehr hohe Drücke. Dadurch steigen die mechanischen und thermischen Verluste, so daß bei sehr großer Vorzündung eine Leistungsabnahme festzustellen ist (siehe Abb. 64).

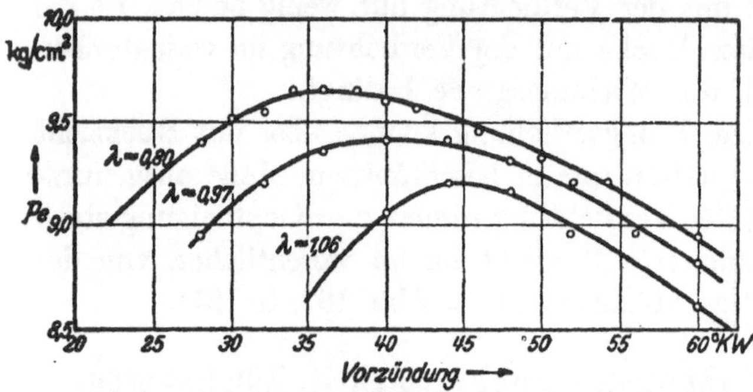

Abb. 64. Abhängigkeit des mittleren Nutzdruckes von der Vorzündung bei verschiedenen Luftüberschußzahlen. $n = 2240$ U/min.

In Abb. 65 ist das Ergebnis von Leistungsmessungen bei verschiedener Vorzündung für einen großen Luftüberschußbereich dargestellt. Bei diesen Versuchen war z. B. bei einer Luftüberschußzahl $\lambda = 0{,}85$ (normale Einstellung reichen Mischungsverhältnisses) im Bereich von 30 bis 50° Vorzündung der Leistungsabfall nicht größer als 1 vH. Aus der Abbildung ist auch ersichtlich, daß es z. B. mit 46° Vorzündung möglich ist, im ganzen für die Regelung in Frage kommenden Bereich der Luftüberschußänderung mit weniger als 1 vH Leistungsabnahme gegenüber der Einstellung günstigster Zündung auszukommen, praktisch würde man eine etwas spätere Vorzündung wählen.

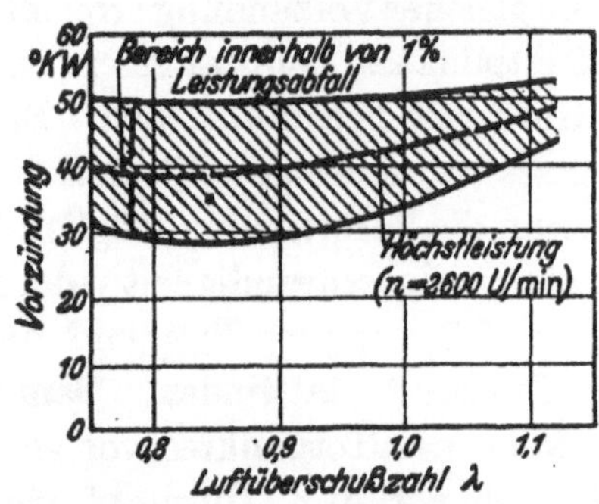

Abb. 65. Günstigster Zündzeitpunkt zur Erreichung der höchsten mittleren Drücke, abhängig vom Luftüberschuß.

Frühere Einstellung der Zündung hat — wie schon erwähnt — eine unerwünschte Zunahme der Höchstdrücke (Abb. 66) zur Folge. In Abb. 66 sind Meßergebnisse, die den Betriebszustand des Motors charakterisieren, für verschiedene Vorzündungen wiedergegeben. Der höchste Mitteldruck und beste Verbrauch ergab sich in diesem Falle bei etwa 38° Vorzündung. Wenn die Temperatur der angesaugten Luft geringer ist, dann erreicht man das Maximum des Mitteldruckes bei früherer Zündung, offensichtlich, weil auch die Zündgeschwindigkeit mit abnehmender Temperatur geringer wird [F 43]. Entsprechend der früheren

Verbrennung ergibt sich bei Frühzündung ein günstigeres mittleres Dehnungsverhältnis und damit eine wesentliche Senkung der Abgastemperatur[1] (Abb. 66). Die Änderung der Abgastemperatur gestattet einen gewissen Rückschluß auf die Veränderung der Verbrennungsvorgänge.

Abb. 67 zeigt, daß die Senkung der Abgastemperaturen[1] durch die frühere Zündung bei allen Luftüberschußzahlen und Drehzahlen in ähnlicher

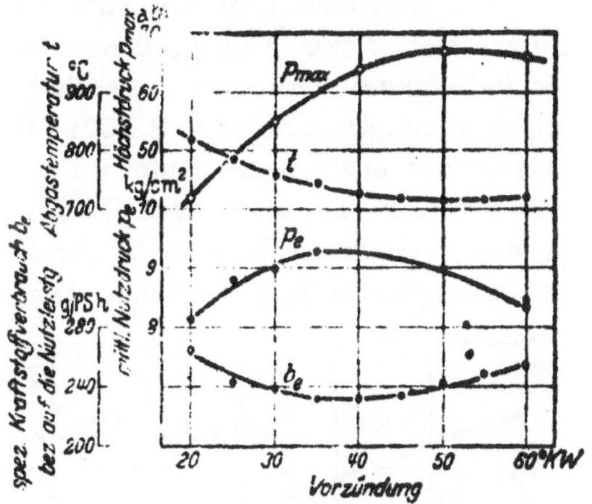

Abb. 66. Einfluß der Vorzündung auf Leistung, Verbrauch, Abgastemperatur und Höchstdruck. $p_1 = 1{,}2$ ata; $t_1 = 90°$ C; $\varepsilon = 1:8$; $\lambda = 0{,}85$; $n = 2600$ U/min.

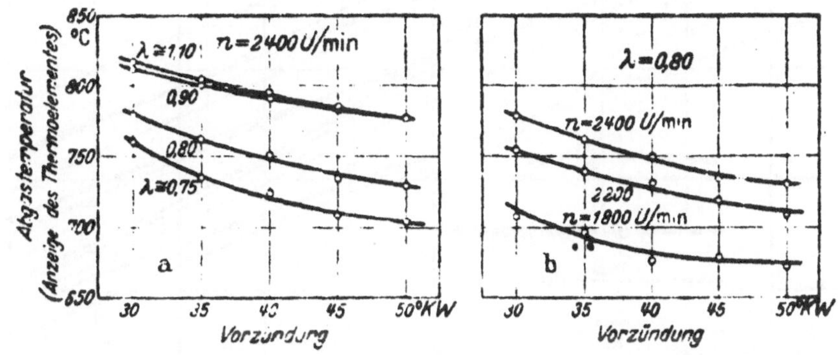

Abb. 67. Abgastemperaturen, abhängig von der Vorzündung ($\varepsilon = 1:7{,}5$): a) für verschiedene Luftüberschußzahlen bei konstanter Drehzahl; b) für verschiedene Drehzahlen bei konstanter Luftüberschußzahl.

Weise auftritt. Naturgemäß ergeben sich im Gebiet des stöchiometrischen Mischungsverhältnisses die höchsten Abgastemperaturen.

Dieselmotor.

a) Einfluß des Mischungsverhältnisses.

Bei der Betrachtung der Versuchsergebnisse von Ottomotoren in den vorhergehenden Abschnitten wurde schon gezeigt, daß mit Hilfe der gemessenen Mitteldrücke und Verbrauchszahlen allein noch keine ausreichende Wertung des betreffenden Motors möglich ist, und daß die Grundgrößen Verdichtungsverhältnis, Luftüberschußzahl, Druck und Temperatur der angesaugten Luft berücksichtigt werden müssen, wenn eine Beurteilung auf allgemeingültiger Grundlage erfolgen soll.

[1] Die Temperatur wurde in diesem Falle mit Thermoelement ohne Strahlungsschutz daher zu gering gemessen (s. auch S. 97).

Beim Dieselmotor ist die Änderung des Arbeitsprozesses mit dem Luftüberschuß von noch größerer Bedeutung als beim Ottomotor, da die Belastungsänderung im wesentlichen einer Änderung des Luftüberschusses entspricht (s. auch S. 105). Der Einfluß von Druck und Temperatur der angesaugten Luft auf den Arbeitsvorgang ist verhältnismäßig gering. Da sich diese Größen bei nicht aufgeladenem Motor außerdem nur wenig ändern, ist der Einfluß auf die Betriebsergebnisse von untergeordneter Bedeutung. Die theoretischen Berechnungen des

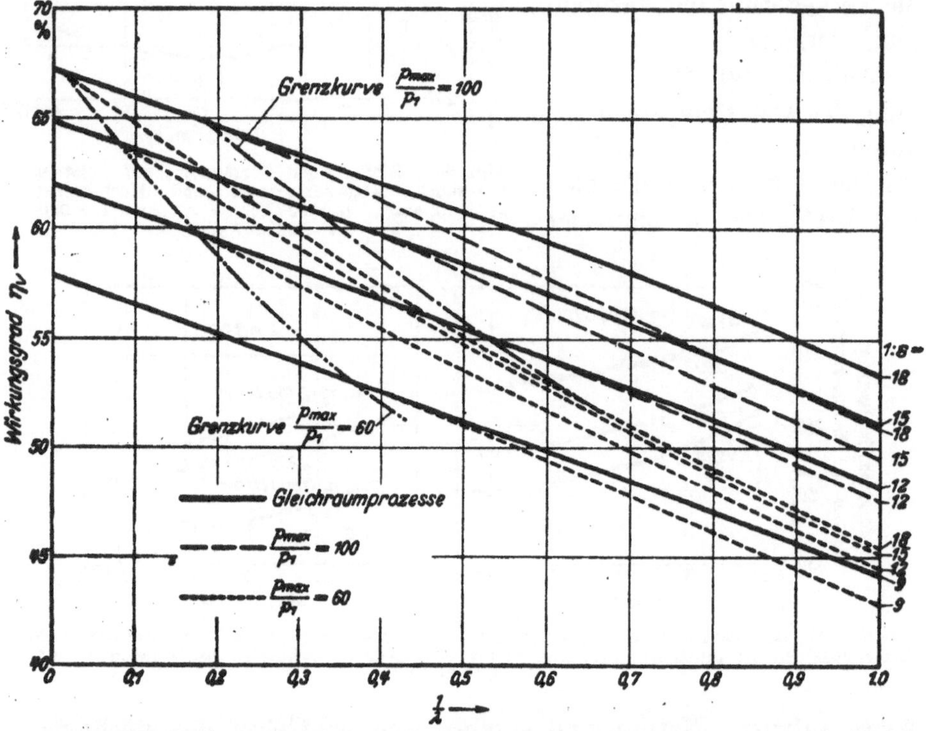

Abb. 68. Abhängigkeit des Wirkungsgrades der vollkommenen Dieselmaschine η_v von der Luftüberschußzahl für verschiedene Verdichtungsverhältnisse und verschiedene Höchstdrücke.

Arbeitsprozesses des vollkommenen Dieselmotors (S. 17ff.) geben schon einen Überblick über die wesentlichen Gesetzmäßigkeiten, insbesondere über die Abhängigkeiten des Kraftstoffverbrauchs und mittleren Arbeitsdruckes von Luftüberschuß, Höchstdruck und Verdichtung.

Abb. 68 zeigt, daß der Wirkungsgrad des vollkommenen Dieselmotors um so besser wird, je größer der Luftüberschuß gewählt wird. Daher ist mit geringer Belastung zwangläufig eine Verbesserung des Kraftstoffverbrauchs, bezogen auf die innere Leistung, verbunden. Daneben ist auch eine wesentliche Abhängigkeit vom zugelassenen Höchstdruck — bei gegebenem Anfangsdruck — neben der für Motoren allgemeingültigen Verbesserung des Arbeitsprozesses mit zunehmender

Verdichtung vorhanden. Bei der Darstellung wurde als Abszisse der Wert $\dfrac{1}{\text{Luftüberschußzahl}} = \dfrac{1}{\lambda}$ gewählt, weil dadurch der praktisch vor-

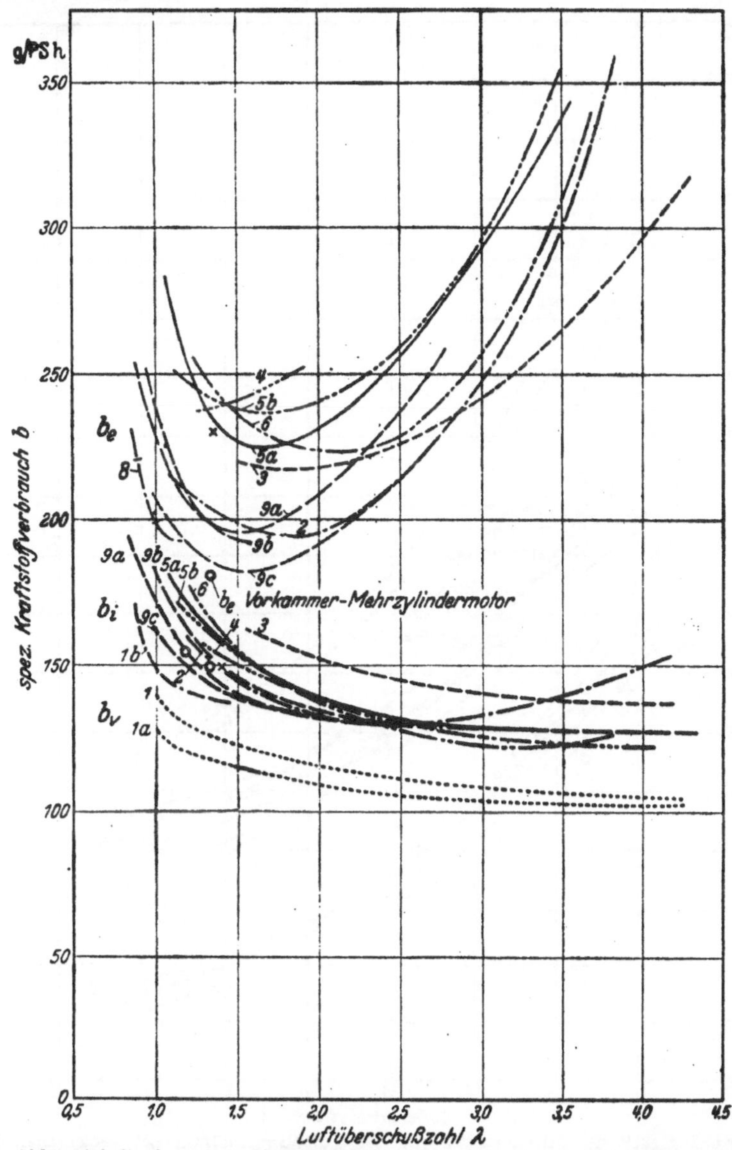

Abb. 69. Abhängigkeit des spez. Kraftstoffverbrauches von der Luftüberschußzahl bei verschiedenen Dieselarbeitsverfahren und Vergleich mit den Werten der vollkommenen Maschine (gemessene Verbrauchszahlen bei Einzylinderversuchen [verschiedene η_m], $n = 1400$ bis 1600 U/min). *1* ········ vollkommener Dieselmotor $p_{max} = 60$ at, $\varepsilon = 1:15$. *1a* ········ vollkommener Dieselmotor $p_{max} = 100$ at, $\varepsilon = 1:15$. *1b* — — · — vollkommener Ottomotor $\varepsilon = 1:7$. *2* —— · —— Vorkammermotor. *3* — — — Acro - Speichermotor. *4* — ··· — ·· Lanovamotor. *5a* ————, *5b* — ··· — Direkte Einspritzung mit Kammer $\varepsilon = 1:16$, verschiedene Düsen. *6* — — · —·· Wirbelkammermotor. *8* — | — · — Ottomotor $\varepsilon = 1:7$. *9a* — —— Wirbelkammer. *9b* — — — Kammer mit geringer Wirbelung. *9c* — — — Kammer mit starker Wirbelung.

kommende Betriebsbereich geringer Luftüberschußzahlen in einem größeren Maßstab dargestellt wird als bei der Auftragung über dem

Wert λ [1] Diese theoretisch gewonnenen Ergebnisse geben schon ein richtiges Bild der wesentlichen Eigenschaften der Dieselmotoren, da die gemessenen Werte dieselben Gesetzmäßigkeiten zeigen.

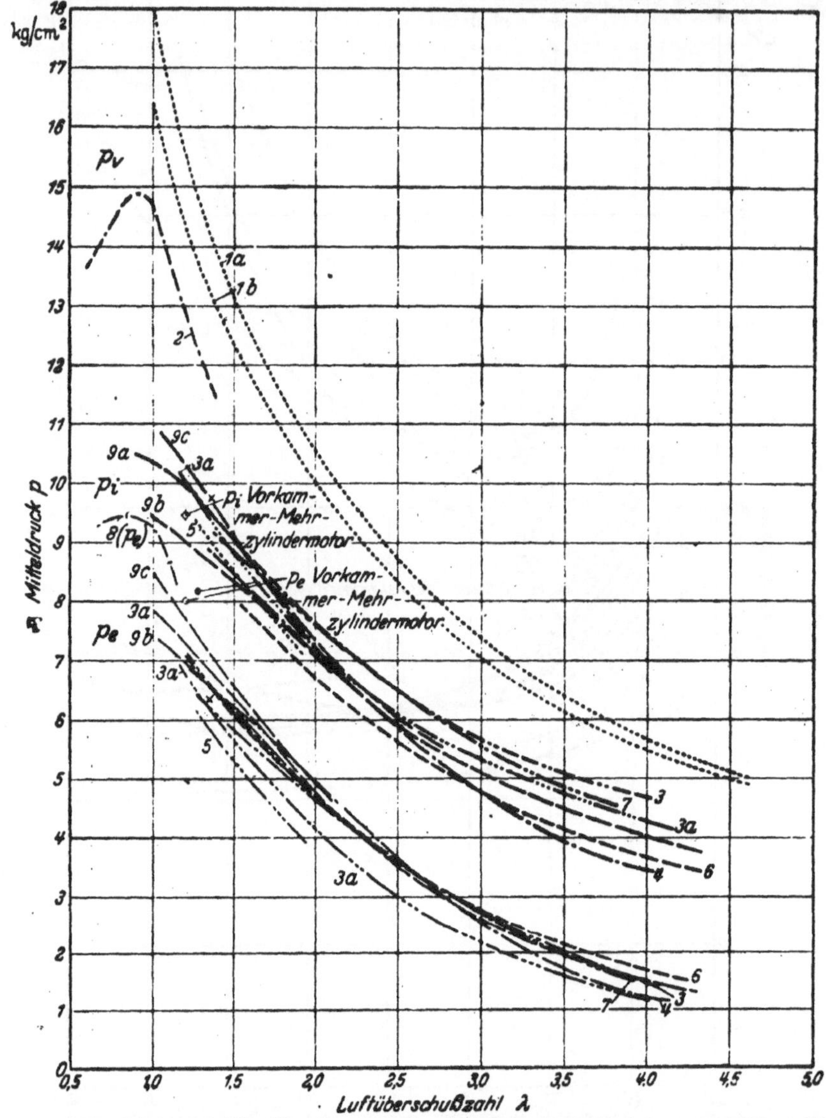

Abb. 70. Abhängigkeit des Mitteldruckes von der Luftüberschußzahl bei verschiedenen Dieselarbeitsverfahren und Vergleich mit den Werten der vollkommenen Maschine (Einzylinderversuche [verschiedene η_m], $n = 1400$ bis 1600 U/min).

1 Vollkommener Dieselmotor. 1a ········ p_{max} 100 at, $\varepsilon = 1:15$. 1b ········ p_{max} 60 at, $\varepsilon = 1:15$. 2 — — · — — vollkommener Ottomotor $\varepsilon = 1:7$. 3 — — ·· — —, 3a — — ·· — direkte Einspritzung mit Kammer, verschiedene Düsen. 4 — · — · — Vorkammermotor. 5 — · ··· — Lanovamotor. 6 — — · — Acro-Speichermotor. 7 — — ·· — ·· Wirbelkammermotor. 8 — — · — Ottomotor $\varepsilon = 1:7$. Versuche von WHITHNEY: 9a — — — Wirbelkammer. 9b ——— Kammer mit geringer Wirbelung. 9c — — — Kammer mit starker Wirbelung.

---

[1] Vollastbetrieb von Dieselmotoren entspricht im allgemeinen einem Wert $\lambda = 1,0$ bis 1,8; Dauerlast entspricht meist Luftüberschußzahlen $\lambda = 1,4$ bis 2,2 (2 bei stationären Anlagen), während Leerlauf hohen Luftüberschußzahlen $\lambda \approx 5$ bis 10 entspricht.

Abb. 69 und 70 zeigen einen Vergleich der rechnerisch ermittelten Werte des Kraftstoffverbrauches und des mittleren Arbeitsdruckes mit gemessenen Werten bei verschiedenen Luftüberschußzahlen. Der Verbrauch, bezogen auf die innere Leistung, wird mit zunehmendem Luftüberschuß in ähnlicher Weise geringer wie der Verbrauch der vollkommenen Maschine. Der Unterschied entspricht dem Gütegrad, der bei höheren Luftüberschußzahlen im wesentlichen konstant ist und bei geringerem Luftüberschuß ungünstiger wird (s. Abb. 61, S. 108). Der Verbrauch, bezogen auf die effektive Leistung, steigt bei großem Luftüberschuß wieder, weil sich die Reibungsverluste im Absolutwert mit der Belastung nur wenig ändern, so daß sie bei geringeren Mitteldrücken (hohem Luftüberschuß) stärker in Erscheinung treten. Die Veränderung der mittleren Innendrücke entspricht ebenfalls angenähert den Gesetzmäßigkeiten, die sich aus den thermodynamischen Rechnungen ergeben jedoch ist — wie beim Ottomotor — der Unterschied zwischen dem gemessenen mittleren Innendruck und dem Mitteldruck der vollkommenen Maschine noch größer, als nur auf Grund des Gütegrades zu erwarten wäre, weil auch die Drosselverluste und die Erwärmung der einströmenden Luft eine Verminderung des tatsächlichen Mitteldruckes (entsprechend dem Liefergrad) gegenüber dem theoretisch ermittelten bedingen.

b) Verdichtung.

Sowohl aus theoretischen Ermittlungen (s. S. 7 und 20) als auch aus zahlreichen Messungen ist bekannt, daß mit Erhöhung der Verdichtung eine Verbesserung des Verbrauches möglich ist. Beim Dieselmotor sind die Grenzen für die Höhe der Verdichtung einerseits durch konstruktive Gründe und andererseits durch die Wirtschaftlichkeit gegeben.

In vielen Fällen ist die höchste praktisch erreichbare Verdichtung dadurch begrenzt, daß mit Rücksicht auf die Steuerungsorgane der Verdichtungsraum nicht beliebig klein ausgeführt werden kann. Insbesondere ist es bei Motoren mit unterteiltem Brennraum (Vorkammer, Nebenkammer) schwierig, den Verdichtungsraum klein zu halten. Auch bei Überschneidung der Steuerzeiten zur besseren Ausspülung des Verbrennungsraumes ergibt sich aus dem Raumbedarf der Ventile eine Beschränkung der höchstmöglichen Verdichtung.

Mit der Verdichtung nehmen die Höchstdrücke und damit die mechanische Beanspruchung zu, so daß sich mit Rücksicht auf das Motorgewicht ein günstigster Wert für die Verdichtung ergibt. Die Zunahme der Höchstdrücke mit der Verdichtung verursacht ferner ein Anwachsen der Reibungsverluste, wodurch der Gewinn durch die thermodynamische Verbesserung teilweise — unter Umständen vollkommen — ausgeglichen wird.

Die Verbesserung des Verbrauches und der Leistung durch erhöhte
Verdichtung und Steigerung des Höchstdruckes kann man sich auf
Grund einer einfachen Überlegung vergegenwärtigen.

Abb. 71a zeigt ein Diagramm mit höherer und mit geringerer Verdichtung; in Abb. 71b sind zwei Diagramme gleicher Verdichtung,
jedoch mit verschiedenen Höchstdrücken dargestellt (Diagramm
1—2—3—4—1 und *1—2—2″—3′—4′*). In beiden Abbildungen sind
die höchsten Drücke gleich hoch gewählt worden. Es soll nun geklärt
werden, welche Unterschiede sich im Verbrauch ergeben, wenn man

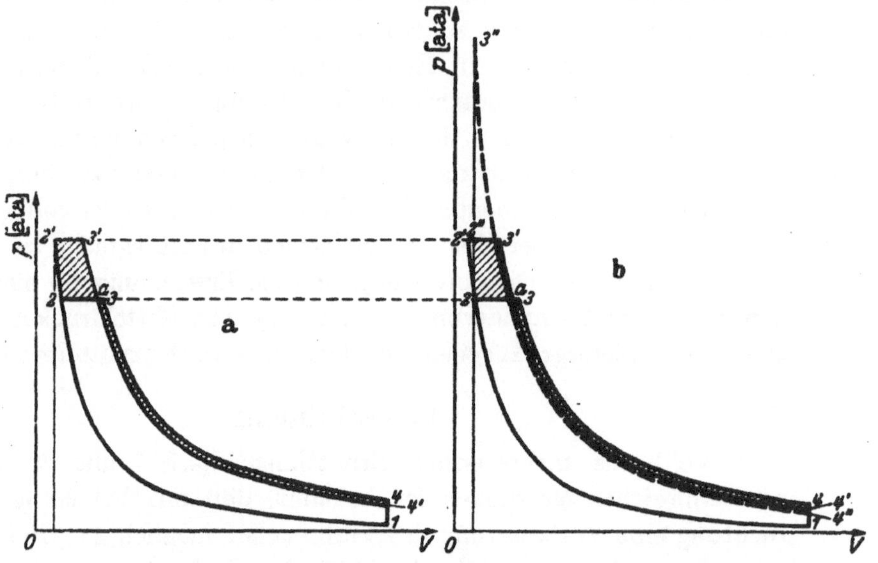

Abb. 71. Schema des Einflusses der Höhe der Verdichtung und des Höchstdruckes auf die Diagrammgestaltung des vollkommenen Dieselarbeitsprozesses. a) Änderung der Verdichtung, b) Änderung des Höchstdruckes.

entweder durch höhere Verdichung und anschließende Gleichdruckverbrennung einen bestimmten Höchstdruck während der Verbrennung
herstellt (Abb. 71a) oder wenn man bei geringerer Verdichtung die Verbrennung so leitet (teilweise Gleichraumverbrennung anschließend
Gleichdruckverbrennung), daß derselbe Höchstdruck erreicht wird
(Abb. 71b). Aus dem Vergleich des Wärmeinhaltes an der Stelle *3* (d. i.
das Ende der Verbrennung bei dem geringen Höchstdruck) mit dem
Wärmeinhalt an der Stelle *a* (d. i. der Zustand der Verbrennungsgase bei dem Prozeß mit dem größeren Höchstdruck $P_{2'}$ nach Dehnung
bis zu dem Druck P_2) kann man Aufschlüsse über die Veränderung der
Wirkungsgrade gewinnen. Aus der Energiegleichung für die Verbrennungsvorgänge der beiden Beispiele ergeben sich folgende Beziehungen:

$$\text{für Abb. 71a} \qquad U_2 + E = U_a + A \int\limits^{2-2'-3'-a} P\,dv,$$

$$U_2 + E = U_3 + A P_2 (V_3 - V_2).$$

Aus der Vereinigung der beiden Gleichungen erhält man:

$$J_3 - J_a = A \int \overset{2-2'}{P}\,dv - A P_2 (V_3 - V_2) + A P_3 V_3 - A P_a V_a = A L_{2-2'\ 3'-a-2}.$$

Für den Prozeß mit teilweiser Verbrennung bei konstantem Volumen, der in Abb. 71b dargestellt ist (Prozeß $1-2-2''-3'-4'-1$), würde sich folgende analoge Gleichung ergeben:

$$J_3 \quad J_a = A L_{2-2''-3'-a-2}.$$

Man sieht, daß der Warmewert der Mehrarbeit bis zum Erreichen des Druckes p_2, die sich bei Zulassung eines höheren Druckes ergibt (ent-

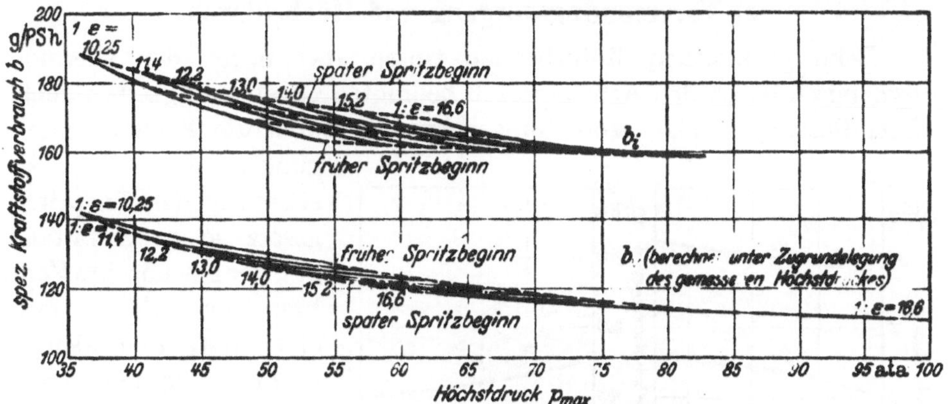

Abb. 72. Einfluß des Höchstdruckes auf den spez. Kraftstoffverbrauch bei verschiedenen Verdichtungsverhältnissen und verschiedenem Einspritzbeginn ($\lambda \approx 1,5$).

sprechend Fläche $2-2'\ 3'-a-2$ bzw. Fläche $2-2''-3'-a-2$), unter Voraussetzung der Vernachlässigung der Wärmeverluste an die Wand einer entsprechenden Vergrößerung des Wärmeinhalts der Verbrennungsprodukte (J_3) bei dem Prozeß mit dem geringeren Druck entspricht. Diese Energiedifferenz kann aber bei dem Prozeß mit dem geringeren Druck nur mehr zu einem Anteil, der etwa dem inneren Wirkungsgrad entspricht (etwa 40 vH), in Arbeit umgesetzt werden (Fläche $a-3-4-4'-a$). Die bei höherem Druck gewinnbare Mehrarbeit ergibt sich somit aus der Differenz der Arbeitsflächen $2-2'\ 3'-a\ 2$ (bzw. $2-2''-3'\ a-2$) und $a-3-4-4'-a$, so daß also bei geringerem Höchstdruck der Verbrauch ungünstiger werden muß. Aus der Darstellung ist auch ohne weiteres ersichtlich, daß die Mehrleistung, die sich bei Erhöhung der Verdichtung unter gleichzeitiger Vergrößerung des Höchstdruckes gegenüber dem Prozeß mit Höchstdruckerhöhung (ohne Verdichtungserhöhung) ergibt, nur dem Arbeitswert der Fläche $2-2'-2''-2$ entspricht. Diese Mehrleistung ist im Vergleich zu der Mehrleistung $2-2''-3'-a-2$, die auch erreichbar ist, wenn nur höherer Druck zugelassen wird, ohne daß dabei die

Verdichtung erhöht wird, nur sehr gering, wie die Betrachtung der Abbildung zeigt. Eine wesentliche Verbesserung des Wirkungsgrades der vollkommenen Maschine durch Erhöhung der Verdichtung ist somit nur bei gleichzeitiger Erhöhung des Höchstdruckes vorhanden.

Aus der Darstellung geht ferner hervor, daß die Verdichtungserhöhung um so weniger Nutzen bringt, je höher der Absolutwert der Verdichtung ist. Aus den in Abb. 72 dargestellten gemessenen Werten des Kraftstoffverbrauches b_i ist weiterhin ersichtlich, daß auch beim ausgeführten Motor der Gewinn durch die Erhöhung der Verdichtung mit zunehmendem Höchstdruck immer geringer wird.

c) Verbrennungsvorgang und Höchstdruck.

Beim praktischen Motorbetrieb treten aber neben den thermodynamisch durch den Arbeitsprozeß bedingten Gesetzmäßigkeiten auch Beeinflussungen des Verbrennungsvorganges durch die Betriebsbedingungen auf. Es ist schwierig, das Einspritzgesetz so zu gestalten, daß der gewünschte Verbrennungsverlauf mit einer teilweisen Gleichraumverbrennung erreicht wird. Deshalb erhält man, bezogen auf den Arbeitsprozeß der verlustlosen Maschine, insbesondere bei später Einspritzung eine Verschlechterung, die z. B. auch in dem Verlauf der Kurven in Abb. 73 zum Ausdruck kommt. Der Einfluß der Veränderung des Spritzbeginns ohne Veränderung des Einspritzgesetzes auf die

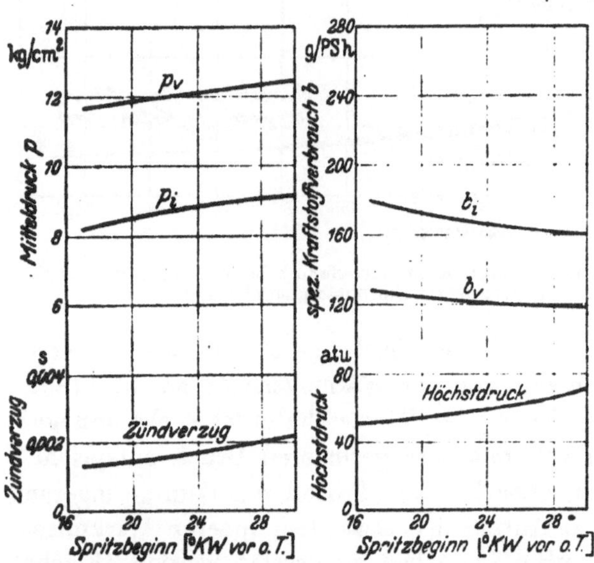

Abb. 73. Einfluß des Spritzbeginnes auf Mitteldruck, Zündverzug, Kraftstoffverbrauch und Höchstdruck eines Dieselmotors mit unmittelbarer Einspritzung und Nachkammer ($\varepsilon = 14$; $\lambda = 1{,}5$; $n = 1600$ U/min). p_i, b_i = Mitteldruck und Kraftstoffverbrauch, bezogen auf innere Leistung, p_v, b_v = dgl. für vollkommene Maschine.

Betriebsverhältnisse ist in Abb. 73 dargestellt. Die thermodynamische Verbesserung mit früherer Einspritzung ist jedoch kein ausreichender Maßstab für die Beurteilung, sondern es ist auch die Betrachtung der Änderung der Reibungsarbeiten erforderlich. Bei früher Einspritzung treten höhere Höchstdrücke auf, die ebenso wie bei zunehmender Verdichtung eine Vergrößerung der Reibungsarbeit zur Folge haben.

d) Mechanische Verluste.

Die mechanischen Verluste beim Dieselmotor steigen mit zunehmender Drehzahl und mit zunehmendem Druck im Zylinder. Als Zylinderdruck kommt hier nicht der mittlere Innendruck, sondern eher der zeitliche Mittelwert des Druckes in Frage. Die Zunahme der gesamten Verlustleistung ist aber nicht proportional den Drücken, da in der Verlustleistung auch der Leistungsbedarf der Hilfsmaschinen enthalten ist. Auch die Temperatur des Motors ist von erheblichem Einfluß auf die Reibungsarbeit.

Für praktische Rechnungen wird in vielen Fällen die Reibungsleistung überschlägig gleich der Verlustleistung bei fremdangetriebenem Motor gesetzt. Diese Methode der Bestimmung des mechanischen Wirkungsgrades ist jedoch sehr unzuverlässig, da aus der Messung der Verlustleistung bei angetriebenem Motor Reibungskräfte ermittelt werden, die den tatsächlich bei Betrieb des Motors mit eigener Kraft auftretenden Kräften wegen der verschiedenen Drücke im Zylin-

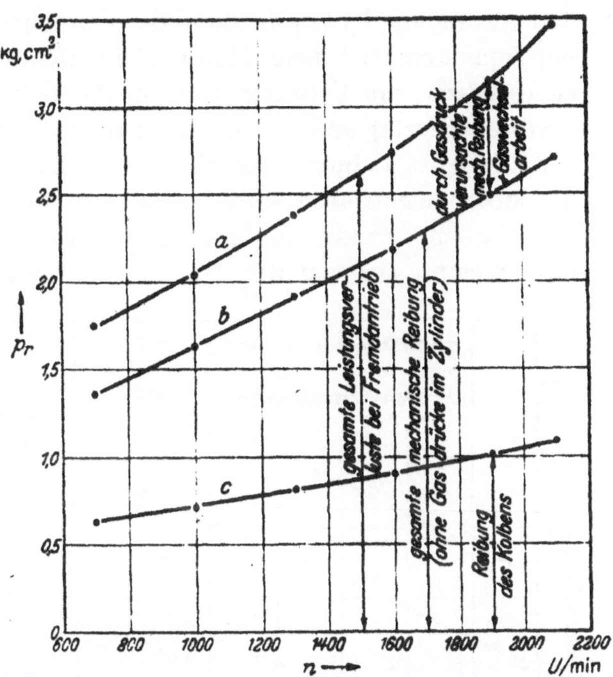

Abb. 74. Aufteilung der bei Fremdantrieb des Motors auftretenden Verluste in Abhängigkeit von der Drehzahl (Einzylinder-Dieselmotor $V_h = 2,26$ l). Ansaugdruck 1,0 ata, Öltemperatur 60° C

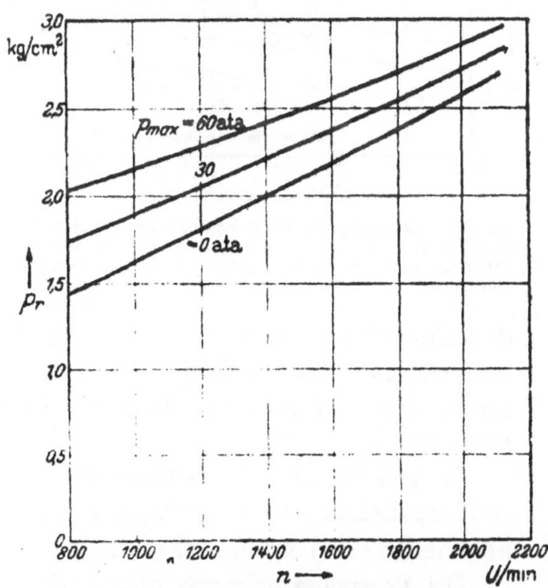

Abb. 75. Mitteldruck der Reibungsleistung bei verschiedenen Höchstdrücken, abhängig von der Drehzahl (Versuche bei fremdangetriebenem Motor).

der nicht gleichgesetzt werden können. Außerdem sind bei dieser Messung die Drosselverluste, die sich ebenfalls mit der Belastung änd rn, und die Unterschiede in der Verdichtungs- oder Dehnungsarbeit bei fremdangetriebenem Motor nicht richtig berücksichtigt. Deshalb ist es besser, die Verlustleistung in die Leistung der Gaswechselarbeit (Drosselverluste) und die der mechanischen Reibung aufzuteilen. Die Aufteilung ist dadurch möglich, daß der Zylinder leergepumpt wird und der Motor angetrieben wird, so daß im wesentlichen nur die von den Drücken im Zylinder unabhängigen mechanischen Verluste in Erscheinung treten. Die von den Drücken im Zylinder abhängigen Verluste werden getrennt untersucht. Die im mechanischen Wirkungsgrad ebenfalls erfaßten Gaswechselverluste sind aus dem Indikatordiagramm zu bestimmen.

Abb. 74 zeigt in Kurve a den Mitteldruck der gesamten Verlustleistung eines Einzylindermotors bei angetriebenem Motor abhängig von der Drehzahl; die Kurve b läßt den Mitteldruck der mechanischen Reibungsverluste und die Kurve c den der Kolbenreibung allein erkennen.

In Abb. 75 ist die Änderung des Mitteldruckes der gesamten mechanischen Reibungsverluste mit der Belastung und Drehzahl dargestellt. Die Abbildung zeigt

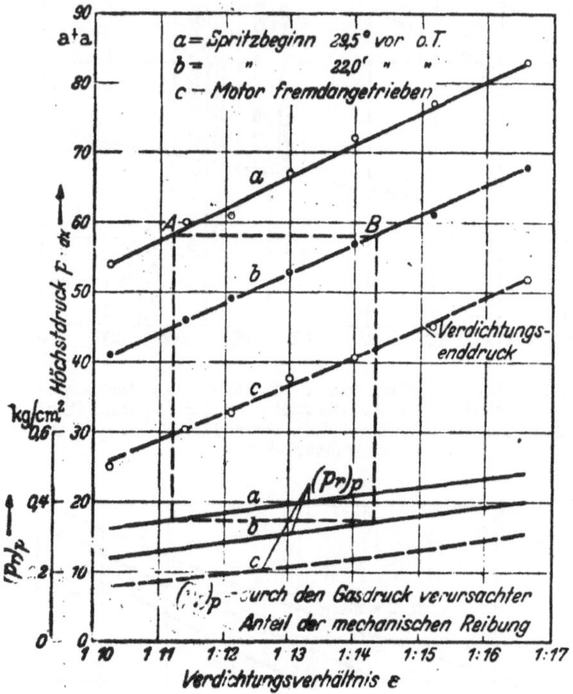

Abb. 76 Abhängigkeit der Höchstdrücke und der Reibungsverluste vom Spritzzeitpunkt und vom Verdichtungsverhältnis $n = 1600$ U/min, $\lambda \approx 1,5$, $V_h = 2,26$ l, Dieselmotor mit direkter Einspritzung, lange Spritzdauer.

den Einfluß der Drücke während des Arbeitsspieles auf den Reibungsverlust. Die dargestellten Versuche wurden an einem Einzylindermotor durchgeführt, bei dem die Reibungsverluste verhältnismäßig hoch waren.

In Abb. 76 ist die Zunahme der durch den Gasdruck verursachten Reibungskräfte und die entsprechende Veränderung der Höchstdrücke abhängig vom Verdichtungsverhältnis dargestellt.

Die Versuchsergebnisse zeigen, daß die Höchstdrücke ein Maß für den von den Drücken abhängigen Teil der Reibungsleistung sind, gleichgültig, ob sie durch die Zunahme der Verdichtung oder durch früheren Einspritzbeginn (vgl. Punkt A und B, Abb. 76) verursacht sind.

e) Wärmebilanzen.

Im Rahmen der Auswertung von Versuchsergebnissen an **Verbrennungsmotoren** werden vielfach Wärmebilanzen **aufgestellt**, die ein anschauliches Bild der Energieumsetzung im Motor vermitteln. Nach dem ersten Hauptsatz muß die gesamte dem Heizwert entsprechende Energie den Motor in irgendeiner Form wieder verlassen. Die gesamte abgegebene Energie kann man in 4 Gruppen zusammenfassen, und zwar

1. die vom Motor als mechanische Arbeit abgegebene Energie (Nutzleistung),

2. die im Kühlwasser abgeführte Wärmemenge,

3. die in den Abgasen abgeführte Wärmemenge,

4. die durch Strahlung und Leitung vom Motor an die Umgebung abgegebene Wärmemenge.

Da die Wärmebilanz auf den Heizwert bezogen wird, führt man jeweils die Energiezunahme der wärmeabführenden Mittel (Kühlwasser, Abgase) und nicht den Absolutwert der abtransportierten Energiemengen ein. Als Kühlwasserwärme wird z. B. die der Temperaturzunahme des Kühlwassers entsprechende Wärmemenge eingesetzt.

Man kann die Wärmebilanz auch unterteilen und die Vorgänge in einer bestimmten Phase des motorischen Prozesses darstellen; beispielsweise kann man auch die Umsetzung der inneren Leistung[1] in mechanische Reibung und Nutzleistung und die Überführung der mechanischen Reibung in Kühlwasserwärme, Strahlung und Leitung darstellen. Für derartige Darstellungen eignet sich besonders gut das Sankey-Diagramm.

Man kann im allgemeinen, insbesondere bei stationären Dieselmotoren, bei Normallast des Motors in der Größenordnung $^1/_3$ des Heizwertes für die Nutzleistung, $^1/_3$ für die Kühlwärme und $^1/_3$ für die Abgaswärme einsetzen, wobei ein Restbetrag von mehreren Prozenten der Strahlung und Leitung entspricht.

Bei schnellaufenden Motoren ist der Anteil der Wärme, der an das Kühlwasser abgegeben wird, bedeutend geringer. Beispielsweise ergab sich bei Versuchen an einem Hochleistungs-Ottomotor eine Verteilung der gesamten, dem Heizwert entsprechenden Energie etwa wie folgt:

Nutzleistung . . . . 25 vH
Kühlwasserwärme . . . . . 19 vH
Abgaswärme . . . . 44 vH
Rest . . . . 12 vH.

In dem Restbetrag ist beim Ottomotor bei kraftstoffreichen Gemischen auch der Verlust durch Unverbranntes enthalten.

---

[1] Es ist jedoch unrichtig, die innere Leistung — wie es vielfach im Schrifttum üblich ist — in die Gesamtwärmebilanz einzuführen.

Besonders gering ist die Kühlwasserwärme beim Junkers-Doppel-kolbenmotor. In Abb. 77 und 78 sind Energiebilanzen des Motors

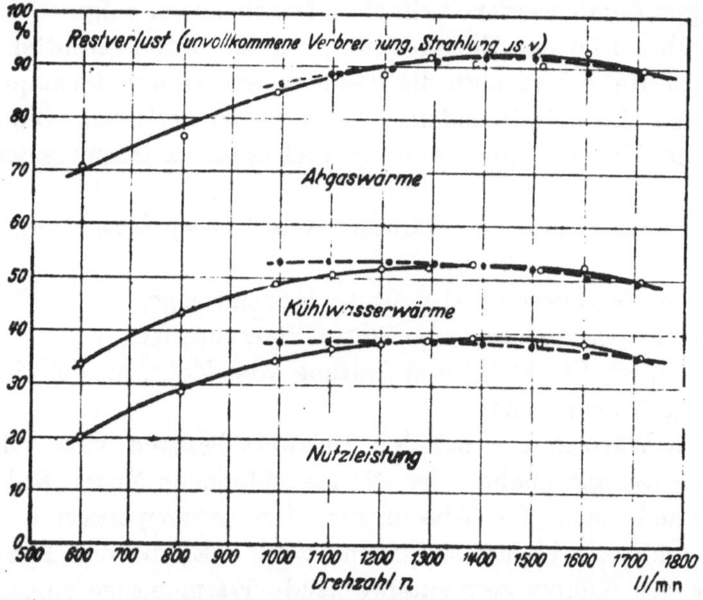

Abb. 77. Wärmebilanz eines Dieselmotors mit direkter Einspritzung, abhängig von der Drehzahl für Vollast (– – –) und Belastung entsprechend der Propellerkurve (———).

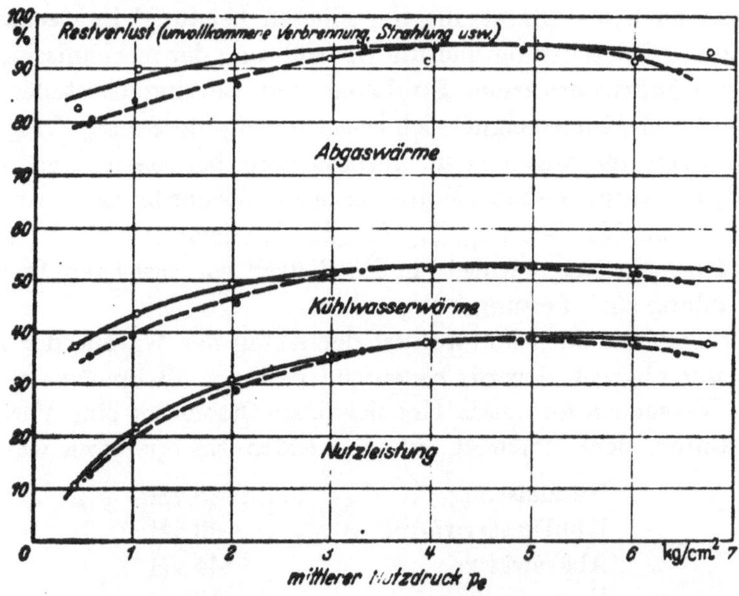

Abb. 78. Wärmebilanz eines Dieselmotors mit direkter Einspritzung, abhängig von der Belastung bei verschiedenen Drehzahlen. ——— n = 1500 U/min, – – – n = 1700 U/min.

einmal abhängig von der Drehzahl und einmal abhängig vom Nutz-druck wiedergegeben. Bei geringer Belastung sind naturgemäß die Restverluste relativ größer.

Der größte Teil der Kühlwasserwärme wird während des Verbrennungsvorganges und während der Dehnung von der Zylinderfüllung an das Kühlwasser abgegeben. Wegen der mit der Kühlung verbundenen Drucksenkung im Zylinder ergibt sich ein Arbeitsverlust. Dieser Verlust ist in dem Unterschied der inneren Leistung gegenüber der Leistung der vollkommenen Maschine, der nur etwa 4 bis 10 vH des Heizwertes entspricht, enthalten. Da die gesamte von den Verbrennungsgasen an die Wände abgegebene Wärmemenge etwa 30 vH des Heizwertes beträgt, tritt höchstens ein Drittel des Energiewertes der an die Wand abgegebenen Wärmemenge als Arbeitsverlust in Erscheinung. Dementsprechend ist die beim Motorversuch ermittelte Abgaswärme gegenüber der Abgaswärme der vollkommenen Maschine nicht etwa um den vollen Betrag der an das Kühlwasser abgegebenen Wärme, sondern nur um etwa zwei Drittel dieses Wertes kleiner.

C. Mitteldruckmotoren.

Neben dem Arbeitsverfahren des Otto- und Dieselmotors gibt es noch eine Reihe anderer motorischer Verfahren, die in keine dieser beiden Gruppen genau eingeordnet werden können. Eine einheitliche Bezeichnung für diese Motoren ist bisher nicht vorhanden, man spricht vielfach von „Mitteldruckmotoren", weil diese Motoren im Durchschnitt höher verdichtet sind als Ottomotoren und geringere Verdichtung als Dieselmotoren aufweisen ($\varepsilon = 1:5$ bis $1:10$), so daß die Arbeitsdrücke im Zylinder durchschnittlich geringer als die der Dieselmotoren und höher als die der Ottomotoren sind. Als Beispiel sei die Gruppe der Glühkopfmotoren und der Hesselmannmotor erwähnt. Beim Glühkopfverfahren wird mit Hilfe einer glühenden Schale und beim Anlassen z. B. mit Hilfe von Glühkerzen die Zündung erreicht. Es gibt zahlreiche ähnliche Verfahren, die besonders bei robust gebauten Motoren für landwirtschaftliche Zwecke und für die Verwendung in der Bauindustrie in Frage kommen.

Da sich bei gleichen Betriebsbedingungen die Wirkungsgrade und Mitteldrücke des vollkommenen Ottomotors und Dieselmotors (Gleichraumprozeß) nur wenig unterscheiden (vgl. Abb. 3, S. 16 und Abb. 6, S. 20), ist in thermodynamischem Sinne ein annähernd stetiger Übergang vom Betriebsbereich des Ottomotors zum Betriebsbereich des Dieselmotors vorhanden. Dementsprechend erfolgt auch der Übergang der Verbrauchszahlen und Mitteldrücke, bezogen auf die innere Leistung in erster Annäherung stetig, wenn man sich die Lücke zwischen beiden Betriebsbereichen ergänzt denkt. Bei der Luftüberschußzahl 1,15, das ist annähernd die obere Grenze des Luftüberschusses für den Ottomotor und annähernd die untere Grenze des Luftüberschusses für den Dieselmotor, ist ein unmittelbarer Übergang vorhanden. Der Betriebsbereich des Ottomotors erstreckt sich von der erwähnten Luftüberschußzahl aus hauptsächlich bis zum normalen Luftüberschuß $\lambda = 0,85$ und darunter, der Betriebsbereich des Dieselmotors von $\lambda = 1,15$ in Richtung höherer Werte des Luftüberschusses.

Der Betriebsbereich der Mitteldruckmotoren liegt im wesentlichen zwischen den Betriebsbereichen des Otto- und des Dieselmotors, so daß für diese Motorengruppe sinngemäß alle thermodynamischen Gesetzmäßigkeiten und die oben angegebenen Diagramme für die Wirkungsgrade der vollkommenen Maschine in ähnlicher Weise gelten.

II. Der Motor mit Überladung.
Allgemeines.

Das wirksamste Mittel zur Leistungssteigerung ist neben der Vermehrung der Zahl der Arbeitsspiele durch Drehzahlerhöhung[1] die Erhöhung der Arbeitsleistung jedes Arbeitsspieles durch Vergrößerung der Ladung. Diese Erhöhung der Ladung (Überladung) wird am einfachsten durch höhere Dichte der angesaugten Luft oder des angesaugten Kraftstoff-Luft-Gemisches erreicht. Eine andere Möglichkeit ist die Nachladung. Bei diesem Verfahren erfolgt die Füllung des Zylinders normal durch Ansaugen oder Spülen mit Luft oder Gemisch von Umgebungsdruck; nach Abschluß der Steuerorgane wird zusätzlich Gemisch oder Luft in den Zylinder gedrückt.

Als Antriebskraft für die Verdichter (die Lader genannt werden) wird in vielen Fällen, insbesondere bei stationären Anlagen, Fremdantrieb, also beispielsweise elektrischer Antrieb oder Antrieb durch einen besonderen Hilfsmotor, gewählt. Bei kleineren Einheiten wird jedoch die Antriebsleistung dem Motor selbst durch unmittelbaren Antrieb über ein Getriebe entnommen. Insbesondere bei Flugmotoren ist der mechanische Antrieb des Laders von der Kurbelwelle des Motors aus vorwiegend üblich. Eine weitere Antriebsmöglichkeit bietet die

---

[1] Die Hubraumleistung N_e/V_h ergibt sich aus dem Produkt $p_e \cdot n/900$. Die Zahl der mit Rücksicht auf die mechanische Beanspruchung zulässigen Arbeitsspiele ist nicht durch die Drehzahl, sondern annähernd durch die mittlere Kolbengeschwindigkeit $c_m = s \cdot n/30$ gegeben. Bei Flugmotoren sind Kolbengeschwindigkeiten von 11 bis 13 m/sec üblich, bei Rennmotoren erreicht man Kolbengeschwindigkeiten bis zu 20 m/sec. Bei Fahrzeugmotoren werden meist Kolbengeschwindigkeiten von nur 7 bis 10 m/sec vorgesehen. Da für eine bestimmte Güte der Ausführung des Motors die Kolbengeschwindigkeit in erster Annäherung als Festwert anzusehen ist, können mit kleinem Zylinderhubvolumen höhere Drehzahlen und damit auch erheblich höhere Literleistungen erreicht werden. Bei kleineren Motoren ist jedoch das Gewicht des Motors, bezogen auf die Einheit des Hubvolumens (Hubraumgewicht), größer, deshalb sind die Leistungsgewichte im allgemeinen von der Größe des Zylindervolumens weniger abhängig als die Hubraumleistung.

Verwendung von Abgasturbinen, die unter Ausnutzung der Abgasenergie des Motors meist die volle, zum Antrieb des Laders erforderliche Leistung liefern (Büchische Überladung, meist Büchische Aufladung genannt). Die Abgasturboüberladung ist bisher weitgehend nur
bei stationären Anlagen und teilweise bei Triebwagenmotoren, neuerdings auch bei Flugmotoren in nennenswertem Umfang angewendet
worden.

Als Verdichter werden Kolbenverdichter, auch Drehkolbenverdichter,
Kapselverdichter und Kreiselverdichter verwendet. Für stationäre Anlagen sind vorwiegend Kolbenverdichter üblich. Da bei dieser Bauart
die Drehzahl an die bei Kolbenmaschinen gegebene Grenze der mittleren
Kolbengeschwindigkeit gebunden ist, ist der Raumbedarf und damit
auch das Gewicht verhältnismäßig groß. Die Größe der Zylinder ist im
wesentlichen durch das anzusaugende Volumen bedingt, so daß insbesondere bei Ansaugedrücken, die unter 1 ata liegen, also bei Anlagen,
die in größeren Höhen arbeiten müssen, die Dimensionen sehr groß
werden. Die *Kolbenverdichter* haben jedoch den Vorzug, daß sie sehr
hohe Verdichtungsverhältnisse zulassen. Die isothermen Wirkungsgrade dieser Verdichter betragen etwa 65 bis 70 vH. Rotierende Verdichter zeichnen sich wegen der höheren Drehzahlen durch geringere
Gewichte und geringeren Raumbedarf aus. Die Hochstdrehzahlen der
Drehkolbenverdichter sind im wesentlichen durch die Massenkräfte der
Schieber bedingt. Besondere Schwierigkeiten bereitet bei diesen Verdichtern die Abdichtung des rotierenden Schiebers gegenüber dem
Zylinder. Durch die dort auftretenden Undichtigkeiten sind wesentliche
Verluste bedingt. Die Wirkungsgrade derartiger Verdichter betragen im
Durchschnitt $\approx$ 55 bis 70 vH. Die nach dem Verdrängerprinzip arbeitenden rotierenden Verdichter der ROOTS-*Bauart* beanspruchen wegen der
hohen Drehzahlen zwar sehr wenig Raum, sie weisen jedoch bei größeren Verdichtungsverhältnissen schlechte Wirkungsgrade auf. Bei geringen Verdichtungsverhältnissen werden Wirkungsgrade bis etwa 80 vH
erreicht, während bei hohen (z. B. 1 : 2 fachen) Verdichtungsverhältnissen
nur mehr Wirkungsgrade von etwa 50 bis 60 vH erreicht werden. Die
schlechteren Wirkungsgrade bei hohen Verdichtungsverhältnissen sind
durch das Prinzip der Arbeitsweise dieser Verdichter bedingt.

Der Einströmvorgang der Luft in Verdichtern der ROOTS-*Bauart* ist
nämlich mit Verlusten verknüpft, die durch folgende Überlegungen erklärt werden.

Bei jedem Arbeitsvorgang expandiert von dem Zeitpunkt, in dem die
Druckleitung mit dem Verdichtungsraum in Verbindung tritt, die verdichtete Luft oder das verdichtete Gas in den Saugraum des Verdichters,
bis durch das Rückströmen aus der Druckleitung der Druckausgleich
hergestellt ist. Anschließend wird bei konstantem Druck die Gesamt-

füllung in den Druckraum geschoben. Infolge der beim Rückströmen der Luft aus dem Druckraum auftretenden Dehnung tritt ein Arbeitsverlust ein, der durch die beim Einströmvorgang auftretende Vernichtung der kinetischen Energie verursacht ist.

Schleuderverdichter zeichnen sich durch geringen Raumbedarf und geringe Gewichte aus. Mit dieser Verdichterbauart werden bei Ausführungen mit hohen Umfangsgeschwindigkeiten z. Z. in einer Stufe Verdichtungsverhältnisse bis etwa 1:2,5 und darüber [H 26] erreicht. Bei einem Verdichtungsverhältnis 1:2 wurden Wirkungsgrade bis zu 75 vH erzielt. Mit den meisten bisher im Gebrauch befindlichen Gebläsen werden jedoch nur Verdichtungsverhältnisse 1:2 und Wirkungsgrade von etwa 65 vH erreicht. Die höchsten Drehzahlen sind mit Rücksicht auf die Festigkeit der Werkstoffe im wesentlichen durch die zulässigen Umfangsgeschwindigkeiten begrenzt.

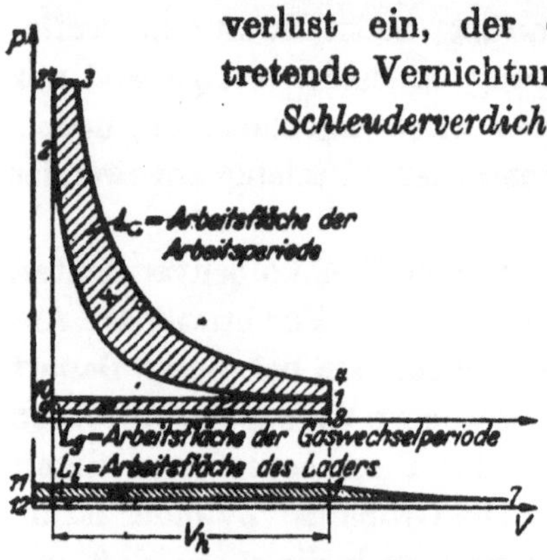

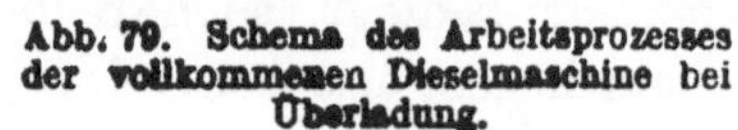

Abb. 79. Schema des Arbeitsprozesses der vollkommenen Dieselmaschine bei Überladung.

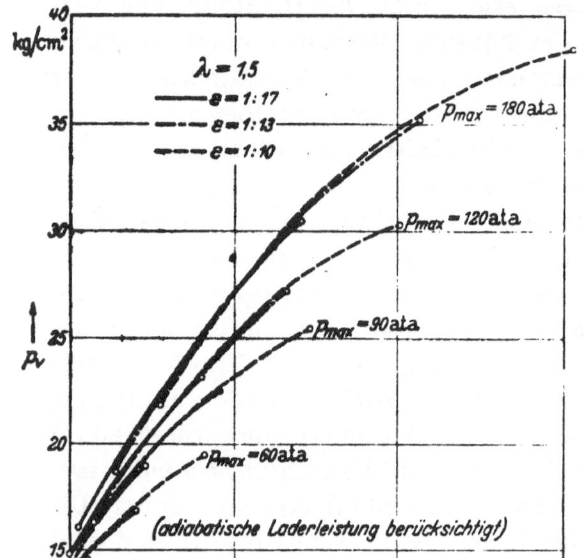

Arbeitsprozeß bei Überladung. Die Zunahme der Leistung des Arbeitsprozesses mit der Überladung ist in erster Linie durch die Erhöhung des spez. Gewichtes der angesaugten Luft bedingt. Dazu kommt noch eine Leistungszunahme, die sich aus der Verminderung der Verlustarbeit der Gaswechselperiode infolge des erhöhten Druckes während des Saughubes ergibt. Außerdem tritt eine Mehrfüllung durch die Restgasverdichtung während des Einströmens und zusätzlich eine Leistungszunahme durch den relativ geringeren Einfluß der Reibungskräfte auf. Dadurch ist auch eine Verbesserung des spez. Kraftstoffverbrauches vorhanden. Bei Ermittlung der gesamten Leistungssteigerung durch

Abb. 80. Mitteldruck der vollkommenen Dieselmaschine, abhängig von der Überladung für verschiedene Höchstdrücke und Verdichtungsverhältnisse.

Aufladung und des spez. Kraftstoffverbrauches bezogen auf die Nutzleistung ist jedoch auch die für den Lader aufzuwendende Arbeit zu berücksichtigen. Um einen Überblick über die wichtigsten Einflüsse zu gewinnen, ist es zweckmäßig, die bei Überladung auftretende Leistungsänderung eines vollkommenen Aggregats (Motor und Lader) zu betrachten.

In Abb. 79 ist als Beispiel für einen Dieselmotor eine schematische Darstellung des Arbeitsspiels im Zylinder und der entsprechenden Arbeit des Laders gegeben. Die Darstellung zeigt, daß bei Vernachlässigung der Drosselverluste ein großer Teil der für den Lader aufzuwendenden Arbeit (Fläche *1—7—12—11—1*) durch die positive Gaswechselarbeit (Fläche *1—8—9—10—1*) wieder zurückgewonnen wird. Unter Berücksichtigung dieser Arbeit kann die zu erwartende Leistungszunahme abhängig von der Überladung für den theoretischen Prozeß errechnet werden.

In Abb. 80 ist als Beispiel ebenfalls für einen Dieselmotor die Zunahme des mittleren Druckes der vollkommenen Maschine bei Abzug der Laderleistung dargestellt. Aus der Abbildung ist ersichtlich, daß die Leistungszunahme mit zunehmendem Ladedruck bei höherer Überladung beim Dieselmotor relativ geringer ist, wenn keine Zunahme der Höchstdrücke zugelassen wird, hauptsächlich weil mit zunehmender Überladung der Wirkungsgrad des motorischen Prozesses wegen des geringeren Drucksteigerungsverhältnisses ungünstiger wird und weil auch der Leistungsbedarf des Laders eine größere Rolle spielt. Die erreichbaren Leistungen bei Überladung sind also auch weitgehend von den zugelassenen Höchstdrücken abhängig. Bei der Berechnung der in Abb. 80 dargestellten Ergebnisse ist die Leistungsvermehrung durch die Verdichtung des Restgases infolge der Druckdifferenz zwischen Abgasleitung und Saugleitung noch nicht berücksichtigt, so daß die tatsächliche Zunahme des Mitteldruckes etwas größer ist, als den wiedergegebenen Kurven entspricht. Da die Laderleistung bei hoher Überladung sehr wesentlich in Erscheinung tritt, ist auch der Laderwirkungsgrad für die erreichbaren Leistungen des Gesamtaggregats von entscheidender Bedeutung. Um die Größenordnung dieses Einflusses zu zeigen, wird unter sonst gleichbleibenden Annahmen für die vollkommene Maschine unter Zugrundelegung verschiedener Laderwirkungsgrade die Leistung des Gesamtaggregats Lader + Motor ermittelt.

Abb. 81 zeigt, daß schon bei Laderwirkungsgraden von 50 vH die Leistungszunahme von $2^{1}/_{2}$facher Dichte der Ladeluft an außerordentlich gering wird, daher ist die Erzielung guter Laderwirkungsgrade bei hoher Überladung von größter Bedeutung. Aus demselben Grunde ist bei sehr hoher Überladung eine Verbrauchsverschlechterung vorhanden, so 'daß durch den Laderwirkungsgrad u. U. die obere Grenze der Überladung gegeben ist, die mit Rücksicht auf einen günstigen

Kraftstoffverbrauch zweckmäßig ist. Tatsächlich liegen die Verhältnisse jedoch, bezogen auf die effektive Leistung, etwas günstiger,
als sie auf Grund dieser Betrachtungen zu erwarten sind.

Die erwähnten Einflüsse,
die sich aus der Annahme
einer Höchstdruckbegrenzung
und als Folge des Leistungsbedarfs des Laders ergeben,
sind vor allem bei Motoren mit
sehr hoher Verdichtung und
sehr großem Luftüberschuß,
also insbesondere bei Dieselmotoren von Bedeutung.

Beim Ottomotor ist eine
Höchstdruckbeschränkung nur
in geringem Maße möglich.
Das Mischungsverhältnis entspricht beim Ottomotor in der
Größenordnung dem stöchiometrischen Gemisch. Deshalb
ist der Leistungsbedarf des
Laders bei nicht sehr starker
Aufladung annähernd proportional der Zunahme der inneren

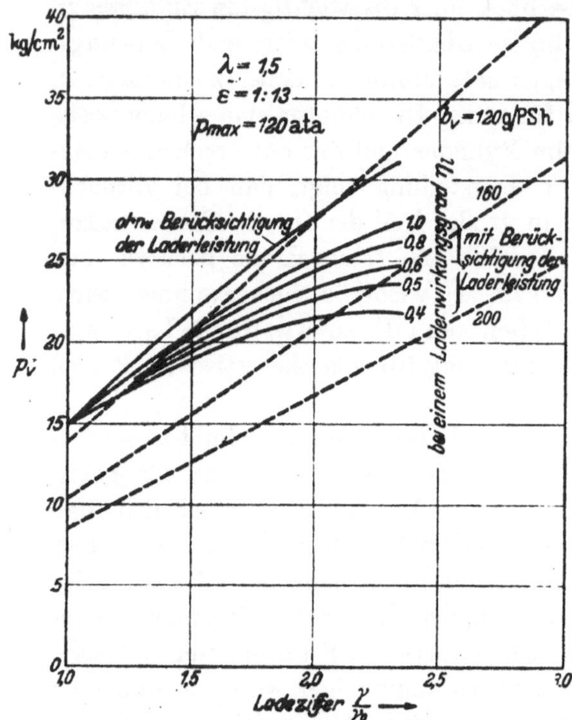

Abb. 81. Einfluß des Laderwirkungsgrades auf den Mitteldruck der vollkommenen Dieselmaschine bei Überladung.

Leistung. Aus diesen Gründen erfolgt beim Ottomotor unter der Annahme von Gleichraumverbrennung die Zunahme der Leistung mit der
Überladung annähernd linear mit der Überladung.

1. Arbeitsvorgang im Motor.

a) Gaswechselvorgang.

Mehrfüllung durch Restgasverdichtung. Vor Beginn des Öffnens der
Einlaßventile haben die Restgase bei günstigen Steuerzeiten meist
annähernd den Druck in der Auspuffleitung erreicht, während in der
Saugleitung ungefähr der — bei Vollast erheblich höhere — durch den
Lader erzeugte Druck herrscht. Während des Saughubes werden die Restgase daher von der einströmenden Luft verdichtet, so daß gegenüber Normalbetrieb ohne Überladung zusätzlich ein Teil des Verdichtungsraumes
mit Luft gefüllt wird. Die angenäherte Berechnung dieser Mehrfüllung
unter Annahme einer isothermen Verdichtung der Restgase ergibt zu
große Werte. Wenn auch tatsächlich infolge der Vermischung der Restgase
mit der einströmenden Luft die Verdichtung der Restgase annähernd

isotherm vor sich gehen kann, findet wegen der gleichzeitig auftretenden
Erwärmung der Luft eine relative Verminderung der Füllung statt, die in
der Rechnung berücksichtigt werden muß. Auch die Berechnung der Mehrfüllung unter Zugrundelegung adiabatischer Verdichtung der Restgase
ergibt zu günstige Werte, weil die Erwärmung der Luft beim Einströmen
nicht berücksichtigt ist. Diese Erwärmung ist zum Teil dadurch bedingt, daß die der Geschwindigkeit der Luft entsprechende Energie nach
dem Einströmen infolge Durchwirbelung in Wärme umgesetzt wird.
Bei einem Verdichtungsverhältnis $\varepsilon = 1:6$, bei 2,0 ata Druck in der
Laderleitung und bei 1,0 ata Umgebungsdruck würde die Mehrfüllung
bei Annahme isothermer Verdichtung 10 vH, bei Annahme einer adiabatischen Verdichtung 7,8 vH und bei Berücksichtigung des tatsächlichen Einströmvorganges 7,2 vH betragen. Der der Erwärmung beim
Einströmen entsprechende Arbeitswert kann auf Grund der folgenden
Überlegung in anschaulicher Weise dargestellt werden:

Bezeichnet man den Zustand der Restgase vor dem Einströmen
mit dem Index R, den Zustand der Luft vor Beginn des Einströmens
mit Index L, den Zustand der Restgase nach dem Einströmen unter
Annahme adiabatischer Verdichtung mit Index R_2, den Zustand der
Luft nach dem Einströmen mit dem Index L_2, so ergibt sich aus dem
Vergleich der Summe der Energien vor und nach dem Saughub folgende
Beziehung:

$$G_R u_R + G_L u_L + A P_L V_L = G_R u_{R_2} + G_L u_{L_2} + A P_L V_h. \qquad (1)$$

Dabei wurde der Druck im Zylinder während des Saughubes zunächst
konstant und gleich dem Druck der Luft in der Saugleitung gesetzt.
Führt man an Stelle der inneren Energie den Wärmeinhalt ein und
setzt:

$$G_L u_L + A P_L V_L = i_L G_L$$

und

$$G_R u_R = G_R i_R - A P_R V_R \quad \text{usw.,}$$

dann erhält man:

$$G_L (i_L - i_{L_2}) = G_R (i_{R_2} - i_R) + A P_L V_h - A P_2 V_{R_2} - A P_{L_2} V_{L_2} + A P_R V_R.$$

Mit

$$P_L = P_{L_2} = P_2; \quad V_R = V_k$$

erhält man nach Vereinfachungen (vgl. Abb. 82):

$$G_L (i_{L_2} - i_L) = A V_k (P_L - P_R) - G_R (i_{R_2} - i_R). \qquad (2)$$

Die Beziehung (2) besagt, daß die Zunahme des Wärmeinhaltes der
Luft beim Einströmen dem Arbeitswert der Fläche DRR_2D (Abb. 82)
entspricht. Der Wert $V_k (P_L - P_R)$ entspricht der Fläche $RBCDR$, und
der Wert $G_R (i_{R_2} - i_R)$ entspricht dem Wärmewert der Fläche BCR_2RB,

da für die adiabatische Verdichtung der Restgase die Beziehung

$$i_{R_t} - i_R = A \int_R^{R_t} v\, dP$$ gilt. Die graphische Darstellung des Verlustes durch

die Fläche DRR_2D gestattet auch eine anschauliche Diskussion des Einflusses der beim Einströmen auftretenden Erwärmung auf die Füllung.

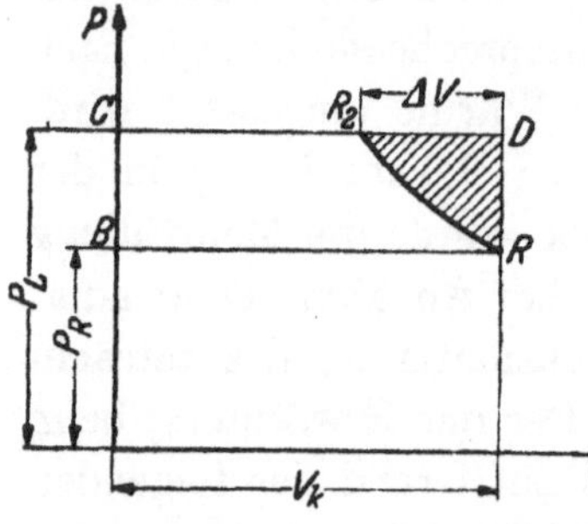

Abb. 82. Schematische Darstellung der Mehrfüllung infolge Verdichtung der Restgase bei Überladung.

Diese Fläche und daher der Verlust steigt sehr rasch mit der Druckdifferenz $P_\mathrm{Luft} - P_\mathrm{Restgas}$, wie die Betrachtung der Abbildung zeigt. Bei Verdoppelung der Druckdifferenz wird die Verlustfläche fast viermal so groß.

Bei den bisherigen Betrachtungen wurde vorausgesetzt, daß der Druck auf den Kolben während des ganzen Saughubes dem Ladedruck gleichgesetzt werden kann. Diese Annahme gilt aber für den Einströmvorgang nicht genau, da der Druck auf den Kolben wegen der Drosselung geringer ist. Der genaue Wert der Erwärmung beim Einströmen könnte durch Einführen des Wertes $A \int p\, dV$ für die während des Saughubes an den Kolben abgegebene Arbeit anstatt $A P_L V_h$ ermittelt werden. Bei einer allgemeinen angenäherten Berechnung der Größe der Füllungsvermehrung kann jedoch diese von der Bauart der Einlaßorgane und von der Drehzahl stark abhängige Größe nicht berücksichtigt werden. Aus Beziehung (2), die die Erwärmung der einströmenden Luft angibt, kann in einfacher Weise die Füllungsverbesserung durch die Restgasverdichtung errechnet werden. Die Zunahme des einströmenden Gewichtes entspricht:

$$C = \frac{G_L}{(G_L)_{V_h}} = \frac{V_h + \Delta V}{V_h}\, \frac{T_L}{T_{L_t}}. \tag{3}$$

Dabei bedeutet $(G_L)_{V_h}$ das Gewicht der Zylinderfüllung, wenn das ganze Hubvolumen mit Luft vom Zustand L gefüllt wird[1]. Der Wert C kann aus Gleichung (2) durch Umformen ermittelt werden. Ersetzt man das Gewicht der Restgase durch

$$G_R = \frac{P_R \cdot V_k}{T_R \cdot R_R}$$

errechnet das Luftgewicht aus

$$G_L = \frac{(V_h + \Delta V)\, P_L}{T_{L_t} \cdot R_L}$$

und setzt man

$$i = T \cdot c_p \Big|_0^T,$$

---

[1] G_L bedeutet hier das tatsächliche Gewicht der Zylinderfüllung.

dann erhält man durch Einsetzen in Gleichung (2):

$$(V_h + \Delta V) \cdot \frac{P_L \cdot c_{pL}\Big|_{T_L}^{T_{L_1}}}{T_{L_2} \cdot R_L}(T_{L_1} - T_L) = \frac{P_R V_k}{T_R R_R}(T_R - T_{R_2})\, c_{pR}\Big|_{T_R}^{T_{R_2}} + A V_k(P_L - P_R).$$

Nach einer Umformung ergibt sich daraus

$$C = \frac{V_h + \Delta V}{V_h}\frac{T_L}{T_{L_2}} = 1 + \frac{\Delta V}{V_h} - \frac{P_R}{P_L}\frac{\varepsilon}{1-\varepsilon}\frac{R_L}{R_R}\frac{c_{\nu R}\Big|_{T_R}^{T_{R_2}}}{c_{0L}\Big|_{T_L}^{T_{L_2}}}\left(1 - \frac{T_{R_2}}{T_R}\right) - \frac{A\varepsilon}{1-\varepsilon}\left(1 - \frac{P_R}{P_L}\right)\frac{R_L}{c_{pL}\Big|_{T_L}^{T_{L_2}}}.$$

Die spezifischen Wärmen können wegen der geringen Temperaturänderungen während der Verdichtung konstant gesetzt werden.

Durch Vereinfachung erhält man den Ausdruck für die Mehrfüllung
durch Restgasverdichtung:

$$C = \frac{G_L}{(G_L)_{V_h}} = \frac{(V_h + \Delta V)}{V_h}\frac{T_L}{T_{L_2}} = 1 + \frac{\varepsilon}{1-\varepsilon}\frac{1}{\varkappa_L}\left[1 - \frac{P_R}{P_L} + \left\{\left(\frac{P_R}{P_L}\right)^{\frac{1}{\varkappa_R}} - \left(\frac{P_R}{P_L}\right)\right\}\left(\frac{\varkappa_L - \varkappa_R}{\varkappa_R - 1}\right)\right]. \quad (4)$$

In dieser Gleichung bedeuten:

P_L Druck in der Saugleitung,

P_R Auspuffgegendruck, der zur Vereinfachung dem Restgasdruck gleichgesetzt wurde,

$$\varkappa_L = \frac{c_{pL}\Big|_{T_L}^{T_{L_2}}}{c_{\nu L}\Big|_{T_L}^{T_{L_2}}}$$ das Verhältnis der mittleren spezifischen Wärmen der Luft,
bezogen auf den Temperaturbereich der Lufterwärmung,

$$\varkappa_R = \frac{c_{\nu R}\Big|_{T_R}^{T_{R_2}}}{c_{vR}\Big|_{T_R}^{T_{R_2}}}$$ das Verhältnis der mittleren spezifischen Wärmen der
Verbrennungsprodukte, bezogen auf die mittlere Tem-
peratur der Restgase.

Man erkennt, daß das letzte Glied in der Klammer von geringem
Einfluß ist. Für ein Druckverhältnis $\frac{P_R}{P_L}$ 0,5 würde z. B. das Glied

$$\left[\left(\frac{P_R}{P_L}\right)^{\frac{1}{\varkappa_R}} - \left(\frac{P_R}{P_L}\right)\right]\left(\frac{\varkappa_L - \varkappa_R}{\varkappa_R - 1}\right) \approx 0{,}03$$

betragen, könnte also gegenüber dem Wert von $1 - \frac{P_R}{P_L}$ vernachlässigt
werden, so daß die Mehrfüllung im wesentlichen einem Faktor
$C = 1 + a\left(1 - \frac{P_R}{P_L}\right)$ (5) entspricht. Die Gültigkeit dieser Beziehung ist
auf geringere Druckverhältnisse etwa bis 1:2 beschränkt, da bei höhe-
ren Druckverhältnissen im praktischen Motorbetrieb der Restgasdruck
wegen der Drosselung nicht — wie in der Rechnung angenommen —
gleich dem Außendruck wird. Die Füllungsverbesserung wird also

geringer, als die Formel angibt, da ein größerer Teil der Restgase zurückbleibt, als den Annahmen der Rechnung entspricht.

Außerdem gilt die Beziehung ebenfalls nicht, wenn infolge einer wesentlichen Ventilüberschneidung die Restgasmenge aus dem Zylinder ausgespült wird, so daß auch ohne Verdichtung der Restgase eine wesentliche Vermehrung der Füllung eintreten kann. Ähnliches gilt auch für den Fall, daß durch Schwingungen in der Auspuffleitung infolge der kinetischen Energie der Abgase ein Teil des Zylinderinhalts abgesaugt wird, so daß eine geringere Restgasmenge als normal zurückbleibt. Bei der vorstehenden Ableitung ist angenommen, daß bis zur Beendigung des Saughubes die Durchmischung der Restgase nicht oder nur unvollständig erfolgt ist. Bei Annahme einer Durchmischung würde sich eine geringfügige Änderung der Werte ergeben, da die spezifischen Wärmen des Restgases und der Luft verschieden sind.

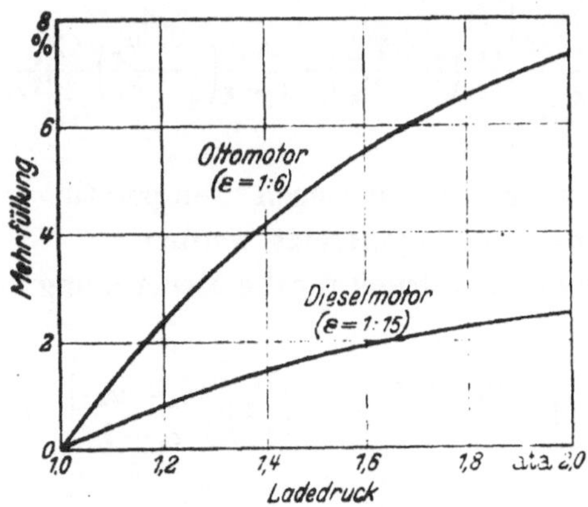

Abb. 83.   Berechnete Mehrfüllung durch die Restgasverdichtung bei Überladung, abhängig vom Ladedruck.

In Abb. 83 ist die aus Formel (5) errechnete Mehrfüllung zahlenmäßig für verschieden hohe Überladung für zwei Verdichtungsverhältnisse dargestellt, wobei für den Ottomotor als mittleres Verdichtungsverhältnis $\varepsilon = 1{:}6$ gewählt wurde. Für den Dieselmotor wurde $\varepsilon = 1{:}15$ zugrunde gelegt.

Die tatsächliche Übereinstimmung der bei Versuchen gemessenen Füllungsverbesserung und der durch die Rechnung ermittelten Mehrfüllung ist meist gut. In Abb. 84 ist die auf Grund der vereinfachten

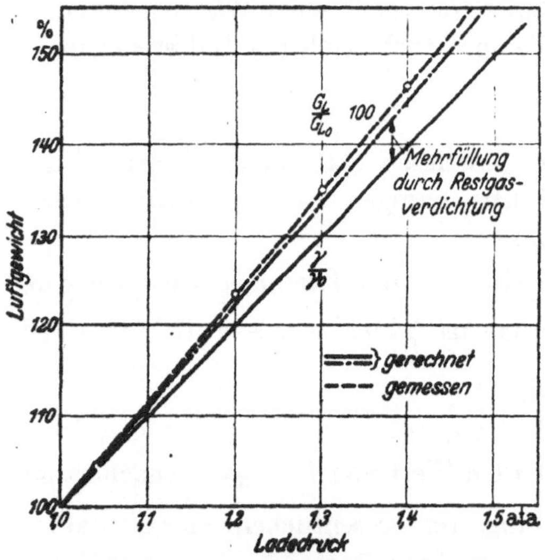

Abb. 84.   Vergleich der berechneten und gemessenen Mehrfüllung durch die Restgasverdichtung, abhängig vom Ladedruck (Versuche an einem Ottomotor). $n = 2600$ U/min; $\varepsilon = 1{:}7$; $\lambda = 0{,}85$; $t_1 = 80°$ C.

Formel berechnete Mehrfüllung der an einem Einzylinder-Ottomotor gemessenen Mehrfüllung gegenübergestellt. In dem gewählten Beispiel ist die Übereinstimmung der gerechneten Werte mit den Meßwerten

zufriedenstellend. Eine bessere Übereinstimmung der Versuchswerte
ist nicht zu erwarten, weil bei der Berechnung vereinfachende Annahmen
über den Druckverlauf während der Saugperiode gemacht wurden.
Tritt beim Einströmen eine starke Drosselung auf, so wird die einströmende Luftmenge und damit die Restgasverdichtung verringert.
Deshalb ist die Größe der Mehrfüllung durch die Restgasverdichtung
auch von der Drehzahl abhängig. Als Maß für die Drosselung ist jedoch
beim Vergleich verschiedener Motoren weniger die Drehzahl als vielmehr
die mittlere Durchflußgeschwindigkeit durch die Steuerungsorgane
(z. B. Ventile) geeignet. Weitere Angaben über den Einfluß der Ein-
strömgeschwindigkeit auf die Füllung s. S. 176 oben.

Arbeitsrückgewinn durch positive Gaswechselarbeitsfläche. Gegenüber
dem nichtüberladenen
Motor erhält man — wie
erwähnt — bei Überla-
dung eine Verringerung
des Verlustes der Gas-
wechselarbeit, weil der
Kolben beim Ausschieben
nur gegen den Gegen-
druck der Atmosphäre
Arbeit leisten muß, wäh-
rend beim Ansaugen wegen
des höheren Druckes der
einströmenden Luft mehr
Arbeit an den Kolben ab-
gegeben wird als beim
nicht überladenen Motor.

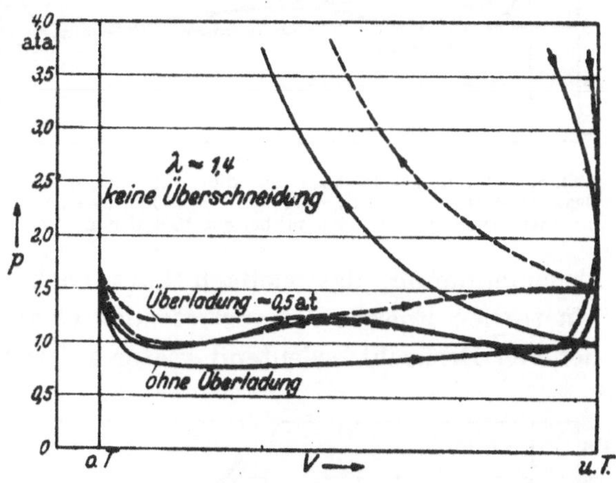

Abb. 85. Einfluß der Überladung auf den Gaswechselvorgang bei einem Viertakt-Dieselmotor. $n = 1600$ U/min;
$p_i = 7,7$ kg/cm^2 ohne Überladung, $p_i = 11,1$ kg/cm^2 mit
Überladung.

Mit wachsender Überladung vermindert die zusätzliche Mehrarbeit den
durch die Drosselung bedingten Arbeitsverlust und überwiegt u. U. bei
hoher Überladung, so daß eine positive Arbeitsfläche der Gaswechselperiode im Indikatordiagramm entsteht. (Vgl. Abb. 79, S. 128.)

In Abb. 85 sind die Indikatordiagramme der Gaswechselperiode eines
Dieselmotors aus einem Versuch ohne Überladung und einem Versuch
mit Überladung dargestellt. Während ohne Überladung infolge der
Drosselung eine negative Arbeitsfläche entsteht, erhält man bei 0,5 atü
Überladung wegen der höheren Drücke während der Saugperiode eine
positive Arbeitsfläche. Der Druckverlauf während des Ausschiebevorganges ist fast derselbe, jedoch unterscheiden sich die Drücke während
des Saughubes sehr wesentlich. In den dargestellten Diagrammen tritt
die starke Druckdifferenz während des Saugvorganges ziemlich gleichmäßig in Erscheinung, so daß der Arbeitsgewinn fast der vollen Druckdifferenz der angesaugten Luft entspricht. Da sich bei höheren

Drehzahlen wegen der Drosselung die Druckdifferenz nicht in voller Höhe auswirkt, ist die gewonnene Mehrarbeit von der Drehzahl abhängig.

Abb. 86 zeigt die Änderung des Schwachfederdiagrammes der Gaswechselperiode abhängig von der Drehzahl. Bei höherer Drehzahl liegt der Druck während des Saughubes infolge der größeren Drosselung tiefer. Als Folge der Drosselung wird die positive Arbeitsfläche bei höherer Drehzahl verringert. Natürlich erfolgt auch der Druckabfall während des Auspuffvorganges bei höherer Drehzahl. bezogen auf den Kurbelwinkel, langsamer, so daß das

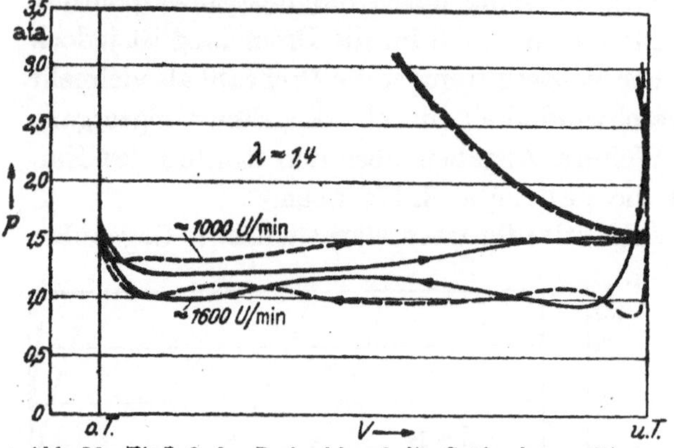

Abb. 86. Einfluß der Drehzahl auf die Größe der positiven Gaswechselarbeit bei Überladung. $p_i = 11,1$ kg/cm² bei $n = 1600$ U/min; $p_i = 12,0$ kg/cm² bei $n = 1000$ U/min; $\lambda \approx 1,4$.

Druckminimum, das vielfach kurz nach dem Totpunkt infolge der kinetischen Energie der austretenden Gassäule vorhanden ist, bei der höheren Drehzahl bedeutend später auftritt (Abb. 86).

Die Druckänderung während des Ausschubvorganges ist auch wesentlich abhängig von der Ausführung der Auspuffleitung. Abb. 86 zeigt, daß sich die Druckschwingungen in der Auspuffleitung je nach der Drehzahl verschieden auf den Ausschiebevorgang auswirken.

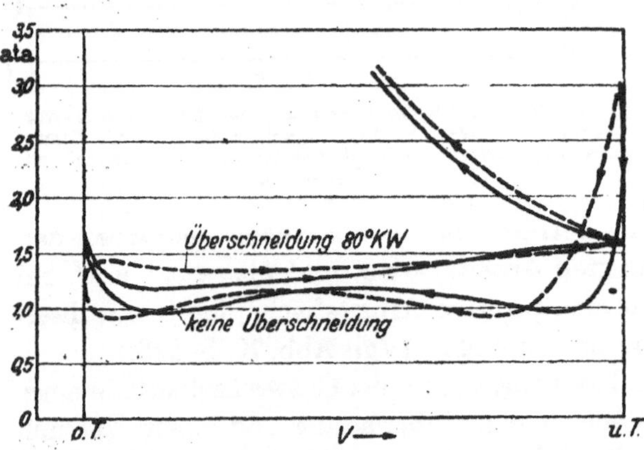

Abb. 87. Einfluß der Überschneidung der Ventilsteuerzeiten auf den Gaswechselvorgang. Versuche an einem Viertakt-Dieselmotor. $n = 1600$ U/min; $p_i = 11,1$ kg/cm²; $\lambda \sim 1,4$.

Am Ende des Ausschubhubes tritt bei normalen Steuerzeiten, also ohne Überschneidung der Auslaß- und Einlaßsteuerzeiten, eine Drucksteigerung ein, die darauf zurückzuführen ist, daß eine Drosselung im Auslaßorgan vorhanden ist. Während des Saughubes tritt sofort wieder ein entsprechender Druckabfall ein. Die Wirkung der Drosselung wird wesentlich verringert, wenn durch Überschneidung der Steuerzeiten (das Auspuffventil bleibt noch offen, während das Saugventil schon geöffnet wird) größere Zeitquerschnitte zur Verfügung stehen, so daß der Druckanstieg am Ende des Ausschubhubes vermieden, und die gesamte positive Arbeitsfläche der Gaswechselarbeit größer wird (Abb. 87)

Die Wirkung der Ventilüberschneidung auf die Zylinderfüllung ist natürlich von der Drehzahl abhängig und tritt um so weniger in Erscheinung, je höher die Drehzahl ist (Abb. 88). Bei 40° Überschneidung der Steuerzeiten erreicht man nur eine Verbesserung der Füllung um mehrere vH. Ein starker Einfluß der Drehzahl

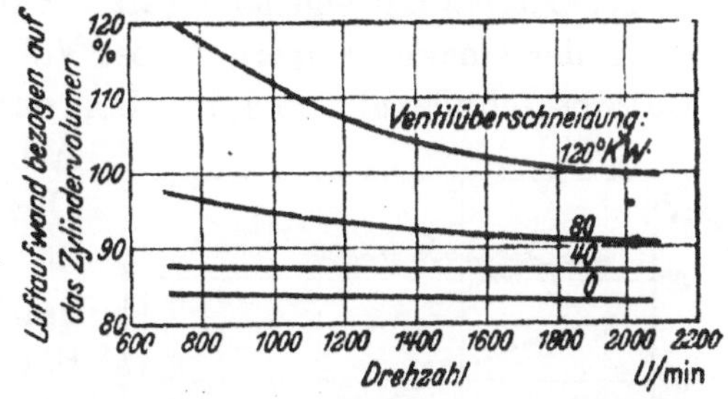

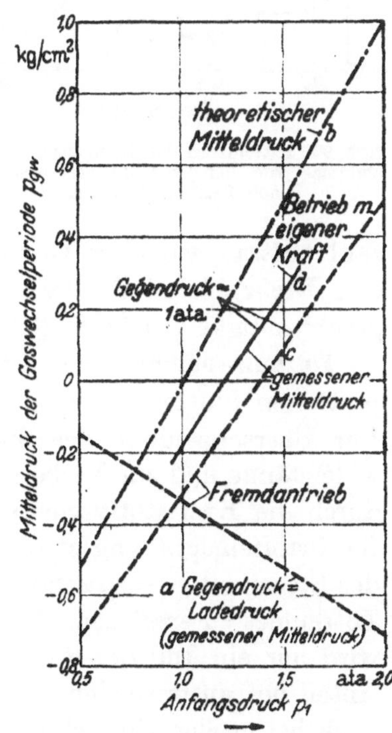

Abb. 88. Luftaufwand, bezogen auf das Zylindervolumen, abhängig von der Drehzahl für verschieden große Überschneidung der Ventilsteuerzeiten.

auf die Füllungsverbesserung durch die Ventilüberschneidung macht sich erst bei größerer Überschneidung (80 bis 120°) bemerkbar.

Der Arbeitsverlust während des Gaswechselvorganges durch Drosselung und Wärmeaustausch ist annähernd verhältig dem Druck der angesaugten Luft. In Abb. 89 sind in Kurve a die mit Fremdantrieb an einem Dieselmotor gemessenen Mitteldrücke der Gaswechselperiode abhängig vom Ladedruck dargestellt. Diese bei fremdangetriebenem Motor ermittelten Verlustwerte zeigen die erwähnte lineare Abhängigkeit vom Druck. Wenn durch die Druckdifferenz zwischen der Saugperiode und der Auspuffperiode eine Leistungssteigerung entsprechend der vollen Druckdifferenz auftritt, vermindert sich die Verlustarbeit um eine positive Arbeit, die der Kurve b entspricht. Beispielsweise würde bei 0,5 at Überladung (1,5 ata Anfangsdruck) der Mitteldruck entsprechend der rechteckigen Fläche im p—V-Diagramm nach Abb. 79 (S. 128) um 0,5 at steigen. Auch beim Motorversuch tritt ein hoher Anteil dieses theoretisch erreichbaren

Abb. 89. Mitteldruck der Gaswechselarbeit, abhängig vom Ladedruck. $n = 1600$ U/min, keine Ventilüberschneidung.

Arbeitsgewinnes in Erscheinung. Der tatsächlich gemessene Mitteldruck der Gaswechselarbeit bei Fremdantrieb (Kurve c in Abb. 89) entspricht annähernd der Summe des Arbeitsverlustes ohne Überladung (Kurve a)

und des theoretischen Gewinnes bei Überladung (Kurve *b*). Bei fremdangetriebenem Motor ist — wie schon früher erwähnt — hauptsächlich
wegen der größeren Gasgewichte die Arbeit der Gaswechselperiode größer
als bei Betrieb mit eigener Kraft. Kurve *d* in Abb. 89 zeigt den Mitteldruck der Gaswechselperiode bei Vollastbetrieb des betr. Dieselmotors
(Luftüberschußzahl $\lambda = 1,4$). Bei dem untersuchten Motor war der
Arbeitsrückgewinn bei etwa 0,2 atü
Überladung gleich groß wie der durch
die Drosselung bedingte Verlust, so
daß bei dieser Überladung die Arbeitsfläche der Gaswechselperiode 0 wurde.

Der durch die Drosselung bedingte
Verlust während der Gaswechselperiode steigt sehr stark mit der Drehzahl an (Abb. 90). Der Arbeitsrückgewinn durch die Druckdifferenz der
Saug- und Auspuffperiode während der
Überladung war jedoch bei dem untersuchten Motor weniger von der Drehzahl abhängig, so daß auch bei Überladung eine ähnliche Verminderung
des Absolutwertes des Mitteldruckes
der Gaswechselperiode mit der Dreh-

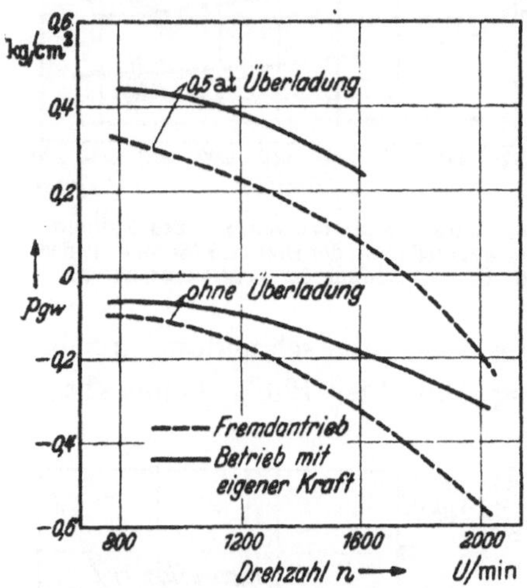

Abb. 90. Mitteldruck der Gaswechselarbeit,
abhängig von der Drehzahl bei verschiedenen Betriebszuständen.

zahl auftrat wie ohne Überladung (Abb. 90). (Weitere Angaben über
den Drehzahleinfluß bzw. über den Einfluß der mittleren Kolbengeschwindigkeit siehe S. 177, vgl. Abb. 122.)

Totraumspülung. Bei Überladung ist wegen der größeren trans-
portierten Luftmengen eine Veränderung der Steuerzeiten zweckmäßig.
Der Überschneidung der Steuerzeiten zur Verringerung der Drossel-
widerstände und zur Verbesserung der Füllung sind bei Vergaserbetrieb
durch die Kraftstoffverluste beim Durchspülen Grenzen gesetzt. Bei
Kraftstoffeinspritzung ist es jedoch möglich, weitgehende Überschneidung
der Steuerzeiten anzuwenden und dadurch eine starke Ausspülung des
Totraumes zu erreichen. Bei geringer Überschneidung der Steuerzeiten
wird nur ein Teil der Restgase aus dem Totraum ausgespült, und der
Anteil der austretenden Spülluft ist nur gering. Derselbe Erfolg wird
auch bei großer Überschneidung der Steuerzeiten, aber geringer Überladung erreicht. Steigert man die Überladung bei gleichbleibenden
Steuerzeiten, so wird neben der Ausspülung des Totraumes Luft
durch den Zylinder geblasen (Spülung).

In Abb. 91 ist die an einem Einzylinder-Ottomotor gemessene
Gesamtluftmenge in die durch den Motor gespülte Luftmenge und
die im Zylinder nach Ausspülung der Restgase verbleibende Luft-

menge aufgeteilt. In diesem Falle (Drehzahl 1500 U/min) bleibt bei einer Überladung von 0,4 atü etwa $^9/_{10}$ der gesamten eingeführten Luftmenge im Zylinder. Entsprechend der verbesserten Füllung des Totraumes ergibt sich auch eine wesentliche Erhöhung des Mitteldruckes, die annähernd proportional der Vergrößerung der im Zylinder verbleibenden Luftmenge ist.

Die Totraumauffüllung und damit auch die Zunahme des Mitteldrucks beginnt meist schon bei sehr geringer Überladung, jedoch ist in

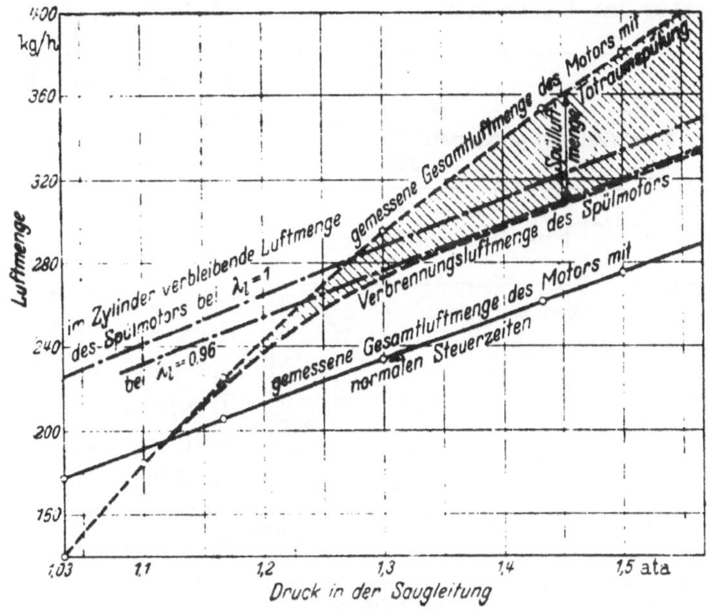

Abb. 91. Aufteilung der Gesamtluftmenge bei Überschneidung der Ventilsteuerzeiten.

manchen Fällen bei entsprechender Ausbildung der Auslaß- und Einlaßorgane auch schon ohne Überladung oder bei ganz geringer Überladung eine Ausspülung des Totraumes unter Benutzung der kinetischen Energie der ausströmenden Abgase möglich.

Der Erfolg der Totraumspülung ist aber auch sehr stark von dem Ausmaß der Ventilüberschneidung abhängig. Bei geringer Ventilüberschneidung (bis etwa 40°) sind die Zeitquerschnitte für die gleichzeitige Öffnung des Saug- und Auslaßventiles meist so klein (Abb. 92), daß nur sehr wenig Luft durchgespült wird. Die Füllungsvermehrung bei 40° Überschneidung ist gegenüber 0° Überschneidung aber schon erheblich, da die ohne Überschneidung durch Drosselung verursachte Verdichtung am Ende des Ausschubhubes wegfällt (s. S. 136, Abb. 87). Eine teilweise Auffüllung des Totraumes mit Luft und eine nennenswerte Durchspülung tritt erst bei etwa 80° Überschneidung ein.

Erfolgt eine wesentliche Durchspülung, dann ergibt sich eine Kühlwirkung auf die heißen Auslaßorgane. Betrachtet man die Temperatur der Auslaßventile als ein Maß für die thermische Belastung, so hat man die Möglichkeit, die bei gleicher Wärmebeanspruchung erreichbaren Leistungen zu vergleichen. Bei einem Versuch an einem luftgekühlten Viertakt-Ottomotor von 1 l Hubvolumen wurde z. B. bei 0,2 atü Überladung festgestellt, daß bei gleicher Ventilsitztemperatur mit 150° Überschneidung der Steuerzeiten eine wesentlich größere Leistung erreicht werden konnte. Andererseits war bei gleicher Leistung die Ventilsitztemperatur im Durchschnitt etwa 30 bis 50° geringer. Naturgemäß werden auch die Auspufftemperaturen bei Spülung geringer, jedoch tritt das Maximum der Auspufftemperatur nicht mehr wie beim normalgesteuerten Motor beim theoretischen Mischungsverhältnis auf, sondern man erhält im Luftmangelgebiet die höchsten Temperaturen, da im Auspuffrohr im allgemeinen Nachbrennen erfolgt, vgl. Abb. 137, S. 207. Je größer die Geschwindigkeit im Auspuffrohr ist, desto später tritt das Nachbrennen in

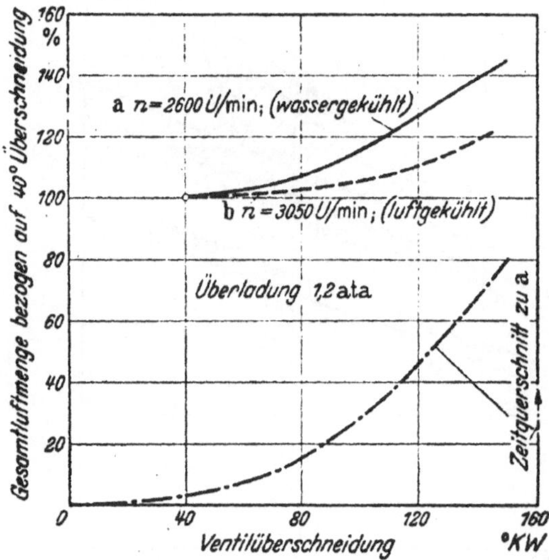

Abb. 92. Abhängigkeit der Spülluftmenge von der Ventilüberschneidung bei 2 Viertaktmotoren.

Erscheinung. Unmittelbar nach den Auslaßorganen wurde beim gespülten Motor gegenüber dem Normalmotor eine Senkung des Maximums der Auspufftemperatur von etwa 100° gemessen, während das Maximum der Abgastemperatur in der Abgasleitung wegen Nachbrennen im allgemeinen sogar höher wird.

b) Verbrennungsvorgang bei Überladung.

Die in den vorhergehenden Abschnitten behandelten Gesetzmäßigkeiten für die Änderung der Leistung mit der Überladung haben allgemeine Gültigkeit, da sie lediglich auf Grund thermodynamischer Berechnungen und Überlegungen angegeben wurden. Bei diesen Ergebnissen wurden die Einflüsse der Kraftstoffeigenschaften und die speziellen Eigenschaften der verschiedenen motorischen Arbeitsverfahren nicht berücksichtigt. Die Änderung der Betriebsbedingungen mit der Überladung bedingt jedoch auch andere Voraussetzungen für die Verbrennung der Kraftstoffe, die von wesentlichem Einfluß auf den Arbeitsvorgang im Motor sind. Mit der Druckerhöhung ist bei Überladung im praktischen Betrieb auch eine Erhöhung der Temperatur der angesaugten Luft verbunden, da im allgemeinen eine Rückkühlung der Luft nach dem Lader nicht vorgesehen ist. Man hat mit um so höheren Temperaturen zu rechnen, je höher der Ladedruck gewählt wird und je schlechter der Laderwirkungsgrad ist. Der **Verbrennungsvorgang** wird bei den verschiedenen motorischen Arbeitsverfahren durch den erhöhten Druck und die erhöhte Temperatur in verschiedener Weise beeinflußt, beispiels-

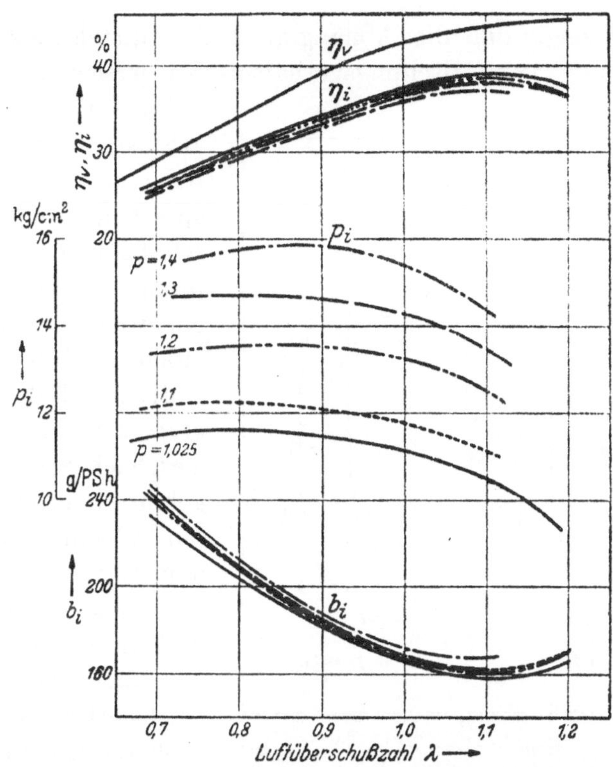

Abb. 93. Mittlerer Druck p_i, spez. Kraftstoffverbrauch und Wirkungsgrade, abhängig vom Luftüberschuß bei verschiedener Überladung nach Versuchen an einem Ottomotor. $\varepsilon = 1{:}8$; $n = 2600$ U/min; Vorzündung 40°

weise ergeben sich bei erhöhter Temperatur beim Ottomotor Schwierigkeiten, während beim Dieselmotor im allgemeinen der Verbrennungsvorgang günstig beeinflußt wird.

Ottomotor. Die für den Verbrennungsverlauf maßgebenden Vorgänge, nämlich das Fortschreiten der Flammenfront und die Reaktionen im Unverbrannten (die unter Umständen zum Klopfen führen), werden beim überladenen Motor in verschiedener Weise beeinflußt. Die *Verbrennung in der Flammenfront* wird durch die höheren Drücke und höheren Temperaturen bei Überladung nur wenig beeinflußt. Deshalb ändert sich mit zunehmender Überladung die Abhängigkeit der Wirkungsgrade vom Luftüberschuß und von der Verdichtung usw. nur geringfügig. Die Verbrennungstemperaturen des überladenen Motors sind nur wenig von den am nichtüberladenen Motor und bei gedrosseltem Betrieb gemessenen verschieden, sofern der Luftüberschuß derselbe ist. Dementsprechend wird auch der Kraftstoffverbrauch, bezogen auf den Arbeitsprozeß im Zylinder, nur wenig von der Überladung beeinflußt. Man erhält also im wesentlichen eine starke Änderung der Leistung bei geringer Änderung der Wirkungsgrade und Verbrauchszahlen.

Abb. 93 zeigt, daß die Abhängigkeit der Mitteldrücke vom Luftüberschuß bzw. vom Mischungsverhältnis bei verschieden hoher Überladung dieselbe bleibt. Die Höchstleistung ergibt sich bei einem Luftmangel entsprechend einer Luftüberschußzahl $\lambda \approx 0{,}85$. Das Minimum des Verbrauches wird ebenso wie beim nichtüberladenen Motor bei einem Luftüberschuß entsprechend etwa $\lambda \approx 1{,}1$ erreicht. Der Vergleich der aus diesen Ergebnissen errechneten inneren Wirkungsgrade η_i mit dem Wirkungsgrad der vollkommenen Maschine zeigt, daß in gleicher Weise wie beim nichtüberladenen Motor bei Überladung lediglich bei größerem Luftüberschuß eine nennenswerte Verschlechterung des Gütegrades auftritt.

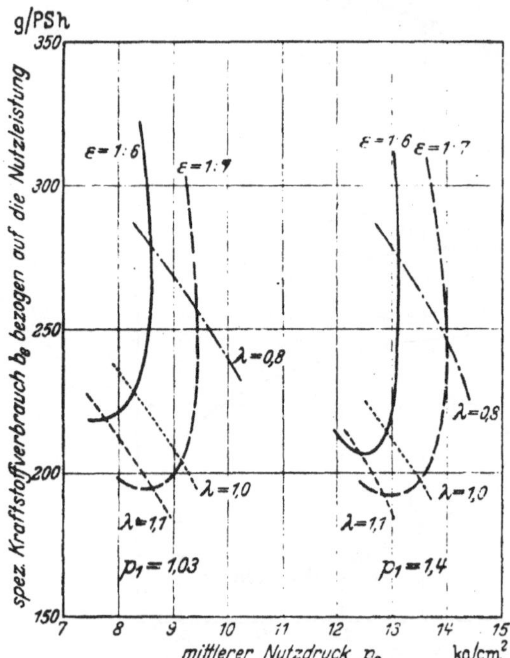

Abb. 94. Spez. Kraftstoffverbrauch, bezogen auf die Nutzleistung mit und ohne Überladung bei verschiedenen Verdichtungsverhältnissen.   Einzylindermotor $V_h = 2$ l.

Abb. 94 zeigt in üblicher Darstellung Verbrauchskurven abhängig vom Mitteldruck für einige Verdichtungsverhältnisse. Auch aus dieser Abbildung ist ersichtlich, daß die Änderung der Mitteldrücke und Verbrauchszahlen mit der Verdichtung mit und ohne Überladung annähernd dieselbe bleibt.

Entscheidend werden die *Vorgänge im unverbrannten Gemisch* vor der Flammenfront und damit die Klopfeigenschaften durch die Überladung beeinflußt. Mit erhöhter Überladung ergibt sich infolge des höheren Druckes und in noch stärkerem Maße infolge der höheren Temperatur der angesaugten Luft eine starke Zunahme der Klopfneigung, die im praktischen Betrieb die Grenze für die höchste erreichbare Leistung darstellt. Die dadurch bedingten Klopfgrenzen und ihre verschiedenartigen Abhängigkeiten vom Betriebszustand des Motors werden im Kapitel „Praktische Grenzen der Überladung" behandelt.

Dieselmotor. Beim Dieselmotor ergeben sich infolge der höheren Luftdichte bei Überladung etwas andere Anforderungen bezüglich der Durchschlagskraft und der Reichweite der Kraftstoffstrahlen, jedoch kann im wesentlichen eine annähernd gleich gute Verbrennung wie ohne Überladung erreicht werden. Bei Überladung hat vor allem die erhöhte Temperatur und auch der höhere Druck einen günstigen Einfluß auf die Zündungs- und Verbrennungsvorgänge im Dieselmotor, ins-

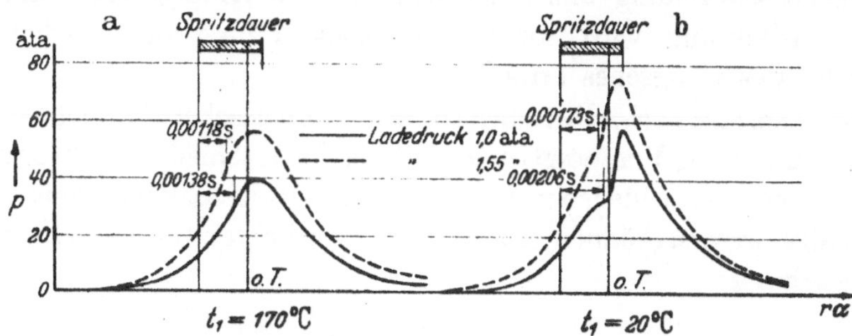

Abb. 95. Einfluß der Temperatur und des Druckes der angesaugten Luft auf den Druckanstieg bei der Verbrennung in einem Dieselmotor. Einzylinder-Dieselmotor $V_h = 2,26$ l; $n = 2100$ U/min.

besondere wird der Zündverzug geringer. In Abb. 95 sind Indikatordiagramme bei zwei Temperaturen der angesaugten Luft (20 und 170° C) mit und ohne Überladung gegenübergestellt. Der Zündverzug ist bei der hohen Lufttemperatur etwa um ein Drittel geringer als bei 20° C. Bei gleicher Temperatur war der Zündverzug mit zunehmender Überladung geringer. Bei der höheren Temperatur ist wegen der rascheren Zündung im Gegensatz zu dem steilen Druckanstieg bei 20° C ein langsamer Druckanstieg bei weichem Lauf des Motors vorhanden. Das allmähliche Ansteigen des Druckes kommt hauptsächlich dadurch zustande, daß die ersten eingespritzten Kraftstoffteile schon zur Zündung kommen, während die Einspritzung noch im Gange ist.

Eine Rückkühlung der Ladeluft ist deshalb beim Dieselmotor im Gegensatz zum Ottomotor auch bei hoher Überladung im Hinblick auf den Verbrennungsvorgang nicht erforderlich.

2. Arbeitsvorgang im Lader.

Der Arbeitsbedarf zur Verdichtung der Luft oder des Gemisches im Lader ergibt sich aus der Summe des theoretischen Arbeitsbedarfes und der Arbeitsverluste im Lader. Die Arbeitsverluste unterscheiden sich bei verschiedenen Laderbauarten und auch bei verschiedenen Betriebszuständen desselben Laders wesentlich. Die Größe der Verluste ist beim Lader deshalb von entscheidender Bedeutung, weil die Arbeitsverluste in Wärme umgesetzt werden und vorwiegend in einer Erwärmung der verdichteten Luft oder des Gemisches in Erscheinung treten. Dadurch ergibt sich in zweierlei Hinsicht ein Leistungsverlust des Motors. Erstens verringern die Verluste im Lader — vermehrt um die Verluste im Antrieb — direkt die Motornutzleistung. Zweitens wird wegen der Erhöhung der Temperatur der angesaugten Ladung die Zylinderfüllung und damit die Leistung des Motors verringert. Bei Ottomotoren tritt hierzu noch die Notwendigkeit einer weiteren Leistungsbeschränkung mit Rücksicht auf die Klopfgrenze. Bei sehr hoher Verdichtung wird sogar eine Rückkühlung der verdichteten Luft oder des Gemisches erforderlich.

Den theoretischen Arbeitsbedarf bei adiabatischer Verdichtung erhält man unter der Voraussetzung, daß die Unterschiede der Strömungsenergie infolge verschiedener Ein- und Austrittsgeschwindigkeiten vernachlässigt werden können, für 1 kg zu verdichtendes Gas (Luft) aus der Beziehung:

$$H_{ad} = L_{ad \cdot l} = RT \frac{\varkappa}{\varkappa - 1}\left[\left(\frac{p_s}{p}\right)^{\frac{\varkappa-1}{\varkappa}} - 1\right] \text{(mkg/kg)} . \qquad (1)$$

Diese Arbeit wird auch adiabatische Förderhöhe (Dimension m) genannt. In der Gleichung bedeuten:

T die Temperatur vor der Verdichtung,

p den Druck vor der Verdichtung,

p_s den Druck nach der Verdichtung, hier dem Druck in der Saugleitung p_s gleichgesetzt.

Die Arbeit zur verlustlosen isothermen Verdichtung ist kleiner und beträgt:

$$L_{is-l} = RT \ln \frac{p_s}{p} \qquad (2)$$

Praktisch ist es im allgemeinen nicht möglich, so stark zu kühlen, daß eine annähernd isotherme Verdichtung erreicht wird. Meist — beispielsweise bei schnellaufenden Schleuderladern — ist die Kühlwirkung im Lader gering, sofern nicht eine Zwischenkühlung zwischen 2 Stufen vorgesehen wird. Es ist jedoch allgemein üblich, als Bezugsgröße für die Wertung der Lader die adiabatische Förderhöhe zu benutzen.

Bei bekannter Umfangsgeschwindigkeit u kann die Förderhöhe einer Laderstufe aus der Beziehung

$$H_{ad} = \frac{u^2 \cdot q_{ad}}{g} \qquad (3)$$

errechnet werden. Die Gütezahl q_{ad} schwankt etwa zwischen $q_{ad} = 0,4$ bis $q_{ad} = 0,7$. Im Mittel kann bei guter Ausführung des Laufrades ein Wert $q_{ad} = 0,6$ zugrunde gelegt werden (s. z. B. [H 27]).

Die Größe des erreichbaren Verdichtungsverhältnisses ist somit, wie die obenstehenden Gleichungen 1 bis 3 für die adiabatische Förderhöhe zeigen, im wesentlichen von der erreichbaren Umfangsgeschwindigkeit abhängig.

Die zulässigen Umfangsgeschwindigkeiten liegen für Leichtmetalle und für Stahl in ähnlicher Größenordnung, und zwar etwa zwischen 300 und 450 m/sec. Die obenstehende Gleichung 3 zeigt, daß für konstante Umfangsgeschwindigkeit die adiabatische Förderhöhe unabhängig vom Zustand der angesaugten Luft annähernd konstant ist. Deshalb kann für konstante Umfangsgeschwindigkeit, also konstante Drehzahl eines bestimmten Aggregates für jede Anfangstemperatur das entsprechende Druckverhältnis aus Gl. 1 bzw. 2 errechnet werden. In Abb. 96 ist die Änderung des Druckverhältnisses, abhängig vom Temperaturverhältnis[1], wiedergegeben. Dabei sind mehrere Druckverhältnisse, bezogen auf die Anfangstemperatur 288°, zugrunde gelegt. Die Änderung des Druckverhältnisses kann aber auch auf den ausgeführten Lader übertragen werden, weil q_{ad} bei Veränderung der Anfangstemperatur (vor dem Lader) annähernd konstant ist.

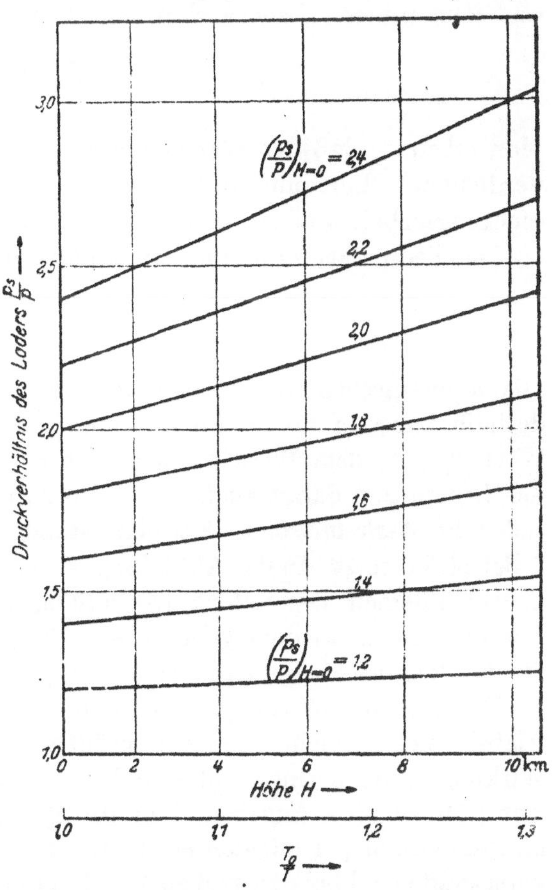

Abb. 96. Änderung des Laderdruckverhältnisses mit der Höhe.

Bei der Verdichtung der Luft im Lader findet eine wesentliche Erwärmung statt. Vernachlässigt man die nach außen abgeführte Wärme-

---

[1] In der Abbildung ist als Abszisse auch die Bezeichnung Höhe eingetragen. Dieser Maßstab ist zur Erleichterung der Anwendung für Flugmotorenlader in das Bild aufgenommen.

menge, so führt der erste Hauptsatz zu der Beziehung

$$i_s = i + A \cdot L_{i-l},$$

wenn i_s[1] und i den Wärmeinhalt der Luft nach bzw. vor der Verdichtung bedeuten und $A \cdot L_{i-l}$ die innere Verdichtungsarbeit je kg Luft ist; $A \cdot L_{i-l}$ ergibt sich aus der adiabatischen Verdichtungsarbeit $A L_{ad-l}$ und dem inneren Laderwirkungsgrad zu

$$A \cdot L_{i-l} = \frac{A \cdot L_{ad-l}}{\eta_{i-ad-l}}.$$

Man erkennt, daß der Wärmeinhalt i_s und damit die Temperatur der verdichteten Luft um so größer ist, je größer die adiabatische Verdichtungsarbeit und je niedriger der Laderwirkungsgrad ist.

Die Temperaturerhöhung im Lader entspricht dem Wert

$$\frac{A \, L_{ad-l}}{\eta_{i-ad-l} \, c_p}.$$

Die mechanischen Wirkungsgrade von Kreiselladern sind sehr hoch; deshalb kann in erster Annäherung für technische Rechnungen der Wert η_{i-ad-l} dem Wert η_l gleichgesetzt werden[2]. Der Wirkungsgrad des Laders und damit auch die Temperaturerhöhung im Lader ändern sich sehr stark mit dem Betriebszustand, wie die Abb. 97a und b an 2 Beispielen zeigt. In der Abbildung ist das Kennlinienfeld zweier Lader in der üblichen Darstellung der adiabatischen Förderhöhe über dem Fördervolumen wiedergegeben. Als Parameter sind die Drehzahlen, die Fördergewichte und die Wirkungsgrade eingetragen.

Die höchsten Wirkungsgrade werden nur in einem begrenzten Betriebsbereich erreicht. Bei den größtmöglichen Förderhöhen sind die Wirkungsgrade geringer, ebenso bei den größtmöglichen Fördervolumen. Daher sind Angaben über die Wirkungsgrade von Ladern nur im Zusammenhang mit den erreichten Förderhöhen wertvoll. Die Wirkungsgrade sind bei den großen Druckverhältnissen, die bei hohen Drehzahlen erreicht werden, deshalb geringer, weil die Verluste im Lader mit der Drehzahl erheblich zunehmen. In vielen Fällen, insbesondere bei der Verwendung für Flugmotoren, müssen die Gewichte und Dimensionen der Lader klein gehalten werden. Der Betriebspunkt kann dann nicht immer im Bereich der günstigsten Wirkungsgrade gewählt werden. In diesem Fall ist es vielmehr erforderlich, den Betriebspunkt bei normaler Motorbelastung in den Bereich großer Fördervolumina zu legen. Je nach der Betriebsart des Motors, für den der Lader verwendet

---

[1] Der Zustand nach dem Lader wurde hier gleich dem Zustand in der Saugleitung des Motors (Index s) gesetzt.

[2] Diese Vernachlässigung ist nur für den Lader ohne Getriebe zulässig.

wird, und je nach der gewählten Regelung verschiebt sich der **Betriebs-punkt** mehr oder weniger im Kennlinienfeld.

Im allgemeinen ist es vorteilhaft, wenn sich bei konstanter Drehzahl die adiabatische Förderhöhe eines Laders bei Änderung des angesaugten

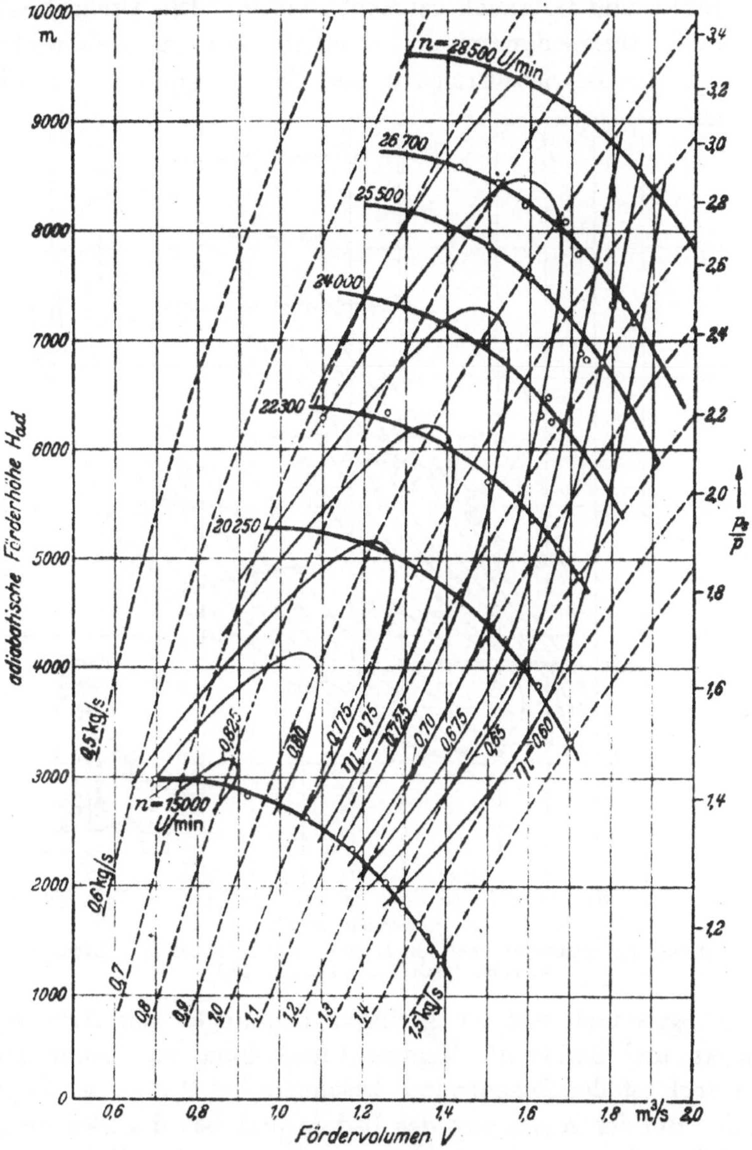

Abb. 97a. Beispiele für Kennlinienfelder von Ladern. Kennlinienfeld eines DVL-Laders (nach V. D. NÜLL [H 27]).

Volumens möglichst wenig ändert (flache Drehzahllinien). Weiterhin wird angestrebt, daß sich dabei auch der Wirkungsgrad nur in möglichst geringen Grenzen ändert.

Ist das Kennlinienfeld in der Form, wie in Abb. 97a, b dargestellt, für den Lader bekannt, und kennt man die Betriebsbereiche des

Motors, für den der Lader verwendet werden soll, so ist man in gewissen
Grenzen in der Lage, die Regelung so zu wählen, daß im Mittel gute
Laderwirkungsgrade erreicht werden. Es kann sowohl von einer Regelung der Drehzahl des Laders als auch von saugseitiger oder druck-
seitiger Drosselung Gebrauch gemacht werden. Die Drehzahlregelung
des Laders ist thermodynamisch vorteilhaft, weil es damit weitgehend
möglich ist, den Betriebsbereich in den Bereich guter Laderwirkungs-

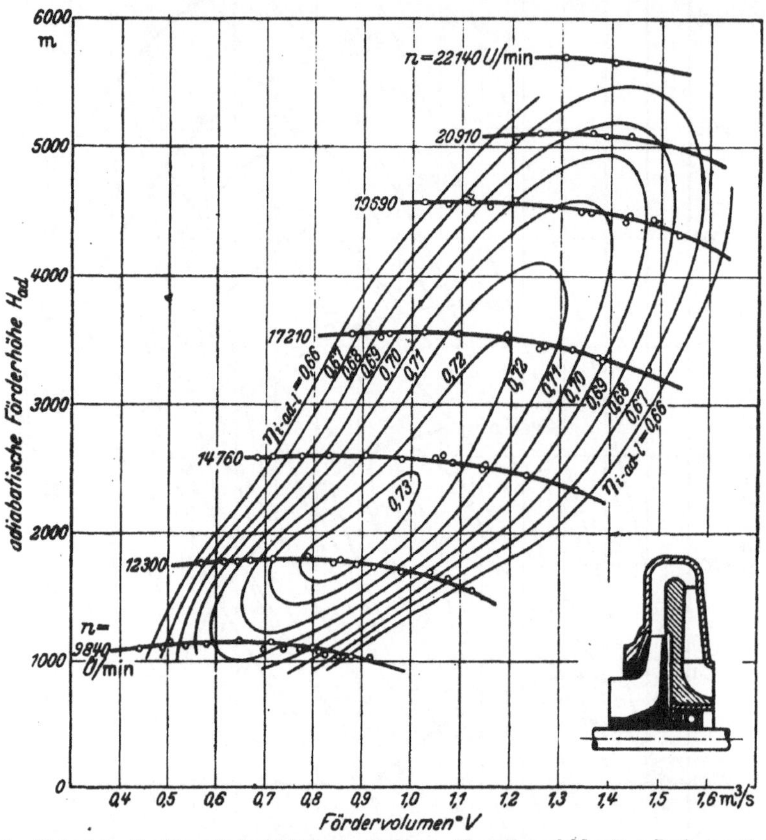

Abb. 97b. Beispiele für Kennlinienfelder von Ladern. Kennlinienfeld eines Laders mit Radial-
schaufeln (nach PFLEIDERER [H 30]).

grade zu legen und weil bei geringen Leistungen der Arbeitsbedarf
des Laders und damit die Temperaturerhöhung im Lader geringer
wird. Jedoch ist der Bauaufwand, besonders bei stufenloser Regelung,
erheblich. Bei der Auslegung des Laders und bei der Regelung muß
auch auf das „Pumpen" Rücksicht genommen werden. Dieser unregel-
mäßige Betriebszustand mit stoßweiser Förderung tritt im Bereich der
geringen Fördermengen in Erscheinung.

Der *Leistungsbedarf* des Laders ergibt sich aus der Beziehung:

$$N_l = \frac{G_L \text{ (kg/h) } A\,L_{ad-l} \text{ (kcal/kg)}}{\eta_l \cdot 632} \text{ PS } [1].$$

[1] η_l ist als Verhältniszahl einzusetzen.

In dieser Beziehung ist jeweils der für den betreffenden Betriebszustand gültige Wirkungsgrad η_l, der aus dem Laderkennlinienfeld zu entnehmen ist, einzusetzen. Zur Vereinfachung der Rechnung setzt man vielfach einen Mittelwert für verschiedene Betriebszustände ein.

Obwohl für die Motorleistung in erster Linie die Dichte und weniger der Druck der verdichteten Luft maßgebend ist, ist es allgemein üblich, Angaben über das Druckverhältnis und nicht über das Dichteverhältnis zu machen. Auch die Regelung der Lader wird meist als Druckregelung ausgebildet. Um eine Überbelastung des Motors durch zu hohen Ladedruck, insbesondere beim Flugmotor in Bodennähe, zu vermeiden, wird mit dem Ladedruckregler der höchste zulässige Druck vor dem Motor bis zur Volldruckhöhe selbsttätig konstant gehalten. Der Regler ist meist als Servo-Regler mit Druckdose (luftleere Dose) ausgebildet.

Die für Flugmotoren üblichen Kreisellader wurden ursprünglich vorwiegend als offene Schaufelsterne, später als halboffene Schaufelsterne ausgeführt. Neuerdings werden die Räder zum Zwecke der Erzielung besonders günstiger Wirkungsgrade zum Teil schon als geschlossene Räder (Abb. 97 b) entweder mit beiderseitigen Radwänden mit Deckscheibe (z. B. DVL-Bauart) oder mit geschlossenen Kastenkanälen ausgeführt [H 27, H 28] Zur Erzielung guter Wirkungsgrade ist auch eine sorgfältige Ausbildung einer Austrittsspirale wesentlich, jedoch ist dies aus räumlichen Gründen nicht in allen Fällen möglich.

3. Gemessene Leistungssteigerung des gesamten Aggregates.

Ohne Totraumspülung. Die tatsächlich gemessene Mehrleistung des Motors bei Überladung entspricht in der Größenordnung der zu erwartenden Mehrleistung durch die höhere Dichte, durch die Füllungsverbesserung infolge der Druckdifferenz zwischen Saugleitung und Auspuffleitung und durch die Verbesserung des mechanischen Wirkungsgrades infolge der annähernd konstanten Reibungsleistung. Als Beispiel ist in Abb. 98 und 99 die bei Versuchen an einem Einzylinder-*Dieselmotor* gemessene Mehrleistung dargestellt und mit der theoretisch ermittelten Mehrleistung verglichen. Der rechnerisch ermittelte Leistungsgewinn ist in die Mehrleistung durch die Erhöhung der Dichte, durch die Verbesserung der Füllung, durch die positive Pumparbeit und durch die mechanische Verbesserung aufgeteilt. Die Unterschiede der Versuchswerte gegenüber den theoretisch errechneten Werten sind meist auf die Unsicherheit in der Berechnung der Vorgänge während der Gaswechselperiode zurückzuführen, jedoch kann auch eine Veränderung des Gütegrades η_g oder eine Veränderung des Liefergrades λ_l (bezogen auf Ladedruck = Gegendruck) oder eine Änderung beider Werte zu wesentlichen Abweichungen führen. Die Änderung des Produktes dieser beiden Werte ist in Abb. 99

dargestellt. Die Übereinstimmung der gemessenen und gerechneten Werte ist jedoch nicht in allen Fällen so gut wie bei den hier wiedergegebenen Versuchen, insbesondere wenn durch Schwingungsvorgänge in der Saug- oder Auspuffleitung eine wesentliche Liefergradänderung auftritt.

In Abb. 100 ist die gemessene Mehrleistung eines *Ottomotors* mit der gemessenen Füllungsverbesserung verglichen. Kurve $\frac{\gamma}{\gamma_0}$ gibt den Proportionalwert des Ladedruckes wieder. Die Kurven $\frac{G_L}{G_{L_0}}$ entsprechen der unter Berücksichtigung der Mehrfüllung durch die Verdichtung der Restgase errechneten und der gemessenen Füllung. Die starke Mehrfüllung ist in diesem Fall zum Teil auf die besonderen Ein- und Ausströmverhältnisse zurückzuführen (Wirkung der kinetischen Energie der Auspuffgase). Die gemessene und gerechnete Zunahme des Mitteldruckes ist in den Kurven $\frac{p_e}{p_{e_0}}$ wiedergegeben.

In diesen beiden Kurven kommt sowohl die Mehrleistung durch die zusätzliche positive Gaswechselarbeit als auch die relative Verbesserung durch den mit zunehmender Leistung besseren mechanischen Wirkungsgrad zum Ausdruck. Außerdem geht in die Versuchswerte auch eine etwaige Änderung des Gütegrades

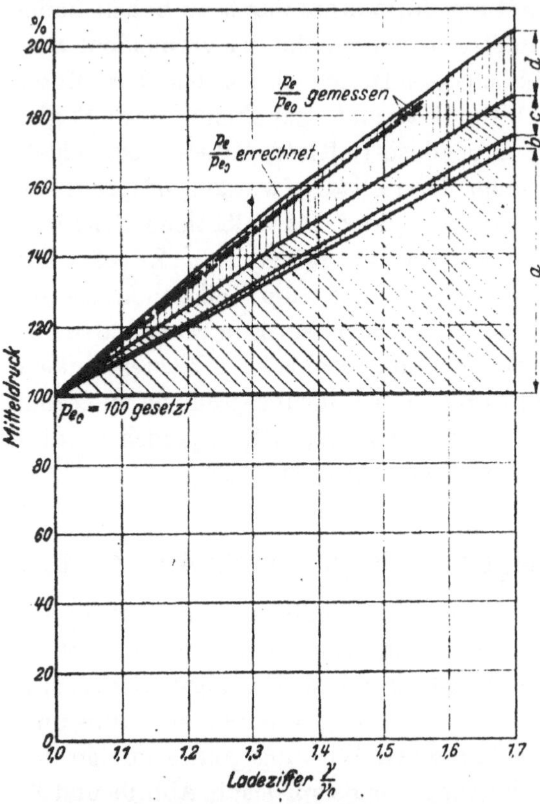

Abb. 98. Aufteilung des Leistungsgewinnes bei Überladung. a) Zunahme der Luftwichte in der Saugleitung. b) Füllungszunahme durch Restgasverdichtung, c) Erhöhung des Mitteldruckes durch positive Gaswechselarbeit, d) Zunahme des Mitteldruckes infolge der relativ geringeren mechanischen Verluste bei Überladung.
— — — — p_e/p_{e_0} aus Versuchen an einem Einzylindermotor mit direkter Einspritzung ermittelt, — · — · — p_e/p_{e_0} aus Versuchen an einem Vorkammermotor ermittelt. (Einzylinder-Viertakt-Dieselmotor $\varepsilon = 1:14$; $\lambda = 1,4$)

ein. Rechnerisch würde man bei Berücksichtigung der erwähnten Einflüsse eine geringere Leistung erhalten, als bei dem Versuch gemessen wurde.

Mit Totraumspülung. Die Leistungszunahme mit der Überladung ist bei Überschneidung der Ein- und Auslaßsteuerzeiten noch bedeutend stärker als bei den in Abb. 98 bis 100 wiedergegebenen Versuchsergebnissen. Während bei den üblichen Steuerzeiten (keine oder nur geringe Ventilüberschneidung) mit zunehmender Überladung nur eine teilweise Auffüllung des Totraumes erzielt wird, gelingt bei größerer Ventilüberschneidung die Auffüllung des Totraumes mit Luft fast vollkommen (s. S. 139). Dementsprechend erhält man auch eine sehr starke Zunahme der Mitteldrücke (s. Abb. 101) mit der Überladung. Bei Vergaserbetrieb ist jedoch eine starke Überschneidung der Steuerzeiten nicht möglich, da bei größerer Überladung — wie schon früher erwähnt — ein Teil des Kraftstoff-Luft-Gemisches durch den Motor gespült wird und somit verlorengeht (s. Abb. 91, S. 139). Die Ausnutzung der Vorteile großer Überschneidung und Totraumspülung bei guten Verbrauchszahlen ist deshalb nur bei Ottomotoren mit Einspritzung in den Zylinder und bei Dieselmotoren möglich. Die bei Totraumspülung erreichte Mehrleistung ist annähernd proportional der zusätzlich im Zylinder verbleibenden Luftmenge. Bei richtiger Wahl der Überschneidung der Steuerzeiten wird schon bei geringem Überdruck in

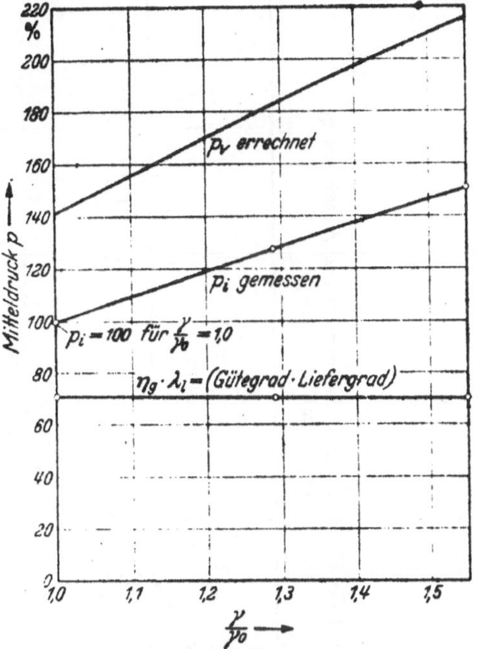

Abb. 99. Mittlerer Innendruck im Vergleich zum Mitteldruck der vollkommenen Maschine, abhängig von der Überladung; Versuche an einem Dieselmotor mit direkter Einspritzung (p_v ist unter der Annahme errechnet, daß Hubraum und Totraum mit Frischluft gefüllt sind; die Änderung der Gaswechselarbeit ist voll berücksichtigt).

der Saugleitung eine fast vollständige Auffüllung des Totraumes erreicht.

Bei den in Abb. 91 dargestellten Versuchen an einem wassergekühlten Motor von 4 l Hubvolumen wurde z. B. bei etwa 0,30 at Überdruck in der Saugleitung eine fast vollständige Spülung des Totraumes bei einer Zunahme des Mitteldruckes um etwa 2 kg/cm² erreicht. Bei noch höherer Überladung wird der Absolutwert der Zunahme des Mitteldruckes gegenüber dem normalgesteuerten Motor geringer, weil auch beim überladenen Motor ohne Spülung eine teilweise Auffüllung des Totraumes infolge der Restgasverdichtung auftritt (s. S. 130). Ein Leistungsgewinn durch die Überschneidung der Steuerzeiten konnte bei den in Abb. 91 dargestellten Versuchen erst von etwa 0,15 at Überdruck an festgestellt werden.

In Abb. 102 sind die Ergebnisse von Versuchen mit einem wassergekühlten Motor von 2 l Hubvolumen wiedergegeben. Bei diesen Versuchen wurde die Totraumfüllung bei etwa 0,2 at Überladung erreicht.
Zur Erzielung der vollen erreichbaren Mehrleistung war eine Überschneidung von etwa 150° erforderlich. Auch aus dieser Abbildung ist
ersichtlich, daß bei hoher Überladung die prozentuale Leistungs-

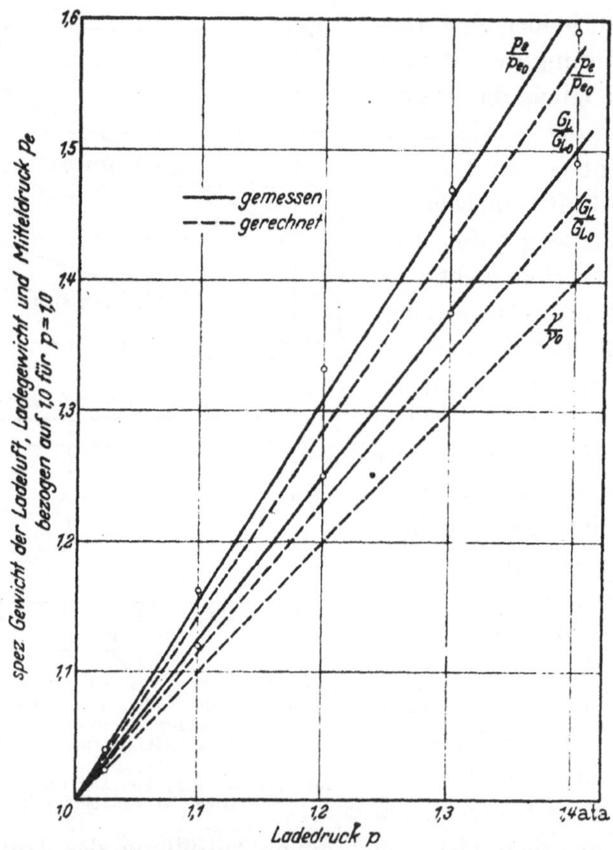

Abb. 100. Zunahme des mittleren Nutzdruckes und des angesaugten Luftgewichtes eines Otto-
motors mit der Überladung. Wassergekühlter Einzylindermotor $V_h = 2\,l$, $\varepsilon = 1{:}6$, $\lambda = 0{,}85$, Vorzündung = 38°, Temperatur der angesaugten Luft konst. = 16° C

zunahme durch die Totraumfüllung geringer wird. Der Kraftstoffverbrauch, bezogen auf die Nutzleistung, war mit und ohne Überschneidung — bis zu 0,5 at Überladung — gleich groß und nahezu
konstant, weil die bei höherer Überladung auftretende geringe Güte-
gradverschlechterung durch die relative Verbesserung des mechanischen
Wirkungsgrades wieder annähernd aufgehoben wurde.

Die in Abb. 102 dargestellte Abhängigkeit der Veränderung des
Mitteldruckes mit der Überladung wurde grundsätzlich auch in ähnlicher
Weise bei anderen Motoren mit höheren Drehzahlen und geringerem

Zylindervolumen festgestellt. Die Zunahme des Mitteldruckes entsprach in allen Fällen annähernd der Mehrfüllung des Verdichtungsraumes.

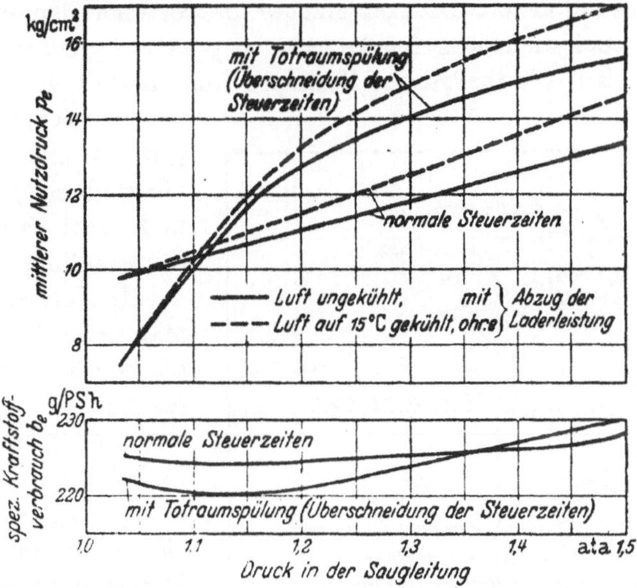

Abb. 101. Mittlerer Nutzdruck und spez. Kraftstoffverbrauch, bezogen auf die Nutzleistung, abhängig von der Überladung mit und ohne Überschneidung der Ventilsteuerzeiten. $n = 1500$ U/min; 110° KW Überschneidung der Steuerzeiten. Einzylindermotor $V_h \approx 4\,l$.

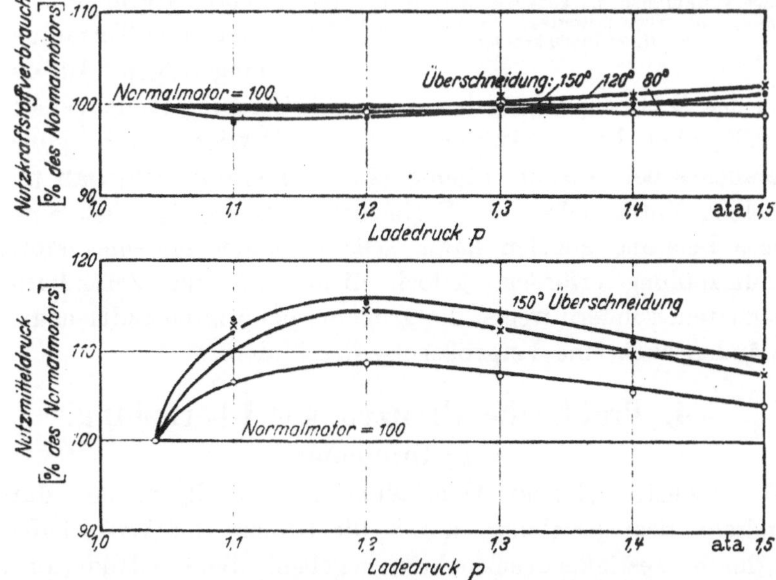

Abb. 102. Mitteldruck und Kraftstoffverbrauch eines Motors mit Überschneidung der Steuerzeiten bei verschiedener Überladung, bezogen auf die Werte des normalgesteuerten Motors. Der Leistungsbedarf des Laders ist in allen Fällen berücksichtigt. Einzylindermotor $V_h = 2\,l$, $\lambda = 0,85$, $\varepsilon = 1:7$ $t = 80°$ C.

Für die praktische Beurteilung der Brauchbarkeit der Totraumspülung ist eine gleichzeitige Betrachtung der damit verbundenen Veränderungen der mechanischen und der thermischen Beanspruchung sowie der Klopfgrenzen erforderlich. Die mechanische Beanspruchung ist bezogen auf gleiche Drehzahlen etwa proportional dem erzielten Mitteldruck; auch die Höchstdrücke nehmen praktisch verhältig dem Mitteldruck p_i zu. Die thermische Beanspruchung und die Klopfgrenze werden im nächsten Abschnitt („Praktische Grenzen der Überladung") allgemein und auch für die Totraumspülung behandelt.

Mit Totraumspülung ist man in der Lage, durch Erhöhung des Luftüberschusses bei gleicher Motorleistung, bezogen auf gleichen Ladedruck, einen wesentlich geringeren Verbrauch als beim Motor mit normalen Steuerzeiten einzustellen.

In Abb. 103 sind gemessene und theoretisch ermittelte Mitteldrücke mit und ohne Totraumspülung eingetragen. Aus dem Vergleich des Betriebspunktes bei der Höchstleistung (Luftüberschußzahl $\lambda = 0{,}85$) ohne Totraumspülung mit dem Betriebszustand günstigsten Verbrauches bei Totraumspülung ($\lambda = 1{,}1$) ergibt sich, daß man mit demselben Motor neben der Verbrauchsverbesserung auch eine etwas erhöhte Leistung erzielen kann. Die Umänderung eines Motors auf Totraumspülung erfordert jedoch nicht nur eine Veränderung der Steuerzeiten, sondern wegen der größeren benötigten Luftmengen unter Umständen auch eine Vergrößerung des Laders.

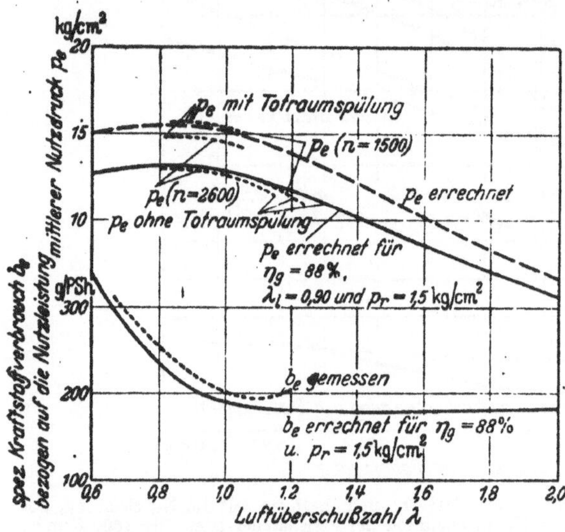

Abb. 103. Vergleich errechneter Werte für den Mitteldruck und den Kraftstoffverbrauch eines Ottomotors mit und ohne Totraumspülung, abhängig von der Luftüberschußzahl, mit Versuchswerten. $\varepsilon = 1{:}7$, $p_1 = 1{,}3$ ata, $H_u = 10500$ kcal/kg.

4. Praktische Grenzen der Überladung.

a) Ottomotor.

Die höchste zulässige Überladung ist im allgemeinen durch die thermische Beanspruchung, durch die Grenze der Wirtschaftlichkeit und durch Festigkeitsrücksichten gegeben. Beim Ottomotor ist die zulässige Überladung hauptsächlich durch die Klopfgrenze bestimmt (s. S. 48 ff.). Die Neigung zum Klopfen wird durch alle Einflüsse, die eine Temperaturerhöhung und Drucksteigerung im Zylinder zur Folge haben, begünstigt (s. S. 50 ff.). Höhere Verdichtung und heiße Stellen im Zylinder erhöhen die Neigung zum Klopfen.

Für die Klopfgrenze besteht ein eindeutiger Zusammenhang zwischen zulässigem Druck und der zulässigen Temperatur der angesaugten Luft. Läßt man eine hohe Temperatur zu, dann ist man gezwungen, den Ladedruck zu senken oder umgekehrt.

Zusammenhang zwischen höchstzulässigem Druck und höchstzulässiger Temperatur der Ladeluft an der Klopfgrenze. In Abb. 104 sind diese Zusammenhänge an Hand eines Versuches an einem wassergekühlten Motor gezeigt. Beispielsweise erfordert eine Temperatursteigerung von 20 auf 120° bei Luftmangel ($\lambda \approx 0{,}9$) und bei Verwendung von Benzin mit Bleitetraäthylzusatz (OZ 87) eine Senkung des Druckes der Ladeluft vor dem Motor von 1,5 auf 1,4 ata, um klopfenden Betrieb zu vermeiden. Bei Luftüberschuß ($\lambda \approx 1{,}1$) ist hier die Klopfneigung geringer, der Einfluß der Temperatur auf das Klopfen aber stärker; die erforderliche Drucksenkung mit zunehmender Temperatur ist also in diesem Falle noch erheblicher.

Ähnlich ist der Zusammenhang der zulässigen Drücke und Temperaturen bei Verwendung desselben Benzines ohne Bleitetraäthyl, jedoch sind die zulässigen Überladedrücke bei den gleichen Temperaturen etwa 0,4 at geringer.

Der Zusatz von Bleitetraäthyl ermöglicht in diesem Falle eine

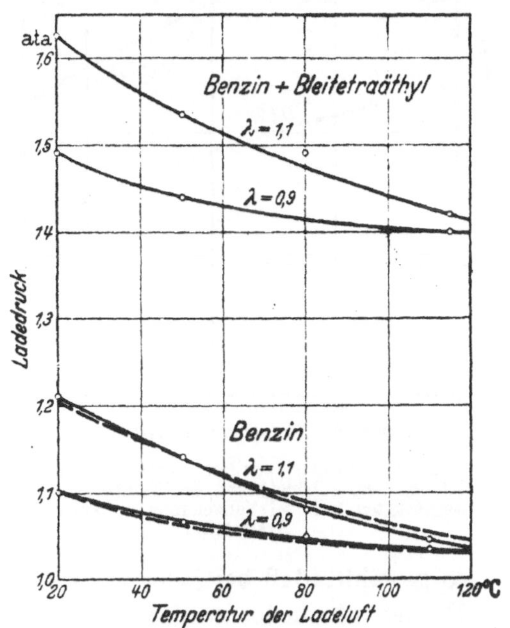

Abb. 104. Klopfgrenzen bei Änderung der Temperatur und des Druckes der Ladeluft für verschiedene Luftüberschußzahlen. Kraftstoff mit und ohne Zusatz von Bleitetraäthyl.

$n = 2000$ U/min; $\varepsilon = 1{:}7$.

Die gestrichelten Kurven sind aus den Werten für Benzin mit Bleitetraäthyl (obere Kurven) durch Umrechnung mit einem konstanten Faktor ermittelt.

nahezu proportionale Steigerung des zulässigen Ladedruckes im ganzen Betriebsbereich (vgl. gestrichelte Kurve in Abb. 104). Bei Versuchen mit einem zweiten Kraftstoff wurde ebenfalls festgestellt, daß der höchstzulässige Überladedruck an der Klopfgrenze durch Bleitetraäthylzusatz in einem bestimmten Verhältnis vergrößert wurde. Die erforderliche Drucksenkung bei Erhöhung der Temperatur der angesaugten Luft — an der Klopfgrenze — war bei verschiedenen Kraftstoffen sowohl im Absolutwert als auch im charakteristischen Verlauf verschieden, jedoch wurde in allen Fällen festgestellt, daß mit zunehmender Temperatur die Klopfneigung stärker wurde. Diese Versuchsergebnisse können gut mit der auf S. 50 gegebenen Erklärung des Klopfvorganges in Einklang gebracht werden.

Die höchstzulässigen Mitteldrücke an den Klopfgrenzen sind in Abb. 105 für ein Benzin mit und ohne Bleizusatz und ein Benzin-Benzol-Gemisch wiedergegeben (ausgezogene Kurven OZ 87 mit, OZ 73 ohne Bleizusatz).

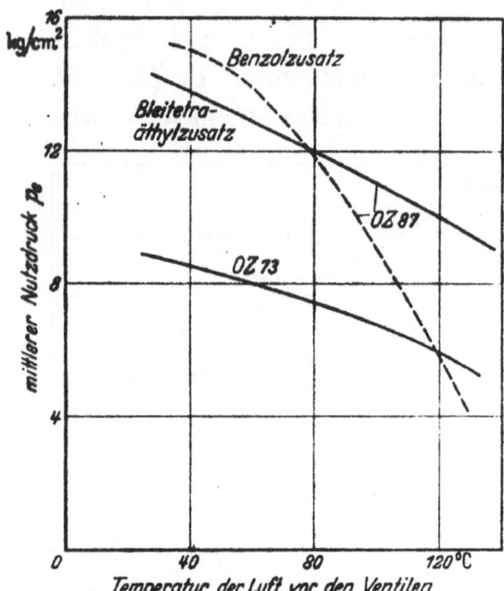

Abb. 105. Höchster mittlerer Nutzdruck an der Klopfgrenze, abhängig von der Temperatur der angesaugten Luft bei Verwendung verschiedener Kraftstoffe.

Der Benzolzusatz wurde so gewählt, daß sich die gleiche Oktanzahl (87) wie bei dem Kraftstoff mit Bleizusatz ergab. Bei dem Kraftstoff mit Benzolzusatz war die Temperaturabhängigkeit der Klopfgrenze bedeutend stärker.

Vorzündung und Klopfgrenze. Die Begrenzung der Höchstleistung durch das Klopfen ist aber auch von der gewählten Vorzündung wesentlich abhängig. Der Ladedruck muß an der Klopfgrenze um so geringer gewählt werden, je früher die Zündung eingestellt wird.

Die Abhängigkeit der Klopfgrenzen von der Vorzündung ist in Abb. 106a wiedergegeben. Der Druck der angesaugten Luft wurde so gewählt, daß bei jeder gewählten Vorzündung eben noch klopfender Betrieb vermieden wurde. Der Einfluß der Zündung ist für drei Luftüberschußzahlen dargestellt. Soll eine hohe Leistung erzielt werden, so muß mit Rücksicht auf die Klopfgrenzen die Vorzündung spät gewählt werden. Damit ist aber eine Verschlechterung des Verbrauches verbunden (s. S. 113). Somit ist je nach dem Verwendungszweck bei der Einstellung des Motors ein Kompromiß zur Erzielung der optimalen Bedingungen zu suchen.

Die Ursache für die Erhöhung der Klopfneigung bei früherer Zündung kann in Anlehnung an die früher beschriebenen Erklärungen für den Klopfvorgang in einer Erhöhung der Temperatur und des Druckes des vor Klopfbeginn noch unverbrannten Gemischrestes angegeben werden, da die Druck- und Temperatursteigerung in der Nähe des Totpunktes wegen des früheren Eintreffens der Flammenfront rascher vor sich geht. Diese Deutung des Vorganges stimmt auch mit der Erfahrung, daß ein zwangläufiger Zusammenhang zwischen Ladelufttemperatur und zulässiger Vorzündung besteht, überein. In den Kurven der Abb. 106b ist an Hand eines Beispiels gezeigt, daß bei Späterlegen der Zündung eine Erhöhung der Ladelufttemperatur zulässig wird.

Verdichtung und Klopfgrenze. Es ist bekannt, daß die höchstzulässige Verdichtung wesentlich von der Klopffestigkeit der zur Verwendung kommenden Kraftstoffe abhängt. Mit zunehmender Verdichtung steigen sowohl die Drücke als auch die Temperaturen am

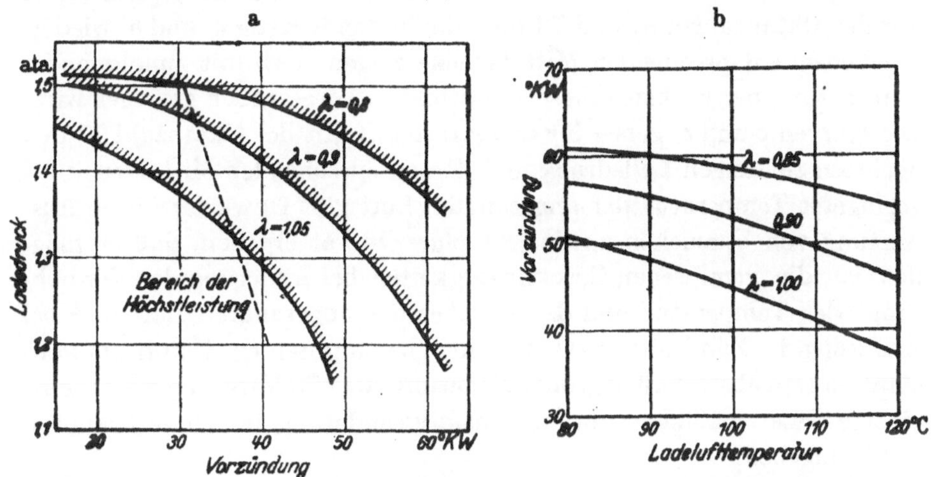

Abb. 106. Beziehung zwischen Vorzündung und zulässigem Druck bzw. zulässiger Temperatur der Ladeluft an der Klopfgrenze.

klopfend

Klopfgrenze   a) Temperatur der Ladeluft konstant = 100° C, λ = 0,8, 0,9 und 1,05.

nicht klopfend   b) Druck der Ladeluft konstant = 1,3 ata; λ = 0,85; 0,90; 1,00.

Ende des Verdichtungshubes stark. Infolgedessen ist auch eine starke Zunahme der Drücke und Temperaturen des bei Klopfbeginn unver-

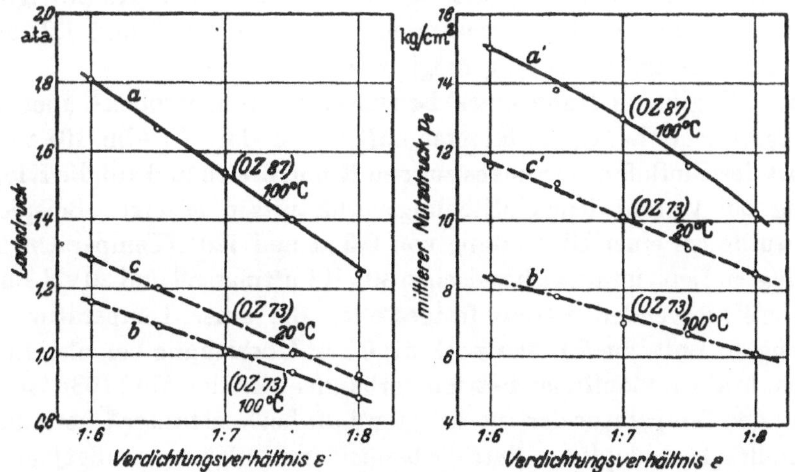

Abb. 107. Beziehungen zwischen Verdichtungsverhältnis und Ladedruck und zwischen Verdichtungsverhältnis und Mitteldruck p_e an der Klopfgrenze n = 2200 U/min; λ = 0,9; Vorzündung = 38° KW v.o.T.

brannten Gemischteiles vorhanden, wodurch die Zunahme der Klopfneigung bei Erhöhung der Verdichtung im Sinne der früher gegebenen Erklärungen des Klopfvorganges verständlich wird.

In Abb. 107 sind die Ergebnisse von Versuchen an einem wassergekühlten Motor bei verschiedener Verdichtung wiedergegeben. Die Kurven a und b stellen die höchsten, bei der Ladelufttemperatur 100° zulässigen Ladedrücke bei verschiedener Überladung für 2 Kraftstoffe mit den Oktanzahlen 87 und 73 dar; die in den Kurven a' und b' wiedergegebenen entsprechenden Mitteldrücke zeigen, daß mit zunehmender Verdichtung der höchste zulässige Mitteldruck wesentlich geringer wird. Die Kurven c und c' geben für den Kraftstoff mit der Oktanzahl 73 den höchsten zulässigen Ladedruck und den entsprechenden Mitteldruck bei geringerer Temperatur der angesaugten Luft (20° C) wieder. Eine Auswertung von Versuchen an der Klopfgrenze hat ergeben, daß es möglich ist, die gemessenen Gesetzmäßigkeiten bei Änderung der Verdichtung, der Temperatur und des Druckes der angesaugten Luft und bei Änderung des Zündzeitpunktes für einen bestimmten Kraftstoff bei konstantem Luftüberschuß in grober Näherung für alle Versuche durch eine einzige Gesetzmäßigkeit für die Zustandsänderung im Unverbrannten wiederzugeben.

Mischungsverhältnis und Klopfgrenze. Auch das Mischungsverhältnis beeinflußt die höchste, mit Rücksicht auf die Klopfgrenze erreichbare Leistung, weil in der Gegend des stöchiometrischen Mischungsverhältnisses (meist etwas im Luftüberschußgebiet) das stärkste Klopfen auftritt (Abb. 108). Bei großem Luftüberschuß und bei Luftmangel ist jedoch klopffreier Betrieb möglich, so daß bei Vermeidung des Gebietes der höchsten thermischen Belastung und der stärksten Klopfneigung (entsprechend den Luftüberschußzahlen λ zwischen 0,85 und 1,2) eine Zulassung höherer Überladung möglich ist.

Abb. 108 gibt an Hand eines Beispieles einen Überblick[1] über die Betriebsbereiche, bei denen Klopfen auftritt, wieder. In Abb. 108a und 108b ist der Einfluß des Druckes auf den Klopfbereich und auf die Klopfneigung bei verschiedenen Mischungsverhältnissen gezeigt. Beispielsweise wurde bei einer Überladung von 0,3 at und 120° (Temperatur der angesaugten Luft) im Bereich zwischen 30 vH Luftmangel und 20 vH Luftüberschuß klopfender Betrieb festgestellt. Bei einer Temperatur der angesaugten Luft von 20° war noch bis 0,3 at Überladung bei allen Luftüberschußzahlen klopffreier Betrieb vorhanden. In der Abb. 108c ist der Einfluß der Temperatur der angesaugten Luft bei konstanter Überladung dargestellt. Der klopffreie Betriebsbereich im Luftüberschußgebiet ist im allgemeinen sehr eng, da meist schon bei 20 vH Luftüberschuß unruhiger Gang auftritt. Deshalb bleibt vielfach nur die Möglichkeit, den Motor mit sehr reichen Gemischen und damit sehr hohen Verbrauchszahlen zu betreiben. Soll der Motor im klopffreien Bereich des Luft-

---

[1] Die eingetragenen Klopfgrenzen gelten nur ungefähr, weil die zugrunde gelegten Messungen unvollständig waren.

überschußgebietes betrieben werden, so ist eine sehr genaue Regelung
des Mischungsverhältnisses erforderlich, weil bei geringen Regelfehlern
im Sinne zu reichen Gemisches Klopfen auftritt und bei Regelfehlern
im Sinne zu armen Gemisches der Gang des Motors unregelmäßig
wird bzw. Aussetzen auftritt. Die Beseitigung dieser Schwierigkeiten
gelingt zum Teil mit Gemischschichtung und noch besser durch Gemischschichtung und Mehrfunkenzündung (s. S. 39).

Thermische Beanspruchung mit und ohne Totraumspülung. Neben
dem Klopfvorgang ist auch durch die thermische Belastung ins-

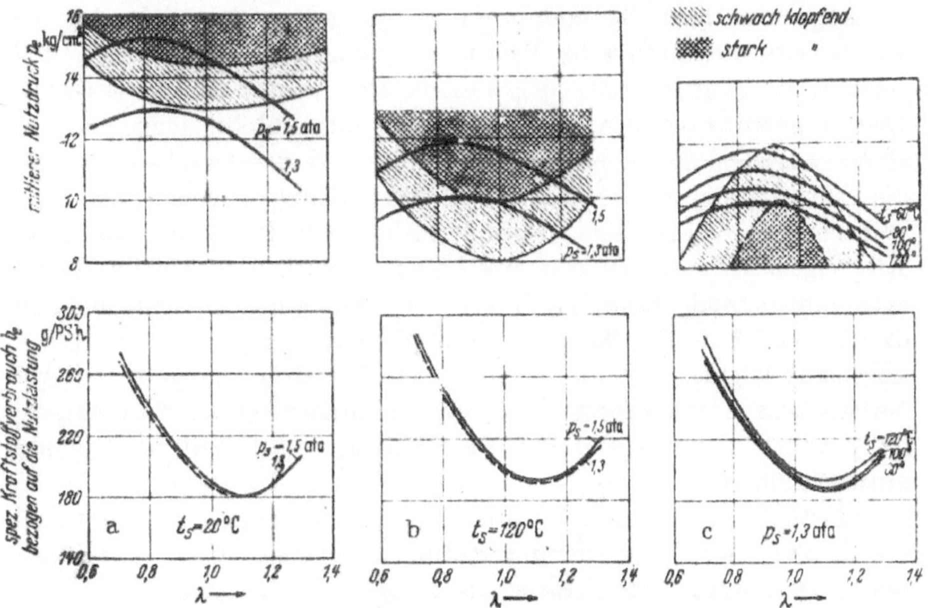

Abb. 108. Klopfgrenzen bei verschiedenen Drücken und Temperaturen der angesaugten Luft
abhängig von der Luftüberschußzahl.
a) u. b) Temperatur der angesaugten Luft konstant (20° C und 120° C),
c) Druck der angesaugten Luft konstant (1,3 ata).

besondere des Kolbens und der Ventile eine Grenze für die höchste
Überladung gegeben, die jedoch so stark von der konstruktiven Ausbildung der Zylinder und von den Kühlungsverhältnissen abhängig ist,
daß vorläufig keine allgemeinen Angaben gemacht werden können, insbesondere da bei den heute noch allgemein verwendeten Kraftstoffen
die Klopfgrenze früher erreicht wird. Aber auch für die Klopfgrenze
ist die thermische Beanspruchung insofern von Bedeutung, als heiße
Stellen im Zylinder die Klopfneigung beeinflussen. Deshalb ist auch
die Verminderung der thermischen Beanspruchung durch die Totraumspülung infolge der an den heißen Ein- und Auslaßorganen vorbeistreichen-
den Luft von großem Einfluß auf die Klopfneigung.

Beim Motor mit erhöhter Überschneidung der Steuerzeiten ist die thermische Belastung etwa dieselbe wie beim normal gesteuerten Motor, bezogen auf denselben Mitteldruck (gleicher Mitteldruck des normalgesteuerten Motors bei gleicher Ladelufttemperatur, aber bei höherer Überladung), sofern eine nennenswerte Durchspülung nicht vorhanden ist. Tritt aber eine erhebliche Spülwirkung auf (vgl. den Bereich von über 0,3 an Überladung in Abb. 91, S. 139), so wird die thermische Beanspruchung, bezogen auf dieselbe Leistung, bedeutend geringer als beim Motor mit normalen Steuerzeiten.

Betrachtet man die Ventilsitztemperaturen als ungefähres Maß für die thermische Beanspruchung, so zeigt sich, daß bei gleicher Ventilsitztemperatur beim Spülmotor die Leistungen größer sind oder daß andererseits die thermische Belastung, bezogen auf gleiche Leistung, geringer ist (Verringerung der Ventilsitztemperatur bis etwa 50° C). Diese Ergebnisse wurden an einem luftgekühlten Motor gewonnen. An einem wassergekühlten Motor war der Einfluß der Durchspülung auf die Ventilsitztemperatur wesentlich kleiner, offenbar wegen der stärkeren Wirkung des Kühlwassers. Noch wichtiger war die Beeinflussung der Klopfeigenschaften. Bei den erwähnten Versuchen wurde im Gegensatz zum normalgesteuerten Motor, bei dem schon bei einem Ladedruck von 1,3 ata im Bereich von 10 vH Luftmangel bis 10 vH Luftüberschuß Klopfen auftrat, bei demselben Ladedruck im ganzen Regelbereich kein Klopfen festgestellt. Die Verminderung der Klopfneigung ist vermutlich vorwiegend auf die Kühlung heißer Teile im Zylinder zurückzuführen.

Ein Mittel zur Verminderung der thermischen Belastung bietet auch die *Kühlung* der Zylinderladung *durch Verdampfung von Flüssigkeiten*. Schon 1915 wurde die *Wassereinspritzung* in das Saugrohr des Motors als Mittel zur Herabsetzung der Gemischtemperaturen benutzt. Bei neueren Versuchen [H 17] konnte an einem wassergekühlten Einzylindermotor von 4 l Hubraum ($\varepsilon = 1:7,3$) mit Fliegerbenzin mit der Oktanzahl 87 bei einer Ladelufttemperatur von 100° der mit Rücksicht auf die Klopfgrenze zulässige Mitteldruck (p_e) von etwa 8 auf 9,5 at gesteigert werden, wenn eine Wassermenge entsprechend dem Gewicht von 40 vH der Kraftstoffmenge eingespritzt wurde. Ein ähnlicher Erfolg wird bei Verwendung besonders reicher Gemische infolge der Verdampfungswärme des Kraftstoffes erreicht.

b) Dieselmotor.

Beim Dieselmotor ist durch die Lufttemperatur eine Grenze der Überladung in dem vorläufig in Betracht kommenden Bereich (bis 150°) nicht vorhanden (s. S. 143). Eine Rückkühlung der Ladeluft ist deshalb mit Rücksicht auf den Verbrennungsvorgang nicht erforderlich. Die Verminderung der Leistung durch die erhöhte Temperatur kann durch eine höhere Aufladung ausgeglichen werden, ohne daß sich dadurch betrieblich Nachteile ergeben. Als Beispiel sei ein Versuch an einem Dieselmotor erwähnt, bei dem bei gleichbleibendem Gewicht der Zylinderfüllung die Temperatur der Ladeluft vor dem Motor von 20 auf 140° C gesteigert wurde. Die Verringerung der Luftwichte wurde durch entsprechende Erhöhung des Druckes wieder ausgeglichen. Dabei wurde eine Verbrauchsverschlechterung um etwa 5 g/PSh festgestellt. Die Zylinderwandtemperaturen waren um etwa 10° gestiegen. Die Betriebseigenschaften waren nicht schlechter. Es ist anzunehmen, daß bei besserer Anpassung des Motors an die geänderten Verhältnisse dieselben Verbrauchszahlen wie bei Betrieb mit geringer Lufttemperatur erreicht werden können. Über die Größe der thermischen Mehrbelastung liegen noch keine allgemeingültigen Versuchsergebnisse vor. Es ergibt sich also für den Dieselflugmotor die Möglichkeit, bei erheblicher Überladung und vollständigem Wegfall der Luftkühler hohe Leistungen zu erreichen. Eine Grenze der Überladung mit Rücksicht auf die Wirtschaftlichkeit ist hauptsächlich durch die Güte des Laders gegeben, jedoch wird diese Grenze wegen der Schwierigkeiten der Beherrschung der thermischen Belastung heute praktisch noch nicht erreicht.

B. Flugmotoren mit und ohne Aufladung.

I. Leistung und Verbrauchszahlen des nicht aufgeladenen Motors bei Höhenflug.

Infolge der Veränderung der atmosphärischen Bedingungen (Abb. 109) mit der Höhe, insbesondere durch die Abnahme der Luftdichte (Abb. 110), ergibt sich mit zunehmender Höhe eine Verringerung der Motorleistung.

Die Abnahme der Nutzleistung mit der Höhe ist einerseits durch die Verminderung des angesaugten Luftgewichtes, die eine Abnahme der Innenleistung zur Folge hat, und andererseits durch den schlechteren mechanischen Wirkungsgrad bedingt. Die Verminderung der Innenleistung entspricht im wesentlichen der Abnahme der Luftdichte, außerdem ergibt sich eine Abhängigkeit von der Temperatur. Jedoch ist die Leistung nicht dem Kehrwert der Temperatur verhältig, da durch die Veränderung der Wärmeübergangsverhältnisse im Zylinder eine Veränderung des Liefergrades auftritt (s. auch S. 102).

1. Einfluß der mechanischen Verluste.

Die Nutzleistung nimmt mit der Höhe verhältnismäßig stärker ab
als die Innenleistung, da sich der Absolutwert der mechanischen Verluste
weniger als im Verhältnis der Innenleistung ändert, so daß die Reibungs-

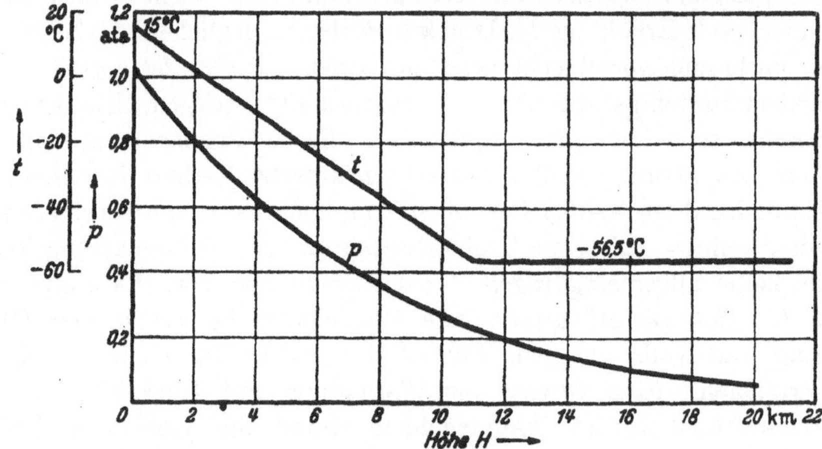

Abb. 109. Druck und Temperatur der Luft, abhängig von der Höhe nach der Internationalen
Normal-Atmosphäre (INA).

verluste in größeren Höhen relativ stärker in Erscheinung treten. Die
Größe dieses Einflusses läßt sich unter der Annahme annähernd konstanter Reibungsleistung folgendermaßen ermitteln:

Nimmt man zur Vereinfachung beim ungedrosselten Motor ohne

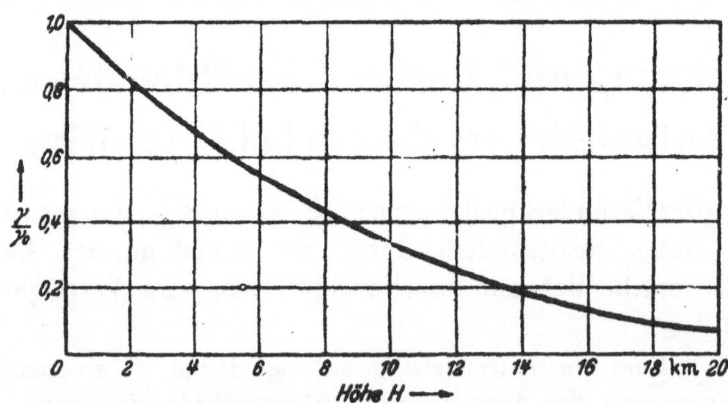

Abb. 110. Relativwerte des spez. Gewichtes der Luft γ/γ_0, bezogen auf den Normalzustand am
Boden, abhängig von der Höhe nach INA.

Lader an, daß sich die innere Leistung im Verhältnis der Dichte ändert,
so erhält man die Beziehung: $N_i = N_{i_0} \dfrac{\gamma}{\gamma_0}$. Die Reibungsleistung erhält
man aus dem mechanischen Wirkungsgrad und der Leistung am Boden
nach der Beziehung: $N_r = N_{i_0}(1 - \eta_{m_0})$. Damit ergibt sich die effektive
Leistung in der Höhe zu:

$$N_e = N_i - N_{i_0}(1 - \eta_{m_0}).$$

Durch Einsetzen der obenstehenden Gleichung für N_i erhält man:

$$N_e = \frac{N_{e_0}}{\eta_{m_0}}\left[\frac{\gamma}{\gamma_0} - (1 - \eta_{m_0})\right]. \tag{1}$$

Die für Berechnungen von Höhenleistungen erforderlichen Zahlenwerte für die Luftdichte sowie auch für den Druck und die Temperatur in verschiedenen Höhen sind in Abb. 109 und 110 und in Tabelle 3 zusammengestellt[1].

Tabelle 3.

Höhe H km	Temperatur		Druck p	Wichte γ	Verhältniszahlen		
	t °C	T °K	kg/cm²	kg/m³	$\dfrac{T}{T_0}$	$\dfrac{p}{p_0}$	$\dfrac{\gamma}{\gamma_0}=\dfrac{\varrho}{\varrho_0}$
0	15,00	288,00	1,0332	1,226	1,0000	1,0000	1,0000
1	8,50	281,50	0,9164	1,112	0,9774	0,8870	0,9075
2	2,00	275,00	0,8106	1,007	0,9548	0,7845	0,8215
3	− 4,50	268,50	0,7148	0,9094	0,9323	0,6918	0,7421
4	− 11,00	262,00	0,6284	0,8194	0,9097	0,6082	0,6686
5	− 17,50	255,50	0,5507	0,7363	0,8872	0,5330	0,6008
6	− 24,00	249,00	0,4810	0,6598	0,8646	0,4655	0,5384
7	− 30,50	242,50	0,4186	0,5896	0,8420	0,4051	0,4811
8	− 37,00	236,00	0,3629	0,5252	0,8194	0,3512	0,4286
9	− 43,50	229,50	0,3133	0,4664	0,7968	0,3033	0,3806
10	− 50,00	223,00	0,2694	0,4127	0,7743	0,2608	0,3368
11	− 56,50	216,50	0,2306	0,3639	0,7517	0,2232	0,2969
12	− 56,50	216,50	0,1970	0,3108	0,7517	0,1906	0,2536
13	− 56,50	216,50	0,1682	0,2654	0,7517	0,1628	0,2166
14	− 56,50	216,50	0,1437	0,2267	0,7517	0,1391	0,1850
15	− 56,50	216,50	0,1227	0,1936	0,7517	0,1188	0,1580
16	− 56,50	216,50	0,1048	0,1653	0,7517	0,1014	0,1349
17	− 56,50	216,50	0,08949	0,1412	0,7517	0,08662	0,1152
18	− 56,50	216,50	0,07643	0,1206	0,7517	0,07397	0,0984
19	− 56,50	216,50	0,06528	0,1030	0,7517	0,06318	0,08404
20	− 56,50	216,50	0,05575	0,08796	0,7517	0,05396	0,07177

Im Gegensatz zu obenstehender Annahme nimmt jedoch die Reibungsleistung im allgemeinen mit der Höhe etwas ab. Beispielsweise wurde an einem Curtiss D-12-Motor bei Betriebsverhältnissen entsprechend 6,1 km Höhe eine Verminderung der Reibungsleistung auf etwa 80 vH des Wertes am Boden gemessen [H 10]. Die Abnahme ergab sich etwa linear in Abhängigkeit vom Druck der angesaugten Luft.

Der Einfluß der Änderung der Reibungsverluste mit der Höhe wird jedoch meist nicht direkt bei der Berechnung der Höhenleistung berücksichtigt, da die Wärmeübergangsverhältnisse an den Ventilen so stark ins Gewicht fallen, daß die obengenannte Formel den tatsächlichen Leistungsabfall nicht genau genug wiedergibt und deshalb empirische

---

[1] Die Änderung der Zusammensetzung der Luft kann bis 20 km Höhe vernachlässigt werden.

Formeln besser geeignet sind. Untersuchungen an zahlreichen Motoren haben gezeigt, daß der Leistungsabfall mit der Höhe für verschiedene Motorenmuster verschieden ist, daß jedoch ein Durchschnittswert angegeben werden kann. Z. B. entspricht nach Untersuchungen von R. F. Gagg und E. V. Farrar die Motorleistung in 6100 m Höhe etwa 47 vH der Bodenleistung. Versuche anderer Verfasser haben 40 bis 48 vH ergeben (vgl. Abb. 111, 112).

2. Einfluß des Wärmeüberganges.

Da bei Höhenflug kältere Luft angesaugt wird, ergeben sich während des Einströmvorganges höhere Temperaturunterschiede zwischen Luft und Wand als am Boden. Deshalb werden auch größere Wärmemengen ausgetauscht. Auch die Änderung der Luftdichte bedingt einen Unterschied in den Wärmeübergangsverhältnissen und damit eine Veränderung der Füllung bzw. des Liefergrades. Wie oben erwähnt wurde, ist es zur Berechnung der Höhenleistung nicht üblich, die Einflüsse einzeln zu ermitteln, sondern man bedient sich empirischer Leistungsformeln, die alle diese Einflüsse zusammenfassend berücksichtigen. Die Wärmeübergangsverhältnisse werden meist durch einen temperaturabhängigen Faktor berücksichtigt.

3. Formeln für die Höhenleistung des nicht aufgeladenen ungedrosselten Motors.

Sehr viel verwendet wird eine Formel, die den Temperatureinfluß entsprechend der Wurzel aus der absoluten Temperatur berücksichtigt:

$$N_e = N_{e_0} \frac{p}{p_0} \sqrt{\frac{T_0}{T}} \, . \tag{2}$$

Der Index 0 bezieht sich auf Meereshöhe. Diese Formel ist in Deutschland vorwiegend auch für Abnahmen üblich und wird auch in England viel benutzt.

In Frankreich wird vielfach eine Formel benutzt, die die Temperatur entsprechend einem Faktor (const $+ t$) berücksichtigt:

$$N_e = N_{e_0} \frac{p}{p_0} \frac{500 + t_0}{500 + t} \, . \tag{3}$$

Weiterhin wird auch die Beziehung

$$N_e = N_{e_0} \left(\frac{\gamma}{\gamma_0} \right)^{1,28} \tag{4}$$

angewendet. Von R. R. Gagg und E. V. Farrar wird die Formel

$$N_e = N_{e_0} \left[\frac{\gamma}{\gamma_0} - \left(\frac{1 - \dfrac{\gamma}{\gamma_0}}{7,55} \right) \right] \tag{5}$$

empfohlen.

Mit Hilfe der angegebenen Formeln wird aus der Normalleistung am Boden die Leistung in einer beliebigen Höhe errechnet, wobei für Druck und Temperatur in der Höhe der Normalluftzustand in diesen Höhen nach INA eingeführt wird. Mit den Formeln kann aber auch die Höhenleistung berechnet werden, wenn eine Abweichung von Druck und Temperatur der Normalatmosphäre auftritt (z. B. Unterschied im

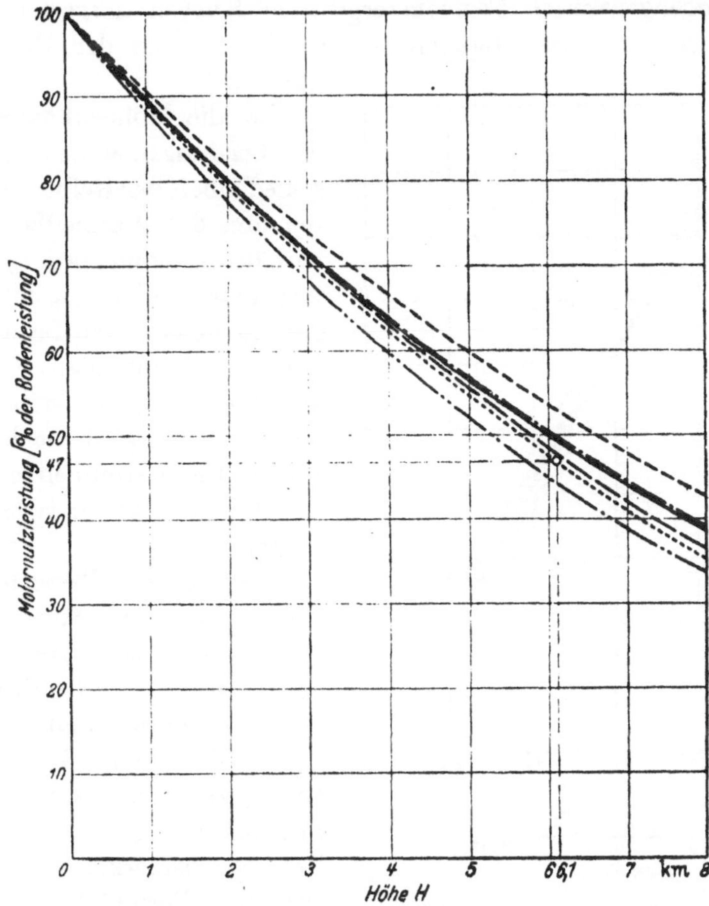

Abb. 111. Abnahme der Motorleistung mit der Höhe, nach verschiedenen Höhenformeln berechnet:

$$\cdots \qquad N = \frac{N_0}{\eta_{m_0}}\left[\left(\frac{\gamma}{\gamma_0}\right) - (1 - \eta_{m_0})\right] \;(\text{für } \eta_{m_0} = 0{,}9), \qquad \text{——} \quad N = N_0\,\frac{p}{p_0}\sqrt{\frac{T_0}{T}},$$

$$\text{- - -} \quad N = N_0\cdot\frac{p}{p_0}\,\frac{500 + t_0}{500 + t} \qquad\qquad \text{-··-} \quad N = N_0\left(\frac{\gamma}{\gamma_0}\right)^{1{,}24},$$

$$\cdots\cdots \quad N = N_0\left(\frac{\gamma}{\gamma_0} - \frac{1 - \gamma\,\gamma_0}{7{,}55}\right), \qquad\qquad \text{– – –} \quad N = N_0\,\frac{\gamma}{\gamma_0}.$$

Sommer und Winter). In diesem Falle kann die Leistung nach denselben Formeln annähernd berechnet werden, wenn die tatsächlichen Drücke und Temperaturen in den betreffenden Höhen eingeführt werden. Die zahlenmäßigen Werte der Höhenleistung, die sich aus den angegebenen Formeln unter Zugrundelegung der INA-Werte ergeben, sind in der nachfolgenden Tabelle für 4 und 10 km Höhe wiedergegeben.

$100\,\dfrac{N_e}{N_{e_0}}$ für:	Höhe	1	2	3	4	5	γ/γ_0
	4000	63,2	63,8	64,1	59,8	62,5	66,9 vH
	10000	26,3	29,7	29,9	24,9	24,9	33,7 „

In Abb. 111 ist der Leistungsabfall abhängig von der Höhe, der sich aus den obengenannten Formeln ergibt, in Kurven dargestellt. Als Vergleich ist auch die Abhängigkeit der Dichte von der Höhe eingezeichnet.

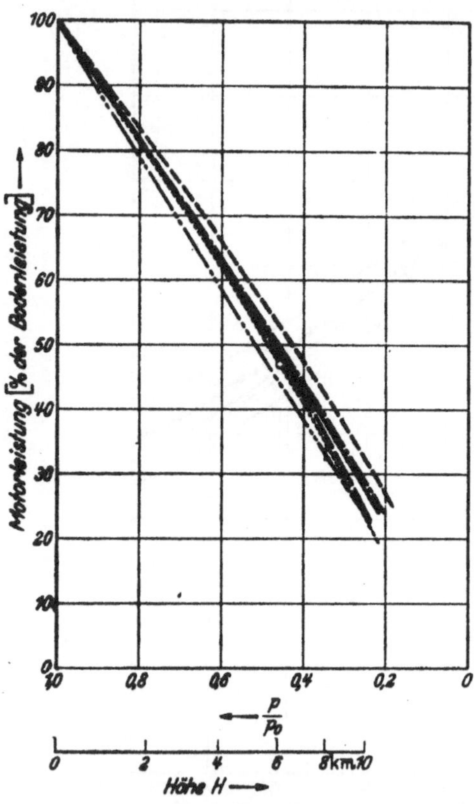

Abb. 112. Leistungsabnahme mit der Flughöhe (nach Abb. 111), in Abhängigkeit vom Druckverhältnis aufgezeichnet.

Da die Höhenabhängigkeit der Leistungen wegen der Verschiedenheit der Reibungsarbeiten und der Wärmeübergangsverhältnisse vom jeweiligen Motorenmuster abhängig ist, werden die gemessenen Leistungen durch die genannten Formeln verschieden gut wiedergegeben. Die Versuchsergebnisse der meisten Motoren stimmen mit den Gleichungen (2) nnd (3) gut überein.

Eine bessere Übersicht über den Aufbau der Formeln ergibt sich bei Auftragung des Leistungsabfalls über dem Druckverhältnis, weil dann die verschiedenartige Berücksichtigung der Temperatur besser in Erscheinung tritt (Abb. 112). Es ist bemerkenswert, daß sich mit Formel (1) ähnliche Werte für die Leistungsabnahme ergeben wie mit den übrigen Formeln, bei denen der Temperatureinfluß berücksichtigt ist. Beim Vergleich ist aber zu beachten, daß in Formel (1) durch die Annahme konstanter Reibungsleistung eine zu starke Abnahme der Höhenleistung infolge der mechanischen Verluste angenommen wird, während andererseits die Verminderung der Leistung durch den stärkeren Einfluß des Wärmeüberganges vernachlässigt wird.

Falls sowohl für die Liefergradänderung als auch für die Änderung der Reibungsarbeit Meßwerte vorliegen, ist die Verwendung einer Formel möglich, die beide Einflüsse genauer berücksichtigt. Da infolge der Verminderung der Gasdrücke eine erhebliche — lineare — Abnahme eines

Teiles der Reibungskräfte auftritt, kann man die Reibungsleistung in einen von den Drücken[1] und damit von der Höhe abhängigen und in einen von der Höhe unabhängigen Teil aufteilen, so daß

$$N_r = (N_{r_0} - N_{r_m}) \frac{p_s}{p_0} + N_{r_m}$$

wird.

Es bedeutet:

N_{r_m} den von den Drücken unabhängigen Anteil der Reibungsleistung,

N_{r_0} die Reibungsleistung in Meereshöhe,

p_s den Druck in der Saugleitung,

T_s die Temperatur in der Saugleitung.

Mit $N_{r_m}/N_{r_0} = b$ kann die gesamte Höhenleistung folgendermaßen dargestellt werden:

$$N_e = \frac{N_{e_0}}{\eta_{m_0}} \frac{G_{\text{Luft}}}{G_{\text{Luft}_0}} - N_r$$
$$= \frac{N_{e_0}}{\eta_{m_0}} \frac{p_s}{p_0} \left[\left(\frac{T_0}{T_s} \right)^n - (1 - \eta_{m_0}) \left(1 - b + b \frac{p_0}{p_s} \right) \right] \tag{6}$$

Diesem Ansatz ist die Annahme zugrunde gelegt, daß die Veränderung der angesaugten Luftmenge mit der Temperatur durch einen Faktor $1/T^n$ wiedergegeben werden kann. Mit diesem Ansatz können Versuchsergebnisse mit ausreichender Genauigkeit wiedergegeben werden (s. auch S. 101 f.). Der Exponent n schwankt je nach der Motorenbauart in weiten Grenzen. Als Mittelwert kann $n \approx 0{,}7$ angenommen werden. Der Quotient b ist ebenfalls für verschiedene Motorenmuster verschieden. Als Durchschnittswert kann etwa $b \approx 0{,}65$ gesetzt werden; der Einfluß der Verschiedenheit dieses Wertes auf das Ergebnis der Rechnung ist unbedeutend. Wenn die Aufteilung der Reibungsleistung und damit der Wert b versuchsmäßig ermittelt sind, bietet die obige Formel eine genauere Unterlage für die Berechnung der Höhenleistung von Flugmotoren als die rein empirischen Formeln.

Der Leistungsabfall der Dieselmotoren mit zunehmender Höhe ist etwas verschieden von dem Leistungsabfall der Ottomotoren. Bei der üblichen Einstellung der Regelung der Dieselmotoren kann in niederen Höhen — bis etwa 2 km — beim Dieselmotor ein geringerer Leistungsabfall erreicht werden als beim Ottomotor (Abb. 113), weil der am Boden für Dauerlast zulässige Luftüberschuß mit zunehmender Höhe meist

---

[1] Es wäre richtiger, den veränderlichen Anteil der Reibungsarbeit abhängig vom mittleren Innendruck anzugeben. Für überschlägige Rechnungen genügt es aber auch, eine Abhängigkeit vom Druck der angesaugten Luft (der dem mittleren Innendruck in erster Annäherung verhältig ist) einzuführen.

herabgesetzt werden kann, ohne daß die thermische Beanspruchung des Motors gegenüber dem Betrieb in Bodennähe erhöht wird. In größeren Höhen nimmt jedoch die Leistung des Dieselmotors im allgemeinen stärker ab als die des Ottomotors, hauptsächlich deshalb, weil der Zündverzug infolge des verminderten Druckes und der geringen Temperatur am Ende der Verdichtung zunimmt (Abb. 113, s. auch S. 66 ff.).

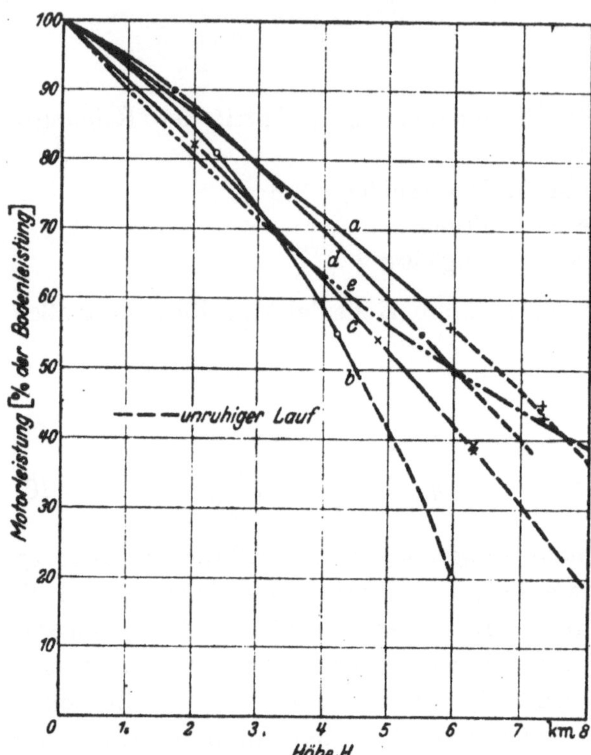

Abb. 113. Gemessener Leistungsabfall von Dieselmotoren mit der Höhe (verschiedene Arbeitsverfahren). Zum Vergleich sind auch die nach der Formel $N = N_0 \cdot \dfrac{p}{p_0} \cdot \sqrt{\dfrac{T_0}{T}}$ berechneten Werte (Kurve *e*) eingetragen:

a) Vorkammermotor $\varepsilon = 1:14$; $n \sim 1500$,
b) Lanova-Motor $\varepsilon = 1:12,5$; $n \sim 1490$,
c) Lanova-Motor $\varepsilon = 1:15$; $n \sim 1490$,
d) Direkte Einspritzung $\varepsilon = 1:12,2$.

4. Höhenverhalten des nicht aufgeladenen Motors.

Die Höhenleistung des Motors wird nicht nur durch die infolge verringerter Luftdichte verminderte Ladung des Zylinders, sondern auch durch den Verbrennungsvorgang beeinflußt. Beim Ottomotor ist dieser Einfluß nicht nennenswert, da sich der Arbeitsprozeß lediglich bei einem etwas tieferen Druckniveau und nur wenig verändertem Temperaturniveau abspielt, so daß eine sehr starke Beeinflussung des Verbrennungsvorganges durch den thermischen Zustand des Motors nicht auftritt.

Beim *Dieselmotor* erfolgt dagegen eine wesentliche Beeinflussung des Zündungsvorganges und damit des motorischen Arbeitsvorganges durch die Höhenbedingungen. Werden Dieselmotoren bei wesentlich geringerem Luftdruck betrieben, als bei der Wahl der Einspritzdüsen vorgesehen ist (z. B. Flug in großen Höhen), so wird die Reichweite des Kraftstoffstrahles zu groß, so daß ein Teil des Kraftstoffes an die Wand gespritzt wird. flüssig an der Wand ausgeschieden wird und zum

Teil gar nicht, zum Teil erst während der Dehnung verbrennt. Außerdem wird auch der Zündverzug größer. Wegen dieser Einflüsse ergibt sich bei Höhenflug ein schlechterer Gütegrad. Unter Umständen führt die Verschlechterung sogar dazu, daß ein einwandfreier Betrieb des Motors nicht mehr möglich ist und Aussetzen auftritt.

Die Auswirkung der Vergrößerung des Zündverzuges auf das Indikatordiagramm ist im Diagramm *b* der Abb. 114 wiedergegeben (s. auch Abb. 29, S. 69). Dieses Diagramm wurde bei einem Druck der angesaugten Luft von 0,62 ata aufgenommen. Der Einspritzbeginn, der für Bodenbetrieb (d. h. 1 ata Druck in der Ansaugeleitung) richtig eingestellt war, wurde im Diagramm *b* nicht verändert. Infolge des verringerten

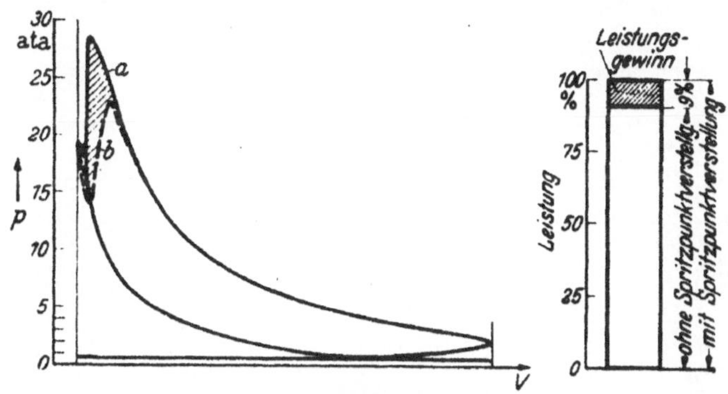

Abb. 114. Einfluß des Spritzbeginnes auf die Diagrammgestaltung bei vermindertem Anfangsdruck. Versuche an einem Lanova-Motor.

a) $n = 1465$ U/min; $p_i = 5,45$ kg/cm²; $p_1 = 0,623$ ata; Spritzbeginn 18° v. o. T.; b) $n = 1470$ U/min; $p_i = 4,95$ kg/cm²; $p_1 = 0,623$ ata; Spritzbeginn 13° v. o. T.

Druckes am Ende der Verdichtung setzt die Verbrennung im Zylinder erst im Verlaufe des Dehnungshubes ein, nachdem der Verdichtungsdruck im Zylinder schon wieder gesunken ist.

Das Höhenverhalten des Dieselmotors kann grundsätzlich durch höhere Verdichtung, die eine höhere Verdichtungsendtemperatur und einen größeren Verdichtungsenddruck und damit einen kleineren Zündverzug zur Folge hat, weiterhin durch Anpassung der Reichweite des Kraftstoffstrahles an die geringe Dichte der Ladeluft sowie durch frühere Einspritzung verbessert werden.

Früherlegen der Einspritzung. Durch früheres Einspritzen kann die nachteilige Wirkung eines hohen Zündverzuges bis zu einem gewissen Grad verringert werden, wobei die Verbrennung näher an den Totpunkt gerückt wird. Dem Früherlegen des Einspritzbeginns ist jedoch dadurch eine Grenze gesetzt, daß der Strahl in immer kältere Luft von geringerer Dichte eingespritzt wird und der Zündverzug dementsprechend wieder zunimmt, bis schließlich die Zündung überhaupt aussetzt.

Abb. 114 zeigt die Verbesserung des Indikatordiagrammes bei Früherlegen der Einspritzung. Eine noch frühere Einspritzung als in Diagramm *a* bei 0,62 ata Druck in der Saugleitung vorgesehen, bringt wegen der zu geringen Temperatur der Luft im Zylinder bei Beginn der Einspritzung (18° vor Totpunkt) keinen Vorteil mehr.

Bei Motoren mit unterteiltem Brennraum wirkt sich der nachteilige

Abb. 115. Differenzdruckdiagramme eines Lanova-Speichermotors bei verschiedenen Drücken der angesaugten Luft und bei jeweils günstigstem Spritzbeginn. a) $n = 1500$ U/min; $p_e = 5{,}95$ kg/cm²; $p_1 = 1{,}033$ ata (Bodenhöhe); b) $n = 1490$ U/min; $p_e = 4{,}32$ kg/cm²; $p_1 = 0{,}81$ ata (entsprechend 2 km Höhe); c) $n = 1485$ U/min; $p_e = 2{,}71$ kg/cm²; $p_1 = 0{,}66$ at abs (entsprechend 3,6 km Höhe).

Einfluß des vergrößerten Zündverzuges im Höhenflug stärker aus als bei direkter Einspritzung, weil infolge der Drosselwirkung zwischen dem Speicher oder der Kammer und dem Zylinderhauptraum die an sich spät einsetzende Verbrennung noch weiter verzögert wird. Das Ausströmen tritt erst so spät auf, daß sich der Kolben schon im Dehnungshub befindet und der durch die ausströmende Gasmenge aufzufüllende Raum größer wird. Dadurch ergeben sich auch geringere Verbrennungstemperaturen und Drücke.

Abb. 115 zeigt den Vergleich von Diagrammen mit einem Ansaugdruck entsprechend Bodenhöhe sowie 2 und 3,6 km Höhe, aus denen ersichtlich ist, daß der Zeitunterschied zwischen dem Druckanstieg im Speicher und im Zylinderhauptraum mit zunehmender Höhe immer beträchtlicher wird. Bei den dargestellten Indikatordiagrammen wurde der Einspritzbeginn schon so gewählt, daß die günstigste Leistung erreicht wurde.

Erhöhung der Verdichtung. Abb. 116 zeigt die Verbesserung von Druckzeitdiagrammen für 0 und 6 km Höhe durch erhöhte Verdichtung. Der Einspritzbeginn kann bei höherer Verdichtung später gewählt werden,

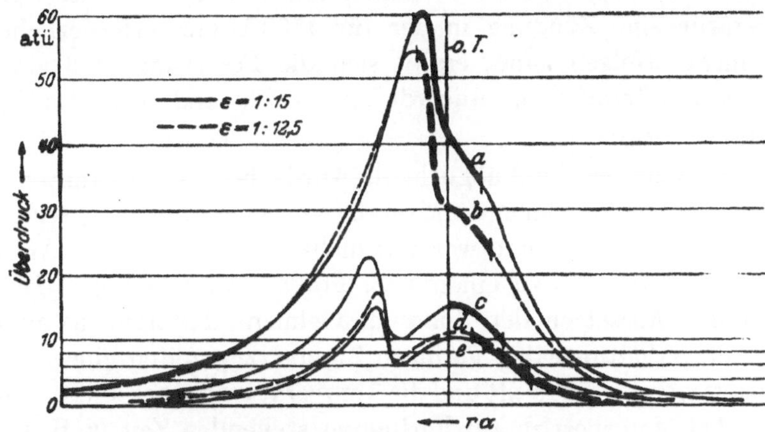

Abb. 116. Einfluß des Verdichtungsverhältnisses und des Druckes der angesaugten Luft auf die Diagrammgestaltung bei einem Lanova-Motor. Die stark gezeichneten Teile der Drucklinien entsprechen dem Kurbelwinkel der Spritzdauer.

	Höhe km	Ansaug- druck ata	p_e kg/cm²	Spritz- beginn ° v. o. T.
a	0	1,03	5,96	9
b	0	1,03	6,04	13
c	6,1	0,47	2,35	16
d	6,0	0,48	1,40	23
e	8,3	0,35	0,85	23

weil der Zündverzug bedeutend geringer wird. Die höchste erreichbare Höhe, bei der noch einwandfreier Motorbetrieb erreichbar war, stieg im gewählten Beispiel nach Erhöhung der Verdichtung von $\varepsilon = 1 : 12,5$ auf 1 : 15 von 6 auf 8 km.

Bei Motoren mit unterteiltem Brennraum und Einspritzung in eine Nebenkammer können sich bei großem Zündverzug unter Höhenbedingungen Zündungsschwierigkeiten und Aussetzen infolge der Verdampfung großer Kraftstoffmengen in der Kammer ergeben (s. auch S. 75). Bei geringerem Zündverzug tritt unter normalen Betriebsbedingungen die Zündung am Strahlrand schon ein, während im Strahlkern noch flüssige Kraftstoffmengen vorhanden sind, so daß die Abkühlung sowohl an den Stellen, wo Zündung erfolgt, als auch im ganzen geringer ist.

Bei Höhenversuchen mit einem Lanovamotor setzte bei Verminderung des Luftüberschusses ziemlich unvermittelt die Zündung aus. Dieses Aussetzen zeigte sich z. B. bei einem Ansaugdruck entsprechend einer Höhe von etwa 4 km und ohne Spritzzeitpunktverstellung ($\varepsilon = 1 : 12{,}5$) bei einem Luftüberschuß von $\lambda < 1{,}2$. Mit erhöhter Verdichtung ($\varepsilon = 1 : 15$) setzte die Zündung erst bei einem Ansaugdruck entsprechend 6 km Höhe und $\lambda < 0{,}85$ aus. Die Durchrechnung eines derartigen Versuches ergab, daß bei einer Verdampfung von 80 vH der Kraftstoffmenge die Lufttemperatur im Speicher bis auf 270° C hätte sinken müssen. Da bei dieser geringen Temperatur eine Zündung in der für 1500 U/min erforderlichen Zeit nicht mehr erfolgen kann, ergibt sich die Folgerung, daß ein großer Teil des Kraftstoffes im unverdampften Zustand aus dem Speicher ausgeblasen wird.

Die Grenze der Zündmöglichkeit wurde bei den erwähnten Motorversuchen schon bei einem Zündverzug von mehreren $^1/_{1000}$ sec erreicht. Das Versagen der Zündung war also nicht durch ein stetiges Anwachsen des Zündverzuges bis zu einem sehr großen Wert bedingt. Im Motor kommt das Aussetzen der Zündung vielmehr dadurch zustande, daß schon bei verhältnismäßig geringen Zündverzugszeiten eine sehr große Kraftstoffmenge verdampft und die Temperatur so stark sinkt, daß in der kurzen, bei Motorbetrieb zur Verfügung stehenden Zeit (z. B. $\approx \frac{3}{1000}$ sec bei 1500 U/min) eine Zündung nicht mehr möglich ist.

II. Aufladung mit mechanisch angetriebenem Lader.

Allgemeines.

Der starke Leistungsabfall des unaufgeladenen Motors mit der Höhe hat zu einer weitgehenden Einführung der Vorverdichtung der Ladeluft des Motors geführt. Unter Gleichdruckaufladung versteht man Vorverdichtung der Luft auf den Druck in Meereshöhe (760 mm Hg = 1,033 ata), so daß der Motor in der Saugleitung Bodendruck vorfindet. Unter der Gleichdruckhöhe eines Laders versteht man diejenige größte Höhe, bei der der Lader bei voller Motordrehzahl noch 1,033 at Druck vor den Einlaßorganen herstellen kann. Für die thermische Belastung ist aber in erster Linie das Gewicht der Füllung (außerdem — aber in geringerem Maße — die Temperatur der angesaugten Luft) maßgebend. Deshalb wird bisweilen auch als Grundlage für die Leistungsangaben der Betriebszustand gewählt, der einer Aufladung auf gleiche Dichte wie am Boden entspricht.

1. Der Lader.

Die Lader werden zum Teil für geringe (1 bis 2 km) Gleichdruckhöhen (Bodenlader), in den meisten Fällen aber für **3,5 bis 5 km** Gleichdruckaufladung gebaut. Bei Verwendung von Ladern mit den letztgenannten Gleichdruckhöhen würde bei voll geöffneter Drossel am Boden die Füllung und damit die innere Leistung so hoch, daß die Motoren thermisch und mechanisch zu stark belastet würden. Deshalb muß am Boden gedrosselt werden, wenn der Lader starr mit dem Motor gekuppelt ist. Zur Erhöhung der Startleistung wird jedoch meist eine Überladung von etwa 0,2 bis 0,4 atü zugelassen.

Die Radialverdichter oder Kreiselverdichter haben sich im Flugmotorenbau gegenüber anderen Bauarten wie Axialverdichter, Dreh-

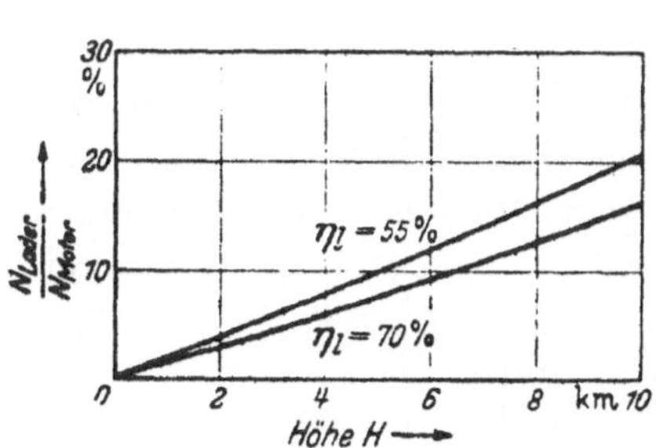

Abb. 117. Leistungsbedarf des Laders für einen Ottomotor (in vH der Motorleistung am Boden bei Gleichdruckaufladung) in Abhängigkeit von der Höhe. $\eta_l = 0,55$ und 0,70; $\lambda = 0,85$.

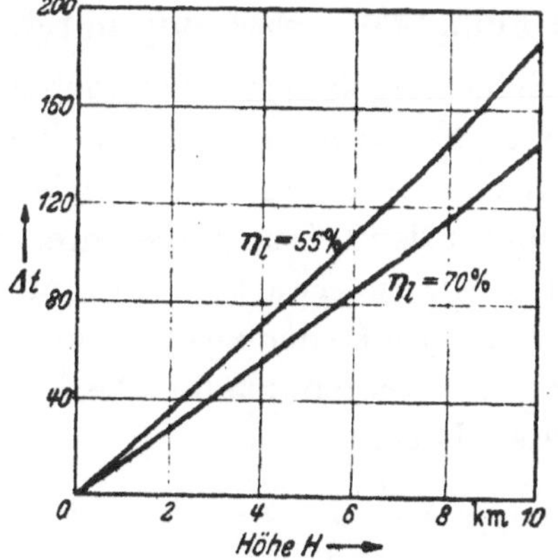

Abb. 118. Temperaturerhöhung der Ladeluft, abhängig von der Höhe für Aufladung auf 1,0 atü: $\eta_l = 0,55$ und 0,70 ($\eta_m {-}_l \approx 0,97$).

kolbenverdichter und Verdichter mit Verdrängerwirkung (Rootsverdichter) durchgesetzt (s. auch S. 127), weil die Einfachheit der Bauweise, das geringe Gewicht und die günstigen Anbauverhältnisse vorteilhaft sind. Die Drehkolbenverdichter kommen für Flugmotoren weniger in Betracht, weil sie gegenüber anderen Verdichterbauarten den Nachteil aufweisen, daß bei hoher Verdichtung die Wirkungsgrade sehr ungünstig werden; außerdem sind bei dieser Bauart die Verluste bei geringerem Luftdurchsatz sehr groß. Die Axiallader lassen zwar sehr günstige Wirkungsgrade erwarten, jedoch wurden sie wegen des geringeren erreichbaren Stufengefälles und wegen des größeren Bauaufwandes bisher noch nicht eingeführt.

Der Leistungsbedarf des Laders ist sehr erheblich und beträgt beim Ottomotor in 6 km Höhe schon etwa 10 vH der Motorleistung am Boden. Abb. 117 zeigt den Leistungsbedarf des Laders in vH der Motorleistung in Bodennähe für einen Ottomotor bei einem Laderwirkungsgrad von 55 vH und bei einem Laderwirkungsgrad von 70 vH. Dabei ist eine

Luftüberschußzahl $\lambda = 0,85$ und ein spez. Kraftstoffverbrauch von 240 g/PSh bezogen auf die Nutzleistung vorausgesetzt.

Für die erzielbare Motorleistung ist die Temperatur der verdichteten Luft von großer Bedeutung, weil durch hohe Temperatur der Ladeluft die Klopfgrenze herabgesetzt wird (s. S. 155). Deshalb ist es zur Erzielung hoher Motorleistung sehr wichtig, gute Laderwirkungsgrade zu erreichen. Abb. 118 zeigt die Temperaturerhöhung der Laderluft für 55 und 70 vH Laderwirkungsgrad. Bei einer Gleichdruckaufladung auf 6 km Höhe erhält man z. B. mit $\eta_l = 70$ vH eine Temperaturerhöhung von 85° C und mit $\eta_l = 55$ vH schon eine Temperaturerhöhung von 108° C.

2. Einfluß der Aufladung auf den Arbeitsprozeß des Motors.

a) Füllungsverbesserung durch verringerten Auspuffgegendruck.

Beim aufgeladenen Flugmotor erhält man ähnlich wie beim überladenen Motor infolge der Verdichtung der Restgase eine Mehrfüllung im Zylinder (s. S. 130). Diese Mehrfüllung hat eine Erhöhung der Leistung gegenüber der Leistung, die unter Berücksichtigung der Dichte im Saugrohr allein zu erwarten wäre, zur Folge. Die Mehrfüllung entspricht einem Faktor C, der aus der auf S. 133 angegebenen Formel (4) oder (5) berechnet werden kann. Die Formel wird am besten in der vereinfachten Form:

$$C = 1 + a \cdot \left(1 - \frac{P_R}{P_L}\right)$$

verwendet. Die Werte a und Werte für die Füllungszunahme in 4, 6 und 8 km Höhe sind für verschiedene Verdichtung in nachfolgender Zahlentafel wiedergegeben.

Tabelle 4.

		$\varepsilon = 1:4$	1:5	1:6	1:7	1:8
a		0,24	0,18	0,14	0,12	0,10
	4 km	1,10	1,07	1,06	1,05	1,04
C	6 km	1,13	1,10	1,08	1,07	1,06
	8 km	1,16	1,12	1,10	1,08	1,07

Beispielsweise erhält man in 6 km Höhe bei einem Verdichtungsverhältnis $\varepsilon = 1:6$ rechnerisch eine Mehrfüllung von 8 vH (s. Tabelle). Unter Zugrundelegung der vereinfachenden Annahme isothermer Verdichtung der Restgase würde man 11,6 vH, also einen bedeutend größeren Wert für die Mehrfüllung, erhalten und unter Annahme adiabatischer Verdichtung der Restgase würden sich 9 vH Mehrfüllung ergeben. Daher ist die genaue und einfachere Berechnung unter Benutzung der angegebenen Formel zweckmäßiger als die überschlägige Berechnung aus Verdichtungsgleichungen. Die zu erwartenden Mehrfüllungen in verschiedenen Höhen sind in Abb. 119 für den Dieselmotor mit $\varepsilon = 1:15$ und in Abb. 120 für den Ottomotor mit $\varepsilon = 1:6$ bei Aufladung und

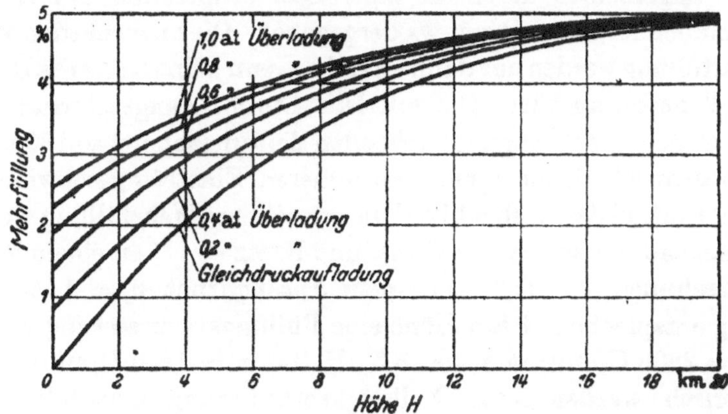

Abb. 119. Berechnete Mehrfüllung durch Restgasverdichtung[1] bei verschiedener Überladung, abhängig von der Höhe, für einen Dieselmotor mit dem Verdichtungsverhältnis $\varepsilon = 1:15$.

Überladung für den Bereich von 1 bis 2 ata wiedergegeben[1]. Für den Dieselmotor ergeben sich wegen der geringeren Restgasmenge verhältnismäßig kleine Werte (in 6 km Höhe etwa 2,5 vH) für die Mehrfüllung.

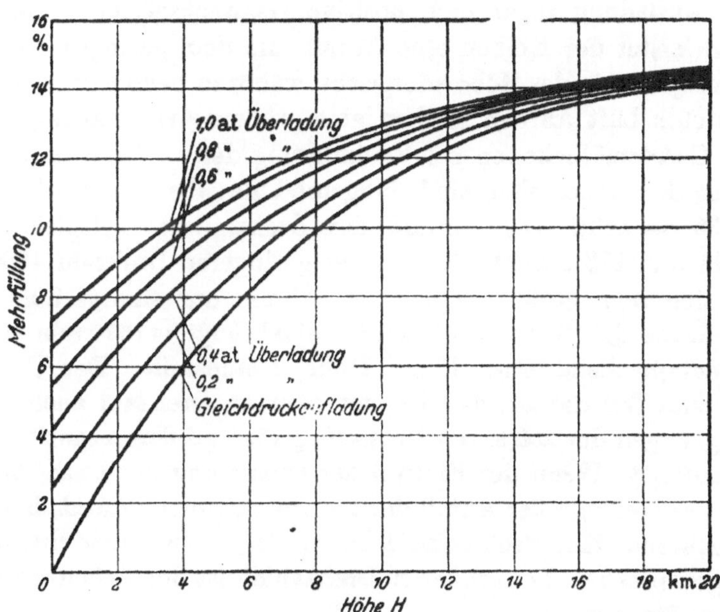

Abb. 120. Berechnete Mehrfüllung durch Restgasverdichtung[1] bei verschiedener Überladung, abhängig von der Höhe, für einen Ottomotor mit dem Verdichtungsverhältnis $\varepsilon = 1:6$.

[1] Der Faktor C (siehe S. 133 und 174) kann aus den in den Abb. 119 und 120 wiedergegebenen Werten für die Mehrfüllung entsprechend der Beziehung

$$C = 1 + \frac{\text{Mehrfüllung (\%)}}{100}$$

bestimmt werden.

Die tatsächlich auftretende Mehrfüllung ist auch vom Temperatur-zustand und von der Drehzahl des betreffenden Motors abhängig, wird aber im allgemeinen durch die theoretisch ermittelten Kurven mit zufriedenstellender Genauigkeit wiedergegeben. Die angegebenen Werte für die Mehrfüllung werden nur dann erreicht, wenn keine zu starke Drosselung in den Ventilen auftritt. Die mittlere Durchströmgeschwindigkeit bezogen auf den zur Verfügung stehenden Zeitquerschnitt soll 60 bis 70 m/s nicht wesentlich übersteigen. Bei höheren Einströmgeschwindigkeiten wird der Einfluß der Drehzahl auf die erreichbare Mehrfüllung wesentlich.

Beispielsweise wurde von GNAM und KURZ [C 11] an einem Motor von 2 l Hubvolumen $(\varepsilon = 1:6)$ bei einem Ansaugdruck $p_s = 1$ ata und Absaugung entsprechend 6 km Höhe eine Füllungsverbesserung von 6,5 vH (bei $n = 2800$ U/min) und von 8,5 vH (bei $n = 1800$ U/min) gemessen. Rechnerisch wurden 8 vH Füllungsverbesserung ermittelt (s. obenstehende Tabelle). Die Zunahme des mittleren Innendruckes ist in den meisten Fällen proportional der Zunahme der Füllung.

b) Veränderung der Gaswechselarbeitsfläche.

Ebenso wie bei der Überladung erhält man auch bei der Aufladung eine Verminderung des Verlustes durch die Gaswechselarbeit bzw bei starker Aufladung sogar eine positive Gaswechselarbeit. Beim Ausschieben leistet der Kolben eine Arbeit, die dem geringen Gegendruck der Atmosphäre in der Höhe entspricht, während beim Ansaugen von der verdichteten Luft an den Kolben eine größere Arbeit abgegeben wird.

Die Gesetzmäßigkeiten bei Veränderung der Drehzahl und bei Veränderung der Steuerzeiten sind sinngemäß dieselben wie bei Überladung (s. S. 136 bis 140). Der Einfluß der Drehzahl ist beispielsweise aus Abb. 121 und 122 ersichtlich. Bei der geringeren Drehzahl 1800 U/min wurde eine sehr große und bei 2800 U/min nur eine geringe positive Arbeitsfläche der Gaswechselperiode bei Absaugung (620 mm Hg Unterdruck entsprechend etwa 12 km Höhe) festgestellt. Der Unterschied beruht zum Teil darauf, daß bei der höheren Drehzahl auch ohne Absaugung wegen der stärkeren Drosselung eine größere negative Arbeitsfläche auftritt. Wenn der Einfluß der Drosselung nicht sehr bedeutend ist, wird ein sehr großer Anteil der zu erwartenden zusätzlichen Arbeit, die annähernd einer Rechtecksfläche $V_h \cdot (P_s - P)$ entspricht, im Motor zurückgewonnen[1]. Bei größeren Drehzahlen ist der Arbeitsgewinn verhältnismäßig geringer.

In Abb. 122 ist an Hand eines Beispiels (wassergekühlter Motor von 2 l Hubvolumen) gezeigt, welcher Anteil der theoretisch möglichen Verbesserung des Mitteldruckes der Gaswechselperiode (Rechtecksfläche)

---

[1] Mit dieser Arbeit wird ein Teil der dem Lader zugeführten Arbeit zurückgewonnen.

bei verschiedenem Auspuffgegendruck, also in verschiedenen Höhen, gewonnen wird [C 11]. Bei den geringeren Drehzahlen (2200 bzw.

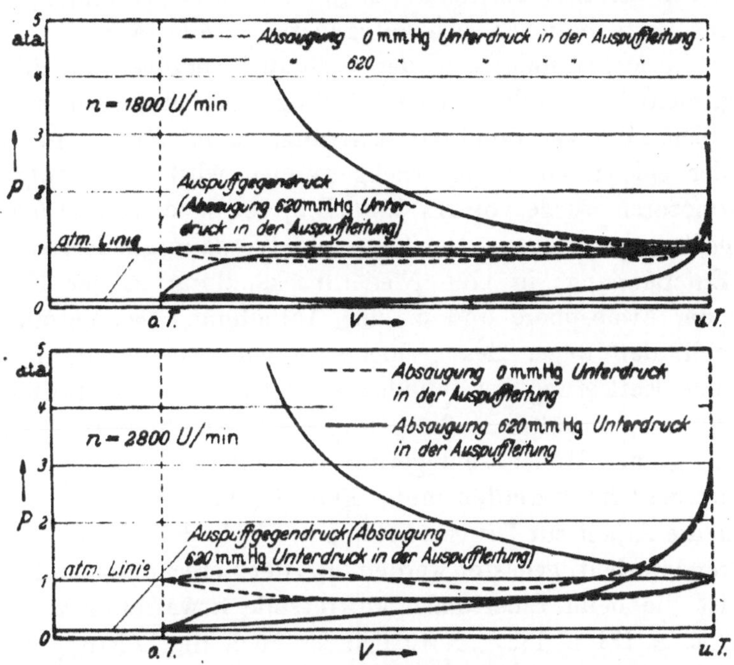

Abb. 121.   Gaswechseldiagramme eines 2 l-Einzylindermotors (nach Gnam und Kurz [C 11]). ε = 1:6,0 und 620 mm Hg Unterdruck in der Saugleitung, normale Steuerzeiten:

Eö . . . 15° v. o. T.   Es . . . 65° n. u. T.
Aö . . . 70° v. u. T.   As . . . 10° n. o. T.

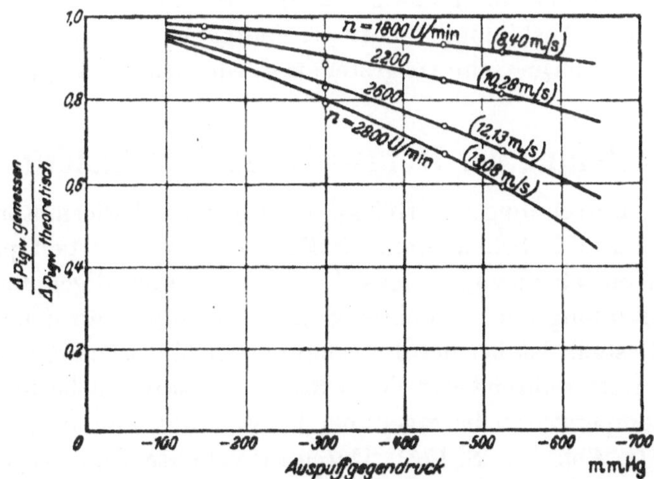

Abb. 122.   Gemessener Gewinn an Gaswechselarbeit bei verschiedenen Drehzahlen, abhängig vom Auspuffgegendruck bezogen auf den maximal erzielbaren Gewinn (nach Gnam und Kurz [C 11]). Ottomotor V_h = 2 l, Steuerzeiten wie Abb. 121, ε = 1:6. Die eingeklammerten Zahlen bedeuten mittlere Kolbengeschwindigkeiten.

1800 U/min) beträgt der Gewinn — mit der Höhe abnehmend — 95 bis 80 vH des theoretischen Wertes.

Bei 2800 U/min wird in 10 km Höhe nur etwa die Hälfte des theoretischen Wertes gewonnen. Die Ergebnisse sind natürlich außerordentlich stark von den Steuerzeiten abhängig. Die in der Abbildung wiedergegebenen Werte beziehen sich auf günstige Steuerzeiten.

Durch die Mehrfüllung wird der Verbrauch, bezogen auf die innere Leistung, nicht beeinflußt. Dagegen bedingt die Verbesserung der Gaswechselarbeit eine Verbrauchsverbesserung, da im Motor ein Teil der vom Lader geleisteten Arbeit rückgewonnen wird. Für aufgeladene Zweitaktmotoren wurde von HANSEN [B 1] ein neues *Ladeverfahren mit Freiauspuff* vorgeschlagen. Der Gaswechselvorgang gliedert sich dabei in die Entspannung, in eine Niederdruckspülung in der Nähe des Druckes der Atmosphäre und in eine Aufladung. Das Verfahren hat den Vorteil, daß wegen des geringen Druckes bei der Spülung eine weitgehende Entleerung des Zylinders erfolgt und daß der Luftaufwand für die Spülung verhältnismäßig gering wird. Die Spülarbeit wird besonders in großen Höhen sehr gering, weil die Spülluft nicht auf den Ladedruck verdichtet werden muß. Bei dem Verfahren muß vom Gebläse nur die Arbeit zur Druckerhöhung der Zylinderladung, aber nicht die Verdrängerarbeit, geleistet werden. Bei der Berechnung der Zylinderfüllung ist die beim Einströmen auftretende Erwärmung zu berücksichtigen (s. S. 131 u. 132). Natürlich ist auch die Leistung einer bei dem Verfahren verwendeten Abgasturbine entsprechend geringer als bei Stauauspuff. Die Energiebilanz kann aber trotzdem günstiger werden, weil die der Verdrängerarbeit entsprechenden Verluste wegfallen. Wenn mit dem Verfahren eine günstige Energiebilanz erreicht werden soll, ist eine sorgfältige Ausbildung der Ausströmorgane, z. B. durch Anordnung von Düsen, deren Querschnitte gesteuert werden (siehe [B 1]), erforderlich.

3. Berechnung der Höhenleistung von Ladermotoren.

Bei der Berechnung der Höhenleistungen des Ladermotors sind die in S. 174 bis 177 behandelten Einflüsse auf den Arbeitsprozeß des Motors im einzelnen zu berücksichtigen. Bei einstufigen Ladern wird eine Rückkühlung der verdichteten Luft im allgemeinen nicht durchgeführt. Deshalb ist bei der Berechnung der Motorleistung die Erwärmung der Luft während der Verdichtung im Lader zu berücksichtigen. Die Übertemperaturen betragen bei Verwendung einstufiger Lader bis zu 120° C (s. Abb. 118, S. 173). Durch die erhöhte Temperatur der Luft wird ihr spez. Gewicht und damit die Innenleistung des Ladermotors geringer als die des Bodenmotors bei gleichem Druck in der Saugleitung. Bei starr angetriebenem Lader ist außer der Reibungsleistung des Motors auch der Leistungsbedarf des Laders von der Innenleistung in Abzug zu bringen.

Im folgenden wird ein Weg zur angenäherten Berechnung der Höhenleistungen für einen Ottomotor mit starr angetriebenem Lader angegeben.

Als Grundlage für die Berechnung ist die überschlägige Ermittlung der Laderleistung und der Temperaturerhöhung im Lader erforderlich.

a) Leistungsbedarf des Laders.

Zur verlustlosen Verdichtung von 1 kg Luft ist die Arbeit:

$$L_{ad-l} = RT \frac{\varkappa}{\varkappa - 1}\left[\left(\frac{p_t}{p_l}\right)^{\frac{\varkappa-1}{\varkappa}} - 1\right] \tag{1}$$

erforderlich. Der Wärmewert dieser Arbeit kann auch in einfacher Weise (s. S. 251) aus J-S-Diagrammen entnommen werden.

Der tatsächliche Arbeitsbedarf des Laders je kg Luft ist größer, und zwar ist

$$L_{e-l} = \frac{L_{ad-l}}{\eta_l} .$$

Der Leistungsbedarf des Laders ist dem Luftbedarf des Motors:

$$G_L = N_e b_e \lambda G_{\min}$$

verhältig.

$G_{\min}$ ist der theoretische Luftbedarf, der im Mittel für Benzin mit ausreichender Genauigkeit für derartige überschlägige Berechnungen mit 14,4 kg je kg Kraftstoff eingesetzt werden kann. λ bedeutet die Luftüberschußzahl.

Der gesamte Leistungsbedarf des Laders ergibt sich somit, in PS ausgedrückt, zu:

$$N_l = G_L \frac{A L_{ad-l}}{\eta_l \cdot 632} .$$

Der Wirkungsgrad des Laders ist aus dem Kennlinienfeld des betreffenden Laders oder sinngemäß aus dem Kennlinienfeld eines ähnlichen Laders für die dem Betriebszustand des Motors entsprechenden Fördermengen und Druckverhältnisse zu entnehmen (vgl. Abb. 97a u. b). Die Temperaturerhöhung der Luft bei der Verdichtung im Lader kann aus dem Arbeitsbedarf des Laders errechnet werden, und zwar erhält man mit ausreichender Genauigkeit bei Annahme konstanter spez. Wärme in dem der Verdichtung entsprechenden Temperaturbereich:

$$\Delta t = \frac{A L_{l-l}}{c_p} \approx \frac{A L_{e-l}}{c_p} .$$

Für überschlägige Rechnungen genügt die Ermittlung der Temperaturerhöhung aus dem effektiven Arbeitsbedarf des Laders nach Abzug der Getriebeverluste, da der mechanische Wirkungsgrad des Laders sehr hoch ist. Infolge dieser Temperaturerhöhung vermindert sich das spez. Gewicht der angesaugten Luft und damit die Zylinderfüllung.

Die Änderung der angesaugten Luftmenge bei Änderung der Temperatur und des Druckes im Saugrohr entspricht annähernd einem Faktor

$$\frac{p_s}{p_0}\left(\frac{T_0}{T_s}\right)^n; \quad n \approx (0,5) \div 0,7 \div (0,9).$$

Hierzu kommt noch eine Füllungsverbesserung durch die Verdichtung der Restgase, die dem Faktor: $C = 1 + a\left(1 - \dfrac{p}{p_s}\right)$ (s. S. 133) verhältig ist, so daß die gesamte Änderung der Luftfüllung mit der Höhe dem Wert:

$$\frac{G_L}{G_{L_0}} = \frac{p_s}{p_0}\left(\frac{T_0}{T_s}\right)^n \cdot C$$

entspricht. Die Luftmenge, die für die Berechnung der Leistung des Laders maßgebend ist, wird daher aus[1]

$$G_L = N_{e_0} \cdot b_{e_0} \cdot \lambda_0 \cdot G_{\min} \cdot \frac{T_0^n}{T_s^n} \cdot \frac{p_s}{p_0} \cdot C \tag{2}$$

ermittelt. Der Faktor C kann auch aus der graphischen Darstellung Abb. 119 und 120, S. 175 entnommen werden. Bei der obenstehenden Berechnung wurde der Druck der Restgase im Zylinder P_R dem Druck der Abgase in der Auspuffleitung gleichgesetzt. Der Druck der einströmenden Luft P_L wurde gleich dem Druck in der Saugleitung gesetzt. Somit ist

$$\frac{P_R}{P_L} = \frac{p}{p_s}.$$

Nach Einsetzen der genaueren Beziehung für das Luftgewicht erhält man folgende Formel für den Leistungsbedarf des Laders[1]:

$$N_l = N_{e_0} \cdot b_e \cdot \lambda_0 \cdot G_{\min} \cdot C \, \frac{p_s^n}{p_0} \, \frac{T_0^n}{T_s^n} \cdot \frac{A\,L_{ad-l}}{\eta_l \cdot 632}. \tag{3}$$

b) Berechnung der Innenleistung des Motors.

Die Innenleistung in einer bestimmten Höhe erhält man aus der Innenleistung am Boden unter Berücksichtigung der Leistungsänderung durch die Füllungsvermehrung und durch die Verminderung der Gaswechselarbeit aus[1]:

$$N_i = \frac{N_{e_0}}{\eta_{m_0}} \frac{G_L}{G_{L_0}} + x \, \frac{z\,V_h \cdot n \cdot (p_s - p)}{K}; \quad K = 900 \text{ beim Viertaktmotor.}$$

---

[1] Bedeutung der Formelzeichen siehe S. 303 ff. Bei den Rechnungen wurde λ konstant angenommen ($\lambda = \lambda_0$). Um die Drehzahl vom Exponenten n zu unterscheiden, wurde in den folgenden Formeln die Drehzahl mit $\bar{n}$ bezeichnet.

z ist ein Faktor, der die durch die Drosselung bedingte Verminderung der positiven Gaswechselarbeit berücksichtigt.

Man erhält somit für die innere Leistung den Ausdruck:

$$N_i = \frac{N_{e_0}}{\eta_{m_0}} \frac{p_{\scriptscriptstyle\bullet}}{p_0} \left(\frac{T_0}{T_{\scriptscriptstyle\bullet}}\right)^n \cdot C + x \frac{z\,V_{\scriptscriptstyle\hbar}\,\bar{n}\,(p_{\scriptscriptstyle\bullet} - p)}{K}. \tag{4}$$

c) Theoretische Berechnung der Motornutzleistung.

Die Nutzleistung ergibt sich aus diesem Ausdruck durch Abzug der Reibungsleistung und des Leistungsbedarfs des Laders. Berücksichtigt man die Abnahme der Reibungsleistung mit der Höhe (entsprechend den Ausführungen auf S. 166 f.) und setzt man die obenstehende Gleichung 3 für den Leistungsbedarf des Laders ein, so erhält man folgenden Ausdruck für die Höhenleistung des Motors:

$$N_e = N_i - N_r - N_l$$

$$= N_{e_0} \frac{p_{\scriptscriptstyle\bullet}}{p_0} \left[\left(\frac{T_0}{T_{\scriptscriptstyle\bullet}}\right)^n \cdot C \left(\frac{1}{\eta_{m_0}} - b_{e_0} \cdot \lambda_0 \cdot G_{\min} \cdot \frac{A L_{ad-l}}{\eta_l \cdot 632} \right) - \left(\frac{1}{\eta_{m_0}} - 1 \right)\left(1 - b + b\, \frac{p_0}{p_{\scriptscriptstyle\bullet}} \right) \right]$$

$$+ x \frac{z\,V_{\scriptscriptstyle\hbar} \cdot \bar{n} \cdot (p_{\scriptscriptstyle\bullet} - p)}{K}. \tag{5}$$

Setzt man:

$$C_1 = b_{e_0} \cdot \lambda_0 \cdot G_{\min} \cdot \frac{A L_{ad-l}}{\eta_l \cdot 632}$$

und

$$C_2 = \left(\frac{1}{\eta_{m_0}} - 1 \right)\left(1 - b + b\, \frac{p_0}{p_{\scriptscriptstyle\bullet}} \right)$$

und führt ein[1]:

$$C_3 = x \frac{z\,V_{\scriptscriptstyle\hbar} \cdot \bar{n} \cdot (p_{\scriptscriptstyle\bullet} - p)}{K},$$

so ergibt sich folgende vereinfachte Form dieser Gleichung:

$$N_e = N_{e_0} \frac{p_{\scriptscriptstyle\bullet}}{p_0} \left[\left(\frac{T_c}{T_{\scriptscriptstyle\bullet}}\right)^n \cdot C \left(\frac{1}{\eta_{m_0}} - C_1 \right) - C_2 \right] + C_3. \tag{6}$$

Für die Werte C, C_1, C_2 und C_3 können vereinfachte Beziehungen eingesetzt werden, die für die praktische Anwendung ausreichend genau sind. Zur überschlägigen Berechnung der Luftmenge und damit zur Ermittlung der Laderleistung wurde für den Bereich der Mischungsverhältnisse, die für den normalen Betrieb am wichtigsten sind, ein überschlägiger Wert

$$b_{e_0} \cdot \lambda_0 \approx 0{,}21$$

---

[1] Siehe Fußnote 1, S. 180.

eingesetzt, der natürlich tatsächlich mit dem Luftüberschuß etwas
veränderlich ist. Weiterhin wurde gesetzt:

$$G_{\text{min}} = 14{,}4 \,\frac{\text{kg Luft}}{\text{kg Kraftstoff}}$$

$$A\,L_{ad-l} = 0{,}051 \cdot T\left[\frac{p_s}{p} - 0{,}96\right] \tag{7}$$

$$b = 0{,}65\,,$$

$$x = 0{,}7\,,$$

$$K = 900\,.$$

Für das adiabatische Wärmegefälle wurde eine lineare Darstellung
gewählt, um die Rechnung etwas zu vereinfachen. Die Fehler, die sich
dadurch ergeben, sind bis zu einem Druckverhältnis 2,2 für den Zweck
der hier durchgeführten Berechnung nicht bedeutend, jedoch ist es
sehr einfach möglich, mit etwas mehr Rechenaufwand mit Hilfe der
bekannten Gleichung für das adiabatische Wärmegefälle (Gl. 1, S. 179)
die genauen Zahlenwerte zu ermitteln. Mit diesen Vereinfachungen
erhält man folgende Ausdrücke für die Werte:

$$C = 1 + a\left(1 - \frac{p}{p_s}\right).$$

Der Wert a ist in Tabellenform auf S. 174 angegeben.

$$C_1 = \frac{T}{\eta_i}\left(\frac{p_s}{p} - 0{,}96\right) \cdot \frac{25}{10^5}\,, \tag{8}$$

$$C_2 = \left(\frac{1}{\eta_{m_0}} - 1\right)\left(0{,}35 + 0{,}65\,\frac{p_0}{p_s}\right), \tag{9}$$

$$C_3 = \frac{z\,V_h \cdot \bar{n} \cdot (p_s - p)}{1300} \tag{10}$$

Von den für die Ausrechnung der Gleichung erforderlichen Werten sind
folgende als bekannt vorauszusetzen:

N_{e_0} = die Leistung des Motors ohne Lader am Boden, bezogen auf
    Normalzustand (Meereshöhe)[1],

$T_0 = 288\,°K$[1],

$p_0 = 1{,}03\ \text{at}$[1],

η_{m_0} = mechanischer Wirkungsgrad des Motors ohne Lader beim
    Normalzustand (entspr. N_{e_0})[1],

$p_{s_{\text{max}}}$ = zulässiger Ladedruck (konstant bis zur Volldruckhöhe),

---

[1] Falls die Leistung für den Normalzustand ($_0$) nicht bekannt ist, können
auch die entsprechenden Werte aus einem beliebigem Versuch mit dem nicht
aufgeladenen Motor der Rechnung zugrunde gelegt werden.

η_l = Laderwirkungsgrad,

$\dfrac{p_{sid}}{p_0}$ = ideelles Druckverhältnis des Laders am Boden[1].

Folgende zur Berechnung erforderlichen Werte müssen erst bestimmt
werden:

$\dfrac{p_s}{p} = \dfrac{\text{Druck der Luft vor den Ventilen}}{\text{Druck in der Bezugshöhe}}$ entspricht über der Gleichdruckhöhe dem Druckverhältnis des Laders, das aus
der auf S. 179 angegebenen Beziehung 1 ermittelt werden
kann.

(Unter der Volldruckhöhe ist dieser Wert durch das Verhältnis des
höchstzulässigen Ladedruckes $p_{s_{max}}$ zum Druck der Atmosphäre p gegeben.) T_s wird aus folgender Beziehung annähernd bestimmt:

$$T_s = T + \dfrac{0{,}214 \cdot T \left[\dfrac{p_s}{p} - 0{,}96\right]}{\eta_l} \tag{11}$$

An Stelle der genauen Gesetzmäßigkeit (entsprechende Gl. (1), S. 179)
wurde für die Ermittlung von T_s wieder eine lineare Darstellung gewählt.

Die nach den obenstehenden Formeln vorausberechneten Höhenleistungen von Ladermotoren stimmen mit befriedigender Genauigkeit
mit Versuchsergebnissen überein.

Mit der angegebenen Formel für die Höhenleistung des Ladermotors erhält man für einen Motor mit einstufigem Lader (5 km
Gleichdruckshöhe) den in Abb. 123 dargestellten Verlauf der Motornutzleistung abhängig von der Höhe in vH der Leistung des Motors
ohne Lader am Boden (Leistung in Punkt $a = 100$ vH).

Wenn keine Rückkühlung der Ladeluft erfolgt und die Laderdrehzahl unverändert bleibt, ist die Leistung des Ladermotors in der Gleichdruckhöhe (Punkt c) wesentlich geringer als die Leistung desselben
Motors ohne Lader am Boden (Punkt a). In Bodennähe ist die Leistung
des Ladermotors bei Drosselung auf $p_s = 1{,}03$ (Punkt b) niedriger als
in der Gleichdruckhöhe (Punkt c). Dieser Unterschied ist einerseits
durch die höhere Temperatur der Ladeluft in Bodennähe — die Temperaturerhöhung infolge der Verdichtung im Lader ist bei konstanter
Laderdrehzahl in verschiedenen Höhen annähernd gleich — und
andererseits durch die mit der Höhe bis zur Gleichdruckhöhe zu-
nehmende Mehrleistung infolge der Restgasverdichtung und durch die
positive Gaswechselarbeit (in der Abbildung durch die Schraffur gekennzeichnet), bedingt.

---

[1] Wenn Motorbetrieb bei vollgeöffneter Drossel am Boden nicht möglich
ist, kann dieses Druckverhältnis auch bei gedrosseltem Betrieb aus dem Druck
vor und nach dem Lader annähernd ermittelt werden.

Da das Gewicht der Zylinderfüllung beim Motor mit Lader wegen der Temperaturerhöhung der Luft im Lader — bezogen auf gleichen Druck in der Saugleitung — geringer ist als beim nicht aufgeladenen Motor, ist auch die thermische Belastung trotz der erhöhten Temperatur der angesaugten Luft nicht wesentlich höher als beim nicht aufgeladenen Motor bei gleichem Druck p_s.

Beim Ladermotor wird am Boden eine wesentliche Überladung zugelassen (z. B. Kurve $d'-e'-c'$ in Abb. 123). Der höchstzulässige

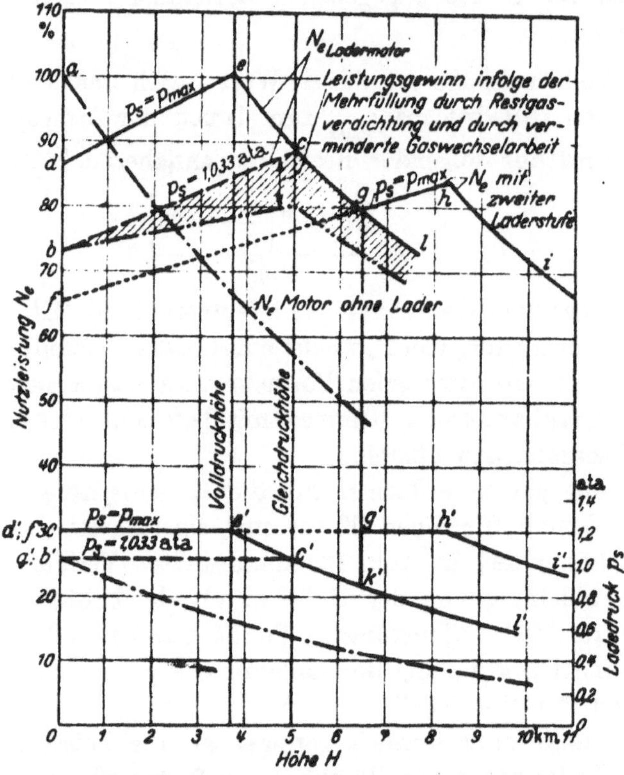

Abb. 123. Motorleistung und Ladedruck, abhängig von der Höhe bei Verwendung eines ein- und eines zweistufigen mechanisch angetriebenen Laders (Gleichdruckhöhe einstufig 5 km).

Ladedruck wird durch einen Ladedruckregler konstant gehalten (Kurve $d'-e'$). Dadurch ergibt sich die höchste Leistung des Ladermotors unterhalb der Gleichdruckhöhe in der „Volldruckhöhe", d. i. die Höhe, in der der Lader eben noch ohne Drosselung den höchstzulässigen Ladedruck herstellen kann (Punkt e in Abb. 123). Über dieser Höhe wird der Druck in der Saugleitung vom Ladedruckregler nicht mehr beeinflußt.

In der Abb. 123 ist weiterhin der Verlauf der Motorleistung abhängig von der Höhe für gleichbleibende Überladung bis zu größeren Höhen (8,5 km) unter Verwendung eines zweistufigen Laders eingetragen (Kurve $f-g-h-i$). Wegen der noch höheren Temperatur der Ladeluft wird die Leistung am Boden noch geringer (Punkt f) als bei Verwendung eines einstufigen Laders. Deshalb wird meist eine getrennte Zuschaltung der zweiten Stufe durch eine besondere Einrichtung vorgesehen; in diesem Falle erhält man einen Leistungsverlauf entsprechend der Kurve $d—e—g—h—i$. Der Druck in der Saugleitung entspricht in diesem Falle den in der Kurve $d'—e'—k'—g'—h'—i'$ wiedergegebenen Werten.

Nimmt man an, daß für jede Höhe ein passender Lader vorgesehen wird, so kann man die erreichbare Leistung bei Gleichdruckaufladung in Abhängigkeit von der Höhe wiedergeben. Dabei muß allerdings in größeren Höhen eine Rückkühlung der Luft vorgesehen werden, weil insbesondere beim Ottomotor nicht beliebig hohe Temperaturen vor dem Motor zugelassen werden können. Um die erreichbaren Leistungen auf einheitlicher Basis vergleichen zu können, wurde eine Rückkühlung auf 60° C vorausgesetzt. Damit ergeben sich bei Verwendung mechanisch angetriebener Lader die in Abb. 146, S. 225 dargestellten Motorleistungen. Für den Zweitakt-Dieselmotor wurden 2 Luftüberschußzahlen $\lambda = 2{,}2$ und $\lambda = 3{,}0$ angenommen. Jedoch stellt die geringe Luftüberschußzahl $\lambda = 2{,}2$ einen Wert dar, der, abgesehen von der sehr hohen thermischen Beanspruchung, nur bei sehr günstiger Ausbildung der Spülung erreicht werden kann.

d) Berechnung der Höhenleistung aus Prüfstandsversuchen.

Die genaue Messung der Höhenleistung von Flugmotoren erfordert eine komplizierte Höhenprüfanlage, mit der der Motor unter Höhenbedingungen untersucht werden kann. Man unterscheidet hierbei die Untersuchung in der Höhenkammer (mit Unterdruck und Höhentemperatur in der Kammer) und die vereinfachte Untersuchung mit Höhenklima, wobei lediglich die Luft unter Höhenverhältnissen (Druck und Temperatur in der betreffenden Höhe) in der Saugleitung zugeführt wird. In der Auspuffleitung wird durch Absaugen der Druck in der Bezugshöhe hergestellt. Da jedoch bisher nur eine geringe Anzahl von Höhenprüfständen besteht, ist man in vielen Fällen gezwungen, aus Motorversuchen unter atmosphärischen Bedingungen oder aus der gemessenen Leistung bei Drosselung auf den der betr. Höhe entsprechenden Druck die voraussichtlichen Höhenleistungen annähernd rechnerisch zu bestimmen.

Für den Motor ohne Lader kann die Motorleistung bis zu Höhen von einigen km aus Prüfstandsversuchen angenähert mit Hilfe der Formeln (1) bis (6) auf S. 163 ff. berechnet werden. Bei der Berechnung ist an Stelle der Leistung N_{e_0} die gemessene Leistung N_{e_s} einzuführen, an Stelle der Werte T_0 und p_0 sind die Werte T_s und p_s einzuführen, so daß beispielsweise entsprechend der Formel (2) die Berechnung der Höhenleistung aus $N_e = N_{e_s} \cdot \dfrac{p}{p_s} \cdot \sqrt{\dfrac{T_s}{T}}$ erfolgen kann. Die Rechnung ist zwar nicht ganz genau, da jedoch die Absolutwerte der Unterschiede der Werte p_0 und p_z und T_0 und T_z nur gering sind, bestehen keine Bedenken gegen die praktische Anwendung.

Zur Berechnung der Höhenleistung von Ladermotoren bedient man sich meist der Formel von BROOKS [H 7]. Als Grundlage für die Berechnung werden — wie oben erwähnt — Versuche mit Drosselung in der Saugleitung (mit Unterdruckkessel) bei atmosphärischem Gegendruck benutzt. In den folgenden Formeln kennzeichnet Index z den Zustand der Umgebungsluft am Prüfstand, Index K den Zustand im Unterdruckkessel und p_A den Druck in der Auspuffleitung. Es bedeutet:

p_{lz} = Druck in der Ladeleitung am Prüfstand in mm Hg,

$\quad p$ = Normalluftdruck in der Bezugshöhe in mm Hg,

$\quad p_z$ = Druck der Umgebungsluft am Prüfstand in mm Hg,

$\quad p_A$ = Auspuffgegendruck (Überdruck) in mm Hg (Berücksichtigung der Abweichung gegenüber dem Atmosphärendruck nur bei Vorhandensein eines Schalldämpfers erforderlich),

$\quad t_K$ = Temperatur im Unterdruckkessel in °C,

$\quad t$ = Normallufttemperatur in der Bezugshöhe in °C.

Die Normalzustände für die Bezugshöhen sind aus den Tabellen der CINA (Commission Internationale de Navigation Aérienne) (Tabelle S. 163 und Abb. 109, 110, S. 162) zu entnehmen.

Die Höhenleistung wird aus folgender Beziehung errechnet:

$$N = f \cdot N_z.$$

Wenn die Arbeitsbedingungen des Motors in der Höhe nur dadurch nachgeahmt werden, daß im Saugrohr des Motors der in der Bezugshöhe herrschende Normalluftdruck hergestellt wird, so wird für den Faktor f das Produkt von 3 Faktoren

$$f = f_1 \cdot f_2 : f_3 \; .$$

eingeführt. Durch die Faktoren werden folgende Einflüsse berücksichtigt:

1. Einfluß der Temperatur der angesaugten Luft auf das Druckverhältnis des Laders:

$$f_1 = 1 + 0{,}00063 \left(\frac{p_{lz}}{p}\right)^2 (t_K - t) \, .$$

2. Einfluß der Temperatur der angesaugten Luft auf die Füllung des Motors:

$$f_2 = \sqrt{\frac{273 + t_K}{273 + t}}$$

3. Einfluß des Auspuffgegendruckes auf die Füllung und die Gaswechselarbeit des Motors:

$$f_3 = 1 + \frac{p_z - p + p_A}{3500}$$

Mit der Formel von Brooks wird meist eine gute Übereinstimmung mit gemessenen Werten erreicht; die Formel wird deshalb sehr viel verwendet.

Aus denselben Versuchen, die als Grundlagen für die Berechnung der Höhenleistung nach Brooks dienen, kann auch mit Hilfe der Gleichung 6. S. 181 die Höhenleistung des aufgeladenen Motors genauer errechnet werden. Man berechnet zunächst die Bodenleistung des Motors ohne Lader und daraus beliebige Höhenleistungen.

Die Brookssche Formel gestattet nur die Berechnung von einzelnen Höhenleistungen aus den entsprechenden speziellen Versuchen mit Drosselung in der Saugleitung. Mit der auf S. 181 angegebenen Gleichung (6) kann jedoch aus Versuchen am Motor mit Lader oder ohne Lader bei normalen atmosphärischen Bedingungen in der Saug- und Auspuffleitung *jede beliebige Höhenleistung* errechnet werden.

III. Abgasturboaufladung und -überladung.

Allgemeines.

Da bei mechanischem Laderantrieb der Leistungsbedarf des Laders von der Motorleistung gedeckt wird, ergibt sich eine Leistungsverminderung und eine Verbrauchsverschlechterung des Aggregates, die besonders bei Flugmotoren mit Aufladung für größere Höhen sehr wesentlich ist[1]. Bei Ausnutzung der Abgasenergie in einer Abgasturbine kann im allgemeinen die ganze zum Antrieb des Laders erforderliche Leistung aus der Turbinenleistung gedeckt werden. Die Abgase müssen jedoch dann in der Auspuffleitung gestaut werden, so daß der Druck in der Auspuffleitung meist nicht viel kleiner wird als der Druck in der Saugleitung des Motors. Die dadurch vorhandene Differenz des Druckes der Auspuffgase in der Abgasleitung gegenüber dem Druck der Atmosphäre entspricht einem Wärmegefälle, das der Abgasturbine als Energie zur Verfügung steht. Werden die Druck- und Geschwindigkeitsstöße der einzelnen Zylinder in einer größeren Sammelleitung praktisch vollkommen vernichtet, so spricht man von einer reinen Stauturbine.

Es besteht jedoch auch die Möglichkeit, eine Abgasturbine zu betreiben, wenn die Abgase nach den Auslaßorganen des Motors gegenüber dem Atmosphärendruck nicht aufgestaut werden. In diesem Falle können die beim Auspuffvorgang auftretenden Geschwindigkeits- und Druckstöße zum Betrieb eines Abgasturboladers ausgenutzt werden. Man spricht in diesem Falle von einer Auspuffturbine.

---

[1] Beispielsweise ist die Leistung des Motors mit mechanisch angetriebenem Lader bei 8 km Gleichdruckhöhe etwa 10—15 vH geringer als die des entsprechenden Bodenmotors.

Im allgemeinen werden Abgasturbinen gebaut, die einer Kombination der Stau- und Auspuffturbine entsprechen, weil einerseits die Abgase in der Auspuffleitung gestaut werden und andererseits die Auspuffleitungen so angelegt werden, daß die Druck- und Geschwindigkeitsstöße während des Auspuffvorganges möglichst weitgehend in der Turbine nutzbar gemacht werden.

1. Thermodynamische Grundlagen.

a) Abgasturboladung mit Stau:

Die folgenden Betrachtungen gelten in gleicher Weise für Überladung, für Aufladung beim Flugmotor sowie für Aufladung mit gleichzeitiger Überladung, da für die thermodynamische Betrachtung nicht die Absolutwerte der Drücke vor und nach der Turbine bzw. vor und nach dem Lader, sondern die Druckverhältnisse maßgebend sind.

Die theoretisch erreichbare höchste Leistung der Abgasturbine entspricht wie bei der Dampfturbine dem adiabatischen Wärmegefälle der Arbeitsgase, bezogen auf die zur Verfügung stehenden Druckunterschiede. Bezeichnet man den Zustand der Gase vor der Turbine mit dem Index I, den Zustand des Gases nach der Turbine mit dem Index II (vgl. Abb. 124), so erhält man nach dem 1. Hauptsatz der Thermodynamik die Beziehung:

$$U_I + A P_I V_I + E_I = U_{II} + A P_{II} V_{II} + E_{II} + A L_t + Q,$$

wobei L_t die abgegebene technische Arbeit und Q die Wärmeabgabe bedeutet. Der Wert E_I bedeutet die chemische Energie des Arbeitsgases vor und der Wert E_{II} die chemische Energie des Arbeitsgases nach der Turbine. Man erhält für die technische Arbeit den Ausdruck

$$A L_t = J_I - J_{II} + E_I - E_{II} - Q.$$

Da in der Turbine keine wesentlichen chemischen Umsetzungen (z. B. Nachverbrennungen) auftreten, kann die chemische Energie konstant gesetzt werden, d. h. es wird $E_I = E_{II}$. Die Arbeit der verlustlosen Abgasturbine entspricht somit bei Vernachlässigung der Wärmeverluste der Differenz des Wärmeinhaltes der Gase vor und nach der Turbine

$$A L_t = J_I - J_{II}.$$

Da für die Adiabate die Beziehung

$$U_I - U_{II} = A \int_I^{II} P \, dV$$

oder

$$J_I - J_{II} = A \int_I^{II} P \, dV + A P_I V_I - A P_{II} V_{II} = A \int_{II}^{I} V \, dP$$

gilt, kann die Arbeit der verlustlosen Turbine im P—V-Diagramm dargestellt werden. Abb. 124 gibt eine schematische Darstellung der Arbeitsflächen des Motors, der Turbine, und des Laders, bezogen auf eine beliebige Menge des arbeitenden Gasgewichtes, für den Prozeß der vollkommenen Ottomaschine wieder.

Um die Betrachtung möglichst einfach zu gestalten, sei zunächst angenommen, daß der vollkommene Motor mit Ausspülung der Restgase arbeitet, so daß das arbeitende Ladegewicht im Motor gleich groß ist wie das Durchsatzgewicht der Turbine. Die Arbeit der Abgasturbine bezieht sich auf die Summe des Luft- und Kraftstoffgewichtes $G_L + B$. Die Arbeit des Verdichters bezieht sich entweder auf das Luftgewicht (Druckvergaser) oder auf das Luft- und Kraftstoffgewicht, das gleich dem Abgasgewicht ist. In dem hier betrachteten Fall sei angenommen, daß sich auch die Verdichterleistung auf das Gesamtgewicht Luft + Kraftstoff bezieht. Zur Erläuterung der

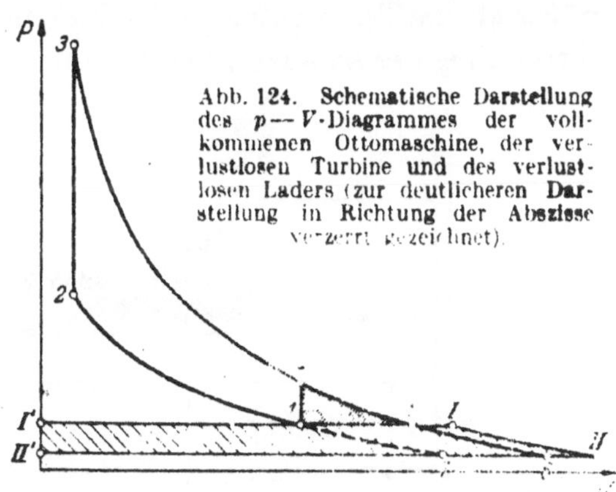

Abb. 124. Schematische Darstellung des p—V-Diagrammes der vollkommenen Ottomaschine, der verlustlosen Turbine und des verlustlosen Laders (zur deutlicheren Darstellung in Richtung der Abszisse verzerrt gezeichnet).

folgenden Betrachtungen sei noch darauf hingewiesen, daß sich der Wert V auf das Gesamtgewicht, der Wert v auf 1 kg bezieht.

Die Arbeit zur adiabatischen Verdichtung des Gemisches wird im P—V-Diagramm durch ein Integral $\int V dP$ (entsprechend Fläche 1—7—II'—I'—1 in Abb. 124) dargestellt. Diese Arbeit ist proportional der adiabatischen Förderhöhe H_{ad} und kann aus den Beziehungen, die auf S. 144 angegeben sind, errechnet werden. Die Arbeit der Abgasturbine entspricht in Abb. 124 der Fläche I—II—II'—I'—I.

Die Differenz des Arbeitsbedarfs des Laders und der Arbeit der Abgasturbine, die etwa der Fläche I—II—7—1—I in Abb. 124 entspricht, muß zur Deckung der Verluste in Lader und Turbine ausreichen, wenn mit der Abgasturbine der gesamte Leistungsbedarf des Laders bei Aufladung (oder Überladung) auf einen Ladedruck, der gleich dem Staudruck in der Auspuffleitung ist, gedeckt werden soll (Druck vor Turbine = Druck nach Lader).

Bei den bisherigen Betrachtungen wurde eine vollständige Ausspülung des Motortotraumes zugrunde gelegt. Beim ausgeführten Motor ist jedoch normalerweise eine wesentliche Ausspülung des Totraumes nicht vorhanden. Deshalb ist die im Zylinder arbeitende Gasmenge größer als die in der Abgasturbine und im Verdichter arbeitende Gasmenge. Werden die Arbeitsflächen, bezogen auf 1 kg arbeitendes Gewicht, also im P—v-Diagramm, dargestellt, dann ist beim Vergleich der ermittelten Arbeiten die Verschiedenheit der arbeitenden Gewichte in Turbine und Motor zu berücksichtigen. Die Flächen im P—v-Diagramm sind somit noch kein unmittelbares Maß für den Vergleich der Arbeiten. Da die Gewichtsunterschiede nicht sehr groß sind, liefert aber auch eine maßstäbliche Darstellung im P—v-Diagramm ein anschauliches Bild der ungefähren Größe der Arbeiten.

Um die Größenordnung der einzelnen Arbeiten kennenzulernen, müssen vor allem die Temperaturen der arbeitenden Gase bekannt sein. Die Temperatur vor der Turbine (entsprechend Zustand *1*) ist erheblich größer als die Temperatur der Verbrennungsgase (Zustand *5*), die sich bei Fortsetzung der adiabatischen Dehnung von dem Zustand bei Öffnen der

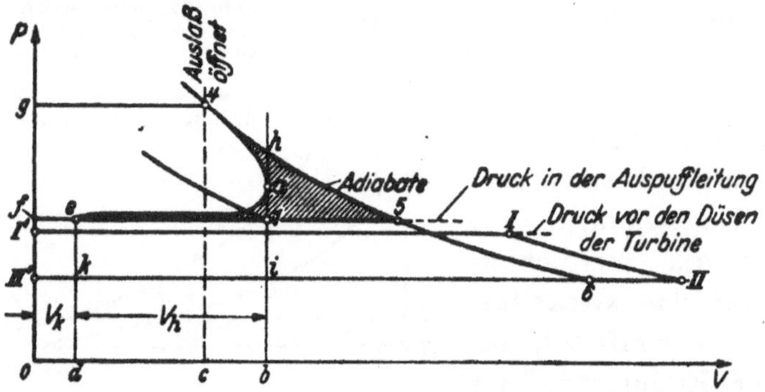

Abb. 125. Schematische Darstellung der Vorgänge im Niederdruckgebiet für einen Motor mit Abgasturboaufladung (p—V-Diagramm).

Auslaßorgane (Punkt *4*, Abb. 124) bis auf den Druck vor der Turbine ergeben würde. Der Unterschied der Temperaturen des Zustands *1* gegenüber dem Zustand *5* beträgt mehrere 100° (s. Abschnitt „Auspuffvorgang" [S. 95 bis 99] und „Berechnungsbeispiele" [S. 260]). Die Größe der Temperaturerhöhung ergibt sich aus folgender Überlegung:

Würde die Dehnung von Punkt *4* (Abb. 124) bis zum Gegendruck adiabatisch fortgesetzt, so könnte die der Fläche *4—5—1—4* entsprechende Arbeit im Motor gewonnen werden. Erfolgt der Ausströmvorgang mit Drosselung (Drucksenkung *4—1*), so erhält man eine Temperaturerhöhung der Abgase (mit einer Volumenzunahme *5—1*), die dem absoluten Wärmewert der Arbeitsfläche *4—5—1—4* entspricht.

Die bisherigen Betrachtungen bezogen sich auf den Prozeß des vollkommenen Ottomotors. Für den wirklichen Arbeitsprozeß gelten sinngemäß dieselben Überlegungen. Wegen der Drosselung während des Auspuff- und Ausschiebevorganges entspricht der Druckverlauf im Zylinder etwa einer Kurve *4—a—e* in Abb. 125. Die Temperaturzunahme während des Auspuffvorganges durch die Umsetzung der dem Verlust durch unvollkommene Dehnung und die Gaswechselverluste entsprechenden Energie in Wärme ergibt sich aus dem Wärmewert des

Absolutwertes der **Arbeitsfläche** *4—5—e—a—4*. Die dadurch bedingte **Temperaturerhöhung** gegenüber der Endtemperatur bei adiabatischer **Dehnung**, beginnend vom Zustand der Gase beim Öffnen des Auslaßorgans (Zustand *4*) bis zum Gegendruck in der **Auspuffleitung** (Zustand *5*) beträgt beim Ottomotor in der Größenordnung etwa 200 bis 300°, beim Dieselmotor in der Größenordnung etwa 150 bis 250°. Das der Turbine zur Verfügung stehende Wärmegefälle wird durch die Drosselung in der Auspuffleitung bis zum Düseneintritt verringert. Das Wärmegefälle $A\,L_{ad-t}$ entspricht im $P-V$-Diagramm bei Ausspülung der Restgase dem Integral $\int_{II}^{I} V\,dP$ (Arbeitsfläche $I-II-II'-I'-I$ in Abb. 125)[1].

Berechnung der Turbinenleistung und des Leistungsbedarfes des Laders, Wirkungsgrade. Aus 1 kg Abgas wird in der Turbine die Arbeit

$$L_{e-t} = L_{ad-t} \cdot \eta_t$$

gewonnen. Die Nutzleistung der Turbine entspricht somit:

$$N_t = \frac{G_{Abgas}\,L_{e-t}}{3600 \cdot 75} = \frac{\eta_t\,(G_L + B)\,A\,L_{ad-t}}{632} = \frac{\eta_t\,(G_L + B)\,(i_I - i_{II})}{632}.$$

Zur Verdichtung eines kg Luft im Lader ist eine Arbeit:

$$L_{e-l} = H_{ad}/\eta_l$$

erforderlich (s. S. 144). Daraus ergibt sich der Leistungsbedarf des Laders[2]:

$$N_l = \frac{G_L \cdot L_{e-l}}{3600 \cdot 75} = \frac{G_L \cdot H_{ad}}{\eta_l \cdot 270000}.$$

Die obenstehenden Beziehungen zeigen, daß der Leistungsbedarf des Laders im wesentlichen dem Wert $H_{ad} = A\,L_{ad-l} \cdot 427$ und die Turbinenleistung dem Wert $A\,L_{ad-t}$ proportional ist. Die Größenordnung dieser beiden Arbeiten ist an Hand eines Beispieles (Überladung eines Dieselmotors) in Abb. 126 gezeigt. Bei Zugrundelegung einer Abgastemperatur von 550° ist die Arbeitsleistung der verlustlosen Turbine pro kg Abgas ($A\,L_{ad-t}$) in dem betrachteten Bereich etwa $2\,^{1}/_{2}$ mal so groß wie der Leistungsbedarf des verlustlosen Verdichters pro kg Luft ($A\,L_{ad-l}$). Turbine und Lader können in ihren Dimensionen so ausgelegt werden, daß eine direkte Kupplung ohne Zwischengetriebe möglich ist. Dann wird $N_t = N_l$ bzw.[2]

$$\eta_t \cdot \frac{(G_L + B) \cdot A\,L_{ad-t}}{632} = \frac{G_L \cdot H_{ad}}{\eta_l \cdot 270000}.$$

---

[1] Wenn die Restgase nicht aus dem Totraum ausgespült werden, so ist diese Arbeitsfläche mit einem Faktor

$$\frac{\text{Zylinderfüllung} - \text{Restgasgewicht}}{\text{Zylinderfüllung}}$$

zu multiplizieren.

[2] Hier wurde vorausgesetzt, daß im Lader nur Luft verdichtet wird.

Durch Vereinfachen erhält man[1]

$$\eta_t \cdot \eta_l \frac{G_L + B}{G_L} = \frac{A L_{ad-l}}{A L_{ad-t}} = \frac{H_{ad}}{427\, A L_{ad-t}} = \frac{i_8 - i_7}{i_I - i_{II}}.$$

Die adiabatischen Wärmegefälle können entweder aus $J-S$-Diagrammen
entnommen werden oder aus den Beziehungen[2]:

$$H_{ad} = L_{ad-l} = R T_7 \frac{\varkappa_L}{\varkappa_L - 1}\left[\left(\frac{p_8}{p_7}\right)^{\frac{\varkappa_L-1}{\varkappa_L}} - 1\right]^{3}$$

bzw.

$$L_{ad-t} = R \cdot T_I \cdot \frac{\varkappa_A}{\varkappa_A - 1} \cdot \left[1 - \left(\frac{p_{II}}{p_I}\right)^{\frac{\varkappa_A-1}{\varkappa_A \cdot}}\right]$$

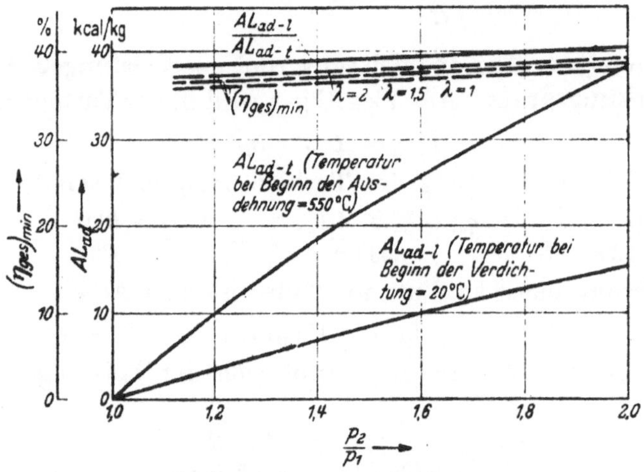

Abb. 126. Adiabatische Wärmegefälle der Turbine und des Laders und $\eta_t \cdot \eta_l = (\eta_{ges})_{min}$ für verschiedene Druckverhältnisse.

bestimmt werden. Führt man anstatt der adiabatischen Wärmegefälle
spez. Wärmen und Temperaturen ein oder ersetzt man die adiabatischen
Wärmegefälle durch eine Funktion der Druckverhältnisse, so erhält
man folgende Beziehung:

$$\frac{A L_{ad-l}}{A L_{ad-t}} = \frac{C_{pm}\Big|_{t_1}^{t_7}}{C_{pm}\Big|_{t_I}^{t_{II}}}\frac{(t_8 - t_7)}{(t_I - t_{II})} = \frac{R_L T_7 \dfrac{\varkappa_L}{\varkappa_L - 1}\left[\left(\dfrac{p_8}{p_7}\right)^{\frac{\varkappa_L-1}{\varkappa_L}} - 1\right]}{R_A T_I \dfrac{\varkappa_A}{\varkappa_A - 1}\left[1 - \left(\dfrac{p_{II}}{p_I}\right)^{\frac{\varkappa_A-1}{\varkappa_A}}\right]}$$

---

[1] Der Index 7 kennzeichnet hier den Zustand der Luft vor dem Lader (in früheren
Kapiteln zum Teil dem Umgebungszustand gleichgesetzt und daher nicht mit
Index versehen), der Index 8 den Zustand nach dem Lader (in früheren Kapiteln
zum Teil dem Zustand im Saugrohr des Motors gleichgesetzt und daher mit
Index s versehen).

[2] Die Werte mit Index A beziehen sich auf Abgase, die Werte mit Index L auf Luft.

[3] Bei technischen Rechnungen ist es üblich, das Volumen in m[3] einzuführen;
entsprechend ist dann die Dimension des spez. Flächendruckes P kg/m[2]. In
Fällen, wo nur Druckverhältnisse in die Rechnung eingehen, ist es jedoch bequemer,
mit den Werten p kg/cm[2] zu rechnen.

Mit Hilfe der obenstehenden Beziehungen kann beurteilt werden, unter welchen Bedingungen Gleichdruckaufladung möglich ist. Nimmt man die Wärmegefälle als gegeben an, so ist es möglich, den zur Volldruckladung erforderlichen Mindestwert des Produktes $\eta_{lt} \cdot \eta_l$ zu ermitteln. In Abb. 126 ist der zur Gleichdruckaufladung erforderliche Mindestwert

$$(\eta_{\mathrm{ges}})_{\min} = \eta_t \cdot \eta_l = \frac{G_L}{G_L + B} \cdot \frac{A\,L_{ad-1}}{A\,L_{ad-l}} \text{ für eine Abgastemperatur von } 550°$$

und für verschiedene Luftüberschußzahlen (Verbrennungsgase von Gasöl) wiedergegeben. Die Darstellung zeigt, daß bei den gewählten Annahmen ein Wert $\eta_t \cdot \eta_l$ von etwa 37 vH erforderlich ist, d. h. daß bei den getroffenen Voraussetzungen Volldruckaufladung bei einem Lader- und Turbinenwirkungsgrad von je etwa 60 vH möglich ist. Bei ausgeführten Aggregaten sind die Wirkungsgrade gegeben. Werden die zur Volldruckaufladung erforderlichen Wirkungsgrade nicht erreicht, so stellt sich wegen der zu kleinen Turbinenleistung eine geringere Drehzahl des Turboladeraggregates ein. Dadurch wird das Druckverhältnis des Laders geringer, so daß schließlich der Verdichtungsenddruck des Laders geringer wird als der Druck vor der Turbine. Soll aber trotzdem das gewünschte Druckverhältnis des Laders erreicht werden, so muß das Wärmegefälle der Turbine durch Aufstauung der Abgase künstlich vergrößert werden. Das erforderliche Druckverhältnis der Turbine kann für ein verlangtes Druckverhältnis des Laders errechnet werden (s. auch [H 27]). Zu diesem Zweck kann folgende aus der obenstehenden Gleichung ermittelte Beziehung benutzt werden:

$$\frac{\left[\left(\dfrac{p_8}{p_7}\right)^{\frac{\varkappa_L-1}{\varkappa_L}} - 1\right]}{\left[1 - \left(\dfrac{p_{II}}{p_I}\right)^{\frac{\varkappa_A-1}{\varkappa_A}}\right]} \cdot \frac{T_:}{T_l} = \eta_{lt} \cdot \eta_l \frac{(G_L + B)\,\varkappa_A}{G_L(\varkappa_A - 1)} \frac{(\varkappa_L - 1)}{\varkappa_L} \frac{R_A}{R_L} \approx \mathrm{const.}$$

b) Abgasturboladung ohne Stau.

Bei Motoraggregaten mit Auspuffturbinen erfolgt die Drucksenkung während des Auspuffvorganges sowohl in der Turbine als auch im Motorzylinder bis annähernd auf den Gegendruck, während bei Aggregaten mit Stauturbinen während des ganzen Arbeitsspieles des Motors die Abgase vor den Düsen der Turbine aufgestaut werden, so daß die Umsetzung in Geschwindigkeit dauernd in den Düsen der Turbine erfolgt. Bei Verwendung von Stauturbinen entspricht daher der Druck während des Ausschiebevorganges im Motorzylinder annähernd dem Ladedruck, bei Verwendung von Auspuffturbinen aber annähernd dem Umgebungsdruck.

Die Umsetzung der Energie in Geschwindigkeit kann bei der Auspuffturbine sowohl in den Auslaßorganen des Motors als auch in den Düsen der Turbine erfolgen. Es besteht z. B. theoretisch die Möglichkeit, mit den aus dem Motor austretenden Abgasen das Laufrad der Turbine unmittelbar zu beaufschlagen.

Die Leistung der verlustlosen Abgasturbine ohne Stau kann aus dem Energiesatz unter der Annahme vollkommener Ausnutzung des wechselnden Wärmegefälles in der Turbine ermittelt werden. Dabei soll angenommen werden, daß der Arbeitsprozeß im Motor durch die Abgasturbine nicht beeinflußt wird, d. h. es sei vorausgesetzt, daß durch eine Steuerung der Auslaßquerschnitte derselbe Druckverlauf erreicht wird, wie er bei normalem Motorbetrieb vorhanden ist. Zur Vereinfachung soll zunächst die Turbinenleistung unter der Annahme errechnet werden, daß der Druck nach der Turbine gleich dem Druck in der Saugleitung ist (keine Aufladung des Motors). Für den Arbeitsvorgang in der Turbine und den zugehörigen Auspuffvorgang des Motors gilt bei Umsetzung der gesamten verfügbaren Energie in chinetische Energie unter Vernachlässigung der Verluste beim Ausströmen nach dem 1. Hauptsatz folgende Beziehung:

$$(G_L + B + G_R)\, u_4 = (G_L + B)\, i_5 + G_R\, u_R + A \int \frac{w^2}{2g}\, dG + A\, L_{\text{Mot}} + Q.$$

In dieser Gleichung bedeuten[1] (s. auch Abb. 125):

$u_4 =$ die innere Energie eines kg der Ladung im Zylinder beim Öffnen der Auslaßorgane,

$i_5 =$ der Wärmeinhalt der Gase vor der Auspuffturbine; Zustand $5 =$ Endzustand der adiabatischen Dehnung vom Zustand 4 auf den Gegendruck p_5,

$u_R =$ innere Energie eines kg Restgas im Zylinder am Ende des Ausströmvorganges $= u_5$,

$L_{\text{Mot}} =$ die an den Motorkolben abgegebene Arbeit während des Ausströmvorganges,

$Q =$ die abgegebene Wärmemenge.

Das Integral erstreckt sich über das gesamte ausströmende Gasgewicht.

Aus der obenstehenden Beziehung erhält man die Leistung der verlustlosen Turbine:

$$A\,L_t = A \int \frac{w^2}{2g}\, dG = (G_L + B + G_R)\, u_4 - (G_L + B)\, i_5 - G_R \cdot u_5 - A \int_4^a P\, dV + A \int_e^a P\, dV - Q.$$

Vernachlässigt man die Wärmeverluste, so ergibt sich nach Vereinfachungen (vgl. Abb. 125):

$$A\,L_t = \underbrace{(G_L + B + G_R)\,(i_4 - i_5)}_{\text{Fläche } 4-5-f-g-4} \quad - \quad \underbrace{A \int_4^a P\, dV}_{\text{Fläche } 4-a-b-c-4} \quad + \quad \underbrace{A \int_e^a P\, dV}_{\text{Fläche } a-b-d-e-a}$$

$$\underbrace{-A\,P_4\,V_4}_{\text{Fläche } 4-c-0-g-4} \cdot \quad + \quad \underbrace{A\,P_5\,V_k}_{\text{Fläche } e-d-0-f-e} \quad = \quad \underbrace{A\,L_{45ea4}}_{\text{Fläche } 4-5-e-a-4}$$

[1] Siehe auch „Zusammenstellung der benutzten Formelzeichen" S. 302.

Die theoretisch erreichbare Turbinenleistung entspricht also im wesentlichen dem Verlust durch die unvollkommene Dehnung. (Die Flächenangaben beziehen sich auf Abb. 125.) Praktisch kann jedoch nur ein Teil dieser theoretisch gewinnbaren Arbeit ausgenutzt werden, weil eine Anpassung der Düsen an das wechselnde Druckgefälle, eine Anpassung des Laufrades an die zeitlich sich ändernden Gasgeschwindigkeiten sowie eine Steuerung des Auspuffvorganges mit Rücksicht auf einfache Bauweise praktisch nicht durchführbar ist. Eine sehr starke Drosselung mit Durchwirbelung ist nicht vermeidbar.

In der obenstehenden Ableitung der in der Auspuffturbine maximal gewinnbaren Arbeit ist angenommen, daß beim Ausströmen keinerlei Verluste auftreten, und daß der tatsächliche Arbeitsvorgang im Zylinder durch das Vorhandensein der Turbine nicht gestört wird, obwohl der Drucklauf im Zylinder (entsprechend der Kurve $4-a-e$ in Abb. 125) tatsächlich entscheidend durch die Drosselung in den Auspufforganen beeinflußt ist. Die obenstehende Annahme wurde getroffen, um der tatsächlich bestehenden Möglichkeit der Gewinnung eines Teiles der den Drosselverlusten entsprechenden Energie (Arbeitsfläche $4-h-a-1-e$ $-a-4$) in der Turbine durch Veränderung der Ausströmquerschnitte des Motors Rechnung zu tragen. Von dem dem Ausschubhub entsprechenden Teil dieser Arbeitsfläche kann jedoch nur ein geringer Anteil (nur in der Nähe des U.T.) gewonnen werden.

Wird der Druckverlauf im Zylinder durch das Hinzutreten der Turbine geändert, so behalten, bezogen auf den tatsächlichen Druckverlauf, die abgeleiteten Beziehungen ihre Gültigkeit.

Für den Prozeß des vollkommenen Motors erhält man eine sehr einfache Darstellung der Arbeit der Auspuffturbine. Diese Arbeit entspricht in Abb. 124 der Fläche $4-5-1-4$.

Bei den bisherigen Betrachtungen wurde angenommen, daß der Druck in der Auspuffleitung — abgesehen von Druckwellen — gleich dem Druck in der Saugleitung des Motors ist. Beim überladenen oder aufgeladenen Motor ist jedoch der Druck nach der Auspuffturbine annähernd gleich dem Umgebungsdruck, also erheblich geringer als der Druck in der Saugleitung. Während des Auslaßvorganges sinkt der Druck im Motorzylinder und vor der Turbine bis annähernd auf den Umgebungsdruck. Auf Grund einer der obenstehenden Rechnung analogen Ableitung kommt man zu dem Ergebnis, daß die Arbeit einer derartigen Turbine — ohne Drosselung im Auslaßventil des Motors — in der schematischen Darstellung der Abb. 125 der Fläche $h-6-i-h$ entsprechen würde, wenn der Druck in der Saugleitung dem Druck P_1 und der Druck nach der Turbine dem Druck P_6 entspricht und die Restgase vollkommen aus dem Zylinder ausgepült werden. In der Auspuffturbine wird also während des Auspuffvorganges auch ein Teil des der Differenz zwischen

dem Druck in der Saugleitung und dem Umgebungsdruck entsprechenden
Wärmegefälles in Geschwindigkeit und im Laufrad in Energie umgesetzt.
In diesem Falle würden aber die Drücke während des Auspuff- und
Ausschiebevorganges zum Teil bedeutend geringer sein, als in der
Abb. 125 dargestellt (der Ausschubhub würde bei Punkt k und nicht
bei Punkt e endigen). Zu der gewinnbaren Arbeit kommt — analog
zu dem obenstehenden Beispiel — noch die Möglichkeit der Ausnutzung
eines Teiles der den Drosselverlusten entsprechenden Energie in der
Turbine. Der reinen Auspuffturbine kommt nur geringe Bedeutung
zu, da die Gestaltung im Hinblick auf die Anpassung an die heute üblichen
Motorbauarten auf Schwierigkeiten stößt, so daß auf eine ausführlichere
Behandlung dieser Fragen verzichtet werden kann.

c) Abgasturboladung mit Stau und Ausnutzung der Energie der Auspuffstöße.

Bei ausgeführten Turbinenanlagen ist eine strenge Scheidung
zwischen Stauturbine und Auspuffturbine nicht vorhanden, da reine
Auspuffturbinen nur in wenigen Fällen gebaut werden. Man ist
aber bemüht, in Stauturbinen neben der Ausnutzung des Wärmegefälles — das der zur Verfügung stehenden Druckdifferenz entspricht — auch die in einer Auspuffturbine gewinnbare Arbeit zu
verwerten.

Die kinetische Energie der Abgase beim Austritt aus den Ventilen kann nur zum geringen Teil in der Turbine in Arbeit umgesetzt
werden, weil ein großer Teil dieser Energie infolge der Drosselung
und Wirbelung verlorengeht und in Wärme umgesetzt wird. Ein
Teil dieser Energie wird wegen der Vergrößerung des Wärmegefälles
infolge dieser Erwärmung in der Turbine wieder zurückgewonnen.
Die gesamte, zur Verfügung stehende Energie, entsprechend dem
Verlust durch unvollkommene Dehnung, ist sehr beträchtlich und
beträgt in der Größenordnung etwa 30 vH (beim Dieselmotor) bis
40 vH (beim Ottomotor) der inneren Leistung. In Abb. 127 sind
die Arbeitsflächen für einen Ottomotor und für einen Dieselmotor
mit den Indikatordiagrammen maßstäblich dargestellt. Bei zweckmäßig angelegten Auspuffleitungen wurden bei Versuchen an einem
Dieselmotor mit Turbine etwa 10 vH dieser theoretisch verfügbaren
Arbeit in der Turbine oder durch Verbesserung der Arbeit der
Gaswechselperiode des Motors wiedergewonnen. Es ist zu erwarten,
daß im Verlauf der Entwicklung ein noch höherer Prozentsatz zurückgewonnen werden kann. Durch die in der Auspuffleitung auftretenden Druckwellen wird das Wärmegefälle, das in der Düse der Turbine umgesetzt wird, zeitweilig erhöht, so daß die mittlere Eintritts-
geschwindigkeit in das Laufrad und damit auch die Turbinenleistung

steigt. Andererseits besteht auch die Möglichkeit, den mittleren Druck in der Auspuffleitung soweit zu senken, daß die Turbinenleistung gleich groß wird, wie bei Turbinenbetrieb ohne Ausnutzung der Druckstöße. In diesem Falle wird die Ausschiebearbeit des Motors geringer, so daß eine Verminderung der Gaswechselarbeit des Motors und damit unter Umständen auch eine Füllungsverbesserung und eine Erhöhung der Motorleistung auftritt. Je nach der Dimensionierung der Abgasleitung und der Düsen der Turbine ist es also möglich, einen mehr oder weniger großen Anteil des Gewinnes in der Turbine oder im Motor zu erhalten.

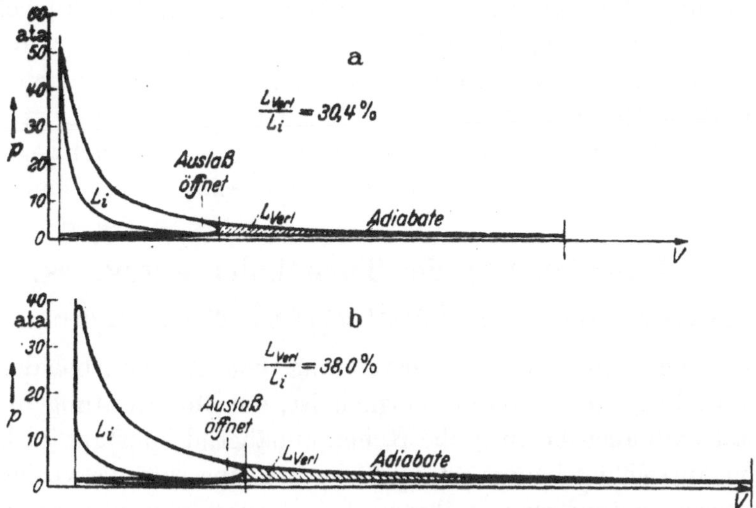

Abb. 127. Arbeitsverlust durch unvollständige Dehnung, im p—V-Diagramm dargestellt: a) für einen Dieselmotor: Verdichtungsverhältnis $\varepsilon = 1:14$, Drehzahl $n = 1635$ U/min, Luftüberschuß $\lambda = 1{,}57$, mittlerer Innendruck $p_i = 7{,}76$ kg/cm²; b) für einen Ottomotor: Verdichtungsverhältnis $\varepsilon = 1:6{,}4$, Drehzahl $n = 1490$ U/min, Luftüberschuß $\lambda = 0{,}8$, mittlerer Innendruck $p_i = 9{,}2$ kg/cm².

Die Auspuffleitungen müssen so angelegt werden, daß sich die Auspuffstöße eines Zylinders nicht störend auf den Auspuffvorgang der anderen Zylinder auswirken. Es ist zweckmäßig, die Auspuffleitungen eng zu halten und hohe mittlere Auspuffgeschwindigkeiten vorzusehen (mittlere Geschwindigkeit im Auspuffrohr 60 bis 80 m/sec). Bei der Ausbildung der Auspuffleitungen wird angestrebt, daß sich die Druckwellen im Auspuffrohr möglichst ungestört bis zu den Düsen fortpflanzen.

Die Umsetzung der Energie in Geschwindigkeit ist in den Düsen der Turbine mit geringeren Verlusten möglich als in den strömungstechnisch schlecht ausgebildeten Ventilen. Außerdem erfolgt der Energietransport mit der Druckwelle mit geringeren Verlusten als mit der kinetischen Energie der ausströmenden Gasmasse.

Die Ausnutzung der Druck- und Geschwindigkeitsstöße ist deshalb besonders wichtig, weil damit schon bei den Abgastemperaturen von Viertakt-Dieselmotoren ein Leistungsüberschuß der Turbine gegenüber dem Leistungsbedarf des Laders auftritt, so daß in der Saugleitung ein Überdruck gegenüber dem Druck in der Auspuffleitung erreicht werden kann. In vielen Fällen ist bei Verwendung einer reinen Stauturbine eben noch Gleichdruckaufladung erreichbar, mit zusätzlicher Verwendung der Energie der Auspuffstöße ist jedoch eine Überladung möglich. Ein Überdruck in der Saugleitung von einigen zehntel Atmosphären gestattet dann die Anwendung einer Überschneidung der Steuerzeiten. Die dadurch mögliche Totraumspülung ergibt eine erhöhte Motorleistung. Man kann somit bei Verwendung von Abgasturboladern eine Leistungssteigerung durch Überladung und zusätzlich durch verbesserte Füllung erreichen. Deshalb werden Abgasturbolader neuerdings nicht nur für Motorenaggregate, bei denen ein günstiges Leistungsgewicht und hohe spez. Leistung erforderlich sind (z. B. Triebwagen und Schiffsmotoren), sondern auch für stationäre Anlagen verwendet.

2. Höhenleistung des Turboladeraggregates, Turbinenleistung, Leistungsbedarf des Laders.

Für Flugmotoren ist die Verwendung von Abgasturboladern besonders wichtig, weil es damit möglich ist, die Motorleistung und den Kraftstoffverbrauch bis in große Höhen annähernd konstant zu halten. Die zum Antrieb des Laders erforderliche Leistung wird der verfügbaren Abgasenergie entnommen, während bei Verwendung mechanisch angetriebener Lader eine wesentliche Verbrauchsverschlechterung und Leistungsverminderung auftritt, da die zur Verdichtung erforderliche Arbeit der Motorleistung entnommen wird. Beispielsweise vermindert sich die verfügbare Nutzleistung des Motors bei Verwendung mechanisch angetriebener Lader z. B. in 10 km Höhe beim Ottomotor um etwa 15 vH (Abb. 146 S. 225).

Die thermodynamischen Gesetzmäßigkeiten sind sowohl für die Aufladung als auch für Aufladung mit zusätzlicher Überladung mit Abgasturboladern dieselben wie für die Überladung von Motoren, die in Bodenhöhe betrieben werden. Die Ergebnisse sind lediglich quantitativ verschieden, da bei Überladung der verfügbare Druck vor der Turbine und vor dem Lader im Bereich über 1 at, bei Aufladung im Bereich unter 1 at liegt. Das Verhältnis der Größe der Turbinen- und der Laderleistung liegt für verschiedene Druckbereiche in derselben Größenordnung, da sich die adiabatischen Wärmegefälle von Turbine und Lader im gleichen Sinne ändern. Der Absolutwert des Verlustes durch unvollkommene Dehnung, der ein Maß für die zusätzlich in den Auspuffstößen zur Verfügung stehenden Energie ist, ändert sich bei gleicher Füllung nur wenig, so daß der prozentuale Gewinn aus der Ausnutzung der Auspuffstöße mit zunehmendem Wärmegefälle der Turbine immer geringer wird.

Abgasturboladeraggregate sind für die Aufladung von Flugmotoren auch deshalb besonders geeignet, weil diese Aggregate wegen der hohen Drehzahlen einen geringen Raumbedarf und ein geringes Gewicht aufweisen. Das Leistungsgewicht des Aggregats beträgt schätzungsweise 0,25 kg/PS[1], bezogen auf die maximale Turbinenleistung. Da die Turbinenleistung im Bereich von 6 bis 12 km Höhe etwa 15 bis 35 vH der Motorleistung beträgt, wird das Leistungsgewicht des Motors — das etwa

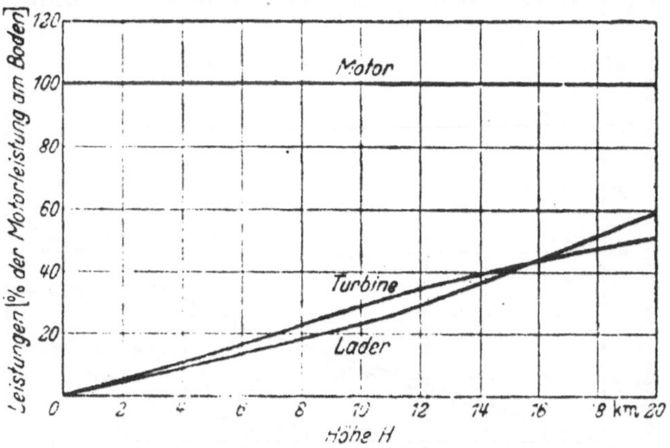

Abb. 128. Leistungen der Turbine und des Laders beim Triebwerk mit Ottomotor in vH der Motorleistung in Bodennähe, abhängig von der Flughöhe. Ladedruck 1,033 ata; mehrstufiger Verdichter mit Rückkühlung auf 60°; Stufenwirkungsgrad 60 vH; Druck vor Turbine 1,033 ata; Schaufeltemperatur konst. = 550° C; Turbinenwirkungsgrad 70 vH für u/c_1 = 0,45; u = 320 m/sec.

0,5 bis 0,7 kg/PS beträgt — durch die Anbringung des Turboladers, um 0,04 bis 0,09 kg/PS, bezogen auf die Motorleistung, erhöht. Es ist möglich, die Turbine und den Lader so auszulegen, daß ihre Drehzahl gleich wird, so daß unter Vermeidung eines Getriebes eine direkte Kupplung von Turbine und Lader erfolgen kann.

Um einen Überblick zu geben, wie groß der Leistungsbedarf des Laders und die Leistung der Turbine bei Gleichdruckaufladung im Vergleich zur Motorleistung ist, wurden diese Leistungen abhängig von der Höhe für bestimmte Voraussetzungen errechnet. In Abb. 128 sind die Leistungen für den Ottomotor wiedergegeben. Der Leistungsbedarf des Laders wurde unter der Annahme konstanten Stufenwirkungsgrades errechnet. Die Leistung der Turbine ist unter Annahme konstanten Turbinenwirkungsgrades ermittelt. Dabei ist die Kühlung der Abgase vor der Turbine so vorgesehen, daß die Schaufeltemperaturen der Turbine

---

[1] Genaue Gewichtsangaben liegen noch nicht vor, da bisher nur sehr wenige Turboladeraggregate für Flugmotoren gebaut wurden.

550° C nicht überschreiten. Die Darstellung zeigt, daß der Leistungsbedarf des Laders und die Leistungsabgabe der Turbine unter diesen
Voraussetzungen in derselben Größenordnung liegen. Erst in Höhen
über 16 km wird die Turbinenleistung wesentlich geringer als der Leistungsbedarf des Laders.

Anders liegen die Verhältnisse beim Viertakt-Dieselmotor. Die zur
Verfügung stehende Abgastemperatur ist zum Teil geringer als die
höchstzulässige Abgastemperatur. Insbesondere in größeren Höhen
wäre eine höhere Temperatur der Abgase zulässig, weil infolge der
Dehnung in der Düse eine wesentliche Abkühlung der Gase erfolgt.
Wegen des größeren Luftüberschusses ist der Leistungsbedarf des Laders
je Leistungseinheit des Motors größer als beim Ottomotor. Der Be-

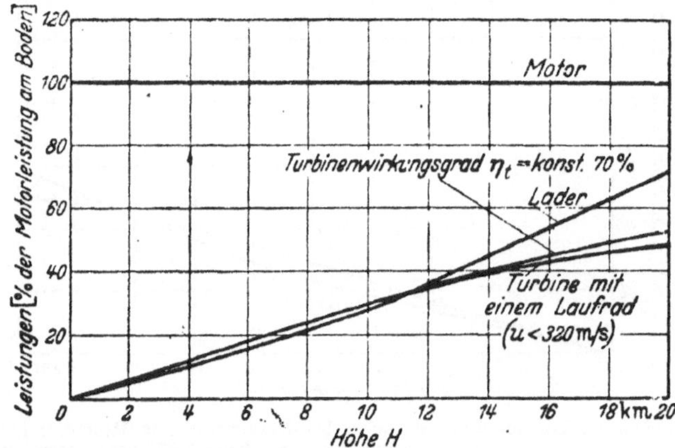

Abb. 129. Leistungen der Turbine und des Laders beim Triebwerk mit Dieselmotor in vH der Motorleistung in Bodennähe, abhängig von der Flughöhe. Ladedruck 1,033 ata; mehrstufiger Verdichter
mit Rückkühlung auf 60°; Stufenwirkungsgrad 60 vH; Druck vor Turbine 1,033 ata; Abgastemperatur 550°; Turbinenwirkungsgrad η_t = 70 vH für u/c_1 = 0,45.

rechnung der Turbinenleistung wurde als höchste Schaufeltemperatur
550° C zugrunde gelegt. Der Wirkungsgrad der Turbine wurde mit
70 vH, der Stufenwirkungsgrad des Laders mit 60 vH eingesetzt. Abb. 129
zeigt, daß die Leistungsabgabe der Turbine bis etwa 12 km etwa in
derselben Größenordnung liegt wie der Leistungsbedarf des Laders. In
größeren Höhen reicht die Turbinenleistung zur Gleichdruckaufladung
nicht mehr aus.

Die Darstellungen geben ein Bild von der Größenordnung der erforderlichen Leistungen. Für die Bewertung der Brauchbarkeit ist jedoch
neben der Betrachtung der erreichbaren Leistungen auch eine Berücksichtigung der Luftwiderstände der erforderlichen Kühler und etwaiger
Anlagen zur Temperatursenkung der Abgase von wesentlicher Bedeutung.

Eine Beurteilung der Erfolgsaussichten wird erleichtert, wenn man
anstatt der Ermittlung der Teilleistungen bei Annahme konstanter
Wirkungsgrade diejenigen Mindestwirkungsgrade ermittelt, die erforder-

lich sind, um Gleichdruckaufladung zu erreichen. Als Maßstab kann (s. S. 192f.) das Produkt $\eta_t \cdot \eta_l$ oder der Ausdruck

$$\eta_t \cdot \eta_l \cdot \frac{G_L + B}{G_L} = \frac{A L_{ad-l}}{A L_{ad-t}}$$

gewählt werden.

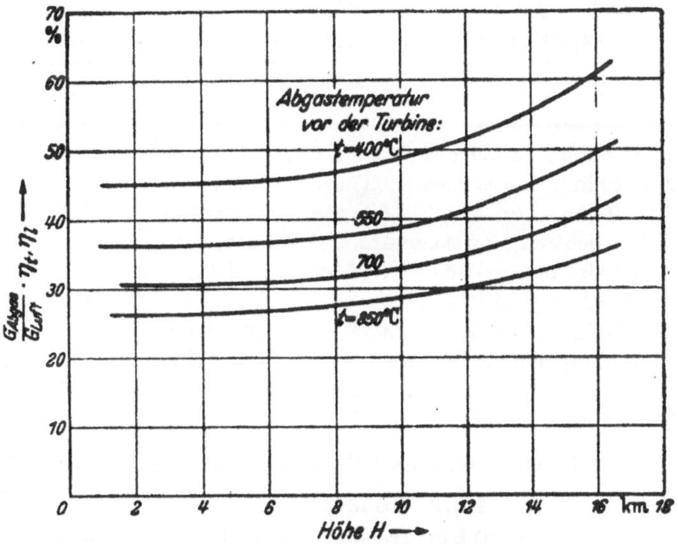

Die Änderung des erforderlichen Gesamtwirkungsgrades mit der Höhe kann aus Abb. 130 für verschiedene Abgastemperaturen ermittelt werden. Es ist ersichtlich, daß in größeren Höhen bessere Wirkungsgrade erforderlich sind, um Gleichdruckaufladung zu erreichen. Die Verschlechterung der Energiebilanz mit der Höhe ist auf das ungünstige Verhältnis des Wärmegefälles der Turbine zum Wärmegefälle des Laders bei großen Druckgefällen, das durch die Temperaturerhöhung während der Verdichtung bedingt ist, zurückzuführen; dies zeigt nachstehende Tabelle, die das Wärmegefälle einer Turbine bei einer Abgastemperatur von 550° für 4 und 10 km Höhe im Vergleich zum Wärmegefälle des Laders wiedergibt. Bei Einführung einer Zwischenkühlung wird das Verhältnis der Wärmegefälle wieder günstiger (Abb. 131). Bei Verdichtung von 0,268 ata (entsprechend 10 km Höhe) auf 0,627 ata (entsprechend 4 km Höhe) ist der Quotient: $\dfrac{A L_{ad-l}}{A L_{ad-t}}$ wenig verschieden von dem entsprechenden Wert bei Verdichtung von

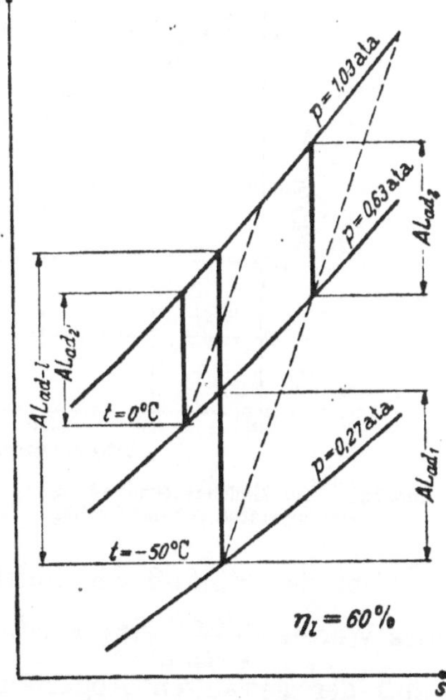

Abb. 130. Einfluß der gewählten Abgastemperatur auf den zur Gleichdruckaufladung mindesterforderlichen Wert $\dfrac{G_{\text{Abgas}}}{G_{\text{Luft}}} \cdot \eta_t \cdot \eta_l$ eines Abgasturboladers für verschiedene Höhen. Rückkühlung der Ladeluft auf 15 °C.

Abb. 131. Einfluß der Zwischenkühlung auf das adiabatische Wärmegefälle der zweiten Verdichterstufe.

0,627 auf 1,03 ata. Somit ist mit der Zwischenkühlung neben der erforderlichen Kühlwirkung im Interesse der Betriebssicherheit des Laders und des Motors auch eine Verbesserung der Leistungsbilanz des Turboladeraggregates verbunden.

Tabelle 5. Adiabatische Wärmegefälle bei Abgasturbinenaufladung am Dieselmotor. Abgastemperatur = 550° C. Ladedruck = Abgasstaudruck.

	AL_{ad-l}	AL_{ad-t}	$\dfrac{AL_{ad-l}}{AL_{ad-t}}$
$H = $ 4 km; Ladedruck 1,033 ata	9,65	27,0	0,34
$H = $ 10 km; Ladedruck 1,033 ata	25,2	64,8	0,37
$H = $ 10 km; Ladedruck 1,033 ata; zweistufige Verdichtung, Zwischendruck 0,627 ata, Stufenwirkungsgrad 60 vH; (Abb. 131) AL_{ad-l} $= AL_{ad_1} + AL_{ad_2}$	26,7	64,8	0,39
$H = $ 10 km; Ladedruck 1,033 ata; Zwischenkühlung bei 0,627 ata auf 0° C; (Abb. 131) $AL_{ad-l} = AL_{ad_1} + AL_{ad_2'}$	24,7	64,8	0,37
$H = $ 10 km; Ladedruck 0,627	14,6	43,0	0,33

Bei dieser Zusammenstellung sind die Werte der INA:

$$\text{in } \ 4 \text{ km Höhe } t = -11° \qquad p = 0,628 \text{ ata,}$$
$$\text{in } 10 \text{ km Höhe } t = -50° \qquad p = 0,269 \text{ ata}$$

zugrunde gelegt.

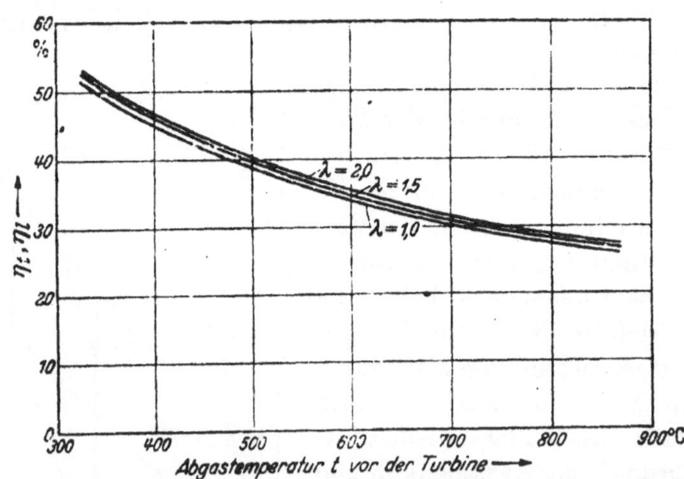

Abb. 132. Zur Gleichdruckaufladung mindestens erforderlicher Wert $\eta_t \cdot \eta_l$, abhängig von der Gastemperatur vor der Turbine. Rückkühlung der Ladeluft auf 15° C. H = 10 km.

Um den Einfluß des Luftüberschusses zu zeigen, muß an Stelle des Wertes $\dfrac{AL_{ad-l}}{AL_{ad-t}}$ das Produkt $\eta_t \cdot \eta_l$ betrachtet werden. Der Einfluß der gewählten Abgastemperatur auf den mindestens erforderlichen Wert des Produktes $\eta_l \cdot \eta_t$ ist für 10 km Höhe in Abb. 132 wiedergegeben. Die Darstellung zeigt, daß die durch den Luftüberschuß bedingte Veränderung der Abgaszusammensetzung nur von geringer Bedeutung ist. Bei etwa 500° Abgastemperatur ist ein Gesamtwirkungsgrad von mindestens 40 vH erforderlich, um Gleichdruckaufladung in 10 km Höhe zu erreichen. Bei höheren Temperaturen (700 bis 800°) reicht schon ein Gesamtwirkungsgrad von 30 vH aus. Da Laderwirkungsgrade von 60 vH und Turbinenwirkungsgrade von 60 bis 70 vH ohne Schwierigkeiten erreichbar sind, reichen die normalen Abgastemperaturen von Viertakt-Dieselmotoren in diesem Falle zur Gleichdruckaufladung aus.

Wenn die Wirkungsgrade schlechter sind, als die in den Abb. 131 und 132 dargestellten Mindestwirkungsgrade, wird wegen der zu geringen Turbinenleistung Gleichdruckaufladung nicht mehr erreicht. Es ergibt sich ein Drehzahlabfall der Turbine. Damit wird auch die Drehzahl des direkt gekuppelten Laders und sein Druckverhältnis geringer, wodurch die Leistungsaufnahme des Laders abnimmt, bis eine ausgeglichene Energiebilanz vorhanden ist. Andererseits erhält man bei erhöhter Turbinenleistung eine Überladung, da bei erhöhter Drehzahl des Aggregats die Druckdifferenz vor und nach dem Lader größer wird als das zur Verfügung stehende Druckgefälle der Turbine.

Ausnutzung der Energie der Auspuffstöße. Die Energie der Auspuffstöße ist vorwiegend vom motorischen Prozeß abhängig und daher annähernd konstant und unabhängig von der Höhe, in welcher der nachgeschaltete Abgasturbolader arbeitet. Daher fällt die in der Abgasturbine gewinnbare Mehrleistung um so mehr ins Gewicht, je geringer das Wärmegefälle der Abgasturbine selbst ist. Deshalb liegt bei stationären Anlagen mit geringer Überladung in vielen Fällen die Mehrleistung durch die Auspuffstöße in derselben Größenordnung wie die Leistung durch den Stau der Turbine. Dagegen ist bei Abgasturboladern für Flugmotoren, die in größeren Höhen ein sehr großes Druckgefälle zur Verfügung haben, die zusätzlich gewinnbare Energie zwar im Absolutwert gleich groß, aber die Mehrleistung entspricht nur einem geringen Anteil der gesamten Turbinenleistung. Wird die Abgasleitung ungünstig angeordnet, so daß die Druck- und Geschwindigkeitsstöße entweder nur in geringem Ausmaß oder gar nicht in der Turbine zur Arbeitsleistung verwertet werden, so erhält man eine Umsetzung der kinetischen Energie in Wärme. Die dadurch bedingte geringfügige Temperaturerhöhung hat eine Vergrößerung des Wärmegefälles, das der Turbine zur Verfügung steht und eine proportionale Erhöhung der gesamten Turbinenleistung zur Folge.

In Abb. 133a, b ist die Energie, die der unvollkommenen Dehnung im Zylinder entspricht, sowie die Mehrleistung der verlustlosen Stauturbine bei Umsetzung dieser Energie in Wärme maßstäblich wiedergegeben. Der in der Stauturbine rückgewinnbare Betrag des Verlustes

durch die unvollkommene Dehnung ist im Verhältnis zum Verlust um
so größer, je größer die Flughöhe ist. Beispielsweise können bezogen
auf 10 km Höhe theoretisch etwa 10 bis 15 vH des Energieverlustes
durch die unvollkommene Dehnung in der verlustlosen Stauturbine
wiedergewonnen werden. Da der Wir-
kungsgrad der Stauturbine jedoch etwa
60 bis 70 vH beträgt, wird in der Turbine
nur ein entsprechend geringerer Anteil
der der unvollständigen Dehnung entsprechenden Energie zurückgewonnen, der
bezogen auf die Motorleistung einige vH
beträgt.

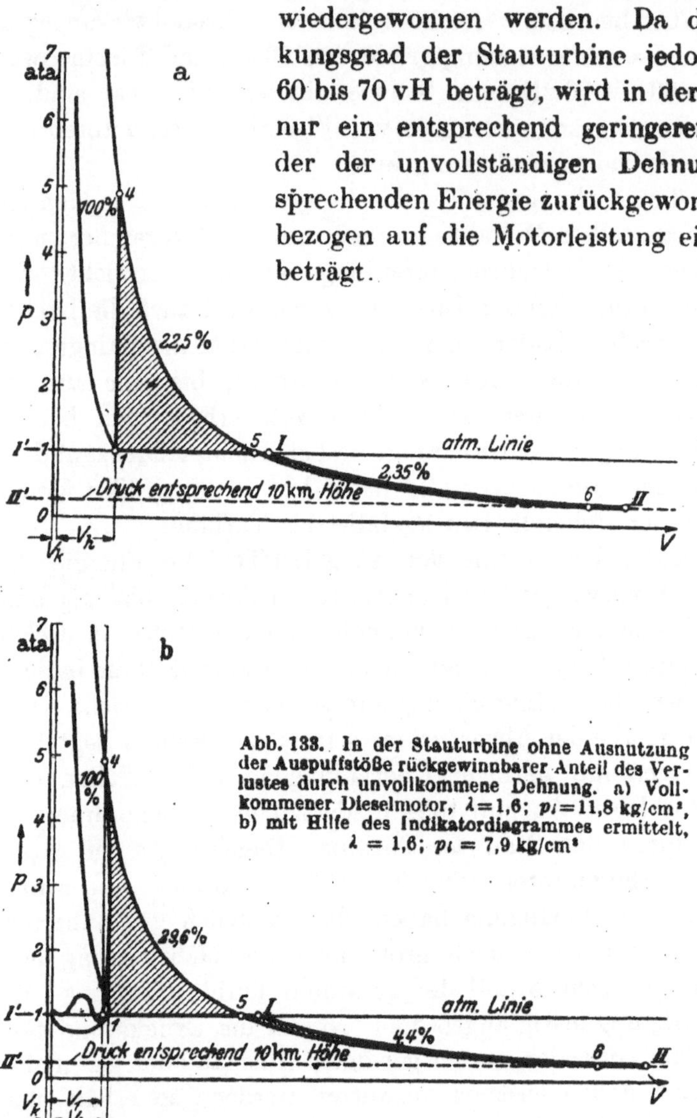

Abb. 133. In der Stauturbine ohne Ausnutzung
der Auspuffstöße rückgewinnbarer Anteil des Verlustes durch unvollkommene Dehnung. a) Vollkommener Dieselmotor, $\lambda = 1{,}6$; $p_i = 11{,}8$ kg/cm²,
b) mit Hilfe des Indikatordiagrammes ermittelt,
$\lambda = 1{,}6$; $p_i = 7{,}9$ kg/cm²

Abb. 134 und 135 zeigen Versuchsergebnisse an einer Abgasturbine,
die unter Verwendung eines großen Auspuffrohres mit Vernichtung der
Energie der Auspuffstöße und mit einer günstig angelegten Auspuffleitung
durchgeführt wurden. Die Abgasleitung wurde so bemessen, daß sich
die Auspuffstöße der einzelnen Zylinder nicht gegenseitig störten. Die
in Abb. 134 wiedergegebenen Versuche entsprechen einer Flughöhe von

etwa 5 km. Mit der günstig angelegten Auspuffleitung wurden Mehr-
leistungen erzielt, die einem konstanten Betrag der Motorleistung entsprechen.

Die in Abb. 134 ge-
wählte Darstellung der
aus den Messungen mit
trägen Manometern be-
rechneten Wirkungs-
grade der Turbine für
beide Fälle soll nur die
Größe der gewonnenen
Mehrleistung zeigen;
tatsächlich handelt es
sich nicht um eine Wir-
kungsgradverbesserung
— die nur scheinbar,
bezogen auf die Anzeige
des Manometers, in Er-
scheinung tritt — son-
dern um eine zusätzliche
Energiezufuhr zur Tur-
bine, die sogar etwas
schlechter in der Turbine
ausgenutzt wird. Die in
Abb. 134 und 135 wie-
dergegebenen Kurven
gelten für gleichen Dü-
senquerschnitt der Tur-
bine und konstantes Ab-
gasgewicht. Bei Verwen-
dung des Abgassammlers
mit Durchwirbelung der
Auspuffstöße wurde der
Staudruck größer, so daß
im dargestellten Fall der
Gaswechselvorgang des
Motors bei Ausnutzung
der Druckwelle gegen-
über dem Vorgang bei
Dämpfung der Auspuff-
stöße verbessert wurde. Außer dem Leistungsgewinn in der Turbine
wurde also auch eine Mehrleistung des Motors erreicht. Die zusätzlich in der Turbine gewonnene Energiemenge entspricht in diesem

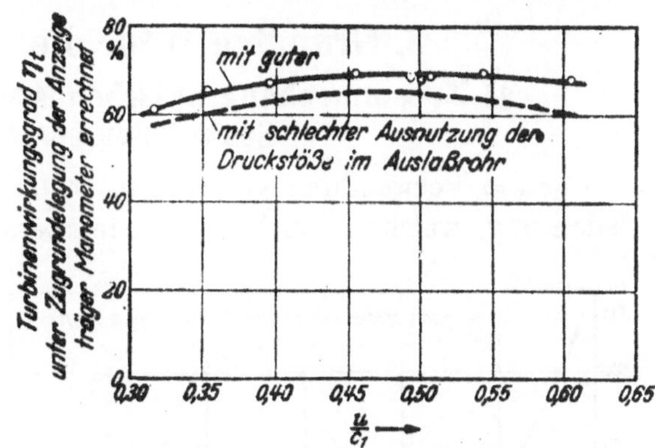

Abb. 134. Einfluß der Ausnutzung der Strömungsenergie
der Abgase auf den Turbinenwirkungsgrad, Höhe = 5 km.

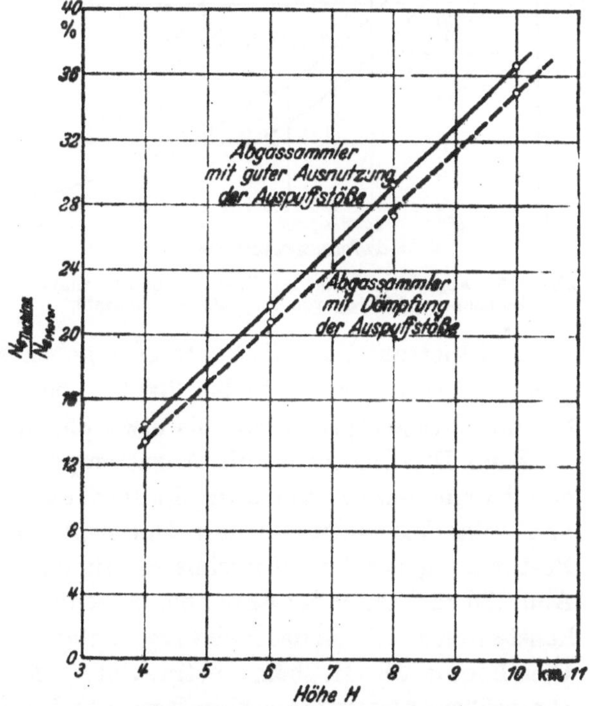

Abb. 135. Leistung der Turbine in vH der Leistung des Motors
am Boden (Vorkammer-Dieselmotor), abhängig von der Höhe.

$$n_{\text{Motor}} = 1620 \text{ U/min};$$
$$Ne_{\text{Motor}} = 480 \text{ PS} \;(p_e = 4{,}95 \text{ kg/cm}^2);$$
$$u/c_1 = 0{,}48, \text{ Abgastemperatur} = 500^\circ \text{ C}$$
$$\lambda = 2.$$

Falle nur etwa 5 bis 6 vH des theoretischen Arbeitsverlustes durch unvollkommene Dehnung (Abb. 135).

3. Grundlagen für die Gestaltung.

a) Zusammenhang zwischen Abgastemperatur und Schaufeltemperatur.

Für die Verwendung von Abgasturboladern ist von entscheidender Bedeutung, welche höchsten Abgastemperaturen ohne Gefährdung der Betriebssicherheit in der Abgasturbine beherrscht werden können.

Die Abgastemperaturen von Flugmotoren sind im allgemeinen etwas höher als die Abgastemperaturen von Fahrzeugmotoren und stationären Motoren, da wegen der hohen Drehzahl und wegen der sehr hohen Mitteldrücke der Einfluß der Wandwirkung, d. h. die Wärmeabführung durch die Wände relativ geringer

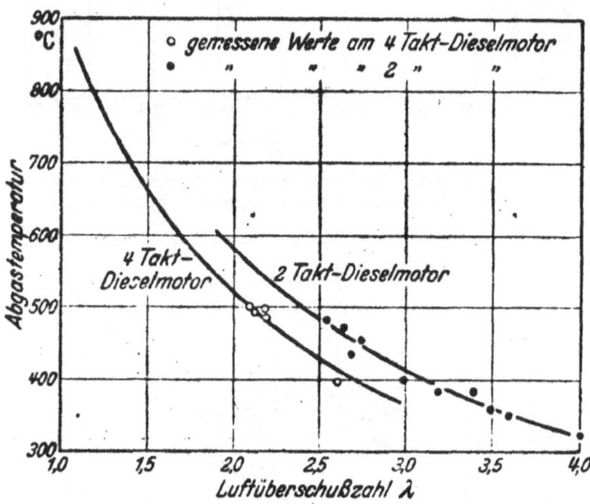

Abb. 136. Abgastemperatur des Viertakt- und Zweitakt-Dieselmotors, abhängig von der Luftüberschußzahl.

ist. Bei Viertakt-Dieselflugmotoren ergeben sich bei Dauerleistung Abgastemperaturen von 500 bis 700° C, bei Kurzleistung entsprechend höhere Abgastemperaturen (bis etwa 850°).

Beim Dieselmotor ist die Abgastemperatur, wie Abb. 136 zeigt, in erster Linie von der Luftüberschußzahl abhängig. Beim Zweitaktmotor und beim Viertaktmotor mit Durchspülung ist die Spülluft bei der Bestimmung des Luftüberschusses mit einzurechnen. Die Kurven der Abb. 136 sind unter der Annahme berechnet, daß die Abgaswärme einem konstanten Bruchteil des Heizwertes entspricht, und zwar beim Viertakt-Dieselmotor 38 vH, beim betrachteten Zweitakt-Dieselmotor 43 vH. Die größere Abgaswärme beim Zweitakt-Dieselmotor ist durch die verhältnismäßig geringe Kühlwasserwärme verursacht (Junkers Doppelkolbenmotor). Selbstverständlich können diese Kurven den Verlauf der Abgastemperatur nur der Größenordnung nach wiedergeben. Auch wird man bei verschiedenen Motorenmustern merkliche Unterschiede erhalten. Die eingezeichneten Punkte stellen Meßwerte der Abgastemperaturen dar.

Die Abgastemperaturen von Ottomotoren liegen im Mittel bei etwa 900 bis 1100° C (maximal bis etwa 1200° C).

Die höchsten Abgastemperaturen treten normalerweise in der Nähe des stöchiometrischen Mischungsverhältnisses auf. Bei schnellaufenden Motoren wurde die höchste Abgastemperatur meist bei etwa 5 bis 10 vH Luftüberschuß gemessen. Bei zunehmendem Luftüberschuß oder zunehmendem Kraftstoffüberschuß werden die Abgastemperaturen geringer (Abb. 137). Bei Überladung und Überschneidung der Steuerzeiten wird im Luftüberschußgebiet wegen der Spülwirkung und Mischung mit der kalten Luft eine wesentliche Abgastemperatursenkung erreicht; im Gebiet des Luftmangels erhöht sich jedoch wegen der Nachverbrennung durch die nachströmende Luft die Abgastemperatur. Die in Abb. 137

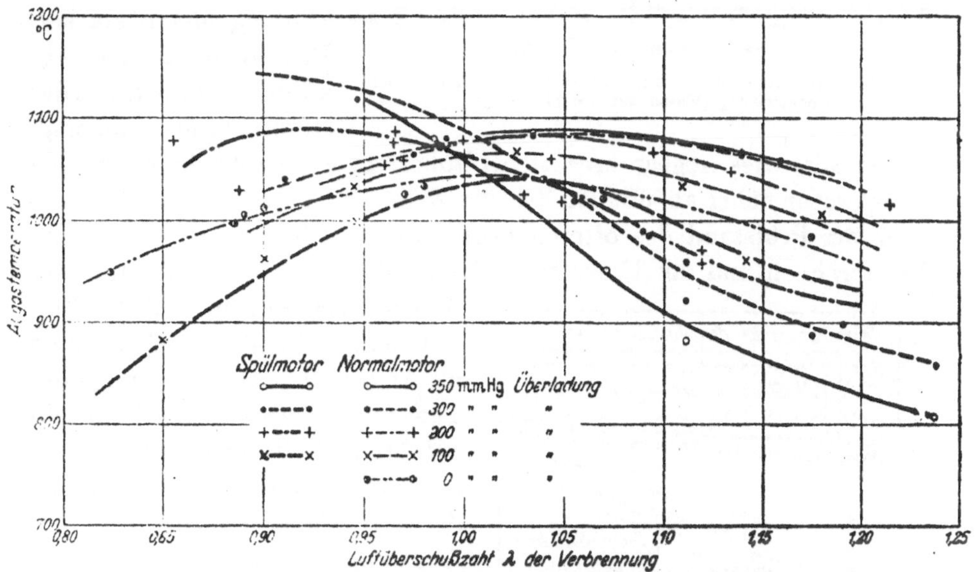

Abb. 137. Abgastemperatur eines Ottomotors, abhängig von der Luftüberschußzahl für verschiedene Ladedrücke und verschieden große Überschneidung der Ventilsteuerzeiten.

wiedergegebenen Abgastemperaturen sind auf kalorimetrischem Wege bestimmt. Bei aufgeladenen Motoren mit erhöhter Ladelufttemperatur sind auch die Abgastemperaturen etwas höher. Wird mit trägen Meßgeräten gemessen, die in üblicher Weise in die Abgasleitung in der Nähe eines Zylinders eingebaut sind, so ergeben sich geringere Temperaturen als aus kalorimetrischen Messungen. Der Unterschied dürfte in diesen Fällen meist etwa 50 bis 100° betragen.

Die angegebenen Abgastemperaturen beziehen sich auf Messungen unmittelbar hinter den Auslaßstutzen des Motors. Infolge des Wärmeaustausches in der Abgasleitung und in der Verbindungsleitung zur Turbine tritt jedoch schon eine erhebliche Abkühlung der Abgase auf. Die Kühlwirkung ist bei der üblichen Anordnung der Auspuffleitungen (sofern eine Sammelleitung vorhanden ist) in Flugzeugen besonders stark.

Abb. 138 zeigt Meßergebnisse über die Abkühlung der Abgase in der Abgasleitung eines luftgekühlten Motors (BMW 132), die bei Versuchsflügen (mit einer Ju 52) gewonnen wurden. Es zeigt sich, daß

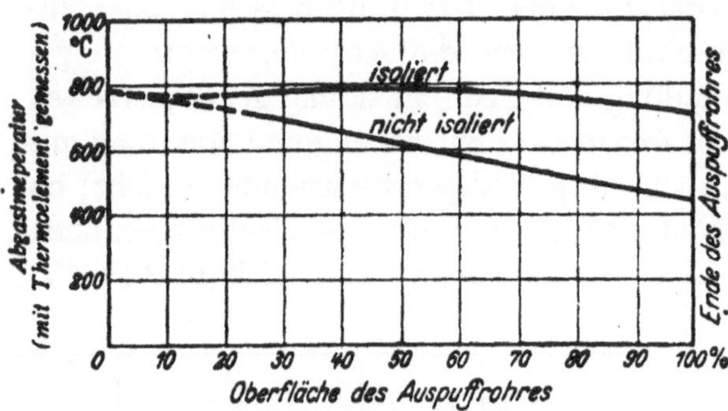

Abb. 138. Abgastemperatur an verschiedenen Stellen in der Abgasleitung (Messungen im Flugzeug).

bei Reiseflug bei nichtisoliertem Abgasrohr die Temperatur am Ende des Rohres schon etwa 200° niedriger ist als bei isoliertem Abgasrohr. Bei geringer Belastung des Motors ist die Abkühlung noch stärker. Das Ausmaß der Abkühlung ist auch von der Motorengröße abhängig.

In der Mitte des Abgasrohres ist bei isoliertem Abgasrohr die gemessene Temperatur höher als unmittelbar am Zylinder. Diese Erscheinung, die auch am Prüfstand des öfteren beobachtet wurde, ist abgesehen vom Nachbrennen und der Umsetzung der großen kinetischen Energie der Abgase in erster Linie auf den Einfluß der gleichmäßigeren Strömung im Abgasrohr auf die Anzeige des Thermoelementes (s. S. 97) zurückzuführen. Die Temperaturzunahme ist sehr stark von der Ausbildung der Auslaßquerschnitte und des Abgasrohres abhängig. Der Fehler in der Anzeige des Thermoelementes ist nämlich größer, wenn das Thermoelement unmittelbar in der Auspuffleitung eines Zylinders angebracht wird, als wenn es im Abgasstrom mehrerer Zylinder angebracht wird. Im letzteren Falle wird eine höhere Temperatur gemessen (vgl. S. 98). In größeren Höhen wird die Abkühlung der Abgasleitung geringer, da die Verringerung der übergehenden Wärmemenge durch den absinkenden Druck gegenüber der Erhöhung der übergehenden Wärmemengen infolge des mit abnehmender Außentemperatur größer werdenden Temperaturgefälles überwiegt (s. Kurve c in Abb. 139).

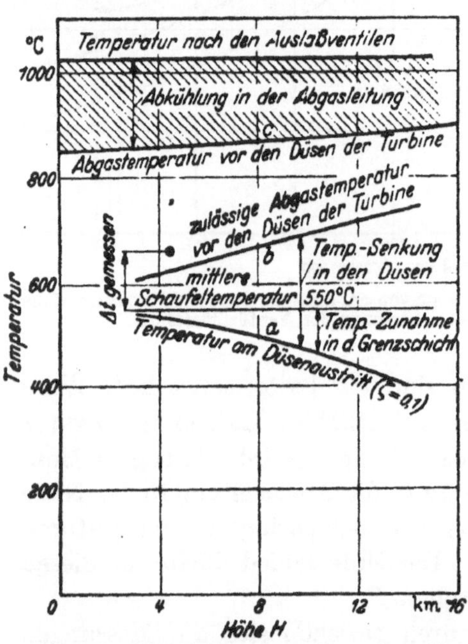

Abb. 139. Schematische Darstellung der zulässigen Abgastemperatur vor den Düsen einer Abgasturbine ohne Bauteilkühlung, abhängig von der Höhe.

Die Temperatur der Gase vor den Düsen der Turbine ist nicht identisch mit der Temperatur der Schaufeln. Bei der Dehnung in der Düse erfolgt eine Abkühlung der Gase. Diese Abkühlung ist entsprechend dem Faktor $1 - \zeta$ ($\zeta =$ Düsenverlustziffer) geringer als die Abkühlung bei adiabatischer Dehnung. Sie kann beispielsweise aus dem $i-s$-Diagramm ermittelt werden. Die Größenordnung der Abkühlung ist für verschiedene Höhen für ein Beispiel in Abb. 139 wiedergegeben; in 10 km Höhe beträgt sie z. B. etwa 230°. Die Temperatur der Grenzschicht an der Schaufel ist jedoch höher als die Temperatur des Gases nach der Düse, weil an der Schaufelwand einerseits durch die Reibung und andererseits durch Stau eine Temperaturerhöhung der Grenzschicht gegenüber dem Gasstrom auftritt. Die Temperaturerhöhung müßte theoretisch 85 bis 100 vH des Wärmewertes der kinetischen Energie der Gasgeschwindigkeit relativ zur Schaufel entsprechen. Zur Berechnung der kinetischen Energie ist also die Relativgeschwindigkeit der Gase zur Schaufel einzuführen, so daß sich für die maximale Temperaturerhöhung bei vollständigem Stau die Beziehung

$$\varDelta t = \frac{A\,w^2}{2g\,c_p}$$

ergibt. Für Luft erhält man bei Einsetzen der Zahlenwerte (w in m/sec)

$$\varDelta t = \frac{w^2}{427 \cdot 2 \cdot 9{,}81 \cdot 0{,}24} = \frac{w^2}{2000}\ (^\circ\mathrm{C})\,.$$

Für die Abgase eines Dieselmotors ($t = 550^\circ\,\mathrm{C}$, $\lambda = 1{,}6$) wird

$$\varDelta t = \frac{w^2}{2300}\ (^\circ\mathrm{C})\,.$$

Für die Abgase eines Ottomotors (700 bis $900^\circ\,\mathrm{C}$) ist zu setzen:

$$\varDelta t \approx \frac{w^2}{2500}\ (^\circ\mathrm{C})\,.$$

Tatsächlich ist jedoch die Grenzschichttemperatur geringer und etwas verschieden je nach Ausbildung der Strömung um die Schaufel. Als Durchschnittswert kann etwa eine Temperaturerhöhung entsprechend 85 vH der theoretischen Stautemperatur angenommen werden[1]. Legt

---

[1] Zur Ermittlung der Wärmeumsetzung in der Grenzschicht von Körpern, die einem Gasstrom ausgesetzt sind, wurden besondere Messungen mit Thermoelementen und mit Thermometern verschiedener Form durchgeführt. Dabei wurde die Messung der Stautemperatur im ganzen Geschwindigkeitsbereich bis zur Schallgeschwindigkeit vorgenommen. Die Meßgeräte wurden am Staupunkt von Strömungskörpern, an den Seitenflächen von Strömungskörpern, an der Rückseite (im Totraum der Strömung) von runden Körpern, im Innern von halbkugelig ausgebildeten Schalen und im Innern von durchbohrten Strömungskörpern angebracht. Bei den Messungen wurden im gleichen Gasstrom gleichzeitig verschiedene Temperaturen angezeigt, und zwar etwa entsprechend 70 bis 90 vH der theoretischen vollen Stautemperatur. Die geringen Werte wurden

man nun eine bestimmte höchstzulässige Schaufeltemperatur zugrunde, so würde ohne Berücksichtigung des Wärmeflusses diejenige Abgastemperatur nach den Düsen zulässig sein, die um 85 vH des Wertes der Stautemperatur tiefer liegt als die zulässige Schaufeltemperatur. Die unter Zugrundelegung einer zulässigen Schaufeltemperatur von 550° und unter der Annahme, daß ungefähr 85 vH der Strömungsenergie der Relativgeschwindigkeit zu den Schaufeln in der Grenzschicht wieder in Wärme umgewandelt werden, errechnete Temperatur des Gases nach den Düsen ist in Abb. 139, Kurve *a* abhängig von der Höhe dargestellt. Die zulässige Temperatur vor den Düsen ergibt sich daraus durch Addition der gesamten Temperatursenkung in der Düse (Abb. 139, Kurve *b*). Wegen des Wärmeflusses von der Schaufel in das Rad kann man eine etwas höhere Abgastemperatur als errechnet zulassen.

Zum Vergleich mit den gerechneten Werten ist in der Abbildung der gemessene mittlere Temperaturunterschied der Schaufel gegenüber dem Gas vor den Düsen für 4,5 km Höhe eingetragen. Die Temperatur der Abgase des Ottomotors ist mit 1050° angenommen; diese Annahme entspricht sowohl Luftüberschuß im Reiseflug als auch Anreicherung bei Vollast. Dabei ist vorausgesetzt, daß die Anreicherung bei einer bestimmten Belastung unmittelbar von Luftüberschuß auf Luftmangel erfolgt.

Die Darstellung der zulässigen Abgastemperaturen vor den Düsen (Kurve *b* in Abb. 139) und der tatsächlich vor den Düsen auftretenden Temperatur (Kurve *c* in Abb. 139) zeigt, daß die beim Ottomotor auftretenden Abgastemperaturen noch 150 bis 200° höher sind, als mit Rücksicht auf die bisher erreichte Warmfestigkeit der Schaufeln zugelassen werden kann. Um die Beanspruchungen in sicheren Grenzen zu halten, können folgende Maßnahmen getroffen werden:

Verbesserung der Werkstoffe,

zusätzliche Kühlung der Abgase,

Kühlung der gefährdeten Bauteile.

Unter Umständen kann auch eine Kombination dieser Möglichkeiten gewählt werden.

b) Zulässige Schaufeltemperatur und Werkstoffeigenschaften.

Die Temperaturen der Abgase von Dieselmotoren sind so gering, daß keine besonderen Maßnahmen zur Gewährleistung der Betriebs-

---

auf der der Strömung abgewandten Seite, die hohen Werte im Staupunkt der Strömungskörper gefunden. An der Schaufel wirkt sich dementsprechend die Stautemperatur an verschiedenen Stellen verschieden aus. Die Messung mit runden Thermoelementen oder mit Thermometern ergab einen Wert, der dem Mittelwert der Messungen im Staupunkt an den Seitenflächen und an der der Strömung abgewandten Seite entspricht. Die Strömung wurde durch Einströmen einer großen Luftmenge (4000 kg/h) in einen Unterdruckbehälter mit dauerndem Absaugen erzeugt, so daß der Einfluß der Wandwirkung der Düse auf das Meßergebnis gering war.

sicherheit der Turbinenschaufeln bei Verwendung der üblichen warmfesten Werkstoffe erforderlich sind. Bei Abgasturbinen für Ottomotoren
ist es auch mit den besten bekannten Werkstoffen nicht möglich, die
ohne besondere Maßnahmen auftretenden hohen Schaufeltemperaturen
zu beherrschen, weil die Beanspruchungen der Turbinenschaufeln mit
Rücksicht auf die Gestaltung des Aggregats in bestimmten Grenzen vorgegeben sind. Zur Erzielung eines bestimmten erforderlichen ·Druck-
gefälles des Laders ist eine hohe Umfangsgeschwindigkeit (übliche
Umfangsgeschwindigkeiten 300 bis 400 m/sec) des Laderrades erforderlich. Diese hohe Umfangsgeschwindigkeit bedingt andererseits mit
Rücksicht auf die Gestaltung des Laders insbesondere mit Rücksicht
auf die Kanalbreite des Rades bei gegebener Fördermenge eine sehr hohe
Drehzahl (Größenordnung 20000 bis 30000 U/min), die bei direkter
Kupplung von Lader und Turbine gleich der Turbinendrehzahl ist. Bei
gegebenem Abgasvolumen ist damit auch die untere Grenze des Durchmessers des Turbinenrades im wesentlichen festgelegt, da das Verhältnis der Schaufellänge zum Teilkreisdurchmesser bestimmte Werte nicht
überschreiten darf. Die Beanspruchung des Schaufelmaterials am Fuß
ist durch die Beziehung:

$$\sigma = \frac{P}{F_F} = \frac{\dfrac{m\,u_s^2}{r_s}}{F_F}$$

angenähert gegeben. Mit

$$m = \frac{G}{g} = \frac{F_m \cdot l \cdot \gamma}{g}$$

erhält man

$$\sigma = u_s^2 \frac{l}{r_s} \cdot \frac{\gamma}{g} \frac{F_m}{F_F}.$$

In den Gleichungen bedeuten:

$P =$ Fliehkraft der Schaufel,
$m =$ Masse der Schaufel,
$G =$ Gewicht der Schaufel,
$u_S =$ Umfangsgeschwindigkeit des Schaufelschwerpunktes,
$r_s =$ Radius des Kreises der Schaufelschwerpunkte,
$F_F =$ Querschnittsfläche des Schaufelfußes,
$F_m =$ mittlere Schaufelquerschnittsfläche,
$l =$ Länge der Schaufel,
$\gamma =$ spez. Gewicht des Schaufelmaterials.

Vergleicht man Räder, deren Schaufellängen proportional den jeweiligen Radien sind ($l = r_s \cdot$ const) und deren Schaufelverjüngung
dieselbe ist ($F_m/F_F =$ const), so erhält man die Beziehung:

$$\frac{\sigma}{\gamma} = u_s^2 \cdot \text{const,}$$

Die Umfangsgeschwindigkeit ist durch die Auslegung des Turboladeraggregates im wesentlichen vorgegeben. Daher ist der Wert $\frac{\sigma_{zulässig}}{\gamma}$ ein Maß für die Eignung des Werkstoffes. Die Beanspruchung des Schaufelwerkstoffes ist durch das Produkt $u_S^2 \cdot \gamma$ gekennzeichnet.

Da die Umfangsgeschwindigkeit für das Verdichtungsverhältnis des Laders maßgebend ist (vgl. Gl 3 S. 144), ist der höchstzulässige Wert σ/γ für das höchste erreichbare Druckverhältnis des Turboladers (siehe Gl 1 S. 144) bei gegebener Stufenzahl mit entscheidend. Der Wert σ/γ kann auch sehr anschaulich physikalisch gedeutet werden.

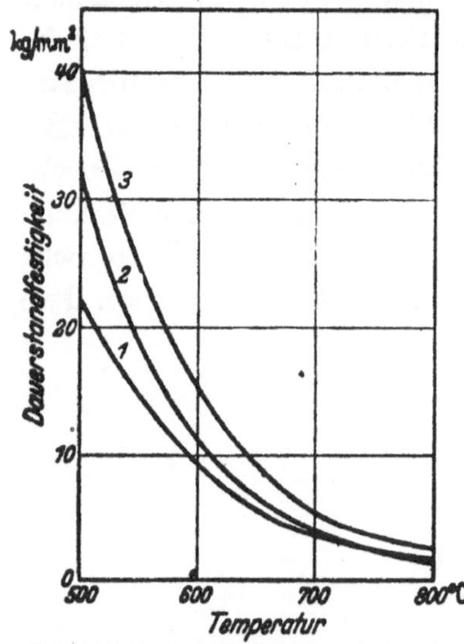

Abb. 140. Abhängigkeit der Dauerstandfestigkeit (nach MUSATTI und REGGIORI: $^1/_{1000}$ vH Dehnung je Stunde in der 80. bis 100. Stunde) von der Temperatur für verschiedene Stähle.

Stahlzusammensetzung in vH:
1. 0,34 C; 14,95 Cr; 19,35 Ni
2. 0,08 C; 20　Cr;　8　Ni; 2,5 Mo
3. 0,45 C; 12　Cr; 14,5 Ni; 2 W; 1 Si.

Er gibt die Länge eines Stabes konstanten Querschnittes an, der, hängend, an seinem oberen Ende die Beanspruchung σ erreicht.

Vergleicht man die Beanspruchungen von verschiedenen Turbinenausführungen mit verschiedenen Schaufellängen für ein bestimmtes konstantes Abgasgewicht, also für einen bestimmten Motor, so ist bei sonst gleichen Voraussetzungen das Produkt $l \cdot r_S$ konstant und man erhält $\sigma/\gamma = n^2 \cdot$ const (vgl. obenstehende Gleichung für σ), d. h. unter diesen Voraussetzungen ist die Beanspruchung der Schaufeln durch das Quadrat der Drehzahl gegeben.

Als Maß für die höchstzulässige Beanspruchung σ wird die Dauerstandfestigkeit gewählt, die im allgemeinen Maschinenbau derart definiert wird, daß eine Belastung entsprechend der Dauerstandfestigkeit keine größere Dehngeschwindigkeit als $1 \cdot 10^{-4}$ vH/h und keine größere Gesamtdehnung als 0,2 vH zur Folge hat. Die zulässige Dehngeschwindigkeit wird verschieden gewählt, je nach dem Verwendungszweck und der geforderten Mindestlebensdauer (z. B. für Überhitzerrohre 10^{-4} vH/h, Turbinenläufer 10^{-6} bis 10^{-7} vH/h). Bei sehr hoch beanspruchten Turbinenschaufeln für Turbolader von Flugmotoren begnügt man sich mit einer Dauerstandfestigkeit, die in 300 Stunden Betriebszeit keine größere Dehnung als 1 vH hervorruft (Definition der DVL). Die Abhängigkeit der Dauerstandfestigkeit von der Temperatur ist als Beispiel für einige Werkstoffe in Abb. 140 wiedergegeben [K 1], wobei als Dauerstandfestigkeit die Annahme von MUSATTI und REG-

GIORI (1 · 10⁻³ vH/h in der 80. bis 100. Stunde) zugrunde gelegt ist. Die Abhängigkeit der Dehnung von der Zeit bei konstanter Temperatur ist für einen Werkstoff in Abb. 141 a wiedergegeben. Die entsprechende Dauerstandfestigkeit nach der Definition der DVL (1 vH Dehnung in 300 Stunden) ist in Abb. 141 b für denselben Werkstoff abhängig von der Temperatur dargestellt. Die Untersuchungen der Dauerstandfestigkeit zeigen, daß bei Zulassung höherer Dehnung eine höhere Belastung zulässig ist. Ebenso kann natürlich eine höhere Belastung zugelassen werden, wenn kürzere Betriebszeiten zugrunde gelegt werden.

Die folgende Tabelle gibt einen Überblick über die Festigkeit einiger für Turbinenschaufeln wichtiger Werkstoffe. Der Wert σ bezieht sich auf die Dauerstandfestigkeit, nach Definition der DVL; der Wert γ bezieht sich auf die betreffende Temperatur.

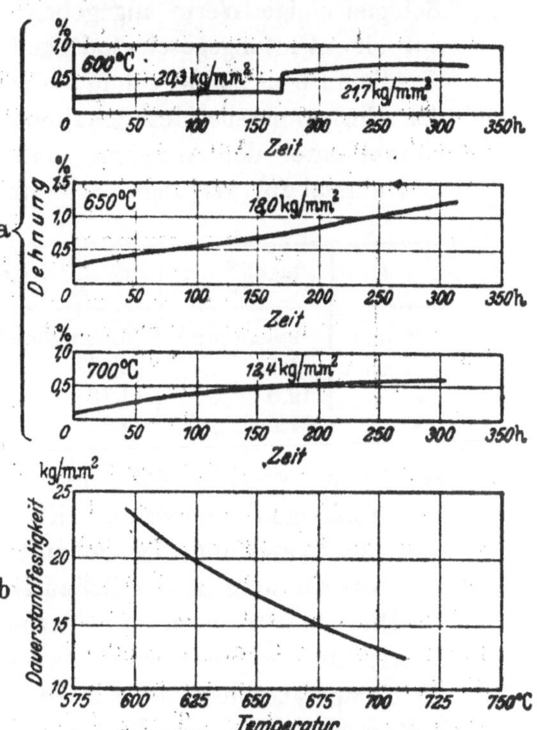

Abb. 141. Zeitdehnungskurven und Dauerstandfestigkeit (nach DVL: 1 vH Dehnung in 300 Stunden) für Stahl mit: Cr 14 vH, Ni 35 vH, W 5 vH, Co 25 vH, Mo 5 vH, Fe Rest. a) Ergebnisse einiger Zeitdehnungsversuche bei statischer Last und verschiedener Temperatur; b) Dauerstandfestigkeit, abhängig von der Temperatur (interpoliert) nach F. BOLLENRATH [K 2].

Tabelle 6. Dauerstandfestigkeit verschiedener Werkstoffe [K 1].

Werkstoff	σ bezogen auf 1 vH Dehnung in 300 Stunden in kg/mm² für			σ/γ (σ bezogen auf 1 vH Dehnung in 300 Stunden)		
Bezeichnung	600°	650°	700°	600°	650°	700°
DVL 225a . . .	>42/45	—	—	5,01	—	—
P 193	38,0	24,0	—	5,10	3,22	—
SAS 8	30,5	>18,5	—	4,00	>2,42	—
DVL 32 (22) . .	30,0	17,6	—	3,59	2,11	—
ATS	28/29	∼18,0.[1]	—	3,72	∼2,35	—
WF 200	24,0	14,0	10,0 [1]	3,14	1,83	1,32
VO 6695	23,0	—	—	2,99	—	—
WF 100 D . . .	20,4	14,4	—	2,64	1,89	—

[1] Nicht genau ermittelt.

Um einen Anhaltspunkt für die Größenordnung der Beanspruchungen von Turbinenschaufeln zu geben, sind in nachfolgender Tabelle für ein Beispiel einige Werte angegeben. Die Zusammenstellung bezieht sich auf eine Umfangsgeschwindigkeit $u = 293$ m/sec, $D = 280$ mm (entsprechend $n = 20000$ U/min, $\omega = 2090$ 1/sec). Die Zugspannungen an der Einspannstelle des Schaufelschaftes (Querschnittsfläche F_F) sind einmal unter der Annahme, daß die Schaufeln nicht verjüngt sind, und einmal für verjüngte Schaufeln ($F_M/F_F = 0,6$) wiedergegeben.

l	σ für $\dfrac{F_M}{F_F} = 1$	σ für $\dfrac{F_M}{F_F} = 0,6$
20 mm	9,8 kg/mm²	5,88 kg/mm²
30 „	14,7 „	8,82 „
40 „	19,6 „	11,76 „
50 „	24,5 „	14,7 „

Die Beanspruchungen entsprechen meist 10 bis 20 kg/mm². Aus der Tabelle 6 kann geschlossen werden, daß bei diesen Beanspruchungen mit Rücksicht auf ungleichmäßige Temperatur- und Spannungsverteilung Abgastemperaturen zwischen 550 und 650° zulässig erscheinen. Die Höhe der zulässigen Temperatur ist innerhalb dieser Grenzen vor allem von der Gestaltung der Schaufel und des Rades und von der Temperaturverteilung in der Schaufel abhängig.

Die Temperaturen der Turbinenschaufeln unterscheiden sich im Betrieb an verschiedenen Stellen sehr wesentlich. Im allgemeinen sind die Temperaturen an der Eintrittskante der Schaufel am höchsten. Die Unterschiede sind zum Teil auf den Stau, auf die Grenzschichtreibung und sehr wesentlich auf die verschiedene Kühlung durch Wärmeableitung zurückzuführen. In demselben Querschnitt der Schaufel kommen vielfach Temperaturunterschiede in der Größenordnung von 50 bis 150° vor. Noch größer sind die Unterschiede der Temperaturen in der Längsrichtung. Beispielsweise wurde unmittelbar am Schaufelfuß ein Temperaturabfall von über 100° gemessen (vgl. [H 18]). Eine weitere Temperatursenkung ergibt sich in radialer Richtung in der Laufradscheibe.

c) Verfahren zur Verringerung der Schaufeltemperaturen.

Voraussichtlich ist es in Kürze nicht möglich, Werkstoffe zu schaffen, die für die Beherrschung der vollen Abgastemperatur von Ottomotoren geeignet sind, so daß bei Verwendung von Abgasturbinen in Verbindung mit Ottomotoren eine zusätzliche Kühlung der Abgase bzw. eine Kühlung der Turbinenbauteile erforderlich sein wird.

Kühlung der Abgase (Oberflächenkühlung, Mischkühlung). Die Abkühlung der Abgase durch Vergrößerung der Abgasleitung und zusätzliche Kühler ist für den Flugbetrieb ungünstig, da ein erheblicher Gewichtsaufwand und ein zusätzlicher Luftwiderstand dadurch bedingt ist. Die Kühler müssen aus hochhitzebeständigem Material hergestellt werden und bereiten u. a. wegen der notwendigen Isolierung gegenüber den übrigen Flugzeugteilen wesentliche Schwierigkeiten. Der Raumbedarf der Abgaskühler ist erheblich, so daß die Unterbringung unter Umständen schwierig ist. Durch die Kühlung der Abgase wird das der Turbine zur Verfügung stehende Wärmegefälle verringert, so daß die Energiebilanz ungünstig beeinflußt wird. Da in Höhen über etwa 12 km die Energiebilanz an sich ungünstig ist, fällt dieser Verlust in diesem Bereiche besonders schwer ins Gewicht.

Eine weitere Möglichkeit der Kühlung der Abgase bietet die Beimischung von Luft. Da der Druck der beigemischten Luft höher sein muß als der Druck in der Abgasleitung, ist diese Möglichkeit nur bei Entnahme der Luft hinter dem Lader gegeben. Deshalb macht das Verfahren der Luftbeimischung eine Vergrößerung des Laders und der zugehörigen Leitungen mit entsprechender unerwünschter Vergrößerung der Gewichte erforderlich. Die Energiebilanz des Turboladeraggregats wird ebenso wie bei der Oberflächenkühlung durch die Temperatursenkung der Abgase in Verbindung mit der Vergrößerung der zu verdichtenden Luftmengen verschlechtert. Die Regelung des Turboaggregats ist bei Mischkühlung schwierig, da der Druck nach dem Lader stets größer gehalten werden muß als der Druck vor der Turbine.

Die Mischkühlung bringt aber außerdem den Nachteil mit sich, daß bei Betrieb mit Luftmangel infolge der brennbaren Bestandteile in den Abgasen eine Nachverbrennung auftritt, so daß sogar eine Temperatursteigerung der Abgase eintreten kann, die sich unter Umständen in vollem Maße erst in den Düsen und am Laufrand auswirkt. Eine wirksame Kühlung der Abgase durch Mischkühlung ist also nur gewährleistet, wenn der Motor schon mit Luftüberschuß betrieben wird. Luftüberschußbetrieb erfordert eine sehr feine Gemischregelung, da wesentliche Fehler in der Gemischregelung im Sinne einer Verarmung des Gemisches unregelmäßigen Lauf und unter Umständen Aussetzen des Motors verursachen kann. Fehler der Regelung in Richtung zur Anreicherung des Gemisches wirken sich durch Nachbrennen aus und gefährden dadurch die Betriebssicherheit der Turbine. Die Mischkühlung stellt also besondere Anforderungen an die Betriebsweise des Motors oder verlangt Anwendung sehr großer Luftmengen. Beim Spülmotor ist in den Abgasen überschüssige Luft enthalten, so daß eine Nachverbrennung bei Luftmangel auf jeden Fall auftritt. Durch die Zumischung von Luft wird daher in diesem Falle keine zusätzliche Temperatursteigerung mehr hervorgerufen, jedoch würde dann der Luftaufwand sehr groß werden, so daß ein erheblicher Gewichts- und Raumbedarf dadurch bedingt wäre.

Bauteilkühlung (Außenkühlung und Innenkühlung der Schaufel und des Laufrades). Zur Senkung der Temperatur der Schaufel wird sowohl Außenkühlung als auch Innenkühlung der Schaufel und des

Rades verwendet. Bei ausgeführten Abgasturboanlagen wurde der *Flugwind zur Kühlung* benutzt, z. B. wurde bei der Mossturbine [H 6, H 24, H 35] das frei hängende Turbinenrad ursprünglich hinter der Luftschraube senkrecht zur Motorlängsachse angebracht, so daß der Luftstrom senkrecht auf das Laufrad geblasen wurde. Bei späteren Ausführungen **wurde** das Laufrad seitlich vom Motor mit der Austrittsseite offen (ohne Gehäuse) in der Ebene der Zellenwand angebracht, so daß die Außenfläche des Rades durch den Fahrtwind bestrichen und gekühlt werden sollte. Bei dieser Anordnung ist auch eine Wärmeabführung durch Strahlung vorhanden. Die Abgasleitung zwischen Motor und Turbine wurde dem freien Luftstrom ausgesetzt, so daß auch dadurch eine Abkühlung der Abgase erreicht wurde. Weiterhin wurde die Abgastemperatur durch Betrieb mit großem Kraftstoffüberschuß gesenkt. Die Abgastemperaturen betrugen etwa 650 bis 700°. Versuche mit einer teilweisen Beaufschlagung des Rades mit Abgasen und mit Luft haben in diesem Falle keine befriedigenden Ergebnisse geliefert. Die Leistungsbilanz des Turboaggregats war günstig, da mit dieser Turbine ein Überdruck in der Luftleitung nach dem Lader gegenüber dem Druck in der Abgasleitung erzielt wurde. Diese Turbine ist in den Vereinigten Staaten im Flugbetrieb erprobt und wird angewendet. Aus Veröffentlichungen wurde bekannt, daß mit dem Turboaggregat Flughöhen von etwa 9000 m erreicht wurden.

Sehr gute Erfolge wurden von K. LEIST [H 19] mit einer anderen Turbine durch unmittelbare Kühlung der Turbinenschaufeln durch *Teilbeaufschlagung* und Anblasen der Schaufeln in dem nichtbeaufschlagten Bogen durch Kühlluft erzielt. Der Kühlluftstrom wird durch den Fahrtwind erzeugt. Bei dieser Anordnung ist die Schaufelkühlung sehr wirksam, da die Kühlung an den heißesten Stellen erfolgt. Bei 50 vH Beaufschlagung mit Gas- und 50 vH Beaufschlagung mit Kühlluftstrom **wurde** eine Senkung der Schaufeltemperatur um mehrere hundert Grade C gemessen, so daß weitere zusätzliche Kühleinrichtungen nicht mehr erforderlich waren. Die Verringerung des Wirkungsgrades der Turbine betrug im Vergleich zur vollbeaufschlagten Turbine in der Größenordnung 8 bis 10 vH. Die Mehrleistung wegen der bedeutend höheren zulässigen Abgastemperatur ist jedoch erheblich größer als der Leistungsverlust durch diese Senkung des Wirkungsgrades. Bei teilweiser Beaufschlagung muß der Laufraddurchmesser, bezogen auf gleiche durchgesetzte Gasmengen, größer gewählt werden, weil für die durchgesetzte Gasmenge das Produkt $l \cdot 2\pi r_s \cdot \frac{\alpha}{360}$ (α = beaufschlagter Bogen) maßgebend ist.

Eine andere Möglichkeit der Temperatursenkung der Schaufeln bietet die *Innenkühlung*. Durch das hohl ausgeführte Rad und die hohlen Schaufeln wird Luft mit Hilfe der Schleuderwirkung eines Radsterns, der im umlaufenden Turbinenrad angeordnet wird, geblasen. Das Verfahren gestattet, ohne Vergrößerung des Durchmessers des Turbinenrades eine Kühlung an den Stellen, die am höchsten beansprucht sind — wie z. B. am Schaufelfuß —, zu erreichen. Auch das Turbinenrad wird gekühlt, so daß die Temperaturunterschiede zwischen Scheibenrand und Nabe geringer gehalten werden können als bei voll ausgeführten Rädern. Andererseits ergibt sich durch die Arbeit zur Beschleunigung und zur Verdichtung der Luft ein Leistungsverlust. Nach dem Vorschlag von LORENZEN wird die Kühlluft unmittelbar als Ladeluft verwendet. Diese Anordnung hat jedoch den Nachteil, daß beim Austritt aus den Turbinenschaufeln erhebliche Undichtigkeitsverluste auftreten und daß die verdichtete Luft stark angewärmt wird. Bei einer anderen Ausführung mit Lorenzen - Blechschaufeln wird auf eine Verdichtung der Kühlluft und Verwendung als Ladeluft verzichtet. Bei dieser Ausführung werden jedoch die Kühlluftquerschnitte so groß, daß zur Erreichung hoher Geschwindigkeiten an den zu kühlenden Teilen

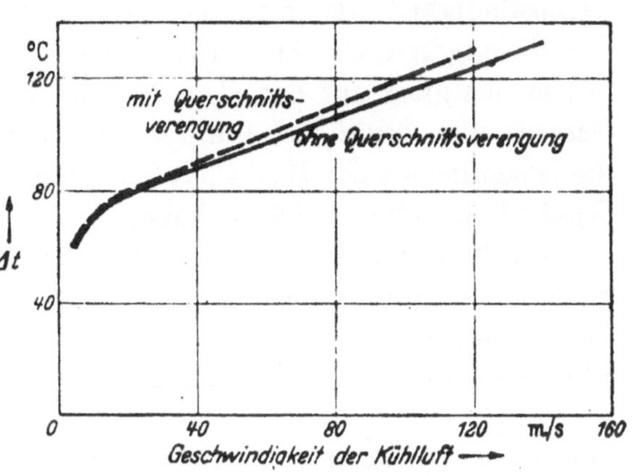

Abb. 142. Beispiel für die Abhängigkeit der Temperatursenkung in der Wand einer Hohlschaufel von der Geschwindigkeit der Kühlluft.

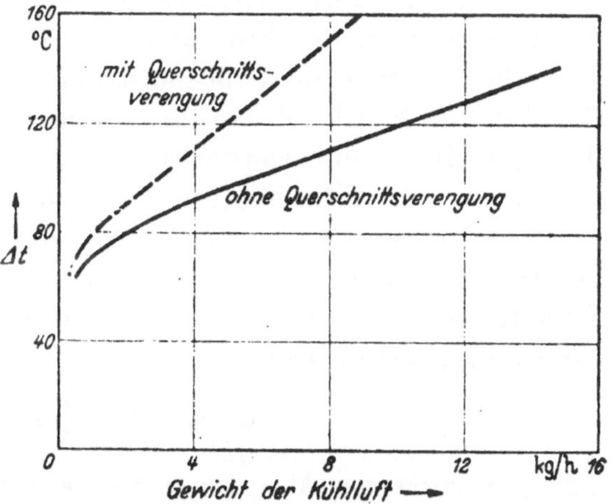

Abb. 143. Beispiel für die Abhängigkeit der Temperatursenkung an der Wand einer Hohlschaufel von der Menge der Kühlluft.

große Luftmengen benötigt werden, die einen erheblichen Leistungsverlust verursachen.

Die erreichbare Kühlwirkung ist sowohl von der Geschwindigkeit der Kühlluft als auch von der Dichte der Kühlluft abhängig. In Abb. 142 und 143 sind Versuchsergebnisse über das Ausmaß der Schaufeltemperatursenkung in Abhängigkeit von der Luftgeschwindigkeit und von der durch die Schaufel geblasenen Luftmenge wiedergegeben. Eine Versuchsreihe wurde mit hohlen Schaufeln konstanter Wandstärke durchgeführt, die zweite Versuchsreihe mit einer Schaufel, deren Innenquerschnitt durch einen Füllkörper verengt wurde, so daß bei gleicher Luftmenge eine höhere Geschwindigkeit in der Schaufel erzielt wurde. Die Darstellung zeigt, daß die Abkühlung der Schaufel bei gleichbleibender Dichte der durchströmenden Luft im wesentlichen von deren Geschwindigkeit abhängig ist, da bei gleicher Dichte, aber erhöhter Geschwindigkeit, eine bedeutend bessere Kühlung erreicht wird. Da der Wärmeübergang auf der Gasseite und die Schaufeloberfläche auf der Gasseite nur wenig beeinflußt werden können, muß versucht werden, die Innenflächen der Hohlschaufeln möglichst groß zu wählen und die Geschwindigkeiten hoch zu halten.

Dies kann durch Anordnung von Kühlrippen im Innern des hohlen Schaufelschaftes geschehen. Bei Messungen[1] an verschiedenen Ausführungsformen von Kühlkanälen in einer Gleichdruckschaufel von 14 mm Profilbreite ergaben sich beispielsweise für eine mit 3 Rippen versehene Form (deren 4 Kühlluftkanäle je 2 bis 5 mm² Querschnitt hatten) bei einem Gegendruck der Kühlluft von 0,585 ata und 1,4- bzw. 1,8fachem Druckverhältnis Wandtemperaturen, die 20 bis 37 vH bzw. 25 bis 49 vH der Gesamttemperaturdifferenz zwischen Gas und Kühlluft unter die aufgestaute Gastemperatur abgesenkt waren. Dabei sind die Temperaturen an der Ein- und Austrittskante des Profils zum Teil wesentlich höher (in der Größenordnung 100° C) als die der Wandteile in der Mitte des Profils. Bei solchen Versuchen an feststehenden Schaufeln dieser Art [H 39] wurden an der Gasseite Wärmeübergangszahlen $\alpha_G = 1000$ gemessen. Die Wärmeübergangszahlen auf der Luftseite α_L lagen zwischen 100 und 300 kcal/m²h° C; ihre Abhängigkeit von den Zustandsgrößen der Kühlluft, bezogen auf den Mittelwert der sehr verschiedenen Wandtemperaturen längs des Profilumfangs, kann etwa durch folgende Beziehung gegeben werden[1]:

$$\alpha_L \approx 0{,}025 \cdot \frac{\lambda}{d} \, Pe^{0{,}86} \, .$$

Um eine wirksame Absenkung der Wandtemperatur zu erreichen, ist also eine möglichst große PECLETsche Zahl (Pe) erforderlich:

$$Pe = \frac{wd}{a} = (w\gamma) \cdot d \frac{c_p}{\lambda} = \left(\frac{G}{F}\right) d \cdot \frac{c_p}{\lambda}$$

(G = Kühlluftgewicht je Zeiteinheit, F = Gesamtströmungsquerschnitt der Kühlluft im Schaufelschaft, d = mittlerer hydraulischer Durchmesser der Teilkanäle). Da der Einfluß der Werte c_p und λ nur gering ist, kommt es vor allem auf die richtige Wahl der Geschwindigkeit bei gegebenen Dichteverhältnissen und auf eine zweckmäßige Unterteilung des Schaftquerschnittes in werkstattmäßig und betrieblich tragbare

---

[1] Untersuchungen von CH. SCHÖRNER.

Kühlluftquerschnitte an. Beim Betrieb in großen Höhen wird unter Umständen eine Vorverdichtung der Kühlluft erforderlich sein, weil die gasseitige Aufheizung der Schaufeln mit der Höhe sich nur wenig ändert, während die Kühlwirkung mit abnehmendem Druck der Kühlluft wesentlich vermindert wird.

In der Schaufel wurden Geschwindigkeiten von etwa 100 bis 200 m/sec gewählt. Wegen der mit der Hohlschaufelturbine zulässigen ·höheren Gastemperaturen vor den Düsen wird das verfügbare Wärmegefälle größer als bei der ungekühlten Vollschaufelturbine, andererseits ist ein Leistungsverlust zur Beschleunigung und Verdichtung der Kühlluft vorhanden, der jedoch geringer ist als der erzielbare Leistungsgewinn durch die höhere zulässige Abgastemperatur, so daß die Energiebilanz der Turbine mit Hohlschaufel günstiger wird als die der Turbine mit voller Schaufel. Der Unterschied der Temperatur der beschriebenen Hohlschaufel gegenüber der Temperatur der vollen Schaufel beträgt bei etwa 900° Gastemperatur im Durchschnitt etwa 150 bis 200°, so daß erwartet werden kann, daß bei den heute zur Verfügung stehenden Werkstoffen Abgastemperaturen von 850 bis 950° vor der Turbine zugelassen werden können.

4. Regelung des Turboladers.

Die allgemeinen thermodynamischen Untersuchungen in den vorhergehenden Kapiteln haben gezeigt, daß der Leistungsbedarf des Laders bei Gleichdruckaufladung annähernd gleich der Leistungsabgabe der Abgasturbine ist, wenn der Druck vor der Turbine gleich dem Druck in der Ladeleitung gewählt wird. Es gibt jedoch Betriebsbereiche, die einen Leistungsüberschuß der Turbine ergeben, und andere Betriebsbereiche, bei denen der Leistungsbedarf des Laders größer als die Leistungsabgabe der Turbine ist. Dabei liegen die Verhältnisse beim Ottomotor günstiger als beim Dieselmotor. In großen Höhen ist die Leistungsbilanz immer ungünstiger, weil einerseits das adiabatische Wärmegefälle des Laders im Verhältnis zum Wärmegefälle der Turbine ungünstiger wird und weil andererseits die Ausnutzung der Druck- und Geschwindigkeitsstöße in der Abgasleitung relativ nur mehr von geringerer Bedeutung ist.

Bei geringer Motorbelastung wird die Energiebilanz meist ebenfalls ungünstiger, weil die Abgastemperatur infolge der Wärmeverluste geringer wird, insbesondere wenn die Abgasleitung, wie allgemein üblich, nicht isoliert ausgeführt wird. Dieser Einfluß wird allerdings zum Teil dadurch ausgeglichen, daß das Verhältnis der Laderleistung zur Turbinenleistung mit abnehmender Laderdrehzahl günstiger wird. Bei längerem Betrieb mit kleiner Leistung, insbesondere bei Leerlauf, ist also zu erwarten, daß eine Beschleunigung des Turboladers nur mehr sehr langsam oder u. U. gar nicht mehr erreicht wird und daß damit auch der Motor nicht mehr schnell genug auf volle Leistung gebracht werden kann, sofern nicht der Motor von der Schraube aus durch den Fahrtwind rasch genug angetrieben wird.

Bei den geringen Abgastemperaturen, die den kleinen Leistungen entsprechen, ist es also u. U. erforderlich, die Leistung der Turbine durch besondere Maßnahmen zu erhöhen oder die Laderarbeit teilweise auf anderen Wegen aufzubringen. Eine Regelung ist außerdem, wie schon oben erwähnt, wegen der Verschlechterung der Energiebilanz in großen Höhen oder unter Umständen auch wegen zu günstiger Energiebilanz und zur Vermeidung von Überdrehzahlen erforderlich.

Eine Regelung muß also *aus thermodynamischen Gründen* zur Aufrechterhaltung des gewünschten Energiekreislaufes und *aus Gründen der Festigkeit* zur Vermeidung von Überbeanspruchungen vorgesehen werden.

Bei der Betrachtung der Aufgaben der **Regelung auf Grund der thermodynamischen Anforderungen** kann man davon ausgehen, daß das Abgasturboladeraggregat bei jedem Betriebszustand in der Lage sein muß, den für den Motor vorgesehenen Ladedruck in der Laderleitung aufrechtzuerhalten, weil der Ladedruck die Grundlage für die Regelung des Motors darstellt. Daraus ergibt sich die Notwendigkeit, folgende Betriebsverhältnisse bei der Regelung zu berücksichtigen:

a) *Die Leistungsabgabe der Turbine* ist — bezogen auf den gewünschten Druck in der Lade- und Auspuffleitung — *kleiner als der Leistungsbedarf des Laders* (negative Energiebilanz). In diesem Fall muß mit Hilfe der Regelung entweder durch künstliche Vergrößerung der Turbinenleistung oder durch Deckung eines Teils des Leistungsbedarfs des Laders aus anderen Energiequellen ein Ausgleich der Energiebilanz erreicht werden. Dazu bieten sich folgende Möglichkeiten: *Düsenregelung;* durch Verkleinerung des Düsenquerschnittes der Turbine wird — bei annähernd konstanter Gasmenge — der Staudruck vor der Turbine erhöht. Das der Turbine zur Verfügung stehende adiabatische Wärmegefälle wird dementsprechend größer, und die Energiebilanz wird günstiger. Die Vergrößerung der der Turbine zur Verfügung gestellten Energie geschieht in diesem Falle zum Teil auf Kosten der Motorleistung, denn der Mehrleistung der Turbine steht wegen des höheren Auspuffgegendruckes eine Verminderung der Motorleistung durch Vergrößerung der Gaswechselarbeit gegenüber. Dazu kommt noch eine Verminderung der Motorleistung durch Verkleinerung der Füllung. Diese Entnahme von Energie aus dem motorischen Prozeß ist jedoch nur beim Viertaktmotor möglich, da beim Zweitaktmotor eine Vergrößerung des Auspuffgegendruckes gegenüber dem Druck in der Laderleitung nicht zulässig ist. In diesem Falle ist die Anbringung eines mechanisch angetriebenen Gebläses oder die Verwendung eines Spülgebläses mit erhöhtem Druckverhältnis erforderlich.

b) *Die Leistungsabgabe der Turbine ist* — bezogen auf gleichen Druck in der Lade- und Auspuffleitung — *größer als der Leistungsbedarf des Laders* (positive Energiebilanz). In diesem Falle muß durch die Regelung entweder die der Turbine zur Verfügung gestellte Energie verringert werden oder die im Lader erzeugte Energie vernichtet oder anderweitig verwertet werden. Die wirtschaftlichste Möglichkeit ist in diesem Falle die *Düsenregelung der Turbine,* da es damit möglich ist, durch Vergrößerung der Düsenquerschnitte den Druck nach dem Motor zu senken. Diese Drucksenkung in der Auspuffleitung kommt dem Motor als zusätzlicher Energiegewinn zugute, weil die Gaswechselarbeit entsprechend dem verringerten Auspuffgegendruck verringert wird. Um einen Überblick über die Größe der möglichen Drucksenkung in der Abgasleitung zu geben, ist in Abb. 144 für vereinfachte Annahmen der für Gleichdruckaufladung auf 1,03 ata bei verschiedenen Abgastemperaturen erforderliche Auspuffgegendruck in Abhängigkeit von der

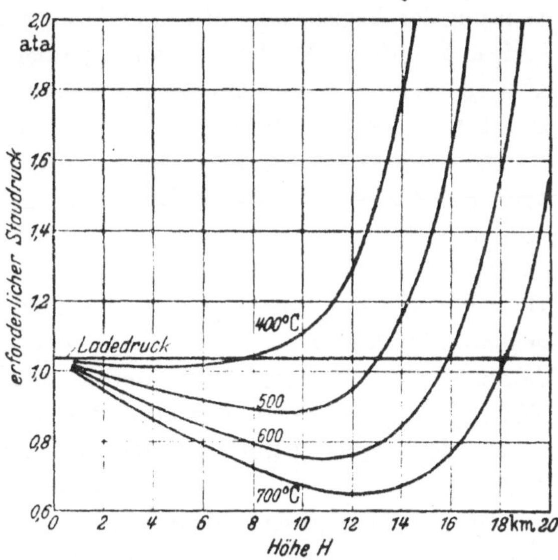

Abb. 144. Zur Erzielung von Gleichdruckaufladung erforderlicher Staudruck vor der Turbine, abhängig von der Höhe für verschiedene Abgastemperaturen vor der Turbine. Annahmen: $\eta_t \cdot \eta_l = 0{,}68 \cdot 0{,}65 = 0{,}44$.

Höhe dargestellt. Der Darstellung sind ein Laderwirkungsgrad von 65 vH und ein Turbinenwirkungsgrad von 68 vH und Betriebsverhältnisse für einen Viertakt-Dieselmotor zugrunde gelegt. Die Abbildung zeigt, daß beispielsweise bei 500° Abgastemperatur im Bereich bis etwa 13 km Höhe eine Senkung des Abgasgegendruckes gegenüber dem Druck in der Laderleitung möglich ist. Bei höheren Abgastemperaturen werden die Verhältnisse noch günstiger. Bedeutend einfacher ist die *Regelung durch Abblasen der Abgase.* Diese Methode ist jedoch nicht wirtschaftlich, weil dadurch Energie verlorengeht. Das Abblaseorgan ist ebenso wie das Regelorgan bei der Düsenregelung thermisch hoch beansprucht, weil es den heißen Abgasen ausgesetzt ist. In Bodennähe kann aber ein Abblasen der Abgase erforderlich werden, weil andernfalls eine unerwünschte Erhöhung des Abgasgegendruckes um mehrere Zehntel Atmosphären auftritt. Bei der *Regelung durch Drosselung der Abgase* tritt ebenfalls ein Energieverlust auf. Einfacher ist eine *Regelung durch Abblasen der Ladeluft* aus der Laderleitung ins Freie, jedoch ist auch in diesem Fall infolge der Nichtausnutzung von Energie eine Verschlechterung des Kraftstoffverbrauches des Gesamtaggregats im Vergleich zum Betrieb mit Düsenregelung zu erwarten. Auch bei *Regelung durch Drosselung in der Saugleitung* wird die Energiebilanz ungünstig beeinflußt, jedoch kann diese Methode in Verbindung mit der Düsenregelung der Turbine als Feinregelung vorteilhaft sein. Das Abblasen von Luft aus der Laderleitung durch eine Umführungsleitung in die Abgasleitung gestattet eine Senkung der Abgastemperatur und damit eine Regelung des Energiekreislaufes. Von dieser Möglichkeit kann jedoch nur.dann Gebrauch gemacht werden, wenn ein Nachbrennen in der Abgasleitung nicht zu befürchten ist, d. h. wenn der Motor mit Luftüberschuß betrieben wird.

Bei der Vorausberechnung der Regelungsvorgänge muß die Änderung des Betriebszustandes der 3 Einzelaggregate: des Motors, der Turbine und des Laders untersucht werden, weil die Vorgänge in ihrer Aufeinanderfolge miteinander gekuppelt sind. Durch die Veränderung der Drehzahl und des Wärmegefälles der Turbine ändert sich der Auspuffgegendruck des Motors und das Verdichtungsverhältnis des Laders, damit wieder die Temperatur der Ladeluft und als Folge dessen die Füllung und der Betriebszustand des Motors.

Bei der **Regelung mit Rücksicht auf die Höchstdrehzahl der Turbine** sind 2 Fälle zu unterscheiden: einmal die Verhinderung der Überschreitung der Höchstdrehzahl in größeren Höhen infolge der hohen Wärmegefälle in diesem Betriebsbereich und weiterhin die Verhinderung einer Drehzahlüberschreitung bei Bruch (z. B. der Welle des Turboladers). Im ersteren Fall kann die Regelung mit denselben Organen erreicht werden, die unter a) und b) erwähnt wurden. Im letzteren Fall kommt ähnlich wie bei Dampfturbinen die Verwendung eines Schnellschlußreglers in Betracht. Obwohl bisher nur wenige praktische Ergebnisse über die Regelung (z. B. mit der Moss-Turbine) vorliegen, kann aus allgemeinen Überlegungen geschlossen werden, daß in erster Linie die Düsenregelung der Turbine und die Drosselung der Ladeluft oder das Abblasen der Ladeluft am meisten Aussichten bieten.

5. Höhenleistung des Motors mit Turbolader.

In Betriebsbereichen mit positiver Energiebilanz kann die Gesamtleistung des Motors mit Turbolader günstiger werden als die Leistung bei Volldruckaufladung (gleicher Druck in der Saugleitung und Auspuffleitung). In allen Fällen ist die Leistung des Motors mit Turbolader bedeutend günstiger als die Leistung desselben Motors mit mechanisch angetriebenem Lader, weil die Antriebsenergie der Abgasenergie entnommen wird.

In Abb. 145 ist als Beispiel die *Höhenleistung eines Viertakt-Dieselmotors mit Turbolader* wiedergegeben, wobei angenommen ist, daß die Laderaggregate, für die jeweilige Höhe richtig ausgelegt sind. In allen Fällen wurde eine Rückkühlung der Luft bis zu 60° vorausgesetzt. Weiterhin wurde eine Luftüberschußzahl $\lambda = 1{,}6$ und eine Abgastemperatur von 600° C angenommen. Ein für eine bestimmte Höhe

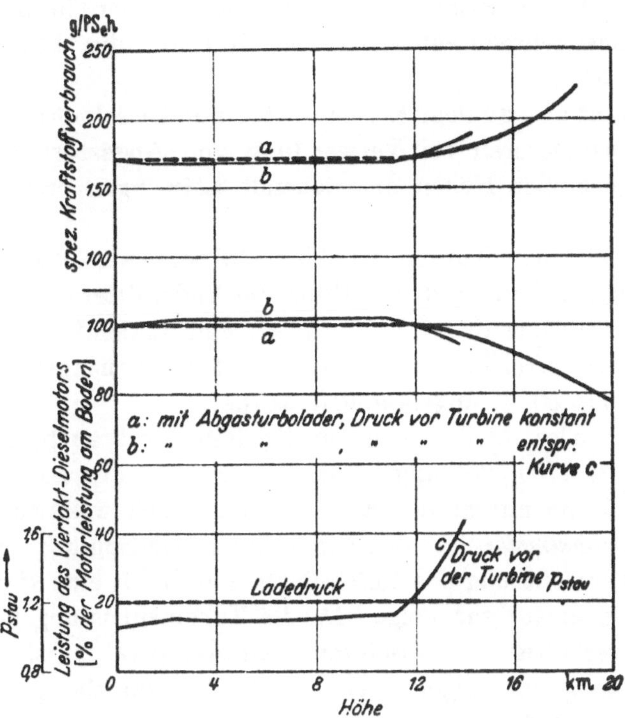

Abb. 145. Leistung und Kraftstoffverbrauch des Viertakt-Ottomotors mit Abgasturbolader, abhängig von der Höhe bei verschiedenen Annahmen für den Druck vor der Turbine.

ausgelegtes Laderaggregat arbeitet in geringerer Höhe ungünstiger, als diesen Kurven entspricht.

Bei Zugrundelegung der obenstehenden Annahmen und bei gleichem Druck vor und nach dem Motor genügt die Leistung der Turbine zur Gleichdruckaufladung des Motors bis zu Höhen von 11 bis 12 km. Bis zu dieser Höhe bleibt also die Leistung des Motors annähernd konstant; die Rechnung ergibt sogar einen kleinen Leistungsüberschuß der Turbine gegenüber dem Leistungsbedarf des Laders.

Nimmt man an, daß in größeren Höhen die fehlende Leistungsdifferenz zwischen Leistungsbedarf des Laders und Turbinenleistung vom Motor, etwa durch ein unmittelbar vom Motor angetriebenes Zusatzgebläse, aufgebracht wird, so erhält man die Kurve *a* der Abb. 145. In 16 km Höhe beträgt die Nutzleistung an der Nabe immer noch 90 vH der Bodenleistung.

Für Höhen bis etwa 14 km kann man durch Veränderung des Staudruckes vor der Turbine die Turbinenleistung der erforderlichen Laderleistung angleichen. Verändert man den Druck vor dem Motor so, daß die angesaugte Luft- und Kraftstoffmenge und damit die thermische Beanspruchung des Motors annähernd gleichbleiben, so erhält man den in Abb. 145 Kurve c gezeichneten Druckverlauf vor der Turbine. Dabei steigt die Motorleistung in kleineren Höhen infolge der verminderten Gaswechselarbeit etwas über 100 vH; über 14 km sinkt sie sehr schnell ab.

Man kommt also zu dem Ergebnis, daß mit Dieselmotoren und noch mehr mit Ottomotoren bei Verwendung von Abgasturboladern auch noch in sehr großen Höhen ausreichende Leistungen erreicht werden können.

Der Knick in den Kurven der Abb. 145 bei etwa 2,5 km Höhe entsteht dadurch, daß unter dieser Höhe die Ladelufttemperatur mit der Höhe steigt und über dieser Höhe, in der eine Ladelufttemperatur von 60° und darüber erreicht wird, die Temperatur der rückgekühlten Ladeluft konstant = 60° C angenommen wurde.

Bis etwa 12 km bleibt auch der Kraftstoffverbrauch, der für den Bodenmotor zu 170 g/PSh angenommen wurde, annähernd unverändert. In größerer Höhe nimmt der Kraftstoffverbrauch wesentlich zu.

Beim *Zweitaktmotor* hat die Zumischung der Spülluft zu den Abgasen eine Vergrößerung des Luftbedarfs und damit eine Herabsetzung der Abgastemperatur zur Folge. Da die Turbinenleistung je kg Abgas annähernd verhältig der absoluten Abgastemperatur ist, reicht die Turbinenleistung im allgemeinen nicht aus, um die gesamte Verdichtungsarbeit aufzubringen.

Die Deckung des Unterschiedes zwischen der erforderlichen Laderleistung und der zur Verfügung stehenden Turbinenleistung ist beim Zweitaktmotor durch Benutzung eines vom Motor angetriebenen Zusatzgebläses oder einfacher durch Verwendung eines Spülgebläses mit vergrößertem Druckverhältnis möglich. Wegen der ungünstigen Energiebilanz nimmt der spez. Verbrauch des Zweitaktmotors mit der Höhe bedeutend stärker zu als der des Viertaktmotors.

IV. Motor und Flugzeug.

1. Vergleich der Eignung verschiedener Aufladeverfahren für Flugmotoren.

Ein Vergleich der Eignung verschiedener motorischer Verfahren ist nur im Hinblick auf einen bestimmten Verwendungszweck möglich. Die starken Unterschiede im Leistungsgewicht sowie auch die verschiedenen Kraftstoffverbrauchszahlen sind beispielsweise von verschiedener Bedeutung für Hochleistungs- und Langstreckenflugzeuge. Hinzu kommt noch der Einfluß verschieden großer Kühler und Lader,

bezogen auf die Leistungseinheit. Die Kühlerwiderstände sind stark von den gewählten Fluggeschwindigkeiten abhängig, und der Raumbedarf des Laders und der entsprechenden Leitungen spielt bei der Unterbringung des Motors in der Zelle eine wesentliche Rolle.

Verhältnismäßig einfach und übersichtlich läßt sich der Vergleich der *Nabenleistungen* der Motoren für verschiedene Höhen durchführen, da eine eindeutige Angabe von Mittelwerten in Abhängigkeit von der Höhe möglich ist. In Abb. 146

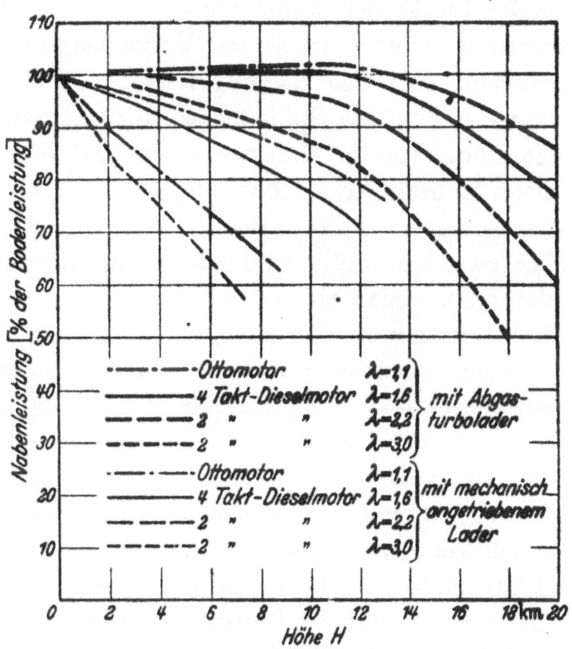

Abb. 146. Nabenleistungen von Motoren mit verschiedenen Arbeitsverfahren; (die Höhenleistungen sind in vH der Bodenleistung angegeben.)

sind die Nabenleistungen in Abb. 147 die entsprechenden Verbrauchszahlen bei Aufladung mit mechanisch angetriebenem Lader und mit Abgasturbolader für verschiedene motorische Arbeitsverfahren gegenübergestellt. Dabei sind folgende Annahmen zugrunde gelegt:

Laderwirkungsgrad . . . . $\eta_l = 60$ vH
Turbinenwirkungsgrad . . . . $\eta_t = 68$ vH
Kraftstoffverbrauch des Ottomotors ohne Lader . . . $b_e = 190$ g/PSh
Kraftstoffverbrauch des Dieselmotors ohne Lader . . $b_e = 165$ g/PSh

Es wurde angenommen, daß die Ladeluft auf 60° C rückgekühlt wird. Die Abgastemperatur vor der Turbine wurde beim Viertakt-Dieselmotor mit 600° C, beim Zweitakt-Dieselmotor mit 500° C (für $\lambda = 2,2$) und mit 400° C (für $\lambda = 3,0$) angenommen. Je nach den Mitteln, die zur Beherrschung der hohen Abgastemperaturen bei Ottomotoren angewendet werden, erhält man für das Höhenverhalten verschiedene Werte. Bei dem vorliegenden Vergleich wurde Kühlung der Abgase vor der Turbine angenommen.

Weiterhin wurde angenommen, daß die Deckung des Unterschiedes zwischen der erforderlichen Laderleistung und der zur Verfügung stehenden Turbinenleistung beim Zweitaktmotor durch ein vom Motor angetriebenes Spülgebläse mit vergrößertem Druckverhältnis, bei den Viertaktmotoren durch einen vom Motor angetriebenen Zusatzlader, erfolgt.

Jeder Punkt der dargestellten Kurven gibt also die Leistung eines bestimmten Motors in seiner Volldruckhöhe wieder. Dabei ist angenommen, daß das Laderaggregat und der evtl. erforderliche Zusatzlader (bzw. das Spülgebläse) für die jeweilige Höhe richtig ausgelegt sind. Ein für eine bestimmte Höhe ausgelegtes Laderaggregat arbeitet in geringerer Höhe ungünstiger, als aus diesen Kurven geschlossen werden kann. Bei Verwendung eines nicht schaltbaren Getriebes zwischen Motor und Lader nimmt die Motorleistung mit sinkender Höhe sogar ab.

Die Darstellung der Höhenleistungen in Abb. 146 zeigt, daß mit mechanisch angetriebenen Ladern der Leistungsabfall sehr stark wird (Leistungsabfall in 8 km Höhe z. B. auf $\sim$50 bis 65 vH beim Zweitakt-Dieselmotor, auf $\sim$80 vH beim Viertakt-Dieselmotor und auf $\sim$90 vH des Wertes am Boden beim Ottomotor) und daß über 8 bis 10 km derartige Triebwerke nur in Spezialflugzeugen verwendet werden können. Dagegen kann bei Verwendung von Abgasturboladern bis über 12 km (bis 18 km beim Ottomotor) noch 80 bis 90 vH der Volleistung erreicht werden [1]. Die Darstellung der Kraftstoffverbrauchszahlen von Motoren verschiedener Arbeitsverfahren in Abhängigkeit von der Höhe (Abb. 147) zeigt, daß bei Motoren mit Abgasturboladern bis etwa 12 km Höhe keine nennenswerte Verbrauchsverschlechterung auftritt, während bei Motoren mit mechanisch angetriebenen Ladern in größeren Höhen eine starke Verbrauchszunahme vorhanden ist. Je größer der Luftverbrauch ist, desto größer ist der Leistungsbedarf des Laders und um so ungünstiger wird der Kraftstoffverbrauch. Insbesondere beim Zweitakt-Dieselmotor werden relativ große Luftmengen für die Spülung benötigt, so daß in diesem Falle die Verbrauchsverschlechterung mit der Höhe bei Verwendung eines mechanisch angetriebenen Laders bzw. Spülgebläses besonders stark ist. In der Abbildung 147 sind die Ergebnisse für 2 Luftüberschußzahlen $\lambda = 2,2$ und $\lambda = 3,0$ angegeben. Der Wert $\lambda = 3,0$ entspricht etwa den heute erreichten Werten (Luftaufwand $\psi = 1,6 \div 1,7$), der Wert $\lambda = 2,2$ stellt einen besonders günstigen Wert dar, der voraussichtlich im Verlaufe der Entwicklung noch erreicht werden kann. Für die Berechnung der Verbrauchszahlen des Viertakt-Dieselmotors wurde eine Luftüberschußzahl $\lambda = 1,6$ zugrunde gelegt. Diese Luftüberschußzahl

---

[1] Tatsächlich können diese Leistungen im Fluge jedoch für den Vortrieb nicht voll ausgenutzt werden, weil die Gewichtszunahme und der Raumbedarf der Lader und sonstigen Hilfseinrichtungen so groß wird, daß ein Teil des Leistungsgewinnes durch die Kühlerwiderstände und durch das erforderliche Mehrgewicht wieder ausgeglichen wird.

bezieht sich, auf Dauerleistung. Bezogen auf die Volleistung, werden die Verhältnisse günstiger ($\lambda \approx 1{,}2 \div 1{,}3$).

Die Überlegungen zeigen, daß die Verwendung von Zweitakt-Dieselmotoren mit mechanisch angetriebenem Lader für Höhenflug über 10 km nicht in Betracht kommt, während die Verbrauchsverschlechterung und der Leistungsabfall bei Verwendung von Abgasturboladern nur gering ist. Die bekanntgewordenen Versuche mit Junkers-Zweitakt-Dieselmotoren JUMO 205 mit Abgasturbolader [H 12] haben zu

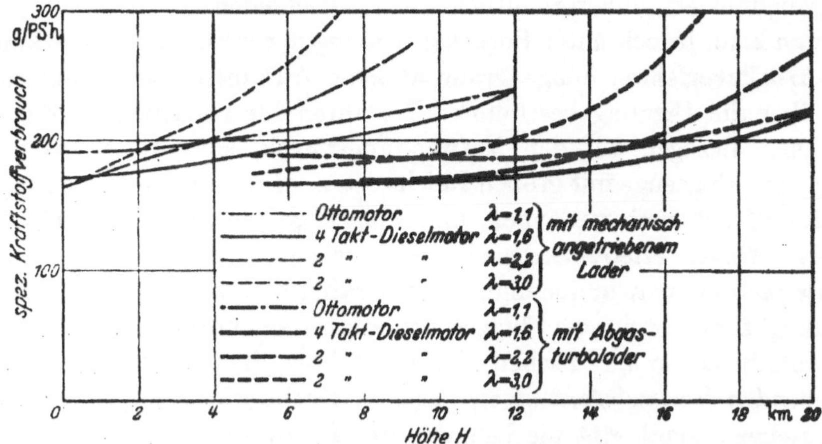

Abb. 147. Abhängigkeit des spez. Kraftstoffverbrauches (bezogen auf Nabenleistung) von der Flughöhe für verschiedene motorische Arbeitsverfahren.

günstigen Ergebnissen am Prüfstand und bei Versuchsflügen bis 6 km Höhe geführt. Der Abgasturbolader wurde bei diesen Motoren als eine vom Motor unabhängige Niederdruckstufe des zweistufigen Verdichteraggregates angeordnet.

Die Darstellung der Nabenleistungen gibt jedoch keinen ausreichenden Maßstab für die erreichbaren Flugleistungen bzw. für die Eignung der Verfahren für bestimmte Zwecke, da — wie schon oben erwähnt — die Kühlerwiderstände und die Motorgewichte auf die erreichbaren Fluggeschwindigkeiten, Gipfelhöhen und Reichweiten wesentlichen Einfluß haben.

Als Vergleichsgröße wird vielfach die *Vortriebsleistung* gewählt, das ist diejenige ideelle Leistung an der Luftschraubennabe, die man erhalten würde, wenn man die Schleppleistungen für die zusätzlichen Kühler und für die sonstigen für den Betrieb des Motors notwendigen zusätzlichen Einbauten von der Nabenleistung des Motors unter Berücksichtigung des Schraubenwirkungsgrades in Abzug bringt. Die Vortriebsleistungen sind daher von der jeweils gewählten Fluggeschwindigkeit abhängig.

Der Vergleich der Vortriebsleistungen für verschiedene motorische Arbeitsverfahren ist außerordentlich schwierig, da noch wenig Versuchsergebnisse mit Höhentriebwerken vorliegen. Vor allem ist die Frage der Rückkühlung der Luft (Flächenkühler oder Blockkühler) sowie die Frage der Beherrschung der Abgastemperaturen (Abgaskühlung, Bauteilkühlung, z. B. Innenkühlung der Schaufeln oder Teilbeaufschlagung, Mischkühlung) noch wenig geklärt, so daß ein allgemeingültiger zahlenmäßiger Vergleich verschiedener Verfahren vorläufig noch nicht möglich ist. Außerdem sind auch die Einbauverhältnisse bei verschiedenen Flugzeugmustern außerordentlich stark verschieden.

Man kann jedoch unter Berücksichtigung der wesentlichen Merkmale der Arbeitsverfahren einige grundsätzliche Aussagen allgemeingültiger Art über die Eignung bestimmter Verfahren für verschiedene Zwecke machen. Bezogen auf den Verwendungszweck, sind die wichtigsten Gruppen: Flugzeuge mit großen Reichweiten, die hauptsächlich geringen Kraftstoffverbrauch verlangen, und Flugzeuge für kurze Strecken, bei denen geringes Triebwerkgewicht erforderlich ist.

Betrachtet man unabhängig vom Kraftstoffgewicht (Kurzstreckenflugzeug) zunächst nur die Fluggeschwindigkeiten unter Berücksichtigung des verschiedenen spezifischen Motorgewichtes, dann ist für die zu vergleichenden Vortriebsleistungen gleiches Triebwerkgesamtgewicht vorauszusetzen, somit gibt die Leistung des Triebwerkes je kg Triebwerkgewicht bzw. der reziproke Wert, das Gewicht je PS Dauerleistung, einen Anhalt für die Fluggeschwindigkeit und auch für die Gipfelhöhe.

Für die folgenden Betrachtungen wird, bezogen auf die Volleistung beim Ottomotor, ein Leistungsgewicht von 0,55 kg/PS und beim Dieselmotor ein Leistungsgewicht von 0,8 kg/PS zugrunde gelegt. Berücksichtigt man noch die Gewichte der Lader und Kühler und die Flugwiderstände, insbesondere die Kühlerwiderstände, so erhält man für alle Höhen mit dem Ottomotor sowohl mit mechanisch angetriebenem als auch mit Abgasturbolader ein geringeres Leistungsgewicht als mit dem Dieselmotor, so daß für kurze Flugstrecken der Ottomotor überlegen ist. Für Langstreckenflugzeuge ist bei der Eignung verschiedener Verfahren neben der Gipfelhöhe und der erreichbaren Fluggeschwindigkeit hauptsächlich die Reichweite wesentlich.

Ein Vergleich der Reichweiten ist nur bei gleicher Fluggeschwindigkeit, also gleicher Vortriebsleistung des Triebwerkes, zweckmäßig, da bei verschiedener Fluggeschwindigkeit das schnellere Flugzeug zu ungünstig erscheinen würde. Betrachtet man das Startgewicht als ausschlaggebend, so gestattet die Summe aus Triebwerkgewicht und Kraftstoffgewicht für eine bestimmte Leistung und eine bestimmte Flugzeit in guter Annäherung eine Beurteilung der Eignung für den Langstreckenflug. Eine Vernachlässigung liegt darin, daß die Veränderung des Flugzustandes durch die Abnahme des Fluggewichtes infolge des Kraftstoffverbrauches dabei nicht berücksichtigt wird. Bei Flug mit größerem Leistungsüberschuß ist dieser Einfluß nicht groß, da sich in diesem Bereich der Widerstand des Flugzeugs bei Veränderung des Fluggewichtes nur wenig ändert.

Beim Dieselmotor bedingen die verhältnismäßig hohen Luftüberschußzahlen gegenüber dem Ottomotor höhere Laderleistungen, höhere Leistungsgewichte und größeren Raumbedarf, andererseits ergibt sich wegen des geringeren Kraftstoffverbrauches für größere Flugstrecken eine beachtliche Verringerung des Kraftstoffgewichtes, die gegenüber dem Mehrgewicht des Motors von bestimmten Flugstrecken ab eine Verringerung des Gesamtgewichtes von Motor und Kraftstoff zur Folge hat. Dabei ist zu beachten, daß bei Verwendung von Dieselmotoren die Möglichkeit besteht, unter Umständen auf Luftkühler völlig zu verzichten, da der Dieselmotor auch Luft hoher Temperatur ohne wesentliche Wirkungsgradverschlechterung verarbeitet. Man ist in der Lage, das gleiche Ladegewicht wie bei Rückkühlung durch höhere Überladung ohne Verwendung von Kühlern zu erreichen (s. auch S. 161).

Aus diesen Überlegungen ergibt sich, daß für geringe Flugstrecken allgemein der Ottomotor und daß für größere Flugstrecken der Dieselmotor bezüglich Reichweite überlegen ist (die Grenze liegt in der Größenordnung zwischen 600 bis 3000 km je nach Ausführung der Flugzeuge und Motoren). In der Stratosphäre ist jedoch der hohe Luftbedarf des Dieselmotors und der damit verbundene hohe Leistungsbedarf der Lader von Nachteil, so daß in sehr großen Höhen auch bei größeren Reichweiten der Ottomotor wieder überlegen sein dürfte.

2. Flugleistungen.

Um die Beurteilung der Anforderungen, die an den Flugmotor gestellt werden, zu erleichtern, soll auch ein Überblick über einige wichtige Zusammenhänge zwischen Motorleistung und Flugleistungen gegeben werden. Bei der Bemessung der Kühler und Abgasleitungen und bei den Maßnahmen zur Verringerung des Stirnwiderstandes der Motoren muß sowohl auf die Betriebsverhältnisse des Motors als auch auf die Flugwiderstände beim Einbau in das Flugzeug Rücksicht genommen werden.

Zur Erzielung günstigster Verhältnisse müssen Motorleistung, Kraftstoffverbrauch, Kühlerwiderstand, Triebwerkgewicht usw. so aufeinander abgestimmt werden, daß je nach dem Verwendungszweck hohe Fluggeschwindigkeiten oder große Reichweiten erreicht werden.

a) Der **Zusammenhang zwischen Motorleistung und Fluggeschwindigkeit** ist durch folgende Gleichung gegeben:

$$N_e = \frac{1}{75\,\eta_e} \cdot \frac{\gamma}{2g} \cdot c_w \cdot F \cdot v^3 .$$

In der Gleichung bedeuten:

η_s Schraubenwirkungsgrad (Verhältniszahl, nicht vH),

γ Luftwichte [kg/m³],

F Flügelfläche (größte Projektion der Flügel [m²]),

c_w Widerstandsbeiwert, bezogen auf F,

v relative Fluggeschwindigkeit (Anströmgeschwindigkeit [m/sec]),

N_e Motorleistung [PS].

Bei modernen Flugzeugen, die fast immer großen Leistungsüberschuß besitzen — d. h. ein großes Verhältnis der zur Verfügung stehenden Motorleistung zu der mindestens erforderlichen Motorleistung, um das Flugzeug in schwebendem Zustand zu erhalten —, ändert sich im Schnell- und Reiseflug der Beiwert c_w nur wenig (s. Abb. 148). Man kann deshalb in erster Annäherung die Wirkung der Leistungssteigerung des Motors unter Annahme eines konstanten Wertes c_w prüfen. Die obenstehende Beziehung zeigt, daß sich dann die Fluggeschwindigkeit annähernd mit der 3. Wurzel der Motorleistung ändert. Zu einer geringen

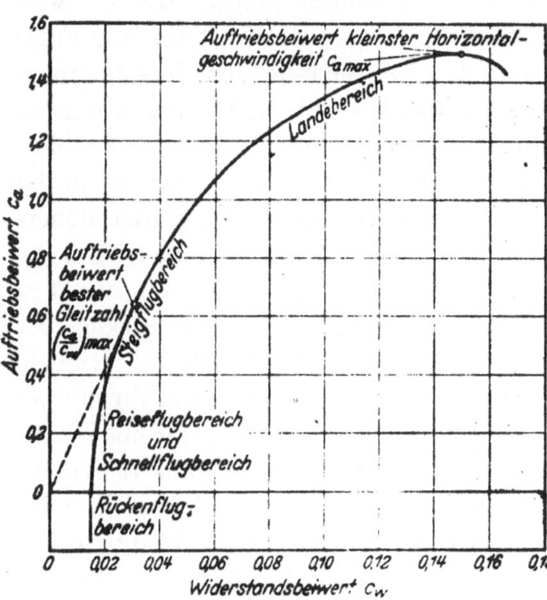

Abb. 148. Polare eines Verkehrsflugzeuges.

Erhöhung der Fluggeschwindigkeit benötigt man also eine sehr große Erhöhung der Motorleistung, beispielsweise erfordert eine Erhöhung der Fluggeschwindigkeit um 25 vH — selbst ohne Berücksichtigung der erforderlichen Vergrößerungen der Gewichte des Motors — schon eine Erhöhung der Motorleistung auf etwa das Doppelte. Wegen der gleichzeitig steigenden Gewichte des Motors ist eine noch größere Erhöhung der Motorleistung erforderlich. Diese Überlegungen sind aber nur in ganz roher Annäherung gültig, da auch die Änderung des Widerstandsbeiwertes c_w und die Änderung des Schraubenwirkungsgrades von Einfluß sind. Der Wert c_w ist stark vom Anstellwinkel des Flugzeuges abhängig. Seine Änderung mit dem Flugzustand ist für ein Verkehrsflugzeug in der Abb. 148 schematisch gezeigt. Bei Reise- und Schnellflug ist der Widerstandsbeiwert c_w klein, bei Steigflug, Landung und in der Nähe der Gipfelhöhe wird er größer.

b) **Änderung des Flugzustandes mit der Höhe. Nichtaufgeladener Motor.** Die Leistungsabnahme des Motors mit der Höhe ist beim Motor ohne Lader in grober Annäherung der Verminderung der Luftwichte verhältig (s. auch S. 163ff.). Da sich der Widerstand des Flugzeuges ebenfalls etwa (s. rechte Seite der obenstehenden Gleichung für N_e) verhältig γ ändert, ist die Änderung der maximalen Fluggeschwindigkeit bis zu einer bestimmten Höhe — über der die Zunahme von c_w stärker ins Gewicht fällt — nur gering (siehe Abb. 149).

Ladermotor. Wird die Motorleistung durch Aufladung konstant gehalten, so ist — solange c_w und η_s annähernd konstant bleiben — eine erhebliche Zunahme der Fluggeschwindigkeit mit der Höhe, in erster Annäherung proportional dem Wert $\sqrt[3]{\gamma}$, vorhanden (s. Abb. 149). Auch

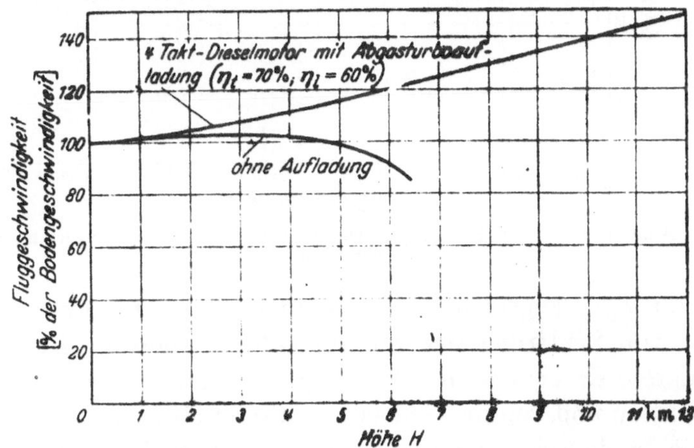

Abb. 149. Änderung der Fluggeschwindigkeit mit der Höhe mit und ohne Aufladung des Motors.

bei Messungen im Fluge wurde in der Größenordnung eine ähnliche Zunahme der Fluggeschwindigkeit festgestellt, wie mit den in Abb. 149 wiedergegebenen errechneten Kurven gezeigt ist.

Die Reichweiten nehmen im allgemeinen mit steigender Fluggeschwindigkeit ab, da mit der Fluggeschwindigkeit die Motorleistung — und damit auch angenähert der Kraftstoffverbrauch je Stunde — proportional $\frac{c_w}{\eta_s} \cdot v^3$ zunimmt, während der je Stunde zurückgelegte Weg der Geschwindigkeit verhältig ist. Die größte Reichweite für eine bestimmte Arbeit des Motors erhält man, wenn der Quotient c_w/c_a seinen Mindestwert erreicht. c_a ist der Auftriebsbeiwert. Für c_a gilt im Geradeausflug die Beziehung:

$$c_a = \frac{G}{\frac{\gamma}{2g} \cdot F \cdot v^2}, \qquad G = \text{Fluggewicht.}$$

Die gegenseitige Abhängigkeit von c_a und c_w (Polare) ist in Abb. 148 an Hand eines Beispieles wiedergegeben.

Die Reichweiten bei verschiedenen Fluggeschwindigkeiten sind in Abb. 150 auf Grund einer Rechnung unter Annahme einer mittleren Polare für ein Verkehrsflugzeug dargestellt. Bei Höhenflug sind zwar die bei gleichen Reichweiten erreichbaren Geschwindigkeiten bedeutend größer, jedoch werden die Absolutwerte der größten Reichweiten wegen der zusätzlich erforderlichen Gewichte ungünstiger, wenn die gleichen

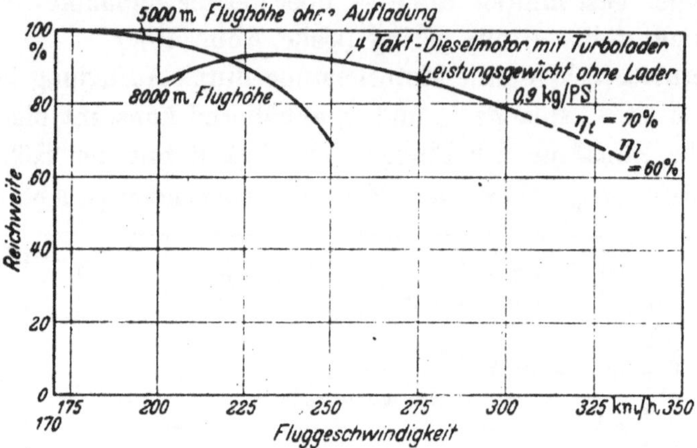

Abb. 150. Beispiel für den Vergleich der Reichweiten für verschiedene Fluggeschwindigkeiten mit und ohne Aufladung.

Werte für c_a/c_w zugrunde gelegt werden. Die Abb. 150[1] soll nur ein Beispiel zur Erklärung der Zusammenhänge geben. Die tatsächlich erreichbaren Ergebnisse im Fernflug sind stark von der jeweiligen Konstruktion und von der Anpassung des Triebwerkes an das Flugzeug abhängig, so daß eine Behandlung dieser Fragen im vorliegenden Rahmen nicht möglich ist.

Anhang.

I. Berechnungsbeispiele.

1. Berechnung eines Arbeitsprozesses des vollkommenen Dieselmotors.

Daten und gewählter Betriebszustand des Motors:

Verdichtungsverhältnis . . . . $\varepsilon = 1:15$

Luftüberschußzahl . . . . $\lambda = 1{,}3$

Temperatur der angesaugten Luft . . . $t_1 = 20°$

Druck der angesaugten Luft . . . . . . $p_1 = 1{,}03$ ata

Höchster zugelassener Druck im Zylinder $p_{max} = 70$ ata

Unterer Heizwert des Kraftstoffes (Gasöl) $H_u = 10000$ kcal/kg

---

[1] In dem Bereich, in dem die Kurven gestrichelt gezeichnet sind, ist die Leistung in dem betrachteten Beispiel höher als die Dauerleistung (Dauerleistung bis Kurzleistung).

Die Zusammensetzung des Gasöles ist auf S. 19 angegeben. Die Rechnung soll für 1 kg Kraftstoff durchgeführt werden. Nach S. 19 ist:

$$G_{\min} = 14{,}05 \text{ kg Luft/kg Kraftstoff,}$$
$$G_L = 14{,}05 \cdot 1{,}3 = 18{,}26 \text{ kg Luft/kg Kraftstoff.}$$

Volumen der angesaugten Luft vor der Verdichtung:

$$V_1 = \frac{G_L R T_1}{P_1} = \frac{18{,}26 \cdot 29{,}27 \cdot 293}{10\,300} = 15{,}21 \text{ m}^3\text{/kg Kraftstoff.}$$

Die innere Energie der angesaugten Luft erhält man mittels der in Tabelle 12 S. 295 angegebenen spez. Wärme bei $T_1 = 293°$

$$M \cdot c_v \Big|_0^{T_1} = 4{,}934 \text{ kcal/kg Grad}$$

zu:
$$u_1 = \frac{M \cdot c_v \big|_0^{T_1}}{M} \cdot T_1 = \frac{4{,}934}{28{,}96} \cdot 293 = 49{,}9 \text{ kcal/kg.}$$

Nach der gleichen Tabelle ist

$$\varphi(T_1) = 39{,}738 \text{ kcal/Mol }°\text{K.}$$

Für die Verdichtung gilt[1] (siehe S. 10):

$$\varphi(T_2) = \varphi(T_1) + A \, \Re \cdot \ln\left(\frac{1}{\varepsilon}\right) = 39{,}738 + \frac{1}{427} \cdot 848 \cdot \ln 15$$
$$= 45{,}115 \text{ kcal/Mol }°\text{K.}$$

Aus Tabelle 12 erhält man durch Interpolation die Temperatur am Ende der Verdichtungsperiode

$$T_2 = 813° \text{ K.}$$

Mit
$$M \cdot c_v \Big|_0^{T_2} = 5{,}113$$

wird[1]

$$u_2 = \frac{M \cdot c_v \big|_0^{T_2}}{M} \cdot T_2 = \frac{5{,}113}{28{,}96} \cdot 813 = 143{,}5 \text{ kcal/kg,}$$
$$i_2 = u_2 + AR \cdot T_2 = 143{,}5 + \frac{29{,}27}{427} \cdot 813 = 199{,}2 \text{ kcal/kg.}$$

Das Verbrennungsgas für $\lambda = 1{,}3$ kann man sich durch Mischung des Verbrennungsgases bei $\lambda = 1$ (s. S. 19) mit Luft entstanden denken. Man erhält:

$$15{,}05 \text{ kg (entspr. } 0{,}5175 \text{ Mol) Verbrennungsgase bei } \lambda = 1\,[2]$$
$$+\ 0{,}3 \cdot 14{,}05 = \ \ 4{,}21 \text{ kg (entspr. } 0{,}1452 \text{ Mol) Luft (Luftüberschuß),}$$
$$\text{also } (G_L + B) = \overline{19{,}26 \text{ kg entspr. } 0{,}6627 \text{ Mol Verbrennungsgase bei } \lambda = 1{,}3.}$$

---

[1] Der Verlauf adiabatischer Zustandsänderungen kann auch an Stelle der Berechnung durch Eintragung in das i—s-Diagramm ermittelt werden. Aus den i—s-Diagrammen können auch die zur Berechnung erforderlichen Energiewerte direkt entnommen werden.

[2] Siehe Tabelle 1, S. 19.

Das mittlere Molekulargewicht der Abgase ist

$$M_m = \frac{19{,}26}{0{,}6627} = 29{,}05,$$

die Gaskonstante

$$R_m = \frac{848}{29{,}05} = 29{,}2.$$

Die chemische Energie E des Kraftstoffes erhält man aus der Beziehung (s. S. 11)

$$E = H_{pT} + J_T'' - J_T' = H_{pT} + (G_L + B) \cdot i_T'' - (G_L \cdot i_{TL} + B \, i_{TB}),$$

wenn der Index T die Temperatur T, bei der der Heizwert bestimmt wurde, kennzeichnet. Das Ergebnis ist naturgemäß unabhängig vom Luftüberschuß, die Rechnung soll deshalb für $\lambda = 1{,}0$ durchgeführt werden. Die Temperatur T sei $293°$ K, damit wird

$$i_T'' = u_T'' + A\,R \cdot T = \frac{M \cdot c_v \big|_0^T}{M_m} \cdot T + A\,R\,T = \frac{5{,}146}{29{,}05} \cdot 293 + \frac{1}{427} \cdot 29{,}2 \cdot 293$$

$$= 71{,}9\ \text{kcal/kg} \quad \left(M\,c_v\big|_0^T \text{ aus Tabelle 16, S. 299}\right),$$

$$i_{TL} = u_{TL} + A\,R \cdot T = 49{,}9 + \frac{1}{427} \cdot 29{,}27 \cdot 293 = 70\ \text{kcal/kg},$$

$$i_{TB} = c_B \cdot T + A \cdot P \cdot v_B = 0{,}45 \cdot 293 + \frac{1}{427} \cdot 1 \cdot 10^4 \cdot 0{,}00115 = 132\ \text{kcal/kg},$$

wenn c_B die mittlere spez. Wärme des Kraftstoffes bedeutet, die zur Vereinfachung konstant gesetzt wird, und v_B das spez. Volumen des Kraftstoffes ist. Mit diesen Werten wird

$$E = 10\,000 + 15{,}05 \cdot 71{,}9 - (14{,}05 \cdot 70 + 132) = 9967\ \text{kcal/kg}.$$

Der Wert der chemischen Energie unterscheidet sich also wenig vom Heizwert. Das Volumen der Luft am Ende der Verdichtung ist

$$V_2 = V_1 \cdot \varepsilon = 15{,}21 \cdot \frac{1}{15} = 1{,}014\ \text{m}^3,$$

ihr Druck

$$p_2 = p_1 \cdot \frac{1}{\varepsilon} \cdot \frac{T_2}{T_1} = 1{,}03 \cdot 15 \cdot \frac{813}{293} = 42{,}9\ \text{ata}.$$

Für den bei 70 ata eingespritzten Kraftstoff ist

$$i_B = 0{,}45 \cdot 293 + \frac{1}{427} \cdot 70 \cdot 10^4 \cdot 0{,}00115 = 134\ \text{kcal/kg}.$$

Für die Verbrennung gilt nach S. 18 die Beziehung:

$$(G_L + B) \cdot i_3 = G_L \cdot i_2 + B\,(E + i_B) + A \cdot V_2\,(P_3 - P_2)$$

$$= 18{,}26 \cdot 199{,}2 + 1\,(9967 + 134) + \frac{1}{427} \cdot 1{,}014\,(70 \cdot 10^4 - 42{,}9 \cdot 10^4)$$

$$= 14\,383\ \text{kcal}.$$

$$i_3 = \frac{14\,383}{19{,}26} = 747\ \text{kcal/kg}.$$

Aus diesem Wert kann die Temperatur am Ende der Verbrennung errechnet werden. Hierfür ist die Kenntnis der Zusammensetzung des Verbrennungsgases erforderlich.

Die je kg Kraftstoff entstehende Abgasmenge von 19,26 kg setzt sich zusammen aus 0,5175 Mol Verbrennungsgas (bei $\lambda = 1$) und 0,1452 Mol Luft (entspr. 30 vH Luftüberschuß), also enthält 1 kg Verbrennungsgas für $\lambda = 1,3$

$$\frac{0,5175}{19,26} = 0,02687 \text{ Mol oder } \frac{0,5175}{0,6627} = 0,781 \, RT \text{ Verbrennungsgase für } \lambda = 1,$$

$$\frac{0,1452}{19,26} = 0,00754 \text{ Mol oder } \frac{0,1452}{0,6627} = 0,219 \, RT \text{ Luft.}$$

Für den Wärmeinhalt am Ende der Verbrennung gilt also:

$$i_{\lambda=1,3} = u_{\lambda=1,3} + A R_m T$$

$$= 0,02687 \cdot M c_v \Big|_{0\,\lambda=1,0}^{T} \cdot T + 0,00754 \, M c_v \Big|_{0\,\text{Luft}}^{T} \cdot T + \frac{29,2}{427} \cdot T$$

$$\left(M c_v \Big|_{0\,\lambda=1}^{T} \text{ s. Tabelle 16, S. 299. } \quad M c_v \Big|_{0\,\text{Luft}}^{T} \text{ Tabelle 12, S. 295} \right).$$

Aus dieser Beziehung erhält man durch Probieren und Interpolieren die Temperatur nach der Verbrennung:

Für $T = 2500°$ K ist

$$i_{\lambda=1,3} = (0,02687 \cdot 6,855 + 0,00754 \cdot 5,986 + 0,0684) \, 2500 = 744,2 \text{ kcal/kg.}$$

Für $T = 2600°$ K ist

$$i_{\lambda=1,3} = (0,02687 \cdot 6,901 + 0,00754 \cdot 6,017 + 0,0684) \, 2600 = 778 \text{ kcal/kg.}$$

Durch Interpolation erhält man

$$T_3 = 2508°\,\text{K}.$$

Zur Berechnung der Dehnungsperiode ist die Kenntnis des Volumens am Ende der Verbrennung erforderlich.

$$V_3 = \frac{G_m \cdot R_m \cdot T_3}{P_3} = \frac{19,26 \cdot 29,2 \cdot 2508}{70 \cdot 10^4} = 2,015 \text{ m}^3.$$

Das Dehnungsverhältnis der adiabatischen Dehnung wird damit

$$\frac{V_4}{V_3} = \frac{V_1}{V_3} = \frac{15,21}{2,015} = 7,55.$$

Die zur Berechnung der Dehnung erforderliche Funktion $\varphi(T)$ für die Verbrennungsgase mit $\lambda = 1,3$ kann aus

$$\varphi(T)_{\lambda=1,3} = 0,781 \cdot \varphi(T)_{\lambda=1,0} + 0,219 \, \varphi(T)_{\text{Luft}}$$

errechnet werden.

Es ist

$$\varphi(T_3) = 0{,}781 \cdot 54{,}136 + 0{,}219 \cdot 52{,}232 = 53{,}719 \text{ kcal/Mol } ^\circ\text{K},$$

$$\varphi(T_4) = \varphi(T_3) - A\mathfrak{R} \cdot \ln \frac{V_1}{V_3} = 53{,}719 - \frac{1}{427} \cdot 848 \cdot \ln 7{,}55$$

$$= 49{,}705 \text{ kcal/Mol } ^\circ\text{K}$$

Für $T = 1400^\circ$ K ist

$$\varphi(T)_{\lambda = 1{,}3} = 0{,}781 \cdot 49{,}634 + 0{,}219 \cdot 48{,}379 = 49{,}359 \text{ kcal/kg } ^\circ\text{K},$$

für $T = 1500$ °K

$$\varphi(T)_{\lambda = 1{,}3} = 0{,}781 \cdot 50{,}145 + 0{,}219 \cdot 48{,}817 = 49{,}854 \text{ kcal/kg } ^\circ\text{K}.$$

Durch Interpolation erhält man

$$T_4 = 1470^\circ \text{ K}$$

Damit kann auch die Energie am Ende der Dehnung errechnet werden.

$$u_4 = \left(0{,}02687 \cdot M \cdot c_v \Big|_{0\,\lambda=1{,}0}^{T_4} + 0{,}00754 \cdot M \cdot c_v \Big|_{0\,\text{Luft}}^{T_4}\right) \cdot T_4$$

$$= (0{,}02687 \cdot 6{,}215 + 0{,}00754 \cdot 5{,}544) \cdot 1470 = 306{,}9 \text{ kcal/kg}.$$

Somit sind alle Werte zur Berechnung des Wirkungsgrades bekannt und man erhält den Wirkungsgrad des Kreisprozesses aus der S. 18 angegebenen Gleichung:

$$\eta_v = \frac{G_L \cdot u_1 + B(E + i_B) - (G_L + B) \cdot u_4}{B \cdot H_u}$$

$$= \frac{18{,}26 \cdot 49{,}9 + (9967 + 134) - 19{,}26 \cdot 306{,}9}{10000} = 51{,}0 \text{ vH }[1].$$

Der spezifische Kraftstoffverbrauch dieser Maschine beträgt (siehe S. 24)

$$b_v = \frac{632}{\eta_v \cdot H_u} = \frac{632}{0{,}510 \cdot 10000} = 0{,}124 \text{ kg/PSh}.$$

Der Mitteldruck p_v (ohne Ausspülung der Restgase) beträgt

$$p_v = \frac{H_u}{A \cdot V_1} \cdot \eta_v \cdot \frac{1}{10000} = \frac{10000}{\dfrac{1}{427} \cdot 15{,}21} \cdot 0{,}51 \cdot \frac{1}{10000} = 14{,}3 \text{ kg/cm}^2.$$

Im folgenden soll noch der *Wirkungsgrad bei Betrieb mit Stein-kohlenteeröl* ermittelt werden; die Daten für diesen Kraftstoff sind:

$$H_u \quad \ldots \ldots \ldots = 9100 \text{ kcal/kg}$$
$$\text{Kohlenstoffgehalt } c \ldots = 0{,}89$$
$$\text{Wasserstoffgehalt } h \ldots = 0{,}07$$
$$\text{Sauerstoffgehalt } o \ldots = 0{,}035$$
$$\text{Schwefel } s \ldots \ldots = 0{,}005$$

---

[1] Bei Berücksichtigung der Dissoziation würde der Wirkungsgrad η_v etwa um 0,4 vH niedriger liegen, also etwa 50,6 vH betragen.

Der Wirkungsgrad kann aus dem oben berechneten Wirkungsgrad durch einfache Umrechnung bestimmt werden. Hierfür ist die Kenntnis des Wertes G_{min} für Steinkohlenteeröl erforderlich. Die für die Verbrennung erforderliche Luftmenge erhält man aus

$$O_{min} = 2{,}667\,c + 7{,}94\,h + s - o$$
$$= 2{,}667 \cdot 0{,}89 + 7{,}94 \cdot 0{,}07 + 0{,}005 - 0{,}035$$
$$= 2{,}90 \text{ kg } O_2/\text{kg Kraftstoff}$$

zu

$$G_{min} = \frac{2{,}90}{0{,}232} = 12{,}5 \text{ kg Luft/kg Kraftstoff.}$$

Daraus ergibt sich das angesaugte Luftgewicht zu

$$12{,}5 \cdot 1{,}3 = 16{,}25 \text{ kg}$$

und das Volumen der angesaugten Luft zu

$$V_1 = \frac{16{,}25 \cdot 29{,}27 \cdot 293}{10300} = 13{,}53 \text{ m}^3.$$

Nach dem auf S. 23 angegebenen Verfahren ist

$$\lambda_{red} = \lambda \cdot \frac{10000}{H'_u} \cdot \frac{G'_{min}}{14{,}05} = 1{,}3 \cdot \frac{10000}{9100} \cdot \frac{12{,}5}{14{,}05} = 1{,}271.$$

Nach Abb. 68 (S. 114) entspricht einer Änderung der Luftüberschußzahl von $\lambda = 1{,}3$ auf $\lambda = 1{,}27$ eine Verminderung des Wertes η_v um 0,3 vH, der Wirkungsgrad bei Betrieb mit Steinkohlenteeröl beträgt also

$$\eta_v = 50{,}7 \text{ vH} \quad (\text{bei Gasöl } \eta_v = 51{,}0 \text{ vH}).$$

Der spezifische Kraftstoffverbrauch dieses Motors steigt, in erster Linie durch den verminderten Heizwert, auf

$$b_v = \frac{632}{50{,}7 \cdot 9100} = 137 \text{ g/PSh} \quad (\text{bei Gasöl } 124 \text{ g/PSh}).$$

Der Mitteldruck ohne Ausspülung der Restgase beträgt

$$p_v = \frac{9100}{\frac{1}{427} \cdot 13{,}53} \cdot 0{,}507 \cdot \frac{1}{10000} = 14{,}6 \text{ kg/cm}^2 \quad (\text{bei Gasöl } 14{,}3 \text{ kg/cm}^2).$$

2. Thermodynamische Auswertung eines Prüfstandsversuches an einem Einzylinder-Viertakt-Ottomotor.

In dem folgenden Rechnungsbeispiel wird die übliche Auswertung von Motorversuchen und eine eingehende thermodynamische Auswertung eines Versuches wiedergegeben. Die Rechnung soll ein Bild der zahlenmäßigen Größe der wichtigsten Kennwerte und ein bequemes Schema für die Auswertung geben.

Kennzeichen des Einzylinder-Viertakt-Ottoversuchsmotors.

Zylinderdurchmesser . . . . 160 mm
Hub . . . . 190 mm
Zylinderhubraum . . . . $V_h = 3,820\ l$
Verdichtungsraum . . . . $V_k = 0,708\ l$
Verdichtungsverhältnis . . . . $\varepsilon = 1:6,4$
Zahl der Ventile . . . . 1 Einlaß- und
                                        1 Außlaßventil
Einlaß öffnet . . . . 6° v. o. T.
Einlaß schließt . . . . 40° n. u. T.
Auslaß öffnet . . . . 45° v. u. T.
Auslaß schließt . . . . 12° n. o. T.

Gemessene Versuchswerte. Druckverlauf im Zylinder. Der Druckverlauf im Zylinder wurde durch Indizieren bestimmt. Um die Drücke
möglichst genau zu erhalten, wurden bei Verwendung verschiedener
Druckmaßstäbe mehrere Indikatordiagramme abhängig vom Kurbelwinkel aufgezeichnet. In Abb. 151 ist das Hochdruck-, das Mitteldruck-
und das Niederdruck-Indikatordiagramm wiedergegeben.

1. Luftfeuchtigkeit . . . . $\varphi = 0,8$
2. Umgebungstemperatur . . . . $t = 21°\,C = 294°\,K$
3. Barometerstand, abgelesen bei der Temperatur t $b_t = 764,6$ mm Hg
4. Drehzahl des Motors . . . . $n = 1490$ U/min
5. Kraftstoffgewicht je Stunde . . . . $B = 12,8$ kg/h
6. Volumen der angesaugten Luft je Stunde bei der
    Temperatur t und beim Barometerstand b_t
    (Messung mittels Luftuhr) . . . . $V_L = 124,5$ m³/h
7. Belastung der Drehmomentenwaage (Hebelarm
    der Waage $r = 0,7162$ m) . . . . $P = 30,5$ kg

Kennwerte des Kraftstoffes.

1. Spezifisches Gewicht bei 20 °C . . . . $\gamma = 0,73$ kg/dm³
2. Unterer Heizwert des flüssigen Kraftstoffes . . $H_u = 10440$ kcal/kg
3. Elementaranalyse des Kraftstoffes:
     Kohlenstoff . . . . $c = 0,857$
     Wasserstoff . . . . $h = 0,133$
     Sauerstoff und Schwefel (wird bei der Rech-
        nung vernachlässigt) . . . . $o + s = 0,010$
4. Das zur vollkommenen Verbrennung von 1 kg
    Kraftstoff erforderliche Mindestluftgewicht
    wird aus der Kraftstoffzusammensetzung er-
    mittelt:

a) theoretische Sauerstoffmenge für 1 kg Kraftstoff (vgl. S. 13 u. 14):

$$O_{2\,min} = \frac{c}{12} + \frac{h}{4,032} = \frac{0,857}{12} + \frac{0,133}{4,032} = 0,1045\ \text{Mol/kg},$$

b) theoretische Luftmenge für 1 kg Kraftstoff:

$$G_{min} = \frac{O_{2\,min}}{0,21} = 0,497\ \text{Mol Luft/kg Kraftstoff}$$

$$= 0,497 \cdot 28,97 = 14,4\ \text{kg Luft/kg Kraftstoff}$$

Berechnung allgemeiner motorischer Kenngrößen. Das allgemeine Verhalten des Motors wird durch Leistung, Kraftstoffverbrauch, Wirkungsgrade, Mischungsverhältnis usw. gekennzeichnet. Diese Größen werden deshalb zunächst bestimmt.

Abb. 151. Druck-Zeit-Diagramme eines Ottomotors. $n = 1490\ \mathrm{U/min}$; $p_i = 9{,}2\ \mathrm{kg/cm^2}$. a) Hochdruckdiagramm, b) Mitteldruckdiagramm, c) Niederdruckdiagramm.

1. Die Ermittlung der *Nutzleistung* N_e erfolgt durch Bestimmung des auf das Gehäuse der Pendelmaschine ausgeübten Drehmomentes durch Messung der Kraft P am Hebelarm r mittels Drehmomentenwaage. (Der Versuchsmotor war mit einer elektrischen Pendelmaschine gekuppelt.)

$$N_e = \frac{P \cdot 2r\pi \cdot n}{60 \cdot 75} = \frac{P \cdot 0{,}7162 \cdot 2\pi\, n}{60 \cdot 75} = \frac{P \cdot n}{1000} = \frac{30{,}4 \cdot 1490}{1000} = 45{,}3\ \text{PS.}$$

2. Aus der Nutzleistung ergibt sich der *mittlere Nutzdruck* p_e *

$$p_e = \frac{900 \cdot N_e}{n \cdot V_h} = \frac{900 \cdot 45,3}{1490 \cdot 3,82} = 7,16 \text{ kg/cm}^2.$$

3. Die Bestimmung des *mittleren Innendruckes* p_i erfolgt durch Planimetrieren des $p—V$-Diagramms (Abb. 152), welches man durch Umzeichnen der aufgenommenen Druck-Zeit-Diagramme unter Berücksichtigung des Schubstangenverhältnisses erhält. Planimetriert man die Gesamtfläche des Indikatordiagrammes und wandelt diese Fläche in ein Rechteck um, dessen Grundlinie gleich dem Hub ist, so entspricht die Höhe dieses Rechtecks

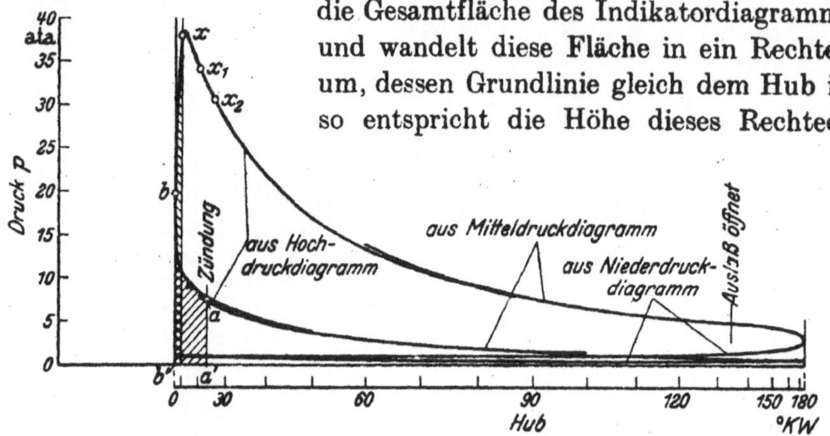

Abb. 152. $p—V$-Diagramm, aus den Druck-Zeit-Diagrammen der Abb. 151 ermittelt.

unter Berücksichtigung des Druckmaßstabes dem gesuchten mittleren Innendruck, der im vorliegenden Beispiel zu

$$p_i = 9,2 \text{ kg/cm}^2$$

ermittelt wird.

4. Mit diesem Wert ergibt sich die Innenleistung

$$N_i = \frac{p_i \cdot V_h \cdot n}{900} = \frac{9,2 \cdot 3,82 \cdot 1490}{900} = 58,1 \text{ PS}.$$

5. Der mechanische Wirkungsgrad

$$\eta_m = \frac{p_e}{p_i} = \frac{N_e}{N_i} = \frac{45,3}{58,1} = 0,78.$$

6. Der spezifische Kraftstoffverbrauch

a) bezogen auf die Nutzleistung

$$b_e = \frac{B}{N_e} = \frac{12,8}{45,3} = 0,283 \text{ kg/PSh}.$$

b) bezogen auf die Innenleistung

$$b_i = \frac{B}{N_i} = \frac{12,8}{58,1} = 0,220 \text{ kg/PSh},$$

---

* Einfacher kann p_e aus $p_e = 1,257 \dfrac{P \cdot r}{V_h}$ errechnet werden.

7. Der Nutzwirkungsgrad

$$\eta_e = \frac{632 \cdot N_e}{B \cdot H_u} = \frac{632 \cdot 45,3}{12,8 \cdot 10440} = 0,214\;.$$

8. Der Innenwirkungsgrad

$$\eta_i = \frac{632 \cdot N_i}{B \cdot H_u} = \frac{632 \cdot 58,1}{12,8 \cdot 10440} = 0,274\;.$$

9. Der Liefergrad

$$\lambda_l = \frac{V_L}{V_h \cdot n \cdot 30} = \frac{124,5}{3,82 \cdot 10^{-3} \cdot 1490 \cdot 30} = 0,73\;.$$

10. Die vom Motor verarbeitete Luftmenge.

Da die angesaugte Luft auch Wasserdampf enthält, muß zwischen reiner Luft und feuchter Luft unterschieden werden.

Ist p_s der Druck des Sattdampfes bei der Temperatur der angesaugten Luft, so beträgt der Teildruck des Wasserdampfes

$$p_D = \varphi \cdot p_s = 0,8 \cdot 18,65 = 14,9 \text{ mm Hg} \quad \text{oder} \quad \frac{14,9}{735,5} = 0,0202 \text{ at.}$$

Bei der Umrechnung des Barometerstandes von mm Hg in ata ist zu berücksichtigen, daß 1 kg/cm² einer Quecksilbersäule von 735,5 mm (bei 0° C) entspricht. Da das Quecksilber des Barometers aber auch die Umgebungstemperatur annimmt und Temperaturänderungen Änderungen des spez. Gewichtes des Quecksilbers zur Folge haben, wird der abgelesene Barometerstand, jeweils auf eine Quecksilbertemperatur von 0° C, reduziert. Der Barometerstand b_0 für 0° C Quecksilbertemperatur ergibt sich aus dem Barometerstand b_t mit genügender Genauigkeit zu

$$b_0 = b_t - \frac{t}{8} = 764,6 - \frac{t}{8} = 762 \text{ mm Hg.}$$

Man erhält daraus den absoluten atmosphärischen Druck

$$p = \frac{1}{735,5} \cdot 762 = 1,036 \text{ kg/cm}^2.$$

Zur Ermittlung des Teildruckes der Luft ist von diesem Druck der Teildruck des Wasserdampfes abzuziehen. Man erhält

$$p_L = 1,036 - 0,020 = 1,016 \text{ ata.}$$

Mit der Gasgleichung erhält man aus dem gemessenen Volumen das Gewicht der vom Motor verbrauchten reinen Luft

je Stunde:
$$G_L = \frac{p_L \cdot V_L}{R \cdot T} = \frac{10160 \cdot 124,5}{29,27 \cdot 294} = 147 \text{ kg/h}$$

und

je kg Kraftstoff:
$$G_{\text{tats}} = \frac{G_L}{B} = \frac{147}{12,8} = 11,5 \text{ kg Luft/kg Kraftstoff}$$

$$= \frac{11,5}{28,97} = 0,398 \text{ Mol Luft /kg Kraftstoff}$$

Die tatsächlich verbrauchte Sauerstoffmenge für 1 kg Kraftstoff ergibt
sich daraus zu

$$0{,}398 \cdot 0{,}21 = 0{,}0836 \text{ Mol/kg Kraftstoff}$$

und die Stickstoffmenge für 1 kg Kraftstoff

$$0{,}398 \cdot 0{,}79 = 0{,}314 \text{ Mol/kg Kraftstoff.}$$

Das Gewicht des angesaugten Wasserdampfes beträgt

je Stunde:
$$G_w = \frac{P_D \cdot V_L}{R_D \cdot T} = \frac{202 \cdot 124{,}5}{47{,}1 \cdot 294} = 1{,}86 \text{ kg/h,}$$

je kg Kraftstoff:
$$g_w = \frac{G_w}{B} = \frac{1{,}86}{12{,}8} = 0{,}145 \text{ kg } H_2O/\text{kg Kraftstoff}$$
$$= 0{,}0081 \text{ Mol } H_2O/\text{kg Kraftstoff.}$$

11. Luftüberschußzahl = Verhältnis der wirklich verbrauchten Luft
zur theoretisch zur Verbrennung erforderlichen Luftmenge

$$\lambda = \frac{G_{\text{tats}}}{G_{\text{min}}} = \frac{11{,}5}{14{,}4} = 0{,}80 \,.$$

Die Luftüberschußzahl kann auch aus den Ergebnissen einer **Abgasanalyse** errechnet werden. Bezeichnet man mit O_2 den Raumanteil
des Sauerstoffes in den trockenen Abgasen in vH, mit N_2 den Raumanteil des Stickstoffes in den Abgasen in vH und mit CO den Raumanteil von Kohlenoxyd in vH, so gilt folgende Beziehung für die
Luftüberschußzahl:

$$\lambda = \frac{N_2}{N_2 - \frac{79}{21}\left(O_2 - \frac{CO}{2}\right)} \,.$$

Diese Formel ergibt sich aus folgenden Überlegungen: Um eine ein-
fache Darstellung des Ausdruckes $G_{\text{tats}}/G_{\text{min}}$ zu finden, ist es zweckmäßig,
die Volumenanteile der verschiedenen Gase durch die entsprechenden
Anteile Stickstoff darzustellen. Dann entspricht die vor der Verbrennung vorhandene Luftmenge dem Wert

$$G_{\text{tats}} = \frac{100 \cdot N_2}{79} \,.$$

Die zur Verbrennung mindestens erforderliche Luftmenge ist

$$G_{\text{min}} = \frac{100 \cdot N_2}{79} - \left(\frac{100 \cdot O_2}{21} - \frac{100 \cdot CO}{21 \cdot 2}\right) \,.$$

Die Menge der überschüssigen Luft ist dabei aus der nichtverbrauchten
Sauerstoffmenge unter Abzug der für die vollkommene Verbrennung
von CO erforderlichen Luftmenge ermittelt. Durch Einsetzen erhält man

$$\lambda = \frac{N_2 \frac{100}{79}}{N_2 \frac{100}{79} - \left[\frac{100}{21} O_2 - \frac{100 \cdot CO}{21 \cdot 2}\right]}$$

und damit die obenstehende Beziehung.

Berechnung der Verbrennungsprodukte. Für die Bestimmung der Menge der Verbrennungsgase reichen die Verbrennungsgleichungen nicht aus, da nicht bekannt ist, in welchem Verhältnis Wasserstoff und Kohlenstoff verbrennen. Als erste Annäherung sei angenommen, daß zunächst der aktivste Teil, der Wasserstoff, vollständig zu Wasser verbrennt, und daß sich aus dem vorhandenen Kohlenstoff Kohlenmonoxyd bildet, und dieses, soweit der vorhandene Sauerstoff ausreicht, zu Kohlendioxyd verbrennt[1]. Es entstehen somit an Verbrennungsprodukten:

Wasser, Kohlenmonoxyd und Kohlendioxyd.

Dem Verbrennungsvorgang liegen also folgende 3 Reaktionen zugrunde:

$$H + {}^{1}/_{4}\,O_2 = {}^{1}/_{2}\,H_2O\,,$$
$$C + {}^{1}/_{2}\,O_2 = CO\,,$$
$$CO + {}^{1}/_{2}\,O_2 = CO_2\,.$$

Man erhält also aus 1 kg Kraftstoff:

$$\frac{h}{2,016} = \frac{0,133}{2,016} = 0,066 \text{ Mol } H_2O\,,$$

$$\frac{c}{12} = \frac{0,857}{12} = 0,0714 \text{ Mol } (CO + CO_2)\,.$$

Für die Verbrennung von CO zu CO_2 steht folgende Sauerstoffmenge zur Verfügung:

$$O_2 - \frac{c}{24} - \frac{h}{4,032} = 0,0836 - \frac{0,857}{24} - \frac{0,133}{4,032} = 0,0149 \text{ Mol } O_2\,.$$

Damit können $2 \cdot 0,0149 = 0,0298$ Mol CO zu CO_2 verbrannt werden. Aus 1 kg Kraftstoff entstehen also

$$0,0298 \text{ Mol } CO_2 \quad \text{und} \quad 0,0714 - 0,0298 = 0,0416 \text{ Mol } CO\,.$$

In den Verbrennungsprodukten erscheinen ferner der in der Frischluft mitgeführte Wasserdampf und Stickstoff. Beide beteiligen sich an der Reaktion nicht. Damit wird die endgültige Abgaszusammensetzung:

	$\dfrac{\text{Mol}}{\text{kg}}$	Raumanteile r_i	Molekulargewicht M_i	$M_i \cdot r_i$
Wasserdampf in der Frischluft . . .	0,0081			
Wasserdampf aus der Verbrennung .	0,0660			
Gesamtwasser.	0,0741	0,1611	18	2,910
Kohlenoxyd	0,0416	0,0905 .	28	2,531
Kohlendioxyd.	0,0298	0,0644	44	2,830
Stickstoff.	0,3140	0,6840	28	19,150
Gesamtabgas	0,4595	1,0000		
Mittleres Molekulargewicht der Abgase $M_m = \sum M_i \cdot r_i$				27,42

[1] Die Grundlagen zur genauen Berechnung der Gaszusammensetzung auf Grund des chemischen Gleichgewichtes sind im Anhang angegeben. Für technische Rechnungen der vorliegende⸱ ⸱⸱⸱ ⸱ ⸱ ⸱⸱ ⸱edoch die gewählte Vereinfachung.

Aus den obenstehenden Werten läßt sich die Gaskonstante der Abgase
bestimmen

$$R_{\text{Abgas}} = \frac{848}{M_m} = \frac{848}{27,42} = 31 \,.$$

**Berechnung von U_a, der inneren Energie des Zylinderinhaltes
unmittelbar vor der Zündung.** 1. Da die weiteren Rechnungen zur
Verfolgung des Verbrennungsvorganges im Zylinder für ein Arbeitsspiel durchgeführt werden, sind zunächst die arbeitenden Gas- und
Kraftstoffmengen je Spiel zu ermitteln:

a) Das Gewicht der je Arbeitsspiel verarbeiteten Luft[1].

$$G_L^* = \frac{G_L}{30 \cdot n} = \frac{147}{30 \cdot 1490} = 3,295 \cdot 10^{-3} \,\text{kg/Spiel}$$

$$= 0,765 \cdot 10^{-3} \frac{\text{kg O}_2}{\text{Spiel}} + 2,530 \cdot 10^{-3} \frac{\text{kg N}_2}{\text{Spiel}} \,.$$

b) Das Gewicht des je Arbeitsspiel mit angesaugten Wasserdampfes.

$$G_w^* = \frac{G_w}{30 \cdot n} = \frac{1,86}{30 \cdot 1490} = 0,0417 \cdot 10^{-3} \,\text{kg H}_2\text{O/Spiel},$$

damit beträgt das Gesamtgewicht

$$G_L^* + G_w^* = (3,295 + 0,0417) \cdot 10^{-3} = 3,34 \cdot 10^{-3} \,\text{kg/Spiel} \,.$$

c) Das Restgasgewicht kann annähernd abgeschätzt werden. Da
das Gewicht der Restgase nur einige vH des Gewichtes der Zylinderfüllung beträgt, sind vereinfachende Annahmen ohne wesentlichen Einfluß auf das Endergebnis der Rechnung.

Das Verhältnis des Restgasgewichtes zum bekannten Gewicht der
angesaugten feuchten Luft bezogen auf den Zustand im Zylinder im
äußeren Totpunkt (nach dem Ansaughub) ergibt sich zu:

$$\frac{G_R^*}{G_L^* + G_w^*} = \frac{\dfrac{P_R \cdot V_R^*}{R_R \cdot T_R}}{\dfrac{P_L \cdot V_L^*}{R_L \cdot T_L}} \,.$$

An Stelle des Volumens und des Druckes der angesaugten Luft
im Zylinder kann bei Berücksichtigung des Liefergrades der Zustand
der Luft in der Saugleitung eingesetzt werden, und man erhält unter
der Annahme, daß

$$P_R = P_L$$

sowie

$$R_R = R_L$$

und

$$V_k = \frac{V_h}{\dfrac{1}{\varepsilon} - 1}$$

---

[1] Im folgenden werden alle Werte, die sich auf ein Arbeitsspiel beziehen,
mit dem Index * versehen.

ist, die vereinfachte Formel für das Verhältnis von Restgasgewicht
zu Frischgasgewicht:

$$\frac{G_R^*}{G_L^* + G_w^*} = \frac{T_L}{T_R} \cdot \frac{1}{\left(\frac{1}{\varepsilon} - 1\right)\lambda_l} \cdot$$

Mit $T_L =$ Temperatur der angesaugten Luft $= 294°$ K und $T_R =$ ge-
schätzte Temperatur der Restgase rund $700°$ C ergibt sich

$$\frac{G_R^*}{G_L^* + G_w^*} = \frac{294}{973} \cdot \frac{1}{5,4 \cdot 0,73} = 0,077 = 7,7 \text{ vH.}$$

Somit beträgt das Restgasgewicht

$$G_R^* = 0,077 \cdot 3,34 \cdot 10^{-3} = 0,256 \cdot 10^{-3} \text{ kg/Spiel.}$$

d) Das auf ein Arbeitsspiel entfallende Kraftstoffgewicht

$$B^* = \frac{B}{30 \cdot n} = \frac{12,8}{30 \cdot 1490} = 0,286 \cdot 10^{-3} \text{ kg/Spiel.}$$

e) Das auf ein Arbeitsspiel entfallende Gesamtgewicht:

$$G_{ges}^* = G_L^* + G_w^* + G_R^* + B^* = 3,295 \cdot 10^{-3} + 0,0417 \cdot 10^{-3}$$

$$+ 0,256 \cdot 10^{-3} + 0,286 \cdot 10^{-3} = 3,86 \cdot 10^{-3} \text{ kg/Spiel.}$$

2. Die Gaskonstante des Gemisches *vor* der Zündung

$$R_m = \frac{G_L^*}{G_{ges}^*} \cdot R_L + \frac{G_w^*}{G_{ges}^*} \cdot R_w + \frac{B^*}{G_{ges}^*} \cdot R_B + \frac{G_R^*}{G_{ges}^*} \cdot R_R$$

$$= \frac{3,295 \cdot 10^{-3}}{3,86 \cdot 10^{-3}} \cdot 29,27 + \frac{0,0417 \cdot 10^{-3}}{3,86} \cdot \frac{10^{-3}}{10^{-3}} \cdot 47 + \frac{0,286 \cdot 10^{-3}}{3,86 \cdot 10^{-3}} \cdot 8,48$$

$$+ \frac{0,256 \cdot 10^{-3}}{3,86 \cdot 10^{-3}} \cdot 31 = 28,03 \, .$$

Hierbei wurde angenommen, daß der Kraftstoff zu 100 vH verdampft
sei. Das Molekulargewicht des Benzins wurde zu 100 angenommen
(Molekulargewicht des nahverwandten Heptans).

3. Die Temperatur des Gemisches am Zündpunkt (23 v. o. T.)

$$T_a = \frac{P_a \cdot V_a}{R_m \cdot G_{ges}^*} = \frac{7,5 \cdot 10^4 \cdot 0,900 \cdot 10^{-3}}{28,03 \cdot 3,86 \cdot 10^{-3}} = 624° \text{ K.}$$

P_a und V_a, Druck und Volumen im Zündpunkt werden dem Indikatordiagramm entnommen. (Punkt a Abb. 152.)

4. Die mittlere spez. Wärme des Gemisches zwischen $0°$ und $624°$ K ist:

$$c_v\Big|_0^{624} = \sum g_i c_{v_i}\Big|_0^{624} = \frac{2{,}530 \cdot 10^{-3}}{3{,}86 \cdot 10^{-3}} c_{v_{(N_2)}}\Big|_0^{624}$$

$$+ \frac{0{,}765 \cdot 10^{-3}}{3{,}86 \cdot 10^{-3}} c_{v_{(O_2)}}\Big|_0^{624} + \frac{0{,}286 \cdot 10^{-3}}{3{,}86 \cdot 10^{-3}} c_{v_{(Benzin)}}\Big|_0^{624}$$

$$+ \frac{0{,}0417 \cdot 10^{-3}}{3{,}86 \cdot 10^{-3}} c_{v_{(H_2O)}}\Big|_0^{624} + \frac{0{,}256 \cdot 10^{-3}}{3{,}86 \cdot 10^{-3}} c_{v_{(Restgas)}}\Big|_0^{624},$$

$$c_v\Big|_0^{624} = 0{,}656 \cdot 0{,}1795 + 0{,}1980 \cdot 0{,}1616 + 0{,}0741 \cdot 0{,}3702$$

$$+ 0{,}0108 \cdot 0{,}341 + 0{,}0663 \cdot 0{,}194 = 0{,}193 \text{ kcal/kg}° \text{ K}.$$

5. Die innere Energie am Zündpunkt unmittelbar vor der Zündung

$$U_a^* = G_{ges}^* \cdot c_v\Big|_0^{624} \cdot T_a = 3{,}86 \cdot 10^{-3} \cdot 0{,}193 \cdot 624 = 0{,}464 \text{ kcal/Spiel}.$$

Berechnung der inneren Energie der Zylinderladung für den Zustand x.

1. Gaskonstante.

Der Punkt x liegt $10°$ KW n. o. T., also auf der Dehnungslinie. Die Verbrennung, die im Zündpunkt einsetzt, ist — wie die Erfahrung zeigt — bei $10°$ KW n. o. T. noch nicht beendet. Die Gaskonstante R ist größer als 28,03 (für das unverbrannte Gemisch) und kleiner als 31 (für Abgas). Da die Veränderung der Gaskonstante nur gering ist, genügt es, für den vorliegenden Zweck eine annähernde Interpolation zwischen diesen beiden Werten im Bereich von Beginn bis zum geschätzten Ende der Verbrennung vorzunehmen. Für den Punkt x erhält man $R_z = 29{,}6$.

2. Die Temperatur im Punkt x

$$T_x = \frac{P_x \cdot V_x^*}{R_z \cdot G_{ges}^*} = \frac{37 \cdot 10^4 \cdot 0{,}744 \cdot 10^{-3}}{29{,}6 \cdot 3{,}86 \cdot 10^{-3}} = 2400° \text{ K}.$$

3. Die mittleren spez. Wärmen des Verbrennungsgases zwischen $0°$ und $2400°$ K.

Aus den Tabellen für die spez. Wärmen (S. 295 ff.) entnimmt man:

$Mc_v\Big|_0^{2400}$		$Mc_v\Big|_0^{2400} r_i$	
für N_2 =	5,912	für N_2 =	4,040
für CO =	5,982	für CO =	0,541
für CO_2 =	10,45	für CO_2 =	0,672
für H_2O =	8,24	für H_2O =	1,328

$$\sum Mc_v\Big|_0^{2400} r_i = 6{,}581$$

Hierbei sind r_i die Raumanteile der einzelnen Gase (vgl. Tabelle S. **243**)

$$r_{N_2} = 0,6840$$
$$r_{CO} = 0,0905$$
$$r_{CO_2} = 0,0644$$
$$r_{H_2O} = 0,1611$$

Dividiert man den obenstehenden Wert durch das mittlere Molekulargewicht der Abgase, so erhält man die mittlere spez. Wärme des Abgases

$$c_{v\,\text{Abgas}}\Big|_0^{2400} = 0,240.$$

4. Die innere Energie am Punkt x

$$U_x^* = G_{\text{ges}}^* \cdot c_{v\,\text{Abgas}}\Big|_0^{T_x} \cdot T_x = 3,86 \cdot 10^{-3} \cdot 0,240 \cdot 2400 = 2,22 \text{ kcal/Spiel}.$$

5. Der Wärmewert der an den Kolben abgegebenen Arbeit (von Punkt a bis zum Punkt x) ergibt sich aus dem **Indikatordiagramm**
$A L_i^* \big|_a^x = -0,0146$ kcal.

Berechnung der dem Heizwert des Unverbrannten entsprechenden Wärmemenge. Setzt man die oben errechneten Werte in die Beziehung (Ableitung und Erklärung S. 87)

$$\sum Q^* = (U_u^* + H^*) - \left(U_x^* + A L_i^* \big|_a^x\right)$$

ein, so erhält man

$$\sum Q^* = (0,464 + 2,99)$$
$$- (2,22 - 0,0146)$$
$$= 1,25 \text{ kcal/Spiel}.$$

Der Heizwert, der einem Arbeitsspiel zukommt, ist

$$H^* = H_u^* B^* = 10440 \cdot 0,286 \cdot 10^{-3}$$
$$= 2,99 \text{ kcal/Spiel}.$$

Daher entspricht der obige Wert für $\sum Q \approx 41,7$ vH des dem Ladungsgewicht entsprechenden Heizwertes.

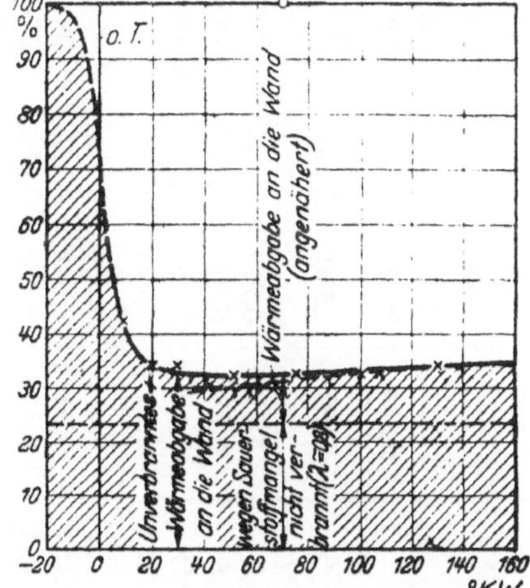

Abb. 153. Darstellung des rechnerisch ermittelten Verbrennungsverlaufes, abhängig vom Kurbelwinkel.

Das Ergebnis derselben Rechnung für verschiedene Kurbelwinkel ist in der nachfolgenden Tabelle wiedergegeben. In Abb. 153 sind diese Ergebnisse als Kurvé über dem Kurbelwinkel aufgetragen.

Im Minimum der Kurve für den Heizwert des Unverbrannten kann man annehmen, daß die Verbrennung im wesentlichen beendet ist,

° KW n. o. T.	10°	15°	20°	30°	50°	75°	100°	130°	
Druck p_x (ata)	37	38	35	27,8	17,4	10,0	6,85	5,10	
Volumen V_x^* in cm^3	744	790	854	1035	1550	2390	3218	3997	
R	29,66	30,05	30,36	30,8	31	31	31	31	
$T_x = \dfrac{P_x \cdot V_x^* \cdot 10^{-2}}{R_x \cdot G_{ges}^*}$	2400	2590	2560	2410 (2450)[1]	2260	2000	1840	1700	$G_{ges}^* = 3,86 \cdot 10^{-3}$
$M_i c_{v_i} \Big\|_0^T$ N$_2$	5,912	5,974	5,964	5,928	5,864	5,763	5,689	5,621	
CO	5,982	6,044	6,034	5,998	5,933	5,831	5,758	5,690	
CO$_2$	10,45	10,602	10,578	10,49	10,32	10,050	9,856	9,660	
H$_2$O	8,24	8,421	8,394	8,29	8,096	7,820	7,633	7,464	
$M_i c_{v_i} \Big\|_0^T r_i$ N$_2$	4,040	4,080	4,080	4,060	4,010	3,940	3,890	3,841	$r_{N_2} = 0,684$
CO	0,541	0,546	0,545	0,543	0,536	0,528	0,521	0,514	$r_{CO} = 0,0905$
CO$_2$	0,672	0,683	0,681	0,676	0,665	0,647	0,635	0,622	$r_{CO_2} = 0,0644$
H$_2$O	1,328	1,357	1,351	1,335	1,303	1,259	1,228	1,202	$r_{H_2O} = 0,1611$
$\sum M_i c_{v_i} \Big\|_0^T r_i$	6,581	6,671	6,657	6,614	6,514	6,374	6,274	6,179	
	0,240	0,243	0,243	0,241	0,238	0,232	0,229	0,225	$\sum M_i \cdot r_i = 27,42$
$U_x^* = G_{ges}^* c_v \Big\|_0^T \cdot T_x$	2,220	2,430	2,400	2,280	2,075	1,790	1,629	1,478	$G_{ges}^* = 3,86 \cdot 10^{-3}$
F_x (cm^2)	−3,1	4,9	16,8	45,3	101,5	156,9	192,1	215,8	
$A \cdot L_i^* \Big|_a^x$	−0,0146	0,023	0,079	0,233	0,477	0,737	0,904	1,014	
$U_x^* + A L_i^* \Big|_a^x$	2,2054	2,453	2,479	2,513	2,552	2,527	2,533	2,492	
$\sum Q = (U_a^* + H^*) - \left(U_x^* + A L_i^* \Big|_a^x\right)$	1,249	1,001	0,975	0,941	0,902	0,927	0,921	0,962	$U_a^* = 0,464, \; H^* = 2,99,$
$\sum Q$ (vH)	41,7	33,5	32,6	31,5	30,2	31,0	30,9	32,2	

[1] Interpolierter Wert.

weil in diesem Punkt die durch Verbrennung erzeugte Wärmemenge gleich ist der verhältnismäßig geringen Wärmemenge, die durch Wärmeleitung abgeführt wird. Eine Aufteilung des Wertes $\sum Q$ in den Heizwert des Unverbrannten und in die abgegebene Wärmemenge ist sehr schwierig, weil die Unterlagen für die Berechnung des Wärmeüberganges im Motorzylinder noch sehr unsicher sind.

3. Berechnung der Leistungen und Verbrauchszahlen eines Motors mit mechanisch angetriebenem Lader für verschiedene Höhen.

Beispiel: Ottomotor mit Lader für 3,5 km Gleichdruckhöhe.

In den folgenden Zahlenrechnungen wird die Ermittlung der Höhenleistungen eines Ladermotors zunächst auf Grund der Berechnung der Einzeleinflüsse bei getrennter Berechnung des Leistungsbedarfs des Laders, der Reibungsleistung und der Innenleistung des Motors wiedergegeben. Die Berechnung mit Hilfe einer vereinfachten Formel wird erst am Schluß angegeben. Die Ermittlung der Einzeleinflüsse hat den Vorteil, daß die Ursachen, die für die Veränderung der Leistung mit der Höhe maßgebend sind, getrennt in ihrer Größenordnung leichter überblickt werden können. Außerdem sind auch bei der Auswertung von Prüfstandsversuchen und für Vorausberechnungen bei Entwicklungsarbeiten thermodynamische Rechnungen erforderlich, die wesentlich vom Berechnungsgang für ein fertiges Motoraggregat abweichen. Dabei ergeben sich vielfach ähnliche Einzelrechnungen, wie sie in den folgenden Ausführungen wiedergegeben sind.

Grundlagen für die Berechnung. Es ist angenommen, daß außer den Motordaten auch die Leistung und der Verbrauch des Motors ohne Lader in Meereshöhe entweder auf Grund einer Abschätzung oder auf Grund eines Prüfstandsversuches bekannt sind. Gegeben ist:

Hubvolumen des Motors $z \cdot V_h = 30,0\,l$,
Verdichtungsverhältnis $\varepsilon = 1 : 6,4$,
Drehzahl $n = 1950\ \text{U/min}$,
Leistung des Motors ohne Lader am Boden $N_e = 700\ \text{PS}$,
Kraftstoffverbrauch am Boden $b_e = 225\ \text{g/PSh}$,
Luftüberschußzahl bei der obengenannten Verbrauchszahl $\lambda = 0{,}90$.

Für den mechanischen Wirkungsgrad des Motors ohne Lader in Bodenhöhe wird ein geschätzter Wert $\eta_{m_0} = 0{,}90$ eingesetzt. Der Wirkungsgrad des Laders wird konstant zu $\eta_l = 0{,}60$ angenommen. Die Luftüberschußzahl wird konstant gesetzt.

Die Leistungen und die Verbrauchszahlen für verschiedene Höhen sollen für diesen Motor mit einem Lader für 3,5 km Gleichdruckhöhe errechnet werden. Der Gang der Berechnung ist folgender:

Zunächst wird der Leistungsbedarf zum Antrieb des Laders ermittelt, dann wird die innere Leistung des Motors bestimmt. Zur Ermittlung der Nutzleistung werden von der inneren Leistung der Leistungsbedarf des Laders und die Reibungsleistung in Abzug gebracht. Um die Rechnung möglichst übersichtlich zu machen, wird der Einfluß der Druckdifferenz zwischen Auspuffleitung und Saugleitung zunächst noch nicht berücksichtigt.

Berechnung des Leistungsbedarfs des Laders für 3,5 km Höhe. Die zur verlustlosen Verdichtung von 1 kg Luft vom Druck der Atmosphäre p auf den Druck in der Saugleitung $p_s = p_0$ erforderliche Arbeit ergibt sich aus:

$$H_{ad} = L_{ad-l} = R \cdot T \cdot \frac{\varkappa}{\varkappa - 1}\left[\left(\frac{p_s}{p}\right)^{\frac{\varkappa-1}{\varkappa}} - 1\right].$$

Der Zustand der Atmosphäre in 3,5 km Höhe entspricht:

$$T = 265^\circ\,\text{K}, \qquad p = 0{,}67\,\text{ata}.$$

Setzt man diese Werte in die obige Gleichung ein, so erhält man:

$$L_{ad-l} = 29{,}27 \cdot 265 \cdot \frac{1{,}40}{0{,}40}\left[\left(\frac{1{,}033}{0{,}67}\right)^{\frac{0{,}40}{1{,}40}} - 1\right] = 3570\ \text{mkg/kg Luft}.$$

Im Wärmemaß ausgedrückt, entspricht derselbe Wert

$$A L_{ad-l} = \frac{3570}{427} = 8{,}35\ \text{kcal/kg Luft}.$$

Die Temperaturerhöhung bei der adiabatischen Verdichtung beträgt:

$$\Delta T_{ad-l} = \frac{A L_{ad-l}}{c_{pm}\Big|_T^{T+\Delta T}} = \frac{8{,}35}{0{,}24} = 34{,}8^\circ \quad \left(c_{pm}\Big|_T^{T+\Delta T} \approx c_p = 0{,}24\right).$$

Bei Berücksichtigung der Verluste im Lader entsprechend einem Wirkungsgrad des Laders $\eta_l = 0{,}60$ beträgt die Arbeit zur Verdichtung von 1 kg Luft:

$$L_{e-l} = \frac{L_{ad-l}}{\eta_l} = \frac{3570}{0{,}60} = 5950\ \text{mkg/kg}.$$

Im Wärmemaß ausgedrückt, erhält man daraus:

$$A L_{e-l} = 13{,}94\ \text{kcal/kg}.$$

Die Temperaturerhöhung unter Berücksichtigung der Verluste im Lader beträgt somit:

$$\Delta T_l = \frac{13{,}94}{0{,}24} = 58^\circ$$

Somit erhält man in der Saugleitung die Temperatur

$$T_s = 265 + 58 = 323^\circ\,\text{K}.$$

Der Wärmewert der adiabatischen Förderhöhe $A L_{ad-l}$ und der tatsächliche Arbeitsbedarf des Laders $A L_{e-l}$ sowie die Temperaturerhöhung im Lader können auch direkt aus dem i—s-Diagramm entnommen werden (z. B. [A 4]). In Abb. 154 ist die graphische Ermittlung dieser Werte aus dem i—s-Diagramm gezeigt.

Der Leistungsbedarf des Laders ergibt sich aus der Beziehung:

$$N_l = \frac{G_L \cdot L_{e-l}}{3600 \cdot 75} = \frac{G_L \cdot AL_{e-l}}{632}.$$

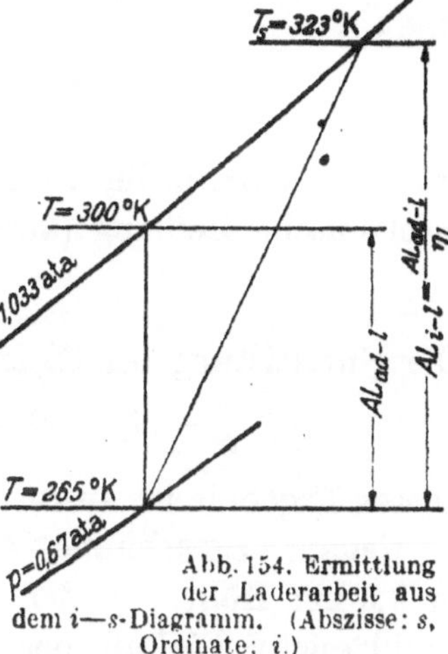

Abb. 154. Ermittlung der Laderarbeit aus dem i—s-Diagramm. (Abszisse: s, Ordinate: i.)

Das Gewicht der angesaugten Luft G_L des Motors ohne Lader in Bodennähe kann aus dem Kraftstoffverbrauch zu

$$G_L = B \cdot G_{min} \cdot \lambda = N_e \cdot b_e \cdot G_{min} \cdot \lambda$$
$$= 700 \cdot 0{,}225 \cdot 14{,}4 \cdot 0{,}90 = 2040 \text{ kg/h}$$

ermittelt werden.

Überschlägige Berechnung der Motorleistung in 3,5 km Höhe. Zur überschlägigen Berechnung soll zunächst die Änderung des Gaswechselvorganges mit der Höhe vernachlässigt werden. Berücksichtigt man, daß wegen der Erwärmung beim Durchströmen der Ventile eine Änderung des Liefergrades auftritt, die im Durchschnitt der 0,7. Potenz des Kehrwertes der Temperatur entspricht, so erhält man in erster Annäherung das Gewicht der angesaugten Luft für 3,5 km Höhe zu

$$G_{L_{\text{vorl}}} \approx 2040 \left(\frac{288}{323}\right)^{0,7} = 1880 \text{ kg/h}$$

und damit einen überschlägigen Wert für den Leistungsbedarf des Laders:

$$N_{l_{\text{vorl}}} \approx 1880 \frac{13{,}94}{632} = 41{,}5 \text{ PS.}$$

Die innere Leistung am Boden erhält man aus $\eta_{m_0} = \frac{N_{e_0}}{N_{i_0}}$. Bei Annahme des geschätzten Wirkungsgrades $\eta_{m_0} = 0{,}9$ wird

$$N_{i_0} = \frac{700}{0{,}9} = 778 \text{ PS.}$$

Die innere Leistung bei Gleichdruckaufladung in 3,5 km Höhe ist wegen der Erwärmung der Luft im Lader geringer, und zwar

$$N_{i_{\text{vorl}}} = 778 \left(\frac{288}{323}\right)^{0,7} = 718 \text{ PS.}$$

Der Leistungsverlust durch die mechanische Reibung beträgt am Boden:

$$N_{r_0} = 0{,}1 \, N_{i_0} = 0{,}1 \cdot 778 = 78 \text{ PS.}$$

Im folgenden wird angenommen, daß der Reibungsverlust linear von der Innenleistung abhängt und daß der Reibungsverlust in 6 km Höhe beim nicht aufgeladenen Motor etwa 80 vH des Verlustes am Boden beträgt. Aus der Innenleistung des nicht aufgeladenen Motors in 6 km Höhe

$$778 \cdot \frac{0{,}48}{1{,}033} \left(\frac{288}{249}\right)^{0{,}7} = 400 \; \text{PS}$$

erhält man durch lineare Interpolation den Leistungsverlust durch die mechanische Reibung (kurz „Reibungsleistung" genannt)

$$N_r = 76 \; \text{PS}.$$

Die Nutzleistung bei Gleichdruckaufladung beträgt in 3,5 km Höhe

$$N_{e_{\text{vorl}}} = N_i - N_l - N_r = 718 - 41{,}5 - 76 = 600 \; \text{PS}.$$

Dieses Ergebnis ist ausreichend für eine überschlägige Abschätzung.

Genaue Berechnung der Nutzleistung bei Gleichdruckaufladung in 3,5 km Höhe. In der folgenden Berechnung wird der bisher vernachlässigte Einfluß der Änderung des Gaswechselvorganges unter Höhenbedingungen berücksichtigt, und zwar

a) die Verbesserung durch die Mehrfüllung. Sie entspricht dem Faktor (s. S. 174)

$$C = 1 + a\left(1 - \frac{p}{p_s}\right),$$

mit

$$a = \frac{\varepsilon}{\varkappa\,(1 - \varepsilon)} = 0{,}13$$

wird

$$C = 1 + 0{,}13\left(1 - \frac{0{,}67}{1{,}033}\right) = 1{,}046,$$

und man erhält das angesaugte Luftgewicht

$$G_L = 1880 \cdot 1{,}046 = 1970 \; \text{kg/h} ;$$

b) der Leistungsgewinn durch die positive Gaswechselarbeit, der durch die Druckdifferenz zwischen Ladeluftleitung und Auspuffleitung bedingt ist.

Es sei angenommen, daß die Zunahme des Mitteldruckes der Gaswechselarbeit etwa 70 vH der theoretisch möglichen Zunahme entspricht (vgl. S. 177). Damit erhält man

$$\Delta p_i = (1{,}033 - 0{,}67) \cdot 0{,}7 = 0{,}363 \cdot 0{,}7 = 0{,}25 \; \text{kg/cm}^2.$$

Aus dem mittleren Innendruck am Boden

$$p_{i_s} = \frac{N_i \cdot 900}{z \cdot V_h \cdot n} = \frac{778 \cdot 900}{30 \cdot 1950} = 11{,}98 \; \text{kg/cm}^2.$$

erhält man unter Berücksichtigung der Erwärmung der Luft und der

Mehrfüllung durch die Restgasverdichtung den Mitteldruck in 3,5 km Höhe

$$p_{vorl} = 11{,}98 \cdot \left(\frac{288}{323}\right)^{0,7} \cdot 1{,}046 = 11{,}56 \text{ kg/cm}^2.$$

Addiert man dazu die oben ermittelte Zunahme des Mitteldruckes, so erhält man

$$p_i = 11{,}56 + 0{,}25 = 11{,}81 \text{ kg/cm}^2.$$

Die Erhöhung der Leistung durch die positive Gaswechselarbeit entspricht also einem Faktor

$$C' = \frac{11{,}81}{11{,}56} = 1{,}022 \,.$$

Damit wird $N_i = \dfrac{p_i z \cdot V_h \cdot n}{900}$ oder auch:

$$N_i = N_{i_{vorl}} \cdot C \cdot C' = 718 \cdot 1{,}046 \cdot 1{,}022 = 768 \text{ PS}.$$

Unter Berücksichtigung der obenerwähnten Mehrfüllung ergibt sich der Leistungsbedarf des Laders

$$N_l = 41{,}5 \cdot 1{,}046 = 43{,}4 \text{ PS},$$

und man erhält mit $N_r = 77$ PS

$$N_e = 768 - 43 - 77 = 648 \text{ PS}.$$

Berechnung der Leistung des Motors mit Lader in Meereshöhe, Druck in der Saugleitung 1,033 at (ohne Rückkühlung). Da die Motor- und Laderdrehzahl am Boden ebenso groß wie in der Gleichdruckhöhe angenommen ist, bleibt auch die Temperaturerhöhung im Lader annähernd dieselbe, wenn man die Änderung des Laderwirkungsgrades bei Änderung des Betriebszustandes vernachlässigt. Somit beträgt entsprechend der Temperatur in der Saugleitung

$$T_s = 288 + 58 = 346° \text{ K}$$

und der daraus ermittelten angesaugten Luftmenge

$$G_L = 2040 \left(\frac{288}{346}\right)^{0,7} = 1790 \text{ kg/h}$$

die innere Leistung am Boden

$$N = 778 \left(\frac{288}{346}\right)^{0,7} = 684 \text{ PS}.$$

Analog den obenstehenden Rechnungen erhält man den Leistungsbedarf des Laders zu

$$N_l = 1790 \, \frac{13{,}94}{632} = 39{,}5 \text{ PS}$$

und mit $\qquad N_r = 74$ PS

die Nutzleistung am Boden (Meereshöhe)

$$N_e = 684 - 39{,}5 - 74 = 570 \text{ PS}.$$

Leistung in 6 km Höhe. Entsprechend der INA-Normalatmosphäre ist in 6 km Höhe

$$T = 249^\circ \text{K}, \qquad p = 0,48 \text{ ata}.$$

Bei gleicher Motordrehzahl wird die Temperatur in der Saugleitung

$$T_s = 249 + 58 = 307^\circ \text{K}$$

(bei adiabatischer Verdichtung würde man eine entsprechende Temperatur $T_{ad} = 249 + 34,8 = 284^\circ \text{K}$ erhalten). Das Druckverhältnis des Laders wird entsprechend der geringeren Temperatur der angesaugten Luft günstiger und ergibt sich mit hinreichender Genauigkeit aus

$$\frac{p_s}{p} = \left(\frac{T_{s-ad}}{T}\right)^{\frac{\varkappa}{\varkappa-1}}$$

zu

$$p_s = p\left(\frac{T_{s\,ad}}{T}\right)^{\frac{\varkappa}{\varkappa-1}} = 0,48\left(\frac{283,8}{249}\right)^{3,5},$$

so daß der Druck in der Saugleitung

$$p_s = 0,758 \text{ ata}$$

beträgt. ~~Die Berechnung~~ der folgenden Werte entspricht im übrigen dem Rechnungsgang, der für 3,5 km Höhe angegeben ist, und zwar erhält man

$$G_{L\text{vorl}} = 2040 \left(\frac{288}{307}\right)^{0,7} \cdot \frac{0,758}{1,033} = 1430 \text{ kg/h},$$

$$C = 1 + 0,13 \cdot 0,367 = 1,048,$$

$$G_L = 1430 \cdot 1,048 = 1500 \text{ kg/h},$$

$$p_{i\text{vorl}} \approx 11,98 \left(\frac{288}{307}\right)^{0,7} \cdot \frac{0,758}{1,033} \cdot 1,048 = 8,80 \text{ kg/cm}^2,$$

$$\Delta p_i = (0,758 - 0,48) \cdot 0,7 = 0,19 \text{ kg/cm}^2,$$

$$p_i = 8,80 + 0,19 = 8,99 \text{ kg/cm}^2,$$

$$N_i = \frac{p_i \cdot z \cdot V_h \cdot n}{900} = 585 \text{ PS},$$

$$N_l = 1500 \frac{13,94}{632} = 33 \text{ PS},$$

$$N_r = 70 \text{ PS}.$$

Somit wird die Nutzleistung in 6 km Höhe

$$N_e = 585 - 33 - 70 = 482 \text{ PS}.$$

Aufladung des Motors auf 1,2 ata in der Saugleitung, Leistung in der Volldruckhöhe (Höchstleistung). Um höhere Startleistungen zu erhalten, wird unterhalb der Gleichdruckhöhe im allgemeinen ein Überdruck zugelassen (im Durchschnitt 0,15 bis 0,3 at). Mit Hilfe eines Ladedruckreglers, der ein Drosselorgan vor oder nach dem Lader betätigt, wird eine Überschreitung dieses Druckes verhindert. Die höchste Leistung erhält man in derjenigen Höhe, in der der Lader eben noch bei vollgeöffneter Drossel den höchstzulässigen Ladedruck, der hier zu 1,2 ata in der Saugleitung angenommen werden soll, herstellen kann. Diese Höhe kann aus dem erreichbaren Druckverhältnis des Laders ermittelt werden. Dieses ist durch die oben ermittelte adiabatische Förderhöhe $L_{ad-l} = 3570$ mkg/kg Luft

$$L_{ad} = R \cdot T \cdot \frac{\varkappa}{\varkappa - 1}\left[\left(\frac{p_s}{p}\right)^{\frac{\varkappa - 1}{\varkappa}} - 1\right]$$

$$= 29{,}27 \cdot T \cdot \frac{1{,}4}{0{,}4}\left[\left(\frac{1{,}2}{p}\right)^{\frac{0{,}4}{1{,}4}} - 1\right] = 3570 \text{ mkg/kg Luft}$$

gegeben.

Außer dem Druckverhältnis ist in dieser Gleichung auch die Außentemperatur unbekannt, die wieder eine Funktion der Höhe ist. Da sich diese nur wenig ändert, kommt man am schnellsten zum Ziel, wenn man zunächst mit einem geschätzten Wert etwa $T = 275°$ K entsprechend 2 km Höhe das Druckverhältnis ermittelt:

$$\left(\frac{1{,}2}{p}\right)^{\frac{0{,}4}{1{,}4}} = 3570 \cdot \frac{0{,}4}{1{,}4} \cdot \frac{1}{29{,}27 \cdot 275} + 1 = 1{,}1267,$$

$$\frac{1{,}2}{p} = 1{,}518,$$

$$p = 0{,}791 \text{ ata entsprechend } 2{,}20 \text{ km Höhe.}$$

Eine Wiederholung der Rechnung mit dem genaueren Wert $T = 273{,}7°$ K für 2,20 km Höhe ergibt

$$\frac{1{,}2}{p} = 1{,}520; \quad p = 0{,}789 \text{ ata,}$$

$$H = 2{,}22 \text{ km,}$$

$$T = 273{,}6° \text{ K.}$$

Die Änderung des Druckverhältnisses des Laders mit der Lufttemperatur vor dem Lader kann auch direkt aus Abb. 96, S. 145 entnommen werden.

Analog der obenstehenden Rechnung erhält man die Temperatur in der Saugleitung

$$T_s = 273{,}6 + 58 = 332° \text{ K}$$

sowie das angesaugte Luftgewicht

$$G_{L\text{vorl}} \approx 2040 \left(\frac{288}{332}\right)^{0,7} \cdot \frac{1,2}{1,033} = 2150 \text{ kg/h}$$

und genauer mit

$$C = 1 + 0,13 \left(1 - \frac{0,789}{1,2}\right) = 1,044$$

$$G_L = 2150 \cdot 1,044 = 2245 \text{ kg}$$

sowie

$$p_{i\text{vorl}} \approx 11,98 \left(\frac{288}{332}\right)^{0,7} \cdot \frac{1,2}{1,033} \cdot 1,044 = 13,16 \text{ kg/cm}^2,$$

$$\Delta p_i = (1,2 - 0,789) \cdot 0,7 = 0,29 \text{ kg/cm}^2,$$

$$p_i = 13,16 + 0,29 = 13,45 \text{ kg/cm}^2,$$

$$N_i = 874 \text{ PS},$$

$$N_l = 2245 \frac{13,94}{632} = 49,5 \text{ PS},$$

$$N_r = 82 \text{ PS}$$

und die Leistung in der Volldruckhöhe

$$N_e = 874 - 50 - 82 = 742 \text{ PS}.$$

Die Leistung in Meereshöhe bei Aufladung auf 1,2 ata. Bei der Temperatur $T = 288°$ K und dem Druck $p = 1,033$ ata wird die Temperatur in der Saugleitung angenähert

$$T_s = 288 + 58 = 346° \text{ K},$$

und mit $p_s = 1,2$ ata wird:

$$G_{L\text{vorl}} = 2040 \left(\frac{288}{346}\right)^{0,7} \cdot \frac{1,2}{1,033} = 2080 \text{ kg/h},$$

$$C = 1 + 0,13 \left(1 - \frac{1,033}{1,20}\right) = 1 + 0,13 \cdot 0,139 = 1,018,$$

$$G_L = 2080 \cdot 1,018 = 2120 \text{ kg/h},$$

$$p_{i\text{vorl}} \approx 11,98 \left(\frac{288}{346}\right)^{0,7} \cdot \frac{1,20}{1,033} \cdot 1,018 = 12,46 \text{ kg/cm}^2,$$

$$\Delta p_i = (1,2 - 1,033) \cdot 0,7 = 0,12 \text{ kg/cm}^2,$$

$$p_i = 12,58 \text{ kg/cm}^2,$$

$$N_i = 817 \text{ PS},$$

$$N_l = 2120 \frac{13,94}{632} = 46,8 \text{ PS},$$

$$N_t = 80 \text{ PS},$$

$$N_e = 817 - 47 - 80 = 690 \text{ PS}.$$

Kühlung der Luft auf $15°\text{ C} = 288°\text{ K}$. In Meereshöhe erhält man bei 1,2 ata Aufladung folgendes Ergebnis

$$N_e = N_i - N_l - N_r = 928 - 53,2 - 84 = 791 \text{ PS},$$

in 3,5 km Höhe bei Gleichdruckaufladung

$$N_e = 830 - 47 - 80 = 703 \text{ PS},$$

in 6 km Höhe

$$N_e = 610 - 34,6 - 71 = 504 \text{ PS}$$

und in der Volldruckhöhe (2,22 km)

$$N_e = 963 - 55 - 86 = 822 \text{ PS}$$

Kraftstoffverbrauchszahlen ohne Rückkühlung der Ladeluft. Aufladung auf $p = 1,20$ ata in Meereshöhe:

$$B = \frac{G_L}{\lambda \cdot G_{mir}} = \frac{2120}{0,9 \cdot 14,4} = 164 \text{ kg/h},$$

$$b_e = \frac{B}{N_e} = \frac{164000}{690} = 238 \text{ g/PSh},$$

in der Volldruckhöhe (2,2 km)

$$B = \frac{2245}{0,9 \cdot 14,4} = 173 \text{ kg/h},$$

$$b_e = \frac{B}{N_e} = \frac{173000}{742} = 233 \text{ g/PSh},$$

in 3,5 km Höhe (Gleichdruckaufladung):

$$B = \frac{1970}{0,9 \cdot 14,4} = 152 \text{ kg/h},$$

$$b_e = \frac{152000}{648} = 235 \text{ g/PSh},$$

in 6 km Höhe:

$$B = \frac{1500}{0,9 \cdot 14,4} = 116 \text{ kg/h},$$

$$b_e = \frac{116000}{482} = 241 \text{ g/PSh}.$$

Berechnung der Motorhöhenleistungen mit einer vereinfachten Formel. Im folgenden werden die Leistungen aus der auf S. 181 abgeleiteten Formel (6)

$$N_e = N_{e_\bullet} \frac{p_t}{p_0} \left[\left(\frac{T_0}{T_t} \right)^n \cdot C \left(\frac{1}{\eta_{m_t}} - C_1 \right) - C_2 \right] + C_3,$$

in der die Werte C bis C_3 durch die Beziehungen

$$C = 1 + a\left(1 - \frac{p}{p_s}\right); \quad C_1 = \frac{T}{\eta_i}\left(\frac{p_s}{p} - 0{,}96\right) \cdot \frac{25}{10^5};$$

$$C_2 = \left(\frac{1}{\eta_{m_s}} - 1\right)\left(0{,}35 + 0{,}65\,\frac{p_0}{p_s}\right); \quad C_3 = \frac{z \cdot V_h \cdot \bar{n} \cdot (p_s - p)}{1300}$$

bestimmt werden, errechnet.

Berechnung der Motorleistung bei Überladung in Meereshöhe.
Gegeben ist:

$N_{e_s} = 700\,\text{PS}$, $p_s = 1{,}2\,\text{ata}$, $p_0 = 1{,}033\,\text{ata}$, $T_0 = 288°\,\text{K}$, $p = 1{,}033\,\text{ata}$.

Das Druckverhältnis des Laders in der Gleichdruckhöhe ist bekannt
und beträgt

$$\frac{p_s}{p} = \frac{1{,}033}{0{,}67} = 1{,}54.$$

Aus Abb. 96, S. 145, kann die Verringerung des Druckverhältnisses des
Laders in Meereshöhe gegenüber diesem Wert durch Interpolation entnommen werden, man erhält

$$\left(\frac{p_s}{p}\right) = 1{,}49.$$

Zur Berechnung des Druckverhältnisses des Laders kann auch die
auf S. 144 angegebene Beziehung (1) benutzt werden.

Die Temperatur in der Ladeleitung erhält man aus [allgemeine
Formel s. Gl. (11) S. 183]:

$$T_s = 288 + \frac{0{,}214 \cdot 288\,[1{,}49 - 0{,}96]}{0{,}60} = 288 + 54{,}4 = 342{,}4°\,\text{K}.$$

Die so berechnete Temperaturerhöhung unterscheidet sich von der
auf Grund der genauen Rechnung ermittelten Temperaturerhöhung
($\Delta T_l = 58°$, s. S. 250), da für die überschlägige Rechnung eine lineare
Abhängigkeit des Wärmegefälles und der Temperaturerhöhung vom
Druckverhältnis zugrunde gelegt wurde. Für die Größen C bis C_3 erhält man folgende Werte:

$$C = 1 + 0{,}13\left(1 - \frac{1{,}033}{1{,}20}\right) = 1{,}018$$

$$C_1 = \frac{288}{0{,}60}\,(1{,}49 - 0{,}96)\,\frac{25}{10^5} = 0{,}0636,$$

$$C_2 = (1{,}111 - 1)\left(0{,}35 + 0{,}65\,\frac{1{,}033}{1{,}20}\right) = 0{,}101,$$

$$C_3 = \frac{30{,}0 \cdot 1950\,(1{,}2 - 1{,}033)}{1300} = 7{,}52$$

und daraus die Nutzleistung

$$N_e = 700\,\frac{1{,}20}{1{,}033}\left[\left(\frac{288}{342}\right)^{0{,}7} \cdot 1{,}018 \cdot (1{,}111 - 0{,}0636) - 0{,}101\right] + 7{,}52 = 693\,\text{PS}$$

gegenüber 690 PS mit der genauen Berechnung.

Berechnung der Motorleistung bei Gleichdruckaufladung in 3,5 km Höhe. Auf Grund einer analogen Berechnung erhält man:

$$p_s = 1{,}033 \text{ ata}; \quad p_0 \; 1{,}033 \text{ ata}; \quad p = 0{,}67 \text{ ata};$$

$$T_0 = 288^\circ \text{ K}; \quad T = 265^\circ \text{ K},$$

$$\frac{p_s}{p} = 1{,}54; \quad T_s = 265 + \frac{0{,}214 \cdot 265\,(1{,}54 - 0{,}96)}{0{,}60} = 265 + 55 = 320^\circ \text{ K}.$$

$$C = 1{,}046,$$

$$C_1 = \frac{265}{0{,}60}\,(1{,}54 - 0{,}96)\,\frac{25}{10^4} = 0{,}064,$$

$$C_2 = 0{,}111 \cdot \left(0{,}35 + 0{,}65\,\frac{1{,}033}{1{,}033}\right) = 0{,}111,$$

$$C_3 = \frac{30 \cdot 1950 \cdot (1{,}033 - 0{,}67)}{1300} = 16{,}3,$$

$$N_e = 700\,\frac{1{,}033}{1{,}033}\left[\left(\frac{288}{320}\right)^{0{,}7} \cdot 1{,}046 \cdot (1{,}111 - 0{,}064) - 0{,}111\right] + 16{,}3 = 650 \text{ PS}.$$

Die genaue Rechnung ergibt 648 PS.

Berechnung der Leistung in 6 km Höhe. Die analoge Rechnung ergibt mit

$$p_0 = 1{,}033; \quad p = 0{,}48; \quad p_s = 0{,}76;$$

$$T_0 = 288^\circ \text{ K}; \quad T = 249^\circ \text{ K}:$$

$$\frac{p_s}{p} = 1{,}585 \text{ (aus Abb. 96)};$$

$$T_s = 249 + \frac{0{,}214 \cdot 249\,(1{,}585 - 0{,}96)}{0{,}60}$$

$$= 249 + 56 = 305^\circ \text{ K};$$

$$N_e = 700\,\frac{0{,}76}{1{,}033}\left[\left(\frac{288}{305}\right)^{0{,}7} \cdot 1{,}048\right.$$

$$\left. \cdot 1{,}046 - 0{,}137\right] + 12{,}8 = 485 \text{ PS}.$$

Berechnung der Leistung in der Volldruckhöhe. Die Ermittlung der Volldruckhöhe erfolgt wie auf S. 255 angegeben. Die Leistung ergibt sich dann aus der obenstehenden Formel mit den Werten

$$p_s = 1{,}2 \text{ ata}; \quad p_0 = 1{,}033 \text{ ata};$$

$$p = 0{,}789 \text{ ata}; \quad T_0 = 288^\circ \text{ K};$$

$$T = 273{,}6^\circ \text{ K};$$

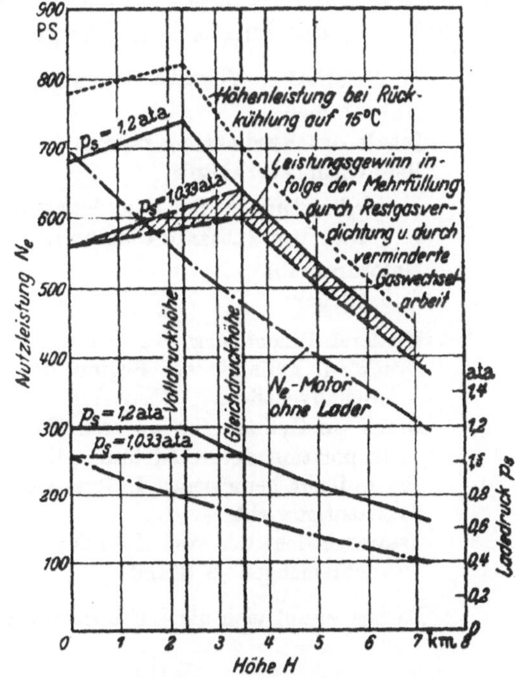

Abb. 155. Darstellung der errechneten Leistungen und des Ladedruckes, abhängig von der Höhe (Gleichdruckhöhe 3,5 km).

$$N_e = 700\,\frac{1{,}2}{1{,}033}\left[\left(\frac{288}{328}\right)^{0{,}7} \cdot 1{,}044 \cdot 1{,}047 - 0{,}101\right] + 18{,}5 = 747 \text{ PS}.$$

Eine analoge Rechnung ergibt für die Leistung am Boden ohne Überladung eine Nutzleistung $N_e = 572$ PS.

Bei Rückkühlung der Luft erhält man in Meereshöhe bei 1,2 ata Überladung die Nutzleistung $N_e = 792$ PS. In der Gleichdruckhöhe ergibt sich $N_e = 705$ PS; in der Volldruckhöhe 825 PS.

Der Vergleich der mit der vereinfachten Formel errechneten Werte mit den genau errechneten Werten zeigt, daß die Genauigkeit der Formel für praktische Zwecke vollständig ausreicht. Die Unterschiede liegen in der in Abb. 155 wiedergegebenen Darstellung der errechneten Leistungen meist innerhalb der Zeichengenauigkeit.

4. Thermodynamische Berechnung der Zustandsänderung beim Auspuffvorgang.

Die theoretische Berechnung von Abgastemperaturen ist zwar für praktische Anwendungen selten von Bedeutung, die Rechnungsmethoden und die Größe der benutzten Zahlenwerte sind aber auch für viele andere thermodynamische Rechnungen (beispielsweise Auswertung von Versuchen an Motoren mit Turboladeraggregaten) von Interesse. Im folgenden Beispiel werden Abgastemperaturen bei Vernachlässigung der Wärmeverluste und unter der Annahme voller Durchwirbelung der kinetischen Energie im Auspuffrohr errechnet.

Motordaten: Viertakt-Ottomotor.

Hubvolumen . . . . $V_h = 3{,}62 \cdot 10^{-3}$ m³
Inhalt des Verdichtungsraumes . . . . $V_k = 0{,}605 \cdot 10^{-3}$ m³
Verdichtungsverhältnis . . . . $\varepsilon = 1:7$

Meßergebnisse: Bei dem Versuch wurden folgende Werte gemessen bzw. aus dem Indikatordiagramm entnommen:

Motordrehzahl . . . . $n = 1776$ U/min
Außendruck . . . . $p = 1{,}03$ ata $= p_1$
Mittlerer Innendruck . . . . $p_i = 6{,}21 \dfrac{\mathrm{kg}}{\mathrm{cm}^2}$
Druck im Zylinder bei Beginn der Öffnung der Auslaßventile . . . . $p_4 = 3{,}92$ ata
Druck im Zylinder im unteren Totpunkt bei Extrapolation der Ausdehnungslinie . . . . . $p_4' = 3{,}17$ ata
Mit Luftuhr gemessenes Luftgewicht . . . . . . $G_L = 123{,}6$ kg/h
Kraftstoffgewicht . . . . $B = 10{,}42$ kg/h
Gesamtgewicht der vom Zylinder angesaugten Gewichtsmengen je Stunde . . . . $G_{ges} = 134{,}02$ kg/h

Daraus ergibt sich die Luftüberschußzahl[1] $\lambda = \dfrac{G_L}{B \cdot G_{min}} = \dfrac{123{,}6}{10{,}42 \cdot 14{,}4} = 0{,}82$

$$\left(G_{min} = 14{,}4 \frac{\mathrm{kg\ Luft}}{\mathrm{kg\ Kraftstoff}} \right)$$

---

[1] An Stelle der Luftüberschußzahl wird vielfach das Mischungsverhältnis angegeben. Der Zusammenhang beider Größen für Benzin ($G_{min} = 14{,}4$) ist aus nachstehender Tabelle ersichtlich:

Luftüberschußzahl $\lambda =$	0,6	0,7	0,8	0,9	1,0	1,1	1,2	1,3
Mischungsverhältnis $\dfrac{G_L}{B}$	8,63	10,08	11,52	12,97	14,4	15,83	17,29	18,72

Die Zusammensetzung der Abgase ist gegeben:

$$N_2 = 69,8 \text{ vH}$$
$$CO_2 = 9,4 \text{ ,,}$$
$$H_2O = 12,7 \text{ ,,}$$
$$CO = 5,7 \text{ ,,}$$
$$H_2 = 2,4 \text{ ,,}$$

Zur Berechnung der Abgastemperatur nach der auf S. 99 abgeleiteten Formel

$$T_I = \frac{P_4' \, c_v \Big|_0^{T_4'} - \dfrac{P_I}{1/\varepsilon} \, c_v \Big|_0^{T_5} + A P_I R (1 - \varepsilon)}{\left(\dfrac{P_4'}{T_4'} - \dfrac{P_I}{1/\varepsilon \cdot T_5} \right) c_p \Big|_0^{T_I}}$$

ist die Ermittlung der Gaskonstanten R der Abgase, der Gastemperatur im unteren Totpunkt T_4', der Restgastemperatur T_5 und der dazugehörigen mittleren spez. Wärmen $c_v \Big|_0^T$ erforderlich.

Die *Gaskonstante* wird aus der Beziehung $R = \dfrac{848}{M_m}$ berechnet.

Das mittlere Molekulargewicht M_m der Gasmischung wird aus der Zusammensetzung der Verbrennungsgase und ihrem anteiligen Molekulargewicht entsprechend

$$M_m = \sum r_i \cdot M_i \qquad \left.\begin{array}{l} r_i \text{ Raumanteil} \\ M_i \text{ Molekulargewicht} \end{array}\right\} \text{ eines Gasanteiles}$$

errechnet.

Raumanteil $\times$ Molekulargewicht

$$N_2 \dots \dots 0,698 \cdot 28 = 19,6$$
$$CO_2 \dots \dots 0,094 \cdot 44 = 4,14$$
$$H_2O \dots \dots 0,127 \cdot 18 = 2,29$$
$$CO \dots \dots 0,057 \cdot 28 = 1,60$$
$$H_2 \dots \dots 0,024 \cdot 2 = 0,05$$
$$\sum r_i M_i = 27,68 = M_m$$

Aus dem mittleren Molekulargewicht erhält man die mittlere Gaskonstante der Abgase

$$R_m = \frac{848}{27,68} = 30,7.$$

Die Gastemperatur T_4' (errechnete Temperatur der Gase im Zylinder bei Extrapolation der Dehnungslinie bis zum U. T.) kann mit Hilfe der Gasgleichung aus dem Gasgewicht[1] $G_4''^* = G_4^*$, das zu Beginn des Auslaßvorganges im Zylinder ist, bestimmt werden. Das Gasgewicht G_4^* entspricht der Summe aus dem Gewicht der Restgase G_R^*, aus dem Gewicht

---

[1] Der Index * wird für Größen verwendet, die sich auf ein Arbeitsspiel beziehen.

der angesaugten Luft G_L^* und aus dem gemessenen Kraftstoffgewicht B^*.
Das gesamte Gasgewicht G_4^* ist also:

$$G_4^* = G_L^* + B^* + G_R^*,$$

darin ist

$$G_L^* + B^* = \frac{G_L + B}{60 \cdot \frac{n}{2}} = \frac{123,6 + 10,42}{60 \cdot \frac{1776}{2}} = 2,516 \cdot 10^{-3}\ \text{kg/Spiel}.$$

Das Gewicht der Restgase G_R^* wird aus der Gasgleichung bestimmt

$$G_R^* = \frac{P_l \cdot V_k}{R_m \cdot T_5}.$$

Die Temperatur der Restgase T_5 wird unter Annahme adiabatischer
Dehnung[1]:

$$T_5 = T_4' \cdot \left(\frac{p_l}{p_4'}\right)^{\frac{\varkappa-1}{\varkappa}} = T_4' \cdot \left(\frac{1,03}{3,17}\right)^{\frac{0,32}{1,32}} = 0,761 \cdot T_4',$$

wobei entsprechend dem Luftüberschuß und der Temperatur der Restgase etwa $\varkappa = 1,32$ einzusetzen ist. Damit wird das Gesamtgewicht

$$G_4^* = 2,516 \cdot 10^{-3} + \frac{P_l \cdot V_k}{R_m \cdot T_4' \cdot 0,761}.$$

Durch Einsetzen der Gasgleichung für G_4^* erhält man

$$G_4^* = \frac{P_4' \cdot V_4'}{R_m \cdot T_4'} = 2,516 \cdot 10^{-3} + \frac{P_l \cdot V_k}{R_m \cdot T_4' \cdot 0,761}.$$

Durch Auflösen nach T_4' wird:

$$T_4' = \frac{1}{2,516} \cdot \frac{1}{10^{-3}} \left[\frac{P_4' \cdot V_4'}{R_m} - \frac{P_l \cdot V_k}{R_m \cdot 0,761}\right],$$

$$T_4' = \frac{1}{2,516 \cdot 10^{-3}} \left[\frac{31\,700 \cdot 4,225 \cdot 10^{-3}}{30,7} - \frac{10\,300 \cdot 0,605 \cdot 10^{-3}}{30,7 \cdot 0,761}\right]$$

$$= 1626°\,\text{K}\quad (t_4' = 1353°\,\text{C}).$$

Damit wird die unter der Annahme adiabatischer Dehnung ermittelte
Temperatur der Restgase[1]

$$T_5 = 0,761 \cdot T_4' = 1237°\,\text{K}\quad (t_5 = 964°\,\text{C}).$$

Die *mittleren spez. Wärmen* bei konstantem Volumen, bezogen auf
1 kg, werden nach der Beziehung

$$c_v\Big|_0^T = \frac{1}{M_m}\left[r_{CO_2}\, Mc_v\Big|_0^T{}_{CO_2} + r_{H_2O}\, Mc_v\Big|_0^T{}_{H_2O} + r_{2\,\text{atom. Gase}}\, Mc_v\Big|_0^T{}_{2\,\text{atom. Gase}}\right]$$

berechnet[2].

<hr>

[1] Die tatsächliche Temperatur der Restgase ist hauptsächlich wegen des Wärmeaustausches mit der Wand erheblich geringer; die vorliegende Rechnung wird jedoch in allen Teilen ohne Berücksichtigung des Wärmeaustausches durchgeführt.

[2] Die Unterschiede der spez. Wärmen der zweiatomigen Gase wurden in der
vorliegenden Rechnung vernachlässigt. Da der Hauptteil der zweiatomigen Abgase aus Stickstoff besteht, wurde dessen spez. Wärme in der Rechnung benutzt.

Die Anteile der einzelnen Gase sind entsprechend der Zusammenstellung S. 261

$$CO_2 = 9,4 \text{ vH}$$
$$H_2O = 12,7 \text{ „}$$
$$2\text{atom. Gase} = 77,9 \text{ „}$$

Damit wird

$$c_v \Big|_0^{T'_4 = 1626} = \frac{1}{27,68}\,[0,094 \cdot 9,549 + 0,127 \cdot 7,372 + 0,779 \cdot 5,582] = 0,2237\,,$$

$$c_v \Big|_0^{T_5 = 1237} = \frac{1}{27,68}\,[0,094 \cdot 8,855 + 0,127 \cdot 6,865 + 0,779 \cdot 5,355] = 0,213.$$

Mit diesen Werten kann nach der obenstehenden Formel die Abgastemperatur berechnet werden:

$$T_I = \frac{31\,700 \cdot 0,2237 - \dfrac{10\,300}{7,0} \cdot 0,213 + \dfrac{10\,300}{427} \cdot 30,7\left(1 - \dfrac{1}{7}\right)}{\left(\dfrac{31\,700}{1626} - \dfrac{10\,300}{7,0 \cdot 1237}\right) \cdot c_p \Big|_0^{T_I}} = \frac{403}{c_p \Big|_0^{T_I}}.$$

Die Lösung der Gleichung kann durch Probieren erfolgen.

Für einige geschätzte Temperaturen wird die mittlere spez. Wärme $c_p \Big|_0^{T}$ und das Produkt $T \cdot c_p \Big|_0^{T}$ bestimmt.

Man erhält für

$$T_I = 1300 \text{ den Wert } Tc_p \Big|_0^{T} = 371,$$
$$T_I = 1400 \text{ „ „ „ } = 404,$$
$$T_I = 1500 \text{ „ „ „ } = 437,$$
$$T_I = 1600 \text{ „ „ „ } = 469.$$

Durch graphische Interpolation erhält man für den Wert $T_I \cdot c_p \Big|_0^{T_I} = 403$ die Temperatur $T_I = 1398^\circ$ K ($t_I = 1125^\circ$ C).

Berechnung der Abgastemperatur unter Berücksichtigung der wahren Gaswechselarbeit.

Die oben angegebene Berechnung der Abgastemperatur wurde unter der Annahme konstanten Druckes während des Ausschubhubes durchgeführt. Berücksichtigt man auch die Veränderlichkeit des Druckes während des Ausschubvorganges und die Druckänderungen während des letzten Teiles des Ausdehnungshubes, so ergibt sich (s. S. 99)

$$T_I = \frac{G^* c_v \Big|_0^{T_4} \cdot T_4 - G^*_5 c_v \Big|_0^{T_5} \cdot T_5 - A \cdot \text{Fläche}\,(4\,a\,f\,4 - f\,c\,d\,e\,f)\ (\text{mkg})}{G^*_I\, c_p \Big|_0^{T_I}}$$

Die Flächen $4\,a\,f\,4$ und $f\,c\,d\,e\,f$ (Abb. 51, S. 99) wurden aus dem Niederdruckdiagramm durch Planimetrieren bestimmt. Dabei ergab sich:

$$\text{Fläche } 4\,a\,f\,4 = 980 \text{ mm}^2,$$
$$\text{Fläche } f\,c\,d\,e\,f = 5570 \text{ mm}^2.$$

Für die Umrechnung gilt: $1 \text{ mm} \cdot 1 \text{ mm} = 0{,}05 \frac{\text{kg}}{\text{cm}^2} \, 0{,}0181 \text{ l}$

$$= 500 \frac{\text{kg}}{\text{m}^2} \cdot 0{,}0000181 \text{ m}^3 = 0{,}00905 \text{ mkg},$$

somit entspricht $1 \text{ mkg} = 110{,}4 \text{ mm}^2$

Damit wird die den Flächen entsprechende Arbeit:

$$\text{Fläche } 4a/4 - fcdef = \frac{(980 - 5570)}{110{,}4} = -41{,}6 \text{ mkg/Spiel}$$

$$\text{oder im Wärmemaß} = -\frac{41{,}6}{427} = -0{,}0975 \text{ kcal/Spiel}.$$

Da der Berechnung jetzt die wirkliche Gaswechselarbeit des Motors zugrunde gelegt ist, sind auch Druck und Temperatur im Zylinder zu Beginn des Auslaßvorganges einzusetzen; mit

$$p_4 = 3{,}92 \text{ ata},$$

und $\quad V_4 = 3{,}59 \cdot 10^{-3} \text{ m}^3 = $ Zylinderinhalt bei Beginn der
$\qquad\qquad\qquad\qquad\qquad$ Öffnung der Auslaßventile

wird

$$T_4 = \frac{P_4 \cdot V_4}{P_4' \cdot V_4'} \cdot T_4' = \frac{39200}{31700} \cdot \frac{3{,}59 \cdot 10^{-3}}{4{,}225 \cdot 10^{-3}} \cdot 1626 = 1708^\circ \text{ K}$$

und

$$\overset{*}{_4} = \frac{P_4 \cdot V_4}{R \cdot T_4} = \frac{39200 \cdot 3{,}59 \cdot 10^{-3}}{30{,}7 \cdot 1708} = 2{,}683 \cdot 10^{-3} \text{ kg/Spiel},$$

$$G_R^* = G_4^* - G_I^* = 2{,}683 \cdot 10^{-3} - 2{,}516 \cdot 10^{-3} = 0{,}167 \cdot 10^{-3} \text{ kg/Spiel}.$$

Die mittlere spez. Wärme $c_v \big|_0^{T_4}$ wird wie oben bestimmt. Man erhält: $c_v \big|_0^{T_4 = 1708} = 0{,}225$.

Damit erhält man durch Einsetzen in die obenstehende Gleichung:

$$T_I = \frac{2{,}683 \cdot 10^{-3} \cdot 0{,}225 \cdot 1708 - 0{,}167 \cdot 10^{-3} \cdot 0{,}213 \cdot 1237 - (-0{,}0975)}{2{,}516 \cdot 10^{-3} \cdot c_p \big|_0^{T_I}}$$

$$= \frac{432}{c_p \big|_0^{T_I}}, \quad \text{bzw.} \quad T_I \cdot c_p \big|_0^{T_I} = 432$$

und durch Probieren und graphische Interpolation

$$T_I = 1485^\circ \text{ K}; \quad t_I = 1212^\circ \text{ C}.$$

Der Unterschied dieser unter Berücksichtigung der wahren Gaswechselarbeit errechneten Temperatur gegenüber der oben mit der Formel berechneten Temperatur ist in dem vorliegenden Falle besonders groß, weil bei dem zugrunde gelegten Versuch der Druck im Zylinder während des Ausschubhubes abnormal hoch war.

Tabelle 7.

Temperatur bei Beginn des Auspuffvorganges	Temperatur bei adiabatischer Dehnung auf den Außendruck	Temperatur nach Formel S. 99 berechnet	Temperatur unter Berücksichtigung der tatsächlichen Ausschiebearbeit berechnet	Mit einem trägen Thermoelement15cm hinter dem Motor gemessene Temperatur
$t_4 = 1435°\,\text{C}$	$t_5 = 964°\,\text{C}$	$t_l = 1125°\,\text{C}$	$t_l = 1212°\,\text{C}$	$t_l = 895°\,\text{C}$

Die Zusammenstellung zeigt, daß der Unterschied der errechneten Abgastemperatur gegenüber der Temperatur, die bei adiabatischer Dehnung auf den Außendruck erreicht würde, bei dem gewählten Beispiel etwa 250° beträgt. Dieser Temperaturunterschied entspricht dem Wärmewert des Arbeitsverlustes durch die unvollständige Dehnung. Der große Unterschied der errechneten Abgastemperatur gegenüber der mit Thermoelement gemessenen Abgastemperatur ist teils auf starke Wärmeableitung während des Auspuffvorganges, teils aber auf den Unterschied der Anzeige des trägen Meßgerätes gegenüber dem Wert bei kalorimetrischer Messung zurückzuführen. Die kalorimetrische Messung der Abgastemperatur ergibt $t_l \approx 1050°\,\text{C}$.

II. Für die Theorie der Verbrennungsmotoren wichtige Größen und thermodynamische Sonderprobleme.

1. Zustandsgrößen.

a) Spezifische Wärmen.

Die spez. Wärme, das heißt diejenige Wärmemenge, die erforderlich ist um die Mengeneinheit eines Körpers um $1°\,\text{C}$ zu erwärmen, ist für die technisch wichtigsten Körper, insbesondere für Gase, die für Verbrennungskraftmaschinen in Betracht kommen, aus einer großen Zahl von Messungen bekannt.

Die nach den verschiedenen Methoden bestimmten spez. Wärmen unterscheiden sich zum Teil erheblich. Man unterscheidet im wesentlichen nach kalorimetrischen Meßmethoden ermittelte und statistisch unter Benutzung spektroskopischer Daten errechnete spez. Wärmen.

Die nach der *kalorimetrischen Methode* bestimmten spez. Wärmen werden meist durch Messung der Wärmemengen bei Erwärmung oder Abkühlung einer bestimmten Gewichtsmenge ermittelt, z. B. läßt man Gase unter Abkühlung durch Kalorimeter strömen oder erwärmt eine bestimmte Gasmenge mit einer bekannten Wärmemenge.

Vielfach wurde auch der versuchsmäßig ermittelte Wert $\varkappa = c_p/c_v$ zur Errechnung spez. Wärmen verwendet. In diesem Zusammenhang sind insbesondere Versuche, bei denen adiabatische Zustandsänderungen durchgeführt werden (z. B. Resonanzmethode, Messung der Schall-geschwindigkeit), zu erwähnen.

Die kalorimetrischen Meßmethoden sind vorwiegend für geringere Temperaturen (unter 1000° C) verwendbar. Zur Ermittlung der spez. Wärmen bei höheren Temperaturen wird meist die Explosionsmethode verwendet. Ein brennbares Gemisch von bekanntem Heizwert .wird in einem druckfesten Gefäß zur Explosion gebracht. Aus der gemessenen Druckerhöhung kann rechnerisch — mit beschränkter Genauigkeit — die spez. Wärme eines Gasbestandteiles bestimmt werden, wenn alle übrigen Daten bekannt sind. Die neueren auf verschiedenen Wegen kalorimetrisch bestimmten spez. Wärmen stimmen bei geringen Tempe-raturen gut überein, bei hohen Temperaturen unterscheiden sich ins-besondere die nach der Explosionsmethode bestimmten Werte zum Teil wesentlich.

Bedeutend genauere Werte wurden mit Hilfe der *theoretischen Be-rechnung unter Benutzung spektroskopischer Daten* gewonnen. Die Rech-nung stützt sich im wesentlichen auf die statistische Mechanik und die Quantentheorie. Danach hat man sich die Wärmeaufnahme eines Körpers als eine Beschleunigung der Molekül- und Atombewegungen vorzustellen. Mit der Temperaturerhöhung tritt sowohl eine Beschleunigung der Trans-lationsbewegung des Moleküls und eine raschere Rotation als auch eine Zunahme der gegenseitigen Schwingungsbewegung der Atome im Molekül auf. Außerdem kann eine Anregung von Elektronenübergängen in den Atomen und Molekülen stattfinden. Die Aufteilung der zugeführten Energie auf die verschiedenen Bewegungsvorgänge ist im Gleichgewichts-zustand eindeutig gegeben. Zeitlich erfolgt die Anregung der Translation in manchen Fällen schneller als die der Rotation und die der Schwingung. Die Berechnung der spez. Wärmen wird verhältnismäßig einfach, wenn man von der gegenseitigen Wechselwirkung der Moleküle absieht und die Gase als hochverdünnt annimmt, also ihren absoluten Druck Null setzt. Die spez. Wärmen der realen Gase bei höheren Drücken unter-scheiden sich von diesen Werten nicht sehr wesentlich und können durch Hinzufügen von Korrekturgliedern aus den Werten für $p = 0$ ermittelt werden.

Die spez. Wärme eines einatomigen Gases beträgt bei konstantem Volumen pro Mol $\frac{3}{2} A \Re$ kcal/Mol Grad. Jeder der 3 Freiheitsgrade der Translationsbewegung eines Moleküls liefert nämlich einen Beitrag $A \Re/2 = \frac{1,986}{2}$ kcal/Mol Grad, so daß die spez. Wärme des einatomigen Gases gleich $\frac{3}{2} A \Re = 3/2 \cdot 1,986 = 2,979$ kcal/Mol Grad ist.

Bei den zweiatomigen Gasen kommen bei Temperaturen, bei denen die Schwingungen noch nicht merklich sind, zu den 3 translatorischen

Freiheitsgraden noch 2 rotatorische Freiheitsgrade hinzu, die bei genügend hohen Temperaturen einen Beitrag von $\frac{2}{2} A \Re$ kcal/Mol Grad zur spez. Wärme liefern. Somit beträgt der von der Translations- und Rotationsbewegung herrührende Anteil an der spez. Wärme der zweiatomigen Gase

$$M c_v = \frac{5}{2} A \Re = 4{,}965 \text{ kcal/Mol Grad.}$$

Bei dreiatomigen Gasen — mit Ausnahme der Gase mit gestreckten Molekülen — tritt hierzu noch ein weiterer Freiheitsgrad der Rotation, so daß der von der Translations- und Rotationsbewegung herrührende Anteil der spez. Wärme der dreiatomigen Gase

$$M c_v = \frac{6}{2} A \Re = 5{,}958 \text{ kcal/Mol Grad}$$

beträgt.

Der Anstieg der spez. Wärmen infolge der Schwingungsbewegungen der Atome im Molekül kann mit Hilfe der Quantentheorie unter Benutzung spektroskopischer Daten errechnet werden. Der Schwingungsanteil der spez. Wärme beträgt hiernach angenähert

$$M c_{osz} = \frac{A \Re \left(\frac{h\nu}{kT}\right)^2 e^{\frac{h\nu}{kT}}}{\left(e^{\frac{h\nu}{kT}} - 1\right)^2} = \frac{A \Re \left(\frac{\theta}{T}\right)^2 e^{\frac{\theta}{T}}}{\left(e^{\frac{\theta}{T}} - 1\right)^2} = E\left(\frac{\theta}{T}\right)$$

Hierin bedeuten:

h PLANCKsches Wirkungsquantum $6{,}61 \cdot 10^{-27}$ erg·sec,

ν Schwingungsfrequenz in sec^{-1},

k BOLTZMANNsche Konstante $1{,}379 \cdot 10^{-16}$ erg/grad.

Für den Wert $h\nu/k$ ist das Zeichen θ eingeführt. Für diesen Wert ist die Bezeichnung „charakteristische Temperatur" (Dimension: Grad) üblich. Die Funktion $E\left(\frac{\theta}{T}\right)$ ist in Tabellenwerken zu finden.

Die charakteristische Temperatur wird aus den Oszillationsfrequenzen bestimmt, die beispielsweise aus dem Ramanspektrum ermittelt werden können.

Es zeigt sich nämlich, daß die Rotation der Moleküle und die Frequenz der Atomschwingungen im Molekül eine Veränderung des hindurchgehenden und gestreuten Lichtes zur Folge haben. Man beobachtet dann entweder Absorptionsspektren oder Streuspektren (Ramanspektren), deren Linienanordnung einen Schluß auf die erwähnten Schwingungs- und Rotationsfrequenzen der Moleküle zulassen. Die einzelnen Linien des Spektrums entsprechen jeweils dem Übergang zwischen zwei verschiedenen Energiestufen des Moleküls. Aus den einzelnen Energiestufen kann die gesamte Energie des Gases — wie oben angegeben - errechnet werden.

Bei mehratomigen Molekülen wird die Bestimmung der charakteristischen Temperaturen und die Errechnung der spez. Wärmen verwickelt; jedoch liegen für die technisch wichtigen Gase bis etwa 3000°K mit großer Genauigkeit berechnete spez. Wärmen vor. Die spez. Wärmen wurden insbesondere durch W. F. Giauque und Mitarbeiter [J 12], A. R. Gordon und C. Barnes [J 14], L. S. Kassel [J 15] u. a. errechnet. Die so errechneten spez. Wärmen sind bedeutend genauer als die auf kalorimetrischem Wege gemessenen. Für CO_2 und H_2O und für die zweiatomigen Gase

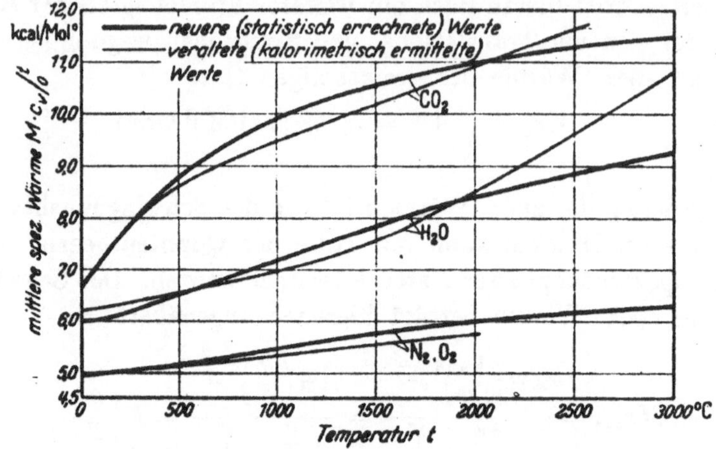

Abb. 156. Mittlere spez. Wärmen pro Mol $Mc_v |_0^t$, abhängig von der Temperatur für CO_2, H_2O, N_2 und O_2.

N_2 und O_2 sind die nach beiden Methoden bestimmten mittleren spez. Wärmen in Abb. 156 wiedergegeben. Die Abweichungen sind zum Teil erheblich. Während in älteren Büchern meist die kalorimetrisch bestimmten spez. Wärmen wiedergegeben wurden, sind in neueren Werken vielfach die **zuverlässigeren** statistisch errechneten Werte angegeben.

b) Energiewerte.

Für thermodynamische Berechnungen von Vorgängen in Verbrennungskraftmaschinen sind besonders die Werte der inneren Energie U und des Wärmeinhaltes J (auch Enthalpie genannt) von Bedeutung. Für die meisten Rechnungen genügt es, die Dissoziation zu vernachlässigen. In diesen Fällen kann die Beziehung[1]:

$$U_T = U_{0°K} + G c_v \Big|_0^T T = U_{0°C} + G c_v \Big|_0^t t$$

und

$$J_T = J_{0°K} + G c_p \Big|_0^T T = J_{0°C} + G c_p \Big|_0^t t$$

verwendet werden. Tritt Dissoziation auf (Einzelheiten über die Be-

---

[1] Es ist allgemein üblich, $U_{0°abs}$ gleich 0 zu setzen. Für idealisierte Gase, für die angenommen wird, daß die Gasgleichung bis 0°K gilt, ist $J_{0°K} = U_{0°K}$ (s. auch [A 8]).

rechnung der Dissoziation im nächsten Abschnitt Seite 273), so ist für die Enthalpie die Beziehung

$$J_T - J_{0°C} = J_t = \sum (1 - \alpha_t) J_t'' + \sum J_t''' + \sum \alpha_t J_t' + \sum \alpha_t (W_{vt_1} + J_{t_1}'' - J_{t_1}')$$

und für die innere Energie die Beziehung

$$U_T - U_{0°C} = U_t = \sum (1 - \alpha_t) U_t'' + \sum U_t''' + \sum \alpha_t U_t' + \sum \alpha_t (W_{vt_1} + U_{t_1}'' - U_{t_1}')$$

einzuführen [A 8]. In den Gleichungen bedeuten:

W_{pt}, W_{vt} = Wärmetönung bei konstantem Druck bzw. konstantem Volumen und bei der Temperatur t, [1]

α_t Dissoziationsgrad bei der Temperatur t ($\alpha_{0°C} \approx 0$),

Index ′ bezieht sich auf dissoziiertes Gas,

Index ″ bezieht sich auf nichtdissoziiertes Gas (Verbrennungsprodukt),

Index ‴ bezieht sich auf inerte Gase,

t_1 Temperatur der Heizwertbestimmung.

Graphische Darstellungen dieser Werte unter Benutzung neuerer Werte für die spez. Wärmen sind beispielsweise zu finden unter [B 2].

c) Entropiewerte; thermodynamische Funktionen.

Die *Gleichung für die Entropie eines Gases* ergibt sich entsprechend dem zweiten Hauptsatz der Thermodynamik für 1 kg Gas, für das die Gasgleichung gilt aus der Beziehung

$$ds = \frac{du + APdv}{T} = \frac{c_v dT}{T} + \frac{APd\frac{RT}{P}}{T}$$

zu

$$s = \int^T \frac{c_v}{T} dT + AR \ln T - AR \ln P + s_0.$$

---

[1] Die Wärmetönung bezogen auf die Gewichtseinheit (oder auch bezogen auf ein Mol) wird meist als Heizwert bezeichnet. Der Heizwert bei konstantem Druck unterscheidet sich von dem Heizwert bei konstantem Volumen um den Wärmewert der infolge der Volumenänderung bei der Verbrennung bei konstantem Druck geleisteten oder aufgenommenen Arbeit. Wenn eine Volumenzunahme bei der Verbrennung bei konstantem Druck auftritt, ist der Heizwert bei konstantem Druck geringer als der Heizwert bei konstantem Volumen, weil eine Arbeit zur Verschiebung der Umgebungsluft zu leisten ist. Bei den für Motoren in Frage kommenden flüssigen Kraftstoffen unterscheiden sich H_p und H_v nur wenig (unter 1 v H).

Bei gasförmigen Kraftstoffen tritt meist eine Volumenkontraktion auf, so daß der Heizwert bei konstantem Druck größer als der Heizwert bei konstantem Volumen ist. Bei Kenntnis der Gaszusammensetzung kann die Größe der Volumenkontraktion aus den Reaktionsgleichungen der Verbrennung (siehe S. 13 und 14) errechnet werden.

Die Veränderung des Heizwertes mit der Temperatur ist durch das KIRCHHOFFsche Gesetz:

$$H_{pT} = H_{pT_1} + (J_T' - J_{T_1}') - (J_T'' - J_{T_1}'')$$

oder

$$H_{vT} = H_{vT_1} + (U_T' - U_{T_1}') - (U_T'' - U_{T_1}'')$$

gegeben. Die Unterschiede der Heizwerte bei verschiedenen Temperaturen sind bei technischen Rechnungen meist nicht vernachlässigbar.

Daraus erhält man unter Benutzung der Beziehung zwischen der mittleren und der wahren spez. Wärme:

$$Mc = Mc\Big|_0^T + \frac{Td\left(Mc\Big|_0^T\right)}{dT}$$

die von Nusselt gewählte Form der Gleichung der Entropie für 1 Mol:

$$Ms = Mc_v\Big|_0^T + \int^T \frac{Mc_v\Big|_0^T}{T}\,dT + A\,\Re\,\ln\frac{T}{P} + Ms_0\,.$$

$$= f(T) + A\,\Re\ln\frac{T}{P} + Ms_0\,.$$

Diese Gleichung gestattet die Berechnung der Veränderung der Entropiewerte mit der Temperatur. Die Methoden zur Bestimmung der Absolutwerte der Entropie werden in den folgenden Seiten behandelt. Kennt man den Absolutwert der Entropie Ms für einen Zustand, so ist durch die obenstehende Gleichung auch Ms_0 gegeben.

Führt man den Wert

$$(M \cdot s_{P=1})_T = Mc_v\Big|_0^T + \int^T \frac{Mc_v\Big|_0^T}{T}\,dT + A\,\Re\,\ln T + Ms_0\,,$$

der als Tabellenwert (s. Tabellen S. 295 ff) gegeben ist, in die Entropiegleichung ein, so erhält man die zur Berechnung von Zahlenwerten sehr einfache Form

$$Ms = (Ms_{P=1})_T - A\,\Re\,\ln P.$$

Diese Form der Entropiegleichung ist besonders brauchbar, wenn Vorgänge, bei denen eine Druckänderung erfolgt, berechnet werden. Führt man den Wert $\varphi(T)$ ein, der in den genannten Tabellen für verschiedene Gase abhängig von der Temperatur angegeben ist

$$\varphi(T) = Mc_v\Big|_0^T + \int^T \frac{Mc_v\Big|_0^T}{T}\,dT - A\,\Re\,\ln\Re + Ms_0\,,$$

so erhält man für die Entropiegleichung die Form

$$Ms = \varphi(T) + A\,\Re\,\ln V.$$

Hierin bedeutet V das Molvolumen (m³/Mol). Für manche Rechnungen ist es vorteilhaft, in die Entropiegleichung die molare Konzentration $[Z]$, d. i. die Anzahl der Mole in m³ Gasgemisch, einzuführen:

$$[Z] = r\left(\frac{P_0}{\Re T}\right) = \frac{P}{\Re T}\,,$$

$r =$ Raumanteil,

$\Re = 848 =$ Gaskonstante für 1 Mol,

$P_0 =$ Gesamtdruck des Gasgemisches,

$P =$ Partialdruck eines Gases;

damit erhält man die Entropiegleichung für 1 Mol eines Gases:

$$M s = M c_v \Big|_0^T + \int^T \frac{M c_v \big|_0^T}{T} dT - A \Re \ln[Z] - A \Re \ln \Re + M s_0 .$$

$$= \varphi(T) - A \Re \ln[Z] .$$

Zur Bestimmung der Funktionen $\varphi(T)$ und $(M s_{P=1})_T$ sind Absolutwerte der Entropie erforderlich.

Die *Absolutwerte der Entropie* können entweder aus gemessenen spez. Wärmen unter Benutzung des NERNSTschen Wärmesatzes oder nach statistischen Methoden, für die die Unterlagen aus der Spektralphysik bekannt sind, errechnet werden. Nach dem NERNSTschen Satz in der PLANCKschen Fassung wird die Entropie aller einheitlichen festen Körper am absoluten Nullpunkt 0.

Der Satz gilt nur für eine reine Substanz, die sich in einem eindeutigen Ordnungszustand befindet und in der sich die Atome im Zustand der kleinsten Energie befinden. Die Anwendung wäre also nicht gestattet, wenn ein Zustand in der Modifikation höherer Energie einfrieren würde. Es besteht dabei noch die Frage, ob bei genügend langsamer Abkühlung der Zustand der kleinsten Energie doch noch in der Nähe des absoluten Nullpunktes durch eine Umwandlung erreicht wird, die unter Umständen der Messung nicht zugänglich ist. Wenn angenommen wird, daß der Zustand der kleinsten Energie in diesem Fall überhaupt nicht mehr erreicht wird, muß eine entsprechende Korrektur an den nach dem NERNSTschen Satz errechneten Entropiewerten angebracht werden.

Aus den spezifischen Wärmen und Umwandlungswärmen des festen, dampf- und gasförmigen Körpers erhält man nach dem NERNSTschen Satz in der PLANCKschen Fassung durch Integration entsprechend der Gleichung:

$$s = \int_0^T \frac{dq}{T}$$

den Absolutwert der Entropie. Dabei ist es erforderlich, daß die gesamten kalorimetrischen Daten bis 0° K mit genügender Genauigkeit durch gemessene oder interpolierte Werte bekannt sind. Zahlreiche systematische Messungen sind besonders von A. EUCKEN und seinen Mitarbeitern durchgeführt worden [J 11].

In Abb. 157 sind Absolutwerte der Entropie für O_2, die aus statistischen und kalorimetrischen Messungen ermittelt sind, gegenübergestellt[1]. Die Übereinstimmung der auf beiden Wegen ermittelten Werte ist im Gasgebiet so gut, daß in der Zeichnung der Unterschied

---

[1] Die kalorimetrischen Daten sind Messungen von GIAUQUE und JOHNSTON, CLUSIUS, LEWIS und ELBE, HENRY, EUCKEN, MÜCKE, SCHEEL und HEUSE entnommen. Die aus spektroskopischen Daten bestimmten Entropiewerte stammen von JOHNSTON und WALKER (vgl. [J]).

nicht mehr dargestellt werden kann. Die Übereinstimmung ist jedoch
bei einigen Gasen nicht so gut. Die Bedeutung der festgestellten Unterschiede ist aber für technische Rechnungen nicht wesentlich (siehe
auch S. 280)

Die statistische Berechnung der Entropie beruht auf der Überlegung,
daß die Natur die wahrscheinlichsten Zustände bevorzugt. Da die
Vorgänge außerdem so verlaufen, daß die Gesamtentropie des Systems
(2. Hauptsatz) zunimmt, wurde von BOLTZMANN geschlossen, daß ein
Zusammenhang zwischen Entropie und Wahrscheinlichkeit bestehen
muß. Daraus ergab sich, daß für ein System von 2 Körpern *1* und *2*
die Entropiewerte durch die Beziehungen $S_1 = f(W_1)$ und $S_2 = f(W_2)$

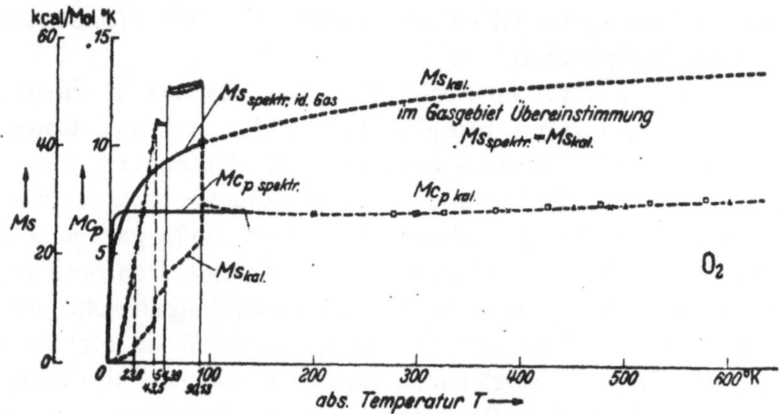

Abb. 157. Ermittlung absoluter Entropiewerte von Sauerstoff auf Grund von kalorimetrischen
und spektroskopischen Messungen.

dargestellt werden können. Da die Gesamtentropie gleich der Summe
der Einzelentropien ist, wird $S = S_1 + S_2 = f(W_1) + f(W_2)$. Andererseits ergibt sich aus der Wahrscheinlichkeitsrechnung, daß die Gesamt-
wahrscheinlichkeit von 2 voneinander unabhängigen Systemen gleich
dem Produkt der Einzelwahrscheinlichkeiten ist. Somit gilt

$$S = f(W) = f(W_1 W_2).$$

Durch zweimaliges Differenzieren erhält man:

$$W_2 f''(W_1 W_2) W_1 + f'(W_1 W_2) = 0.$$

Eine Lösung dieser Differentialgleichung ergibt:

$$S = f(W) = f(W_1 W_2) = \text{const} \ln W + \text{const}.$$

Diese erstmals von BOLTZMANN aufgestellte Beziehung wurde von
PLANCK verschärft zu der Beziehung $S = k \ln W$. Zur zahlenmäßigen
Berechnung der thermodynamischen Wahrscheinlichkeit (W) wurde eine
große Zahl von theoretischen Untersuchungen durchgeführt. Die Ge-
samtentropie ergibt sich danach als Summe des Entropieanteils der
Translation der Moleküle, der Rotation der Moleküle, der Schwingungen

der Atome im Molekül, der Elektronenzustände und des Kernspins.
Der Entropieanteil der Translation wird:

$$S_1 = A R \ln \frac{(2\pi m k T)^{3/2} e^{5/2} \cdot V}{N h^3},$$

Darin bedeuten:

m Masse des Moleküls,

N LOSCHMIDTsche Zahl,

V Volumen.

Somit kann dieser Anteil in einfacher Weise aus universellen Konstanten und Konstanten des jeweiligen Gases errechnet werden. Der Entropieanteil der Rotation bzw. der Schwingungen ergibt sich im wesentlichen aus der Energieänderung mit der Temperatur; diese und die übrigen Entropieanteile können aus der PLANCKschen Zustandssumme

$$Z = \sum_n g'_n e^{-\frac{\varepsilon_n}{kT}}$$

errechnet werden. In dieser Gleichung bedeuten:

ε = Energiestufen, die sich aus spektroskopischen Messungen ergeben,

g'_n = statistisches Gewicht.

Die zur Berechnung erforderlichen Werte g'_n und ε_n ergeben sich aus spektroskopischen Messungen (s. Abschnitt über spez. Wärmen). Die obenstehende Formel dient auch zur Berechnung des Schwingungsanteiles der spez. Wärmen und führt in einer speziellen Form zu der auf S. 267 angeführten Gleichung für c_{osz}.

2. Chemisches Gleichgewicht, Dissoziation.

Mit zunehmender Temperatur zerfallen die meisten Gase zum Teil in einfache Bestandteile. Beispielsweise werden von der Kohlensäure bei 2000° K und 1 ata 1,5 Gewichtsprozente in CO und O_2 gespalten. Bei 3000° K und 1 ata sind schon 44 vH in CO und O_2 zerfallen, bei 3500° K 75 vH. Weiterhin tritt bei sehr hohen Temperaturen auch eine Spaltung von O_2 in O-Atome auf, und zwar sind bei 2000° 0,04 vH des reinen Sauerstoffs in Atome gespalten, bei 4000° etwa 60 vH. Ganz allgemein zeigt sich die Erscheinung, daß zunächst die Aufspaltung (Dissoziation genannt) komplizierter Verbindungen in einfachere Moleküle oder Radikale und bei noch höheren Temperaturen die Aufspaltung in Atome vor sich geht.

Man kann sich diese Erscheinung so vorstellen, daß bei erhöhter Energiezufuhr die Schwingungsamplituden der Atome im Molekül und die Geschwindigkeit der Rotation der Moleküle sehr groß werden.

Außerdem wird auch die Translationsgeschwindigkeit der Moleküle, für die die Temperatur im wesentlichen ein Maß ist, mit zunehmender Temperatur bedeutend größer, so daß die Atome bei höherer Temperatur durch Stöße leichter aus dem Verband geschlagen werden. Entsprechend dem MAXWELLschen Verteilungsgesetz der Translationsenergie und der inneren Energiearten der Moleküle (Rotation und Schwingung der Atome) ergibt sich für jede Temperatur ein bestimmter Gleichgewichtszustand. Die wahrscheinlichste Energieverteilung und der Gleichgewichtszustand der Aufspaltung können nach der statistischen Mechanik berechnet werden.

Die beschriebene Aufspaltung der Gase ist normalerweise mit einem jeweils bekannten Wärmeverbrauch (Dissoziationsenergie) verbunden. Beispielsweise tritt bei der Reaktion $2\,CO_2 = 2\,CO + O_2$ bei konstantem Druck ein Wärmeverbrauch von 67 623 kcal/Mol CO_2, bezogen auf 20° C, auf. Bei einer Temperaturerhöhung mit gleichzeitiger Dissoziation ist also nicht nur die zur Erwärmung des Gases entsprechend der spez. Wärme (ohne Dissoziationsanteil) erforderliche Wärmemenge aufzuwenden, sondern es ist gleichzeitig auch die zur Dissoziation erforderliche Wärmemenge zuzuführen, so daß die gesamte Energieänderung, bezogen auf gleiche Temperaturdifferenzen, in höheren Temperaturbereichen bedeutend größer ist als bei geringeren Temperaturen.

a) Theoretische Berechnungsverfahren zur Bestimmung des chemischen Gleichgewichtes. Die Berechnung des Gleichgewichtszustandes der Dissoziation ist auch auf thermodynamischem Wege mit Hilfe des 2. Hauptsatzes möglich. Der Gleichgewichtszustand ist danach dann erreicht, wenn ein Maximum der Entropie auftritt, weil dann mit jeder, auch geringen Zustandsänderung eine Entropieabnahme verbunden wäre, die mit dem 2. Hauptsatz nicht vereinbar ist. Der Gleichgewichtszustand kann also aus der Bedingungsgleichung für das Maximum der Entropie

$$\delta S = 0, \qquad \delta^2 S < 0$$

ermittelt werden. Der Berechnungsgang ist etwa folgender:

Für die gesamte Entropie eines Gemisches von Gasen, festen und flüssigen Körpern erhält man (s. S. 271):

$$\sum S = \sum [Z]\left[Mc_v\Big|_0^T + \int^T \frac{Mc_v\big|_0^T}{T}\,dT - A\,\Re\ln[Z] - A\,\Re\ln\Re + Ms_0\right] \Bigg\} \tag{1}$$
$$+ \sum k \int_0^T \frac{c_f}{T}\,dT\,,$$

wobei k das Gewicht, c_f die spez. Wärme der festen und flüssigen Teile (Bodenkörper) bedeutet. Das Maximum der Gesamtentropie erhält man durch Differenzieren dieser Gleichung. Die Rechnung soll für eine beliebige Reaktion, die bei konstantem Volumen nach dem Schema

$$v_a \cdot A + v_b \cdot B + \cdots \rightleftharpoons v_n \cdot N + v_m \cdot M \cdots + W \tag{2}$$

verläuft, durchgeführt werden. $v =$ Anzahl der Mole eines reagierenden Gases, A, B usw. reagierende Gase.

Im folgenden werden die Zahlen v der bei der betrachteten Reaktion entstehenden Mole und die Zahlen der verschwindenden Mole mit verschiedenen Vorzeichen eingeführt. Da die Reaktion in beiden Richtungen verlaufen kann, wird jeweils diejenige Richtung der Reaktion für die Festlegung der Vorzeichen zugrunde gelegt, bei der die Wärmetönung positiv wird. In der folgenden Rechnung erhalten also die Werte v_m und v_n der obengestehenden Umsatzgleichung ein positives, und die Werte v_a und v_b ein negatives Vorzeichen. Da die Reaktionsgleichung für beide Richtungen gilt, können die beiden Seiten der Gleichung vertauscht werden. Die Reaktionsrichtung mit positiver Wärmetönung entspricht bei Sauerstoffreaktionen der Verbrennung. Für den umgekehrten Vorgang, die Dissoziation, ist es vielfach üblich, den dissoziierenden Anteil links anzuschreiben, so daß die Wärmetönung ebenfalls in der linken Seite der Gleichung einzusetzen ist.

Die Änderung der Anzahl der Mole eines beliebigen Bestandteiles kann damit durch die Beziehung

$$\partial [Z] = \frac{v \, \hat{c} \, [Z_1]}{v_1}$$

dargestellt werden. Führt man diese Beziehung und den aus der Verbrennungsgleichung ermittelten Wert:

$$\hat{c} \, T = \frac{H_{vT} \, \partial [Z_1]}{(\sum [Z] \, M c_r + k \, c_l) \, v_1}$$

in die entsprechend der Bedingung $\partial S = 0$ differenzierte Gl. (1) ein, so erhält man nach einigen Vereinfachungen[1] und Umrechnung auf den Heizwert bei konstantem Druck[2]:

$$\left. \begin{array}{c} \displaystyle \sum A \, \Re \ln [Z]^{-v} = A \, \Re \ln K_c = - \sum v \left[M c_v \Big|_0^T + \int^T \frac{M c_r \big|_0^T}{T} + M s_0 - A \, \Re \ln \Re \right] \\[2ex] \displaystyle - \sum v_f \int^T \frac{M c_f}{T} \, dT - \frac{H_{pT}}{T} \, . \end{array} \right\} \tag{3}$$

In dieser Gleichung entspricht K_c dem Ausdruck[3]:

$$K_c = \frac{[A]^{v_a} [B]^{v_b} \ldots}{[N]^{v_n} [M]^{v_m} \ldots} \, . \tag{4}$$

---

[1] Siehe auch [A 8].　　[2] Vgl. Fußnote S. 269.

[3] Im Schrifttum ist eine einheitliche Festlegung darüber, welche Werte in diesem Ausdruck im Zähler und welche Werte im Nenner einzuführen sind, nicht vorhanden. Deshalb sind Angaben über die Größe der Konstanten nur in Verbindung mit diesem Ausdruck eindeutig.

In dieser Schreibweise müssen die Werte ν_a, ν_b, ν_n, ν_m ohne Vorzeichen als Absolutwerte eingesetzt werden. Der Wert K_c wird Gleichgewichtskonstante genannt und ist nur von der Temperatur abhängig, wie die obenstehende Gleichung zeigt.

Die Gleichung für K_c läßt sich bei Einführung der in der Anlage in Tabellenform für die wichtigsten Gase wiedergegebenen Größe

$$\varphi(T) = M c_{v\ 0}^{\ \ T} + \int_0^T \frac{M c_{v\ 0}^{\ T}}{T}\, dT - A \Re \ln \Re + M s_0$$

in folgender vereinfachter Form darstellen:

$$A \Re \ln K_c = -\sum \nu \varphi(T) - \sum \nu_f \int_0^T \frac{M c_f}{T}\, dT - \frac{H_{p\,1}}{T}\,. \tag{5}$$

Das chemische Gleichgewicht kann man auch als den Zustand auffassen, bei dem der Reaktionsverlauf nach beiden Seiten gleich schnell vor sich geht, so daß die bei der Reaktion entstehenden und verschwindenden Mengen gleich groß sind. Betrachtet man die Reaktion

$$\nu_a A + \nu_b B \rightleftharpoons \nu_n N + \nu_m M\,,$$

so kann man die Geschwindigkeit entsprechend der Reaktionsgleichung von links nach rechts, bezogen auf einen der reagierenden Stoffe, durch den Wert (s. auch S. 288)

$$k_1 [A]^{\nu_a} [B]^{\nu_b}$$

und die Geschwindigkeit in umgekehrter Richtung, bezogen auf denselben Stoff, durch den Wert

$$k_2 [N]^{\nu_n} [M]^{\nu_m}$$

darstellen. Beim Gleichgewicht gilt die Beziehung

$$k_2 [N]^{\nu_n} [M]^{\nu_m} = k_1 [A]^{\nu_a} [B]^{\nu_b}$$

oder die Beziehung

$$\frac{k_2}{k_1} = \frac{[A]^{\nu_a} [B]^{\nu_b}}{[N]^{\nu_n} [M]^{\nu_m}} = K_c\,,$$

durch die der Zusammenhang zwischen den Konstanten der Reaktionsgeschwindigkeit und der Gleichgewichtskonstanten gegeben ist.

Für eine bestimmte Temperatur stellt sich somit jeweils ein Gleichgewicht ein, das für verschiedene Mischungsverhältnisse der ursprünglich vorhandenen Gase verschieden ist. Auch zusätzlich vorhandenes inertes Gas ändert bei konstantem Druck die Konzentration und damit auch die Zusammensetzung im Gleichgewichtszustand.

Kennt man die Gleichgewichtskonstante einer Reaktion bei einer bestimmten Temperatur, so läßt sich für jede beliebige Gasmischung für diese Reaktion bei der betreffenden Temperatur die Gaszusammensetzung im Gleichgewichtszustand errechnen. Da in den meisten praktisch vorkommenden Fällen jedoch der Druck gegeben ist, wird vielfach die Gleichgewichtskonstante nicht als Verhältnis der Konzentrationen, sondern als Verhältnis der Partialdrücke dargestellt. Mit der Beziehung $[Z] = \dfrac{P}{\Re T}$ erhält man aus dem Ausdruck (4) für die Gleichgewichtskonstante K_c die Beziehung:

$$K_c = \frac{\left(\dfrac{P_A}{\Re T}\right)^{\nu_a} \cdot \left(\dfrac{P_B}{\Re T}\right)^{\nu_b}}{\left(\dfrac{P_N}{\Re T}\right)^{\nu_n} \cdot \left(\dfrac{P_M}{\Re T}\right)^{\nu_m}} = \frac{P_A^{\nu_a} P_B^{\nu_b}}{P_N^{\nu_n} P_M^{\nu_m}} \left(\frac{1}{\Re T}\right)^{\nu_a + \nu_b - \nu_n - \nu_m} = K_p \left(\frac{1}{\Re T}\right)^{-\Sigma \nu} \tag{6}$$

Z. B. ergibt sich für die Reaktion $2\,CO + O_2 \rightleftharpoons 2\,CO_2$:

$$K_c = \frac{[CO]^2\,[O_2]}{[CO_2]^2} = \frac{P_{CO}^2\,P_{O_2}}{P_{CO_2}^2} \cdot \frac{1}{\Re T} = \frac{r_{CO}^2\,r_{O_2}}{r_{CO_2}^2} \cdot \frac{P_0}{\Re T} . \tag{7}$$

In dieser Beziehung bedeutet P_0 den Gesamtdruck.

Aus der Gleichung für $A\Re \ln K_c$ (S. 288) ergibt sich unter Benutzung der obenstehenden Gleichung folgende Beziehung für K_p:

$$\left.\begin{aligned} A\Re \ln K_p = {}& -\sum \nu \left[M c_v \Big|_0^T + \int^T \frac{M c_v \big|_0^T}{T}\, dT + M s_0 - A \Re \ln \Re \right] \\ & -\sum \nu_f \int_0^T \frac{M c_f}{T}\, dT - \frac{H_{pT}}{T} + \sum \nu A \Re \ln \frac{1}{\Re T} . \end{aligned}\right\} \tag{8}$$

Führt man in diese Gleichung die in der Anlage in Tabellenform für die wichtigsten Gase wiedergegebene Größe

$$(M s_{P=1})_T = M c_v \Big|_0^T + \int^T \frac{M c_v \big|_0^T}{T}\, dT + A\Re \ln T + M s_0$$

ein, so vereinfacht sich die Gleichung für die Gleichgewichtskonstante zu:

$$A\Re \ln K_p = -\sum \nu (M s_{P=1})_T - \sum \nu_f \int_0^T \frac{M c_f}{T}\, dT - \frac{H_{pT}}{T} , \tag{9}$$

d. h. man kann die Gleichgewichtskonstante in einfacher Weise aus den Entropiewerten beim Druck $P = 1$ und den Heizwerten bei den jeweiligen Temperaturen errechnen, wobei in der Summe des vorletzten Gliedes auch die Entropie des beteiligten festen oder flüssigen Körpers enthalten ist.

b) Zahlenmäßige Berechnung der Gleichgewichtskonstanten. Die im vorstehenden Kapitel abgeleiteten Gleichungen für die Gleichgewichtskonstanten zeigen, daß zur Ermittlung von Zahlenwerten neben der Wärmetönung die Absolutwerte der Entropien der beteiligten Stoffe und Funktionen der spez. Wärmen erforderlich sind. Die Absolutwerte der Entropie und die Funktionen der spez. Wärmen sind in den Werten

$(M s_{P=1})_T$ und $\varphi(T)$, die in den Tabellen 12 bis 17 für die wichtigsten
Gase dargestellt sind, zusammengefaßt. Diese Tabellenwerte stützen
sich auf statistisch errechnete Entropiewerte und spez. Wärmen.

Die Gleichgewichtskonstanten können auch unter Benützung kalorimetrisch ermittelter spez. Wärmen oder aus Versuchsergebnissen über

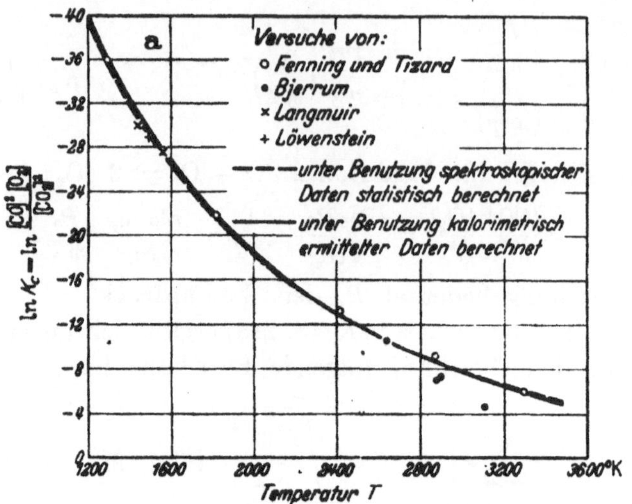

Abb. 158a. CO₂-Gleichgewicht; $2\,CO_2 \rightleftarrows 2\,CO + O_2$.

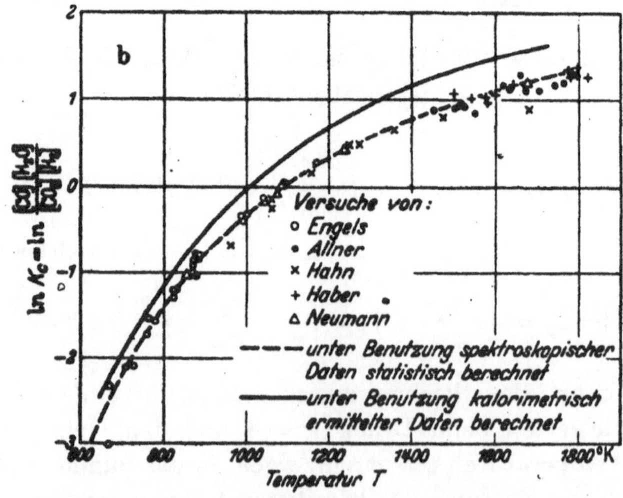

Abb. 158b. Wassergasgleichgewicht; $CO_2 + H_2 \rightleftarrows CO + H_2O$.

das Gleichgewicht berechnet werden. Man hat also 3 Methoden, die
sich auf völlig getrennten Versuchsunterlagen aufbauen, so daß der
Vergleich der auf diesen. Wegen ermittelten Konstanten wertvolle
Schlüsse gestattet. In der Abb. 158a bis d sind die nach den 3 Methoden
errechneten Gleichgewichtskonstanten K_c für einige technisch wichtige
Reaktionen dargestellt. Die Abbildungen enthalten folgende Ergebnisse:

1. Die eingetragenen Punkte sind aus Versuchen über das Dissoziationsgleichgewicht errechnet.

2. Die ausgezogenen Linien sind aus kalorimetrisch ermittelten

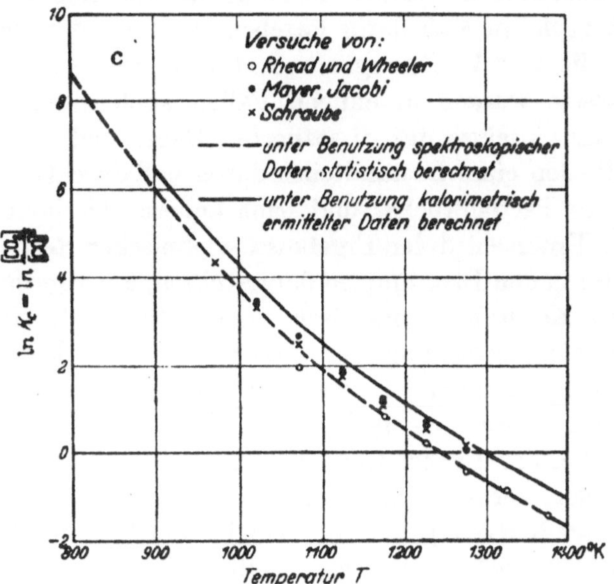

Abb. 158c. $C + CO_2 \rightleftarrows 2\,CO$.

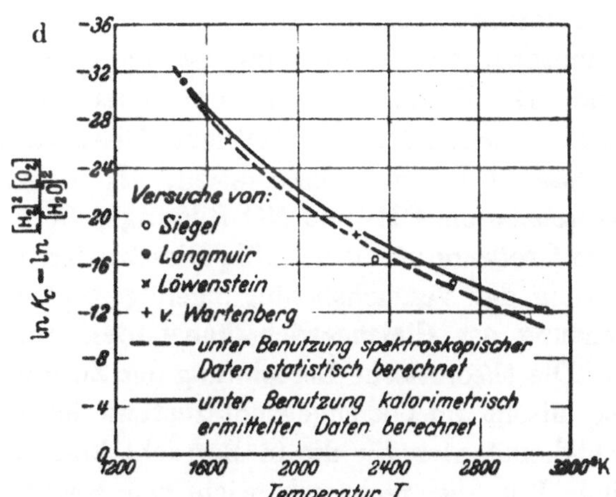

Abb. 158d. $2\,H_2O \rightleftarrows 2\,H_2 + O_2$.

Abb. 158a bis d. Reaktionsgleichgewichtskonstanten, errechnet aus spektroskopischen und kalorimetrischen Werten im Vergleich zu Messungen des Gleichgewichtes.

Entropiewerten und spez. Wärmen unter Benutzung der obenstehenden Gleichungen errechnet.

3. Die gestrichelt eingetragenen Kurven sind aus den statistisch gefundenen spez. Wärmen und Entropiewerten ebenfalls aus den obenstehenden Gleichungen gewonnen.

Bei der direkten experimentellen Bestimmung wurden die Konstanten K_c zum Teil aus der Zusammensetzung der dissoziierten Gase ermittelt, wobei sich unter Umständen etwas verschiedene Werte ergaben, je nachdem, in welcher Richtung die Reaktion durchlaufen wird. Damit ist auch ein Maß dafür gegeben, wieweit das Gleichgewicht in der Zeit, die zur Verfügung stand, tatsächlich erreicht wurde. Die Versuchswerte wurden in einigen Fällen auch durch plötzliche Abkühlung und Analyse des dissoziierten Gases und in anderen Fällen durch Diffusion eines Bestandteiles durch halbdurchlässige Wände mit Messung des Partialdruckes und nach anderen Methoden gewonnen.

Da der Unterschied der Ergebnisse technischer Rechnungen bei Benutzung der in den Diagrammen dargestellten, auf verschiedenen Wegen ermittelten Konstanten praktisch unbedeutend ist, sind die Unterlagen für die Anwendung zur Berechnung von Dissoziationsgleichgewichten für technische Zwecke als ausreichend genau bekannt anzusehen. Der Abstand der beiden Kurven der Gleichgewichtskonstanten entspricht bei der Dissoziation von CO_2 bei $2900°$ etwa $40°$. Bei Berechnung der Verbrennungstemperatur würde sich unter Zugrundelegung dieser Kurven jedoch nur ein Unterschied in der Temperatur von etwa $20°$ ergeben. Die gegenseitige Abweichung der Kurven der Gleichgewichtskonstanten des Wassergasgleichgewichtes würde bei einer Verbrennungstemperatur von $1700°$ nur etwa $9°$ Unterschied in der berechneten Temperatur bedingen.

Bei der motorischen Verbrennung ist die Kohlenstoffverbrennung vorherrschend. Die Dissoziation von CO_2 spielt die größte Rolle und ist im Einfluß bedeutender als sämtliche Dissoziationen der übrigen beteiligten Gase (z. B. H_2O-Dissoziation, H_2-Dissoziation, O_2-Dissoziation, N_2-Dissoziation, OH- und NO-Bildung). Deshalb soll in einigen Beispielen die Größenordnung der CO_2-Dissoziation und ihre Änderung bei Veränderung der Versuchsbedingungen gezeigt werden.

c) **Anwendung der Gleichgewichtskonstanten zur Berechnung der Dissoziation.** Die theoretische Berechnung der Zusammensetzung dissoziierter Gasgemische im Gleichgewichtszustand ist möglich, wenn die Gleichgewichtskonstanten für die in Betracht kommenden Reaktionen bekannt sind. Für die technisch wichtigen Reaktionen können die Gleichgewichtskonstanten jeweils aus Abb. 158 entnommen werden. Im folgenden soll für einige einfache Fälle die Berechnung der Zusammensetzung der dissoziierten Gase gezeigt werden.

Beispiel 1: Reines Kohlendioxyd CO_2 wird bei konstantem Gesamtdruck P_0 auf $2800°$ K erhitzt. Die Zusammensetzung des entstehenden Gasgemisches im Gleichgewichtszustand soll berechnet werden. Für die Dissoziation gilt die Umsatzgleichung

$$2\,CO_2 \rightleftharpoons 2\,CO + O_2$$

und für die Gleichgewichtskonstante die Beziehung (vgl. S. 277)

$$K_c = \frac{[CO]^2\,[O_2]}{[CO_2]^2} = \frac{r_{CO}^2\,r_{O_2}}{r_{CO_2}^2} \cdot \frac{P_0}{\Re \cdot T},$$

wenn eine eckige Klammer die Konzentration, r die Raumanteile der einzelnen Gase und $\Re$ die Gaskonstante für 1 Mol (= 848) angibt. Zur Kennzeichnung des Ausmaßes der Dissoziation wird im allgemeinen der Dissoziationsgrad α benutzt. Mit α bezeichnet man den dissoziierten Anteil der ursprünglichen Gasmenge, z. B. $\alpha_{CO_2} = 0,2 = 20$ vH bedeutet, daß von der ursprünglich vorhandenen Menge CO_2 80 vH noch als CO_2 vorhanden sind und 20 vH in CO und O_2 gespalten sind. Die Zusammensetzung des dissoziierten Gases geht aus folgender Tabelle hervor:

Tabelle 8.

Gas	CO_2	CO	O_2
Volumina[1] der Einzelgase in der Gasmischung nach der Dissoziation, bezogen auf die Volumeneinheit von CO_2 vor der Dissoziation	$(1 - \alpha)$	α	$\dfrac{\alpha}{2}$
Raumanteile r, bezogen auf das Gesamtvolumen des Gasgemisches im Dissoziationsgleichgewicht $\left(\text{gleichbedeutend dem Wert } \dfrac{\text{Partialdruck}}{\text{Gesamtdruck}}\right)$	$\dfrac{1 - \alpha}{1 + \dfrac{\alpha}{2}}$	$\dfrac{\alpha}{1 + \dfrac{\alpha}{2}}$	$\dfrac{\dfrac{\alpha}{2}}{1 + \dfrac{\alpha}{2}}$

Setzt man die Raumanteile in die obenstehende Gleichung für K_c ein, so erhält man:

$$K_c = \frac{\left(\dfrac{\alpha\cdot}{1 + \alpha/2}\right)^2 \left(\dfrac{\alpha/2}{1 + \alpha/2}\right)}{\left(\dfrac{1 - \alpha}{1 + \alpha/2}\right)^2} \cdot \frac{P_0}{\Re T}$$

und vereinfacht:

$$K_c = \frac{\alpha^3}{(1 - \alpha)^2\,(2 + \alpha)}\,\frac{P_0}{\Re T}.$$

Für die Temperatur 2800° entnimmt man aus der Abb. 158a $\ln K_c = -9,1$. Daraus ergibt sich $K_c = 1,12 \cdot 10^{-4}$. Aus diesem Wert von K_c kann α durch Einsetzen in die obenstehende Gleichung errechnet werden. Man erhält für Atmosphärendruck, also $P_0 = 10000$ kg/m²:

$$K_c = 1,12 \cdot 10^{-4} = \frac{\alpha^3}{(1 - \alpha)^2\,(2 + \alpha)}\,\frac{10000}{848 \cdot 2800}$$

oder

$$\frac{1,12 \cdot 848 \cdot 2800}{10000 \cdot 10000} = 0,0266 = \frac{\alpha^3}{(1 - \alpha)^2\,(2 + \alpha)}.$$

---

[1] Tatsächlich verteilen sich sämtliche Gase auf das gesamte Volumen. Der Aufteilung in Teilvolumina ist die Vorstellung einer Entmischung zugrunde gelegt.

Man löst die Gleichung nach α am besten durch Probieren bzw. durch Einsetzen verschiedener Werte von α und durch graphische Interpolation und erhält $\alpha = 30,8$ vH.

Beispiel 2: Der Dissoziationsgrad α für CO_2 ist für 10 at und $T = 2800°$ K zu ermitteln. Auf Grund der analogen Rechnung wie im obenstehenden Beispiel erhält man mit $P_0 = 10$ at $= 100\,000$ kg/m² die Beziehung:

$$\frac{\alpha^3}{(1 - \alpha)^2 \, (2 + \alpha)} = 0,00266 \, .$$

Damit ergibt sich ebenfalls durch Probieren $\alpha = 15,9$ vH. Die Dissoziation ist in diesem Falle also infolge des höheren Druckes wesentlich zurückgedrängt worden.

Beispiel 3: Bestimmung des Dissoziationsgrades bei Sauerstoffüberschuß.

Der Sauerstoffüberschuß sei durch die Beziehung:

$$2\,CO_2 + O_2 \rightleftharpoons 2\,CO + 2\,O_2$$

gegeben. Entsprechend der Definition der Gleichgewichtskonstanten erhält man allgemein für eine beliebige Temperatur wie oben

$$K_c = \frac{[CO]^2 \cdot [O_2]}{[CO_2]^2} = \frac{r_{CO}^2 \, r_{O_2}}{r_{CO_2}^2} \, \frac{P_0}{\Re T} \, .$$

Die Raumanteile ergeben sich für die neue Gaszusammensetzung aus der folgenden Aufstellung:

Tabelle 9.

Gas	CO_2	CO	Entstanden O_2	Vorhanden O_2
Volumina der Einzelgase in der Gasmischung nach der Dissoziation, bezogen auf die Volumeneinheit von CO_2 vor der Dissoziation	$1 - \alpha$	α	$\alpha/2$	$1/2$
Raumanteile, bezogen auf das Gesamtvolumen des Gasgemisches im Dissoziationsgleichgewicht $\Big($gleichbedeutend dem Wert $\frac{\text{Partialdruck}}{\text{Gesamtdruck}}\Big)$	$\dfrac{1 - \alpha}{1,5 + \alpha/2}$	$\dfrac{\alpha}{1,5 + \alpha/2}$	$\dfrac{\alpha/2}{1,5 + \alpha/2}$	$\dfrac{1/2}{1,5 + \alpha/2}$

Durch Einsetzen in die obenstehende Gleichung für K_c erhält man eine Beziehung für α:

$$K_c = \frac{\left(\dfrac{\alpha}{1,5 + \alpha/2}\right)^2 \left(\dfrac{1/2 + \alpha/2}{1,5 + \alpha/2}\right)}{\left(\dfrac{1 - \alpha}{1,5 + \alpha/2}\right)^2} \, \frac{P_0}{\Re T} = \frac{\alpha^2 \, (1 + \alpha)}{(1 - \alpha)^2 \, (3 + \alpha)} \, \frac{P_0}{\Re T} \, .$$

Wird dieselbe Temperatur wie bei früheren Beispielen ($T = 2800°$) gewählt, so ist wieder derselbe Wert $K_c = 1{,}12 \cdot 10^{-4}$ einzusetzen. Bei 1 at, also $P = 10000 \, \text{kg/m}^2$, erhält man für α die Beziehung:

$$1{,}12 \cdot 10^{-4} = \frac{\alpha^2 (1 + \alpha)}{(1 - \alpha)^2 (3 + \alpha)} \; \frac{10000}{848 \cdot 2800}$$

und daraus wieder durch Probieren $\alpha = 21{,}0$ vH. Durch den Überschuß an Sauerstoff wurde also die Dissoziation zurückgedrängt.

Die Dissoziation wird demnach um so geringer, je mehr Sauerstoff im Überschuß vorhanden ist. Diese Tatsache hat für Verbrennungsmotoren, insbesondere für Dieselmotoren, wesentliche Bedeutung, weil bei den Luftüberschußzahlen, die bei Dieselmotoren im Dauerbetrieb vorkommen (λ etwa 1,5 bis 2,0), die Dissoziation kaum noch eine Rolle spielt. Dagegen ist die Dissoziation in dem Bereich, der für Ottomotoren in Betracht kommt, wesentlich. Das Zurückdrängen der Dissoziation bei Vorhandensein von überschüssigem Sauerstoff — der als reagierendes Gas auftritt — ist verständlich, da hierdurch die Geschwindigkeit der Rückreaktion erhöht wird, d. h. es ist eine relativ größere Zahl von Zusammenstößen mit Sauerstoffmolekülen zu erwarten, so daß die Reaktion im Sinne der Rückbildung von CO_2 begünstigt wird. Beim Motorbetrieb hat man jedoch nicht mit Sauerstoffüberschuß allein zu rechnen, sondern vor allem mit dem Vorhandensein einer großen Stickstoffmenge, da die Verbrennung im Motor mit Luft durchgeführt wird. Das folgende Beispiel zeigt *die Beeinflussung der Dissoziation bei konstantem Gesamtdruck, wenn an Stelle von Sauerstoff Stickstoff vorhanden ist*, so daß reines CO_2 bei Vorhandensein eines inerten Gases dissoziiert.

Beispiel 4: Der Dissoziationsvorgang soll dem Schema:

$$2\,CO_2 + N_2 \rightleftharpoons 2\,CO + O_2 + N_2$$

entsprechen. Auf Grund dieser Reaktionsgleichung erhält man mit Hilfe einer ähnlichen Tabelle, wie sie auf S. 282 bei der Reaktion mit Sauerstoffüberschuß angegeben ist, in der jedoch an Stelle der Raumanteile des überschüssigen Sauerstoffs die Raumanteile des überschüssigen Stickstoffs eingesetzt werden müssen, folgende Beziehung für die Gleichgewichtskonstante:

$$K_c = \frac{\left(\dfrac{\alpha}{1{,}5 + \alpha}\right)^2 \left(\dfrac{\alpha}{3 + \alpha}\right) P_0}{\left(\dfrac{1 - \alpha}{1{,}5 + \alpha/2}\right)^2 \cdot \Re T} = \frac{\alpha^3}{(1 - \alpha)^2 (3 + \alpha)} \frac{P_0}{\Re T} \, .$$

Für 2800° abs und 1 at wird dann durch Probieren oder durch Interpolieren wie bei den übrigen Beispielen der Dissoziationsgrad α zu 33,9 vH ermittelt. Die Ergebnisse der 4 Beispiele sind in folgender Übersichtstabelle zusammengestellt:

Tabelle 10.

	CO_2	CO_2	$\frac{1}{2}$ Mol O_2 Überschuß pro 1 Mol CO_2	$\frac{1}{2}$ Mol N_2 pro 1 Mol CO_2
p	1 ata	10 ata	1 ata	1 ata
α vH	30,8	15,9	$21{,}0_\circ$	33,9

Die Beispiele zeigen, daß **sich** die Zurückdrängung der Dissoziation durch Sauerstoffüberschuß sehr stark auswirkt. Die Beimischung von Stickstoff bei gleichem Gesamtdruck ergibt eine Verdünnungswirkung, die zu einer Zunahme der Dissoziation führt, weil hierfür der Partialdruck von CO_2 maßgebend ist.

d) **Berechnung von Verbrennungstemperaturen unter Berücksichtigung der Dissoziation.** Die bei der Verbrennung frei werdende Wärmemenge wird um so geringer, je stärker die Dissoziation ist. Beträgt der Dissoziationsgrad nach der Verbrennung α, dann entspricht die frei werdende Wärmemenge dem Anteil $(1 - \alpha)$ des Heizwertes (α ist als Verhältniszahl einzusetzen, z. B. 0,5, nicht 50 vH). Als Beispiel für die Berechnung wird folgende Reaktion gewählt:

$$2\,CO + O_2 + N_2 = 2\,CO_2\,(1 - \alpha) + 2\,CO\,\alpha + O_2\,\alpha + N_2.$$

Wenn die *Verbrennung bei konstantem Druck* vor sich geht, gilt auf Grund des 1. Hauptsatzes folgende Verbrennungsgleichung:

$$J_1' + J_1^{\mathrm{inert}} + E(1 - \alpha) = J_2''(1 - \alpha) + J_2'\alpha + J_2^{\mathrm{inert}}.$$

Daraus erhält man eine Beziehung für den Dissoziationsgrad α:

$$\alpha = \frac{J_1^{\mathrm{inert}} + J_1' + E - J_2'' - J_2^{\mathrm{inert}}}{E - J_2'' + J_2'},$$

die bei Einführung der spez. Wärmen in folgender Form geschrieben werden kann:

$$\alpha = \frac{Mc_p\big|_0^{T_1}\!\!\cdot T_1 + 2Mc_p\big|_0^{T_1}\!\!\cdot T_1 + Mc_p\big|_0^{T_1}\!\!\cdot T_1 + E - 2Mc_p\big|_0^{T_2}\!\!\cdot T_2 - Mc_p\big|_0^{T_2}\!\!\cdot T_2}{E - 2Mc_p\big|_0^{T_1}\!\!\cdot T_2 + 2Mc_p\big|_0^{T_1}\!\!\cdot T_2 + Mc_p\big|_0^{T_1}\!\!\cdot T_2}$$

Der Wert E entspricht dem Heizwert beim absoluten Nullpunkt und kann aus der Beziehung (s. S. 11)

$$E = H_{up} + J_1'' - J_1'$$

berechnet werden.

Unter Zugrundelegung der **Wärme**tönung 67 626 kcal/Mol CO bei $T_1 = 288°\,K$ erhält man

$$E = 2 \cdot 67\,626 + 2Mc_p\big|_0^{T_1}\!\!\cdot T_1 - \Big(2Mc_p\big|_0^{T_1}\!\!\cdot T_1 + Mc_p\big|_0^{T_1}\!\!\cdot T_1\Big) = 2 \cdot 66\,761.$$

Setzt man den so errechneten Wert E und die spez. Wärmen aus den Tabellen 13 bis 15 S. 296 in die obenstehende Gleichung ein, und nimmt man $T_1 = 288° K$ an, so erhält man folgende Beziehung für α, die sich also aus dem 1. Hauptsatz ergibt:

$$\alpha = \frac{6{,}95 \cdot 288 + 2 \cdot 6{,}95 \cdot 288 + 6{,}91 \cdot 288 + 133\,522 - Mc_p\Big|_0^{T_2} \cdot T_2\;\underset{N_2}{} - 2 \cdot Mc_p\Big|_0^{T_2} \cdot T_2\;\underset{CO_2}{}}{133\,522 - 2 \cdot Mc_p\Big|_0^{T_2}\underset{CO_2}{} \cdot T_2 + 2 \cdot Mc_p\Big|_0^{T_2}\underset{CO}{} \cdot T_2 + Mc_p\Big|_0^{T_2}\underset{O_2}{} \cdot T_2},$$

$$\alpha = \frac{141\,512 - Mc_p\Big|_0^{T_2} \cdot T_2\;\underset{N_2}{} - 2 \cdot \dot{M}c_p\Big|_0^{T_2} \cdot T_2\;\underset{CO_2}{}}{133\,522 - 2\,Mc_p\Big|_0^{T_2}\underset{CO_2}{} \cdot T_2 + 2\,Mc_p\Big|_0^{T_2}\underset{CO}{} \cdot T_2 + Mc_p\Big|_0^{T_2}\underset{O_2}{} \cdot T_2}. \qquad \text{Bedingung I}$$

Weiterhin muß der Wert α auch der Bedingung genügen, die durch die Gleichgewichtskonstante gegeben ist. Daraus ergibt sich eine II. Bedingung, die für die gewählte Gaszusammensetzung folgendermaßen lautet (vgl. S. 277 u. 283):

$$K_c = \frac{r_{CO}^2\, r_{O_2}}{r_{CO_2}^2} \cdot \frac{P_0}{\Re \cdot T_2} = \frac{\left(\dfrac{\alpha}{1{,}5 + \alpha/2}\right)^2 \left(\dfrac{\alpha}{3 + \alpha}\right) P_0}{\left(\dfrac{1 - \alpha}{1{,}5 + \alpha/2}\right)^2 \Re \cdot T_2} = \frac{\alpha^3}{(1 - \alpha)^2 (3 + \alpha)} \frac{P_0}{\Re\, T_2}.$$
$$\text{Bedingung II}$$

Die beiden Bedingungsgleichungen für α enthalten die unbekannte Temperatur T_2 und die davon abhängigen spezifischen Wärmen. Die Auswertung erfolgt am besten durch Probieren. Man wählt verschiedene Werte T_2 und errechnet hierfür die zugehörigen Werte von α. Die gewählten Temperaturen T_2, die aus Bedingungsgleichung I und II errechneten Werte α und die zugrunde gelegten Werte $\ln K_c$ — die aus Abb. 158a, S. 278 entnommen sind — sind in folgender Tabelle zusammengestellt: Trägt man die so errechneten Werte α über der Temperatur auf, so erhält man aus dem Schnitt der beiden Kurven, also durch graphische Interpolation, die gesuchten Werte für α und T_2:

$$\alpha = 35{,}5 \text{ vH}; \qquad T_2 = 2825° \text{ K}.$$

Tabelle 11.

T_2	Bedingung I	Bedingung II		
	α	$\ln K_c$	K_c	α
2600	0,422	—10,9	$1{,}86 \cdot 10^{-5}$	0,2026
2800	0,365	— 9,1	$1{,}12 \cdot 10^{-4}$	0,3387
3000	0,308	— 7,7	$4{,}57 \cdot 10^{-4}$	0,479

Die vorstehende Rechnung sollte an Hand eines einfachen Falles die Methode der Berechnung von Verbrennungstemperaturen unter Berücksichtigung der Dissoziation erläutern.

Die Berechnung von Verbrennungstemperaturen technischer Kraftstoffe ist jedoch bedeutend verwickelter, weil gleichzeitig zahlreiche Gleichgewichtsbedingungen bei der Berechnung berücksichtigt werden müssen. Neben der Dissoziation von CO_2 und H_2O müssen auch die Dissoziation von H_2 und O_2, die NO-Bildung und weitere Reaktionen berücksichtigt werden. Für die zahlenmäßige Berechnung stehen als Bedingungsgleichungen die Erhaltungsbilanzen der beteiligten Stoffe (C, H, O, N), die chemischen Umsatzgleichungen und die Dissoziationskonstanten bzw. Gleichgewichtskonstanten der auftretenden Reaktionen zur Verfügung. Diese Gleichungen können durch Probieren [B 2] oder nach anderen Verfahren [A 9] gelöst werden. Man schätzt beispielsweise die voraussichtliche Verbrennungstemperatur ab, bestimmt die entsprechenden Gleichgewichtskonstanten der in Betracht kommenden Reaktionen und ermittelt aus den obengenannten Gleichungen mit Hilfe einer geschätzten · Sauerstoffkonzentration · die Konzentrationen aller beteiligten Gase. Die aus der Sauerstoffbilanz errechnete Sauerstoffkonzentration ergibt eine neue Grundlage für eine genauere Wiederholung der Rechnung. Die in nachstehender Tabelle wiedergegebenen Werte der Verbrennungstemperaturen eines Benzins und eines Gasöles bei Verbrennung mit Luft sind auf Grund der geschilderten Methode errechnet.

	Ohne Dissoziation	Mit Dissoziation
Benzin $\lambda = 1,2$	2591	2464
$\lambda = 0,8$	2643	2558
Gasöl $\lambda = 1,0$	2913	2610

Die Unterschiede der errechneten Verbrennungstemperaturen mit und ohne Dissoziation sind sehr erheblich (100 bis 300°). Sie sind bei gleichem Luftüberschuß bei Verwendung von Benzin oder Gasöl annähernd dieselben. Bei dem gewählten Beispiel sind die Differenzen der mit und ohne Dissoziation errechneten Werte für Gasöl besonders groß, weil hier als Beispiel die Luftüberschußzahl 1 gewählt wurde. Die Unterschiede bei Verwendung kalorimetrisch ermittelter spezifischer Wärmen und Gleichgewichtskonstanten gegenüber den in der Tabelle angegebenen Ergebnissen, die mit statistisch ermittelten Werten errechnet wurden, sind bei den oben angegebenen Beispielen gering und betragen etwa 30 bis 40°

3. Reaktionskinetische Betrachtungen zum Zündungsvorgang[1].

Die Geschwindigkeit des Reaktionsvorganges ist bei den Verbrennungs- und Zündvorgängen im Motor von verschiedener Bedeutung.

[1] In diesem Rahmen werden nur einige wichtige Gesetzmäßigkeiten mitgeteilt. Eine ausführliche Darstellung der reaktionskinetischen Grundlagen und der Ein-

Während der Einfluß der Reaktionsgeschwindigkeit auf die Geschwindigkeit der Flammenfront im brennbaren Gasgemisch unter den im Motor in Betracht kommenden Verhältnissen bei den meist verwendeten flüssigen Kraftstoffen nur in Grenzfällen wesentlich in Erscheinung tritt, ist die Reaktionsgeschwindigkeit für Selbstzündungsvorgänge — z. B. bei der Zündung des Kraftstoffstrahles im Dieselmotor oder beim Klopfvorgang im Ottomotor — von entscheidender Bedeutung.

Die folgenden Ausführungen sollen für vereinfachte Fälle einige Gesetzmäßigkeiten zeigen, wodurch das Verständnis der viel komplizierteren motorischen Verbrennungsvorgänge erleichtert wird. Die Betrachtung soll sich nur auf Gasreaktionen erstrecken; die thermischen Vorgänge, beispielsweise die Verdampfung des Kraftstoffes bei der Verbrennung im Dieselmotor, der Einfluß des Wärmeübergangs u. a., werden nicht in den Kreis der Betrachtung gezogen.

Eine theoretische Berechnung der Zündungsvorgänge ist beim heutigen Stand der Forschung für technische Kraftstoffe und auch für die meisten einheitlichen Stoffe noch nicht möglich, weil der Reaktionsmechanismus hierfür nicht oder nur sehr unvollständig bekannt ist. Für viele Stoffe ist der Reaktionsverlauf in verschiedenen Temperaturbereichen grundsätzlich verschieden. So treten vielfach in bestimmten Temperaturgrenzen Reaktionen (Beispiel: kalte Flammen) auf, die bei höheren Temperaturen nicht mehr beobachtet werden. Hiezu kommt noch die Möglichkeit einer Zeitabhängigkeit bei Kettenreaktionen. Trotz dieser Vielheit der Verbrennungserscheinungen können in bestimmten Bereichen auch bei komplizierteren Reaktionen Gesetzmäßigkeiten festgestellt werden, die die Aufklärung der motorischen Verbrennungsvorgänge erleichtern. Man kann aus der Vielheit der Verbrennungserscheinungen zwei idealisierte Fälle des Reaktionsverlaufes bei der Zündung betrachten [J 5].

a) die Reaktion mit Wärmeentwicklung, aber ohne Kettenverzweigung,

b) die Reaktion mit Kettenverzweigung ohne Wärmeentwicklung.

In beiden Fällen tritt mit der Zeit eine rasche Zunahme der Reaktionsgeschwindigkeit auf, im ersteren Falle durch die Temperaturerhöhung infolge der frei werdenden Wärme, im zweiten Falle durch die Kettenverzweigung. Praktisch tritt meist eine Kombination beider Fälle auf. Die Berechnung des Reaktionsverlaufes ist in vielen Fällen für einheitliche Stoffe auf Grund empirischer Beziehungen vorgenommen worden. Auf rein theoretischem Wege ist die Berechnung der Reaktionsgeschwindigkeit nur für ganz einfache Fälle möglich.

---

schränkungen für die hier in großen Zügen angegebenen Gesetzmäßigkeiten würde einen größeren Raum beanspruchen. Eine sehr ausführliche und erschöpfende Darstellung ist in dem Buch von Schumacher [J 4] enthalten.

Bei homogenen Gasgemischen ist die bei der Reaktion umgesetzte Menge pro Zeiteinheit proportional dem Produkt der entsprechenden Potenzen der Konzentrationen der beteiligten Gase und einer Geschwindigkeitskonstanten k. Die Abhängigkeit der Geschwindigkeitskonstanten von der Temperatur ist für beschränkte Temperaturbereiche durch die von ARRHENIUS empirisch gefundene Gleichung

$$\frac{d \ln k}{d T} = \frac{E}{\Re T^2}$$

gegeben. Hierin bedeutet

k Geschwindigkeitskonstante der Reaktion,

E Aktivierungsenergie.

Diese Beziehung gilt nicht nur für Gasgemische, sondern sie gilt auch für heterogene Reaktionen. Somit ist die Reaktionsgeschwindigkeit proportional einem Faktor $e^{-E/\Re T}$.

Eine ähnliche Beziehung für die Änderung der Reaktionsgeschwindigkeit mit der Temperatur wurde auch molekularstatistisch abgeleitet. Aus dem BOLTZMANNschen Verteilungsgesetz ergibt sich nämlich, daß der Bruchteil aller derjenigen Moleküle, deren Energie größer als ein Betrag E_1 ist, einem Faktor $e^{-E_1/\Re T}$ entspricht. Diese Funktion gilt aber nicht nur für die kinetische Energie der Translation, sondern näherungsweise auch für andere Energieformen (z. B. Schwingung — Rotation), kann also allgemein eingeführt werden. Nimmt man an, daß eine Reaktion zwischen 2 Molekülen nur dann erfolgen kann, wenn die Gesamtenergie zweier an einem Stoß beteiligter Moleküle den Betrag $E_1 + E_2 = E$ überschreitet, so ist die Wahrscheinlichkeit hierfür einem Faktor $e^{-E/\Re T}$ proportional. Unter dieser Voraussetzung kann also auch die umgesetzte Menge errechnet werden, da die gesamte Zahl der Molekülstöße rechnerisch bestimmt werden kann.

Für einfache Reaktionen, deren Mechanismus genau bekannt ist und deren rechnerische Erfassung dadurch möglich ist, kann die Zeitdauer für die Umsetzung, d. h. für die Verbrennung eines bestimmten Anteils des Gesamtgemisches, errechnet werden. Damit kann auch für den Fall der Reaktion zwischen 2 Gasen die Zündverzugszeit unter der Voraussetzung ermittelt werden, daß die Reaktion zu Beginn langsam verläuft und dann wegen der Temperatursteigerung immer rascher vor sich geht. Die Zeitdauer des Zündverzuges soll durch die Zeit bis zum Erreichen der Temperatur T_z definiert sein[1]. Diese Festlegung wurde gewählt, um eine Übereinstimmung mit der Definition des Zündverzuges bei der versuchsmäßigen Bestimmung zu erreichen. Bei der Messung des Zündverzuges wird meist das Auftreten der ersten

---

[1] Die genaue Festlegung der Temperatur T_z ist auf das Ergebnis der Rechnung meist ohne wesentlichen Einfluß, da der Temperaturanstieg am Ende des Zündverzuges außerordentlich schnell erfolgt.

Lichterscheinung als Kennzeichen für das Auftreten der Zündung angenommen. Diese Lichterscheinung entspricht bei gleicher Meßmethode immer annähernd derselben Temperatur. Die gewählte Definition ist auch mit den übrigen Meßmethoden gut in Einklang zu bringen, da der mit der Ionisationsmethode, mit der optischen Methode und aus dem Druckanstieg ermittelte Zündverzug in der gleichen Größenordnung [E 8] liegt, wie aus vergleichenden Messungen hervorgeht. Eine Berücksichtigung der Wärmeableitung ist nur in der Nähe der Zündgrenzen notwendig. Liegen die Temperaturen hoch über den Zündgrenzen, wie z. B. bei der Zündung im Motor, dann kommt der Wärmeableitung nur eine untergeordnete Bedeutung zu.

Unter Zugrundelegung dieser Annahmen soll im folgenden der Zündverzug als Beispiel für eine bimolekulare Reaktion, bei der keine Kettenreaktionen auftreten, unter vereinfachten Annahmen errechnet werden.

Es soll diejenige Zeit bestimmt werden, die sich aus der Integration der Zeitelemente dz für den Verbrennungsvorgang im gesamten Temperaturbereich vom Beginn der Reaktion bis zur Temperatur T_z ergibt[1].

Die in der Zeiteinheit umgesetzte Brennstoffmenge $d[B]/dz$ kann unter Berücksichtigung der Stoßzahl der Moleküle und unter der Voraussetzung errechnet werden, daß eine Reaktion zwischen 2 Molekülen nur dann erfolgen kann, wenn ihre gesamte Energie einen bestimmten Betrag E überschreitet[2], der als Aktivierungsenergie bezeichnet wird. Die Zahl der Zusammenstöße entspricht dem Wert:

$$\pi (r_1 + r_2)^2 \sqrt{\overline{w_1^2} + \overline{w_2^2}} \cdot n_1 \cdot n_2.$$

In dieser Gleichung bedeuten:

n_1, n_2 Anzahl der Moleküle z. B. $n_{O_2} = [O_2] N_L$,

N_L LOSCHMIDTsche Zahl; $[Z]$ molare Konzentration $=$ Anzahl der Mole des Gases Z in m³ z. B. $[O_2] = P_{O_2}/\Re T$; $\Re =$ Gaskonstante pro Mol.

r_1, r_2 die mittleren Radien der reagierenden Moleküle,

$\overline{w_1}$, $\overline{w_2}$ die Wurzeln aus dem mittleren Geschwindigkeitsquadrat von Sauerstoff und Brennstoff.

Man erhält daraus die Gesamtzahl der theoretisch erfolgreichen Stöße zu:

$$\pi (r_1 + r_2)^2 \sqrt{\overline{w_1^2} + \overline{w_2^2}} \; N_L^2 [O_2][B] e^{-\frac{E}{\Re T}},$$

---

[1] Von O. M. TODES [J 22] wurde eine Beziehung für den Zündverzug (Induktionszeit) bei Wärmeexplosionen von Gasen mittels einer Integration über die gesamte Verbrennungszeit abgeleitet, wobei die Temperaturabhängigkeit der Reaktionsgeschwindigkeit näherungsweise durch eine Reihenentwicklung berücksichtigt wurde.

[2] Die Vorgänge bei der Aktivierung sind noch nicht restlos geklärt; nicht jeder Stoß aktivierter Moleküle muß notwendig zur Reaktion führen. Auf die Einzelheiten und Einschränkungen kann in diesem Rahmen jedoch nicht eingegangen werden. Die Anzahl der reagierenden Moleküle kann auch kleiner sein (s. auch [J 2]).

wobei der Wert

$$e^{-\frac{E}{\mathfrak{R}T}}$$

den Anteil der erfolgreichen Stöße (s. oben) wiedergibt[1]. Nach Division der erfolgreichen Stöße durch die Anzahl der vorhandenen Moleküle des reagierenden Gases erhält man den Anteil der umgesetzten Menge. Die umgesetzte Menge selbst ergibt sich aus der Multiplikation dieses Anteils mit der Anzahl der vorhandenen Mole.

Somit erhält man die Beziehung:

$$\frac{d[B]}{dz} = \pi(r_1 + r_2)^2 \sqrt{\overline{w_2^1} + \overline{w_2^2}}\, N_L [O_2]\,[B]\, e^{-\frac{E}{\mathfrak{R}T}}$$

In dieser Formel bedeuten:

$[O_2] = $ die Konzentration des Sauerstoffes,

$[B] = $ die Konzentration des Brennstoffes,

$\mathfrak{R} = $ die Gaskonstante für ein Mol,

$T = $ die absolute Temperatur.

Die obenstehende Abhängigkeit von T ist auch durch Versuchsergebnisse gestützt, da sich der Wert $e^{-E/\mathfrak{R}T}$ auch empirisch ermitteln läßt [J 4].

Die Exponentialfunktion bedingt eine außerordentlich starke Zunahme der Reaktionsgeschwindigkeit mit der Temperatur, so daß für die Gesamtdauer einer Reaktion der bei Beginn bzw. bei tieferen Temperaturen verlaufende Teil im wesentlichen maßgebend ist. Je kleiner der Wert E ist, desto gleichmäßiger erfolgt der Temperaturanstieg in einem bestimmten Bereiche.

Aus der Gleichung für die Reaktionsgeschwindigkeit kann die Zeitdauer für den Zündverzug durch Integration im Bereich zwischen der Anfangstemperatur und der Temperatur T_z ermittelt werden. Zur Durchführung der Integration muß das Differential der umgesetzten Brennstoffmenge durch eine Funktion von T ersetzt werden. Es gilt:

$$d[B] = \frac{\sum [Z]\, M\, c_p\, dT}{H_u}$$

wobei sich die Summenbildung über alle Gase entsprechend ihrer Molzahl bei der betreffenden Temperatur erstreckt ($H_u = $ unterer Heiz-

---

[1] Vorausgesetzt ist, daß die Energie jedes Moleküls im Augenblick des Stoßes größer als je ein Mindestwert ist, und daß die Energie durch zwei quadratische Glieder dargestellt werden kann [J 2], [J 4]. Wenn die Verteilung der Gesamtenergie auf die beiden Atome beliebig gelassen wird, dann kommt oben noch ein Faktor hinzu.

wert des Brennstoffes, $[Z]Mc_p = $ Konzentration $\times$ Molwärme). Zur Vereinfachung der Gleichung wird gesetzt:

$$\sqrt{w_1^2 + w_2^2} = \sqrt{\frac{3g\Re T}{M_1} + \frac{3g\Re T}{M_2}} = \sqrt{3\Re g}\sqrt{\frac{1}{M_1} + \frac{1}{M_2}}\sqrt{T}$$

Fuhrt man außerdem die Anfangskonzentration ein und ersetzt diese mit Hilfe der Verbrennungsgleichung durch eine Funktion der spez. Wärmen, des Heizwertes und der höchsten Temperaturerhöhung bei vollständiger Verbrennung $(T_{max} - T_1)$:

$$[B]_1 = \frac{(T_{max} - T_1)\sum[Z]^{T_{max}}Mc_p\Big|_{T_1}^{T_{max}}}{H_u},$$

dann erhält man nach einigen Umformungen folgende Beziehung:

$$z = \frac{T_1}{p_1}\left(\frac{1}{T_{max} - T_1}\right) \cdot c \int\limits_{T_1}^{T_2} \frac{e^{\frac{E}{\Re T}}}{\sqrt{T}} \frac{[O_2]_1[B]_1}{[O_2][B]} \frac{\sum[Z]^T}{\sum[Z]^{T_{max}}}\, dT .$$

Dabei ist

$$c = \frac{p_0 Mc_{p1}}{T_0 Mc_{pm}\Big|_{T_1}^{T_{max}} \sqrt{3\Re g\left(\frac{1}{M_1} + \frac{1}{M_2}\right)}\pi(r_1 + r_2)^2 N_L[O_2]_0},$$

$T_1 =$ Anfangstemperatur,

$p_1 =$ Anfangsdruck,

$T_{max} =$ Höchsttemperatur der Verbrennung bei konstantem Druck, berechnet für den Heizwert des gesamten Kraftstoffes (auch im Luftmangelgebiet bezogen auf den Heizwert des *gesamten* Brennstoffes),

$M_1, M_2 =$ Molekulargewichte,

Ind. 0 = Normalzustand (z. B. 15° C und 1 at),

Ind. 1 = Anfangszustand der Reaktion.

Die spez. Wärmen können als Konstante eingesetzt werden, da die Veränderlichkeit der spez. Wärmen im Temperaturbereich der Integration meist nicht sehr groß ist. Der Einfluß der Gegenreaktion ist nicht merkbar, da man sich bei der Berechnung des Zündverzuges in einem Bereich befindet, der weit entfernt vom Gleichgewichtszustand ist.

In dieser Formel sind noch die Konzentrationen von der Zeit bzw. von der Temperatur abhängig. Der Einfluß der Veränderlichkeit dieser Größen ist jedoch während des überwiegenden Teiles der Zündverzugszeit verhältnismäßig gering, so daß für praktische Rechnungen eine Konstantsetzung und Gleichsetzung mit der Anfangskonzentration ausreichend ist. In Fällen, in denen diese Vereinfachung nicht zulässig ist, kommt nur eine schrittweise Integration in Betracht.

Für die praktische Anwendung ist eine Darstellung der Zündverzugszeit in Abhängigkeit vom Anfangszustand anschaulich, man erhält:

$$z = \frac{e^{\frac{E}{\Re T_1}} \sqrt{T_1}}{p_1}\, \alpha \cdot \beta$$

Die Integrationskonstante kann vernachlässigt werden, da der Grenzwert des Zündverzugs für hohe Temperaturen sehr klein ist. Der Wert β berücksichtigt die Verkürzung der Zündverzugsperiode infolge der Vergrößerung der Reaktionsgeschwindigkeit im Verlaufe der Zündverzugsperiode, die durch die Temperaturzunahme in diesem Zeitraum bedingt ist. Er kann bei Berücksichtigung der obenstehenden Annahmen aus der Beziehung:

$$\beta = \frac{\displaystyle\int_{T_1}^{T_s} \frac{e^{\frac{E}{\Re T}}}{\sqrt{T}}\, dT}{\dfrac{e^{\frac{E}{\Re T_1}}}{\sqrt{T_1}}\,(T_s - T_1)}$$

ermittelt werden, wobei das Integral durch Substitution und teilweise Integration auf das in Tabellen vorhandene Integral $\int\limits_{0}^{x} \frac{e^{-x}}{x} \cdot dx$ zurückgeführt und leicht zahlenmäßig errechnet werden kann. Der Einfluß des Wertes $\sqrt{T}$ ist gegenüber dem starken Einfluß der Exponentialfunktion in den praktisch vorkommenden Fällen gering und kann meist vernachlässigt werden. Der Wert β ist in erster Linie von der Aktivierungswärme abhängig. Außerdem ist noch der Temperaturbereich, für den die Integration durchgeführt wird, wesentlich.

Eine ähnliche Formel läßt sich auch für kompliziertere Gasreaktionen auf Grund einer bekannten, z. B. auf empirischem Wege ermittelten Reaktionsgleichung (s. S. 72) ableiten. Die Konstanten der so ermittelten Gleichung für den Zündverzug ergeben sich aus den empirischen Werten der Reaktionsgleichung und sind grundsätzlich verschieden von den theoretisch ermittelten Konstanten der obenstehenden Gleichung. Der Faktor a entspricht nicht mehr einer bestimmten Stoßzahl, da er sich bei komplizierteren Reaktionen als mittlerer Pauschalwert aus dem Ergebnis zahlreicher teils nacheinanderfolgender Reaktionsvorgänge mit verschiedener Geschwindigkeit ergibt. In der Beziehung für den Wert β ist dann an Stelle von E/R ein empirischer Wert b einzusetzen.

4. Maximale Arbeit von Kraftstoffen.

In der Technik ist es üblich, die Brauchbarkeit der Kraftstoffe[1] auf Grund ihres Heizwertes zu beurteilen. Tatsächlich zeigt auch die Erfahrung, daß in ähnlichen Kraftanlagen die Arbeitsausbeute dem Heizwert des Kraftstoffes annähernd verhältig ist. Bei den Kraftanlagen, bei denen nur mittelbar die bei der Verbrennung frei werdende Wärme durch Übertragung an ein Arbeitsmittel verwendet wird (z. B. Dampfkraftanlagen), ist der Heizwert bzw. die freiwerdende Wärmemenge auch tatsächlich ein direktes Maß für die Größe der mit derartigen Anlagen erreichbaren Arbeitsausbeute. Jedoch kann der Heizwert nicht dem Wärmewert der höchstmöglichen Arbeitsausbeute, die mit dem Kraftstoff überhaupt erreichbar ist, gleichgesetzt werden.

Die Größe der erreichbaren Arbeit kann auf Grund folgender Überlegung errechnet werden. Nach dem 1. Hauptsatz gilt für eine beliebige Kraftmaschine bei vollkommener Verbrennung die Beziehung:

$$A L_t = G_L (u_1 + A P_1 v_1)_L + B(u_1 + A P_1 v_1)_B + BE - (G_L + B)(u_2 + A P_2 v_2)_G - Q.$$

In dieser Gleichung bedeuten (s. auch Abb. 159):

Index 1 = den Zustand der eintretenden Luft und des eintretenden unverbrannten Kraftstoffes,

Index 2 den Zustand des austretenden Arbeitsmittels,

Index L Luft,

Index B Kraftstoff (Brennstoff),

Index G verbranntes Gas.

Beim Durchgang durch die Maschine tritt eine Änderung der Entropie des Arbeitsmittels im Werte von:

$$(G_L + B) \cdot s_{2G} - (G_L s_{2-L} + B \cdot s_{1-B})$$

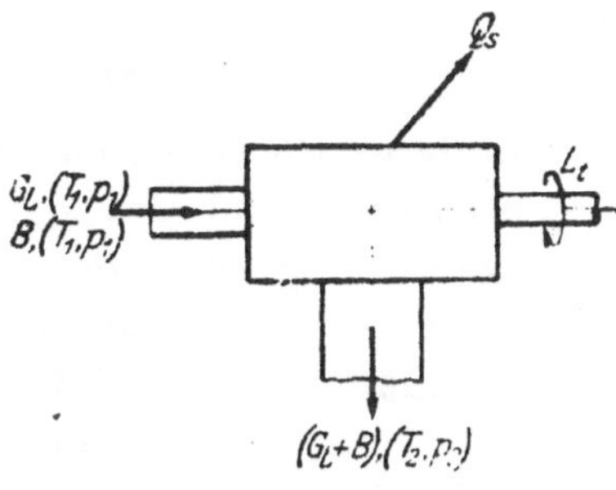

Abb. 159. Schema der Energiebilanz einer Kraftmaschine.

auf. Gleichzeitig ändert sich die Entropie des Kühlmittels durch die ihm zugeführte Wärme Q um einen Betrag, der im Grenzfall eines unendlichen Kühlmittelvorrats, der eine Konstanthaltung der Kühlmitteltemperatur T_0 gestattet, den Wert Q/T_0 erreicht. Die gesamte Entropiezunahme des arbeitenden Körpers und Kühlmittels ist also

$$\Delta S = [(G_L + B)s_{2-G} - (G_L s_{1-L} + B s_{1-B})] + Q/T_0.$$

Setzt man den Wert Q aus dieser Gleichung in die obige Gleichung ein, so erhält man

$$A L_t = G_L(u_1 + A P_1 v_1)_L + B(u_1 + A P_1 v_1)_B + BE - (G_L + B)(u_2 + A P_2 v_2)_G$$
$$+ T_0[(G_L + B)s_{2-G} - G_L s_{1-L} - B s_{1-B}] - T_0 \Delta S.$$

---

[1] Brennstoffe, die in Kraftmaschinen verwendet werden, werden in der Technik neuerdings vorwiegend mit „Kraftstoffe" bezeichnet.

Es ist nun leicht einzusehen, daß die aus dem Kraftstoff gewonnene Arbeit dann ihren Höchstwert erreicht, wenn das aus der Maschine austretende Arbeitsmittel den Druck und die Temperatur der Umgebung besitzt. Würde nämlich das austretende Arbeitsmittel einen höheren Druck oder eine andere Temperatur als die Umgebung besitzen, so könnte durch Überführung des Arbeitsmittels auf den Druck bzw. die Temperatur der Umgebung weitere Arbeit gewonnen werden, während bei niedrigerem Druck ein Ausströmen nicht möglich wäre. Erfolgen die Umsetzungen in der Maschine verlustfrei, also auf umkehrbarem Wege, so wird $\Delta S_V = 0$. Schließlich ist der Zustand der eintretenden Luft und des eintretenden Kraftstoffes gleich dem Zustand der Umgebung zu setzen; denn die bei Abweichungen von diesem Zustand zusätzlich gewinnbare bzw. aufzuwendende Arbeit, die man erhält, wenn man Luft und Kraftstoff umkehrbar auf den Druck und die Temperatur der Umgebung (Index 0) bringt, ist unabhängig von der Umsetzung des Kraftstoffes, darf also bei der Bestimmung der aus dem Kraftstoff gewinnbaren Arbeit nicht berücksichtigt werden. Damit wird die maximal gewinnbare Arbeit:

$$A L_{t_{max}} = G_L (u_0 + A P_0 v_0)_L + B (u_0 + A P_0 v_0)_B + B E - (G_L + B)(u_0 + A P_0 v_0)_G$$
$$+ T_0 [(G_L + B) s_{0-G} - G_L s_{0-L} - B s_{0-B}]$$

In dieser Gleichung entsprechen die ersten 4 Glieder dem Heizwert H_i bei konstantem Druck und der Temperatur T_0. Bezeichnet man die Entropie des eintretenden Arbeitsmittels $G_L s_{0-L} + B s_{0-B}$ mit S_1 und die Entropie des austretenden Arbeitsmittels $(G_L + B) s_{0-G}$ mit S_2, so erhält man die einfache Gleichung

$$A L_{t_{max}} = B \cdot H_i + T_0 \cdot (S_2 - S_1).$$

Diese Formel wurde etwa gleichzeitig von STODOLA und GUY entwickelt und wird unter der Bezeichnung „Guy-Stodola-Formel" vielfach verwendet. Auf Grund dieser Beziehung können die Unterschiede der maximalen Arbeit gegenüber dem Heizwert errechnet werden. Diese Unterschiede sind jedoch meist verhältnismäßig gering und treten nur bei einigen Brennstoffen stärker in Erscheinung.

Nachstehende Tabelle gibt die maximalen Arbeiten einiger Reaktionen wieder.

	Maximale Arbeit	Heizwert
$2\,H_2 + O_2 = 2\,H_2O$	54810 kcal/Mol H_2O	57790 kcal/Mol H_2O
$2\,CO + O_2 = 2\,CO_2$	61654 kcal/Mol CO_2	67604 kcal/Mol CO_2
$C + 2\,H_2 = CH_4$ Graphit	14262 kcal/Mol CH_4	18187 kcal/Mol CH_4

Tabellen [1]

für die spezifischen Wärmen $Mc_v\big|_0^T$ sowie für die Funktionen

$$\varphi(T) = Mc_v\big|_0^T + \int^T \frac{Mc_v\big|_0^T}{T}\,dT - A\Re\ln\Re + Ms_0$$

$$(Ms_{P=1})_T = Mc_v\big|_0^T + \int^T \frac{Mc_v\big|_0^T}{T}\,dT + A\Re\ln T + Ms_0$$

Tabelle 12 für Luft.

Zusammensetzung: $(0{,}210\,RT[O_2];\quad 0{,}7807\,RT[N_2];\quad 0{,}0093\,RT[Ar])$.

T	$Mc_v\big|_0^T$	$\varphi(T)$	$(Ms_{P=1})_T$	T	$Mc_v\big|_0^T$	$\varphi(T)$	$(Ms_{P=1})_T$
°K	$\dfrac{\text{kcal}}{\text{Mol °K}}$	$\dfrac{\text{kcal}}{\text{Mol °K}}$	$\dfrac{\text{kcal}}{\text{Mol °K}}$	°K	$\dfrac{\text{kcal}}{\text{Mol °K}}$	$\dfrac{\text{kcal}}{\text{Mol °K}}$	$\dfrac{\text{kcal}}{\text{Mol °K}}$
273	4,93	39,465	63,994	1700	5,669	49,627	77,786
300	4,935	39,834	64,65	1800	5,717	49,994	78,269
400	4,957	41,377	66,664	1900	5,764	50,353	78,735
500	4,979	42,509	68,239	2000	5,806	50,707	79,183
600	5,018	43,46	69,552	2100	5,848	51,021	79,605
700	5,068	44,288	70,685	2200	5,884	51,338	80,012
800	5,101	45,028	71,69	2300	5,922	51,637	80,406
900	5,191	45,700	72,596	2400	5,954	51,923	80,771
1000	5,257	46,317	73,424	2500	5,986	52,211	81,135
1100	5,318	46,891	74,208	2600	6,017	52,472	81,473
1200	5,382	47,425	74,894	2700	6,047	52,734	81,813
1300	5,442	47,918	75,540	2800	6,074	52,993	82,135
1400	5,502	48,379	76,146	2900	6,104	53,245	82,450
1500	5,562	48,817	76,73	3000	6,131	53,475	82,76
1600	5,618	49,230	77,270				

[1] Die Werte sind zum Teil interpoliert.

Tabelle 13 für Wasserstoff, Sauerstoff und Stickstoff.

T	H_2			O_2			N_2		
	$Mc_v\big|_0^T$	$\varphi(T)$	$(Ms_{P=1})_T$	$Mc_v\big|_0^T$	$\varphi(T)$	$(Ms_{P=1})_T$	$Mc_v\big|_0^T$	$\varphi(T)$	$(Ms_{P=1})_T$
°K	$\frac{kcal}{Mol\,°K}$	$\frac{kcal}{Mol\,°K}$	$\frac{kcal}{Mol\,°K}$	$\frac{kcal}{Mol\,°K}$	$\frac{kcal}{Mol\,°K}$	$\frac{kcal}{Mol\,°K}$	$\frac{kcal}{Mol\,°K}$	$\frac{kcal}{Mol\,°K}$	$\frac{kcal}{Mol\,°K}$
273	4,792	24,477	49,005	4,91	42,20	66,73	4,959	38,999	63,527
300	4,798	24,908	49,623	4,93	42,68	67,40	4,960	39,467	64,182
350	4,818	25,570	50,591	4,97	43,48	68,50	4,963	40,234	65,255
400	4,838	26,335	51,621	5,008	44,189	69,475	4,966	40,901	66,187
500	4,869	27,450	53,180	5,063	45,364	71,094	4,980	42,025	67,755
600	4,891	28,363	54,455	5,147	46,379	72,471	5,007	42,963	69,055
700	4,913	29,140	55,538	5,239	47,270	73,668	5,047	43,778	70,176
800	4,932	29,806	56,469	5,333	48,072	74,735	5,097	44,506	71,169
900	4,953	30,421	57,318	5,427	48,799	75,696	5,154	45,167	72,064
1000	4,977	30,969	58,075	5,513	49,462	76,568	5,215	45,775	72,881
1100	5,006	31,487	58,755	5,592	50,049	77,406	5,272	46,345	73,689
1200	5,034	31,939	59,407	5,667	50,636	78,104	5,334	46,876	74,344
1300	5,068	32,369	60,012	5,736	51,165	78,774	5,392	47,349	74,991
1400	5,102	32,784	60,556	5,801	51,659	79,416	5,452	47,810	75,592
1500	5,144	33,182	61,093	5,863	52,123	80,034	5,512	48,250	76,161
1600	5,182	33,582	61,592	5,917	52,587	80,585	5,568	48,686	76,725
1700	5,224	33,939	62,057	5,966	53,015	81,099	5,621	49,075	77,213
1800	5,266	34,274	62,506	6,010	53,409	81,606	5,671	49,442	77,693
1900	5,308	34,592	62,948	6,059	53,767	82,098	5,717	49,788	78,156
2000	5,350	34,898	63,380	6,090	54,106	82,588	5,763	50,121	78,603
2100	5,392	35,190	63,789	6,140	54,472	83,027	5,804	50,441	79,006
2200	5,434	35,477	64,168	6,176	54,799	83,443	5,840	50,747	79,392
2300	5,474	35,764	64,532	6,210	55,111	83,842	5,880	51,046	79,775
2400	5,513	36,048	64,892	6,241	55,413	84,238	5,912	51,339	80,155
2500	5,554	36,320	65,245	6,274	55,702	84,627	5,944	51,613	80,538
2600	5,591	36,585	65,591	6,300	55,988	84,993	5,977	51,908	80,908
2700	5,629	36,838	65,911	6,328	56,259	85,351	6,008	52,167	81,241
2800	5,673	37,078	66,223	6,353	56,531	85,686	6,040	52,408	81,553
2900	5,705	37,313	66,528	6,379	56,786	86,025	6,067	52,635	81,867
3000	5,743	37,538	66,825	6,404	57,058	86,345	6,095	52,859	82,146

Tabelle 14 für Wasserdampf und Kohlenoxyd.

T	H_2O			CO		
	$Mc_v\big|_0^T$	$\varphi(T)$	$(M s_{P=1})_T$	$Mc_v\big|_0^T$	$\varphi(T)$	$(M s_{P=1})_T$
°K	$\dfrac{\text{kcal}}{\text{Mol °K}}$	$\dfrac{\text{kcal}}{\text{Mol °K}}$	$\dfrac{\text{kcal}}{\text{Mol °K}}$	$\dfrac{\text{kcal}}{\text{Mol °K}}$	$\dfrac{\text{kcal}}{\text{Mol °K}}$	$\dfrac{\text{kcal}}{\text{Mol °K}}$
273	5,926	38,224	62,752	4,960	40,527	65,055
300	5,935	38,790	63,505	4,961	40,996	65,711
350	5,951	39,722	64,743	4,965	41,766	66,787
400	5,973	40,540	65,826	4,969	42,434	67,720
500	6,033	41,939	67,669	4,990	43,566	69,296
600	6,113	43,126	69,218	5,027	44,516	70,608
700	6,210	44,172	70,570	5,077	45,345	71,743
800	6,318	45,116	71,779	5,137	46,087	72,750
900	6,433	45,982	72,879	5,202	46,761	73,658
1000	6,551	46,790	73,896	5,269	47,381	74,487
1100	6,681	47,532	74,866	5,338	47,947	75,271
1200	6,815	48,266	75,734	5,403	48,496	75,964
1300	6,949	48,953	76,598	5,467	49,005	76,593
1400	7,081	49,607	77,379	5,526	49,472	77,211
1500	7,210	50,226	78,137	5,586	49,898	77,809
1600	7,338	50,833	78,862	5,639	50,300	78,368
1700	7,464	51,406	79,547	5,690	50,688	78,872
1800	7,585	51,951	80,202	5,740	51,074	79,351
1900	7,704	52,494	80,853	5,786	51,442	79,821
2000	7,82	53,00	81,48	5,831	51,787	80,269
2100	7,93	53,507	82,065	5,872	52,128	80,673
2200	8,03	53,991	82,638	5,911	52,445	81,069
2300	8,14	54,455	83,205	5,947	52,747	81,453
2400	8,24	54,893	83,732	5,982	53,029	81,827
2500	8,34	55,32	84,25	6,014	53,294	82,219
2600	8,43	55,735	84,755	6,047	53,566	82,569
2700	8,52	56,135	85,241	6,078	53,824	82,914
2800	8,61	56,537	85,709	6,107	54,072	83,238
2900	8,69	56,928	86,165	6,134	54,313	83,546
3000	8,77	57,31	86,60	6,158	54,547	83,834

Tabelle 15 für Kohlendioxyd, Methan und Ammoniak.

	CO_2			CH_4			NH_3		
T	$Mc_v\big|_0^T$	$\varphi(T)$	$(Ms_{P=1})_T$	$Mc_v\big|_0^T$	$\varphi(T)$	$(Ms_{P=1})_T$	$Mc_v\big|_0^T$	$\varphi(T)$	$(Ms_{P=1})_T$
$^\circ K$	$\dfrac{kcal}{Mol\,^\circ K}$	$\dfrac{kcal}{Mol\,^\circ K}$	$\dfrac{kcal}{Mol\,^\circ K}$	$\dfrac{kcal}{Mol\,^\circ K}$	$\dfrac{kcal}{Mol\,^\circ K}$	$\dfrac{kcal}{Mol\,^\circ K}$	$\dfrac{kcal}{Mol\,^\circ K}$	$\dfrac{kcal}{Mol\,^\circ K}$	$\dfrac{kcal}{Mol\,^\circ K}$
273	5,40	44,10	68,63	6,012	37,53	62,06	6,033	38,981	63,509
300	5,53	44,78	69,493	6,051	38,13	62,85	6,069	39,585	64,300
350	5,77	45,91	70,928	6,160	39,13	64,15	6,149	40,635	65,743
400	6,01	46,90	72,188	6,314	40,16	65,45	6,261	41,553	66,839
500	6,48	48,75	74,468	6,734	42,04	67,77	6,518	43,241	68,971
600	6,91	50,39	76,468	7,236	43,82	69,91	6,815	44,734	70,816
700	7,29	51,89	78,278	7,797	45,53	71,83	7,134	46,115	72,513
800	7,67	53,25	79,908	8,356	47,17	73,83	7,456	47,447	74,110
900	7,99	54,48	81,378	8,929	48,75	75,65	7,782	48,663	75,560
1000	8,27	55,63	82,738	9,467	50,26	77,37	8,108	49,831	76,937
1100	8,50	56,71	84,015	9,98	51,68	79,17	8,424	50,886	78,151
1200	8,77	57,68	85,148	10,50	53,11	80,58	8,737	51,988	79,456
1300	9,00	58,64	86,233	10,99	54,43	81,79	9,05	52,991	80,564
1400	9,18	59,49	87,247	11,50	55,72	82,87		53,954	81,731
1500	9,36	60,29	88,198					54,905	82,816
1600	9,51	61,03	89,125						
1700	9,66	61,77	89,963						
1800	9,80	62,47	90,761						
1900	9,94	63,13	91,537						
2000	10,05	63,77	92,248						
2100	10,16	64,36	92,919						
2200	10,26	64,94	93,592						
2300	10,36	65,49	94,243						
2400	10,45	66,05	94,868						
2500	10,53	66,56	95,488						
2600	10,61	67,07	96,040						
2700	10,68	67,54	96,568						
2800	10,75	67,99	97,082						
2900	10,81	68,42	97,559						
3000	10,86	68,85	98,138						

Tabelle 16 für Verbrennungsgase von Gasöl ($\lambda = 1$).

T	$Mc_v\|_0^T$	$\varphi(T)$	$(Ms_{P=1})_T$	T	$Mc_v\|_0^T$	$\varphi(T)$	$(Ms_{P=1})_T$
°K	$\dfrac{\text{kcal}}{\text{Mol °K}}$	$\dfrac{\text{kcal}}{\text{Mol °K}}$	$\dfrac{\text{kcal}}{\text{Mol °K}}$	°K	$\dfrac{\text{kcal}}{\text{Mol °K}}$	$\dfrac{\text{kcal}}{\text{Mol °K}}$	$\dfrac{\text{kcal}}{\text{Mol °K}}$
273	5,131	39,616	64,145	1600	6,317	50,642	78,688
300	5,151	40,125	64,840	1700	6,392	51,101	79,247
350	5,188	40,961	65,982	1800	6,463	51,535	79,791
400	5,226	41,690	66,977	1900	6,530	51,947	80,319
500	5,309	42,946	68,675	2000	6,593	52,342	80,824
600	5,398	44,010	70,100	2100	6,652	52,721	81,285
700	5,491	44,947	71,343	2200	6,704	53,086	81,732
800	5,594	45,787	72,449	2300	6,760	53,438	82,173
900	5,694	46,550	73,448	2400	6,808	53,785	82,604
1000	5,792	47,257	74,363	2500	6,855	54,109	83,035
1100	5,881	47,917	75,254	2600	6,901	54,448	83,446
1200	5,980	48,532	76,000	2700	6,944	54,752	83,824
1300	6,071	49,097	76,733	2800	6,988	55,041	84,182
1400	6,156	49,634	77,412	2900	7,026	55,315	84,534
1500	6,240	50,145	78,055	3000	7,063	55,585	84,873

Die Tabelle bezieht sich auf 1 Mol der Verbrennungsgase, das bei der Verbrennung aus 1,93 kg Gasöl mit 27,15 kg Luft (bei Luftüberschußzahl $\lambda = 1$) entsteht und der in untenstehender Tabelle angegebenen Zusammensetzung entspricht. — Die Zusammensetzung des Gasöles ist auf Seite 19 angegeben.

		Mole
Zusammensetzung	CO_2	0,13855
der Verbrennungs-	H_2O	0,11498
gase ($\lambda = 1$)	N_2	0,74647

Tabelle 17 für Verbren-

T	$Mc_v\Big|_0^T$							$\varphi(T)$		
$\lambda =$	0,8	1,0	1,1	1,2	1,3	1,4	1,6	0,8	1,0	1,1
°K	$\dfrac{kcal}{Mol\,°K}$	$\dfrac{kcal}{Mol\,°K}$	$\dfrac{kcal}{Mol\,°K}$	$\dfrac{kcal}{Mol\,°K}$	$\dfrac{kcal}{Mol\,°K}$	$\dfrac{kcal}{Mol\,°K}$	$\dfrac{kcal}{Mol\,°K}$	$\dfrac{kcal}{Mol\,°K}$	$\dfrac{kcal}{Mol\,°K}$	$\dfrac{kcal}{Mol\,°K}$
273	5,116	5,143	5,127	5,106	5,099	5,088	5,072	39,06	39,55	39,56
300	5,130	5,162	5,144	5,123	5,115	5,105	5,087	39,55	40,07	40,08
350	5,155	5,196	5,178	5,155	5,146	5,132	5,114	40,37	40,90	40,90
400	5,183	5,234	5,213	5,183	5,177	5,163	5,142	41,07	41,63	41,63
500	5,243	5,313	5,288	5,257	5,243	5,230	5,200	42,31	42,87	42,86
600	5,314	5,401	5,372	5,337	5,320	5,302	5,269	43,34	43,95	43,93
700	5,391	5,493	5,461	5,423	5,403	5,382	5,346	44,24	44,87	44,85
800	5,477	5,590	5,556	5,519	5,494	5,470	5,431	45,06	45,72	45,68
900	5,565	5,691	5,653	5,614	5,587	5,561	5,518	45,79	46,48	46,44
1000	5,652	5,790	5,747	5,706	5,677	5,650	5,605	46,47	47,17	47,12
1100	5,733	5,879	5,833	5,791	5,760	5,732	5,683	47,10	47,84	47,75
1200	5,822	5,974	5,929	5,878	5,851	5,822	5,771	47,69	48,46	48,39
1300	5,902	6,061	6,012	5,961	5,929	5,901	5,849	48,23	49,01	48,94
1400	5,983	6,150	6,094	6,047	6,011	5,981	5,923	48,75	49,55	49,48
1500	6,063	6,238	6,184	6,131	6,093	6,060	6,001	49,26	50,06	49,98
1600	6,129	6,319	6,266	6,206	6,163	6,129	6,051	49,74	50,54	50,45
1700	6,209	6,396	6,339	6,276	6,234	6,193	6,136	50,18	51,01	50,91
1800	6,274	6,467	6,409	6,348	6,299	6,257	6,199	50,60	51,45	51,35
1900	6,333	6,531	6,472	6,407	6,364	6,318	6,258	51,00	51,87	51,77
2000	6,396	6,595	6,533	6,468	6,423	6,375	6,314	51,38	52,27	52,17
2100	6,449	6,654	6,589	6,521	6,477	6,429	6,368	51,74	52,65	52,55
2200	6,501	6,709	6,641	6,574	6,529	6,481	6,418	52,08	53,03	52,92
2300	6,549	6,761	6,692	6,625	6,579	6,531	6,466	52,41	53,37	53,26
2400	6,597	6,811	6,741	6,674	6,627	6,579	6,512	52,73	53,71	53,60
2500	6,644	6,861	6,788	6,722	6,674	6,628	6,557	53,05	54,04	53,92
2600	6,688	6,904	6,834	6,764	6,718	6,668	6,599	53,35	54,35	54,23
2700	6,732	6,947	6,877	6,807	6,759	6,707	6,638	53,67	54,66	54,53
2800	6,772	6,989	6,919	6,848	6,794	6,746	6,674	53,97	54,96	54,83
2900	6,814	7,030	6,959	6,888	6,832	6,782	6,709	54,26	55,24	55,11
3000	6,849	7,068	6,996	6,925	6,868	6,819	6,741	54,55	55,52	55,38

Die obenstehende Tabelle bezieht sich auf 1 Mol der Verbrennungsgase von Benzin der auf S. 15 angegebenen Zusammensetzung. Die
Abgaszusammensetzung ist für verschiedene Luftüberschußzahlen in
nebenstehender Tabelle wiedergegeben. Die 1 Mol Abgas entsprechende
Kraftstoffmenge ist in der letzten Rubrik dieser Tabelle angegeben.

nungsgase von Benzin.

$\varphi(T)$				$(M\,i_{p=1})_T$						
1,2	1,3	1,4	1,6	0,8	1,0	1,1	1,2	1,3	1,4	1,6
$\frac{\text{kcal}}{\text{Mol}\,^\circ\text{K}}$	$\frac{\text{kcal}}{\text{Mol}\,^\circ\text{K}}$	$\frac{\text{kcal}}{\text{Mol}\,^\circ\text{K}}$	$\frac{\text{kcal}}{\text{Mol}\,^\circ\text{K}}$	$\frac{\text{kcal}}{\text{Mol}\,^\circ\text{K}}$	$\frac{\text{kcal}}{\text{Mol}\,^\circ\text{K}}$	$\frac{\text{kcal}}{\text{Mol}\,^\circ\text{K}}$	$\frac{\text{kcal}}{\text{Mol}\,^\circ\text{K}}$	$\frac{\text{kcal}}{\text{Mol}\,^\circ\text{K}}$	$\frac{\text{kcal}}{\text{Mol}\,^\circ\text{K}}$	$\frac{\text{kcal}}{\text{Mol}\,^\circ\text{K}}$
39,57	39,58	39,58	39,59	63,57	64,10	64,10	64,11	64,11	64,12	64,13
40,06	40,06	40,06	40,09	64,27	64,79	64,79	64,80	64,80	64,81	64,82
40,90	40,90	40,90	40,90	65,40	65,93	65,93	65,94	65,94	65,94	65,94
41,62	41,62	41,62	41,59	66,37	66,92	66,92	66,92	66,91	66,91	66,91
42,85	42,85	42,85	42,81	68,03	68,61	68,60	68,60	68,59	68,59	68,58
43,90	43,89	43,88	43,84	69,43	70,02	70,01	70,00	69,98	69,97	69,96
44,81	44,79	44,78	44,73	70,64	71,28	71,25	70,23	71,20	71,18	71,16
45,64	45,62	45,60	45,54	71,72	72,40	72,35	72,31	72,28	72,26	72,23
46,39	46,34	46,32	46,26	72,69	73,39	73,34	73,29	73,26	73,23	73,19
47,07	47,04	47,01	46,95	73,58	74,30	74,23	74,19	74,15	74,12	74,07
47,70	47,66	47,62	47,67	74,38	75,13	75,06	75,00	74,95	74,91	74,87
48,32	48,28	48,25	48,15	75,17	75,94	75,86	75,81	75,76	75,72	75,66
48,87	48,82	48,77	48,66	75,89	76,67	76,57	76,49	76,44	76,40	76,34
49,41	49,35	49,30	49,21	76,55	77,33	77,24	77,17	77,12	77,08	77,00
49,91	49,85	49,81	49,70	77,18	77,99	77,90	77,83	77,77	77,72	77,64
50,37	50,31	50,26	50,17	77,76	78,58	78,47	78,39	78,34	78,29	78,20
50,82	50,75	50,70	50,60	78,29	79,16	79,15	78,97	78,91	78,85	78,75
51,25	51,18	51,12	51,01	78,84	79,71	79,61	79,54	79,45	79,40	79,27
51,67	51,59	51,52	51,40	79,37	80,23	80,15	80,07	79,98	79,93	79,79
52,07	51,99	51,92	51,79	79,88	80,76	80,65	80,56	80,48	80,42	80,28
52,44	52,35	52,27	52,15	80,35	81,25	81,13	81,05	80,95	80,89	80,74
52,80	52,70	52,63	52,48	80,81	81,70	81,59	81,49	81,40	81,33	81,19
53,15	53,05	52,97	52,80	81,24	82,15	82,02	81,92	81,83	81,76	81,63
53,47	53,39	53,29	53,12	81,65	82,57	82,44	82,34	82,24	82,17	82,05
53,79	53,69	53,60	53,44	82,04	82,98	82,84	82,74	82,64	82,57	82,42
54,11	53,99	53,91	53,73	82,43	83,37	83,29	83,12	83,02	82,94	82,81
54,41	54,29	54,20	54,03	82,79	83,75	83,60	83,49	83,39	83,30	83,16
54,70	54,58	54,49	54,31	83,15	84,13	83,98	83,84	83,73	83,65	83,50
54,98	54,86	54,77	54,59	83,49	84,47	84,31	84,19	84,08	83,99	83,84
55,25	55,13	55,04	54,86	83,82	84,82	84,65	84,53	84,42	84,33	84,17

Zusammensetzung für $\lambda =$	0,6	0,8	1,0	1,1	1,2	1,3	1,4	1,6
N_2	0,62865	0,69300	0,73832	0,74320	0,74845	0,75003	0,75238	0,75689
CO_2	0,04818	0,08878	0,13084	0,11942	0,11024	0,10194	0,09524	0,08383
H_2O	0,10036	0,12612	0,13084	0,11942	0,11024	0,10194	0,09524	0,08383
O_2	—	—	—	0,01796	0,03307	0,04609	0,05714	0,07545
CO	0,13750	0,06472	—	—	—	—	—	—
H_2	0,08531	0,02738	—	—	—	—	—	—
Gew. der einem Mol Abgas entsprechenden Kraftstoffmenge (kg)	2,60	2,150	1,832	1,675	1,542	1,431	1,332	1,171

Zusammenstellung der benutzten Formelzeichen[1].

A. Thermodynamische Begriffe und Formelzeichen.

Formelzeichen	Maßeinheit[2]	Begriff
P	kg/m^2	Absoluter Druck von Gasen, Dämpfen
p	kg/cm^2	und Flüssigkeiten.
b	mm Hg	Barometerstand.
V	m^3	Volumen.
v	m^3/kg	Spez. Volumen.
t	°C	Temperatur.
T	°K	Temperatur (absolut).
G	kg	Gewicht des betrachteten Stoffes.
R	m/Grad	Gaskonstante für 1 kg.
$\Re = 848$	$\dfrac{mkg}{Mol\,Grad}$	Gaskonstante eines Moles[3] $= R \cdot M$.
γ	kg/m^3	Wichte (spez. Gewicht) von Gasen und Dämpfen.
ϱ	$\dfrac{kg\,sec^2}{m^4}$	Dichte, spezifische Masse ($=\gamma/g$, wobei $g =$ Erdbeschleunigung).
φ	1	Luftfeuchtigkeit.
M	$\dfrac{kg}{Mol}$ [3]	Molekulargewicht.
$[Z]$	Mol/m^3	Molare Konzentration $= P/\Re T$
U	kcal	Innere Energie.
u	kcal/kg	
S	kcal/Grad	Entropie.
s	kcal/Grad kg	
J	kcal	Wärmeinhalt (Enthalpie)[4].
i	kcal/kg	
Q	kcal	Wärmemenge.
$A = 1/427$	kcal/mkg	Mechanisches Wärmeäquivalent.
L	mkg	Äußere Arbeit.
W	kcal/Mengen- einheit	Wärmetönung.
H	kcal/kg	Heizwert[5].
H_u	kcal/kg	Unterer Heizwert (Heizwert nach Abzug der Kondensationswärme des entstehen- den Wassers)
E	kcal/kg	Chemische Energie[6].
g_i	1	Gewichtsanteil } Summe aller Anteile $= 1$
r_i	1	Raumanteil

---

[1] In dem Verzeichnis sind im wesentlichen nur die grundlegenden Bezeichnungen aufgeführt. Besondere in den einzelnen Abschnitten auftretende Formelzeichen sind dort erklärt.

[2] Als Maßeinheit ist die am meisten gebräuchliche angeführt.

[3] 1 Mol eines Gases ist jene Anzahl kg eines Gases, die zahlenmäßig gleich dem Molekulargewicht M ist.

[4] Der Wärmeinhalt des Kraftstoffes ist mit i_B bezeichnet.

[5] Vgl. Fußnote S. 269.

[6] Im Abschnitt Reaktionskinetik (S. 288 usw.) wird dasselbe Zeichen für die Aktivierungsenergie verwendet.

Formelzeichen	Maßeinheit	Begriff
c_p	kcal/kg Grad	Wahre spez. Wärme b. unveränderl. Druck
c_v	kcal/kg Grad	Spez. Wärme bei unveränderl. Volumen.
$c_v\big|_0^T$		Mittlere spez. Wärme bei unveränderlichem Volumen im Bereich zwischen 0 und $T\,^\circ$K.
$\varkappa$	1	Exponent der Adiabate.
n	1	Exponent der Polytrope[1].
$f(T)$	kcal/Mol Grad	Nusseltsche Funktion $$f(T) = Mc_v\big|_0^T + \int^T \frac{Mc_v\big|_0^T}{T}\,dT\,.$$
$\varphi(T)$	kcal/Mol Grad	Tabellenwert zur Berechnung der Adiabate, wenn Volumenänderung bekannt, und zur Berechnung der Gleichgewichtskonstanten K_c, unterscheidet sich von $f(T)$ um eine Konstante $$\varphi(T) = Mc_v\big|_0^T + \int^T \frac{Mc_v\big|_0^T}{T}\,dT + Ms_0 - A\,\Re\ln\Re\,.$$
$(Ms_{P=1})_T$	kcal/Mol Grad	Tabellenwert zur Berechnung der Adiabate, wenn Druckänderung bekannt, und zur Berechnung der Gleichgewichtskonstanten K_p $$(Ms_{P=1})_T = Mc_v\big|_0^T + \int^T \frac{Mc_v\big|_0^T}{T}\,dT + Ms_0 + A\,\Re\ln T\,.$$
λ	kcal/m h Grad	Wärmeleitzahl[2].
α	1	Dissoziationsgrad[3].
K_c bzw. K_p	1	Gleichgewichtskonstanten.
$N_L = 6{,}06 \cdot 10^{26}$	Anzahl der Moleküle im Mol	Loschmidtsche Zahl.
$h = 6{,}61 \cdot 10^{-27}$	ergsec	Plancksches Wirkungsquantum.
$k = 1{,}379 \cdot 10^{-16}$	erg/Grad	Boltzmannsche Konstante.
ν	1/sec	Schwingungsfrequenz.
θ	Grad	Charakteristische Temperatur $= \dfrac{h \cdot \nu}{k}$

B. Begriffe und Formelzeichen für Verbrennungsmotoren[4].

Formelzeichen	Maßeinheit	Begriff	Begriffsbestimmung

I. Allgemeine Begriffe.

Formelzeichen	Maßeinheit	Begriff	Begriffsbestimmung
		Ottomotor	Verbrennungsmotor, bei dem der Verbrennungsvorgang durch zeitlich gesteuerte Fremdzündung eingeleitet wird.

[1] n wird an anderer Stelle auch als Bezeichnung für die Drehzahl und als Exponent zur Berechnung des Temperatureinflusses auf den Liefergrad verwendet.

[2] λ kommt auch in der Bedeutung Luftüberschußzahl vor (s. S. 307).

[3] α wird auch als Bezeichnung für die Wärmeübergangszahl verwendet.

[4] Vgl. auch Normblatt DIN E 1940.

Formel-zeichen	Maßeinheit	Begriff	Begriffsbestimmung
		Dieselmotor	Verbrennungsmotor, bei dem der nachträglich eingespritzte Kraftstoff sich an der Luftladung des Zylinders entzündet, nachdem diese im wesentlichen durch die Verdichtung auf eine hinreichend hohe Temperatur gebracht worden ist.
		Selbstansaugender Motor	Motor, der die Frischladung unmittelbar mit Hilfe der Kolben ansaugt.
		Ladermotor	Motor, dem verdichtete Frischladung zugeführt werden kann, wobei die Verdichtung durch einen vom Motor selbst angetriebenen Lader erfolgt. Motoren mit Abgasturbolader gelten als Ladermotoren, nicht als Motoren mit Fremdladung.
		Motor mit Fremdladung	Motor, dem verdichtete Frischladung zugeführt werden kann, wobei die Verdichtung durch einen unabhängig vom Motor angetriebenen Lader erfolgt.
		Laden	Unter Laden ist das Einbringen der Ladung in den Zylinder zu verstehen, unabhängig davon, ob das Einbringen mit Hilfe des Kolbens oder durch eine besondere Einrichtung erfolgt.
D	mm	Zylinderbohrung	Durchmesser eines Zylinders.
s	mm	Kolbenhub	Abstand zwischen den beiden Totlagen des Kolbens.
c_m	m/sec	Mittlere Kolbengeschwindigkeit	Mittlere Geschwindigkeit des Kolbens bei einer bestimmten Drehzahl $\left(c_m = \dfrac{s \cdot n}{1000 \cdot 30}\right.$ m/sec, wenn s in mm und n in U/min eingesetzt wird).
z		Zylinderzahl	
V_h	l, cm³	Hubraum	Der dem vollen Kolbenhub entsprechende Zylinderraum. Bei mehreren Kolben ist der Größtwert des gesamten von den Kolben gleichzeitig freigegebenen Zylinderraumes einzusetzen.
V_k	l, cm³	Verdichtungsraum	Verdichtungsraum ist der Kleinstwert des Verbrennungsraumes.
ε		Verdichtungsverhältnis	$\varepsilon = \dfrac{V_k}{V_h : V_k}$
$1/\varepsilon$		Verdichtungsgrad	$\dfrac{1}{\varepsilon} = \dfrac{V_h + V_k}{V_k}$
n	U/min	Drehzahl	Anzahl der Umdrehungen der Kurbelwelle in der Zeiteinheit.

Formel-zeichen	Maßeinheit	Begriff	Begriffsbestimmung
		II. Leistung.	
N_e	PS [1]	Nutzleistung	Die an der Kupplung abgegebene Leistung, wobei die Hilfseinrichtungen wie Kraftstoff-Förderpumpe, Kühlwasserpumpe, Spülgebläse, Kühlluftgebläse, Lader, unbelastete Lichtmaschine u. a. vom Motor angetrieben werden. Werden zum Betrieb des Motors notwendige Hilfseinrichtungen nicht vom Motor unmittelbar angetrieben, so ist deren Leistungsbedarf von der an der Kupplung gemessenen Leistung abzuziehen, um die Nutzleistung zu erhalten.
N_i	PS	Innenleistung	Die an den oder die Kolben abgegebene Leistung. Sie kann durch Planimetrieren des gesamten Indikatordiagrammes ermittelt werden. Bei Viertaktmaschinen sind die Arbeitsflächen entsprechend ihren Vorzeichen (positive oder negative Arbeitsflächen) bei der Auswertung zu berücksichtigen.
N_{sp}	PS	Spülleistung	Leistungsbedarf des Spülgebläses.
N_l	PS	Laderleistung	Leistungsbedarf des Laders.
N_r	PS	Reibungsleistung	Leistungsverbrauch der mechanischen Reibung zuzüglich aller zum Betrieb des Motors erforderlichen Hilfseinrichtungen außer Spülgebläse und Lader. Es ist also: $N_r = N_i - N_e - N_{sp} - N_l$.
		III. Mittlerer Arbeitsdruck.	
p	kg/cm²	Mittlerer Arbeitsdruck	Der mittlere Arbeitsdruck ist der konstante Druck, der im $P-v$-Diagramm (Druck-Kolbenweg-Diagramm) eine gleich große Fläche ergibt wie der tatsächliche (veränderliche) Druck. Der Mitteldruck eines Mehrzylindermotors ist $p = \dfrac{N \cdot K}{n \cdot z \cdot V_h}$, wobei [2] für N jeweils die Leistung einzusetzen ist, für die der zugehörige Mitteldruck bestimmt werden soll (z. B. Nutzleistung N_e, Reibungsleistung N_r usw.); p erhält dabei jeweils den Zeiger der entsprechenden Leistung (z. B. p_e, p_r).

[1] Im Interesse der Einheitlichkeit in der technischen Bezeichnungsweise wird neuerdings die Einführung von kW an Stelle von PS empfohlen.

[2] $K = 450$ für den Zweitaktmotor, $K = 900$ für den Viertaktmotor, wenn die Leistung in PS, n in U/min und $z \cdot V_h$ in l eingesetzt wird.

Formel-zeichen	Maßeinheit	Begriff	Begriffsbestimmung
		IV. Betriebsstoffverbrauch.	
B	kg/h	Kraftstoffverbrauch	Kraftstoffmenge je Zeiteinheit[1].
b	g/PSh	Spez. Kraftstoffverbrauch	Kraftstoffmenge je Einheit der Zeit und je Einheit der Leistung[2] $b = \dfrac{B}{N}$. Durch den entsprechenden Index ist anzugeben, auf welche Leistung der Kraftstoffverbrauch jeweils bezogen ist, z. B. $b_e = \dfrac{B}{N_e}$ = Kraftstoffmenge je Einheit der Zeit und je Einheit der Nutzleistung usw.
		V. Wirkungsgrad.	
η_m		Mechan. Wirkungsgrad	$\eta_m = \dfrac{N_i - N_r}{N_i}$.
η_e		Nutzwirkungsgrad[3]	$\eta_e = \dfrac{N_e \cdot C'}{B \cdot H_u} = \dfrac{C'}{b_e \cdot H_u}$.
η_i		Innenwirkungsgrad[3]	$\eta_i = \dfrac{N_i \cdot C'}{B \cdot H_u} = \dfrac{C'}{b_i \cdot H_u}$.
η_v		Wirkungsgrad der vollkommenen Maschine[3]	$\eta_v = \dfrac{N_v \cdot C'}{B \cdot H_u} = \dfrac{C'}{b_v \cdot H_u}$.
η_g		Gütegrad	$\eta_g = \dfrac{\eta_i}{\eta_v} = \dfrac{b_v}{b_i}$.
		VI. Kenngrößen des Gaswechselvorganges.	
G_L	kg/h		Luftgewicht je Zeiteinheit.
G_z	kg		Wirklich im Zylinder verbleibendes Gewicht der Ladung. Etwaige Drosselorgane in der Ansaugleitung müssen voll geöffnet sein.
G_{th}	kg		Theoretisch angesaugtes Ladungsgewicht, wenn der Hubraum des Zylinders (V_h) vollständig mit Luft oder Gemisch gefüllt wird. Als Zustand der Ladung ist beim selbstansaugenden Motor der Zustand der Umgebungsluft, beim Gasmotor, beim Ladermotor und beim Motor mit Fremdladung der Zustand der Ladung vor dem Einlaßorgan einzusetzen[4].

---

[1] Sinngemäß wäre es richtiger, für den Kraftstoffverbrauch die Bezeichnung K einzuführen. Es wurde jedoch die allgemein übliche Bezeichnung B (früher Brennstoffverbrauch) beibehalten.

[2] Bei der Berechnung sind die Dimensionen entsprechend einzusetzen.

[3] $C' = 632 =$ Wärmewert der Leistungseinheit (kcal/PSh); H_u unterer Heizwert (kcal/kg), b_e, b_i, b_v ist hier in kg/PSh einzuführen.

[4] Auch beim Zweitaktmotor ist für V_h der dem vollen Kolbenhub entsprechende Hubraum einzusetzen.

Formel-zeichen	Maßeinheit	Begriff.	Begriffsbestimmung
G_R	kg		Im Zylinder verbleibendes Restgasgewicht.
G_{ges}	kg		Gesamtes von der Spülluftpumpe gefördertes Luftgewicht je Zylinder.
λ_l		Liefergrad	$\lambda_l = \dfrac{G_s}{G_{th}}$.
ψ		Spez. Luftaufwand	$\psi = \dfrac{G_{ges}}{G_{th}}$.

VII. Luftüberschußzahl.

Formel-zeichen	Maßeinheit	Begriff.	Begriffsbestimmung
G_{tats}	kg/kg		Das zur Verbrennung der Gewichtseinheit Kraftstoff tatsächlich zur Verfügung stehende Luftgewicht.
G_{min}	kg/kg		Das zur vollkommenen Verbrennung der Gewichtseinheit Kraftstoff erforderliche Mindestluftgewicht.
λ		Luftüberschuß-zahl	$\lambda = \dfrac{G_{tats}}{G_{min}}$.

C. Besondere Begriffe und Formelzeichen für Flugmotoren.

Formel-zeichen	Maßeinheit	Begriff	Begriffsbestimmung
		Lader	Hilfsmaschine, welche dazu dient, die Frischladung zu verdichten.
		Aufladen	Steigern des Druckes der Frischladung vor den Einlaßorganen des Motors mit Hilfe eines Laders[1].
		Überladen	So weit aufladen, daß der Druck der Frischluft vor den Einlaßorganen des Motors größer als 760 mm Hg wird[2].

II. Leistung.

a) Begriffe für Ladermotoren.

Formel-zeichen	Maßeinheit	Begriff	Begriffsbestimmung
N_l	PS	Laderleistung	Leistungsbedarf des Laders[3] $N_l = \dfrac{H_{ad-l} \cdot G_L}{\eta_l C''}$.

[1] Eine Aufladung auf 760 mm Hg wird als Gleichdruckaufladung bezeichnet.

[2] Wenn unter Überladung die Steigerung des *Ladegewichtes* über das dem Luftzustand Normal-Null entsprechende Ladegewicht verstanden wird, so ist dies besonders anzugeben.

[3] Wird die Laderleistung in PS, die Förderhöhe in m und das Fördergewicht in kg/h ausgedrückt, so ist: $C'' = 270000$; wird die Laderarbeit in kcal/kg ausgedrückt, dann ist $C'' = 632$.

Formel-zeichen	Maßeinheit	Begriff	Begriffsbestimmung
N_{r-l}	PS	Reibungsleistung des Laders	N_{r-l} setzt sich zusammen aus dem Leistungsverbrauch in den Laderlagern und dem Leistungsverbrauch des Getriebes.
N_{i-l}	PS	Innere Laderleistung	$N_{i-l} = N_l - N_{r-l}$.
N_{ad-l}	PS	Adiabat. Laderleistung[1,2]	$N_{ad-l} = \dfrac{H_{ad-l} \cdot G_L}{C''} = \dfrac{A L_{ad-l} \cdot G_L}{C'}$, wobei[3] H_{ad-l} = adiabatische Förderhöhe[4], G_L = Fördergewicht je Zeiteinheit.
N_t	PS	Turbinenleistung	Wellenleistung der Turbine[5] $$N_t = \frac{A L_{ad-l} \cdot \eta_t \cdot G_{Abgas}}{C'}$$

b) Betriebsleistungen für Flugmotoren.

N_V	PS	Volleistung	Leistung des Motors, wenn die verstellbaren Regelteile auf höchste Leistung eingestellt sind[6].
N_D	PS	Dauerleistung	Leistung, die dem Motor entsprechend seinem Verwendungszweck im Dauerbetrieb entnommen werden dar .
N_K	PS	Kurzleistung	Leistung, mit der der Motor bei besonderen Flugzuständen, z. B. beim Start, regelmäßig kurzzeitig (5 Minuten ohne Bruchgefahr betrieben werden darf, wenn die Belastung aus dem betriebswarmen Zustand heraus erfolgt ist und der Wärmezustand des Motors bei Beginn der Belastung nicht höher als bei Dauerleistung gewesen ist[7].

[1] Es ist gebräuchlich, der Berechnung der Laderleistung und der Förderhöhe bei ungekühlten Ladern die adiabatische und bei gekühlten Ladern die isothermische Zustandsänderung zugrunde zu legen.

[2] Für gekühlte Lader: Isothermische Laderleistung $= N_{is-l} = \dfrac{H_{is-l}\ G}{C''}$.

[3] Siehe Fußnote 3, S. 307.

[4] Siehe S. 144.

[5] Wird die Turbinenleistung in PS, die adiabatische Turbinenarbeit $A L_{ad-l}$ in kcal/kg und das Abgasgewicht in kg/h ausgedrückt, so ist $C' = 632$.

[6] Die Volleistung stellt bei gegebenem Luftzustand und gegebener Drehzahl die Grenze der erreichbaren Leistung dar. Eine Gewähr dafür, daß der Motor den dabei auftretenden mechanischen und thermischen Beanspruchungen gewachsen ist, braucht nicht gegeben zu sein.

[7] Die größte Kurzvolleistung wird vielfach als „Nennleistung" (N_N) bezeichnet.

Formel-zeichen	Maßeinheit	Begriff	Begriffsbestimmung

III. Wirkungsgrade.

Begriffe für Ladermotoren.

Formel-zeichen	Maßeinheit	Begriff	Begriffsbestimmung
η_{m-l}	1	Mechan. Lader-wirkungsgrad	$\eta_{m-l} = \dfrac{N_{i-l}}{N_l}$.
η_l	1	Laderwirkungs-grad	$\eta_l = \dfrac{N_{ad-l}}{N_l} = \dfrac{A\,L_{ad-l} \cdot G_L}{N_l \cdot C'} =$ Laderwir-kungsgrad einschl. Getriebe, bezogen auf die Adiabate[1].
η_{i-ad-l}	1	Innerer adiabat. Laderwirkungs-grad[2,3]	$\eta_{i-ad-l} = \dfrac{\eta_l}{\eta_{m-l}}$.
η_t	1	Turbinen-wirkungsgrad	$\eta_t = \dfrac{N_t}{N_{ad-t}} =$ Turbinenwirkungsgrad, be-zogen auf die Adiabate.
η_{ges}	1	Gesamtwirkungs-grad des Turbo-laders	$\eta_{ges} = \eta_t \cdot \eta_l$.

IV. Besondere Begriffsbestimmungen für Lader und Turbinen[4].

Formel-zeichen	Maßeinheit	Begriff	Begriffsbestimmung
H_{Gl-t}	m	Gleichdruckhöhe	Höhe über Normal Null nach INA, bis zu der der Lader in der Lage ist, Luft vom Zustand der Umgebung auf den Druck in der Höhe Normal Null zu verdichten.
H_{ad-t}	m (mkg/kg)	Adiabat. Förder-höhe[3]	Je Mengeneinheit Luft erforderliche Arbeit bei adiabatischer Verdichtung. $H_{ad-t} = L_{ad-t}$.
p_l	mm Hg kg/cm²	Ladedruck	Zeitliches arithmetisches Mittel des ab-soluten statischen Druckes in der Lade-leitung kurz vor dem Zylindereintritts-stutzen.
L_{ad-t}	mkg/kg	Adiabat. Tur-binenarbeit	Je Mengeneinheit Gas geleistete Arbeit bei adiabatischer Entspannung.
Index o			bezieht sich auf den Zustand am Boden.
Index s			bezieht sich auf den Zustand in der Saug-leitung.
Index I			bezieht sich auf den Zustand vor der Turbine.
Index II			bezieht sich auf den Zustand nach der Turbine.

---

[1] Für gekühlte Lader: Isothermischer Laderwirkungsgrad $= \eta_{is-l} = \dfrac{N_{is-l}}{N_l} = \dfrac{A\,L_{is-l} \cdot G_L}{N_l \cdot C'}$.

[2] Für gekühlte Lader: Innerer isothermischer Laderwirkungsgrad $= \eta_{i-is} = \dfrac{\eta_{is-l}}{\eta_{m-l}}$.

[3] Siehe Fußnote 1, S. 308.

[4] Weitere Begriffsbestimmungen für Lader und Turbinen sind jeweils in den entsprechenden vorhergehenden Abschnitten angeführt.

Ergänzungen.[1]

Die thermodynamischen Grundlagen für die Berechnung motorischer
Vorgänge waren bei Herausgabe der ersten Auflage schon so vollständig
und umfangreich vorhanden, daß sich eine Ergänzung der dieses Gebiet
betreffenden Abschnitte erübrigte. Die Arbeiten zur Aufklärung der
für die motorische Zündung und Verbrennung maßgebenden physikalischen Vorgänge waren jedoch zu diesem Zeitpunkt noch im vollen
Gange, so daß gerade auf diesem Gebiete umfangreiches neues Versuchsmaterial vorliegt, das wertvolle neue Aufschlüsse über den Zündungsvorgang im Motor und vor allem über das Wesen des Klopfvorganges
liefert. Deshalb wird in dem vorliegenden Nachtrag das Wesentliche aus
diesen Ergebnissen mitgeteilt. Die Erkenntnisse über die Zündungsvorgänge liefern auch neue Gesichtspunkte für die Kraftstoffprüfung.
Deshalb ist im folgenden auch eine Ergänzung über die Kraftstoffprüfung vorgesehen. Weiterhin sind auch für die Entwicklung der Abgasturbinen wichtige Neuerungen auf dem Gebiet der warmfesten Werkstoffe bekanntgeworden, deren Ergebnisse am Schluß des Anhangs kurz
in einem Schaubild dargestellt sind.

Ergänzungen zu den Kapiteln
Zündung, Zündverzug und Kraftstoffprüfung.

Die Selbstzündung ist beim motorischen Arbeitsvorgang im Ottomotor für das Klopfen, im Dieselmotor für den Zündvorgang nach dem
Einspritzen des Kraftstoffes von besonderer Bedeutung; auch bei allen
anderen Motorengattungen kommt dem Selbstzündungsvorgang in
irgendeiner Form Bedeutung zu. Um die grundsätzlichen Vorgänge bei
der Selbstzündung kennenzulernen, wurden laboratoriumsmäßige
Versuche in großem Umfang durchgeführt. Die klarsten Ergebnisse erhält man, wenn man unter möglichst weitgehender Ausschaltung ther-
mischer Vorgänge den Zündverzug reiner Gasgemische untersucht.

Eine verhältnismäßig einfache Möglichkeit zur laboratoriumsmäßigen
Messung des Zündverzuges eines Gasgemisches ergibt sich bei möglichst
rascher, annähernd adiabatischer Verdichtung des zu untersuchenden

---

[1] Leider war es nicht mehr möglich, die Festlegungen des neuen Normblattes
DIN 1940 „Formelzeichen für Verbrennungsmotoren" zu berücksichtigen, weil
die endgültige Fertigstellung des Normblattes erst erfolgt ist, nachdem die vorliegende Auflage schon im Druck war.

Gasgemisches. *Tizard* und *Pye* [E 14] haben die Verdichtung des Gasgemisches mit einem Kolben, der mittels eines Kurbeltriebes betätigt wurde, erreicht. In einer von *W. Jost* und *H. Teichmann* [G 19, G 28] entwickelten Apparatur wird die Kolbenbewegung durch ein Fallgewicht eingeleitet. In einer von *M. Scheuermeyer* und *H. Steigerwald* [G 24] entwickelten Apparatur wird die adiabatische Verdichtung mit Hilfe eines durch Druckluft bewegten Kolbens erreicht. Nach der Verdichtung wird der Kolben in der Endlage festgehalten. Bei derartigen Versuchen ist für die Richtigkeit der Messung von großer Bedeutung, daß die Zeitdauer des Verdichtungsvorganges gegenüber der anschließenden Zündverzugsperiode so gering ist, daß die während der Verdichtung auftretenden Reaktionen praktisch gegenüber den Reaktionsvorgängen während der Zündverzugsperiode vernachlässigt werden können. Deshalb muß zur Messung sehr kurzer Zündverzüge von $1/1000$ sec und darunter, wie sie z. B. für das Klopfen im Ottomotor maßgebend sind, die Verdichtungsgeschwindigkeit[1] hoch und der Wärmeübergang gering gehalten werden.

Die zuletzt genannte Apparatur [G 24] hat einen Zylinderdurchmesser von 80 mm und erreicht bei sehr geringer Wärmeabführung Kolbengeschwindigkeiten bis zu 60 m/sec. Das Ende der Zündverzugsperiode (man könnte diesen Zeitpunkt auch als Beginn der merklichen Verbrennung bezeichnen) kann sowohl durch Messung der ersten Leuchterscheinung (Messung mit Photozelle) als auch durch den Druckanstieg bestimmt werden. Im allgemeinen unterscheiden sich die Ergebnisse nach diesen zwei Meßmethoden nur wenig, weil meist nach Beendigung der Zündverzugsperiode eine sehr rasche und plötzliche Verbrennung erfolgt. Bei Messungen wurden mit Photozelle und aus dem Druckanstieg bei den für den Motor in Betracht kommenden Zündverzugswerten nur geringe Unterschiede festgestellt. Dieses Ergebnis gilt jedoch nur bedingt und hängt wesentlich von den Eigenschaften des Kraftstoffes ab, da es Bereiche gibt, insbesondere bei kleinen Drücken und großen Zündverzügen, in denen die Zündung nur allmählich ein-

---

[1] Zündverzugsmessungen mit n-Heptan [G 24] ergaben beispielsweise bei einer Verdichtungsendtemperatur von 800°K und einer Kolbengeschwindigkeit von 16 m/sec einen Zündverzug von $0,4 \cdot 10^{-3}$ sec und bei 52 m/sec Kolbengeschwindigkeit einen Zündverzug von $0,8 \cdot 10^{-3}$ sec. Zündverzugsmessungen mit verschiedenen Kolbengeschwindigkeiten haben ferner gezeigt, daß bei Geschwindigkeiten von etwa 50 bis 60 m/sec die Verdichtung gegen Ende des Hubes so rasch erfolgt, daß auch die genannten kurzen Zündverzüge mit ausreichender Genauigkeit erfaßt werden können. Rechnerische Untersuchungen nach *H. Pfriem* [C 46] über die Wärmeabgabe an derartigen Apparaturen ergaben, daß bei einem Zylinderdurchmesser von 80 mm und etwa 40 m/sec Kolbengeschwindigkeit die während der Verdichtung abgeführte Wärmemenge etwa 3 v H beträgt, gegenüber 11 v H bei einem Zylinderdurchmesser von 40 mm und einer Kolbengeschwindigkeit von 10 m/sec.

Abb. 160a. Druck-Zeit-Diagramm bei adiabatischer Verdichtung eines Benzindampf-Luft-Gemisches für verschiedenen Verdichtungsenddruck bei konstanter Verdichtungsendtemperatur von 745° K

Abb. 160b. Druck-Zeit-Diagramm bei adiabatischer Verdichtung eines Benzindampf-Luft-Gemisches für verschiedene Verdichtungsendtemperaturen bei konstantem Verdichtungsenddruck von 22,4 ata.

Abb. 160c. Druck-Zeit-Diagramm bei adiabatischer Verdichtung eines Benzindampf-Luftgemisches für geringen Verdichtungsenddruck (7,1 ata).

setzt. In diesen Fällen erhält man mit der Photozelle bei entsprechend
empfindlicher Messung die kleinsten, mit Messung des Druckanstieges
die größten Zeiten.

Als Beispiel derartiger Zündverzugsmessungen sind in Abb 160a
Druck-Zeit-Diagramme der Zündung eines Benzindampf-Luft-Gemisches
mit verschiedenem Verdichtungsenddruck bei unveränderter Verdichtungsendtemperatur. in Abb. 160b drei Diagramme mit verschiedenen Verdichtungsendtemperatur bei konstantem Verdichtungsenddruck wiedergegeben. Im oberen Diagramm in Abb. 160a (Verdichtungsenddruck
10,6 ata) ist deutlich ein langsameres Ansteigen des Druckes bei der
Zündung zu erkennen als bei den höheren Drücken. Noch deutlicher wird
diese Erscheinung in Abb. 160c bei 7,1 ata Verdichtungsenddruck, d.h.
mit sinkendem Druck geht der plötzliche Zündeinsatz allmählich in eine
langsame Verbrennung über. Die Härte des Zündeinsatzes ist jedoch bei
verschiedenen Kraftstoffen verschieden. Beispielsweise setzt bei Toluol
die Zündung auch bei Drücken von 30 bis 40 at und Temperaturen von
800 bis 900° K allmählich ohne heftigen Druckanstieg ein (vgl. Abb. 161),
während sie bei Benzin in demselben Druck- und Temperaturbereich sehr
heftig einsetzt (vgl. Abb. 160a und b).

Schon aus der Verschiedenheit der Meßergebnisse bei Verwendung
verschiedener Meßmethoden geht hervor. daß der Zündverzug keine eindeutig festgelegte Größe ist und daß die Größe des Zündverzuges auch
von der Definition abhängt. Am meisten gebräuchlich ist die Definition
des Zündverzugs als Zeitdauer vom Beginn der Reaktion bis zur sichtbaren Entflammung, jedoch ist eine einheitliche Festlegung hierüber
noch nicht erfolgt. Vielfach wird auch der Beginn des meßbaren Druck-
anstiegs als Ende der Zündverzugsperiode angenommen. In der weitaus
überwiegenden Zahl der praktisch für den Motorbetrieb interessierenden
Fälle fällt dieser Zeitpunkt mit dem Beginn der sichtbaren Entflammung
zusammen. In den Bereichen mit verhältnismäßig langsam einsetzender
Zündung ist das Ergebnis jedoch sehr wesentlich von der Feinheit der
Meßmethode abhängig. Man kann nach der Ionisationsmethode oder bei
Messung der ersten Leuchterscheinung unter Umständen schon lange vor
dem Druckanstieg den Beginn der Reaktion feststellen (Abb. 161).

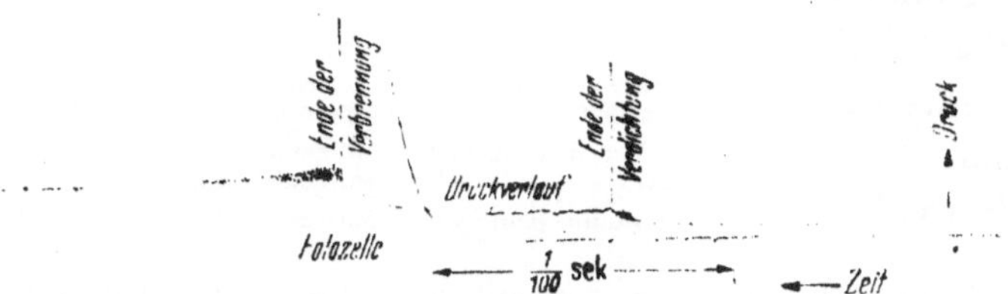

Abb. 161. Druck-Zeit-Diagramm bei adiabatischer Verdichtung eines Toluoldampf-Luft-Gemisches
mit Anzeige der Photozelle. Verdichtungsendtemperatur: 870° K. Verdichtungsenddruck: 30 ata.

In Abb. 162a sind einige mit der DVL-Verdichtungsapparatur gemessene Zündverzugswerte eines Kraftstoffes mit Bleitetraäthylzusatz bei verschiedenen Drücken und Temperaturen dargestellt. Die Abbildung zeigt, daß der Zündverzug mit zunehmender Temperatur und zunehmendem Druck geringer wird. Die Auswertung dieser Meßergebnisse zeigt ebenso wie die Messungen mit zahlreichen anderen Kraftstoffen (es gibt jedoch auch Kraftstoffe, die von dem vorstehenden erheblich abweichende Ergebnisse liefern), daß die Temperaturabhängigkeit des Zündverzuges in einem beschränkten Bereich empirisch als eine Funktion prop. $e^{b'/T}$ und die Druckabhängigkeit als eine Potenz des Druckes angegeben werden kann. Somit können die Werte des Zündverzuges durch eine Formel von der Form

$$\frac{e^{\frac{b'}{T}}}{p^{n}} \cdot a$$

dargestellt werden [1]. Die Abweichungen der Meßergebnisse von dieser formelmäßigen Darstellung sind bei dem hier vorliegenden Kraftstoff nur gering. Meßergebnisse, die mit anderen Kraftstoffen gewonnen wurden, konnten ebenfalls mit ausreichender Genauigkeit durch die obige Formel wiedergegeben werden.

Als wesentliches Ergebnis dieser Messung ist hervorzuheben, daß bei den für den Motorbetrieb in Betracht kommenden Kraftstoffen im gasförmigen Zustand der Zündverzug und ganz allgemein das Zündverhalten entscheidend vom Druck beeinflußt werden.

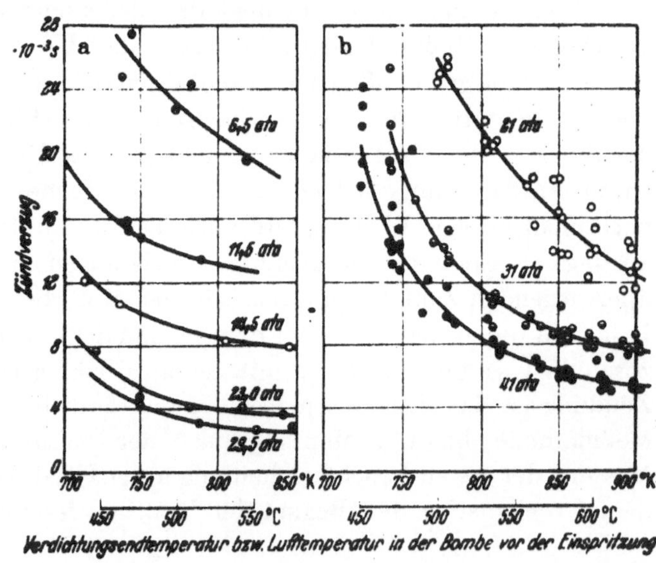

Abb. 162. Zündverzüge eines Kraftstoffes mit Zusatz von Bleitetraäthyl abhängig von der Temperatur für verschiedene Drücke.

a in der Verdichtungsapparatur gemessene Zündverzüge des gasförmigen Kraftstoff-Luft-Gemisches.

b in der Bombe gemessene Zündverzüge flüssig eingespritzten Kraftstoffes

[1] Die Werte a', b' und n' wurden mit dem Index ' versehen, weil die Werte a, b und n für analoge, aber nicht identische Werte der scheinbaren mittleren Reaktionsgeschwindigkeit verwendet wurden.

Die in Abb. 162a wiedergegebenen Meßwerte sind bei konstantem Mischungsverhältnis Kraftstoff zu Luft gefunden. Der Zündverzug ist jedoch erfahrungsgemäß auch vom Mischungsverhältnis abhängig, wie Zündverzugsmessungen meines Mitarbeiters *Lonn* [G 20], bei denen Kraftstoff in eine Gasmischung, bestehend aus Luft mit Zusätzen von Stickstoff, Sauerstoff und Kohlendioxyd, eingespritzt wurde, zeigen. Es ergab sich im wesentlichen, übereinstimmend mit theoretischen Erwartungen, daß bei Sauerstoff-Stickstoff-Gemischen der Zündverzug nicht durch den Gesamtdruck, sondern in erster Linie durch den Partialdruck des Sauerstoffes bestimmt ist und daß bei größeren Zusätzen von Kohlendioxyd die Zündverzüge größer werden Dieses Ergebnis ist sehr gut mit den Vorstellungen über das Zustandekommen des Zündungsvorganges in Einklang zu bringen, da die Reaktionsgeschwindigkeit im wesentlichen von der Sauerstoffkonzentration abhängt. Auch der Einfluß der CO_2-Beimischung, der verhältnismäßig gering ist, ist im Hinblick auf die Rolle des Kohlendioxyds als geschwindigkeitshemmendes Endprodukt der Reaktion verständlich.

Für die Anwendung auf Motoruntersuchungen und vor allem zur Ermittlung von Grundlagen für die Kraftstoffprüfung ist es wichtig, daß Meßergebnisse über den Zündverzug, wie sie beispielsweise in Abb. 162a dargestellt sind, auch zahlenmäßig zur Ermittlung von Kennwerten für die Kraftstoffe verwertet werden können. Um die Brauchbarkeit derartiger Kennwerte prüfen zu können, muß ein Weg gefunden werden, der die Anwendung der aus der Messung gewonnenen Zahlenwerte auf motorische Rechnungen gestattet. Die Anwendung muß möglichst auf theoretischem Wege oder — da dies wegen der teilweise unbekannten komplizierten Reaktionsvorgänge nicht einwandfrei möglich ist — unter sinngemäßer Anwendung prinzipieller Erkenntnisse erfolgen. Eine einwandfreie theoretische Berechnung des ganzen Zündungsvorganges wäre möglich, wenn der Reaktionsmechanismus für die Verbrennung der betreffenden Kraftstoffe restlos bekannt wäre.

In einigen Kapiteln wurde darauf hingewiesen, daß die Konstanten, die aus den Versuchsergebnissen für den Zündverzug errechnet werden können, für die Berechnung von Zündungsvorgängen unter anderen äußeren Bedingungen, insbesondere bei veränderlichem Druck und veränderlicher Temperatur, benutzt werden können. Aus der Theorie der Kettenreaktionen und den entsprechenden Versuchsergebnissen in physikalischen Apparaturen kann zwar geschlossen werden, daß die chemischen Umsetzungen im Gemisch, die bereits vor dem betrachteten Zeitpunkt stattfanden und von dem Verlauf von Druck und Temperatur vor dem betrachteten Zeitpunkt abhängen, von entscheidendem Einfluß auf die Reaktionsgeschwindigkeit sein können, jedoch haben die praktischen Nachrechnungen von Zündungsvorgängen gezeigt, daß dieser Einfluß nicht von so großer Bedeutung ist, daß die Brauchbarkeit der rechnerischen Verarbeitung der Zündverzugsmessungen dadurch in Frage gestellt ist.

Bei Herausgabe der ersten Auflage des Buches war — wie im Kapitel „Vorgänge bei der Selbstzündung" dargelegt wurde — versuchsmäßig noch nicht ausreichend geklärt, in welchem Ausmaß während des Zündverzugs bei den für motorische Zwecke in Betracht kommenden Kraftstoffen eine Temperaturerhöhung während des Zündverzugs in Frage kommt und wie groß der Einfluß dieser Temperaturerhöhung beim Zustandekommen der Zündung ist. Die neuerdings vorliegenden Ergebnisse sowohl durch direkte Messungen des Temperaturanstiegs während des Zündverzugs als auch durch den gemessenen Verlauf des Druckes während der Zeit des Zündverzugs ermöglichen nun gewisse Rückschlüsse auf den Reaktionsverlauf. Abb. 160a —c lassen darauf schließen, daß die Reaktionsgeschwindigkeit nicht allein von Druck und Temperatur abhängig ist, da in diesem Fall ein weicher allmählicher Übergang zur Verbrennung zu erwarten wäre. Gewisse Abweichungen von dem Druckverlauf, der auf Grund der Rechnung zu erwarten wäre, können allerdings auch mit einem örtlich verschiedenen Reaktionsverlauf im Verbrennungsraum erklärt werden. Nach der Theorie der Kettenreaktionen können die chemischen Umsetzungen im Gemisch, die bereits vor dem betrachteten Zeitintervall stattfanden und von dem Verlauf von Druck und Temperatur abhängen, von entscheidendem Einfluß auf die Reaktionsgeschwindigkeit sein. Bei Auswertungen von Versuchen mit Motorkraftstoffen nach der beschriebenen Methode haben sich jedoch keine Anzeichen dafür ergeben, daß dadurch in den für technische Zwecke in Betracht kommenden Fällen Fehler auftreten könnten, die die Brauchbarkeit der beschriebenen Berechnungsmethode beeinträchtigen würden. Nach *Zeise* [G 30] muß möglicherweise beim motorischen Zündvorgang ähnlich wie bei Beobachtungen in Röhren zwischen der langsam verlaufenden Vorreaktion, die die eigentliche spontane Zündung vorbereitet, und der eigentlichen Zündreaktion unterschieden werden, wobei während der Vorreaktion die Temperatursteigerung nur gering ist.

In vielen Fällen ändert sich in größeren Temperaturbereichen der Charakter der Reaktion, so daß auch die Größen b' und n' nur für einen beschränkten Bereich der Temperatur konstant bleiben.

Das Ausmaß der Erwärmung während des Zündverzugs, die rechnerisch durch den Faktor β berücksichtigt wird (vergl. S. 72), ist auf Grund des bisher vorliegenden Versuchsmaterials noch nicht genügend geklärt. Der Druckverlauf während des Zündverzugs zeigt jedoch, daß es sich dabei nicht um eine reine Wärmeexplosion, bei der die Erhöhung der Reaktionsgeschwindigkeit während des Zündverzugs nur durch die Temperatur- und Drucksteigerung verursacht ist, handelt. Auch die rein isotherme Reaktion kann bei Kraftstoffen, die im ganzen mit starker Wärmeentwicklung verbrennen, nur in seltenen Sonderfällen und zwar in ganz beschränkten Temperaturbereichen in Betracht kommen. Für die bei motorischen Zündungsvorgängen in Frage kommenden Reaktionen gilt der allgemeinere Fall, daß infolge der Bildung der Endprodukte schon während des Zündungsvorgangs Wärme frei wird.

Die in den letzten Jahren gewonnenen, vorstehend auszugsweise mitgeteilten Forschungsergebnisse über Zündungsvorgänge liefern auch neue Gesichtspunkte für die Kraftstoffprüfung. Die neuen Ergebnisse haben zwar an den grundsätzlichen Anschauungen über den Zündungsvorgang, wie er in den Abschnitten physikalische und chemische Grundlagen für die Verbrennung im Ottomotor und Gemischbildung, Zündung und Verbrennung im Dieselmotor behandelt wird, nichts Wesentliches geändert, jedoch sind durch die neuen Meßergebnisse zahlenmäßige Unterlagen in größerem Umfange vorhanden. In den erwähnten Abschnitten wurde dargelegt, daß die motorischen Zündungsvorgänge im wesentlichen durch Reaktionsvorgänge bedingt sind, die bei der Zündung auftreten. In denselben Druck- und Temperaturbereichen handelt es sich dabei auch im allgemeinen um dieselben Reaktionsvorgänge. Insbesondere konnte festgestellt werden, daß für die Zündung im Dieselmotor und das Klopfen im Ottomotor ähnliche Vorgänge maßgebend sind, sofern die in Betracht kommenden Druck- und Temperaturbereiche dieselben sind. Aus diesem Grunde ist es auch erklärlich, daß Zusammenhänge zwischen der Eignung eines Kraftstoffes für Ottomotoren und für Dieselmotoren bestehen. Während im Dieselmotor möglichst rasch zündende Kraftstoffe erwünscht sind, sind für den Ottomotor diejenigen Kraftstoffe am besten geeignet, die besonders schlechte Selbstzündungseigenschaften aufweisen. Hierbei ist zu berücksichtigen, daß auch bei verhältnismäßig schlechten Selbstzündungseigenschaften die Zündwilligkeit vollkommen ausreicht; um in der Flammenfront eine ausreichende Zündung und damit ein genügend rasches Fortschreiten der Flammenfront zu gewährleisten. Aus diesen Betrachtungen ergibt sich, daß es grundsätzlich möglich ist, für den Kraftstoff ein und dieselbe Kennzeichnung sowohl für den Dieselmotor als auch für den Ottomotor zu verwenden. Allerdings sind dann mehrere Kennzahlen erforderlich, um die Kraftstoffeigenschaften ausreichend gut zu beschreiben. Da die Entwicklung von Otto- und Dieselmotoren bisher vollkommen getrennte Wege gegangen ist und die Kennzeichnung der Eignung der Dieselkraftstoffe und der Ottokraftstoffe bisher durch je eine einzige Kennzahl erfolgt, ist auch die Prüfung und Festlegung der Gütekennzahlen für beide Motoren unabhängig voneinander erfolgt.

Die Kennzeichnung der Klopffestigkeit der Kraftstoffe durch die Oktanzahl hat bei nichtüberladenen Motoren zufriedenstellende Ergebnisse geliefert. Die Anwendung auf überladene Motoren und auf Kraftstoffe mit hohen Oktanzahlen hat nicht befriedigt [C 30. G 21]. Es hat sich gezeigt, daß das Verhalten paraffinischer und aromatischer Kraftstoffe weitgehend verschieden ist, und daß insbesondere das Verhältnis der Temperatur- und Druckabhängigkeit des Klopfvorganges so große Unterschiede aufweist, daß eine einheitliche Beurteilung in diesen Fällen mit Hilfe der Oktanzahlen nicht mehr möglich ist. Die Prüfung der Kraftstoffe für Hochleistungsmotoren wird deshalb neuerdings durch die Ermittlung der in einem Versuchsmotor erreichbaren höchsten Mitteldrücke oder Überladedrücke an den Klopfgrenzen über einen größeren interessierenden Betriebsbereich der Ladelufttemperatur, des Ladeluftdruckes und des Luftüberschusses durchgeführt.

Mit dieser Methode erhält man die zuverlässigste und beste Kennzeichnung der Kraftstoffe bei den in Frage kommenden Betriebsbedingungen. Die Methode erfordert jedoch einen erheblichen Arbeitsaufwand. Die vorliegenden physikalischen und motorischen Messungen lassen aber erwarten, daß es in Zukunft möglich sein wird, mit einigen wenigen Kennzahlen das Zündverhalten des Kraftstoffes ausreichend genau zu beschreiben.

Im Abschnitt „Klopfen" (s. Seite 48) wurden ausführlich die Gründe dargelegt, warum für eine gute Kennzeichnung der Kraftstoffe eine Konstante nicht ausreicht [1] und warum hierfür drei, mindestens aber zwei Konstanten erforderlich sind. Die Darstellung der Klopfneigung ist danach nur dann durch eine Größe in eindeutiger Weise möglich, wenn bei der Prüfung und beim Motorbetrieb dieselben Größen, z. B. das Verdichtungsverhältnis oder die Ladelufttemperatur (die beide hauptsächlich eine Beeinflussung der Gemischtemperatur am Ende der Verdichtung bedingen), geändert werden. Wenn aber einmal die Temperatur und im anderen Fall der Druck des unverbrannten Gemisches vor Klopfbeginn sehr wesentlich geändert wird, dann ist die Darstellung der Ergebnisse durch eine Größe nicht mehr möglich.

Eine gute Kennzeichnung des Kraftstoffes erhält man voraussichtlich mit einem für den Absolutwert der Klopffestigkeit maßgebenden Kennwert, mit einer weiteren Kennzahl für die Temperaturabhängigkeit des Zündungsvorganges (z. B. b) und einem Kennwert für die Druckabhängigkeit des Zündungsvorganges (z. B. n). Dabei kommt es im wesentlichen

---

[1] Die Kennzeichnung der Kraftstoffe für Dieselmotoren durch die Cetenzahl ist grundsätzlich ebenso unvollkommen wie die Kennzeichnung der Kraftstoffe für Ottomotoren durch die Oktanzahl. Bei der praktischen Prüfung der Kraftstoffe hat sich jedoch die Unzulänglichkeit der Kennzeichnung bisher nicht so wesentlich gezeigt, daß sich die Notwendigkeit einer Änderung der Untersuchsmethode ergeben hätte. Die Ursachen hierfür dürften darin liegen, daß sich Unterschiede in der Kraftstoffqualität beim Dieselmotor nicht so stark auswirken wie beim Ottomotor und weil außerdem extrem hohe Überladungen nur selten angewendet worden sind.

auf das Verhältnis der Größen der Druck- und Temperaturabhängigkeit
an. Da diese Werte (b und n) von dem in Betracht kommenden Druck-
und Temperaturbereich und Mischungsverhältnis abhängig sind, gelten sie
nur in einem beschränkten Bereich mit ausreichender Genauigkeit. Bei
den meisten Kraftstoffen lassen sich für den für den Motorbetrieb in Frage
kommenden Bereich genügend genaue Mittelwerte bestimmen. Der erstgenannte Wert, der die Zündwilligkeit für einen bestimmten motorischen
Betriebszustand kennzeichnet, müßte dem jeweiligen Verwendungszweck
des Kraftstoffes angepaßt sein, beispielsweise käme bei Hochleistungsmotoren ein Kennwert in Betracht, der sich auf den Hauptbetriebsbe-
reich des Motors (im Hinblick auf den Temperatur- und Druckzustand)
bezieht. Er kann im wesentlichen der Oktanzahl entsprechen und sinngemäß mit der hierfür üblichen Methode ermittelt werden.

Für die praktische Anwendung kann man sich u. U. auch mit zwei
Konstanten begnügen, wenn man die beiden Werte für die Druck- und
Temperaturabhängigkeit durch eine Kenngröße, die das Verhältnis der
Druck- und Temperaturabhängigkeit kennzeichnet, ersetzt. Die Frage,
ob bzw. für welche Zwecke eine Kennzeichnung des Einflusses der Luft-
überschußzahl erforderlich ist, kann erst nach Vorliegen reichhaltigeren
Versuchsmaterials entschieden werden.

Ergänzungen zu den Textseiten.

Zu Seite 31:

H. Schwarz [C 50] gibt als Mittelwert für die Dichtverluste ordnungsgemäß arbeitender Kolbenringe den Wert $V = 0{,}02\,D$ (l/min Zyl.) für das gesamte Drehzahlgebiet des Betriebsbereiches an, wobei D den Zylinderdurchmesser in mm bedeutet. Als obere Grenze gibt er für die Konstante 0,05, als anzustrebende untere Grenze 0,02 an.

Zu Seite 35:

Schey [D 23, D 24] hat die günstigsten Leistungs- und Verbrauchswerte bei einer Einspritzdauer von 60 bis 90° KW gefunden. Der Einspritzbeginn durfte nicht später als bei 120° nach oberem Totpunkt liegen, da sonst Leistungsverluste und hoher Verbrauch auftraten. Auch früherer Einspritzbeginn als 70° nach oberem Totpunkt war ungünstig. Ein Kraftstoffverlust infolge der Durchspülung tritt bei diesen Einspritzzeiten nicht auf, da bei Einspritzbeginn das Auslaßventil bereits geschlossen ist. Der geringste Einspritzdruck betrug 20 at.

Zu Seite 167:

Aufbauend auf die oben angegebenen Beziehungen für die Berechnung der Höhenleistungen hat *L. Richter* eine Formel für die Höhenabhängigkeit des Kraftstoffverbrauches des nicht aufgeladenen Motors abgeleitet [D 22]. Er findet

$$b_e = b_{e_0}\;\frac{\gamma_{im_0}}{1-(T/T_0)^n(1-\gamma_{im_0})\,(1-b+b\,p_0/p)}$$

Es ist nur möglich, b als konstanten Wert einzuführen, wenn der Einfluß der Massenkräfte auf den Reibungsverlust gering ist.

W. Fadinger [H 48] hat eine gute Übereinstimmung der mit Hilfe der Formel berechneten Verbrauchszahlen mit den Versuchswerten an einem 12-Zylinder-Flugmotor gefunden.

Zu Seite 212 und 213:

In Ergänzung der auf Seite 212 und 213 dargestellten Ergebnisse über die Dauerstandfestigkeit hochwarmfester Werkstoffe ist in nach-

Weitere Ergänzungen zu den Kapiteln Zündung, Zündverzug

und Kraftstoffprüfung.

Die bisherigen Ausführungen über die Verwendung von Versuchsergebnissen über den Zündverzug zur grundsätzlichen Kennzeichnung des Selbstzündungsvorganges stützt sich auf eine verhältnismässig geringe Anzahl von Versuchswerten. Für die allgemeine Verwendbarkeit der gewonnenen Erkenntnisse ist es sehr wichtig, die Grenzen der Anwendbarkeit für möglichst viele Kraftstoffe und für möglichst viele Druck-und Temperaturbereiche kennen zu lernen. Bei Herausgabe des Neudruckes der 2.Auflage standen weitere Versuchsergebnisse zur Verfügung.

Die neu hinzugekommenen Versuchswerte führten, wie die bisherigen Ergebnisse zu dem Schluss, dass die Gesetzmässigkeiten des Selbstzündungsvorganges mit hinreichender Genauigkeit auf drei Werte zurückgeführt werden können,

1) Die Geschwindigkeit des Reaktionsvorganges bei einem bestimmten Normalzustand, die von der Art des Kraftstoffes abhängig ist,

2) die Temperaturabhängigkeit des Reaktionsvorganges und

3) die Druckabhängigkeit des Reaktionsvorganges der zur Zündung führt.

In welcher Form diese drei wichtigsten Einflussgrössen wiedergegeben werden, ist an sich gleichgültig, jedoch ist für die praktische Anwendung von grosser Bedeutung, dass die Grössen möglichst nicht durch Kurven, sondern der Einfachheit wegen, wie in dem vorhergehenden Kapitel dargestellt, durch Kennzahlen wiedergegeben werden. Da jedoch in verschiedenen Druck-und Temperaturbereichen diese Kennzahlen nicht konstant sind, müssen die Genauigkeitsgrenzen der Darstellung für die praktisch in Betracht kommenden Bereiche ermittelt werden. In Abb. 163 sind als Beispiel die in einer Verdichtungsapparatur gemessenen Zündverzugswerte eines nichtaromatischen Kraftstoffes mit Bleitetraäthylzusatz dargestellt. Betrachtet man nur das Anwendungsgebiet für die Kennzeichnung der Klopfneigung des Kraftstoffes, dann kommen nur verhältnismässig geringe Druckund Temperaturbereiche in Betracht und die formelmässige Darstellung ist wie die Abbildung 163 zeigt, mit vollkommen ausreichender Genauigkeit möglich. Die gestrichelten Kurven geben die Darstellung der Versuchsergebnisse durch die früher angegebene Formel (siehe Seite 314). Man sieht, dass die Abweichung noch innerhalb der Versuchsgenauigkeit liegt. Die Versuchswerte wurden in der schon früher erwähnten Versuchsapparatur zur adiabatischen Verdichtung ermittelt. Die Apparatur ist in Abb. 164 dargestellt. Betrachtet man grössere Temperaturbereiche desselben Kraftstoffes, so erhält man meist eine wesentliche Änderung des für die Zündu maassgebenden Reaktionsvorganges. Aus Abb. 165, in der Zündverzugswerte

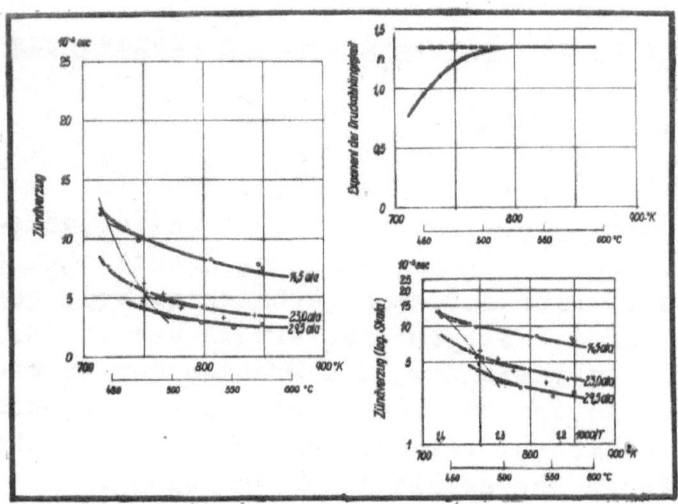

Abb.163._ Zündverzug eines nichtaromatischen Kraftstoffes mit Bleitetraäthyl zusatz.- Untersuchung der Druck- und Temperaturabhängigkeit bei adiabatishher Verdichtung.

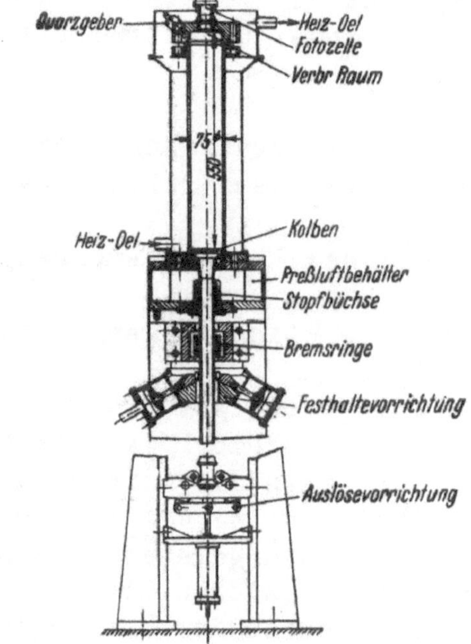

Versuchseinrichtung zur Untersuchung der Selbstzündung von Kraftstoff-dampf-Luft-Gemischen (annähernd adiabatische Verdichtung)

Abb. 164.

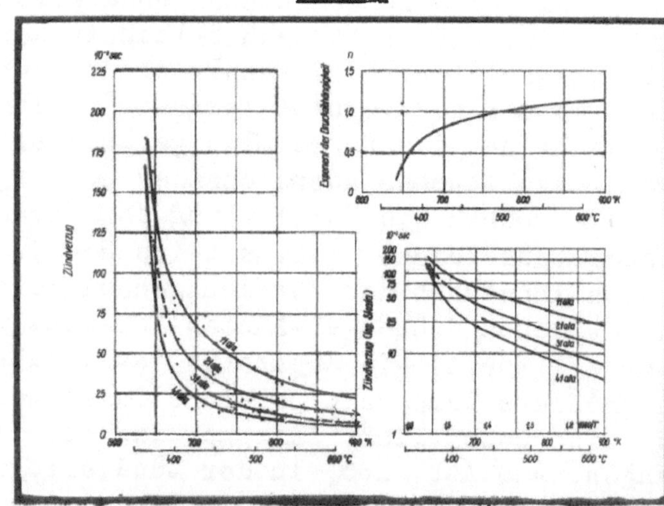

Abb.165.- Zündverzug eines nichtaromatischen Kraftstoffes mit Bleitetraäthyl-zusatz.-Einspritzung flüssigen Kraftstoffes in eine Bombe.

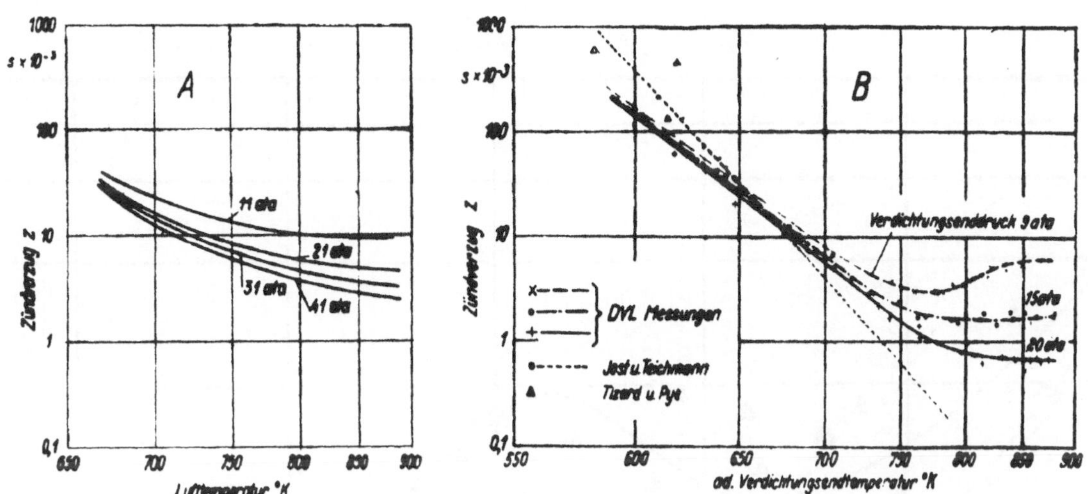

Zündverzüge von n-Heptan abhängig von der Temperatur. A Bei flüssiger Einspritzung, gemessen in einer Bombe nach E. Lonn. B Bei annähernd adiabatischer Verdichtung des Gas-Luft-Gemisches

Abb. 166.

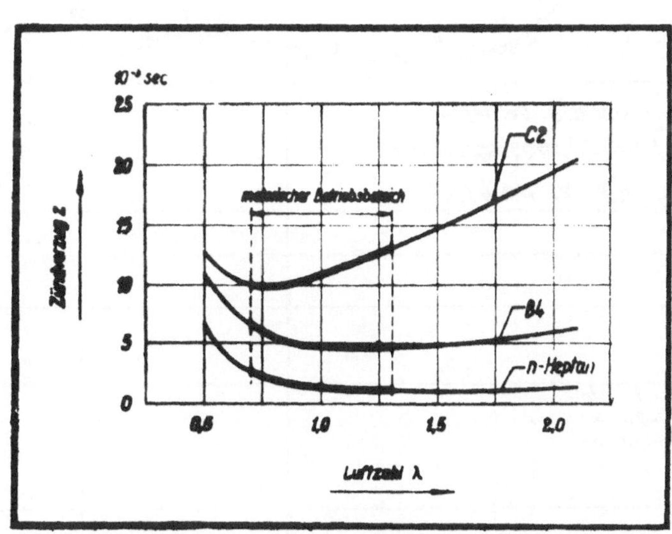

Abb. 168.- Abhängigkeit des Zündverzuges von der Luftzahl.
Temperatur   460°C
Druck   20 ata
C2 Aromatischer synthetischer Kraftstoff.
B4 Nichtaromatischer synthetischer Kraftstoff mit
Bleitetraäthylzusatz.

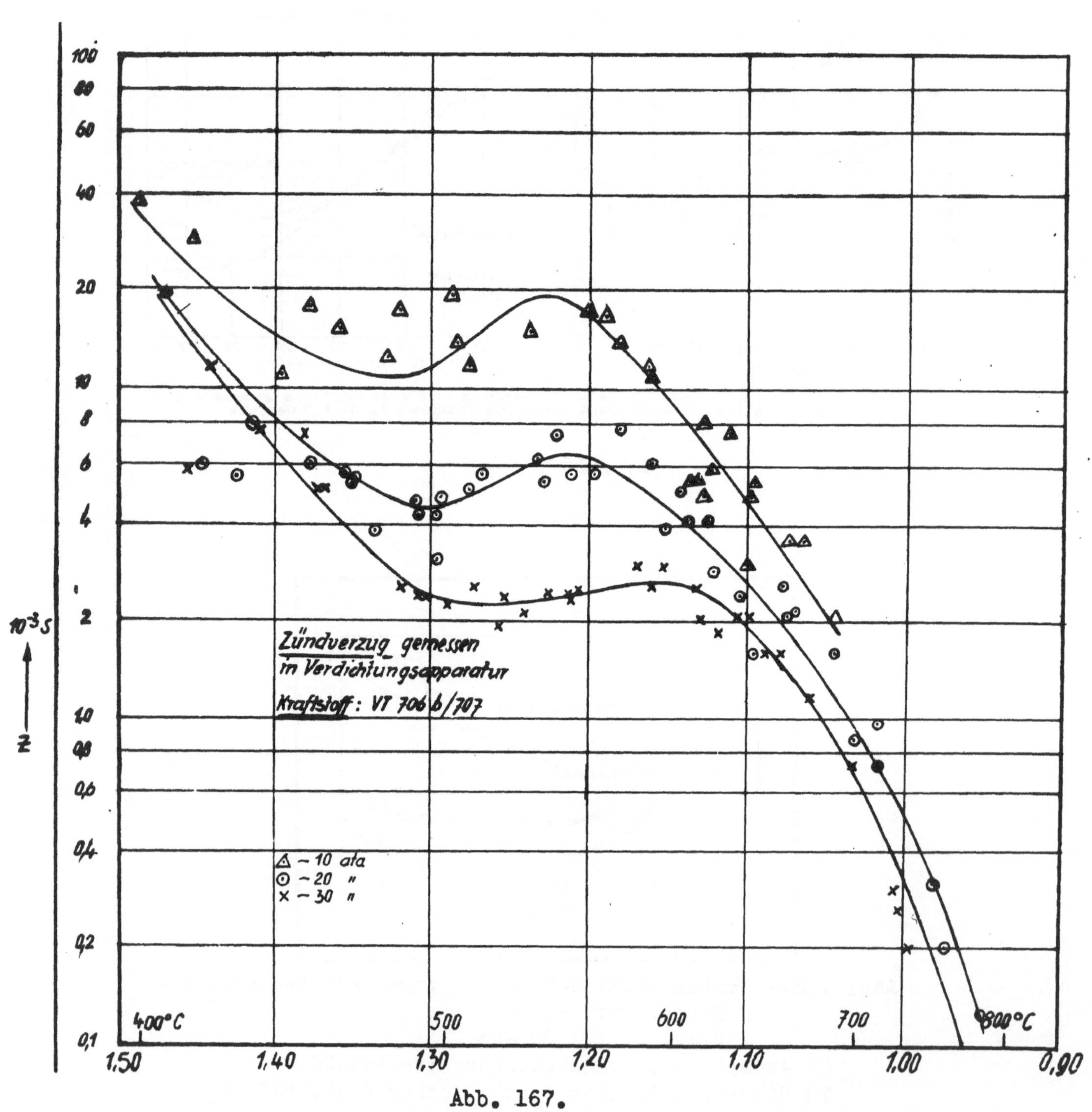

Abb. 167.

Zündverzug eines vorwiegend aromatischen, synthetischen
Kraftstoffes abhängig von der Temperatur.-Messung mit
einer Verdichtungsapparatur.

desselben Kraftstoffes, die in einer Bombenapparatur gemessen wurden,
dargestellt sind, ist ersichtlich, dass die Druckabhängigkeit des
Zündvorganges bei niedrigen Temperaturen sehr gering wird. Während im
Temperaturbereich über $700^{o}C$ noch eine formelmässige Darstellung möglich
ist, kommt bei geringeren Temperaturen eine formelmässige Darstellung
nur für sehr geringe Temperaturbereiche in Betracht. Bei diesen Versuchsergebnissen,die durch Einspritzung in eine Bombe gewonnen wurden, ist
jedoch zu beachten, dass die Ergebnisse nicht den chemischen Reaktions-
vorgang allein kennzeichnen, sondern auch Einfluss des Verdampfungsvorganges mit enthalten, so dass sie zur Ermittlung von Kennzahlen für den
Zündvorgang nicht ohne weiteres verwendet werden können. Ein weiteres
Beispiel für die Änderung des Reaktionsvorganges in verschiedenen
Temperaturbereichen zeigt Abb. 166, in der Zündverzugswerte von n-Heptan
dargestellt sind. Im linken Teil der Abbildung sind Zündverzugswerte, die
bei Einspritzung von flüssigem Heptan in eine Bombe gemessen wurden,
wiedergegeben, in der rechten Seite der Abbildung sind Zündverzugswerte,
die in der Verdichtungsapparatur gemessen wurden,wiedergegeben. Eine
Darstellung dieser Versuchsergebnisse durch die oben angegebene Formel
ist nur in sehr geringen Temperaturbereichen möglich. Bei Temperaturen
unter $650^{o}C$ ist der Druckeinfluss vernachlässigbar gering. Bei Temperaturen
über $800^{o}C$ wird der Temperatureinfluss sehr gering, der Druckeinfluss jedoch
von entscheidender Bedeutung. Neben den Messungen mit der in Abb. 164
dargestellten Verdichtungsapparatur sind auch Messungen von Jost und
Teichmann und Tiezard und Pye eingetragen. Die Verschiedenheit der Versuchsergebnisse ist vor allem auf die Verschiedenheit der Kolbengeschwindigkeit der Apparaturen zurückzuführen. Während bei der in Abb.164
dargestellten Apparatur Kolbengeschwindigkeiten von 50 m/sec. gewählt wurden,
bei denen der Fehler in der Zündverzugsmessung infolge der Kolbengeschwindigkeit nicht mehr merklich in Erscheinung tritt, wurden bei
Jost und Teichmann Kolbengeschwindigkeiten von 10 m/sec und bei Tiezard
und Pye Kolbengeschwindigkeiten von 3 m/sec verwendet. Wegen der langen
Verdichtungszeiten tritt bei diesen geringen Verdichtungsgeschwindigkeiten
ein Teil des zur Zündung führenden Reaktionsvorganges schon während der
Verdichtung auf und die Zündverzugswerte werden, insbesondere bei höheren
Temperaturen, zu gering gemessen, so dass die Kurve zu steil verläuft und
die scheinbare Aktivierungswärme zu gross erscheint.

Auch bei technischen Kraftstoffen kommen Fälle vor, bei denen die
formelmässige Darstellung der Zündverzugswerte nicht mehr möglich ist. Als
Beispiel hierfür ist in Abb.167 das Zündverhalten eines Kraftstoffes
dargestellt, das bei technischen Kraftstoffen als nicht normal bezeichnet
werden kann. Der Kraftstoff wurde speziell so ausgewählt, um zu zeigen
dass auch bei technisch verwendeten Kraftstoffen nicht immer eine einfache
Darstellung des Zündverhaltens möglich ist. Die Kurven zeigen, dass in
einem beschränkten Temperaturbereich eine Umkehrung der Geschwindigkeits-
änderung der zur Zündung führenden Reaktion mit zunehmender Temperatur
eintritt.

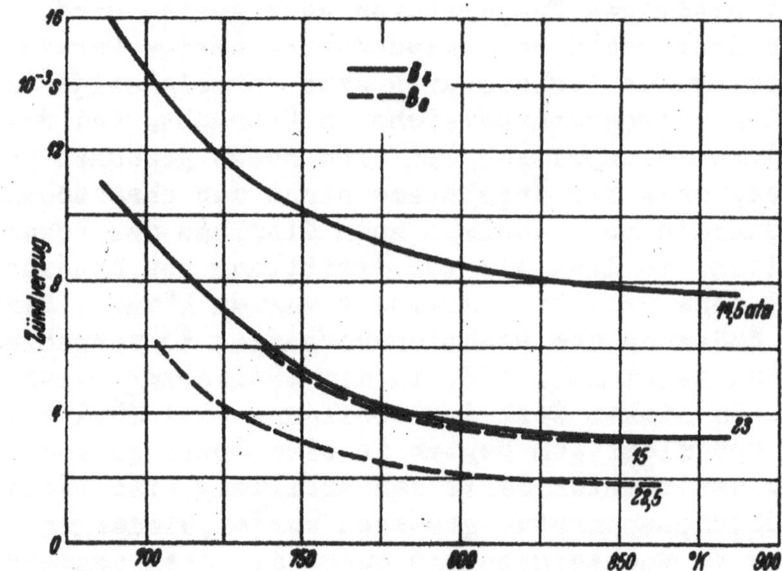

Abb. 169.- Zündverzug eines nichtaromatischen Kraftstoffes
ohne (———) und mit (-----) Bleitetraäthylzusatz,
gemessen in einer Verdichtungsapparatur.

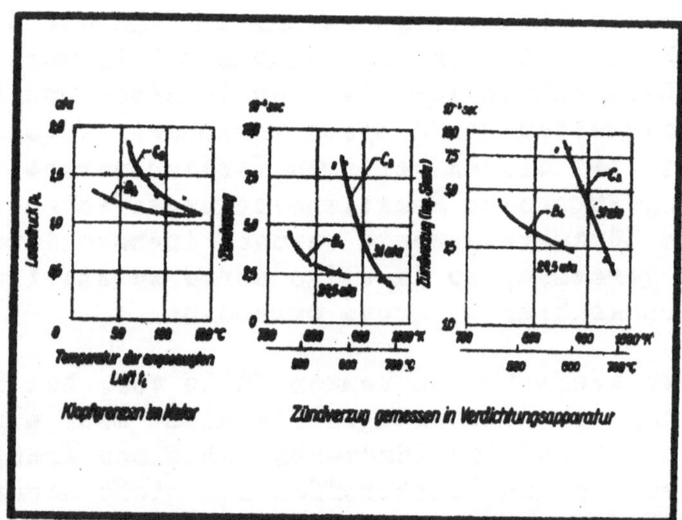

Abb. 170.- Zündverhalten eines aromatenreichen und eines
aromatenarmen Kraftstoffes.

Der Einfluss des Mischungsverhältnisses ist im Vergleich zum
Einfluss des Druck-und Temperaturverhältnisses meist gering. Die Grösse
des Einflusses ist aus Abb. 168 zu ersehen, in der für n-Heptan für
einen nichtaromatischen Kraftstoff mit Zusatz von Bleitetraäthyl
(B4) und einen aromatischen Kraftstoff (O2) die Abhängigkeit des
Zündverzugs von der Luftzahl wiedergegeben ist. In den Grenzen, die für
Ottomotoren in Betracht kommen, sind Änderungen ohne grössere Bedeutung.
Über den Einfluss von Bleitetraäthyl auf die Geschwindigkeit des Zündvorganges gibt Abb.169 für ein Beispiel Aufschluss. Die Abb. zeigt Zündverzugswerte für denselben Kraftstoff mit und ohne Bleitetraäthyl. Durch
die Zugabe von Bleitetraäthyl werden die Zündverzugswerte um einen
konstanten Faktor verringert. Diese Ergebnis steht im Einklang mit der
Änderung der Klopfgrenzkurven durch Zusatz von Bleitetraäthyl,
(vergl. Abb.1o4 auf Seite 155). Das Verhältnis der Kennzahlen, die aus
den Zündverzugsmessungen ermittelt werden, entspricht auch dem Verhältnis
der Kennzahlen, die man aus dem Motorversuch errechnen kann. Dass eine
gute Kennzeichnung des Selbstzündungsverhältnisses durch die Messung des
Zündverzugs gegeben ist, zeigt schon ein flüchtiger Vergleich der Zündverzugsmessungen mit den motorischen Messungen. In Abb.17o sind beispielsweise Zündverzugsmessungen, die in einer Verdichtungsapparatur gemessen wurden,
Zündverzugswerte, die in einer Bombe gemessen wurden und motorische Mess-
ergebnisse gegenüber gestellt. Die Betrachtung zeigt eine starke Temperaturabhängigkeit des Zündvorganges des aromatischen Kraftstoffes im Vergleich
zu einem synthetisch   hergestellten Kraftstoff auf vorwiegend paraffinischer
Basis.

Thermodynamik der Frischgasturbinen.

Je nach Durchführung des Verbrennungsvorganges unterscheidet man
V e r p u f f u n g s t u r b i n e n, wenn die Verbrennung als Ver-
puffung in Brennkammern bei annähernd gleichbleibendem Volumen stattfindet, und G l e i c h d r u c k t u r b i n e n [1], wenn die Verbrennung bei annähernd gleichbleibendem Druck erfolgt. Bei beiden Verfahren wird die Luft bzw. das unverbrannte Gas vor der Verbrennung
verdichtet. Die Verdichtung erfolgt im allgemeinen in einem besonderen
Verdichter.

Nach einem anderen Vorschlag soll die Verdichtung zur möglichst
weitgehenden Vermeidung der Übertragungsverluste unmittelbar durch die
Verbrennungsgase oder unter Zwischenschaltung einer Flüssigkeit, u.U.
unter Benutzung der kinetischen Energie dieser Flüssigkeit, durchgeführt werden, jedoch sind noch keine derartigen betriebsreifen Anlagen
gebaut.

Verpuffungsverfahren.   Die Luft (bei Verwendung flüssigen Kraftstoffs)
bzw. Luft und Heizgas werden durch Gebläse verdichtet und in eine Ver-
puffungskammer (s.z.B. schematische Darstellung einer von Holzwarth gebauten Anlage in Abb.171) eingeschoben, aus der vorher die Restgase mit

[1] Auch"Verbrennungsturbine"genannt. Diese Bezeichnung soll jedoch vermieden
werden, da auch bei der Verpuffungsturbine eine Verbrennung erfolgt.

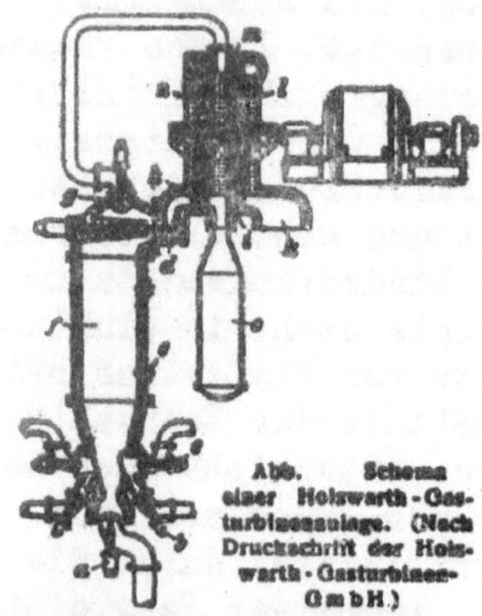

Abb. 171.

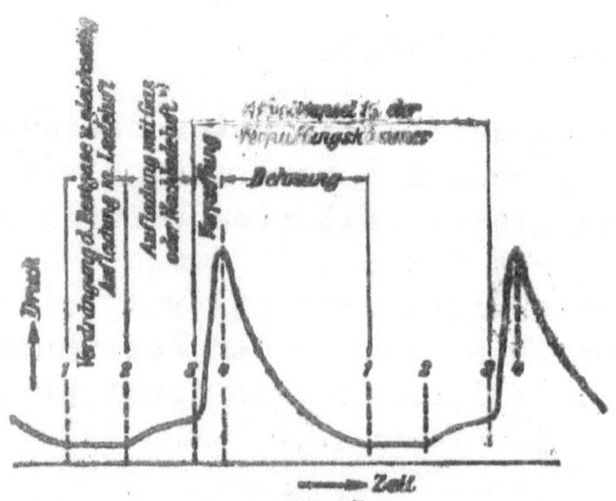

Abb. 172.

Abb. 172.
Druck-Zeit-Diagramm einer Verpuffungs-Gasturbine
*) Bei Betrieb mit Öl.

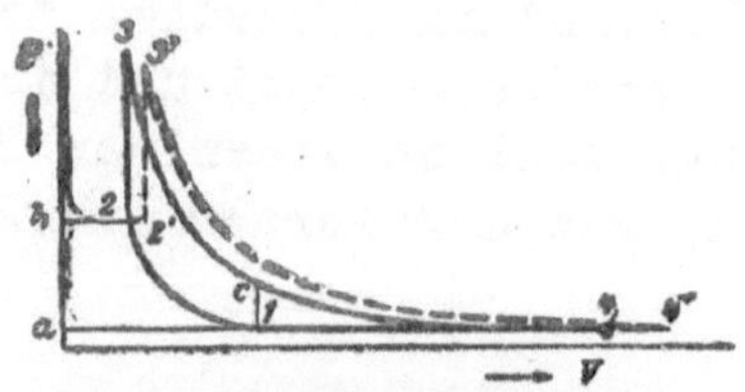

Abb. 173.

Abb. 173. Schema des Arbeitsprozesses der Verpuffungsturbine.
Ausgezogen: ohne Vorwärmung nach Verdichtung,
gestrichelt: mit Vorwärmung nach Verdichtung.

Luft verdrängt oder ausgespült wurden. Nach Schliessen das Gasventils
wird das Gasgemisch in der Kammer entzündet und verpufft (Abb.172)
Nach Ablauf der Verbrennung öffnet sich ein Ventil, und die Gase strömen
durch Düsen in die Beschaufelung der Turbine.

Führt man dieses Verfahren so durch, dass keine Verluste durch
Drosselung und Wärmeabgabe auftreten, so ergibt sich ein Arbeitsprozess
entsprechend der Darstellung im pV-Diagramm in Abb.173. Die im verlustlosen Verdichter aufzuwendende Arbeit entspricht der Arbeitsfläche
1-2-b-a-1. Das Ausschieben der Verbrennungsgase durch die Frischgase
erfolgt bei dem idealisierten Füllungsvorgang beim konstanten Druck
des verdichteten Frischgases. Nach dem 1.Hauptsatz ergibt sich die
in der Turbine geleistete Arbeit entsprechend der Arbeitsfläche
2-3-4-a-b-2. Das Verfahren nach Abb. 173 unterscheidet sich von dem
Verfahren nach Abb. 172 dadurch, dass beim letzteren der Druck am Ende
der Dehnung bis annähernd auf den Gegendruck (Druck der Spülluft) sinkt,
der Verbrennungsraum zunächst mit Frischluft gefüllt und dann solange
verdichtete Luft nachgeladen wird, bis der verlangte Druck im Verbrennungsraum annähernd erreicht ist. Dabei tritt wegen der Drosselung und der an-
schliessenden Verdichtung eine Temperaturzunahme 2) und ein Leistungsverlust auf.

<u>Leistungsberechnung.</u>

L_{adl}	Arbeitsbedarf des Laders bei adiabatischer Verdichtung (kgm/kg)
R	Gaskonstante für 1 kg (kgm/kg°)
T	Temperatur (^oK)
p	Druck (kg/cm^2)
G_G	stündliches Gasgewicht (kg/h)
G_L	stündliches Luftgewicht (kg/h)
N_t	Wellenleistung der Turbine (PS)
η_t	Turbinenwirkungsgrad
N_l	Leistungsbedarf des Laders (PS)
η_l	Laderwirkungsgrad

$K = c_p/c$

Aus der Verdichtungsarbeit für 1 kg Luft oder Gemisch im Lader:

$$L_{adl} = RT_1 \frac{K}{K-1}\left[\left(\frac{P_2}{P_1}\right)^{\frac{K-1}{K}} - 1\right]$$

erhält man den   Leistungsbedarf des Laders:

$$N_L = \frac{L_{adl}\, G_L}{3600 \cdot 75 \cdot \eta_L}$$

Temperatur T_3 und damit Druck P_3 ergeben sich aus der bekannten Verdichtungsendtemperatur T_2 mit Hilfe der Verbrennungsgleichung.

2) s.S. 131 bis 135.

Die Arbeit der vollkommenen Turbine je kg Gas wird:

$$L_{adt} = \frac{RT_1}{K-1}\left[1 - K\left(\frac{p_4}{p_3}\right)^{\frac{K-1}{K}}\right] + RT_2$$

Damit wird die Turbinenleistung bei einem stündlichen Gasgewicht G_G

$$N_t = \frac{G_G \cdot L_{adt} \cdot \eta_t}{3600 \cdot 75}$$

Die Nutzarbeit der Anlage entspricht der Differenz von Turbinenarbeit und Ladearbeit, also der Fläche 1-2-3-4-1 in Abbildung 173. Die Arbeit der vollkommenen Turbine ist um den der Fläche 1-c-4-1 entsprechenden Arbeitswert grösser als die Arbeit des motorischen Ottoprozesses mit der gleichen Verdichtung. Für die Berechnung des Arbeitsprozesses gelten dieselben Regeln wie für die Berechnung des motorischen Prozesses. 3)

Eine Vorverdichtung ist ebenso wie beim Ottomotor grundsätzlich nicht erforderlich, jedoch wird der Wirkungsgrad der vollkommenen Turbine um so günstiger, je höher man die Vorverdichtung wählt.

Wegen der Verluste, insbesondere bei der Verdichtung, erhält man mit der Verbrennungsturbine im Gegensatz zum Motor die günstigste Arbeitsausbeute bei einem Verdichtungsverhältnis von nur etwa 1 : 3 bis 1 : 8. Das günstigste Verdichtungsverhältnis ist umso höher, je günstiger der Turbinenwirkungsgrad und der Laderwirkungsgrad sind. Der genaue Wert hängt ab von der Gastemperatur und vor allem vom Grad der Vorwärmung der Verbrennungsluft durch die Abgase.

Beim Verpuffungsverfahren beginnt der Ausströmvorgang aus der Kammer bei grossem Druck und endigt bei kleinem Druck. Deshalb strömen die Gase mit verschiedener Geschwindigkeit durch das Laufrad. Da die Umfangsgeschwindigkeit des Laufrades gleich bleibt, entsprechen den verschiedenen Phasen des Ausströmungsvorganges verschiedene Wirkungsgrade, so dass der Gesamtwirkungsgrad etwas geringer ist als der günstigste bei gleichförmiger Strömung erreichbare Wirkungsgrad. Bei den ausgeführten Anlagen wird eine gleichmässige Strömung durch eine Anordnung von Nebenkammern (vergl. Abb. 171 Zwischenbehälter) angestrebt, jedoch bedingen auch die Drosselvorgänge in den Ausgleichbehältern Verluste.

Gleichdruckverfahren. Luft bzw. Luft und Gas werden verdichtet; hierauf wird dem arbeitenden Gas im allgemeinen durch Verbrennung bei annähernd gleichbleibendem Druck eine bestimmte Wärmemenge zugeführt und anschliessend das Arbeitsgas in der Turbine auf Gegendruck entspannt. Damit ergibt sich unter Vernachlässigung der Drossel-und Wärmeverluste ein Arbeitsprozess nach Abb.174. Die im Verdichter aufzuwendende Arbeit entspricht der Fläche 1-2-b-a-1, die von der Turbine geleistete Arbeit der Fläche 3-4-a-b-3 bzw. 3'-4'-a-b-3' bei Vorwärmung. Ein Schema einer derartigen von BBC gebauten Anlage zeigt Abb.175

Die Leistung der Gleichdruckgasturbine ist ebenso wie die der Dampfturbine dem adiabatischen Arbeitsgefälle L_{adt} verhältig, das bei gegebenem Druckverhältnis p_2/p_1 annähernd der Gastemperatur T_3 proportional gesetzt werden kann. Es gilt

$$L_{adt} = \frac{1}{A}(i_3 - i_4) = \frac{K}{K-1}RT_3\left[1 - \left(\frac{p_1}{p_2}\right)^{\frac{K-1}{K}}\right]$$

3) s.S. 9-15.

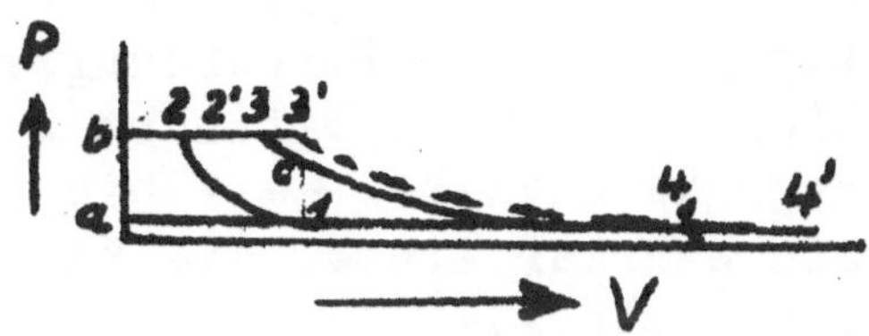

Abb. 174.- Schema des Arbeitsprozesses der Gleichdruckgasturbine.

Ausgezogen: ohne Vorwärmung nach Verdichtung.
Gestrichelt: mit Vorwärmung nach Verdichtung.

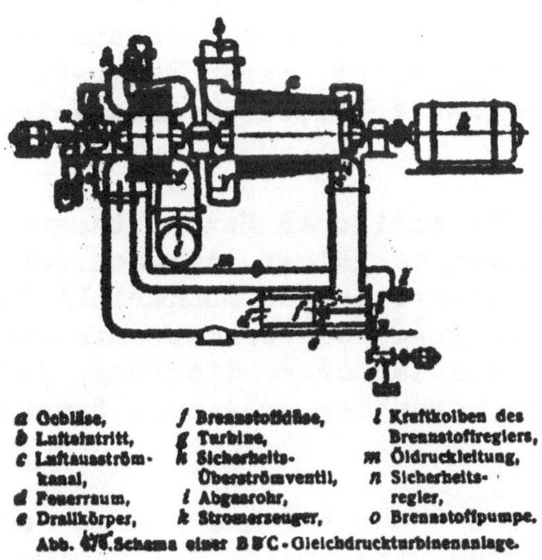

a Gebläse, *b* Lufteintritt, *c* Luftausströmkanal, *d* Feuerraum, *e* Drallkörper, *f* Brennstoffdüse, *g* Turbine, *h* Sicherheits-Überströmventil, *i* Abgasrohr, *k* Stromerzeuger, *l* Kraftkolben des Brennstoffreglers, *m* Öldruckleitung, *n* Sicherheitsregler, *o* Brennstoffpumpe.

Abb. [illegible]. Schema einer BBC-Gleichdruckturbinenanlage.

Abb. 175.

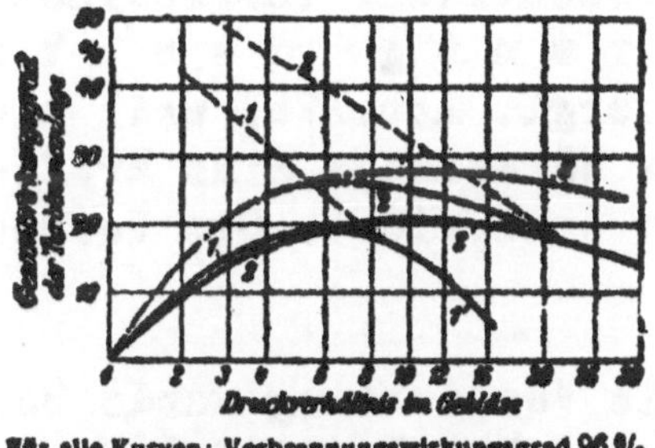

Für alle Kurven: Verbrennungswirkungsgrad 96 %. Gebläsewirkungsgrad 85 %.

1 Temperatur vor Turbine 600°, Turbinenwirkungsgrad 85 %.

2 Temperatur vor Turbine 1000°, Turbinenwirkungsgrad 75 %.

3 Turbine mit zweistufiger Verbrennung, Temperatur vor Turbine 1000°, Turbinenwirkungsgrad 75 %.

——— ohne Vorwärmung.

- · - · - Vorwärmung der Verbrennungsluft um den halben theoretisch möglichen Wert auf $(t_2 + t_4')/2$ (Abb. 3).

— — — Vorwärmung der Verbrennungsluft auf den theoretischen Grenzwert t_4'.

Abb. [illegible]. Wirkungsgrad von Gleichdruck-Verbrennungsturbinenanlagen, abhängig vom Druckverhältnis im Gebläse.

Abb. 176.

and

$$N_t = \frac{G_G \cdot L_{adt}}{3600 \cdot 75} \eta_t$$

Kraftstoffverbrauch und Wirkungsgrad sind ebenfalls von der erreichbaren Gastemperatur abhängig. Die Grösse der Turbinenleistung ist
annähernd dem Produkt von $\eta_t \cdot T_3$ verhältig, das im Schrifttum manchmal
als Kennzahl oder Gütezahl für die Turbine benutzt wird. Der Wirkungsgrad des Gleichdruckverfahrens ist bei gleichem Verdichtungsgrad
-wie beim Motor- ungünstiger als beim Verpuffungsverfahren. Das günstigste
Verdichtungsverhältnis liegt in dem in Betracht kommenden Bereich der Gastemperaturen und Wirkungsgrade etwa bei $\varepsilon = 4$ bis $\varepsilon = 10$. Je grösser
die Verdichtung ist, desto stärker treten die Verluste im Lader und in
der Turbine in Erscheinung (Abb.176). Je weitgehender eine Luftver-
wärmung angewendet wird, desto grösser ist der Wirkungsgrad und bei um so
kleinerer Verdichtung liegt der Höchstwert des Wirkungsgrades.

Thermodynamische Massnahmen zur Verbesserung der Wirtschaftlichkeit.

Bei vorgegebener höchstzulässiger Gastemperatur kann die Leistung der
Turbine durch s t u f e n f ö r m i g e V e r b r e n n u n g
erhöht werden. Hierbei erfolgt eine Entspannung der Gase in mehreren
Stufen; zwischen diesen Stufen wird das Gas jeweils durch Zuführen von
Kraftstoff wieder auf die höchstzulässige Temperatur erwärmt. Bei dieser
Anordnung ist es möglich, die Leistung der Stufen im Bereich niedriger
Drücke zu erhöhen und damit bei zweckmässiger Aufteilung des Wärmege-
fälles auf die einzelnen Stufen den Verbrauch der Turbine zu ver-
bessern (Abb.176, Kurve 3)

Eine wesentliche thermodynamische Verbesserung bietet die
V o r w ä r m u n g d e r V e r b r e n n u n g s l u f t durch
Abgase (vergl. Abb.176) weil die aus den Abgasen der Verbrennungsluft
zugeführte Wärmemenge eine Kraftstoffmenge spart, deren Heizwert dieser
Wärmemenge entspricht. Die Verbesserung des Arbeitsdiagramms zeigen Abb.173
und 174.

Für die Verdichtung wurde bei den theoretischen Betrachtungen
die adiabatischen Zustandsänderungen zugrunde gelegt, tatsächlich
erfolgt sie jedoch mit Verlusten. Beim theoretischen Sonderfall isothermer Verdichtung ist zwar der Wirkungsgrad des verlustlosen Prozesses
ohne Vorwärmung ungünstiger als bei adiabatischer Verdichtung, jedoch
tritt die Verbesserung durch Vorwärmung wegen der grösseren Temperaturunterschiede stärker in Erscheinung.

Die A u f t e i l u n g d e r G a s t u r b i n e i n z w e i
S ä t z e , von denen einer den Verdichter, der zweite den Stromerzeuger
antreibt, ist vorteilhaft, weil für beide Turbinen die jeweils günstigsten
Drehzahlen gewählt werden können.

Zusammenschaltung von Dampfkraftanlagen oder Verbrennungsmotoren mit Gasturbinen.
Durch das Zusammenwirken von Abgasturbinen mit Kolben-
maschinen oder Dampfkraftanlagen lassen sich thermodynamische Vorteile
erreichen. An Stelle der Brennkammer wird als Gaserzeuger ein Kolbenmotor

oder Kessel verwendet, dessen Abgase das Antriebsgas für die Turbine
ergeben. Wird zum Antrieb des Verdichters die Gasturbine (Turbolader,
z.B. Verfahren von Büchi) verwendet, so ist die volle Motorleistung
nutzbar. Treibt der vorgeschaltete Verbrennungsmotor (Verfahren von
Pescara) oder eine Dampfkraftanlage den Lader an, so steht die gesamte
Leistung der Gasturbine nutzbar zur Verfügung.

Geht man von einer höchstzulässigen Temperatur der Gase vor der
Turbine aus, so ist ein vor der Turbine geschalteter Dampfkessel mit
Dampfturbine vorteilhaft. Eine Verbindung von Kesselanlage mit Abgas-
turbolader ist z.B. der Velox-Kessel.

In der chemischen Industrie ist die Verwendung von Abgasturboladern
in Verbindung mit Reaktionsvorgängen bei hohen Drücken und Temperaturen
besonders wirtschaftlich, weil die Verdichterarbeit an sich für den
chemischen Prozess erforderlich ist, so dass bei Verwendung von Turbo-
ladern im Vergleich zum mechanischen Antrieb des Laders die Antriebsleistung des Laders gespart wird.

Kühlung von Gasturbinenschaufeln.
       (siehe auch Seite 215 bis 217).

Die Kühlung von Gasturbinenschaufeln hat im Laufe der Entwicklung immer
grössere Bedeutung gewonnen. Fast alle Entwicklungsfirmen haben sich der
Innenkühlung der Turbinenschaufeln zugewendet, weil diese Methode
die grössten Erfolgsaussichten für die Entwicklung von Gasturbinen für
hohe spezifische Leistungen bietet.

Die theoretischen Berechnungen (vergl. Seite 191/192 u. Seite 3) zeigen,
dass die Leistung jeder Gasturbine in erster Annäherung der absoluten Temperatur der Gase vor den Düsen der Turbine verhältig ist. Deshalb ist es
für die erreichbare spezifische Leistung von grösser Bedeutung, dass
möglichst hohe Gastemperaturen in der Turbine verarbeitet werden können.
Durch wesentliche Verbesserung der Werkstoffe ist bezogen auf gleiche
Gastemperatur, in der Grössenordnung keine so entscheidende Verbesserung
zu erwarten, wie durch Kühlung der Schaufeln. Die Grössenordnung der erzielbaren Verbesserung durch Innenkühlung kann durch einen Vergleich verschiedener Schaufelbauarten bei Messung der Temperaturen an feststehenden
Schaufeln gezeigt werden. In Abb.177 sind beispielsweise die Temperaturen
einer Vollschaufel, einer Hohlschaufel ohne Vergrösserung der inneren Hohl-
flächen (glatte Hohlschaufel), einer Hohlschaufel mit einer Innenverrippung und
einer Hohlschaufel, die durch Verschweissung eines Schaufelmantels mit einem
Kernstift hergestellt ist, dargestellt. Die Darstellung zeigt, dass durch
Innenkühlung mit Verrippung die Temperaturen der Schaufel um mehrere 100°
gesenkt werden können. Bei der letzten Bauart mit Kernstift ist die
Temperatur des tragenden Stiftes und die Temperatur des Schaufelmantels
zu unterscheiden. Die Temperatur des tragenden Stiftes ist erheblich geringer als die Temperaturen der tragenden Mantelteile bei den übrigen
Bauarten. Die Temperaturen des Schaufelmantels und des tragenden Stiftes

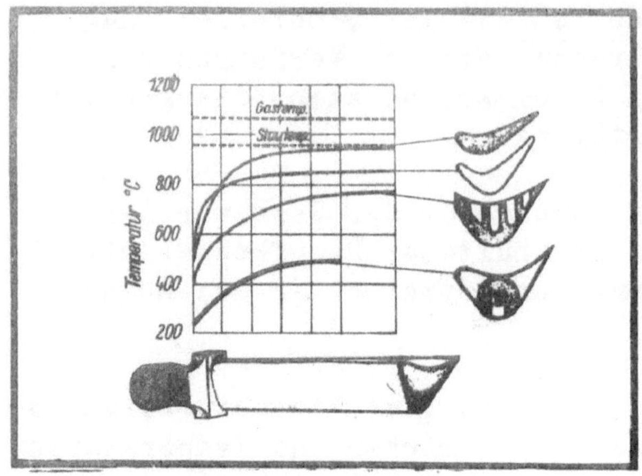

Abb. 177.-Temperatur-
verlauf bei verschie-
denen Schaufelformen.

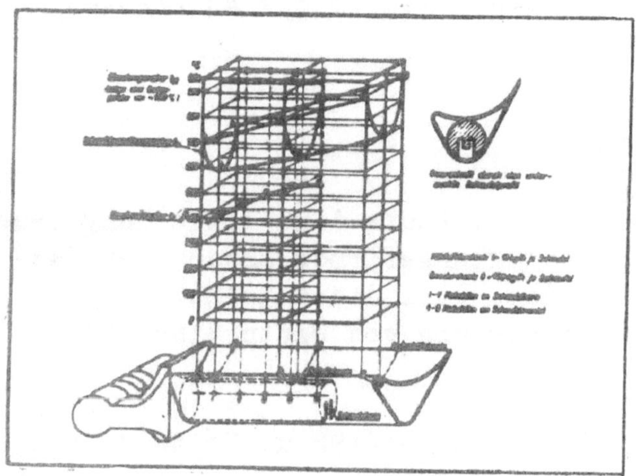

Abb. 178.-Temperatur-
verteilung bei der
Hülsenschaufel nach
Messungen von W. Schneider
am Lehrstuhl Prof. Nusselt.
(Stautemperatur 952°C entspr.
einer Gastemperatur von 1100°C.)

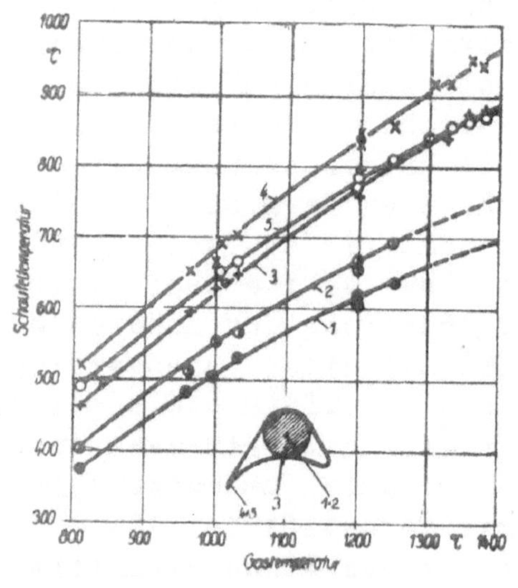

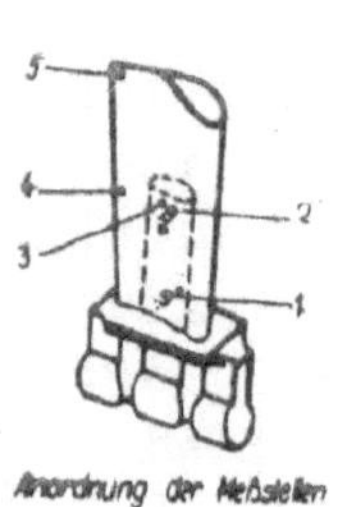

Abb. 179.-Temperaturen
an verschiedenen Stellen
einer Hohlschaufel abhängig
von der Gastemperatur.
(Messung an feststehenden
Schaufeln von H. Kress.)

sind als Kennfeld in Abb. 178 wiedergegeben.

Die höchsten Temperaturen treten an der Spitze des Schaufelmantels
an der Eintrittskante auf. Ein-und Austrittskante haben höhere
Temperaturen als die Mittelteile des Schaufelmantels. Die Bauart gestattet die Verwendung verschiedener Materialien für Mantel und Kern.
Die höchste Festigkeit wird bei den Temperaturen die im Schaufelkern vorhanden sind mit anderen Werkstoffen erreicht als bei den Temperaturen
die im Schaufelmantel auftreten. Während für die Temperaturen von
500° bis 800° die dem Schaufelmantel entsprechenden hochwarmfesten
Werkstoffe mit hohem Nickel-und Chromgehalt erforderlich sind, genügen
für die dem Kern entsprechenden Temperaturen von 350° bis 500° schon
Werkstoffe, wie sie etwa für Kurbelwellen verwendet werden, mit Chrom-
Nickel und Molybden-Zusätzen in der Grössenordnung von 1 bis 2%.
Vergl. Werkstoff BVT 9o, Abb. 163, S.321. Die Abbildungen 177 und 178
bezogen sich auf eine konstante Gastemperatur von etwa lo5o° vor den
Düsen der Turbine. Die Abhängigkeit der Schaufeltemperatur von der Gastemperatur ist in Abb.179 wiedergegeben. loo° Gastemperatursteigung bedingt im Durchschnitt 5o° bis 75° Steigerung der Schaufeltemperatur. Auch
die Kühlluftmenge, die durch die Schaufel geblasen wird, beeinflusst erheblich die Temperatur des Schaufelmateriales. In Abb. 18o sind für zwei
verschiedene Schaufelkonstruktionen die Temperaturen des Schaufelmaterials wiedergegeben. Mit der Zunahme der Kühlluftmenge erhält man
naturgemäss vor allem wegen der Erhöhung der Kühlluftgeschwindigkeit
eine Verbesserung der Kühlwirkung. Vergl. auch die Abb. 142 und 143
und die entsprechenden Ausführungen im Text. Die Verbesserung wird
mit zunehmender Kühlluftmenge relativ immer geringer. Die höchstzulässige Kühlluftmenge ist jedoch durch den Verlust, der in erster Linie
durch die Beschleunigung des Kühlluftgewichtes auf die Umfangsgeschwindigkeit bedingt ist, begrenzt. Im Allgemeinen wird eine Kühlluftmenge von etwa 3 - lo% des Gasgewichtes zugelassen. Je besser die
Aufteilung der Kühlluftquerschnitte gewählt ist, umso geringer ist für
eine gegebene Schaufeltemperatur der Aufwand an Kühlluftgewicht.
Die Beeinflussung des Wärmeflusses im Schaufelmantel ist bei Hohlschaufeln im allgemeinen gering, da der für die Wärmeleitung mass-
gebende Querschnitt des Schaufelmantels verhältnismässig klein ist.
Dementsprechend ist auch der Einfluss der Kühlung des Schaufelflusses
bei Hohlschaufeln gering und nur in nächster Nähe des Schaufelflusses
merklich. In Abb. 181 ist für eine Hohlschaufel rechnerisch und durch
Versuche gemessen die Schaufeltemperatur bei verschiedenen Fuss-
temperaturen wiedergegeben. Man sieht, dass bei dem gewählten Beispiel
schon 2o% der Gesamtlänge vom Schaufelfluss entfernt, die Wirkung einer
Schaufelfusskühlung vernachlässigbar gering wird.

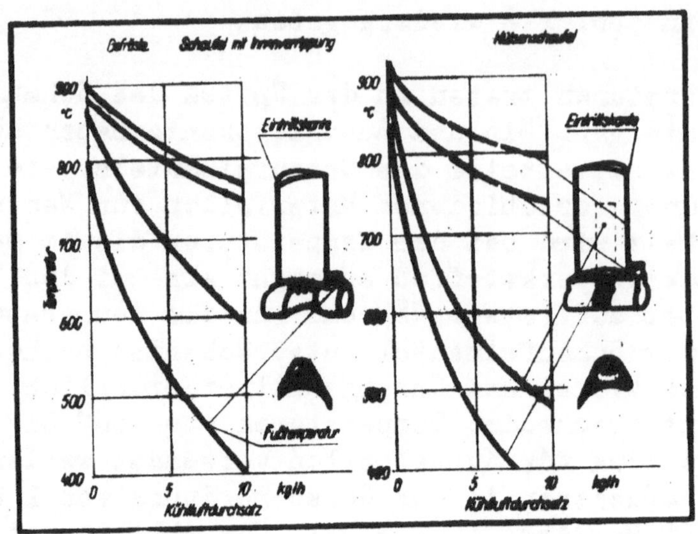

Abb. 180.- Temperaturverlauf abhängig vom Kühlluftdurchsatz
bei einer gefrästen Schaufel und einer Hülsenschaufel.

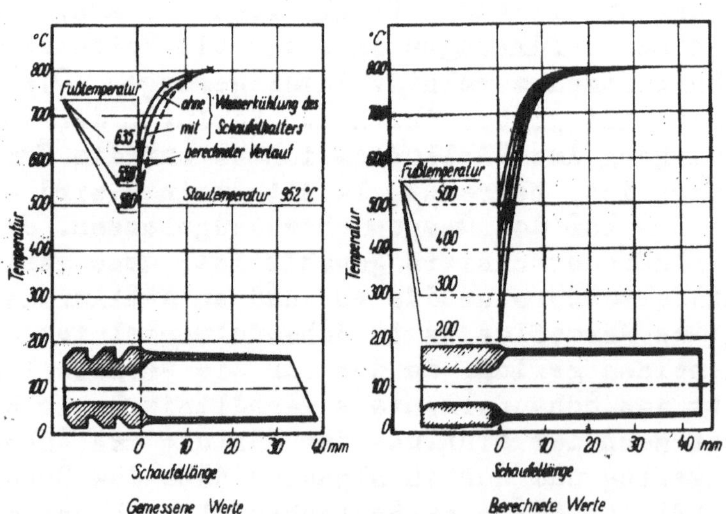

Abb. 181.- Gemessener und berechneter Temperaturverlauf längs
der Schaufeleintrittskante einer nicht verrippten
innengekühlten Hohlschaufel nach E. Gnam.

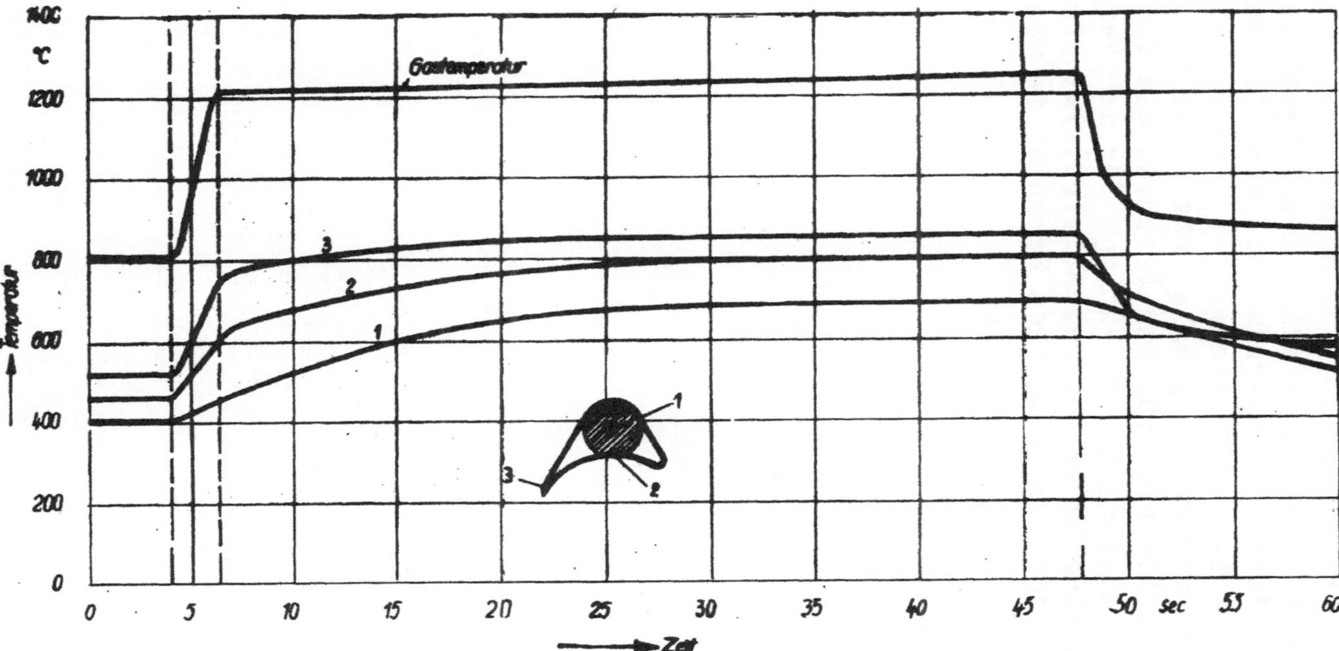

Abb. 182.- Temperaturen an verschiedenen Stellen einer Kohlschaufel bei
rascher Änderung der Gastemperatur.- Messungen von K. Kress.

Die bisherigen Darlegungen beziehen sich auf zeitlich konstante
Gastemperaturen. Für die Regelung ist aber der Einfluss rascher Änderung
der Gastemperatur auf die Temperatur des Schaufelmantels von Gasturbinen
von Bedeutung, weil die Regelung so schnell erfolgen muss, dass eine
Überschreitung der zulässigen Temperatur des Schaufelmantels vermieden
wird. Diese Zeitdauer - bis zum Erreichen des Beharrungszustandes ist
natürlich im wesentlichen davon abhängig, wie gross die Schaufelquer-
schnitte sind. In Abb. 182 sind für ein Beispiel die Schaufeltemperaturen
abhängig von der Zeit wiedergegeben. Während für den Kern die
Temperatur erst nach etwa 40 sec, erreicht wird, ist für den Schaufelmantel die Temperatur schon nach wenigen Sekunden im wesentlichen
erreicht.

folgender Abb. 163 für die wichtigsten im Handel erhältlichen Werkstoffe die Dauerstandfestigkeit wiedergegeben. Die anschließende Tabelle gibt Aufschluß über die Zusammensetzung der Werkstoffe.

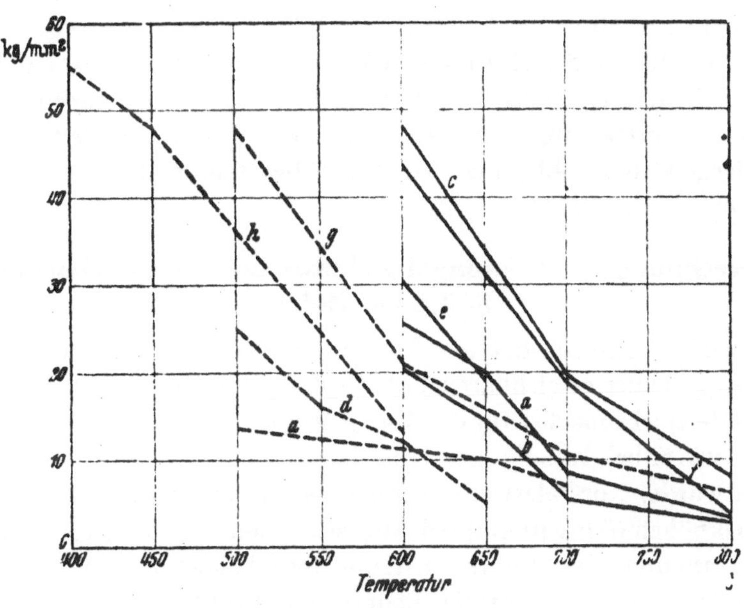

Abb. 163.
Dauerstandfestigkeit und zulässige Zugbeanspruchung (DVL-Kennzeichnung) einiger warmfester Werkstoffe abhängig von der Temperatur

gestrichelte Kurven: Dauerstandfestigkeit nach DVM-Vornorm A 117/118
ausgezogene Kurven: Zul. Beanspruchung nach DVL.-Kennzeichnung
(Zugbeanspruchung, die zu 1 vH Gesamtdehnung in 300 h führt).

Legierung der Werkstoffe in Proz.

	C	Si	Mn	Cr	Ni	Mo	W	Ti	Co	Ta+ Nb	V	N
a) ATS hochnorm. (DEW) ...	0,14	0,80	0,70	19,3	10,3	—	0,58	—	—	1,35	—	—
b) WF 100 D (Krupp)	0,38	1,84	0,52	14,8	12,9	0,23	2,58	—	—	—	—	—
c) DVL 42 (PMWC) (DVL.-Heraeus)	0,04	0,40	0,02	14,8	34,2	5,2	4,5	1,08	25,5	—	—	—
d) V 2 A-E-D (Krupp)	0,10	—	—	18,0	9,0	—	1,0	—	—	—	—	—
e) FBD (SAS 8) (Böhler)	0,10	1,0	0,9	16,5	2,0	—	—	—	—	1,15	—	0,2
f) Tinidur (Krupp) ....,...	0,12	0,79	0,81	13,9	30,8	—	—	1,53	—	—	—	0,019
g) FCMD (Böhler)..........	0,11	1,0	18,8	12,8	0,70	—	—	—	—	—	—	0,13
h) BVT 90 (Boch. Verein)	0,20	0,90	0,50	1,10	—	1,10	—	—	—	—	0,5	—

Ergänzungen zu den Berechnungsbeispielen.
Berechnung der Leistungen und Verbrauchszahlen eines Motors mit Abgasturbolader.

Erweiterung des Beispieles für die Berechnung eines Flugmotors mit Aufladung (s. S. 249).

Zur Errechnung der Motorleistung ist die Bestimmung des zum Antrieb des Laders erforderlichen Druckgefälles der Abgasturbine nötig, weil die Motorleistung von der Differenz zwischen Ladedruck und Auspuffgegendruck abhängig ist. Die Abgastemperatur ist gegeben: $T = 1100°$ K, $t = 827°$ C.

Berechnung der Leistung des Motors mit Abgasturbolader in 3,5 km Höhe.

Um einen Vergleich der mit Abgasturbine und mit mechanisch angetriebenem Lader erreichbaren Motorleistungen durchführen zu können, wird als Beispiel zunächst für die Abgasturbinenaufladung derselbe Lader gewählt, wie er bei Aufladung mit mechanisch angetriebenem Lader vorgesehen wurde. Normalerweise werden jedoch nur Lader mit größeren Volldruckhöhen (5 bis 10 km) bei Abgasturbinenaufladung verwendet.

Bei Aufladung des Motors mit Hilfe eines Abgasturboladers muß die Turbine den Leistungsbedarf des Laders von 41,5 PS (s. S. 251) in 3,5 km Höhe (Gleichdruckhöhe) aufbringen. Für die vorläufige Berechnung ist diejenige Laderleistung einzuführen, die sich aus der vom Lader geförderten Luftmenge ohne Berücksichtigung der Mehrfüllung durch die Restgasverdichtung ergibt, da bei Abgasturbinenbetrieb die Druckdifferenz zwischen Ladedruck und Auspuffgegendruck wesentlich kleiner ist als beim Motor mit mechanisch angetriebenem Lader, so daß auch eine wesentliche Totraumspülung nicht auftritt. Mit Hilfe des aus der vorläufigen Berechnung ermittelten Drucks in der Auspuffleitung kann eine genauere Berechnung der Luftmenge und damit eine genaue Berechnung des Leistungsbedarfs des Laders erfolgen.

Das zum Antrieb des Laders erforderliche Turbinengefälle kann aus einer Beziehung, die sich aus der Gleichheit der Wellenleistungen des Laders und der Turbine (unmittelbare Kupplung beider Maschinen) ergibt, errechnet werden.

Aus der Beziehung: Turbinenleistung   Leistungsbedarf des Laders

$$N_t = \frac{G_G \, L_{ad\text{-}t} \, \eta \, t}{270\,000} = N_l = 41,5 \text{ PS}$$

ergibt sich also das adiabatische Turbinengefälle

$$L_{ad\text{-}t} = \frac{41,5 \cdot 270\,000}{G_G \cdot \eta_l t} \quad \text{mkg kg Gas.}$$

Der Turbinenwirkungsgrad sei $\eta_t = 0{,}65$. Das stündliche Abgasgewicht G_G entspricht unter der Annahme, daß kein Gas abgeblasen wird, der Summe des in Annäherung ermittelten Luftgewichtes $G_{L\,vorl}$ (S. 251) und des Kraftstoffgewichtes B, wobei letzteres von der Luftüberschußzahl abhängig ist. Mit $\lambda = 0{,}9$ ergibt sich

$$G_G = G_L + B = G_{L\,vorl} + \frac{G_{L\,vorl}}{\lambda\,G_{min}} = 1880 + \frac{1880}{0{,}9 \cdot 14{,}4} = 2025\ \text{kg/h}.$$

Damit wird

$$L_{ad\text{-}t} = \frac{41{,}5 \cdot 270\,000}{2025 \cdot 0{,}65} = 8510\ \text{mkg/kg Gas}.$$

Die diesem Gefälle entsprechenden Zustandsgrößen des Abgases vor und nach der Turbine können aus den IS-Diagrammen für Verbrennungsgase[1] (Tafeln II bis V) auf folgende Weise ermittelt werden:

Zieht man eine im Abstand entsprechend dem adiabatischen Wärmegefälle tiefer liegende Parallele zur horizontalen Temperaturkurve (T = 1100° K) und bringt diese Linie mit der Linie des Gegendruckes 0,67 at zum Schnitt, so erhält man die Lage der senkrechten Adiabate. Der Schnitt der Adiabate mit der Temperaturkurve T = 1100° K ergibt den Anfangsdruck und das Anfangsvolumen der adiabatischen Dehnung. Im vorliegenden Falle ergeben sich für den Anfangszustand (Index I) und den Endzustand (Index II) der adiabatischen Dehnung folgende Werte:

gegeben: $T_I = 1100°\,K.$

$p_{II} = 0{,}67\ \text{kg cm}^2;$

abgelesen: der gesuchte Auspuffgegendruck des Motors

Druck vor der Turbine $p_I = 0{,}88\ \text{kg cm}^2;$

weiterhin:

$v_I = 3{,}76\ \text{m}^3/\text{kg}.$

$v_{II} = 4{,}65\ \text{m}^3/\text{kg}.$

$T_{II} = 1035°\,K.$

Für den Fall, daß lediglich der Gasdruck vor der Turbine ermittelt werden soll, kann man sich auch der Gefälletafel (Tafel I) bedienen.

Da somit der Gegendruck des Motors bekannt ist, kann nunmehr die genaue Berechnung erfolgen.

---

[1] Diese IS-Tafeln für Verbrennungsgase von Kohlenwasserstoffen erscheinen demnächst im Arbeitsformat (DIN A0) für die Luftüberschußzahlen $\lambda = 0{,}8$; 0,9; 1,0; 1,2; 1,5; 2,0 und 3,0 im Verlag R. Oldenbourg, München. Verfasser: P. Loretz. Herausgeber: ZWB Berlin-Adlershof.

Die Mehrfüllung ergibt sich wie oben (S. 256) aus

$$C = 1 + a \left(1 - \frac{p}{p_s}\right).$$

wobei wiederum

$$a = \frac{\varepsilon}{\varkappa(1-\varepsilon)} = 0{,}13.$$

damit wird

$$C = 1 + 0{,}13 \left(1 - \frac{0{,}88}{1{,}033}\right) = 1{,}019.$$

so daß

$$G_L = G_{Lvorl} \cdot 1{,}019 = 1880 \cdot 1{,}019 = 1916 \text{ kg/h}.$$

Damit wird der Leistungsbedarf für die Verdichtung der tatsächlich zugeführten Luftmenge

$$41{,}5 \cdot 1{,}019 = 42{,}3 \text{ PS}.$$

Eine Neuberechnung des Auspuffgegendruckes ist jedoch nicht erforderlich, da sich mit dem Luftgewicht auch das Abgasgewicht verhältig erhöht.

Der mittlere Innendruck wird um den Betrag

$$\triangle p_i = (1{,}033 - 0{,}88) \cdot 0{,}7 = 0{,}107 \text{ kg/cm}^2$$

größer, so daß mit den Angaben auf Seite 253

$$p_i = 11{,}56 + 0{,}107 = 11{,}676 \text{ kg/cm}^2$$

wird und mithin die Innenleistung des Motors

$$N_i = 718 \cdot 1{,}0192 \cdot \frac{11{,}676}{11{,}56} = 739 \text{ PS}.$$

Die Nutzleistung und der Kraftstoffverbrauch sind also

$$N_e = 739 - 77 = 662 \text{ PS},$$

$$b_e = \frac{B}{N_e} = \frac{\dfrac{1916}{0{,}9 \cdot 14{,}4}}{662} = 223 \text{ g/PSh}.$$

Je nach dem verwendeten Regelverfahren ist entweder, wie in dieser Berechnung angenommen, die Größe der Düsenfläche so zu regeln, daß sich der errechnete Druck p_I vor der Turbine einstellt (Düsenregelung), so daß kein Gas abgeblasen wird, oder die Regelung der Turbinenleistung erfolgt entgegen den Annahmen dieser Rechnung durch Abblasen von Abgas aus der Abgasleitung vor der Turbine, d. h. durch Senken des durch entsprechende Bemessung der Düsenfläche von vornherein für alle Betriebszustände genügend hohen Druckes p_I und damit auch gleichzeitig mit einer Verringerung der durch die Turbine strömenden Gasmenge.

Berechnung der Leistung des Motors mit Abgasturbolader in 6 km Höhe bei Gleichdruckaufladung in 3,5 km Höhe

In gleicher Weise wie oben für 3,5 km Höhe ermittelt, ergeben sich für 6 km Höhe die folgenden Werte:

$$T_I = 1100 \,[^\circ K].$$

$$p_{II} = 0.481 \,[\text{kg/cm}^2];$$

aus dem IS-Diagramm abgelesen:

$$p_I = 0.63 \,[\text{kg/cm}^2].$$

$$v_I = 5.25 \,[\text{m}^3/\text{kg}].$$

$$v_{II} = 6.50 \,[\text{m}^3/\text{kg}].$$

$$T_{II} = 1035 \,[^\circ K].$$

und damit berechnet:

$$N_e = 494 \text{ PS}$$

$$b_e = 223 \text{ g/PSh}.$$

km Höhe			Mech. angetr. Lader	Turbolader
		I. Motor mit Lader für 3,5 km Gleichdruckhöhe		
3,5	{	N_e	648 PS	662 PS
		b_e	235 g/PSh	223 g/PSh
6	{	N_e	482 PS	494 PS
		b_e	241 g/PSh	223 g/PSh
		II. Motor mit Lader für 10 km Gleichdruckhöhe		
10	{	N_e	516 PS	593 PS
		b_e	267 g/PSh	212 g/PSh
12	{	N_e	378 PS	441 PS
		b_e	278 g/PSh	218 g/PSh

In der vorstehenden Tabelle werden die errechneten Werte der Leistung und des Kraftstoffverbrauchs, einmal für einen Motor mit einem Lader von 3,5 km Gleichdruckhöhe und einmal für einen Motor mit einem Lader von 10 km Gleichdruckhöhe mit und ohne Abgasturbine einander gegenübergestellt.

Schrifttumverzeichnis.

A. Allgemeine Thermodynamik.

1 *Bošnjaković, Fr.:* Technische Thermodynamik. Dresden: Theodor Steinkopf 1937.

2 *Lutz, O.* u. *O. Wolf:* I—S-Tafel für Luft und Verbrennungsgase. Berlin: Springer 1938.

3 *Nusselt, W.:* Technische Thermodynamik. Sammlung Göschen Bd. 1084 (1934).

4 *Pflaum, W.:* I—S-Diagramme für Verbrennungsgase. Berlin: VDI-Verlag 1932.

5 *Schmidt, E.:* Einführung in die technische Thermodynamik. Berlin: Springer 1936.

6 *Schüle, W.:* Technische Thermodynamik. Berlin: Springer 1923.

7 *Stodola, A.:* Dampf- und Gasturbinen. Berlin: Springer 1924.

8 *Schmidt, F. A. F.:* Zustandsgrößen der Gase im Dissoziationsgebiet. Forsch. Ing.-Wes. Bd. 5 (1934) H. 2, S. 60.

9 *Zeise, H.:* Thermodynamische Berechnung von Verbrennungstemperaturen nach einem neuen Verfahren mit Hilfe der aus spektroskopischen Daten erhaltenen Enthalpien, spez. Wärmen und Dissoziationsgrade. a) Für die Knallgasreaktion. Z. Feuerungstechn. Bd. 26 (1938), S. 145, 278. b) Für die Verbrennung von feuchtem Äthylalkoholdampf. Z. Elektrochem. Bd. 45 (1939).

Nachtrag zur 2. Auflage.

10 *Flügel, G.:* Berechnung von Strahlapparaten. Z. VDI Bd. 83, Nr. 38 (1939), S. 1065—1069.

11 *Hütte* I, 27. Auflage, S. 593.

B. Thermodynamik der Motoren.

1 *Hansen, A.:* Thermodynamische Rechnungsgrundlagen der Verbrennungskraftmaschine und ihre Anwendung auf den Höhenflugmotor. VDI-Forsch.-Heft 344 (1931).

2 *Kühl, H.:* Dissoziation von Verbrennungsgasen und ihr Einfluß auf den Wirkungsgrad von Vergasermaschinen. VDI-Forsch.-Heft 373 (1935).

3 *List, H.:* Thermodynamik der Verbrennungskraftmaschine. Die Verbrennungskraftmaschine Heft 2. Wien: Springer 1939.

4 *Nusselt, W.:* Der Wärmeübergang in Verbrennungskraftmaschinen. VDI-Forsch.-Heft 264 (1923).

5 *Nusselt, W.:* Die Entropievermehrung in der Gasmaschine durch die nichtumkehrbare Ausführung der Verbrennung. Z. ges. Turbinenwes. 1917, H. 1/3.

6 *Pye, D. R.:* Die Brennkraftmaschinen. Übersetzt und bearbeitet von *Wettstädt.* Berlin: Springer 1933.

7 *Schmidt, F. A. F.:* Der indizierte Wirkungsgrad der kompressorlosen Dieselmaschine. VDI-Forsch.-Heft 314 (1929).

8 *Schnell, H.:* Der indizierte Wirkungsgrad der Gasmaschine. VDI-Forsch.-Heft 316.

9 *Seiliger, M.:* Kompressorloser Dieselmotor und Semi-Dieselmotor. Berlin: Springer 1929.

[1] In dem Verzeichnis ist nur ein Teil derjenigen Arbeiten aufgeführt, deren Inhalt mit den im Buch behandelten Fragen zusammenhängt.

C. Allgemeine Arbeiten über Verbrennungsmotoren und Versuchsarbeiten an Motoren.

Buch:

1 *Judge, A. W.:* Automobile and aircraft engines. London: I. Pitman & Sons. Ltd. 1934.

2 *Judge, A. W.:* High speed diesel engines. London: Chapman & Hall 1933.

3 *Kamm, W.,* u. *C. Schmidt:* Das Versuchs- und Meßwesen auf dem Gebiete des Kraftfahrzeuges. Berlin: Springer 1938.

4 *Lutz, O.:* Resonanzschwingungen in den Rohrleitungen von Kolbenmaschinen. Ber. Inst. Verbr.-Kraftmasch., TH Stuttgart H. 3.

5 *Neumann, K.:* Untersuchungen an der Dieselmaschine. VDI-Forsch.- Heft 309 (1928).

6 *Ricardo, H. R.:* Schnellaufende Verbrennungsmotoren. Berlin: Springer 1932.

7 *Saß, F.:* Die kompressorlose Dieselmaschine. Berlin: Springer 1929.

Aufsatz:

8 *Bangerter, H.:* Messung und Bestimmung richtiger Auspuff- und wirklicher Abgastemperaturen bei Brennkraftmaschinen. Forsch. Ing.-Wes. Bd. 7 (1936), S. 117.

9 *Brem, L.:* Beitrag zur Untersuchung des Lanova-Luftspeicherverfahrens unter Höhenbedingungen. DVL-Jb. 1937, S. 455.

10 *Düll, R.:* Untersuchungen über das Höhenverhalten eines Vorkammer-Dieselmotors. DVL-Jb. 1938, S. 436.

11 *Gnam, E.,* u. *F. Kurz:* Versuche über das Höhenverhalten eines schnell-laufenden Einzylindermotors. Jb. dtsch. Luftf.-Forsch. Bd. 2 (1938), S. 16.

12 *Klüsener, O.:* Versuche über den Einfluß von Saug- und Auspuffrohrlänge auf den Liefergrad. ATZ 1932, S. 229 u. 481.

13 *Kreß, H.,* u. *M. Scheuermeyer:* Beitrag zur Untersuchung der motorischen Vorgänge überladener Dieselmotoren. DVL-Jb. 1938, S. 432.

14 *Lindner, W.:* Untersuchungsverfahren über das Verhalten von Kraftstoffen in der Dieselmaschine. Brennstoff- u. Wärmewirtsch. Bd. 19 (1937), S. 123 u. 144.

15 *List, H.:* Leistungsgrenzen von Zweitakt-Dieselmotoren. Forsch. Ing.-Wes. Bd. 8 (1937), S. 57—62.

16 *Loschge, A.:* Vergleichende Druckindizierversuche an einem Luftspeicher- und einem Vorkammer-Dieselmotor. ATZ 1932, H. 23.

17 *Meurer, S.:* Indikatoren für schnellaufende Verbrennungsmotoren. Z. VDI Bd. 80 (1936), S. 1447.

18 *Nägel, A.:* Gedanken zur Schnelläufigkeit des Dieselmotors. Z. VDI Bd. 80 (1936), S. 1036.

19 *Niedermeyer, E.:* Untersuchung des Spülvorganges an Zweitakt-Dieselmaschinen. Forsch. Ing.-Wes. Bd. 7 (1936), S. 227.

20 *Oestrich, H.:* Versuchsergebnisse an luftgekühlten Flugmotoren. Lilienthal-Ges. f. Luftforsch. ges. Vortr. 1937.

21 *Pauling, H.,* u. *W. Fadinger:* Untersuchungen über Leistungssteigerung und Wirtschaftlichkeit überladener Ottomotoren mit und ohne Totraumspülung. DVL-Jb. 1938, S. 429.

22 *Ricardo, H. R.:* Some problems of aircraft engine design. Lilienthal-Ges. f. Luftf.-Forsch. ges. Vortr. 1937. S. 161.

23 *Ricardo, H. R.,* u. *J. H. Pitchford:* Design developments in european automotive Diesel engines. S. A. E. J. Bd. 41 (1937), Nr. 3, S. 405—414.

24 *Richter*, *L.*: Probleme des Zündermotors für flüssige Brennstoffe. Z. VDI Bd. 72 (1928), S. 522—537.

25 *Scheuermeyer*, *M.*: Meßgeräte zur Untersuchung der Arbeitsvorgänge in schnellaufenden Verbrennungsmotoren. DVL-Jb. 1937, S. 464.

26 *Schlaefke*, *K.*: Vorgänge beim Verdichtungshub bei Vorkammermaschinen. Z. VDI Bd. 75 (1931), S. 1043.

27 *Schmidt*, *Ekhart*: Aufladeversuche an Vorkammer-Dieselmaschinen. Jb. dtsch. Luftf.-Forsch. Bd. 2 (1938), S. 48.

28 *Schmidt*, *F. A. F.*: Vergleichende Untersuchungen der Verbrennungs- und Arbeitsvorgänge an Motoren verschiedener Arbeitsverfahren. Z. VDI Bd. 80 (1936) Nr. 25, S. 769.

29 *Schmidt*, *F. A. F.*: Maßnahmen zur Verbesserung des Kraftstoffverbrauches beim Zündermotor. Jb. dtsch. Luftf.-Forsch. 1938.

30 *Seeber*, *F.*: Prüfung hochklopffester Kraftstoffe im Flugmotoren-Einzylinder. Luftf.-Forsch. Bd. 16 (1939), S. 62.

31 *Wenger*, *H.*: Messung der Strömungsgeschwindigkeit im Zylinder eines fremd angetriebenen BMW-VI-Flugmotors. Luftf.-Forsch. Bd. 16 (1939) S. 62.

32 *Wilke*, *H.*: Untersuchungen am Hesselman-Motor. Brennkrafttechn. Jb. Bd. 18 (1937).

<hr>

Nachtrag zur 2. Auflage.

33 *Ackeret*, *J.*, u. *C. Keller*: Aerodynamische Brennkraftmaschine mit geschlossenem Kreislauf. Z. VDI Bd. 85 (1941), Nr. 22, S. 491.

34 *Caroselli*, *H.*, u. *W. Hager*: Flugmotorenleistungsberechnung. MTZ Jg. 4 (1942), H. 5; Jb. dtsch. Luftf.-Forsch. 1941, S. II, 1.

35 *Eichelberg*, *G.*: Über die Mittel zur kompressionslosen Brennstoffeinspritzung. Z. VDI Bd. 70 (1926), S. 1079; Fachheft Dieselmaschinen III, S. 29.

36 *Eichelberg*, *G.*: Zweitakt-Schiffsdieselmotor von 5500 PS. Z. VDI Bd. 79, Nr. 5 (1935), S. 130—132.

37 *Eichelberg*, *G.*: Instationäre Strömungsvorgänge in Motoren, Forsch. Ing.-Wes. Bd. 14, Nr. 2 (1943), S. 41—47.

38 *Elliot*, *M. A.*: Compression-ignition engine performance at different intake and exhaust conditions, S. A. E. J., Bd. 49, Nr. 6 (1941), S. 532—543.

39 *Föppl*, *O.*: *Strombeck* u. *Ebermann*: Schnellaufende Dieselmaschinen. Berlin 1929.

40 *Glaser*, *W.*: Messung der Kolbentemperatur am laufenden Motor. Luftwissen, Bd. 10 (1943), Nr. 2, S. 44—49.

41 *Hilpert*, *R.*: Der Wärmeübergang in der Verbrennungskraftmaschine.

42 *Kreß*, *H.*: Untersuchungen über den Gütegrad überladener Dieselmotoren, MTZ Heft 8 (1941), S. 263—268. Auszug aus Dissertation „Theoretische Untersuchungen und Versuche über die Arbeitsvorgänge im überladenen Dieselmotor", TH Berlin 1941.

43 *Kreß*, *H.*: Untersuchungen über die mechanischen Reibungsverluste von Verbrennungsmotoren, MTZ Heft 3 (1941), S. 73—77.

44 *List*, *H.*: Strömung in Saugrohren von Verbrennungskraftmaschinen, Z. VDI Bd. 85 (1941). S. 301.

45 *Meljkumow*, *T.*: Untersuchung des Einflusses des Luftüberschußkoeffizienten auf den Indikatorwirkungsgrad eines Dieselmotors, Techn. Wosd. flota, H. 1 (1941), S. 53—64.

46 *Pfriem*, *H.*: Nichtstationäre Wärmeübertragung in Gasen, insbesondere in Kolbenmaschinen. VDI-Forsch.-Heft 413. — Der Wärmeübergang bei schnellen Druckänderungen in Gasen. Forsch. Ing.-Wes. Bd. 13 (1942), Nr. 4.

47 *Philippovich, A.:* Die Betriebsstoffe für Verbrennungskraftmaschinen. Die Verbrennungskraftmaschine Heft 1. Wien: Springer 1939.

48 *Rothrock, A. M.:* Fuel rating — its relation to engine performance, S. A. E. J. Bd. 48 (1941), S. 51/65.

49 *Schnürle, A.:* Die Gasmaschine. Wien: Springer 1939.

50 *Schwarz, H.:* Gaslässigkeitsverluste bei Kraftfahrzeugmotoren. ATZ Jg. 43 (1940), H. 22, S. 560—566.

51 *Schwitzer, P. H.:* Sauerstoffanreicherung bei Dieselflugmotoren, Mech. Engrg. 1940, S. 719.

52 *Tolstow, A. I.* u. *Portnow, D. A.:* Einfluß von Druck und Temperatur der eintretenden Luft auf die Arbeit eines Luftfahrtdiesels, Techn. wosd. flota Jg. 15, Nr. 4 (1941), S. 41.

53 *Zeman, J.:* Zweitakt-Dieselmaschinen kleinerer und mittlerer Leistung. Wien 1935.

D. Gemischbildung.

Buch:

1 *Pischinger, A.,* u. *O. Cordier:* Gemischbildung und Verbrennung im Dieselmotor. Die Verbrennungskraftmaschine. Hrsg. von H. List, H. 7. Wien: Springer 1939.

2 *Triebnigg, H.:* Einblase- und Einspritzvorgang bei Dieselmaschinen. Wien: Springer 1925.

Aufsatz:

3 *Aschenbrenner, J.:* Der Einfluß der Gasträgheit auf den Liefergrad. Forsch. Ing.-Wes. Bd. 8 (1937), S. 285.

4 *Blaum, E.:* Vorgänge in Einspritzsystemen schnellaufender Dieselmotoren. Forsch. Ing.-Wes. 1936.

5 *Campbell, J. F.:* Fuel injection as applied to aircraft engines. S. A. E. J. Bd. 30 (1932).

6 *Haenlein, A.:* Über den Zerfall eines Flüssigkeitsstrahles. Forsch. Ing.-Wes. Bd. 2 (1931), H. 4, S. 139—149.

7 *Heinrich, H.:* Die Einspritzverzögerung bei kompressorlosen Dieselmaschinen. Sonderheft Dieselmaschinen V. VDI-Verlag 1932.

8 *Holfelder, O.:* Der Einspritzvorgang bei Dieselmaschinen. Z. VDI 1932, S. 1241.

9 *Jung, H.:* Beitrag zur Untersuchung der Strahlausbildung und der Tröpfchengröße bei Kraftstoffeinspritzung. Jb. dtsch. Luftf.-Forsch. Bd. 2 (1938), S. 76.

10 *Kittler, J.:* Nichtvereisender Vergaser. Automot. Ind. Bd. 80 (1939), Nr. 2.

11 *Ohnesorge, W. v.:* Anwendung eines kinematographischen Hochfrequenzapparates mit mechanischer Regelung der Belichtung zur Aufnahme der Tropfenbildung und des Zerfalls flüssiger Strahlen. Diss. Berlin 1936.

12 *Pischinger, A.:* Beitrag zur Mechanik der Druckeinspritzung. ATZ-Beiheft 1 (1935), S. 7.

13 *Taylor, C. F., E. S. Taylor* u. *G. L. Williams:* Fuel injection with spark ignition in an otto-cycle engine. S. A. E. J. 1931.

14 *Taylor, E. S.,* u. *G. L. Williams:* Further investigation of fuel injection in an engine having spark ignition. S.A.E.J. Bd. 30 (1932).

15 *Zinner, K.:* Gemischbildung im Dieselmotor. Berichtswerk über die wissenschaftl. Tagung des VDI in Augsburg 1938.

16 Injection system to handle fuels of all grades at low pressures. Automot. Ind. 1936, S. 756—762.

17 Low-pressure type fuel injection system. Aero-Dig. 1937, Nr. 6, S. 46.

Nachtrag zur 2. Auflage.

18 *Ellor, J. E.:* Carburation versus fuel injection. Aeroplane 56 (1939). S. 405, bis 406.

19 *Jung, H.:* Untersuchungen über den Aufbau von Kraftstoffstrahlen. Jb. dtsch. Luftf.-Forsch. 1939 S. II. 49.

20 *Matteson, R., u. Vogt, C. J.:* Velocity of compressional waves in petroleum fractions at atmospheric and elevated pressures. Journ. appl. Phys. Bd. 11, Nr. 10 (1940), S. 658—665.

21 *Richter, L.:* Kraftstoffverbrauch der Vergasermotoren. MTZ Jg. 5 (1943). Nr. 1, S. 21.

22 *Richter, L.:* Regelung des Mischungsverhältnisses der Motoren mit äußerer Gemischbildung. Forsch. Ing.-Wes. Bd. 11 (1940), Nr. 55, S. 260—263.

23 *Schey, O. W., u. J. D. Clark:* Comparative performance of engines, using a carburettor, manifold injection, and cylinder injection. N.A.C.A.-Techn. Note 688. Washington 1939.

24 *Schey, O. W.:* Aicraft spark-ignition engines with fuel injection. S.A.E.J. Bd. 46 (1940), S. 166—176.

25 *Schmidt, F. A. F.:* Gegenseitige Beeinflussung von Gemischbildung und Zündungsvorgängen im Verbrennungsmotor. Heft 9 der Schriften der Deutschen Akademie der Luftfahrtforschung.

26 *Schmidt, U.:* Kraftstoffeinspritzung bei Ottomotoren, nach O. W. Schey. Z. VDI Bd. 85 (1941), S. 229—252.

27 *Schaunffer, K.:* Siehe G. Leunig. Ergebnisse der Wissenschaftlichen Herbsttagung des VDI „Motor und Kraftstoff" in Augsburg 1938.

28 *Pischinger, A.:* Gemischbildung und Verbrennung im Dieselmotor. Die Verbrennungskraftmaschine H. 7. Wien: Springer 1939.

E. Zündung.

Buch:

1 *Boerlage, G. D., u. J. J. Broeze:* Zündung und Verbrennung im Dieselmotor. VDI-Forsch.-Heft 366 (1934).

2 *Holfelder, O.:* Zündung und Flammenbildung bei der Dieselverbrennung und Einspritzung. Forsch. Ing.-Wes. 1935, Nr. 374.

3 *Tausz, J. u. F. Schulte:* Über Zündpunkte und Verbrennungsvorgänge im Dieselmotor. Halle: W. Knapp 1924.

4 *Wentzel, W.:* Der Zünd- und Verbrennungsvorgang im kompressorlosen Dieselmotor. VDI-Forsch.-Heft 366 (1934), S. 14.

5 *Wolfer, H.:* Der Zündverzug im Dieselmotor. VDI-Forsch.-Heft 392 (1938), S. 15—24.

Aufsatz:

6 *Bird, A. L.:* The ignition of oil jets. Hrsg. v. The Institution of Mechanical Engineers 1927.

7 *Egerton, A. C., u. S. F. Gates:* Summary by the secretary engine subcommitee of a report on anti-knock investigation. ARC Rep. & Mem. Nr. 1079 (1926).

8 *Herele, L.:* Zündverzug und Ausbreitung der Verbrennung im Dieselmotor mit Strahleinspritzung. Forsch. Ing.-Wes. Bd. 10 (1939). S. 15.

9 *Nägel, A.:* Versuche über die Zündgeschwindigkeit explosibler Gasgemische. Mitt. Forsch.-Arbeiten 1908, H. 54.

10 *Neumann, K.:* Der Zündverzug in der Dieselmaschine. Forsch. Ing.-Wes. Bd. 10 (1939), S. 2.

11 *Pidgeon, L. M.,* u. *A. C. Egerton:* Oxydation von Pentan und anderen Kohlenwasserstoffen. J. chem. Soc. Bd. 1 (1932), S. 661.

12 *Pidgeon, L. M.,* u. *A. C. Egerton:* Oxydation von Pentan und anderen Kohlenwasserstoffen. J. chem. Soc. Bd. 1 (1932), S. 676.

13 *Sass, F.:* Neuere Anschauungen über Zünd- und Verbrennungsvorgänge in Dieselmotoren. Diesel-Masch. Bd. 4 (1929), S. 49.

14 *Tizard, H. T.,* u. *D. R. Pye:* Ignition of gases by sudden compression. Philos. Mag. Ser. 6, Bd. 44 (1922), S. 79; Ser. 7, Bd. 1 (1926), S. 1094.

15 *Wentzel, W.:* Zum Zündvorgang im Dieselmotor. Forsch. Ing.-Wes. Bd. 6 (1935), Nr. 3.

16 *Zinner, K.:* Steinkohlenteeröl als Treibstoff des schnellaufenden Dieselmotors. Z. VDI Bd. 79 (1935), Nr. 44.

Nachtrag zur 2. Auflage.

17 *Wüst, A. C.,* u. *Taylor, D.:* Ignition lag in a supercharged compression-ignition engine. Engineering Bd. 151, Nr. 3926 (1941), S. 281—282.

F. Verbrennung.

Buch:

1 *Bone, W.:* Flames and combustion in gases. London: Longmans, Green & Co. Ltd. 1927.

2 *Bone, W.,* u. *D. T. A. Townend:* Flame and combustion in gases. London: Longmans, Green & Co. Ltd. 1929.

3 *Bone, W., Newitt* u. *D. T. A. Townend:* Gaseous combustion at high pressures. London: Longmans, Green & Co. Ltd. 1929.

4 *Drinkwater, J. W.,* u. *A. C. Egerton:* The combustion process in the compression-ignition engine. Hrsg. v. The Institution of Mechanical Engineers 1938.

5 *Endres, W.:* Die Verbrennung im Gas- und Vergasermotor. Berlin: Springer 1928.

6 *Erichsen, Chr.:* Verbrennung im Dieselmotor. VDI-Forsch.-Heft 377 (1936), S. 21.

7 *Laure, Yvon:* Contribution à l'étude de l'explosion des mélanges hydrocarburés. Publ. sci. et techn. du min. de l'air 1935, Nr. 78, S. 49.

8 *Lewis, B.,* u. *G. v. Elbe:* Combustion flames and explosions of gases. Cambridge 1938.

9 *Lindner, W.:* Die Entzündung und Verbrennung von Gas- und Brennstoffdampfgemischen. VDI-Verlag Berlin 1931.

Aufsatz:

10 *Becker, R.:* Die Grundgleichungen der Verbrennung und Detonation. Z. techn. Physik 1922, S. 249.

11 *Boerlage, G. D.,* u. *J. J. Broeze:* The ignition quality of fuels in compression-ignition engines. Engineering 132 (1932), S. 603, 687, 755.

12 *Boerlage, G. D.,* u. *J. J. Broeze:* Ignition quality of Diesel fuels as expressed in cetene numbers. S. A. E. J. Bd. 30/31 (1932), S. 283.

13 *Bone, W. A., Reginald P. Fraser* u. *W. H. Wheeler:* A photographic investigation of flame movements in gaseous explosions. Part. III. The phenomenon of spin in detonation. Phil. Trans. Roy. Soc. London Bd. 235 (1935/36), S. 29—68.

14 *Bouchard, C. L., C. Fayette Taylor* u. *E. S. Taylor:* Variables affecting flame speed in the Otto-cycle engine. S. A. E. J. 1937, S. 514.

15 *Briand, M.:* Influence de la température sur les limites d'inflammabilité de mélanges de vapeur combustibles avec l'air. Ann. de l'office nat. des combust. liquides (1935).

16 *Clarke, C. Minter:* Flame movements and pressure development in gasoline engine. S. A. E. J. Bd. 36 (1935/36), Nr. 3.

17 *Dixon, H. B.:* On the movement of the flame in fhe explosion of gases. Philos. Trans. Roy. Soc. Lond. Bd. 200 (1903), S. 315.

18 *Dreynaupt, F.:* Vorgänge im Verbrennungsraum beim Lanova-Dieselmotor. Forsch. Ing.-Wes. Bd. 9 (1938), S. 1.

19 *Egerton, A. C.,* u. *S. F. Gates:* On detonation in gaseous mixtures at high initial pressures and temperatures. Proc. Roy. Soc. Lond. (A) Bd. 114 (1927), S. 152.

20 *Egerton, A. C., L. L. Smith* u. *A. R. Ubbelohde:* Estimation of the combustion products from the cylinder of the petrol engine and its relation to „Knock". Philos. Trans. Roy. Soc. Lond. Bd. 234 (1934/35), S. 433—463.

21 *Endres, W.:* Der Verbrennungsvorgang im Vergasermotor. Forsch. Ing.-Wes. 1932, S. 78.

22 *Evans, B. L.,* u. *S. S. Watts:* A contribution to the study of flame temperatures in a petrol engine. Engineering 1935, H. 3600, S. 48—51.

23 *Hugoniot, H.:* J. de l'éc. polyt. 1887, H. 57; 1889, H. 58.

24 *Jost, W.:* Mechanismus von Explosionen und Verbrennungen. Z. Elektrochem. Bd. 41 (1935), S. 183—194 u. 232—253. Die physikalisch-chemischen Grundlagen der Verbrennung im Motor. Berichtsheft der VDI-Tagung „Motor und Kraftstoff" 1939.

25 *Kamm, W.,* u. *P. Rieckert:* Der Verbrennungsvorgang im schnellaufenden Motor. Z. VDI Bd. 78 (1934), S. 851.

26 *Karde, K.:* Spektraluntersuchungen des Verbrennungsvorganges im Zylinder von Verbrennungsmotoren. VDI-Sonderheft „Prüfen und Messen" 1937, S. 29—35.

27 *List, H.:* Die Verbrennung im Motor. Z. VDI Bd. 79 (1935), Nr. 48, S. 1447 bis 1449.

28 *Marvin, Ch. F. jr.:* Observations of flame in an engine. S. A. E. J. Bd. 35 (1934), Nr. 5.

29 *Marvin, C. F., F. R. Caldwell* u. *S. Steele:* Infrared radiation from explosions in an spark-ignition engine. N. A. C. A.-Rep. 1934, Nr. 486.

30 *Nahmer, Fr. v. d.:* Untersuchung über den Verbrennungsvorgang im Vorkammer-Dieselmotor. Diss. TH München 1932.

31 *Neumann, K.:* Kinetische Analyse des Verbrennungsvorganges in der Dieselmaschine. Forsch. Ing.-Wes. Bd. 7 (1936), Nr. 2.

32 *Nusselt, W.:* Die Zündgeschwindigkeit brennbarer Gasgemische. Z. VDI Bd. 59 (1915), Nr. 43, S. 872—878.

33 *Paymann, W.,* u. *Titman:* Explosion waves and shock waves. Proc. Roy. Soc. Lond. (A) Bd. 152 (1935), S. 418.

34 *Petersen, H.:* Untersuchung des Zünd- und Verbrennungsvorganges der nach dem Wirbelkammer- und Luftspeicherverfahren arbeitenden Dieselmotoren. Forsch. Ing.-Wes. Bd. 8 (1937), S. 279.

35 *Philippovich, A. v.:* Der Verbrennungsvorgang im Explosionsmotor. Luftf.-Forsch. Bd. 13 (1936), Nr. 7, S. 199—209.

36 *Rassweiler, G. M.,* u. *Lloyd Withrow:* Emission spectra of engine flames. Ind. Engng. Chem. Bd. 24 (1932), S. 528.

37 *Rassweiler, G. M.,* u. *Lloyd Withrow:* Spectrographic detection of formaldehyde of an engine prior to knock. Ind. Engng. Chem. Bd. 25 (1933), S. 1359—1366.

38 *Rassweiler, G. M.,* u. *Lloyd Withrow:* Flame temperatures vary with knock and combustion-chamber position. S. A. E. J. 1935, S. 125—136.

39 *Rassweiler, G. M.,* u. *Lloyd Withrow:* High-speed motion pictures of engine flames. Ind. Engng. Chem. Bd. 28 (1936), Nr. 6.

40 *Rassweiler, G. M.,* u. *Lloyd Withrow:* Motion pictures of engine flames correlated with pressure cards. S.A.E.J. Bd. 42 Trans. (1938), S. 185—204.

41 *Rothrock, M.* Photographic study of combustion in compression-ignition engine. S.A.E.J. Bd. 34 (1934), Nr. 6.

42 *Rothrock, A. M.,* u. *R. C. Spencer:* A photographic study of combustion and knock in a spark-ignition engine. N.A.C.A.-Rep. 1938, Nr. 622.

43 *Sachsse, H.:* Über die Temperaturabhängigkeit der Flammengeschwindigkeit und das Temperaturgefälle in der Flammenfront. Z. Physik. Chem. Abt. A Bd. 180, H. 4, S. 305—313.

44 *Schmidt, F. A. F.* Beiträge zur thermodynamischen Untersuchung des Verbrennungsvorganges im Motor. VDI-Sonderheft „Prüfen und Messen" 1937, S. 36.

45 *Schmidt, F. A. F.:* Beitrag zur theoretischen und experimentellen Untersuchung von Verbrennungsvorgängen im Zünder- und Dieselmotor. Luftf.-Forsch. Bd. 14 (1937), S. 640.

46 *Schnauffer, K.:* Verbrennungsgeschwindigkeiten von Benzin-Benzol-Luftgemischen in raschlaufenden Zündermotoren. Sonderheft Dieselmaschinen V. Berlin: VDI-Verlag 1931.

47 *Schnauffer, K.:* Engine-cylinder flamepropagation studied by new methods. J. Soc. Automot. Eng. Bd. 34 (1934), S. 17—24.

48 *Small, J.:* Vagaries of internal combustion. Hrsg. v. The Institution of Engineers and Shipbuilders in Scotland. Glasgow 1938.

49 *Steele, S.:* Infra-red radiation from Otto-cycle engine explosions. Engineering Bd. 141 (1936), S. 131 u. 325.

50 *Withrow, Lloyd,* u. *W. G. Boyd:* Following combustion in the gasoline engine by chemical means. Ind. Engng. Chem. Bd. 22 (1930), S. 945.

51 *Withrow, Lloyd,* u. *T. A. Boyd:* Photographic flame studies in the gasoline engine. Ind. Engng. Chem. Bd. 23 (1931), Nr. 5.

52 *Withrow, Lloyd,* u. *G. M. Rassweiler:* Spectroscopic studies of engine combustion. Ind. Engng. Chem. Bd. 23 (1931), Nr. 7.

53 *Withrow, Lloyd,* u. *G. M. Rassweiler:* Absorption spectra of gaseous charges in a gasoline engine. Ind. Engng. Chem. Bd. 25 (1933), Nr. 8.

Nachtrag zur 2. Auflage.

54 *Czerlinsky, E.:* Messungen der Drücke und Flammengeschwindigkeiten bei Detonation gasförmiger Gemische. Jb. dtsch. Luftf.-Forsch. 1939, S. II, 22.

55 *Jost, W.:* Explosions- und Verbrennungsvorgänge in Gasen. Berlin: Springer 1939.

56 *Kwasnikow, A.,* u. *Kormilizyn, I.:* Versuche der Nachverbrennung der Verbrennungsprodukte im Flugmotor. Techn. wosd. flota Jg. 14, Nr. 9 (1940), S. 57—74.

57 *Kwasnikow, A.:* Nachverbrennung der Verbrennungsprodukte im Flugmotor. Techn. wosd. flota Nr. 1 (1940) und Nr. 2. S. 66—73.

58 *Lewis, B.* u. *Elbe, G. v.:* Flame temperature. J. Appl. physics Bd. 11, Nr. 11 (1940), S. 698—706.

59 *Lonn, E.:* Zündverzugsmessungen an flüssigen Kraftstoffen für Ottomotoren. Luftf.-Forsch. Bd. 19, Nr. 10/12 (1943), S. 344—346.

60 *Seeber, F.:* Kraftstoffe für Flugmotoren, Luftwissen Bd. 5, Nr. 9 (1938), S. 321—330.

61 *Withrow, L.* u. *Cornelius, W.:* Effectiveness of the burning process, S.A.E.J. Bd. 47 (1940), S. 526—548.

G. Klopfen.

1 *Auer, L.:* Untersuchung über das Klopfen von Vergasermotoren. VDI-Forsch.-Heft 340 (1931).

2 *Boerlage, G. D., J. J. Broeze, L. Peletier u. van Driel:* Detonation and stationary gas waves in petrol engines. Engineering 1937, S. 254.

3 *Boerlage, G. D., u. W. J. D. v. Dyck:* Causes of detonation in petrol and Diesel engines. J. Inst. of Petr. Techn. Bd. 21 (1935), S. 40.

4 *Broeze, J. J., H. van Driel u. L. A. Peletier:* Ondes de gaz stationnaires dans les moteurs à essence en régime détonant. Compte rendu du IIe congrè mondial du pétrole, Juni 1937.

5 *Campbell, J. F., W. G. Lovell u. T. A. Boyd:* Detonation characteristics of some paraffin hydrocarbons and detonation characteristics of some aliphatic olefin hydrocarbons. Ind. Engng. Chem. Bd. 23 (1931), S. 26 u. 555.

6 *Egerton, A. C.:* General statement as to existing knowledge ou knockingand its prevention. Hrsg. v. The Science of Petroleum (Oxford University press).

7 *Hofmann, F., K. Lang, K. Berlin u. A. W. Schmidt:* Über die Beziehungen zwischen Konstitution und Klopffestigkeit von Kohlenwasserstoffen. Brennstoff-Chem. Bd. 13 (1932), H. 9.

8 *Peletier, L. A., u. S. G. van Hoogstraten:* The allowable boost ratio method for rating high octane fuels. Shell Aviation News, März 1939.

9 *Schmidt, A. W.:* Über die Zusammenhänge zwischen chemischem Aufbau und Klopffestigkeit von Kraftstoffen. World Petroleum Congress 1933, Reprint Nr. 147 u. Von den Kohlen und den Mineralölen Bd. 5 (1931).

10 *Schmidt, F. A. F.:* Theoretische Untersuchungen und Versuche über den Zündverzug und den Klopfvorgang. VDI-Forsch.-Heft 392 (1938).

11 *Schnauffer, K.:* Das Klopfen von Zündermotoren. Z. VDI Bd. 75 (1931), S. 455. -- Dieselmaschinen-Sonderheft Nr. V, S. 127. Berlin: VDI-Verlag.

12 *Serruys, M.:* Le mécanisme du choc et le passage de la déflagration au régime détonant dans les moteurs à essence. Génie civ. Bd. 104 (1934), S. 453--454.

13 *Taylor, C. F., u. G. L. Williams:* Note on effect of cylinder head design on detonation. J. Aeronaut. Sci. Bd. 3 (1936), Nr. 9, S. 313.

14 *Weinhart, H.:* Das Klopfen im Ottomotor. Luftf.-Forsch. Bd. 16 (1939), S. 74.

15 *Wilke, W.:* Prüfmotoren zur Klopfwertbestimmung von Kraftstoffen. Z. VDI Bd. 82 (1938), Nr. 39, S. 1135.

16 *Withrow, Lloyd, u. G. M. Rassweiler:* Engine knock. A study of the pressure waves associated with detonative burning. Automob. Engr. Bd. 24 (1934), Nr. 322. S. 281 284.

17 *Withrow, Lloyd, u. G. M. Rassweiler:* Slow motion shows knocking and nonknocking explosions. J. Soc. automot. Engr. Bd. 39 (1936), S. 297.

18 *Withrow, Lloyd, u. G. M. Rassweiler:* Flame propagation. Slow motivs pictures of knocking and nonknocking explosions recorded with a high-speed camera. S. A. E. J. 1936.

Nachtrag zur 2. Auflage.

19 *Jost, W.:* Reaktionskinetische Untersuchung zum Klopfvorgang I. Z. Elektrochem. Bd. 47 (1941), S. 262.

20 *Lonn, E.:* Zündverzugsmessungen an flüssigen Kraftstoffen für Ottomotoren. Luftf.-Forsch. Bd. 19 (1942), S. 344.

21. *Philippovich, A. v.:* Die motorische Betriebsstoffprüfung und Vorschläge zu ihrer weiteren Gestaltung. Öl u. Kohle vereinigt mit Erdöl u. Teer. Jg. 15 (1939), H. 28.

22 *Brown, J. J.*, u. *J. O. Hinze:* Experiments with doped fuels for high speed Diesel engines. . . . .

23 *Seeber, F.*, u. *F. Lichtenberger:* Klopfmessung mit dem DVL-Verfahren der Druckbeschleunigung. Kraftstoff, Juni/Juli 1941.

24 *Scheuermeyer, M.*, u. *H. Steigerwald:* Die Messung des Zündverzuges verdichteter Kraftstoff-Luft-Gemische zur Untersuchung der Klopfneigung. MTZ 1943, H. 8/9.

25 *Schmidt, A. G.*, u. *Gennerlich, K.:* Untersuchung der Klopfgeräusche von Ottomotoren mit elektroakustischen Meßgeräten. Deutsche Kraftfahrtforschung 1939, Heft 33.

26 *Schmidt, F. A. F.:* Untersuchungen über den Zündverzug im Dieselmotor und den Klopfvorgang im Ottomotor. Berichtheft Motor und Kraftstoff des VDI. 1939, S. 65. — DVL.-Jahrbuch 1939.

27 *Schmidt, F. A. F.:* Motorische und physikalische Untersuchungen über das Wesen des Klopfvorganges. MTZ Jg. 5 (1943), Nr. 2, S. 41.

28 *Teichmann, H.:* Reaktionskinetische Untersuchungen zum Klopfvorgang II. Z. Elektrochem. Bd. 47 (1941), S. 297.

29 *Withrow, L.*, u. *G. M. Rassweiler:* Low motion shows knocking and non-knocking explosions. S. A. E. J. Bd. 39 (1936), S. 301—302, Abb. 13—18.

30 *Zeise, H.:* Das physikalisch-chemische Problem der motorischen Zündung von Gasgemischen. II. Selbstzündung und Klopfen. Z. Elektrochem. Bd. 47 (1941), S. 779 — s. auch Rundsch. der Forsch. Bd. 13 (1942), S. 43—47 — MTZ 1942, Heft 9, S. 351—352.

H. Lader und Flugmotoren.

Buch:

1 *Eck, B.*, u. *W. J. Kearton:* Turbogebläse und Turbokompression. Berlin: Springer 1929.

2 *von d. Null, W.:* Die Kreiselradarbeitsmaschinen. Leipzig: B. G. Teubner 1937.

3 *Pfleiderer, C.:* Die Kreiselpumpen. 2. Aufl. Berlin: Springer 1932.

Aufsatz:

4 *Auer, L.:* Berechnung und Darstellung der Leistung von Otto-Flugmotoren. Z. VDI Bd. 82 (1938), Nr. 27, S. 789.

5 *Berger, A.:* Die Entwicklung der Vorkammer-Viertakt-Dieselmotoren als Luftschiff-, Schnellboot- und Flugmotoren. Lilienthal-Ges. f. Luftf.-Forsch. ges. Vorträge 1937.

6 *Berger, A.*, u. *O. Chenoweth:* The turbo supercharger. S. A. E. J. Bd. 29 (1931), Nr. 4, S. 280—295.

7 *Brooks, C.:* Horse-Power at altitude. Aircraft Engng. 1934, Nr. 6.

8 *Christian, M.:* Luftgekühlte Reihenflugmotoren. Jb. dtsch. Luftf.-Forsch. Erg.-Bd. (1938), S. 326.

9 *Ellor, J. E.:* Some problems of supercharging in aero engines. Jb. dtsch. Luftf.-Forsch. Erg.-Bd. (1938), S. 200.

10 *Gagg, R. F.*, u. *E. V. Farrar:* Altitude performance of aircraft engines equipped with gear driven superchargers. S. A. E. J. Bd. 34 (1934), Nr. 6, S. 217.

11 *Gasterstädt, J.:* Vom Junkers-Dieselflugmotor. Luftwissen Bd. 3 (1936), Nr. 10, S. 311—317.

12 *Gasterstädt, J.:* Junkers Diesel engines for aircraft. Shell Aviation News 1936, Nr. 65, S. 14.

13 *Gosslau, F.:* Flugmotorenbau. Z. VDI Bd. 79 (1935), Nr. 19, S. 569—578.

14 *Kamm, W.:* Neuzeitliche Entwicklungsfragen für Flugmotoren unter besonderer Berücksichtigung der Höhenmotoren. DVL-Jb. 1928.

330   Schrifttumverzeichnis.

15 *Kamm, W.:* Die Gestaltung des Luftfahrzeugmotors. Luftf.-Forsch Bd 6 (1930), S. 87—91 — DVL-Jb. 1930, S. 265— 269.

16 *Kühl, H.,* u. *F. A. F. Schmidt:* Die Eignung verschiedener motorischer Arbeitsverfahren für Höhen- und Weitflug. DVL-Jb. 1937, S. 433.

17 *Kurz, O.:* Forschungsaufgaben und Gestaltungsfragen bei Steigerung der Triebwerksleistung. Jb. dtsch. Luftf.-Forsch. 1937.

18 *Leist, K.:* Der Laderantrieb durch Abgasturbinen. Luftf.-Forsch. Bd. 14 (1937), S. 238.

19 *Leist, K.:* Probleme des Abgasturbinenbaues. Luftf.-Forsch. Bd. 15 (1938), S. 10—11.

20 *Löhner, K.:* Die Reibungswiderstände des Flugmotors. DVL-Jb. 1932.

21 *Löhner, K.:* Über Kühlungs- und Verbrennungsvorgänge des Sternmotors. Lilienthal-Ges. f. Luftf.-Forsch. ges. Vorträge 1937.

22 *Löhner, K.:* Erfahrungen mit dem Lanova-Dieselflugmotor. Jb. dtsch. Luftf.-Forsch. 1938.

23 *Mehlig, H.:* Thermodynamische Grundlagen der Drehkolbenverdichter. ATZ-Heft 1 (1937).

24 *Moss, S. A.:* Diskussionsbeitrag. S. A. E. J. 1933, S. 401.

25 *Noack, W. G.:* Radiallader, Flugzeuggebläse. Z. VDI 1919, S. 995.

26 *von d. Nüll, W.:* Ladeeinrichtungen für Hochleistungs-Brennkraftmaschinen, insbesondere Flugmotoren. ATZ Jg. 41 (1938), S. 282—295.

27 *von d. Nüll, W.:* Ladeeinrichtungen ausländischer Flugmotoren. Luftwissen Bd. 4, Nr. 6.

28 *von d. Nüll, W.:* Gestaltung von Flugmotorenladern. Luftf.-Forsch. Bd. 14 (1937).

29 *Oestrich, H.:* Die Aussichten des Strahlantriebs für Flugzeuge unter besonderer Berücksichtigung des Abgas-Strahlantriebs. DVL-Jb. 1931.

30 *Pleiderer, C.:* Lader mit rückwärts gekrümmten oder radialen Schaufeln. Jb. dtsch. Luftf.-Forsch. Ser. 2 (1938), S. 187.

31 *Pflaum, W.:* Zusammenwirken von Motor und Gebläse bei Auflade-Dieselmaschinen. 74. Hauptversammlung des VDI. Darmstadt 1936.

32 *Ricardo, H. R.:* Höhenmotoren. Thermodynamik und Gemischbildung. Real. acc. d'Italia 1935.

33 *Sachse, H.:* Selbsttätige Regelung von Flugmotoren. Jb. dtsch. Luftf.-Forsch. Erg.-Bd. 1938, S. 164.

34 *Scheuermeyer, M.:* Leistungssteigerung von Dieselflugmotoren. DVL-Jb. 1937, S. 450.

35 *Schey, O. W.,* u. *A. W. Young:* Comparative flight performance with an NACA-Roots-supercharger and a turbo centrifugal supercharger. N. A. C. A.-Rep. 355.

36 *Schmidt, F. A. F.:* Die Entwicklung der Dieselflugmotoren. Z. VDI Bd. 77 (1933), Nr. 44.

37 *Schmidt, F. A. F.:* Thermodynamische Untersuchungen über Abgasturboaufladung und grundsätzliche Versuche an einer Abgasturbine. Luftf.-Forsch. Bd. 14 (1937), S. 233.

38 *Schmidt, F. A. F.:* Thermodynamische und motorische Untersuchungen über kurzzeitige Leistungssteigerung des Flugmotors und über Verbrauchsverbesserung im Fernflug. Vortrag auf der Hauptversammlung der Lilienthal-Ges. f. Luftf.-Forsch. Berlin 1938.

39 *Schörner, Chr.:* Untersuchungen über die Beherrschung hoher Abgastemperaturen bei Abgasturboaufladung durch Innenkühlung. Luftf.-Forsch. Bd. 15 (1938), S. 495.

40 *Zeyns, J.*, u. *H. Caroselli:* Bestimmung der Höhenleistung von Flugmotoren auf Grund der Leistungsmessungen bei Bodenbedingungen. Jb. dtsch. Luftf.-Forsch. Ser. 2 (1938), S. 7 — Z. VDI Bd. 82 (1938), S. 1289.

41 *Léglise, P.:* Der Rateau-Potez-Motor 12 As von 350 PS mit Turboverdichter. L'aeronautique 1937 u. 1935 — Luftf.-Schrifttum d. Auslandes 1935, Nr. 4.

42 *Knott, E. W.*, u. *G. E. Beardsley jr.:* Automatische Flugmotorenregelung. Luftf.-Schrifttum d. Auslandes Jg. 1 (1935), Nr. 4.

Nachtrag zur 2. Auflage.

43 *Ackeret, J.:* Probleme des Flugzeugantriebs in Gegenwart und Zukunft, Schweiz. Bauzeitg. Bd. 112 (1938), S. 1—4.

44 *Betz, A.*, u. *Flügge-Lotz, J.:* Berechnung der Schaufeln von Kreiselrädern, Ing. Arch. Bd. 9, Nr. 6 (1938), S. 486.

45 *Bock, G.:* Probleme des Flugzeugbaus in der Gegenwart. Luftwissen Bd. 9, Nr. 1 (1942).

46 *Caroselli, H.*, u. *J. Zeyns:* Bestimmung der Höhenleistung von Flugmotoren auf Grund von Leistungsmessungen bei Bodenbedingungen, Jb. dtsch. Luftf.-Forsch. 1938; Z. VDI Bd. 82 (1938).

47 *Caroselli, H.:* Entwicklungsarbeiten an Hochleistungs- und Höhenflugmotoren, Z. VDI Bd. 83 (1939).

48 *Fadinger, W.:* Einfluß der Höhe auf den Kraftstoffverbrauch. ATZ 1941, Heft 24, S. 632.

49 *Hoff, W.:* Das Zusammenwirken von Flugmotor und Luftschraube, Luftf.-Forsch. Bd. 17, Lfg. 10 (1940), S. 299—305.

50 *J. A. T.:* Ejector exhausts. Some aspects of their design and construction. Flight Nr. 1630 (1940), S. 272—275.

51 *Johnson, C. L.:* The design of highspeed military airplanes, J. Aeron. Sci. Bd. 8, H. 12 (1941), S. 467—474.

52 *Kollmann, K.:* Grenzen der einstufigen Verdichtung in Schleuderladern für Flugmotoren. Luftwissen Bd. 7 (1940), S. 54—61.

53 *Lanchester, F. W.:* Exhaust efflux propulsion — I. Flight Nr. 1612 (1939, S. 396a und 396d; II. Flight Nr. 1613 (1939), S. 50 u. 417; III. Flight Nr. 1615 (1939), S. 460; IV. Flight Nr. 1616 (1939), S. 495/96.

54 *Lanchester, F. W.:* Rocket efficiency. Flight Nr. 1618 (1939), S. 526.

55 *Lauer, F.*, u. *L. Richter:* Einfluß der Höhe auf den Kraftstoffverbrauch. ATZ 1941, H. 5, S. 129.

56 *Lorenzen, Chr.:* The Lorenzen Gas Turbine and Supercharger for Gasoline and Diesel Engines. Mech. Eng. 52 (1930), S. 665, s. auch Z. VDI 72 (1928), S. 1869.

57 *von d. Nüll, W.:* Überlegungen zu der Frage der größtmöglichen Förderhöhe einstufiger Radiallader. Luftwissen Bd. 7 (1940), S. 174—180.

58 *von d. Nüll, W.*, u. *H. Pfau:* Auslegung und Gestaltung der Flugmotorenlader. Z. VDI Bd. 85 (1941), S. 763—773. — *von der Nüll, W.:* Abgasturbolader für Flugmotoren. Z. VDI Bd. 85 (1941), S. 847—857. — *von der Nüll, W.:* Ausführungsformen von Flugmotorenladern. Z. VDI Bd. 85 (1941), S. 905—913. — *von der Nüll, W.*, u. *H. Pfau:* Antrieb und Regelung der Flugmotorenlader. Z. VDI Bd. 85 (1941), S. 981—989.

59 *Pfau, H.:* Über die Thermodynamik der Strömung beim Ladervorgang. ATZ Bd. 42 (1939), S. 269—270.

60 *Rauscher, M.*, u. *W. H. Phillips,:* Propulsive effects of radiator and exhaust ducting. J. Aeron. Sci. Bd. 8, Nr. 4 (1941), S. 167—174.

61 *Scheuermeyer, M.*, u. *H. Kress:* Die Überladung beim Hochleistungsdieselmotor. MTZ Bd. 2 (1940), S. 265—269.

62 *Wiesmann, E.:* Die Ventilatoren. Berlin: Springer 1924.

J. Physikalische Chemie.

Buch:

1 *Eucken, A.:* Grundriß der physikalischen Chemie. 4. Aufl. Leipzig: Akad. Verlagsges. 1937/38.

2 *Hinshelwood, C. N.:* Reaktionskinetik gasförmiger Systeme. Oxford 1923, 3. Aufl.

3 *Justi, E.:* Spezifische Wärme, Enthalpie, Entropie, Dissoziation technischer Gase. Berlin: Springer 1938.

4 *Schumacher, H. J.:* Chemische Gasreaktionen. Dresden: Steinkopff 1938.

5 *Semenoff, N.:* Chemical kinetics and chain reactions. Oxford: Clarendon Press 1935.

Aufsatz:

6 *Clusius, K.,* u. Mitarbeiter: Berechnung der spez. Wärme von Ortho- und Para-H_2, D_2 und HD; Vergleich von berechneten und gemessenen Entropien usw. von verschiedenen Gasen und Deutung für einzelne Abweichungen. Nature, Bd. 130 (1932), S. 775. — Gött. Nachr. 1933, S. 15; 1934, S. 1, 15, 29. — Z. Elektrochem. Bd. 59 (1933), S. 598. — Z. physik. Chem. Abt. B Bd. 34 (1936), S. 405; Bd. 36 (1937), S. 291.

7 *Kaulin, E., M. Neiman* u. *A. Serbinov:* Testing of the inflammability of Diesel fuel in bombs. Techn. Phys. USSR. 3 (1936).

8 *Kneser, H. O.:* Schallabsorption in mehratomigen Gasen. Ann. Physik Bd. 16 (1933), S. 337.

9 *Lewis, B.,* u. *G. v. Elbe:* Anomalous pressures and vibrations in gas explosions. Determination of the dissociation energy $2 H_2O \rightleftarrows 2 OH + H_2$. J. chem. Phys. Bd. 3 (1935), S. 63—71.

10 *Neumann, M.,* u. *L. Egorow:* Untersuchung der Induktionsperiode bei der Wärmeentzündung. Physik, Sowjetunion Bd. 1 (1932), S. 700.

11 *Eucken, A.,* u. Mitarbeiter: Berechnung der spez. Wärme von H_2 (Para- und Ortho-Wasserstoff), D_2, C_2H_2, CH_4, C_2H_4, C^2H_6 (unter Berücksichtigung der Drehbarkeit der beiden CH_3-Gruppen um die CC-Bindung); ferner systematischer Vergleich zwischen berechneten und gemessenen Werten an Hand der Dampfdruckkonstanten. Z. physik. Chem. Bd. 4 (1929), S. 142. — Gött. Nachr. 1932, S. 274 — Z. physik. Chem. Bd. 31 (1936), S. 361 — Physik Z. Bd. 30 (1929), S. 818; Bd. 31 (1930), S. 361.

12 *Giauque, W. F.,* u. Mitarbeiter: Ersetzung der Zustandssumme durch eine Näherungsformel und deren Anwendung zur Berechnung der spez. Wärmen usw. von H_2, O_2, N_2, OH, CO, NO usw. J. Amer. chem. Soc. Bd. 51 (1929), S. 2300; Bd. 52 (1930), S. 4816; Bd. 54 (1932), S. 1731, 2610; Bd. 55 (1933), S. 172, 2744, 4875, 5071; Bd. 56 (1934), S. 271, 1045; Bd. 57 (1935), S. 682.

13 *Gibson, G. E.,* u. *W. Heitler:* Bedeutung der Symmetriezahl und der Vielfachheit von Elektronenzuständen für die Berechnung von spez. Wärmen. Z. Physik Bd. 49 (1928), S. 465.

14 *Gordon, A. R.,* u. *C. Barnes:* Aufstellung von Hilfstabellen zur Anwendung der Näherungsformel von *Giauque* und Berechnung der spez. Wärme usw. von H_2O und CO_2. J. chem. Phys. Bd. 1 (1933), S. 297, 308; Bd. 2 (1934), S. 65, 549.

15 *Kassel, L. S.:* Berechnung der spez. Wärme usw. von CO_2, N_2O und organischen Molekülen. J. Amer. chem. Soc. Bd. 56 (1934), S. 1838. — J. chem. Phys. Bd. 4 (1936), S. 276.

16 *Murphy, G. M.:* Aufstellung von einfachen Interpolationsformeln (Potenzreihen der Temperatur) für die statistisch berechneten spez. Wärmen usw. J. chem. Phys. Bd. 5 (1937), S. 637.

17 *Pitzer, K. S.:* Berechnung der spez. Wärme usw. von Propan, Butan u. a. organischen Molekülen. J. chem. Phys. Bd. 5 (1937), S. 469, 473.

18 *Schmidt, F. A. F.:* Der Absolutwert der Entropie als Hilfsmittel zur Berechnung der Dissoziation von Gasen und der maximalen Arbeit von Brennstoffen. Techn. Mech. Thermodyn. 1930.

19 *Schmidt, F. A. F.:* Ermittlung absoluter Entropiewerte aus statistischen Berechnungen und kalorimetrischen Unterlagen und Anwendung auf technische Rechnungen. Forsch. Ing.-Wes. Bd. 8 (1937), S. 91.

20 *Schottky, W.:* Berücksichtigung der Elektronenanregung in der spez. Wärme (OH, NO). Z. Physik. Bd. 23 (1922), S. 448.

21 *Sterne, E. T.,* u. *R. H. Fowler:* Prinzipielle Auswertung der Zustandssummen bei der Berechnung von spez. Wärmen. Rev. modern Phys. Bd. 4 (1932), S. 636.

22 *Todes, O. M.:* Theorie der Wärmeexplosion. Acta Physicochimica U.R.S.S. Bd. V (1936), S. 785.

23 *Zeise, H.:* Spektralphysik und Thermodynamik. Z. Elektrochem. Bd. 39 (1933), S. 758, 895; Bd. 40 (1934), S. 662, 885.

Nachtrag zur 2. Auflage.

24 *Bodenstein, M.:* Die reaktionskinetischen Grundlagen der Verbrennungsvorgänge. Vortrag auf einer Tagung der Bunsen-Gesellschaft über „Verbrennungsvorgänge und Explosionen in der Gasphase", 1936, S. 11—17.

25 *Clusius, K.:* Die Nullpunktenergie in der Zeitschrift „Die Chemie", Bd. 56, S. 241 ff. (1943).

26 *David, W. T., A. S. Leah* u. *B. Pugh:* Latent energy and dissociation in flame gases, Phil. Mag. u. J. Sci. Bd. 31 (1941), S. 156—168.

27 *David, W. T.:* Temperature and latent energy in flame gases. The Engineer 1941, S. 268—270.

28 *Landolt-Börnstein:* Physikalisch-chemische Tabellen, 5. Aufl., Erg.-Bd., Tab. 265A, S. 702—705.

29 *Planck, M.:* Wärmestrahlung. 5. Aufl., Leipzig 1923, S. 133 und 202.

30 *Rossini, F. D.:* J. chem. Physics Bd. 6, S. 569 (1938).

31 *Schäfer, Cl.;* Einführung in die theoretische Physik. 2. Bd., 2. Aufl., Berlin und Leipzig 1929, S. 390, 394.

32 *Semenoff, N.,* Chemical Kinetics and chain reactions. Oxford 1935, S. 86.

33 *Semenoff, N.:* On the kinetics of complex reactions. J. chem. phys. Bd. 7 (1939), S. 683—699.

34 *Sokolik, A.S.:* The temperature coefficient of pre-flame reactions and the knocking values of motor fuels. Acta Physicochimica U.R.S.S. Bd. 11, Nr. 3 (1939), S. 379—397.

35 *Zeise, H.:* Repertorium der physikalischen Chemie. Leipzig u. Berlin 1931, S. 114.

36 *Zeise, H.:* Feuerungstechnik Bd. 30, S. 25, 231 (1942).

K. Werkstoffe.

1 *Bollenrath, F., H. Cornelius* u. *W. Bungardt:* Dauerstandsfestigkeit von Stah TZ prakt. Metallbearb. Jg. 46 (1936), Nr. 9—16.

2 *Bollenrath, F.:* Über die Weiterentwicklung warmfester Werkstoffe für Flugzeugtriebwerke. Luftf.-Forsch. Bd. 14 (1937), S. 196.

Nachtrag zur 2. Auflage.

3 *Bollenrath, F., H. Cornelius* u. *W. Bungardt:* Untersuchung über die Eignung warmfester Werkstoffe für Verbrennungskraftmaschinen (I. und II. Teil). Jb. dtsch. Luftf.-Forsch. 1938, S. II, 326.

4 *Cornelius, H.,* u. *W. Bungardt:* Untersuchg. üb. d. Eignung warmfester Werkstoffe f. Verbrennungskraftmaschinen (III. Teil). Jb. dtsch. Luftf.-Forsch. 1939, S. II, 317.

5 *Cornelius, H.,* u. *W. Bungardt:* Untersuchung über die Eignung warmfester Werkstoffe für Verbrennungskraftmaschinen (IV. Teil). Luftf.-Forsch. Bd. 18 (1941), S. 305.

Sachverzeichnis zu den Ergänzungen.

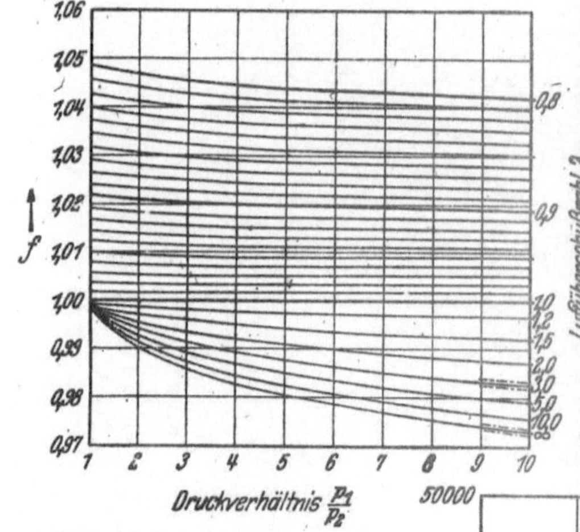

Adiabatisches Arbeitsgefälle

bei Ausdehnung von

Verbrennungsgasen

Kraftstoffzusammensetzung:

85,62 v. H. C

14,38 v. H. H

Die Tafel ist für Luftüberschußzahl

$$\lambda = 1$$

gezeichnet.

H_{ad} für beliebiges λ ergibt sich aus der Beziehung:

$$\boxed{H_{ad\lambda} = f \cdot H_{ad\,(\lambda = 1)}}$$

f wird der Hilfstafel links oben entnommen.

Anwendungen:

Beispiel 1

Gegeben: λ, T_1, p_1/p_2

Gesucht: $H_{ad\lambda}$

a) Zu T_1 u. p_1/p_2 $H_{ad\,(\lambda=1)}$ aufsuchen

b) Zu λ u. p_1/p_2 f aufsuchen

c) $H_{ad\lambda} = f \cdot H_{ad\,(\lambda=1)}$

Beispiel 2

Gegeben: λ, T_1, $H_{ad\lambda}$

Gesucht: p_1/p_2

a) Zu T_1 u. $H_{ad\lambda} \sim H_{ad(\lambda=1)}$ vorläufiges $(p_1/p_2)'$ aufsuchen

b) Zu λ u. $(p_1/p_2)'$ f aufsuchen

c) $H_{ad\,(\lambda=1)} = \dfrac{H_{ad\lambda}}{f}$

d) Zu T_1 und $H_{ad\,(\lambda=1)}$

$\dfrac{p_1}{p_2}$ aufsuchen

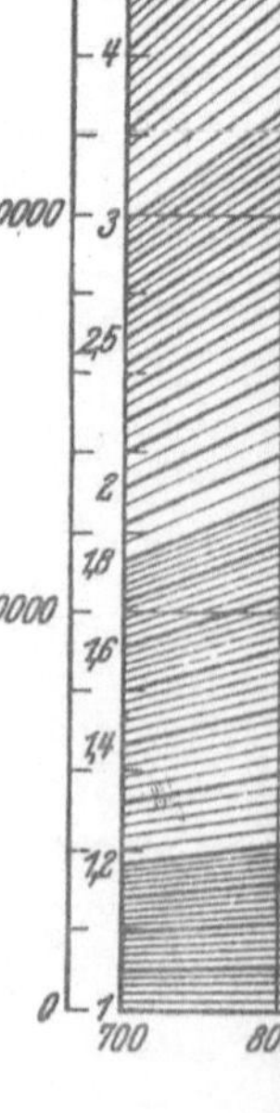

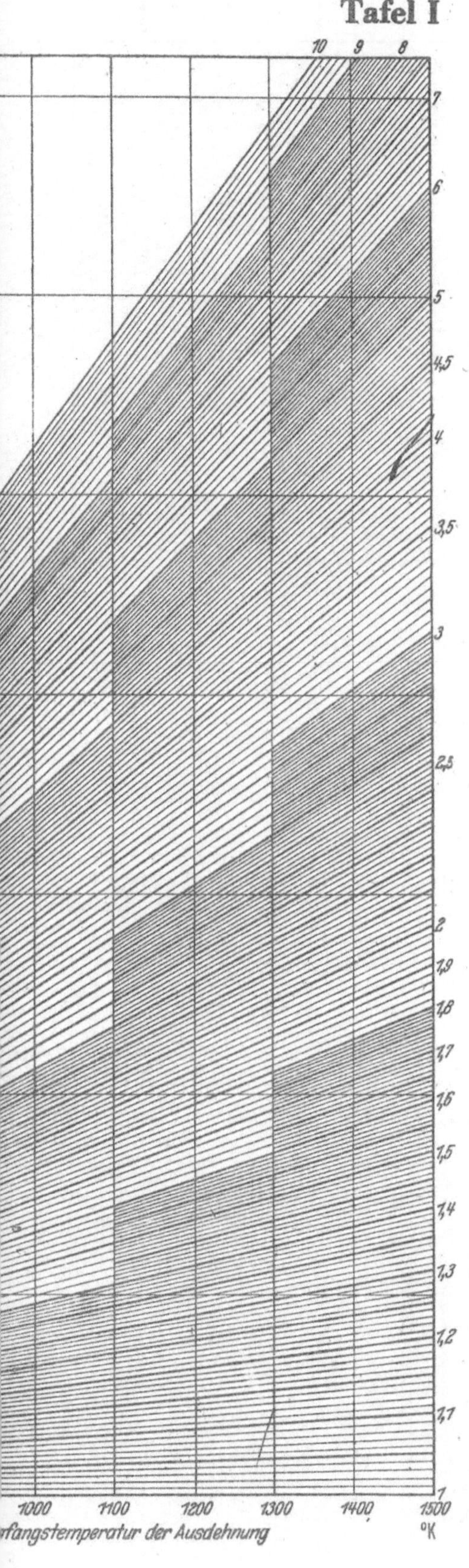

Tafel I
10   9   8
7
6
5
4,5
4
3,5
3
2,5
2
1,9
1,8
1,7
1,6
1,5
1,4
1,3
1,2
1,1
1
1000 1100 1200 1300 1400 1500
°K
Anfangstemperatur der Ausdehnung

Tafel II

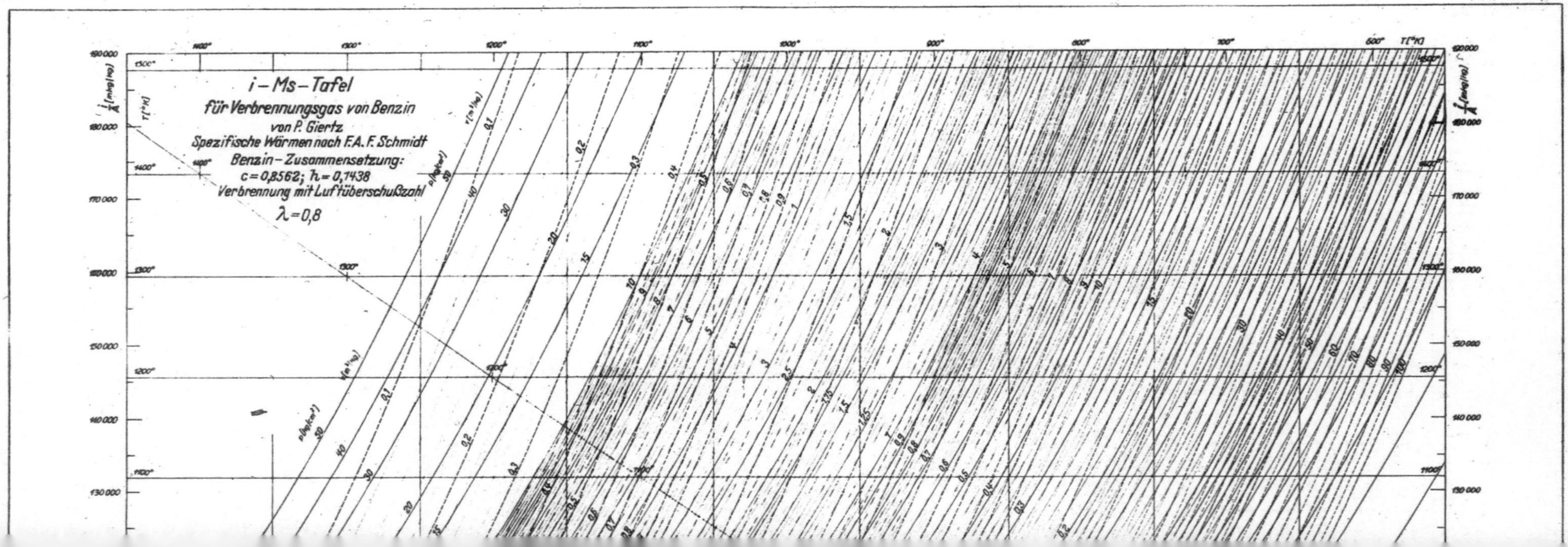

i – Ms – Tafel
für Verbrennungsgas von Benzin
von P. Giertz
Spezifische Wärmen nach F. A. F. Schmidt
Benzin-Zusammensetzung:
c = 0,8562; h = 0,1438
Verbrennung mit Luftüberschußzahl
λ = 0,8

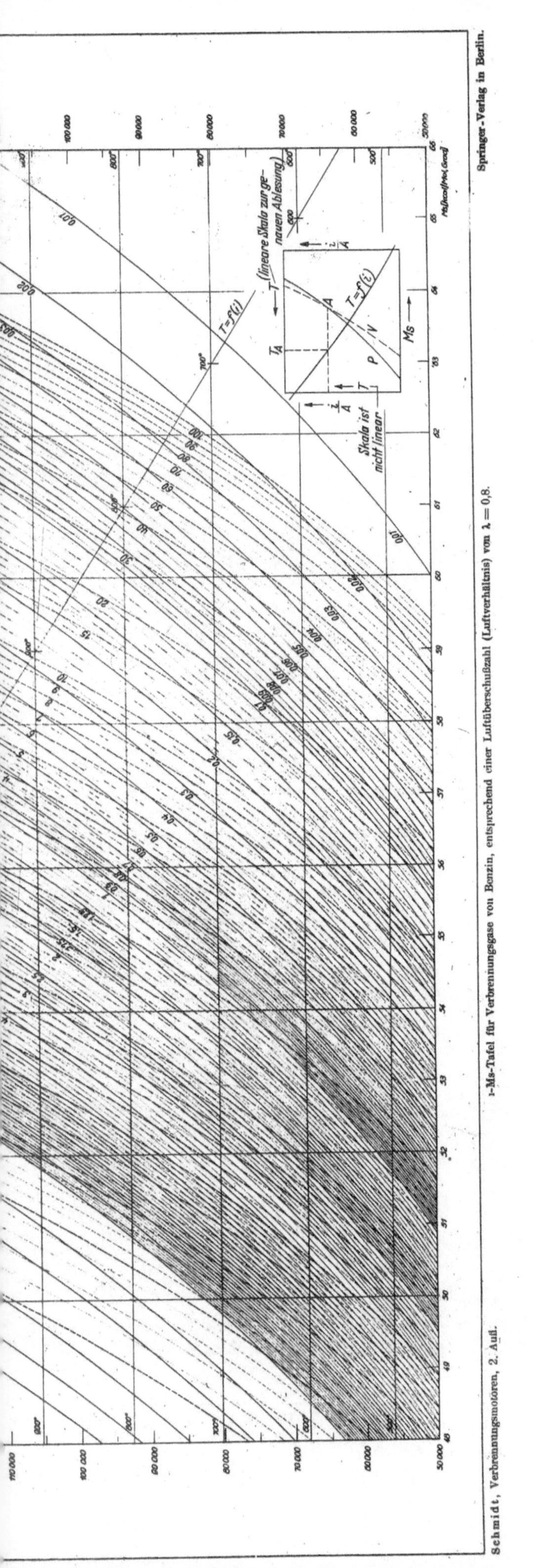

i-Ms-Tafel für Verbrennungsgase von Benzin, entsprechend einer Luftüberschußzahl (Luftverhältnis) von λ = 0,8.

Schmidt, Verbrennungsmotoren, 2. Aufl.

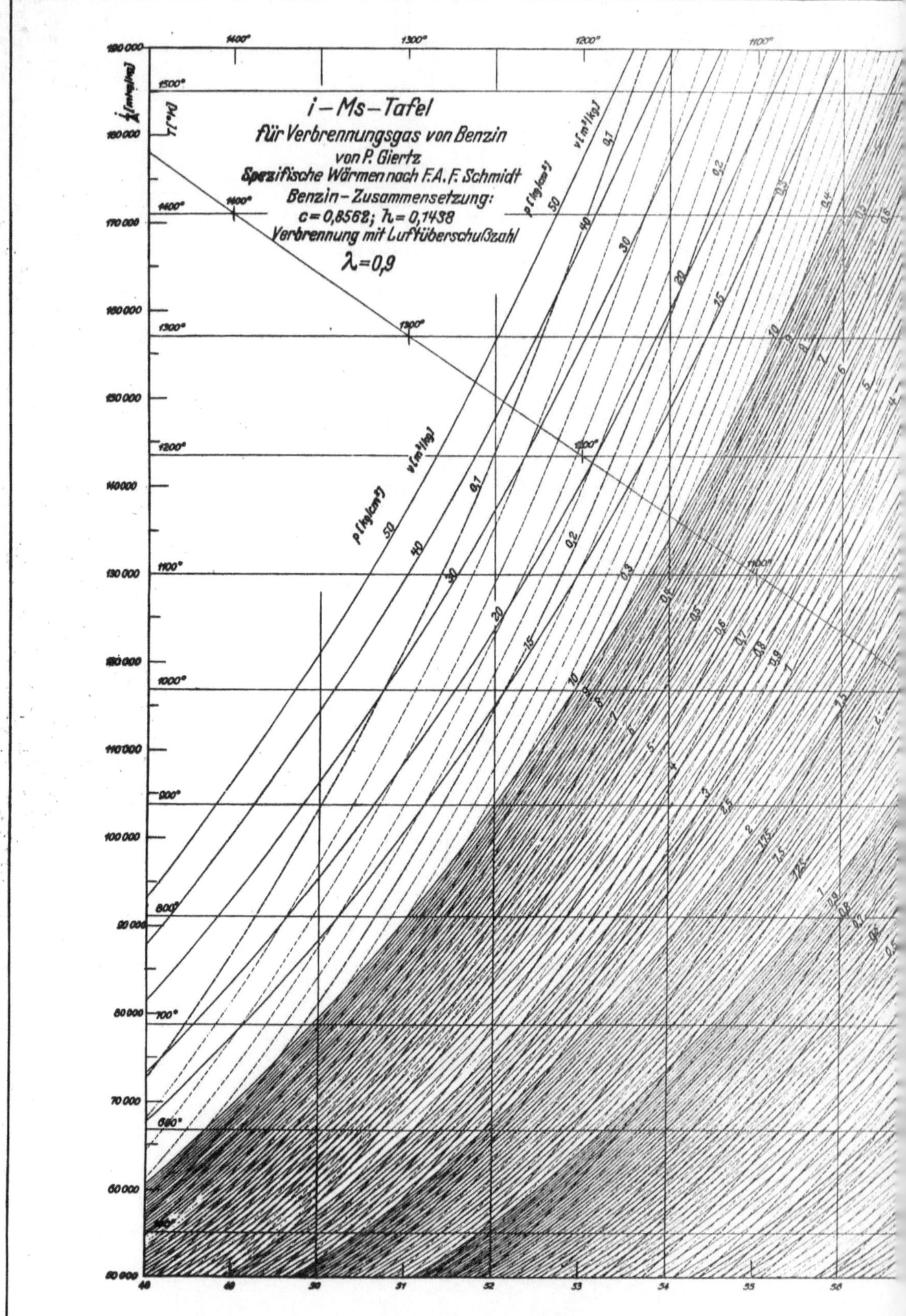

i — Ms — Tafel
für Verbrennungsgas von Benzin
von P. Giertz
Spezifische Wärmen nach F.A.F. Schmidt
Benzin - Zusammensetzung:
c = 0,8562; h = 0,1438
Verbrennung mit Luftüberschußzahl
λ = 0,9
i [kcal/kg]
p [kg/cm²]
v [m³/kg]

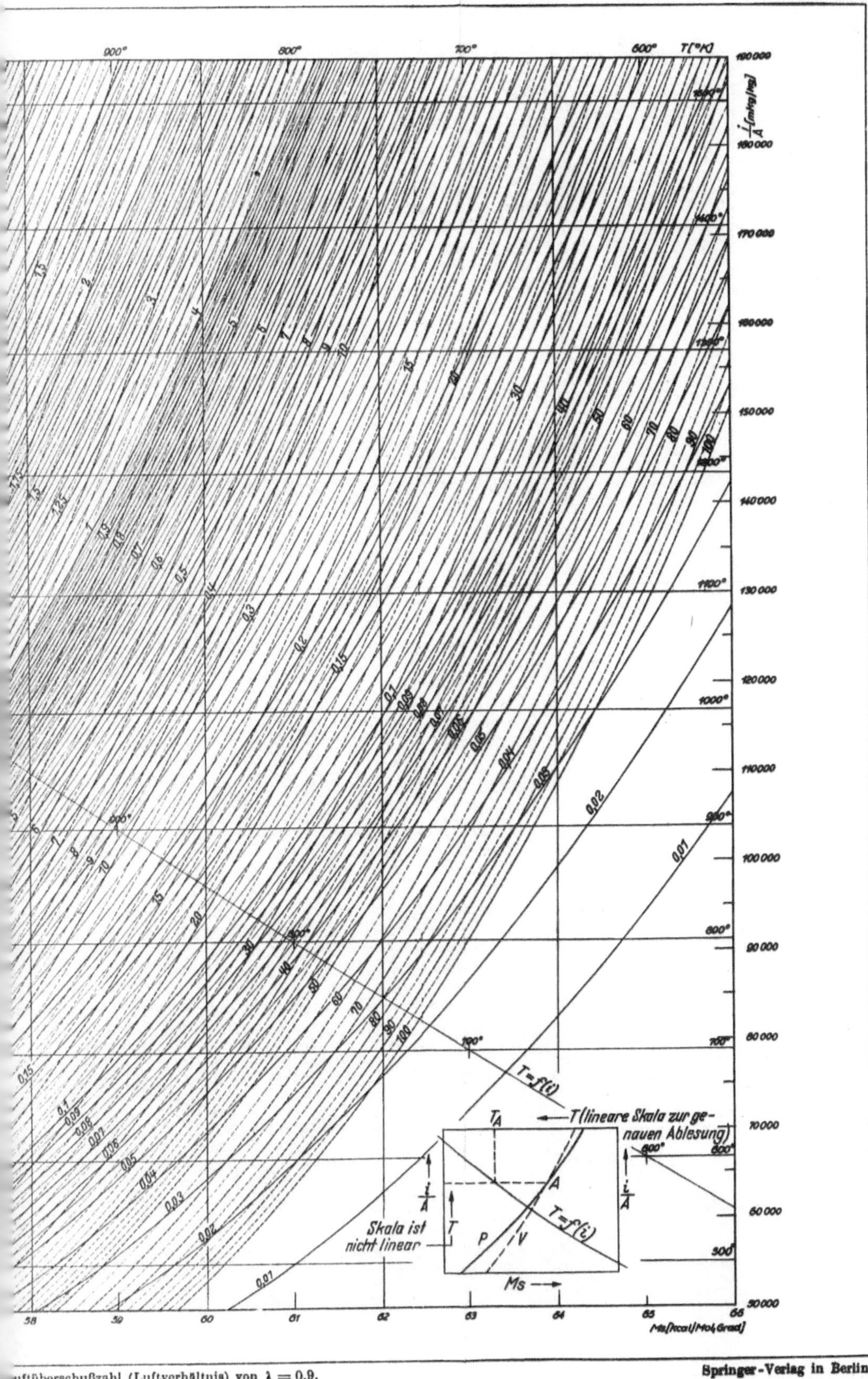

...uftüberschußzahl (Luftverhältnis) von λ = 0,9.

Springer-Verlag in Berlin.

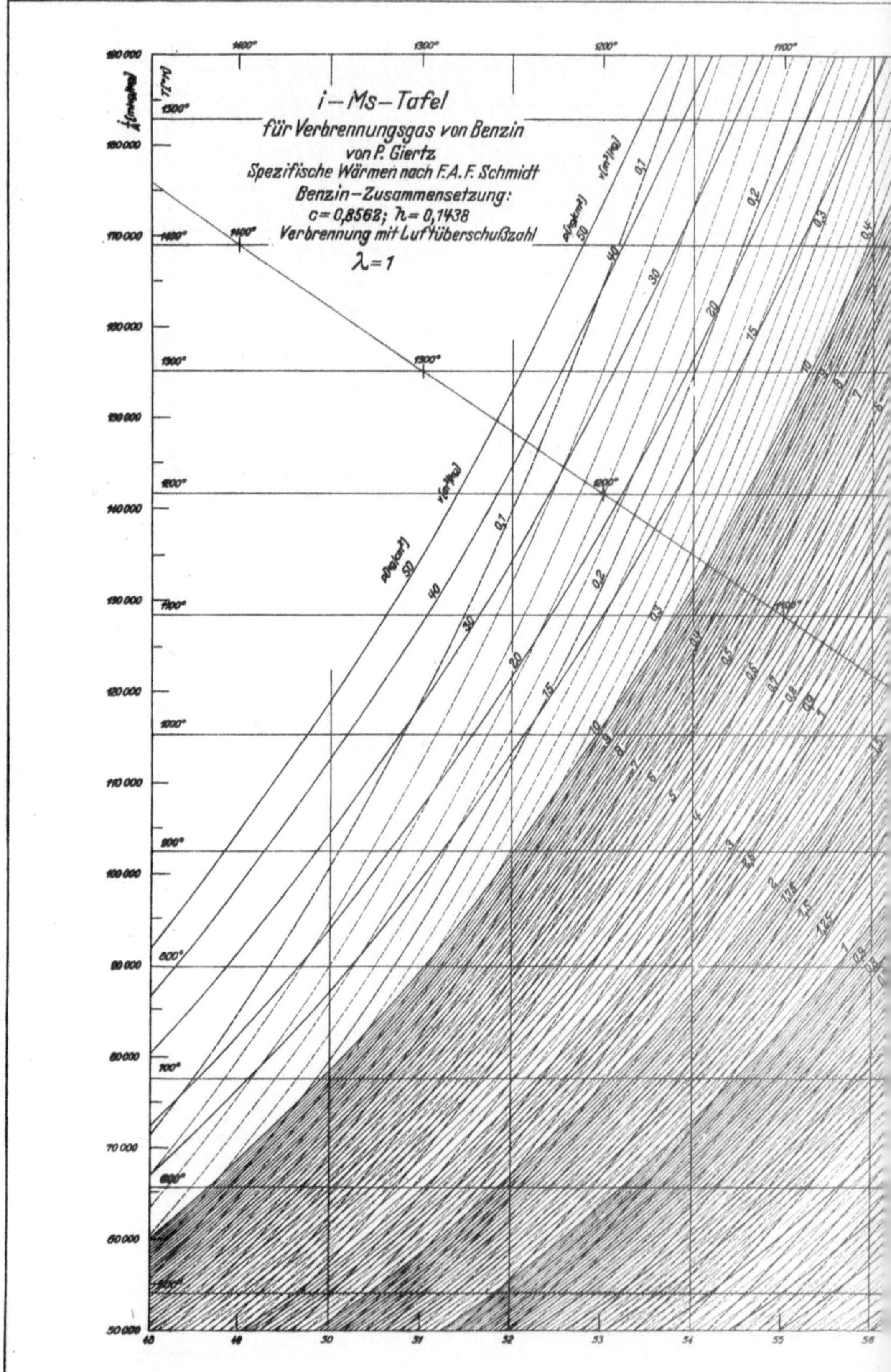

i-Ms-Tafel
für Verbrennungsgas von Benzin
von P. Giertz
Spezifische Wärmen nach F.A.F. Schmidt
Benzin-Zusammensetzung:
c = 0,8562; h = 0,1438
Verbrennung mit Luftüberschußzahl
λ = 1

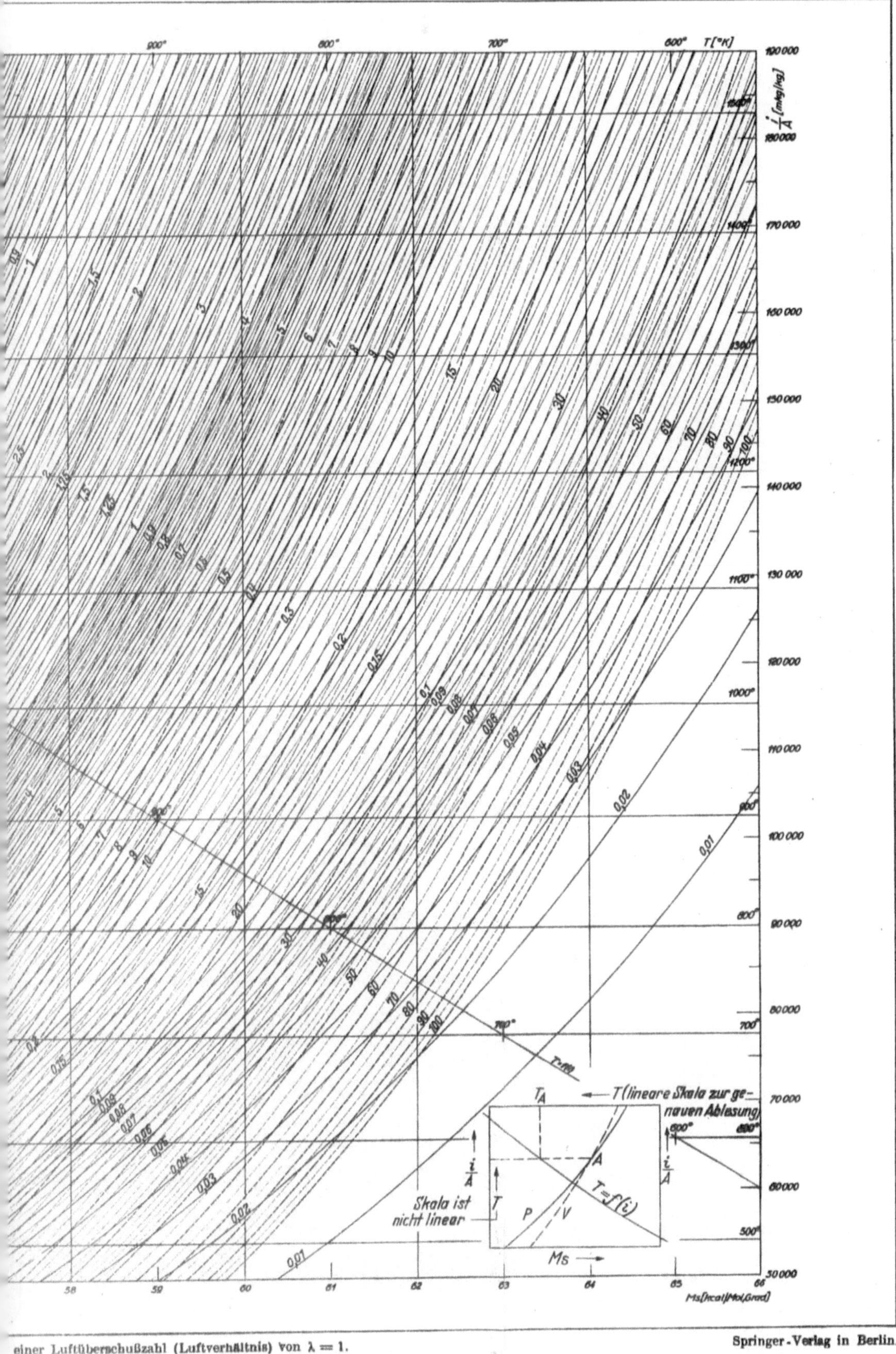

einer Luftüberschußzahl (Luftverhältnis) von λ = 1.

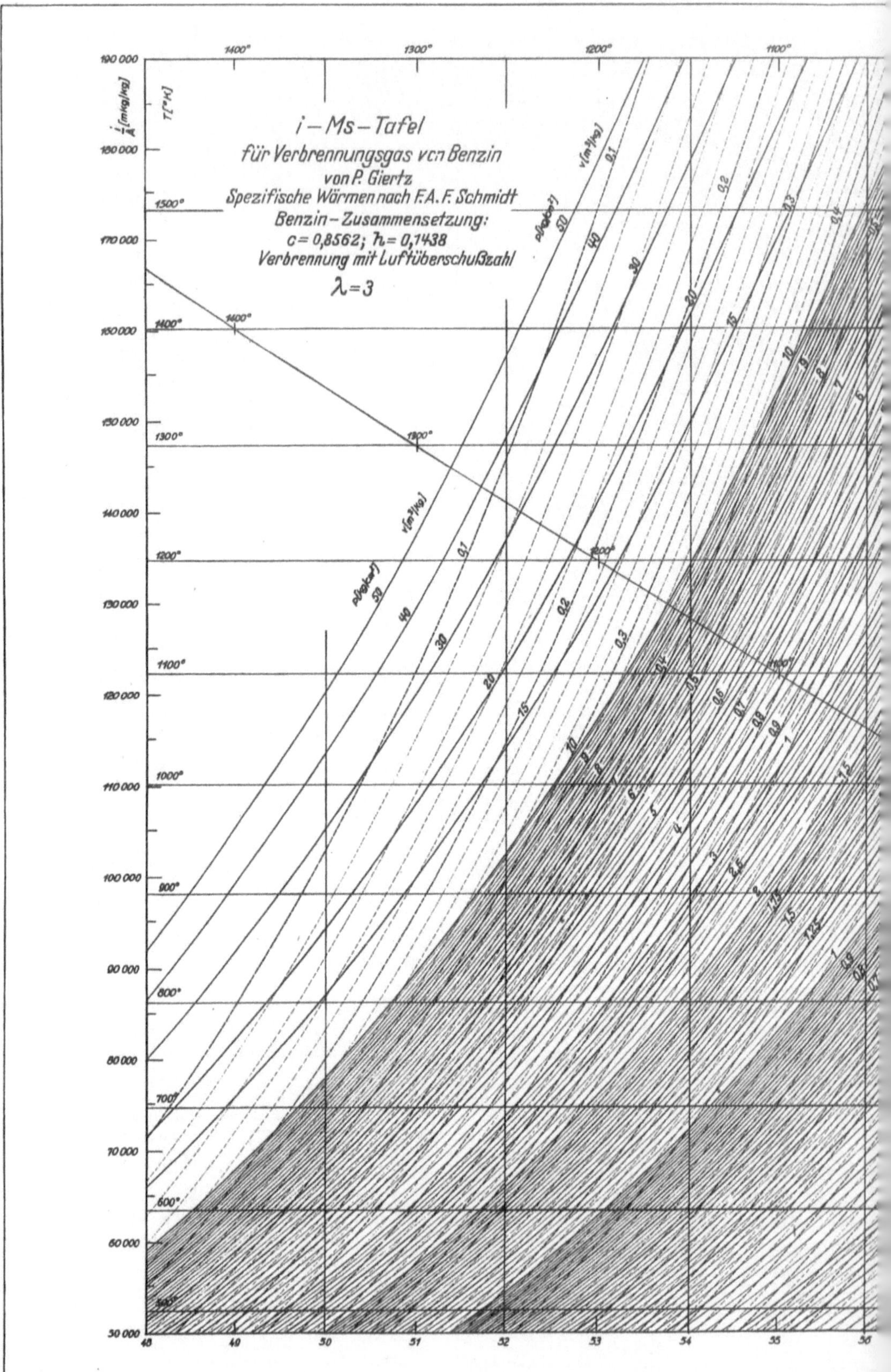

i–Ms–Tafel
für Verbrennungsgas von Benzin
von P. Giertz
Spezifische Wärmen nach F.A.F. Schmidt
Benzin–Zusammensetzung:
c = 0,8562; h = 0,1438
Verbrennung mit Luftüberschußzahl
λ = 3
i [mkg/kg]
T[°K]

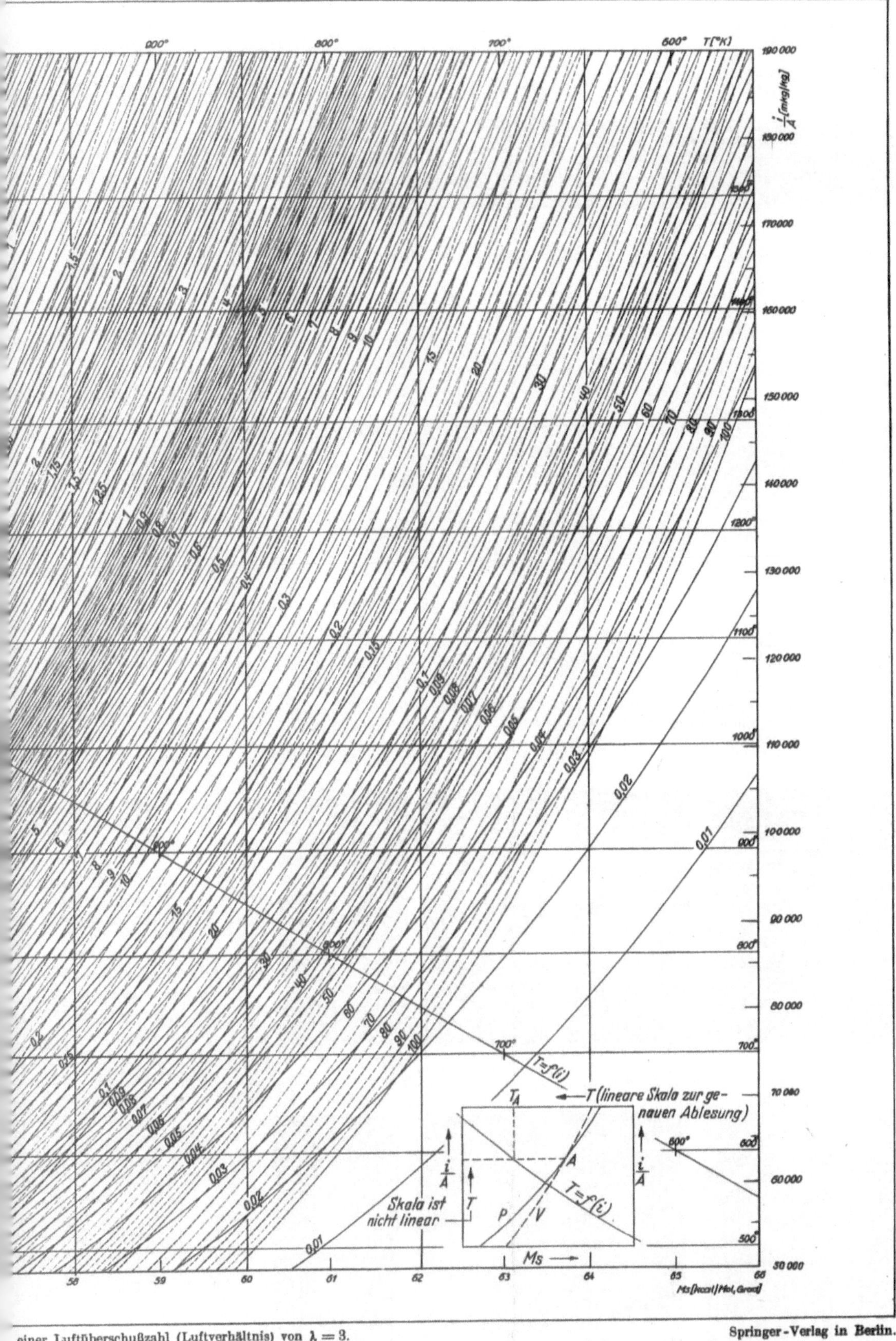

einer Luftüberschußzahl (Luftverhältnis) von $\lambda = 3$.

Springer-Verlag in Berlin.

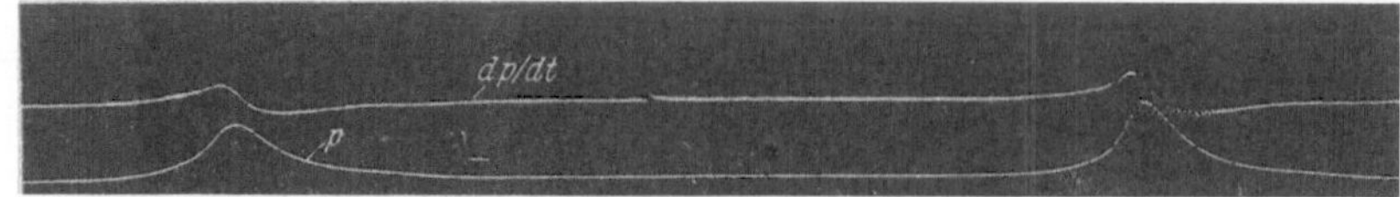

Abb. 20. Druck p im Zylinder und dp/dt bei Betrieb des Motors an der Klopfgrenze.

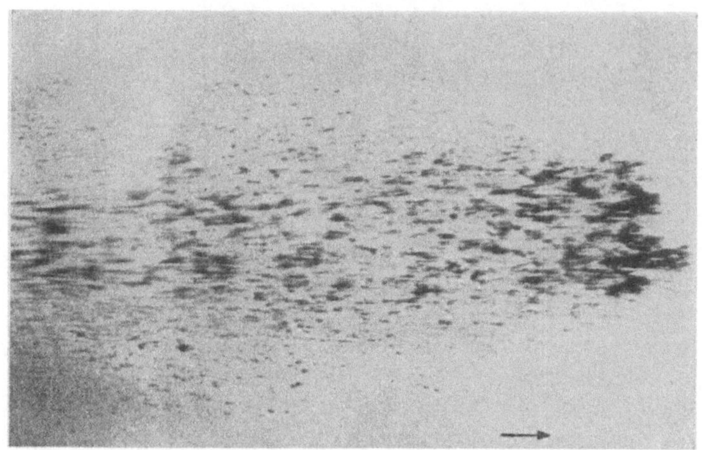

Abb. 21. Abbildung eines Kraftstoffstrahles bei kurzzeitiger Belichtung. Einlochdüse.
Einspritzdruck 80 at, Luftdruck 1 ata.

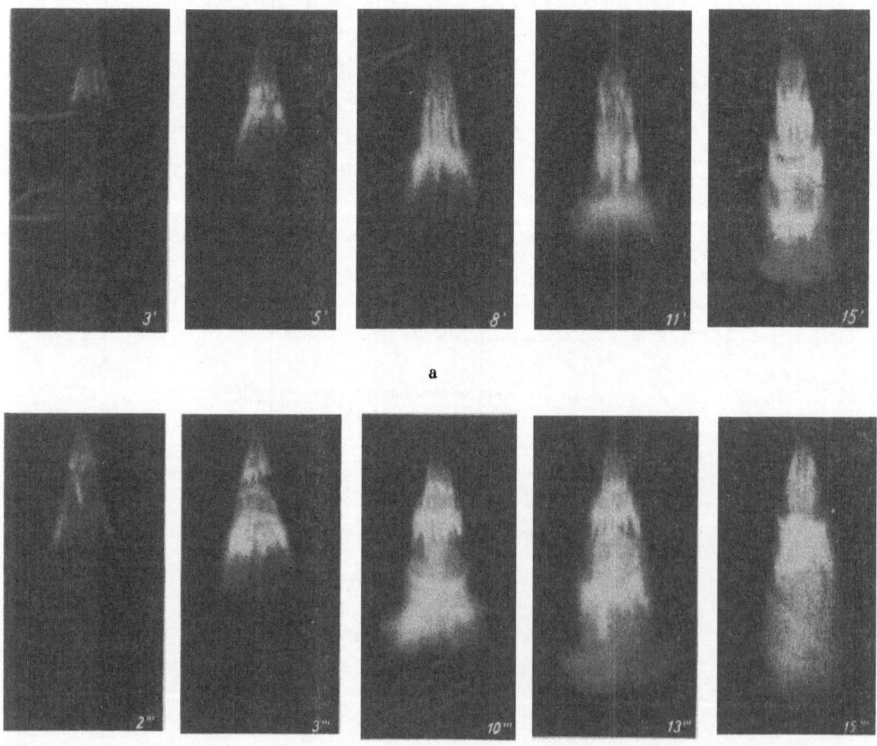

Abb. 22 Ausbildung des Kraftstoffstrahles einer Zapfendüse: a bei geringen Druckschwingungen
in der Kraftstoffleitung, b bei starken Druckschwingungen in der Kraftstoffleitung.

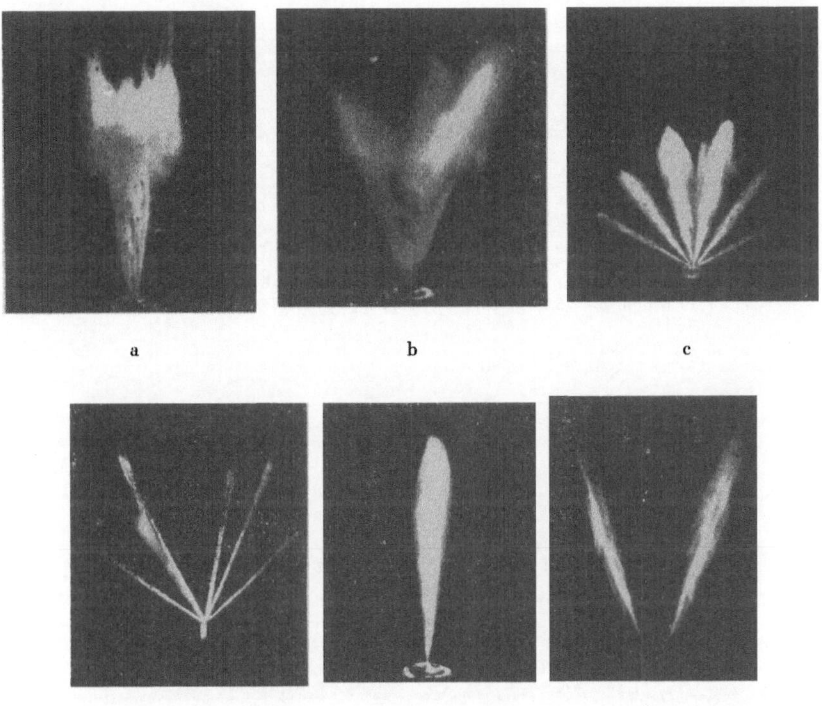

Abb. 23. Strahlausbildung bei verschiedenen Kraftstoffeinspritzdüsen. Photographien der Anfangsstrahlzustände bei Einspritzung in Luft von 1 ata: a Zapfendüse. Einspritzdruck 82 at. Zapfendurchmesser 1,5 mm, Strahlkegel 30°. b Ringlochdüse. Strahlkegelwinkel 45°, Einspritzdruck 280 at. c Mehrlochdüse. Einspritzdruck 82 at:

$$\left. \begin{array}{ll} 2 \text{ Löcher zu } 0.48 \text{ mm } \oslash \\ 2 \quad ,, \quad ,, \quad 0,35 \quad ,, \quad \oslash \\ 2 \quad ,, \quad ,, \quad 0,20 \quad ,, \quad \oslash \end{array} \right\} \text{ Länge jeweils 2 mal Durchmesser}$$

d Offene Mehrlochdüse. e Einlochdüse. Lochdurchmesser 0,5 mm. Lochlänge 2,5 mm, Einspritzdruck 82 at. f Ausschnitt aus dem Strahl einer Zapfendüse in der Ebene der Strahlachse. Zapfendurchmesser 2 mm, Einspritzdruck 82 at. Abb. a, b, c, e nach D. W. LEE.

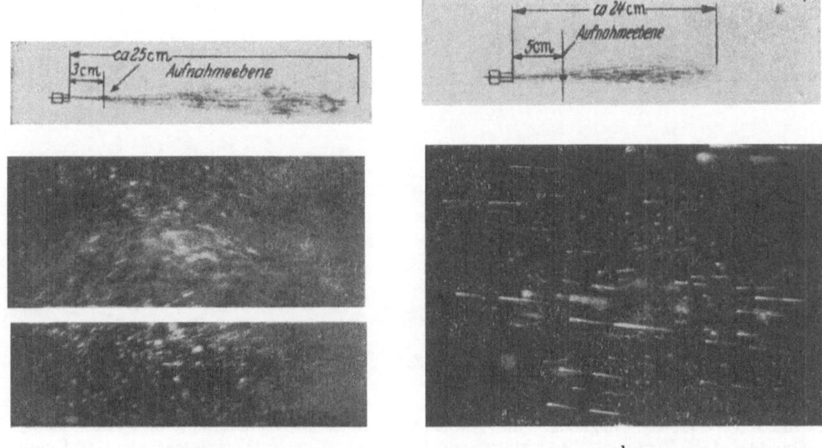

Abb. 24. Tropfenaufnahme im Kraftstoffstrahl: a Einlochdüse, b Mehrlochdüse (Ausschnitt aus einem Strahl). Verkleinerte Wiedergabe eines mit 25facher Vergrößerung im Dunkelfeld aufgenommenen Strahlausschnittes, Einspritzung in Luft von 1 ata.

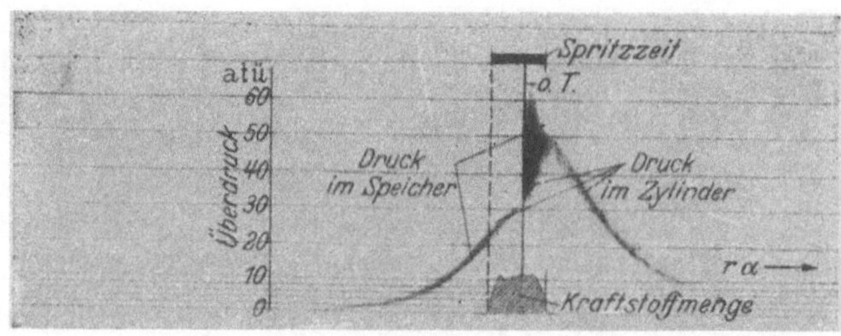

Abb. 37. Druckverlauf im Zylinderhauptraum und im Speicher eines Lanova-Motors. $n = 1510$ U/min. $p_e = 5.95$ kg/cm², $\varepsilon = 1:12.5$. $p_l = 1.033$ ata. $\gamma_l = 1.22$ kg/cm³.

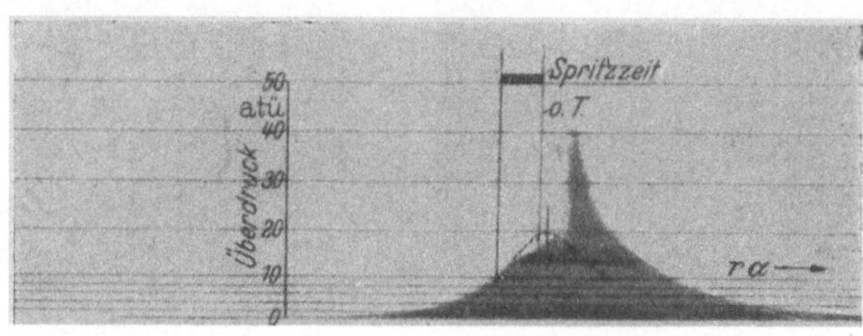

Abb. 39. Druckverlauf im Speicher eines Lanova-Motors bei verringertem Ansaugdruck (abkühlende Wirkung des Kraftstoffstrahles im Speicher). $n = 1480$ U/min. $p_e = 3.5$ kg/cm², $p_l = 0.62$ ata.

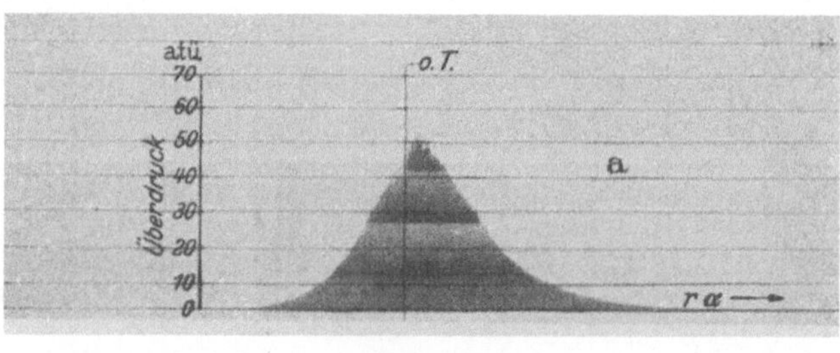

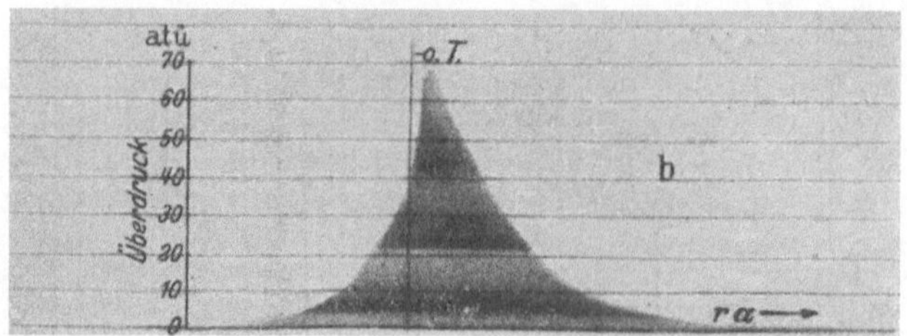

Abb. 41. Druck-Zeit-Diagramm eines Vorkammermotors. a) Druckverlauf im Zylinderhauptraum $n = 1518$ U/min. $p_e = 4.95$ kg/cm². b) Druckverlauf in der Vorkammer $n = 1748$ U/min. $p_e = 4.16$ kg/cm².

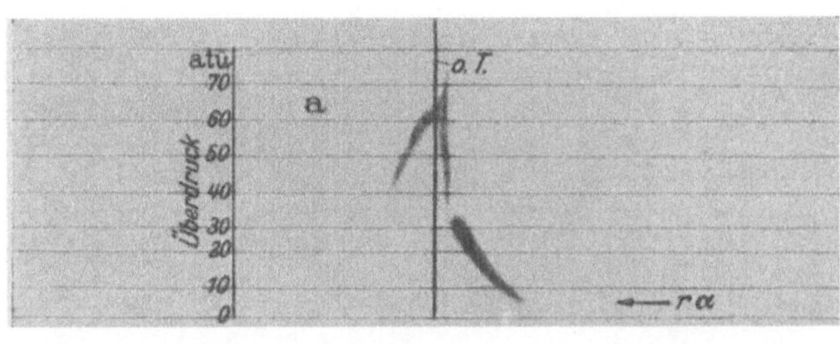
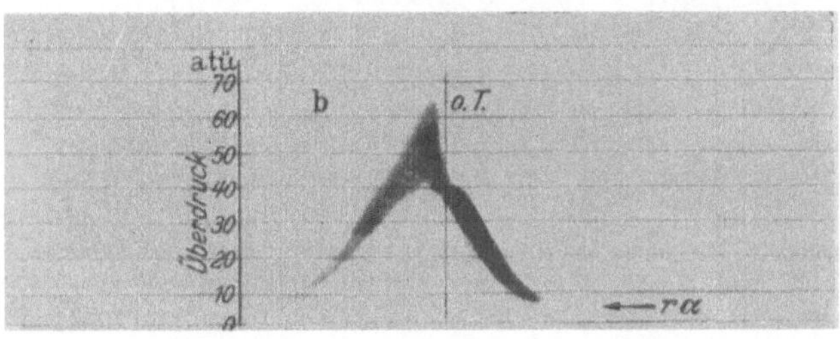

Abb. 42. Einfluß der Drehzahl auf den Verlauf der Differenzdrücke zwischen Vorkammer und Hauptraum. a) $n = 1038$ U/min, $p_\bullet = 6{,}45$ kg/cm² b) $n = 1750$ U/min, $p_\bullet = 4{,}54$ kg/cm².

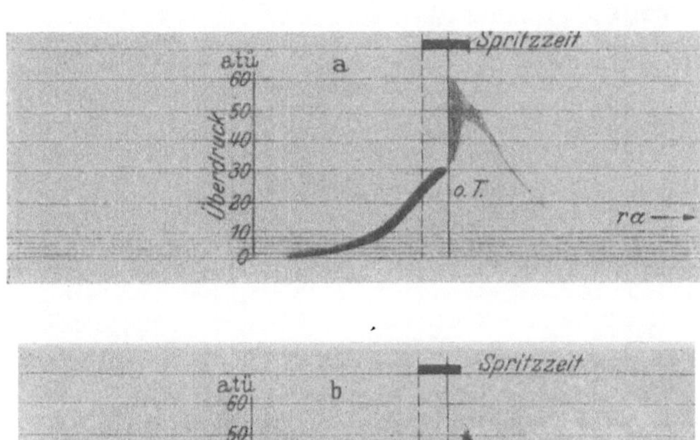

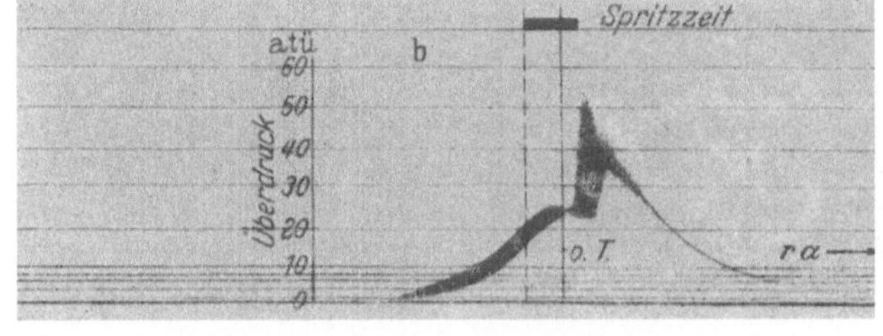

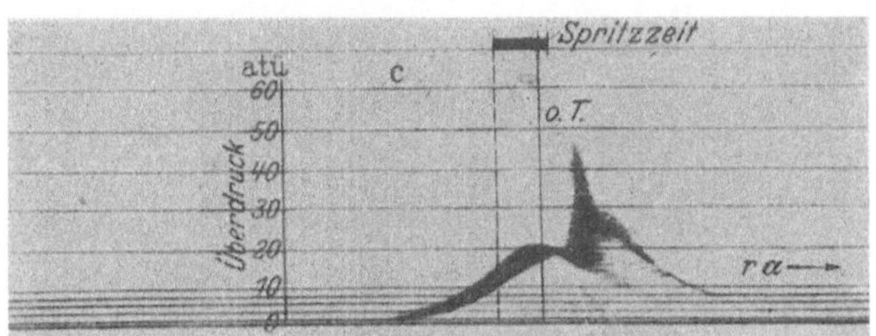

Abb. 115. Differenzdruckdiagramme eines Lanova-Speichermotors bei verschiedenen Drücken der angesaugten Luft und bei jeweils günstigstem Spritzbeginn. a) $n = 1500$ U/min; $p_\bullet = 5{,}95$ kg/cm²; $p_1 = 1{,}033$ ata (Bodenhöhe); b) $n = 1490$ U/min; $p_\bullet = 4{,}32$ kg/cm²; $p_1 = 0{,}81$ ata (entsprechend 2 km Höhe); c) $n = 1485$ U/min; $p_\bullet = 2{,}71$ kg/cm²; $p_1 = 0{,}66$ at abs (entsprechend 3,6 km Höhe.

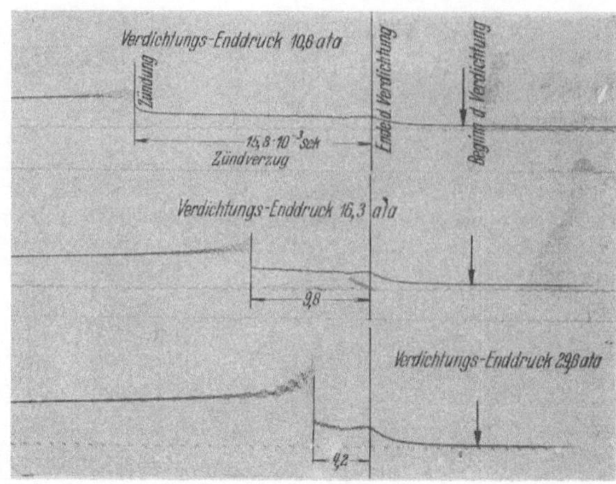

Abb. 160 a. Druck-Zeit-Diagramm bei adiabatischer Verdichtung eines Benzindampf-Luft-Gemisches für verschiedenen Verdichtungsenddruck bei konstanter Verdichtungsendtemperatur von 745° K

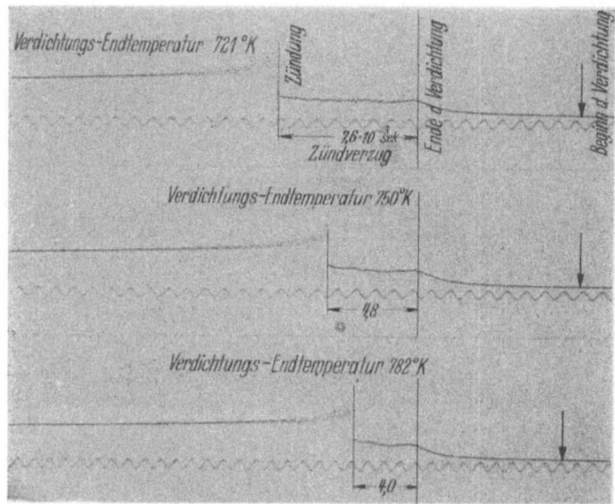

Abb. 160 b. Druck-Zeit-Diagramm bei adiabatischer Verdichtung eines Benzindampf-Luft-Gemisches für verschiedene Verdichtungsendtemperaturen bei konstantem Verdichtungsenddruck von 22,4 ata.

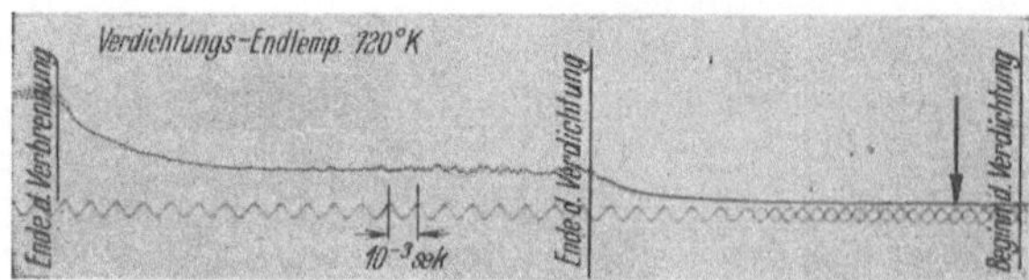

Abb. 160 c. Druck-Zeit-Diagramm bei adiabatischer Verdichtung eines Benzindampf-Luftgemisches für geringen Verdichtungsenddruck (7,1 ata).

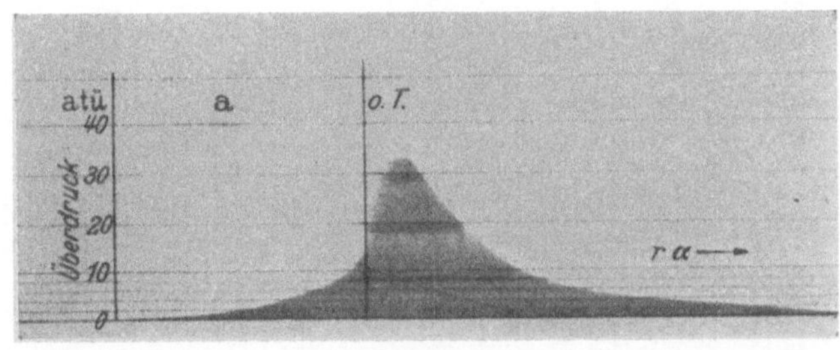

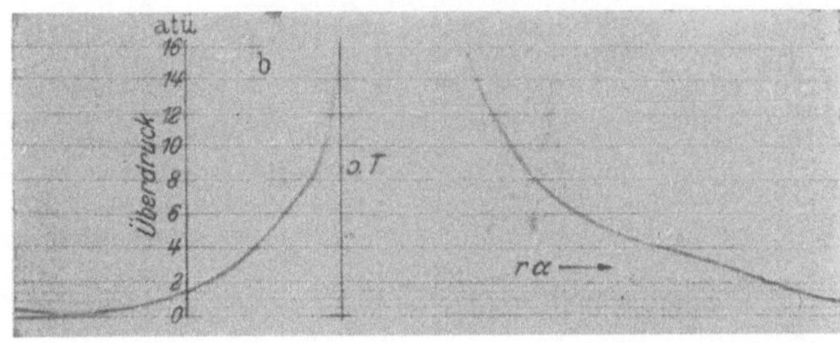

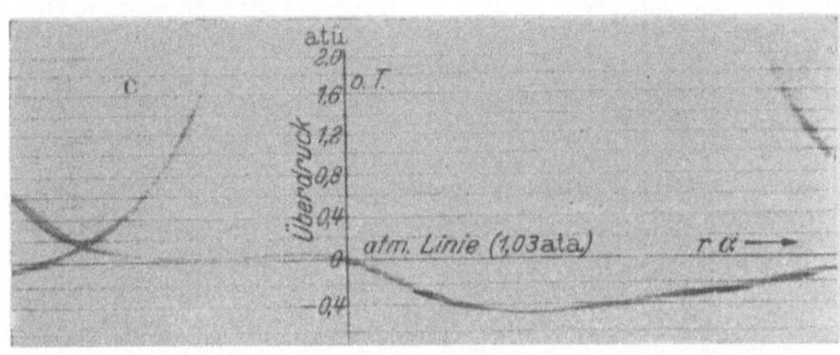

Abb. 151. Druck-Zeit-Diagramme eines Ottomotors. $n = 1490$ U/min; $p_i = 9{,}2$ kg/cm².
a) Hochdruckdiagramm. b) Mitteldruckdiagramm. c) Niederdruckdiagramm.